中国国家标准汇编

2006年修订-14

中国标准出版社　编

中国标准出版社
北　京

图书在版编目（CIP）数据

中国国家标准汇编：2006 年修订 . 14/中国标准出版社编 . —北京：中国标准出版社，2007

ISBN 978-7-5066-4610-9

Ⅰ. 中… Ⅱ. 中… Ⅲ. 国家标准-汇编-中国-2006 Ⅳ. T-652.1

中国版本图书馆 CIP 数据核字（2007）第 105550 号

中国标准出版社出版发行
北京复兴门外三里河北街 16 号
邮政编码：100045
网址 www. spc. net. cn
电话：68523946 68517548
中国标准出版社秦皇岛印刷厂印刷
各地新华书店经销

*

开本 880×1230 1/16 印张 41 字数 1 210 千字
2007 年 8 月第一版 2007 年 8 月第一次印刷

*

定价 180.00 元

ISBN 978-7-5066-4610-9

出 版 说 明

1.《中国国家标准汇编》是一部大型综合性国家标准全集，自1983年起，按国家标准顺序号以精装本、平装本两种装帧形式陆续分册汇编出版。《汇编》在一定程度上反映了我国建国以来标准化事业发展的基本情况和主要成就，是各级标准化管理机构，工矿企事业单位，农林牧副渔系统，科研、设计、教学等部门必不可少的工具书。

2. 由于标准的动态性，每年有相当数量的国家标准被修订，这些国家标准的修订信息无法在已出版的《汇编》中得到反映。为此，自1995年起，新增出版在上一年度被修订的国家标准的汇编本。

3. 修订的国家标准汇编本的正书名、版本形式、装帧形式与《中国国家标准汇编》相同，视篇幅分设若干册，但不占总的分册号，仅在封面和书脊上注明"2006年修订-1，-2，-3，……"等字样，作为对《中国国家标准汇编》的补充。读者配套购买则可收齐前一年新制定和修订的全部国家标准。

4. 修订的国家标准汇编本的各分册中的标准，仍按顺序号由小到大排列(不连续)；如有遗漏的，均在当年最后一分册中补齐。

5. 2006年度发布的修订国家标准分27册出版。本分册为"2006年修订-14"，收入新修订的国家标准36项。

中国标准出版社

2007年6月

目　录

ICS 25.100.99
J 41

中华人民共和国国家标准

GB/T 10944.1—2006/ISO 7388-1:1983
代替 GB/T 10944—1989

自动换刀用 7:24 圆锥工具柄部 40、45 和 50 号柄 第 1 部分:尺寸及锥角公差

Tool shanks with 7:24 taper for automatic tool changers—Shanks Nos. 40,45 and 50—Part 1: Dimensions and conicity tolerances

(ISO 7388-1:1983,Tool shanks with 7:24 taper for automatic tool changers—Part 1:Shanks Nos. 40,45 and 50—Dimensions,IDT;
ISO 7388-1:1983/Add 1:1984,Conicity tolerances,IDT)

2006-12-30 发布 2007-06-01 实施

中华人民共和国国家质量监督检验检疫总局
中国国家标准化管理委员会 发布

前言

GB/T 10944在《自动换刀用7∶24圆锥工具柄部　40、45和50号柄》总标题下分为两个部分：

——第1部分：尺寸及锥角公差；

——第2部分：技术条件。

本部分为GB/T 10944的第1部分。

本部分等同采用ISO 7388-1:1983《自动换刀用7∶24圆锥工具柄部　第1部分：40、45和50号柄　尺寸》(英文版)及其补充件ISO 7388-1:1983/Add 1:1984。

本部分等同翻译ISO 7388-1:1983，并将ISO 7388-1:1983/Add 1:1984中第3章增加为本部分的第4章。

本部分与ISO 7388-1:1983和ISO 7388-1:1983/Add 1:1984相比做了下列编辑性修改：

——删除了国际标准前言；

——删除了简介；

——制图按我国标准规定；

——用"."代替用作小数点的逗号","；

——规范性引用文件列项中，ISO 7388-2用GB/T 10945.1《自动换刀用7∶24圆锥工具柄部40、45和50号柄用拉钉　第1部分：尺寸及机械性能》代替。ISO 297用GB/T 3837《7∶24手动换刀刀柄圆锥》代替。

本部分代替GB/T 10944—1989中的相关部分。

本部分与GB/T 10944—1989相比有如下变化：

——增加了工具切削刃参照方位；

——删除了3.2技术要求，将其列入GB/T 10944.2中；

——删除了引用标准GB/T 11825圆锥量规公差与技术条件；

——删除了表1的注④，增加了D_1的说明；

——删除了图中的表面粗糙度标注，将其列入GB/T 10944.2中。

本部分由中国机械工业联合会提出。

本部分由全国刀具标准化技术委员会(SAC/TC 91)归口。

本部分起草单位：成都成量集团公司、成都工具研究所。

本部分主要起草人：陈莉、查国兵、沈士昌、张铁铭。

本部分所代替标准的历次版本发布情况为：

——GB/T 10944—1989。

自动换刀用7:24圆锥工具柄部
40、45和50号柄
第1部分:尺寸及锥角公差

1 范围

GB/T 10944的本部分规定了用于机床上使用自动夹紧装置将工具从刀库输送到主轴,或者反过来从主轴输送到刀库的40、45和50号工具的柄部尺寸。这些工具被设计用于符合GB/T 3837的主轴端部,并带有本部分规定的两个键,其中的一个键的尺寸应符合t_1。

2 规范性引用文件

下列文件中的条款通过GB/T 10944的本部分的引用而成为本部分的条款。凡是注日期的引用文件,其随后所有的修改单(不包括勘误的内容)或修订版均不适用于本部分,然而,鼓励根据本部分达成协议的各方研究是否可使用这些文件的最新版本。凡是不注日期的引用文件,其最新版本适用于本部分。

GB/T 3837 7:24手动换刀刀柄圆锥(GB/T 3837—2001,eqv ISO 297:1988)

GB/T 10945.1 自动换刀用7:24圆锥工具柄部 40、45和50号柄用拉钉 第1部分:尺寸及机械性能(GB/T 10945.1—2006,ISO 7388-2:1984,IDT)

GB/T 11334—2005 产品几何量技术规范(GPS)

3 尺寸

见图1和表1。

单位为毫米

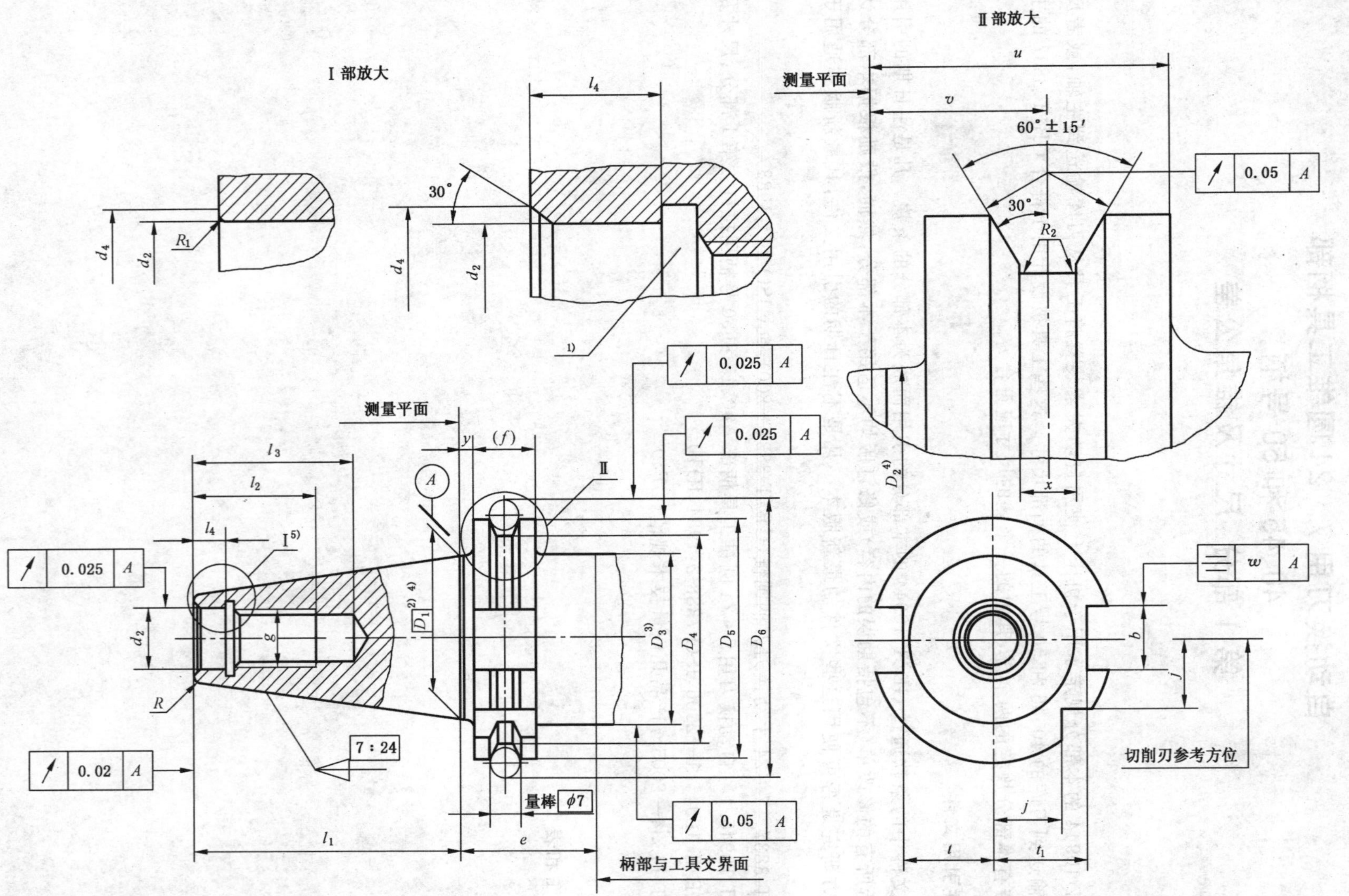

1） d_2和螺孔之间的空刀槽型式、尺寸，可由生产厂自定。

图 1

表 1

单位为毫米

工具柄号	b H12	D_1 [2),4)]	D_3 [3)] $_{-0.5}^{0}$	D_4 $_{-0.5}^{0}$	D_5 $_{-0.1}^{0}$	D_6 ±0.05	d_2 H7	d_4 max	e min	f	g	j $_{-0.3}^{0}$
40	16.10	44.45	44.70	56.25	63.55	72.30	17	19.00	35	15.90	M16	18.50
45	19.30	57.15	57.40	75.25	82.55	91.35	21	23.40	35	15.90	M20	24.00
50	25.70	69.85	70.10	91.25	97.50	107.25	25	28.00	35	15.90	M24	30.00

工具柄号	l_1 $_{-0.3}^{0}$	l_2 min	l_3 min	l_4 $_{0}^{+0.5}$	R $_{-0.5}^{0}$	R_1 $_{-0.5}^{0}$	R_2 $_{-0.5}^{0}$	t $_{-0.4}^{0}$	t_1 $_{-0.4}^{0}$	u $_{-0.1}^{0}$	v ±0.1	w	x $_{0}^{+0.15}$	y ±0.1
40	68.40	32	42.50	8.20	1.20	1.00	1	22.80	25.00	19.10	11.10	0.12	3.75	3.20
45	82.70	40	52.50	10.00	2.00	1.20	1	29.10	31.30	19.10	11.10	0.12	3.75	3.20
50	101.75	47	61.50	11.50	2.50	1.50	1	35.50	37.70	19.10	11.10	0.20	3.75	3.20

4 锥角公差

锥角公差数值应符合 GB/T 11334—2005 圆锥公差表 1 中 AT4 的规定。这些值全部为正值，作为锥角公差的上偏差。锥角的下偏差为零。

2) D_1 指在测量平面上的基本直径。

3) 由于特殊要求，采用在邻近表中指示的 D_3 的下列标准值。

工具柄号	40	45	50
$D_{3\,max}$	50	63	80

4) 7∶24 圆锥大头与凸缘之间的圆柱联接部分直径 D_2：$D_1 < D_2 < D_1 + 0.05$。

5) d_2 孔端可以用半径为 R_1 的圆弧或 30°倒角两种型式，但倒角端面的尺寸应限制在 d_4 上。

ICS 25.100.99
J 41

中华人民共和国国家标准

GB/T 10944.2—2006
代替 GB/T 10944—1989

自动换刀用 7：24 圆锥工具柄部 40、45 和 50 号柄 第 2 部分：技术条件

Tool shanks with 7：24 taper for automatic tool changers—
Shanks Nos. 40,45 and 50—
Part 2：Technical specifications

2006-12-30 发布 2007-06-01 实施

中华人民共和国国家质量监督检验检疫总局
中国国家标准化管理委员会 发布

前　言

GB/T 10944 在《自动换刀用 7：24 圆锥工具柄部　40、45 和 50 号柄》总标题下分为两个部分：

——第 1 部分：尺寸及锥角公差；

——第 2 部分：技术条件。

本部分为 GB/T 10944 的第 2 部分。

本部分代替 GB/T 10944—1989 中的技术要求部分。

本部分与 GB/T 10944—1989 中的技术要求相比有如下变化：

——删除了与锥角公差数值有关的图 2 及表 2；

——增加了工艺性、外观和表面粗糙度的内容；

——修改了热处理要求；

——增加了标志及包装内容。

本部分由中国机械工业联合会提出。

本部分由全国刀具标准化技术委员会(SAC/TC 91)归口。

本部分起草单位：成都成量集团公司、成都工具研究所。

本部分主要起草人：陈莉、查国兵、沈士昌、张铁铭。

本部分所代替标准的历次版本发布情况为：

——GB/T 10944—1989。

自动换刀用 7∶24 圆锥工具柄部 40、45 和 50 号柄 第 2 部分：技术条件

1 范围

GB/T 10944 的本部分规定了自动换刀用 7∶24 圆锥工具柄部—40、45 和 50 号柄的圆锥公差及检验、工艺性、外观和表面粗糙度、材料和硬度、标志和包装的基本要求。

本部分适用于按 GB/T 10944.1 生产的自动换刀用 7∶24 圆锥工具柄部。

2 规范性引用文件

下列文件中的条款通过 GB/T 10944 的本部分的引用而成为本部分的条款。凡是注日期的引用文件，其随后所有的修改单（不包括勘误的内容）或修订版均不适用于本部分，然而，鼓励根据本部分达成协议的各方研究是否可使用这些文件的最新版本。凡是不注日期的引用文件，其最新版本适用于本部分。

GB/T 11852—2003 圆锥量规公差与技术条件

GB/T 10944.1—2006 自动换刀用 7∶24 圆锥工具柄部 40、45 和 50 号柄 第 1 部分：尺寸及锥角公差（ISO 7388-1:1983，IDT；ISO 7388-1:1983/Add 1:1984，IDT）

3 锥角公差及检验

3.1 7∶24 圆锥工具柄部圆锥的锥角公差值按 GB/T 10944.1—2006 中的第 4 章的规定。

3.2 7∶24 圆锥工具柄部圆锥的形状误差不得大于其锥角公差 AT_D 值的 2/3。

3.3 7∶24 的圆锥工具柄部锥角的检验应采用比较测量法，也可用圆锥量规测量（具体检验规范按 GB/T 11852—2003 附录 A 中的有关规定）。发生争议时，用比较测量来仲裁。

4 工艺性

4.1 柄部内螺纹 g 按 6H 精度制造，且应保证配用拉钉在最大实体条件时仍能顺利旋入。

4.2 键槽 t 和 t_1 槽底应有过渡圆角。

5 外观和表面粗糙度

5.1 7∶24 圆锥表面不应有划痕、锈迹、磨削烧伤和裂纹等影响使用性能的缺陷。

5.2 表面粗糙度见图 1。

表面粗糙度单位为微米

尺寸单位为毫米

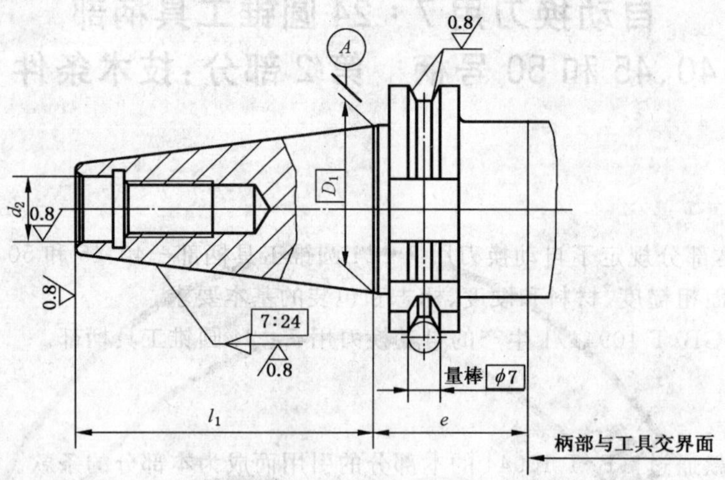

图 1

6 材料和硬度

6.1 7∶24 圆锥工具柄部应采用合金钢、轴承钢等制造。

6.2 7∶24 圆锥表面硬度为:53HRC～58HRC。

7 标志和包装

7.1 标志

7.1.1 产品上应标志:

——制造商或销售商的商标;

——JT、工具柄号及表示该产品特征的其他内容。

JT 50 - ×

表示自动换刀用 7∶24 圆锥工具柄部 —— JT

表示 50 号柄 —— 50

分离线 —— -

表示该产品特征的其他内容 —— ×

7.1.2 包装盒上应标志:

——制造商或销售商的名称、地址和商标;

——产品名称、JT、工具柄号、表示该产品特征的其他内容和标准编号;

——件数;

——制造年月。

7.2 包装

7.2.1 产品包装前应经防锈处理,包装应牢固,防止运输过程中损伤。

7.2.2 产品必须有合格证,且产品合格证应与产品一起妥善包装。

ICS 25.100.99
J 41

中华人民共和国国家标准

GB/T 10945.1—2006/ISO 7388-2:1984
代替 GB/T 10945—1989

自动换刀用 7:24 圆锥工具柄部 40、45 和 50 号柄用拉钉 第 1 部分:尺寸及机械性能

Tool shanks with 7:24 taper for automatic tool changers—Retention knobs for shanks Nos. 40,45 and 50—Part 1:Dimensions and mechanical characteristics

(ISO 7388-2:1984,Tool shanks with 7:24 taper for automatic tool changers—Part 2:Retention knobs for shanks Nos. 40,45 and 50—Dimensions and mechanical characteristics,IDT)

2006-12-30 发布　　2007-06-01 实施

中华人民共和国国家质量监督检验检疫总局
中国国家标准化管理委员会　发布

前　言

GB/T 10945 在《自动换刀用 7:24 圆锥工具柄部　40、45 和 50 号柄用拉钉》总标题下，分为两个部分：

——第 1 部分：尺寸及机械性能；

——第 2 部分：技术条件。

本部分为 GB/T 10945 的第 1 部分。

本部分等同采用 ISO 7388-2:1984《自动换刀用 7:24 圆锥工具柄部　第 2 部分：40、45 和 50 号柄用拉钉　尺寸和机械性能》(英文版)。

本部分等同翻译 ISO 7388-2:1984。

本部分与 ISO 7388-2:1984 相比做了下列编辑性修改：

——删除了国际标准前言；

——删除了简介；

——用“.”代替用作小数点的逗号“,”；

——强度 R_m、R_p 分别用我国标准常用代号 σ_b、σ_s 代替；

——规范性引用文件列项中，ISO 7388-1 用 GB/T 10944.1《自动换刀用 7:24 圆锥工具柄部　40、45 和 50 号柄　第 1 部分：尺寸及锥角公差》代替；

——制图按我国标准规定。

本部分代替 GB/T 10945—1989 的相应部分。

本部分与 GB/T 10945—1989 相比有如下变化：

——删除了图中表面粗糙度及位置公差标注，将其列入 GB/T 10945.2 中；

——删除了型号表示规则，将其列入 GB/T 10945.2 中。

本部分由中国机械工业联合会提出。

本部分由全国刀具标准化技术委员会(SAC/TC 91)归口。

本部分起草单位：成都成量集团公司、成都工具研究所。

本部分主要起草人：陈莉、查国兵、沈士昌、张铁铭。

本部分所代替标准的历次版本发布情况为：

——GB/T 10945—1989。

自动换刀用 7:24 圆锥工具柄部 40、45 和 50 号柄用拉钉 第 1 部分:尺寸及机械性能

1 范围

GB/T 10945 的本部分规定了用于机床上使用自动夹紧装置将工具从刀座输送到主轴,或者反过来从主轴输送到刀座的 40、45 和 50 号工具的柄部用拉钉的尺寸。拉钉被设计用于将工具拉紧在主轴上。

本部分规定了两种不同型式的拉钉:

a) A 型:用于带拉爪的拉紧装置;

b) B 型:主要用于带钢球拉爪的拉紧装置。

2 规范性引用文件

下列文件中的条款通过 GB/T 10945 的本部分的引用而成为本部分的条款。凡是注日期的引用文件,其随后所有的修改单(不包括勘误的内容)或修订版均不适用于本部分,然而,鼓励根据本部分达成协议的各方研究是否可使用这些文件的最新版本。凡是不注日期的引用文件,其最新版本适用于本部分。

GB/T 10944.1 自动换刀用 7:24 圆锥工具柄部 40、45 和 50 号柄 第 1 部分:尺寸及锥角公差(GB/T 10944.1—2006,ISO 7388-1:1983,IDT;ISO 7388-1:1983/Add 1:1984,IDT)

3 尺寸

3.1 A 型拉钉

尺寸见图 1 及表 1。

单位为毫米

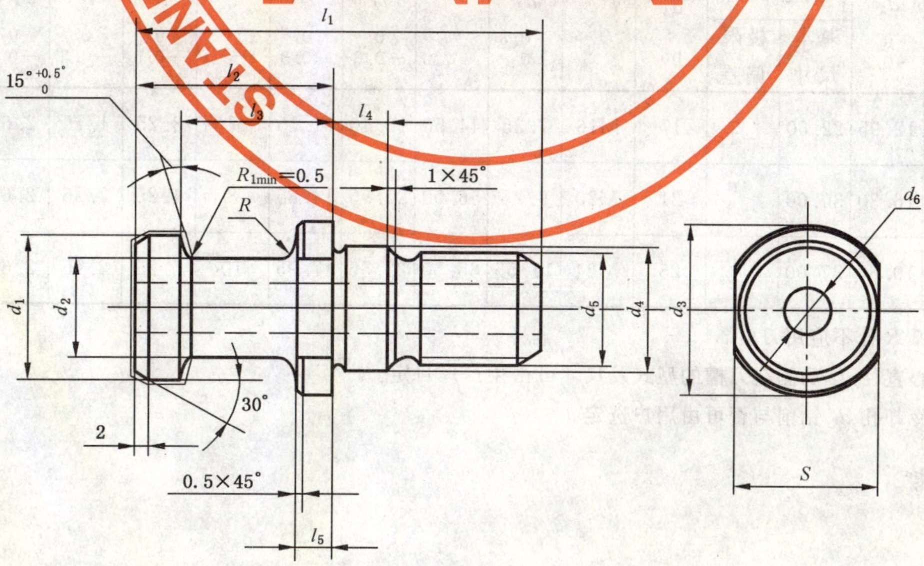

图 1

表 1

单位为毫米

工具柄号	d_1 0 −0.1	d_2 0 −0.1	d_3 0 −0.2	d_4 h6	d_5	d_6 +0.1 0	l_1	l_2 ±0.1	l_3 ±0.1	l_4	l_5	R	S 0 −0.1
40	19	14	23	17	M16	7.00	54	26	20	7	4	3	19
45	23	17	30	21	M20	9.50	65	30	23	8	5	4	24
50	28	21	36	25	M24	11.50	74	34	25	10	5	5	30

注 1：圆弧 R 和 R_1 处不应有刀痕。

注 2：定心直径 d_4 两侧空刀槽的型式及尺寸可由生产厂自定。

注 3：内冷却孔 d_6 钻削与否可由用户选定。

3.2 B 型拉钉

尺寸见图 2 及表 2。

单位为毫米

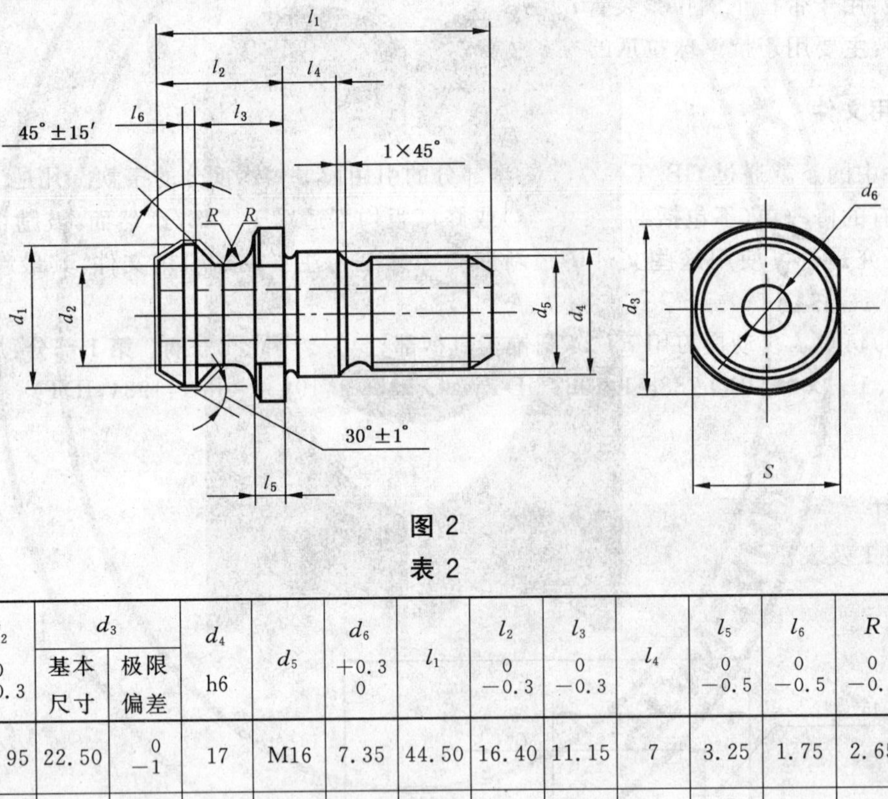

图 2

表 2

单位为毫米

工具柄号	d_1 0 −0.3	d_2 0 −0.3	d_3 基本尺寸	d_3 极限偏差	d_4 h6	d_5	d_6 +0.3 0	l_1	l_2 0 −0.3	l_3 0 −0.3	l_4	l_5 0 −0.5	l_6 0 −0.5	R 0 −0.5	S 基本尺寸	S 极限偏差
40	18.95	12.95	22.50	0 −1	17	M16	7.35	44.50	16.40	11.15	7	3.25	1.75	2.65	18	0 −0.33
45	24.05	16.30	30.00	0 −2	21	M20	9.25	56.00	20.95	14.85	8	4.25	2.25	2.65	24	0 −0.39
50	29.10	19.60	37.00	0 −2	25	M24	11.55	65.50	22.55	17.95	10	5.25	2.75	2.65	30	0 −0.65

注 1：圆弧 R 处不应用刀痕。

注 2：定心直径 d_4 两侧空刀槽的型式及尺寸可由生产厂自定。

注 3：内冷却孔 d_6 钻削与否可由用户选定。

4 机械性能

4.1 材料

拉钉材料应符合下列条件：

合金钢：

——拉钉头部用点划线表示的部分，其表面硬度为 56HRC～60HRC；

——芯部硬度为 35HRC～45HRC。

或硅锰合金钢处理后：

——$\sigma_b \approx 1\ 650\ N/mm^2$；

——$\sigma_s \approx 1\ 500\ N/mm^2$。

4.2 对拉钉施加的最大拉力(计算时以最小截面考虑)

当许用应力为 400 N/mm² 时，施加的拉力应不大于下列标准值：

A 型拉钉

工具柄号	最大拉力/N
40	42 000
45	61 600
50	88 000

B 型拉钉

工具柄号	最大拉力/N
40	34 800
45	56 000
50	78 400

ICS 25.100.99
J 41

GB

中华人民共和国国家标准

GB/T 10945.2—2006
代替 GB/T 10945—1989

自动换刀用 7：24 圆锥工具柄部 40、45 和 50 号柄用拉钉 第 2 部分：技术条件

Tool shanks with 7：24 taper for automatic tool changers—Retention knobs for shanks Nos. 40,45 and 50—Part 2：Technical specifications

2006-12-30 发布　　　　2007-06-01 实施

中华人民共和国国家质量监督检验检疫总局
中国国家标准化管理委员会　发布

前　言

GB/T 10945 在《自动换刀用 7∶24 圆锥工具柄部　40、45 和 50 号柄用拉钉》总标题下，分为两个部分：

——第 1 部分：尺寸及机械性能；

——第 2 部分：技术条件。

本部分为 GB/T 10945 的第 2 部分。

本部分代替 GB/T 10945—1989 的相应部分。

本部分由中国机械工业联合会提出。

本部分由全国刀具标准化技术委员会(SAC/TC 91)归口。

本部分起草单位：成都成量集团公司、成都工具研究所。

本部分主要起草人：陈莉、查国兵、沈士昌、张铁铭。

本部分所代替标准的历次版本发布情况为：

——GB/T 10945—1989。

自动换刀用 7:24 圆锥工具柄部 40、45 和 50 号柄用拉钉 第 2 部分:技术条件

1 范围

GB/T 10945 的本部分规定了自动换刀用 7:24 圆锥工具柄部—40、45 和 50 号柄用拉钉的型号、位置公差、外观和表面粗糙度、螺纹精度、材料及硬度、标志和包装。

本部分适用于按 GB/T 10945.1—2006 生产的自动换刀用 7:24 圆锥工具柄部—40、45 和 50 号柄用拉钉。

2 规范性引用文件

下列文件中的条款通过 GB/T 10945 的本部分的引用而成为本部分的条款。凡是注日期的引用文件，其随后所有的修改单(不包括勘误的内容)或修订版均不适用于本部分，然而，鼓励根据本部分达成协议的各方研究是否可使用这些文件的最新版本。凡是不注日期的引用文件，其最新版本适用于本部分。

GB/T 10945.1—2006 自动换刀用 7:24 圆锥工具柄部 40、45 和 50 号柄用拉钉 第 1 部分:尺寸及机械性能(ISO 7388-2:1984,IDT)

3 型号表示规则及代号含义

型号表示规则示例:

LD B - 50

表示拉钉——LD

表示 B 型拉钉——B

分离线——-

表示该拉钉是与 7:24 圆锥工具柄部 50 号柄配用——50

4 位置公差

位置公差见表 1。

表 1

单位为毫米

<table>
<tr><th>拉钉型号</th><th>l_3 右端面对 d_4 基准轴线的端面跳动</th><th>15°工作面对 d_4 基准轴线的跳动</th><th>45°工作面对 d_4 基准轴线的跳动</th></tr>
<tr><td>LDA-40</td><td rowspan="6">0.02</td><td rowspan="3">0.05</td><td rowspan="3">—</td></tr>
<tr><td>LDA-45</td></tr>
<tr><td>LDA-50</td></tr>
<tr><td>LDB-40</td><td rowspan="3">—</td><td rowspan="3">0.05</td></tr>
<tr><td>LDB-45</td></tr>
<tr><td>LDB-50</td></tr>
</table>

5 外观和表面粗糙度

5.1 拉钉表面不应有划痕、锈迹、裂纹等影响使用性能的缺陷。

5.2 表面粗糙度

A 型拉钉的表面粗糙度见图 1。

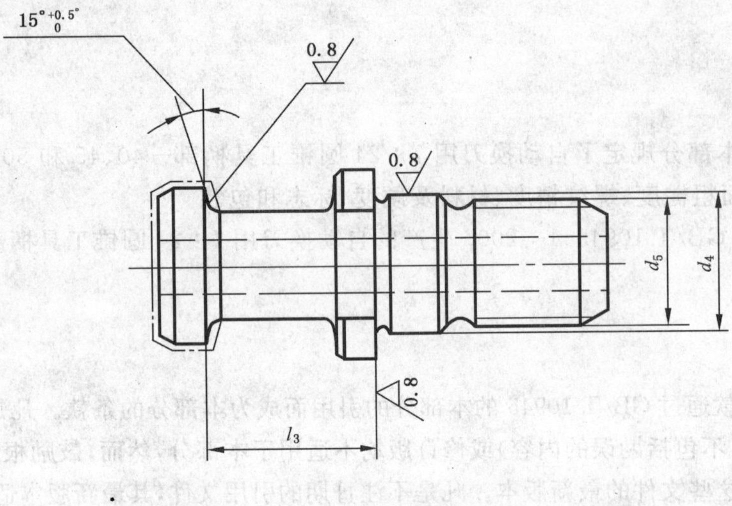

图 1

B 型拉钉的表面粗糙度见图 2。

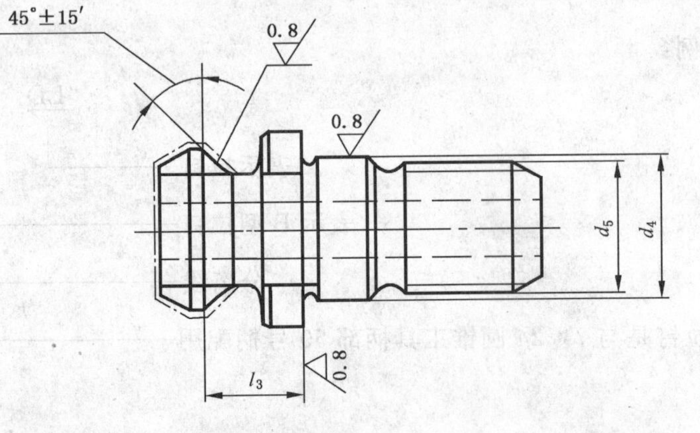

图 2

6 螺纹精度

螺纹 d_5 按 6 g 精度制造。

7 机械性能

7.1 材料和硬度

拉钉的材料和硬度按 GB/T 10945.1—2006 中的 4.1 的规定。

7.2 对拉钉施加的最大拉力

对拉钉施加的最大拉力按 GB/T 10945.1—2006 中的 4.2 的规定。

8 标志和包装

8.1 标志

8.1.1 产品上应标志：

——制造商或销售商的商标；

——拉钉型号。

8.1.2 包装盒上应标志：

——制造商或销售商的名称、地址和商标；

——产品名称、型号和标准编号；

——件数；

——制造年月。

8.2 包装

8.2.1 包装前应经防锈处理，包装应牢固，防止运输过程中损伤。

8.2.2 单个拉钉应独立包装。

8.2.3 产品必须有合格证，且产品合格证应与产品一起妥善包装。

ICS 25.100.30
J 41

中华人民共和国国家标准

GB/T 10947—2006
代替 GB/T 10947—1989

硬质合金锥柄麻花钻

Taper shank twist drills with carbide tips

2006-12-30 发布　　2007-06-01 实施

中华人民共和国国家质量监督检验检疫总局
中国国家标准化管理委员会　发布

前言

本标准代替 GB/T 10947—1989《硬质合金麻花钻通用技术条件》。

本标准与 GB/T 10947—1989 相比主要变化如下：

——修改范围中的内容，取消“适用于加工灰铸铁”的限定。

——规范性引用文件中，增加 GB/T 1443《机床和工具柄用自夹圆锥》、YS/T 79《硬质合金焊接刀片》；

——增加硬质合金锥柄麻花钻的型式和尺寸；

——4.1.2，增加对锥柄麻花钻柄部的规定；

——4.1.4，将原标准中“麻花钻刀体导向部分柄部方向钻芯增量：每 100 mm 长度上为 1.4～2.0 mm”改为“麻花钻允许有钻芯增量”；

——4.1.6，增加麻花钻螺旋角和顶角的规定；

——4.1.7，对麻花钻的位置公差进行修订；

——4.2.1，将原条款“麻花钻刀片材料用 GB/T 2075 中规定的 K20～K30 硬质合金”改为“麻花钻刀片材料可按 GB/T 2075 选用”；

——5.1.2，增加“制造厂或销售商的地址、麻花钻型式”的标志；

——删除性能试验一章。

本标准由中国机械工业联合会提出。

本标准由全国刀具标准化技术委员会(SAC/TC 91)归口。

本标准起草单位：成都工具研究所、河南第一工具厂、哈尔滨第一工具有限公司。

本标准主要起草人：夏千、赵建敏、陈克天。

本标准所代替标准的历次版本发布情况为：

——GB/T 10947—1989。

硬质合金锥柄麻花钻

1 范围

本标准规定了硬质合金锥柄麻花钻的型式和尺寸、技术要求、标志和包装的基本要求。

本标准适用于直径 d 为 10 mm～30 mm 的硬质合金锥柄麻花钻。

2 规范性引用文件

下列文件中的条款通过本标准的引用而成为本标准的条款。凡是注日期的引用文件，其随后所有的修改单（不包括勘误的内容）或修订版均不适用于本标准，然而，鼓励根据本标准达成协议的各方研究是否可使用这些文件的最新版本。凡是不注日期的引用文件，其最新版本适用于本标准。

GB/T 1443　机床和工具柄用自夹圆锥（GB/T 1443—1996，eqv ISO 296：1991）

GB/T 2075　切削加工用硬切削材料的用途　切屑形式大组和用途小组的分类代号（GB/T 2075—1998，idt ISO 513：1991）

YS/T 79　硬质合金焊接刀片

3 型式和尺寸

3.1　麻花钻的型式按图 1 所示，尺寸由表 1 给出。硬质合金刀片可按 YS/T 79 标准选用。

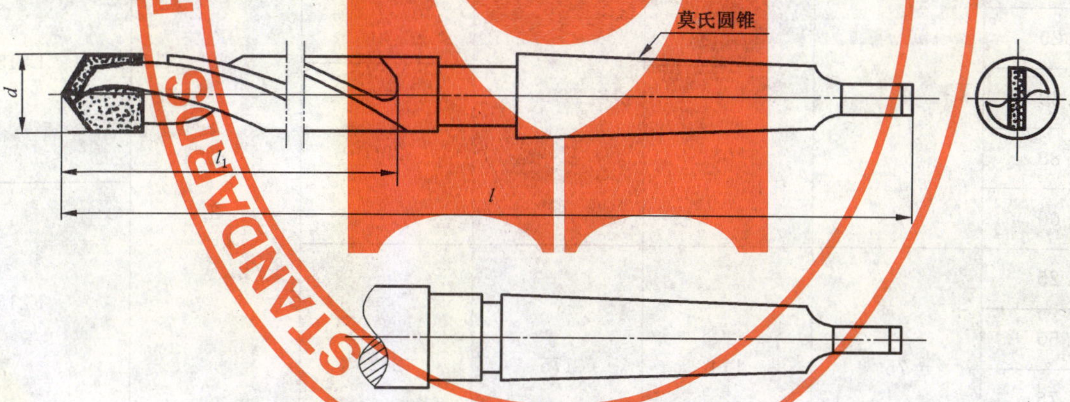

图 1

表 1

单位为毫米

d h8	l_1 短型	l_1 标准型	*l* 短型	*l* 标准型	莫氏圆锥号	硬质合金刀片型号 参考
10.00						
10.20	60	87	140	168		E211
10.50						
10.80					1	
11.00						
11.20	65	94	145	175		E213
11.50						
11.80						
12.00						
12.20						E214
12.50		101		199		
12.80						
13.00	70		170			
13.20						E215
13.50						
13.80		108		206		
14.00					2	
14.25						E216
14.50	75	114	175	212		
14.75						
15.00						
15.25						E217
15.50	80	120	180	218		
15.75						
16.00						E218

表 1（续）

单位为毫米

d h8	l_1 短型	l_1 标准型	l 短型	l 标准型	莫氏圆锥号	硬质合金刀片型号 参考
16.25	85	125	185	223	2	E218
16.50						
16.75						
17.00						E219
17.25	90	130	190	228		
17.50						
17.75						
18.00						E220
18.25	95	135	195	256	3	
18.50						
18.75						
19.00						E221
19.25	100	140	220	261		
19.50						
19.75						
20.00						E222
20.25	105	145	225	266		
20.50						
20.75						
21.00						E223
21.25	110	150	230	271		
21.50						
21.75						
22.00						E224
22.25						
22.50		155		276		
22.75						

表 1（续） 单位为毫米

d h8	l_1 短型	l_1 标准型	l 短型	l 标准型	莫氏圆锥号	硬质合金刀片型号参考
23.00	110	155	230	276	3	E225
23.25						
23.50						
23.75	115	160	235	281		
24.00						E226
24.25						
24.50						
24.75						
25.00						E227
25.25		165		286		
25.50						
25.75						
26.00						E228
26.25						
26.50						
26.75	120	170	240	291		
27.00						E229
27.25			270	319	4	
27.50						
27.75						
28.00						E230
28.25	125	175	275	324		
28.50						
28.75						
29.00						E231
29.25						
29.50						
29.75						
30.00						

3.2 制造中间规格的短型和标准型麻花钻时，总长和沟槽长度尺寸分别由表 2、表 3 给出。

表 2

单位为毫米

直径范围 d	l_1	l	莫氏圆锥号
≥10.00～10.60	60	140	1
>10.60～11.80	65	145	
>11.80～14.00	70	170	2
>14.00～15.00	75	175	
>15.00～16.00	80	180	
>16.00～17.00	85	185	
>17.00～18.00	90	190	
>18.00～19.00	95	195	3
>19.00～20.00	100	220	
>20.00～21.20	105	225	
>21.20～23.60	110	230	
>23.60～26.50	115	235	
>26.50～27.00	120	240	
>27.00～28.00	120	270	4
>28.00～30.00	125	275	

表 3

单位为毫米

直径范围 d	l_1	l	莫氏圆锥号
≥10.00～10.60	87	168	1
>10.60～11.80	94	175	
>11.80～13.20	101	199	2
>13.20～14.00	108	206	
>14.00～15.00	114	212	
>15.00～16.00	120	218	
>16.00～17.00	125	223	
>17.00～18.00	130	228	
>18.00～19.00	135	256	3
>19.00～20.00	140	261	
>20.00～21.20	145	266	
>21.20～22.40	150	271	
>22.40～23.60	155	276	
>23.60～25.00	160	281	
>25.00～26.50	165	286	
>26.50～27.00	170	291	
>27.00～28.00	170	319	4
>28.00～30.00	175	324	

3.3 标记示例

示例1：直径 $d=18$ mm，刀片分类代号为 K30 的莫氏锥柄短型麻花钻为：

硬质合金锥柄麻花钻 短 18 K30 GB/T 10947—2006

示例2：直径 $d=25$ mm，刀片分类代号为 K30 的莫氏锥柄标准型麻花钻为：

硬质合金锥柄麻花钻 25 K30 GB/T 10947—2006

4 技术要求

4.1 尺寸和位置公差

4.1.1 麻花钻总长(l)极限偏差按 2 倍的 js16，螺旋沟槽(l_1)极限偏差按 3 倍的 js16。

4.1.2 锥柄麻花钻的锥柄为带扁尾的莫氏锥柄，莫氏圆锥尺寸及其极限偏差按 GB/T 1443 的规定。

4.1.3 麻花钻工作部分直径应有倒锥度。

4.1.4 麻花钻刀体导向部分向柄部方向允许有钻芯增量。

4.1.5 在刀片末端向柄部方向不大于 5 mm 长度上，应满足下列要求：

——刀体导向刃带上砂轮空刀槽的深度不应大于 0.20 mm；

——刀片前面高过刀体刃沟表面不应大于 0.03 mm。

4.1.6 麻花钻角度按下列规定：

a) 螺旋角：由制造厂自定，也可按供需双方的协议制造。

b) 顶角：由制造厂自定。极限偏差为±3°，适合于不同顶角的麻花钻。

4.1.7 麻花钻的位置公差由表 4 中给出。

表 4

单位为毫米

项　目	公　差
工作部分对柄部轴线的径向圆跳动	0.12
切削刃对柄部轴线的斜向圆跳动	0.16

4.2 材料和硬度

4.2.1 麻花钻刀片材料可按 GB/T 2075 选用。

4.2.2 刀体用 40Cr 或其他同等性能的钢材制造。

4.2.3 刀体导向部分硬度不低于 55HRC。但在焊接刀片处和距两个刀片长度范围内允许稍低，其减低量不超过 15HRC。

4.2.4 柄部和扁尾硬度不低于 30HRC。

4.3 外观和表面粗糙度

4.3.1 刀片焊接应牢固，不得有裂纹、钝口和崩刃，麻花钻磨削表面不得有磕碰，锈迹等影响使用性能的缺陷。

4.3.2 非磨削表面、焊接和热处理后需经喷砂或其他表面处理。

4.3.3 麻花钻表面不得有堆积的残余焊料。

4.3.4 麻花钻表面粗糙度的上限值由表 5 中给出。

表 5

项　目	表面粗糙度
前面、后面及刃带表面	*Rz* 3.2 μm
刀体导向刃带表面	*Rz* 6.3 μm
刀体沟槽表面	*Rz* 12.5 μm
柄部表面	*Ra* 0.8 μm

5 标志和包装

5.1 标志

5.1.1 产品上应标志：

a) 制造厂或销售商商标；

b) 麻花钻直径；

c) 刀片的硬质合金牌号。

5.1.2 包装盒上应标志：

a) 制造厂或销售商名称、地址、商标；

b) 麻花钻的名称、直径、标准编号(短型麻花钻在直径前面加“短”字)；

c) 刀片硬质合金代号或牌号；

d) 件数；

e) 制造年月。

5.2 包装

麻花钻包装前应进行防锈处理。包装必须牢靠，防止运输过程中的损坏。

ICS 25.100.20
J 41

中华人民共和国国家标准

GB/T 10948—2006
代替 GB/T 10948—1989，GB/T 10949—1989

硬质合金 T 型槽铣刀

T-slot cutters with carbide tips

2006-12-30 发布 2007-06-01 实施

中华人民共和国国家质量监督检验检疫总局
中国国家标准化管理委员会 发布

前言

本标准代替 GB/T 10948—1989《硬质合金直柄 T 型槽铣刀》、GB/T 10949—1989《硬质合金锥柄 T 型槽铣刀》。

本标准与 GB/T 10948—1989 和 GB/T 10949—1989 相比主要变化如下：

——将原 GB/T 10948—1989 和 GB/T 10949—1989 合并为一个标准；

——图 1、图 2 删除"10°螺旋角、γ_0、α_0、α_1、κ_r"的标注，删除 A—A 旋转、B—B 旋转视图；

——表 1、表 2 取消 γ_0、α_0、α_1、κ_r 齿数等参考尺寸；

——4.2.1，将原条款"铣刀刀片材料用 GB/T 2075 中规定的 K20～K30 硬质合金"改为"T 型槽铣刀刀片材料可按 GB/T 2075 选用"；

——4.2.2，柄部硬度由"不低于 25HRC"改为"不低于 30HRC"。

本标准由中国机械工业联合会提出。

本标准由全国刀具标准化技术委员会(SAC/TC 91)归口。

本标准起草单位：成都工具研究所、哈尔滨第一工具有限公司。

本标准主要起草人：夏千、王家喜、陈克天。

本标准所代替标准的历次版本发布情况为：

——GB/T 10948—1989；

——GB/T 10949—1989。

硬质合金T型槽铣刀

1 范围

本标准规定了硬质合金直柄和锥柄T型槽铣刀的型式和尺寸、技术要求、包装和标志的基本要求。

本标准适用于加工GB/T 158规定的基本尺寸为12 mm～36 mm的硬质合金直柄T型槽铣刀和基本尺寸为12 mm～54 mm的硬质合金锥柄T型槽铣刀。

2 规范性引用文件

下列文件中的条款通过本标准的引用而成为本标准的条款。凡是注日期的引用文件，其随后所有的修改单(不包括勘误的内容)或修订版均不适用于本标准，然而，鼓励根据本标准达成协议的各方研究是否可使用这些文件的最新版本。凡是不注日期的引用文件，其最新版本适用于本标准。

GB/T 158 机床工作台 T型槽和相应螺栓(GB/T 158—1996,eqv ISO 299:1987)

GB/T 1443 机床和工具柄用自夹圆锥(GB/T 1443—1996,eqv ISO 296:1991)

GB/T 2075 切削加工用硬切削材料的用途 切屑形式大组和用途小组的分类代号(GB/T 2075—1998,idt ISO 513:1991)

GB/T 6131.1 铣刀直柄 第1部分:普通直柄的型式和尺寸(GB/T 6131.1—2006,ISO 3338-1:1996,IDT)

YS/T 79 硬质合金焊接刀片

3 型式和尺寸

3.1 直柄T型槽铣刀和锥柄T型槽铣刀的型式分别按图1和图2所示，尺寸分别由表1和表2给出。硬质合金刀片可按YS/T 79选用。

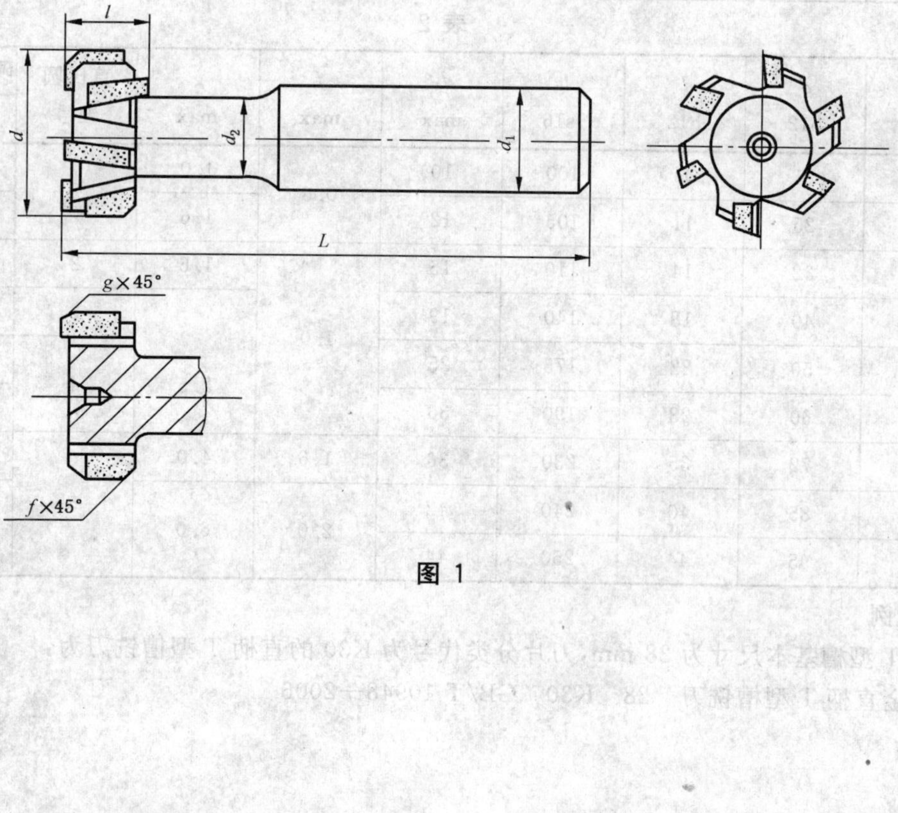

图 1

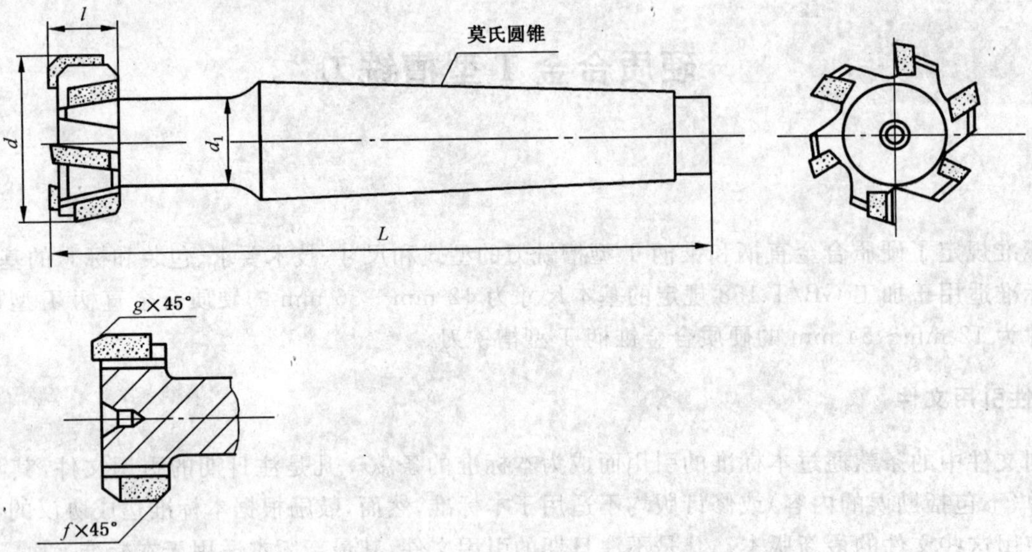

图 2

表 1

单位为毫米

T 型槽基本尺寸	d h12	l h12	L Js16	d_1 h8	d_2 max	f max	g max	硬质合金刀片型号参考
12	21	9	74	12	10	0.6	1.0	A106
14	25	11	82	16	12		1.6	D208
18	32	14	90		15	1.0		D212
22	40	18	108	25	19		2.5	D214
28	50	22	124	32	25			D218A
36	60	28	139		30			D220

表 2

单位为毫米

T 型槽基本尺寸	d h12	l h12	L Js16	d_1 max	f max	g max	莫氏圆锥号	硬质合金刀片型号参考
12	21	9	100	10	0.6	1.0	2	D106
14	25	11	105	12		1.6		D208
18	32	14	110	15	1.0	1.6	2	D212
22	40	18	140	19		2.5	3	D214
28	50	22	175	25			4	D218A
36	60	28	190	30				D220
42	72	35	230	36	1.6	4.0	5	D228A
48	85	40	240	42	2.0	6.0		D236
54	95	44	250	44				

3.2 标记示例

示例 1：T 型槽基本尺寸为 28 mm，刀片分类代号为 K30 的直柄 T 型槽铣刀为：

硬质合金直柄 T 型槽铣刀　28　K30　GB/T 10948—2006

示例 2：T 型槽基本尺寸为 28 mm，刀片分类代号为 K30 的锥柄 T 型槽铣刀为：

硬质合金锥柄 T 型槽铣刀　28　K30　GB/T 10949—2006

4　技术要求

4.1　尺寸和位置公差

4.1.1　直柄 T 型槽铣刀的柄部尺寸及其极限偏差按 GB/T 6131.1 的规定，锥柄 T 型槽铣刀的莫氏圆锥尺寸及其极限偏差按 GB/T 1443 的规定。

4.1.2　T 型槽铣刀的位置公差由表 3 中给出。

表 3

单位为毫米

项　　目		公　　差	
		$d \leqslant 40$	$d > 40$
圆周刃对柄部轴线的径向圆跳动	一转	0.04	0.05
	相邻齿	0.02	0.03
端刃对柄部轴线的端面圆跳动		0.04	0.05

4.2　材料和硬度

4.2.1　T 型槽铣刀刀片材料可按 GB/T 2075 选用。

4.2.2　刀体用 40Cr 或其他同等性能的钢材制造，其柄部硬度距尾端 2/3 长度上不低于 30HRC。

4.3　外观和表面粗糙度

4.3.1　刀片焊接应牢固，不得有裂纹、钝口和崩刃，T 型槽铣刀主要表面不得有磕碰、锈迹等影响使用性能的缺陷。

4.3.2　T 型槽铣刀表面粗糙度的上限值由表 4 中给出。

表 4

项　　目	表面粗糙度
前面和后面	$Rz3.2\ \mu m$
柄部外圆	$Ra0.8\ \mu m$

5　标志和包装

5.1　标志

5.1.1　产品上应标志：

a)　制造厂或销售商商标；

b)　T 型槽基本尺寸；

c)　刀片的硬质合金牌号。

5.1.2　包装盒上应标志：

a)　制造厂或销售商名称、地址、商标；

b)　T 型槽铣刀的名称、T 型槽基本尺寸、标准编号；

c)　刀片硬质合金代号或牌号；

d)　件数；

e)　制造年月。

5.2　包装

T 型槽铣刀包装前应进行防锈处理。包装必须牢靠，防止运输过程中的损坏。

ICS 25.100.10
J 41

中华人民共和国国家标准

GB/T 10953—2006
代替 GB/T 10953—1989

机夹切断车刀

Cutting-off tools for turning with clamp tips

2006-12-30 发布　　2007-06-01 实施

中华人民共和国国家质量监督检验检疫总局
中国国家标准化管理委员会　发布

前言

本标准代替 GB/T 10953—1989《机夹切断车刀》。

本标准与 GB/T 10953—1989 相比主要变化如下：

——取消表 1 中的参考尺寸：γ_0、α_0、H_1；

——取消表 2 中的参考尺寸：γ_0 和 α_0；

——取消图 1 和图 2 中的参考尺寸标注；

——取消“性能试验”；

——取消“附录 A”；

——修改机夹切断车刀的标记示例；

——修改刀片定位面和刀杆基面的表面粗糙度的上限值；

——刀杆材料由 45 钢修改为 40Cr；刀垫材料由 45 钢修改为合金工具钢，其硬度由 40 HRC 修改为 45 HRC；

——修改标志和包装的要求。

本标准由中国机械工业联合会提出。

本标准由全国刀具标准化技术委员会(SAC/TC 91)归口。

本标准起草单位：成都工具研究所。

本标准主要起草人：樊瑾。

本标准所代替标准的历次版本发布情况为：

——GB/T 10953—1989。

机　夹　切　断　车　刀

1　范围

本标准规定了硬质合金机夹切断车刀的型式和尺寸、标记示例、位置公差、材料和硬度、外观和表面粗糙度、标志和包装等基本要求。

本标准适用于机械夹固式切断车刀。

2　代号表示规则

机夹切断车刀的代号由按规定顺序排列的一组字母和数字代号组成，共有六位代号，分别表示车刀的各项特征。第五位与第六位两位代号之间，用短划(-)将其分开。

——第一位代号用字母 Q 表示切断车刀；

——第二位代号用字母 A 或 B 表示 A 型或 B 型切断车刀；

——第三位代号用两位数字表示车刀的刀尖高度；

——第四位代号用两位数字表示车刀的刀杆宽度；

——第五位代号用字母 R 表示右切刀，用字母 L 表示左切刀；

——第六位代号用两位数字表示车刀刀片宽度，不计小数。如果不足两位数字时，则在该数前面加“0”。

3　型式和尺寸

3.1　A 型车刀的型式和尺寸

A 型机夹切断车刀的型式和尺寸应按图 1 和表 1 的规定。

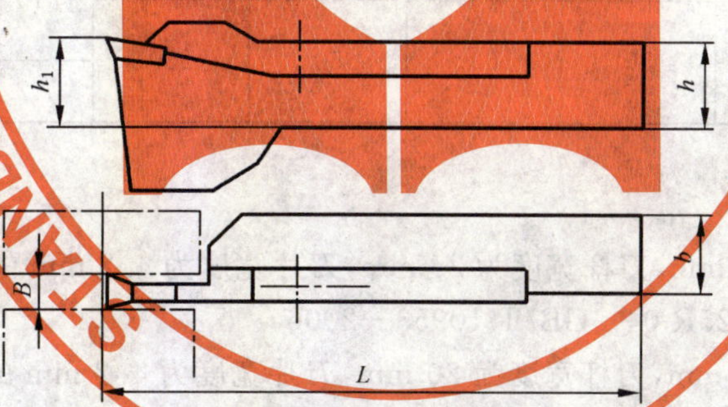

图 1　A 型机夹切断车刀

表 1　A 型机夹切断车刀

单位为毫米

车刀代号		h_1	h	b	L		B	最大加工直径
右切刀	左切刀		h13	h13	基本尺寸	极限偏差		D_{max}
QA2022R-03	QA2022L-03	20	20	22	125	0 −2.5	3.2	40
QA2022R-04	QA2022L-04						4.2	
QA2525R-04	QA2525L-04	25	25	25	150			60
QA2525R-05	QA2525L-05						5.3	
QA3232R-05	QA3232L-05	32	32	32	170	0 −2.9	5.3	80
QA3232R-06	QA3232L-06						6.5	

3.2 B 型车刀的型式和尺寸

B 型机夹切断车刀的型式和尺寸应按图 2 和表 2 的规定。

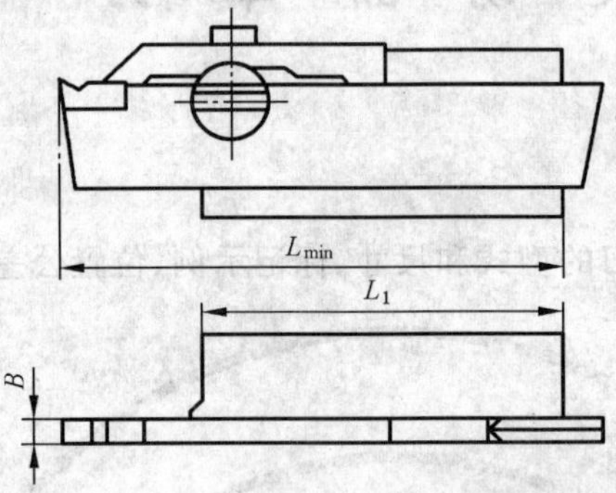

图 2 B 型机夹切断车刀

表 2 B 型机夹切断车刀

单位为毫米

<table>
<tr><th colspan="2">车刀代号</th><th rowspan="2">h_1</th><th rowspan="2">h
h13</th><th rowspan="2">b</th><th rowspan="2">L_{min}</th><th rowspan="2">B</th><th rowspan="2">L_1</th><th rowspan="2">最大加工直径
D_{max}</th></tr>
<tr><th>右切刀</th><th>左切刀</th></tr>
<tr><td>QB2020R-04</td><td>QB2020L-04</td><td rowspan="2">20</td><td rowspan="2">25</td><td rowspan="2">20</td><td rowspan="2">125</td><td>4.2</td><td rowspan="2">100</td><td rowspan="2">100</td></tr>
<tr><td>QB2020R-05</td><td>QB2020L-05</td><td rowspan="2">5.3</td></tr>
<tr><td>QB2525R-05</td><td>QB2525L-05</td><td rowspan="2">25</td><td rowspan="2">32</td><td rowspan="2">25</td><td rowspan="2">150</td><td rowspan="2">125</td><td rowspan="2">125</td></tr>
<tr><td>QB2525R-06</td><td>QB2525L-06</td><td rowspan="2">6.5</td></tr>
<tr><td>QB3232R-06</td><td>QB3232L-06</td><td rowspan="2">32</td><td rowspan="2">40</td><td rowspan="2">32</td><td rowspan="2">170</td><td rowspan="2">140</td><td rowspan="2">150</td></tr>
<tr><td>QB3232R-08</td><td>QB3232L-08</td><td rowspan="2">8.5</td></tr>
<tr><td>QB4040R-08</td><td>QB4040L-08</td><td rowspan="2">40</td><td rowspan="2">50</td><td rowspan="2">40</td><td rowspan="2">200</td><td rowspan="2">160</td><td rowspan="2">175</td></tr>
<tr><td>QB4040R-10</td><td>QB4040L-10</td><td rowspan="2">10.5</td></tr>
<tr><td>QB5050R-10</td><td>QB5050L-10</td><td rowspan="2">50</td><td rowspan="2">63</td><td rowspan="2">50</td><td rowspan="2">250</td><td rowspan="2">200</td><td rowspan="2">200</td></tr>
<tr><td>QB5050R-12</td><td>QB5050L-12</td><td>12.5</td></tr>
</table>

4 标记示例

示例 1：刀尖高度为 25 mm，刀杆宽度为 25 mm，刀片宽度为 4.2 mm 的 A 型右切机夹切断车刀为：
机夹切断车刀 QA2525R-04 GB/T 10953—2006

示例 2：刀尖高度为 20 mm，刀杆宽度为 20 mm，刀片宽度为 4.2 mm 的 B 型左切机夹切断车刀为：
机夹切断车刀 QB2020L-04 GB/T 10953—2006

5 外观和表面粗糙度

5.1 刀片夹紧应牢固。刀片和刀垫间沿纵向的外边缘不得有缝隙。

5.2 刀片切削刃应光整，表面不得有裂纹、崩刃等影响使用性能的缺陷。

5.3 其他各零件不得有锈迹、裂纹等影响使用性能的缺陷，各种钢制零件应经表面处理。

5.4 表面粗糙度的上限值：

——刀片前面和后面：Ra 0.4 μm；

——车刀刀片槽 V 形定位面中与刀片接触部分：Ra 1.6 μm；

——车刀刀杆基面：Ra 1.6 μm。

6 材料和硬度

6.1 机夹切断车刀刀杆用40Cr或同等性能的其他牌号钢材制造，硬度不低于40 HRC。

6.2 机夹切断车刀刀片下可装有可换刀垫，刀垫用合金工具钢制造，硬度不低于45 HRC。

7 位置公差

机夹切断车刀刀垫在刀杆上的侧向定位面，与刀杆底基面的垂直度A型为0.10 mm和B型为0.15 mm。

8 标志和包装

8.1 标志

8.1.1 产品上应标志：

——制造厂或销售商的商标；

——机夹切断车刀代号。

8.1.2 包装盒上应标志：

——制造厂或销售商的名称、地址和商标；

——机夹切断车刀标记；

——刀片材料；

——件数。

8.2 包装

机夹切断车刀在包装前应经防锈处理，包装应牢固，防止运输过程中损伤。

ICS 25.100.10
J 41

中华人民共和国国家标准

GB/T 10954—2006
代替 GB/T 10954—1989,GB/T 10955—1989

机夹螺纹车刀

Turning tools for threads with clamp tips

2006-12-30 发布　　　　2007-06-01 实施

中华人民共和国国家质量监督检验检疫总局
中国国家标准化管理委员会　发布

前 言

本标准代替 GB/T 10954—1989《机夹外螺纹车刀》和 GB/T 10955—1989《机夹内螺纹车刀》。

本标准与 GB/T 10954—1989 相比主要变化如下：

——增加 GB/T 10955—1989 的相关内容；

——取消 GB/T 10954—1989 表 1 中的参考尺寸：γ_0、α_0；

——取消 GB/T 10954—1989 图 1 中的参考尺寸标注；

——取消“性能试验”；

——取消“附录 A”；

——修改机夹外螺纹车刀的标记示例；

——修改刀片定位面和刀杆基面的表面粗糙度的上限值；

——刀杆材料由 45 钢修改为 40Cr；

——修改标志、包装的要求。

本标准与 GB/T 10955—1989 相比主要变化如下：

——增加 GB/T 10954—1989 的相关内容；

——取消 GB/T 10955—1989 表 1 中的参考尺寸：γ_0、α_0、α_0'、n 和最小加工直径；

——取消 GB/T 10955—1989 表 2 中的参考尺寸：γ_0、α_0、α_0'、m、f 和最小加工直径；

——取消 GB/T 10955—1989 图 1 中的参考尺寸标注；

——取消“性能试验”；

——取消“附录 A”；

——修改机夹内螺纹车刀的标记示例；

——修改刀片定位面和刀杆基面的表面粗糙度的上限值；

——刀杆材料由 45 钢修改为 40Cr；

——修改标志和包装的要求。

本标准由中国机械工业联合会提出。

本标准由全国刀具标准化技术委员会(SAC/TC 91)归口。

本标准起草单位：成都工具研究所。

本标准主要起草人：樊瑾。

本标准所代替标准的历次版本发布情况为：

——GB/T 10954—1989；

——GB/T 10955—1989。

机 夹 螺 纹 车 刀

1 范围

本标准规定了硬质合金机夹内、外螺纹车刀的型式和尺寸、标记示例、材料和硬度、外观和表面粗糙度、标志和包装等基本要求。

本标准适用于机械夹固式内、外螺纹车刀。

2 代号表示规则

机夹螺纹车刀的代号由按规定顺序排列的一组字母和数字代号组成，共有六位代号，分别表示机夹螺纹车刀的各项特征。第五位与第六位两位代号之间，用短划(-)将其分开。

——第一位代号用字母 L 表示螺纹车刀；

——第二位代号用字母 W 表示外螺纹车刀，字母 N 表示内螺纹车刀；

——第三位代号用两位数字表示车刀的刀尖高度；

——第四位代号用两位数字表示矩形刀杆车刀的刀杆宽度或圆形刀杆车刀刀杆直径；

——第五位代号用字母 R 表示右切刀，用字母 L 表示左切刀；

——第六位代号用两位数字表示车刀刀片宽度。如果不足两位数字时，则在该数前面加“0”。

3 型式和尺寸

3.1 机夹外螺纹车刀的型式和尺寸应按图 1 和表 1 的规定。

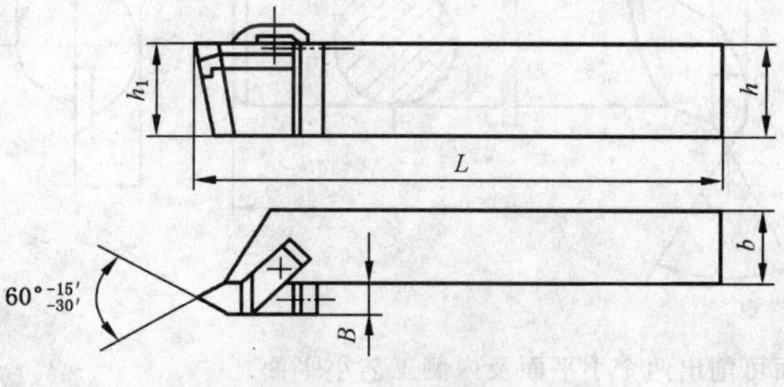

图 1 机夹外螺纹车刀

表 1 机夹外螺纹车刀

单位为毫米

车刀代号		h_1	h	b	L		B
右切刀	左切刀	js14	h13	h13	基本尺寸	极限偏差	
LW1616R-03	LW1616L-03	16	16	16	110	0 −2.5	3
LW2016R-04	LW2016L-04	20	20	16	125		4
LW2520R-06	LW2520L-06	25	25	20	150		6
LW3225R-08	LW3225L-08	32	32	25	170	0 −2.9	8
LW4032R-10	LW4032L-10	40	40	32	200		10
LW5040R-12	LW5040L-12	50	50	40	250		12

3.2 矩形刀杆机夹内螺纹车刀的型式和尺寸应按图 2 和表 2 的规定。

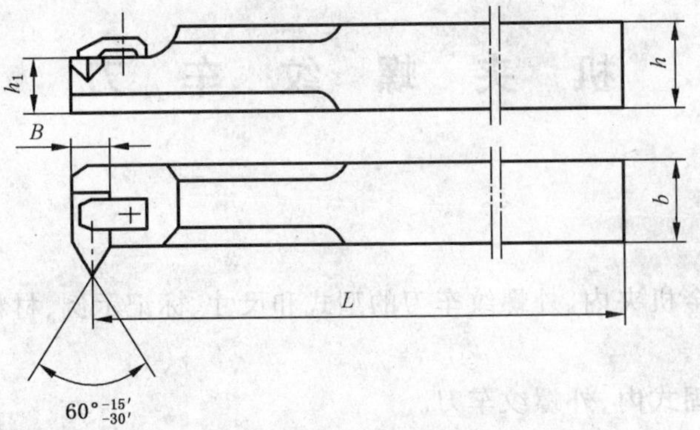

图 2 矩形刀杆机夹内螺纹车刀

表 2 矩形刀杆机夹内螺纹车刀

单位为毫米

车刀代号		h_1	h	b	L		B
右切刀	左切刀	js14	h13	h13	基本尺寸	极限偏差	
LN1216R-03	LN1216L-03	12	16	16	150	0 −2.5	3
LN1620R-04	LN1620L-04	16	20	20	180		4
LN2025R-06	LN2025L-06	20	25	25	200		6
LN2532R-08	LN2532L-08	25	32	32	250	0 −2.9	8
LN3240R-10	LN3240L-10	32	40	40	300		10

3.3 圆形刀杆机夹内螺纹车刀的型式和尺寸应按图 3 和表 3 的规定。

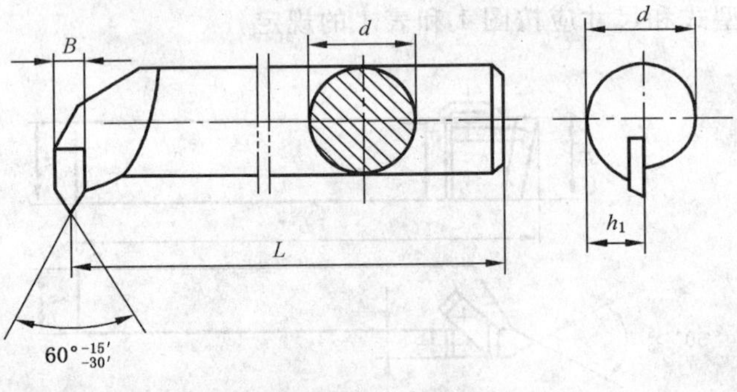

注：在圆形刀杆的上下两面可削出两个小平面及内侧工艺小平面。

图 3 圆形刀杆机夹内螺纹车刀

表 3 圆形刀杆机夹内螺纹车刀

单位为毫米

车刀代号		h_1	d		L		B
右切刀	左切刀	js14	基本尺寸	极限偏差	基本尺寸	极限偏差	
LN1020R-03	LN1020L-03	10	20	0 −0.052	180	0 −2.5	3
LN1225R-03	LN1225L-03	12.5	25		200		3
LN1632R-04	LN1632L-04	16	32	0 −0.062	250		4
LN2040R-08	LN2040L-08	20	40		300	0 −2.9	6
LN2550R-08	LN2550L-08	25	50	0 −0.074	350		8
LN3060R-10	LN3060L-10	30	60		400		10

4 标记示例

示例 1：刀尖高度为 25 mm，刀杆宽度为 20 mm，刀片宽度为 6 mm 的右切机夹外螺纹车刀为：

机夹外螺纹车刀　LW2520R-06　GB/T 10954—2006

示例 2：刀尖高度为 20 mm，刀杆宽度为 16 mm，刀片宽度为 4 mm 的左切机夹外螺纹车刀为：

机夹外螺纹车刀　LW2016L-04　GB/T 10954—2006

示例 3：刀尖高度为 20 mm，刀杆宽度为 25 mm，刀片宽度为 6 mm 的右切矩形刀杆机夹内螺纹车刀为：

机夹内螺纹车刀　矩形刀杆　LN2025R-06　GB/T 10954—2006

示例 4：刀尖高度为 20 mm，刀杆直径为 40 mm，刀片宽度为 8 mm 的左切圆形刀杆机夹内螺纹车刀为：

机夹内螺纹车刀　圆形刀杆　LN2040L-08　GB/T 10954—2006

5 外观和表面粗糙度

5.1 刀片夹紧应牢固。刀片和刀杆定位面间沿纵向的外边缘不得有缝隙。

5.2 刀片切削刃应光整，表面不得有裂纹、崩刃等影响使用性能的缺陷。

5.3 其他各零件不得有锈迹、裂纹等影响使用性能的缺陷，各种钢制零件应经表面处理。

5.4 表面粗糙度的上限值：

——刀片前面和后面：Ra 0.4 μm；

——车刀刀片槽 V 形定位面中与刀片接触部分：Ra 1.6 μm；

——车刀刀杆底基面：Ra 1.6 μm；

——圆形刀杆的外圆表面：Ra 1.6 μm。

6 材料和硬度

机夹螺纹车刀刀杆用 40Cr 或同等性能的其他牌号钢材制造，硬度不低于 40 HRC。

7 标志和包装

7.1 标志

7.1.1 产品上应标志：

——制造厂或销售商的商标；

——机夹螺纹车刀代号。

7.1.2 包装盒上应标志：

——制造厂或销售商的名称、地址和商标；

——机夹螺纹车刀标记；

——刀片材料；

——件数；

——制造年月。

7.2 包装

机夹螺纹车刀在包装前应经防锈处理，包装应牢固，防止运输过程中损伤。

ICS 29.035.99
K 15

中华人民共和国国家标准

GB/T 11026.3—2006/IEC 60216-3:2002

电气绝缘材料　耐热性
第3部分:计算耐热特征参数的规程

Electrical insulating materials—Thermal endurance properties—
Part 3:Instructions for calculating thermal endurance characteristics

(IEC 60216-3:2002,IDT)

2006-11-09 发布　　2007-04-01 实施

中华人民共和国国家质量监督检验检疫总局
中国国家标准化管理委员会　发布

前言

GB/T 11026《电气绝缘材料 耐热性》目前包括以下几部分：

—— 第1部分：老化程序和试验结果的评价；

—— 第2部分：试验判断标准的选择；

—— 第3部分：计算耐热特征参数的规程；

—— 第4部分：老化烘箱——单室烘箱；

—— 第5部分：绝缘材料相对耐热指数的测定；

……

本部分为GB/T 11026《电气绝缘材料 耐热性》的第3部分。

本部分等同采用IEC 60216-3:2002《电气绝缘材料 耐热性 第3部分：计算耐热特征参数的规程》(英文版)。

为便于使用，本部分与IEC 60216-3:2002相比做了下列编辑性修改。

a) 删除了国际标准的“前言”和“引言”；

b) 本部分第2章“规范性引用文件”中的引用标准，凡是有与IEC(或ISO)对应国家标准的均用国家标准替代。

本部分的附录A、附录B为规范性附录，附录C、附录D、附录E、附录F为资料性附录。

本部分由中国电器工业协会提出。

本部分由全国绝缘材料标准化技术委员会(SAC/TC 51)归口。

本部分起草单位：桂林电器科学研究所。

本部分主要起草人：于龙英。

本部分为首次发布。

电气绝缘材料　耐热性
第3部分:计算耐热特征参数的规程

1　范围

GB/T 11026 的本部分规定了从按照 GB/T 11026.1—2003 和 GB/T 11026.2—2000 获得的试验数据推导耐热特征参数的所应用的计算程序。

应用非破坏性、破坏性以及检查试验,可以获得试验数据。从非破坏性或检查试验获得的数据可能是不完整的,因为在所有试样已经达到终点之前,在过了中值时间之后的某一个点,达到终点时间的测量可能已经被终止了。

这些程序是通过计算实例进行说明,并推荐采用适合的计算机程序以方便计算。

2　规范性引用文件

下列文件中的条款通过 GB/T 11026 的本部分的引用而成为本部分的条款。凡是注日期的引用文件,其随后所有的修改单(不包括勘误的内容)或修订版均不适用于本部分,然而,鼓励根据本部分达成协议的各方研究是否可使用这些文件的最新版本。凡是不注日期的引用文件,其最新版本适用于本部分。

GB/T 11026.1—2003　电气绝缘材料　耐热性　第1部分:老化程序和试验结果的评价(IEC 60216.1:2001,IDT)

GB/T 11026.2—2000　确定电气绝缘材料长期耐热性的导则　第2部分:试验判断标准的选择(IEC 60216.2:1990,IDT)

IEC 60493-1:1974　老化试验数据统计分析导则　第1部分:建立在正态分布的试验结果的平均值基础上的方法

3　术语、定义、符号和缩写术语

3.1　术语和定义

下列术语和定义适用于 GB/T 11026 的本部分。

3.1.1

有序数据　ordered data

一组按顺序排列的数据,使得在整个顺序方向中,每个数据大于或等于其前面一项。

注:在本部分中,采用数据上升的排列方式,第一顺序统计量是最小的。

3.1.2

次序统计量　order-statistic

在一组有序数据中的每一个别值称为次序统计量,用它在次序中的数字位置来表示。

3.1.3

不完全数据　incomplete data

有序数据,其中高于或低于规定点的值是未知的。

3.1.4

检测过的数据　censored data

不完全数据,其中未知值的个数是已知的,如果开始检查的是高于或低于某一规定值,则这种检查为1型，如果检查的是高于或低于某一规定的次序统计量，则其为2型。

注：本部分仅涉及2型。

3.1.5

自由度　degrees of freedom

数据值的个数减去参数值的个数。

3.1.6

一组数据组的方差　variance of a data set

数据与由一个或几个参数确定的参照水平的偏差的平方总和除以自由度的数值，例如，参照水平可以是一个平均值（一个参数）或一条线（两个参数，斜率及截距）。

3.1.7

一组数据组的中心二阶矩　central second moment of a data set

数据与该组数据平均值的差的平方和除以该组数据的个数。

3.1.8

数据组的协方差　covariance of data sets

对带有相等数目的元的两组数据，其中一组数据中的每个元相应于另一组中的一个元，相对应的元与其组的平均值的偏差乘积的总和，除以自由度的数据。

3.1.9

回归分析　regression analysis

推出表示两个数据组的各相应元之间关系的最佳拟合直线过程，使得一个数据组的各个元与拟合线的偏差的平方总和为最小。

注：把这些参数称之为回归系数。

3.1.10

相关系数　correlation coefficient

表示两数据组各元之间相互关系的完整性的数，它等于协方差除以数据组方差乘积的方根。

注：其平方的值在0（表示不相关）与1（表示完全相关）之间。

3.1.11

终点　end-point line

截距为性能轴上通过终点值的平行于时间轴的线。

3.2　符号及符号名称

表1　符号及符号名称

符　号	符　号　名　称	章　条
a	回归系数（y ——截距）	4.3，6.2
a_p	破坏性试验计算的回归系数	6.1
b	回归系数（斜率）	4.3，6.2
b_p	破坏性试验计算的回归系数	6.1
b_r	中间常数（$\hat{X}_C$ 的计算）	6.3
c	中间常数（x^2 的计算）	6.3
f	自由度的数	表C.2，表C.3
F	费歇尔分布随机变量	4.4，6.1，6.3
F_0	F 的表值（耐热图的线性）	4.4，6.3
F_1	F 的表值（性能图的线性——0.05显著水平）	6.1

表 1(续)

符　号	符 号 名 称	章　条
F_2	F 的表值(性能图的线性——0.005 显著水平)	6.1
g	破坏性试验的老化时间的次序数	6.1
h	破坏性试验的性能值的次序数	6.1
HIC	温度等于 TI 时的半差	4.3,7
HIC_g	对应于 TI_g 的半差	7.3
i	暴露温度的次序数	4.1,6.2
j	终点时间的次序数	4.1,6.2
k	老化温度的个数	4.1,6.2
m_i	在 ϑ_i 温度下老化的试样数量	4.1,6.1
N	达到终点的总数量	6.2
n_g	老化时间 τ_g 时,一组性能值的个数	6.1
n_i	温度 ϑ_i 下 y 值的个数	4.1,6.1
$\overline{p}$	选择试验组的性能值的平均值	6.1
p	诊断性能值	6.1
P	χ^2 分布的显著水平	4.4,6.3.1
p_e	破坏性试验中诊断性能的终点值	6.1
$\overline{p}_g$	老化时间 τ_g 下一组性能的平均值	6.1
p_{gh}	个别性能值	6.1
q	对数的底	6.3
r	在计算中选择的老化时间的个数(破坏性试验)	6.1
R^2	相关系数的平方	6.2.3
s^2	s_1^2 和 s_2^2 的加权平均	6.3
s_1^2	s_{1i}^2的加权平均,选择组内的联合方差	4.3,6.1～6.3
$(s_1^2)_a$	s_1^2 的调整值	4.4,6.3
s_{1g}^2	老化时间 τ_g 下组内性能值的方差	6.1
s_{1i}^2	温度 ϑ_i 下 y_{ij} 值的方差	4.3,6.2
s_2^2	回归线的方差	6.1～6.3
s_a^2	s^2 的调整值	6.3
s_r^2	中间常数	6.3
s_Y^2	Y 的方差	6.3
t	学生随机分布变量	6.3
tc	t 的调整值(不完全数据)	6.3
TC	TI 的 95%下置信限	4.4,7
TC_a	TC 的调整值	7.1
TI	温度指数	4.3,7

表 1(续)

符　号	符 号 名 称	章　条
TI_{10}	10 kh 的温度指数	7.1
TI_a	TI 的调节值	7.3
TI_g	用画图或无确定置信限而得的温度指数	7.3
x	独立变量,热力学温度的倒数	
$\overline{x}$	x 的加权平均值	6.3
X	Y 的估计值对应的 x 的确定值	6.3
$\hat{X}$	确定 y 值下 x 的估计值	6.3
$\hat{X}_C$	$\hat{X}$ 的 95%置信上限	6.3
x_i	相应于 ϑ_i 热力学温度的导数	4.1,6.1
$\overline{y}$	Y 的加权平均值	6.2
y	非独立变量,终点时间的对数值	4.1
$\hat{y}$	确定 x 值下的 y 的估计值	6.3
Y	X 的估计值对应的 y 的确定值	6.3
$\hat{Y}_C$	$\hat{Y}$ 的 95%置信下限	6.3
$\overline{y}_i$	温度 ϑ_i 下的 y_{ij} 的平均值	4.3,6.2
y_{ij}	相应于 τ_{ij} 的 y 值	4.1,6.1
$\overline{z}$	z_g 的平均值	6.1
z_g	破坏性试验第 g 组的老化时间的对数	6.1
α	方差的检查数据系数	4.3,6.2
β	方差的检查数据系数	4.3,6.2
ε	平均值的方差的检查数据系数	4.3,6.2
θ_0	对应于热力学温度(273.15 K)的摄氏 0℃	4.1,6.1
ϑ	温度指数的温度估计值	6.3.3
ϑ_C	ϑ 的置信限	6.3.3
ϑ_i	i 组的老化温度	4.1,6.1
μ	平均值的检查数据系数	4.3,6.2
$\mu_2(X)$	X 值的中心二阶矩	6.2,6.3
ν	一个老化温度下选择的性能值的总个数	6.1
τ_f	评估温度所选择的时间	6.3
τ_{ij}	终点时间	6.3
χ^2	χ^2—分布随机变量	6.3

4 计算原理

4.1 一般原理

第 6 条中给出的一般计算程序和规程是基于 IEC 60493-1:1974 中所述的原理。这些原理(见

IEC 60493-1:1974的3.7.1)可简化如下：

a) 到达规定终点所需要的时间(终点时间)的对数平均值与热力学(绝对)温度的倒数之间呈线性关系；

b) 终点时间的对数偏离线性关系值通常是呈正态分布,其方差与老化温度无关。

在一般计算程序中应用的数据是从试验数据通过初步计算得到的。这种计算的细节与诊断试验的特点:非破坏性、检查或破坏性有关(见4.2)。在所有情况中,这些数据构成 x,y,m,n 及 k 的值。

其中：

$x_i=1/(\vartheta_i+\theta_0)$=老化温度 ϑ_i(℃)的热力学值的倒数；

$\theta_0=273.15$ K

$y_{ij}=\log\tau_{ij}=\vartheta_i$ 温度下,终点时间(j)值的对数；

$n_i=$ 在 ϑ_i 温度,第 i 个老化组内 y 值的个数；

$m_i=$ 在 ϑ_i 温度下,第 i 个老化组内样品的个数(对检查过的数据,它不同于 n_i)；

$k=$ 老化温度的个数或 y 值的组数。

注:可以使用任何数作为对数的底,只要整个计算过程保持一致。推荐采用自然对数(以e为底),因为大多数计算机语言和科学计算器具有这种功能。

4.2 初步计算

在所有情况下,把老化温度的热力学值的倒数计算为 x_i 的值。

把按下述得到的各个终点时间的对数值计算为 y_{ij} 的值。

在许多非破坏性试验和检查试验中,出自经济原因(例如,当数据分散性大时)在所有试验达到终点之前可停止老化,至少对某些温度组是如此。

在这种情况下,应该在所得到的(x,y)数据中,执行对检查过数据进行计算的程序(见6.2.1.2)。

在6.2.1.2的一种计算中,可以同时一起使用每一老化温度的某一不同点下的完整数据和不完整数据组或检查过的数据组。

4.2.1 非破坏性试验

非破坏性试验(例如:老化过程中的质量损失)直接给出每一时间、每一试样的诊断性能的值,这些值是在老化周期的终点测得的。因此,可以得到终点时间 τ_{ij},无论是直接还是通过连续测量之间的线性内插。

4.2.2 检查试验

各个试样的终点时间 τ_{ij} 为紧接到达终点前的那个老化周期的中点时间(见GB/T 11026.1—2003)。

4.2.3 破坏性试验

当采用破坏性试验判断标准时,每一试样在获得某一性能值时受到破坏,因此,不能直接测量其终点时间。

为了获得终点时间的评估,对终点作如下附加假设：

a) 平均性能值与老化时间的对数之间关系是近似线性的；

b) 各单个性能值偏离这个线性关系的偏差值呈正态分布,其方差与老化时间无关。

c) 各单个试样的性能与时间对数的关系曲线是一些与代表上述a)关系的线相平行的直线。

为了应用这些假设,要对从每一老化时间下获得的数据绘制一些老化曲线。通过绘制每一试样组的性能平均值与其老化时间的对数的关系曲线,得到老化曲线。如有可能,继续进行每一老化温度下的老化,直至有一组的平均值超过终点水平。在终点线附近,绘制一条该曲线的近似线性区(见图D.2)。

由于受到某些限制,允许把线性的平均值曲线外推到终点水平。

按6.1.4详细程序,可以在数字上完成上述操作。

4.3 方差计算

从按上述得到的 x 和 y 值开始,进行下述计算：

对每一组 y_{ij} 值，计算平均 $\overline{y}_i$ 和方差 s_{1i}^2，从后者(方差)推导出这些组内的联合方差，s_1^2。

对不完全数据的程序，这些程序在 6.1.2.2 中给出。表 C.1 给出所需要的各系数(平均值所需要的 μ，方差所需要的 α，β 以及从组方差推导平均方差所需要的 ϵ)。对多组的情况，按组的大小进行加权，然后合并方差。ϵ 的组值的平均值是在不加权下得到的，而且乘以合并方差。

从回归系数，计算 TI 和 HIC 值。从回归系数和组平均值，计算偏离回归线的偏差的方差。

4.4 统计检验

进行下列统计检验：

a) 在计算评估的终点时间之前，应对破坏性试验数据作费歇尔线性检验(F 检验)；

b) 方差相等性检验(Batrlett′s χ^2 检验)，以确定 y 值组内的方差是否有显著差异；

c) F 检验，以确定在数据组内的合并方差大于参照值 F_0 时，偏离回归线的偏差的比率，即检验 Arrhenius 假设应用于试验数据的有效性。

在数据分散非常小的情况下，有可能按统计的显著性的非线性检验，其实际重要性很小。

即使由于该原因，在不能满足 F 检验要求的场合，为了能得到某种结果，还要包括下述程序：

1) 通过系数 F/F_0，增加组内合并方差的值(s_1^2)，使得 F 检验给出一个正好能接受的结果(见 6.3.2)；

2) 应用这个调整的值$(s_1^2)_a$ 计算该结果的下置信限 TC_a；

3) 如果发现下置信间隔($TI-TC_a$)是可以接受的，则认为非线性是没有实际重要性(见 6.3.2)；

4) 应用回归方程，从数据分散性组成部分(s_1^2)和(s_1^2)，计算估计值的置信间隔。

当温度指数(TI)，其下置信限(TC)和半差(HIC)经计算之后(见 7.1)，若

$$TI - TC \leqslant 0.6HIC \tag{1}$$

则认为结果可以接受。

当下置信间隔($TI-TC$)超过 0.6HIC 某一小范围时，只要 $F \leqslant F_0$，通过($TC+0.6HIC$)替代 TI 的值(见第 7 章)。

4.5 结果

从回归方程计算温度指数(TI)、其半差(HIC)以及其 95%下置信限(TC)，对如上所述的偏离统计检验规定的结果的小偏差进行修正。

根据统计检验结果，确定温度指数和半差的报告形式(见 7.2)。

需要强调的是耐热图应作为报告的一部分内容，因为单一数字结果 $TI(HIC)$ 未能表示出一种对试验数据的全面的评价，并且在缺少耐热图情况下，对数据的评价是不完整的。

5 对有效计算的要求和建议

5.1 对试验数据的要求

提交给本标准的程序的数据应符合 GB/T 11026.1—2003 的 5.1～5.8 的要求。

5.1.1 非破坏性试验

对属于本类型的大多数诊断性能，一组 5 个试样是合适的。然而，如果发现数据分散性(置信间隔，见 6.3.3)太大，采用更大量的试样数可能获得更为满意的结果。在所有试样已达到终点之前，如果必要终止老化，则这样做是特别正确的。

5.1.2 检查试验

在第一个老化周期过程中，在任何组内，最多只能有一个试样达到终点：如果有一个组以上含有这样一个试样，则最好要谨慎确认该试验程序(见 6.1.3)并要把这一现象记入报告。

每组试样数应至少为 5 个，且由于实际原因，限制最大的可处理的试样数为 31(表 C.1)。对大多数用途，推荐试样数为 21。

5.1.3 破坏性试验

在每一温度，老化最好要继续下去直至至少有一组的性能平均值高于终点水平，且至少有一组低于

终点水平。在某些情况下，作一些适当限制，可以允许把性能平均值作小的外推通过终点水平（见6.1.4.4）。但这只能允许一个温度组。

5.2 计算的精确性

许多计算步骤包括了一些数值差的总和或这些差的平方和，其中这些差与数值相比，可能是小的。在这种情况下，有必要使计算的固有精确度至少为6位有效数字或更佳，以得到3位有效数字的结果。考虑到这些计算的重复和冗长的特点，因此，竭力推荐应用程序计算器或微机进行计算，在这种情况下，容易得到10位或以上的固有精确度。

6 计算程序

6.1 初步计算

6.1.1 温度和 x 值

对所有类型的试验，以热力学温度（K）为尺度表示每一老化温度并计算其倒数作为 x_i：

$$x_i = 1/(\vartheta_1 + \theta_0) \tag{2}$$

式中：$\theta_0 = 273.15$ K。

6.1.2 非破坏性试验

对第 i 组的第 j 试样，获得每一老化周期后的某一性能值。从这些值，如必要，可通过线性内插，获得终点时间并计算其对数值作为 y_{ij}。

6.1.3 检查试验

对第 i 组的第 j 试样，计算紧接到达终点前的那个老化周期的中点时间，取该时间的对数作为 y_{ij}。

在第一老化周期内的终点时间应作为无效处理。要么：

a) 另用新的试样开始老化，或者；

b) 不管这个试样，在计算组平均值和方差时，把归入第 m_i 组内试样数的值减1（见6.2.1.2）。

如果在第一周期中，有一个试样以上达到终点，则放弃该组并试验另外一组，要特别注意试验程序的任何一个临界点。

6.1.4 破坏性试验

在每一温度 ϑ_1 下老化后的试样组内，按6.1.4.1～6.1.4.5所述程序进行。

注：在6.1.4.2～6.1.4.4的表达中，去掉下标 i，以避免在打印中混淆多个下标结合。这些分条的计算应单独地在由每一老化温度得到的数据上进行。

6.1.4.1 计算每一老化时间得到的数据组的平均性能值和计算老化时间对数。在一张坐标纸上，以性能值 p 为纵坐标，老化时间的对数 z 作为横坐标，对这些值作图（见图D.2）。以目视法拟合一条通过平均性能各个点的光滑曲线。

6.1.4.2 选取一个时间范围，使得这样拟合的曲线在这个范围内大致呈线性（见6.1.4.4）。要保证该时间范围包括至少3个平均性能值，且至少有一个点在终点线 $p = p_e$ 的每一侧。如果这个范围不是这种情况，并且无法进行更长时间的进一步测量（例如，由于没有试样），则允许作小范围外推，但要满足6.1.4.4条件。

令所选取的平均值的数（以及对应的组值）为 r，各个老化时间的对数为 z_g，各个性能值为 p_{gn}。其中，

$g = 1 \cdots\cdots r$，是在时间 τ_g 下所选取的试验过的组的顺序号；

$h = 1 \cdots\cdots n_g$，是在第 g 组内的性能值的顺序号；

h_g 是在第 g 组内的性能的顺序号。

在大多数情况下，在每一试验时间下，试验过的试样数 n_g 是相同的，但这不是一种必要的条件，对不同组的不同 n_g 值也能够进行计算。

对每一所选取的性能值组计算平均值 $\overline{p}_g$ 和方差 s_{1g}^2。

$$\overline{p}_g = \sum_{h=1}^{ng} p_{gh} / n_g \tag{3}$$

$$s_{1g}^2 = \left(\sum_{h=1}^{ng} p_{gh}^2 - n_g \overline{p}_g^2\right) / (n_g - 1) \tag{4}$$

计算 τ_g 的对数：

$$z_g = \log \tau_g \tag{5}$$

6.1.4.3 计算这些值

$$\nu = \sum_{g=1}^{r} n_g \tag{6}$$

$$\overline{z} = \sum_{g=1}^{r} z_g n_g / \nu \tag{7}$$

$$\overline{p} = \Sigma \overline{p}_g n_g / \nu \tag{8}$$

计算回归方程 $p = a_P + b_P z$ 的系数

$$a_P = \overline{p} - b_P \overline{z} \tag{9}$$

$$b_P = \frac{\left(\sum_{g=1}^{r} n_g z_g p_g - \nu \overline{z}\,\overline{p}\right)}{\left(\sum_{g=1}^{r} n_g z_g^2 - \nu \overline{z}^2\right)} \tag{10}$$

计算性能组内的联合方差

$$s_1^2 = \sum_{g=1}^{r} (n_g - 1) s_{1g}^2 / (\nu - 2) \tag{11}$$

计算性能组平均值偏离回归线的偏差的加权方差

$$s_2^2 = \Sigma n_g (\overline{p}_g - \hat{p}_g)^2 / (r - 2) \tag{12}$$

式中：

$$\hat{p}_g = a_P + b_P z_g \tag{13}$$

这也可表示成

$$s_2^2 = \left[\left(\sum_{g=1}^{r} n_g \overline{p}_g^2 - \nu \overline{p}^2\right) - b_p \left(\sum_{g=1}^{r} n_g z_g \overline{p}_g - \nu \overline{z}\,\overline{p}\right)\right] / (r - 2) \tag{14}$$

6.1.4.4 进行非线性的 F 统计检验，在显著水平 0.05，按下式计算：

$$F = s_2^2 / s_1^2 \tag{15}$$

如果在自由度为 $f_n = r - 2$ 和 $f_d = \nu - r$ 时，F 的计算值超过查表值 F_1（见表 C.2）。

$$F_1 = F(0.95, r-2, \nu-r)$$

则改变 6.1.4.2 中的选择并重新计算。

如果在显著水平 0.05 及 $r \geqslant 3$ 下，不能满足 F 检验，则进行显著水平为 0.005 的 F 检验，通过计算的 F 值与查表的 F_2 值（自由度为 $f_n = r-2$，$f_d = \nu - r$）（见表 C.2 和表 C.3）相比较：

$$F_2 = F(0.995, r-2, \nu-r)$$

如果在该显著水平下，满足 F 检验，则可以继续计算下去，但不允许按 7.3.2 调整 TI。

如果在 0.005 显著水平下，F 检验不能满足要求，或按 6.1.4.1 绘制的性能点都在终点线的同一侧，则可以允许外推，但要符合下述条件：

如果在显著水平 0.05 下 F 检验满足值的范围（当 $r \geqslant 3$），其中所有的平均值 $\overline{p}_g$ 都在终点值 p_e 的同一侧，则可以外推，只要终点值 p_e 与最接近终点的平均值 $\overline{p}_g$（通常为 $\overline{p}_r$）之差的绝对值是小于差（$\overline{p}_1 - \overline{p}_r$）的绝对值的 0.25 倍。

在这种情况下，可以继续计算下去，但仍不允许按 7.3.2 进行调整 TI。

6.1.4.5 对所选取的每一组内的每一性能值，计算估算的终点时间的对数：

$$y_{ij} = z_g - (p_{gh} - p_e)/b_P \quad (16)$$

$$n_i = \nu \quad (17)$$

式中：

$j=1\cdots\cdots n_i$ 是 ϑ_i 温度下，估算过的 y 值组内的 y 值顺序号，z_g 是老化时间的对数。

y_{ij} 的 n_i 值是在 6.2.1 计算中拟采用的对数(时间)值。

6.1.5 不完整数据

在不完整数据情况下，按递升顺序，整理 y 值的每一组(见 3.1.1)。

6.2 总体计算

6.2.1 计算组平均和方差

计算每一 ϑ_i 温度下获得的 y 值组 y_{ij} 的平均值和方差。

6.2.1.1 完整数据

对数据完整(即未经检查)的试验，可以用常用的公式：

$$\overline{y}_i = \sum_{j=1}^{n_i} y_{ij}/n_i \quad (18)$$

$$s_{1i}^2 = \left(\sum_{j=1}^{n_i} y_{ij}^2 - n_i\overline{y}^2\right)/(n_i - 1) \quad (19)$$

另外，对不完整数据(6.2.1.2)也可以用该公式，尽管这些公式对这种计算未必方便。这样，系统可以用下述值表示：

$$\alpha_i = 1/(n_i - 1) \quad (20)$$

$$\beta_i = \frac{-1}{n_i(n_i - 1)} \quad (21)$$

$$\mu_i = 1 - 1/n_i \quad (22)$$

6.2.1.2 检查过的数据

应用下列公式取代公式(18)和公式(19)：

$$\overline{y}_i = (1-\mu_i)y_{in_i} + \mu_i \sum_{j=1}^{n_i-1} \frac{y_{ij}}{(n_i - 1)} \quad (23)$$

$$s_{1i}^2 = \alpha_i \sum_{j=1}^{n_i-1} (y_{in_i} - y_{ij})^2 + \beta_i \left[\sum_{j=1}^{n_i-1} (y_{in_i} - y_{ij})\right]^2 \quad (24)$$

μ_i、α_i 及 β_i 应从表 C.1 相应行中读取。对于数据是经过部分检查的(例如，一个或一个以上温度组是完整的，而一个或一个以上是经过检查的)，应该应用公式(20)～公式(22)推导出这些数据值。

6.2.2 总平均值和总方差

计算 y_{ij} 值的总数 N、x 值的加权平均值($\overline{x}$)以及 y 值的加权平均值 $\overline{y}$：

$$N = \sum_{i=1}^{k} n_i \quad (25)$$

$$\overline{x} = \Sigma n_i x_i/N \quad (26)$$

$$\overline{y} = \Sigma n_i \overline{y}_i/N \quad (27)$$

对检查过的数据，计算试样的总数：

$$M = \sum_{i=1}^{k} m_i \quad (28)$$

对完整数据，$M=N$。

对检查过的数据，从表 C.1 读取 ε_i 值。对完整数据，或对部分检查过数据，如 $n_i = m_i$，则 ε_i 值应是 1。

计算总平均方差系数：

$$\varepsilon = \sum_{i=1}^{k} \varepsilon_i / k \tag{29}$$

计算数据组内的合并方差：

$$s_1^2 = \varepsilon \sum_{i=1}^{k} (n_i - 1) s_{1i}^2 / (N - k) \tag{30}$$

计算 x 值的二阶中心矩：

$$\mu_2(x) = \frac{\left(\sum_{i=1}^{k} n_i x_i^2 - N\bar{x}^2\right)}{N} \tag{31}$$

6.2.3 回归的计算

回归线用下式表示：

$$y = a + bx \tag{32}$$

计算斜率：

$$b = \frac{\left(\sum_{i=1}^{k} n_i x_i \bar{y}_i - N\bar{x}\,\bar{y}\right)}{\left(\sum_{i=1}^{k} n_i x_i^2 - N\bar{x}^2\right)} \tag{33}$$

y 轴的截距：

$$a = \bar{y} - b\bar{x} \tag{34}$$

以及相关系数的平方：

$$r^2 = \frac{\left(\sum_{i=1}^{k} n_i x_i \bar{y}_i - N\bar{x}\,\bar{y}\right)^2}{\left(\sum_{i=1}^{k} n_i x_i^2 - N\bar{x}^2\right)\left(\sum_{i=1}^{k} n_i y_i^2 - N\bar{y}^2\right)} \tag{35}$$

计算 y 平均值偏离回归线的偏差的方差：

$$s_2^2 = \sum_{i=1}^{k} \frac{n_i(\bar{y}_i - \hat{Y}_i)^2}{(k-2)} \qquad \hat{Y}_i = a + bx_i \tag{36}$$

或

$$s_2^2 = \frac{(1-r^2)}{(k-2)}\left(\sum_{i=1}^{k} n_i \bar{y}_i^2 - N\bar{y}^2\right) \tag{37}$$

6.3 统计检验

6.3.1 方差相等性检验

计算 Bartlett's χ^2 函数的值：

$$\chi^2 = \frac{\ln q}{c}\left[(N-k)\log q \frac{s_1^2}{\varepsilon} - \sum_{i=1}^{k}(n_i - 1)\log q s_{1i}^2\right] \tag{38}$$

式中：

$$c = 1 + \frac{\left(\sum_{i=1}^{k} \frac{1}{n_i - 1} - \frac{1}{N-k}\right)}{3(k-1)} \tag{39}$$

q 是在本公式中应用的对数的底。它不一定要等于本条中在其他地方计算中所用的底。

如果 $q=10$，则 $\ln q=2.303$，如果 $q=\mathrm{e}$，则 $\ln q=1$。

在自由度 $f=(k-1)$ 下(表 C.5)把 χ^2 值与查表值进行比较。在显著水平 0.05 下，如果 χ^2 值大于查表值，则报告 χ^2 值及最高值小于 χ^2 的查表显著水平。另外，如果是按计算机程序计算 χ^2 和显著水平，则报告这些。

6.3.2 线性检验(F 检验)

通过显著水平为 0.05 下的 F 检验,把偏离回归线偏差的方差 s_2^2 与 k 测量组内的合并方差 s_1^2 进行比较。

计算比率:

$$F = s_2^2/s_1^2 \tag{40}$$

对应于 $f_n = k-2$ 及 $f_d = N-k$ 自由度(表 C.2 和表 C.3)的 F_0 值,将其值 F 与查表值 F_0 比较。

$$F_0 = F(0.95, k-2, N-k)$$

a) 如果 $F \leqslant F_0$,计算联合方差评估值:

$$s^2 = \frac{(N-k)s_1^2 + (k-2)s_2^2}{(N-2)} \tag{41}$$

b) 如果 $F > F_0$,调整 s_1^2 至 $(s_1^2)_a = s_1^2(F/F_0)$ 并计算 s^2 的调节值:

$$s_a^2 = \frac{(N-k)(s_1^2)_a + (k-2)s_2^2}{(N-2)} \tag{42}$$

6.3.3 *X* 和 *Y* 评估的置信界限

在置信水平 0.95 下,获取在 $N-2$ 自由度下的 t 分布的查表值,$t_{0.95,N-2}$(表 C.4)。

计算对检查数据的值经过修正后的 $t(t_C)$ 值:

$$t_C = \left(\frac{1}{t_{0.95,N-2}} - \frac{(1-N/M)}{(N/8+4,5)}\right)^{-1} \tag{43}$$

a) Y 评估

计算对应于已知 X 的 Y 的评估值及其下 95% 置信界限:

$$\hat{Y}_C = \hat{Y} - t_C s_Y, \hat{Y} = a + bx \tag{44}$$

$$s_Y^2 = \frac{s^2}{N}\left[1 + \frac{(X-\overline{x})}{\mu_2(x)}\right] \tag{45}$$

为获得耐热图的置信界限曲线(见 6.4),计算所关注范围内许多成对 (X,Y) 值的 Y_C,并通过绘制在图上的许多 (X_C,Y_C) 作出曲线。

如果 $F > F_0$,则应用 s_a^2(公式(42))代替 s_2^2 值。

b) X 评估

计算对应于某一终点时间 τ_f 的 $\hat{X}$ 值及其下 95% 置信界限:

$$\hat{X}_C = \overline{x} + \frac{(Y-\overline{y})}{b_r} + \frac{t_C s_r}{b_r} \tag{46}$$

$$Y = \log \tau_f : \hat{X} = (Y-a)/b \tag{47}$$

$$b_r = b - \frac{t_C^2 s^2}{Nb\mu_2(x)} \tag{48}$$

$$s_r^2 = \frac{s^2}{N}\left[\frac{b_r}{b} + \frac{(\hat{X}-\overline{x})^2}{\mu_2(x)}\right] \tag{49}$$

应从对应于 X 评估及其下置信界限,计算温度评估及其下 95% 置信界限:

$$\vartheta = \frac{1}{\hat{X}} - \theta_0, \vartheta_C = \frac{1}{X_C} - \theta_0 \tag{50}$$

6.4 耐热图

当回归线已经确定之后,就可以作出耐热图,即以 $y = \log(\tau)$ 作为纵坐标,以 $x = 1/(\vartheta + \Theta_0)$ 为横坐标作的图。通常按从左到右增加绘制 x 并在这个坐标上标出以摄氏度(℃)为单位的 ϑ 的相对应值(见图 D.1a)和 D.1b))。这种用途的特殊坐标纸是可以得到的。

另外,操作这种计算的某种计算机程序可能包括一种在合适的非线性刻度上绘制该图的子程序。

在耐热图上于相应的 x_i 值处,绘制按 6.2.1 获得的各个 $y_{ij} = \log(\tau_{ij})$ 值和平均的 $\overline{y}_i$ 值:

通过绘制下95%置信曲线(见6.3.3),可以完成耐热图。

7 结果的计算和要求

7.1 耐热特性参数的计算

应用回归公式:

$$y = a + bx \tag{51}$$

(系数 a 和 b 按6.2.3计算)计算对应于终点时间20 kh的摄氏温度(℃),该温度的数值就是温度指数,TI。

用同样方法,计算对应于终点时间10 kh的温度的数值。半差 HIC 是:

$$HIC = TI_{10} - TI \tag{52}$$

以 $Y = \log 20000$,按6.3.3方法计算 TI 的下95%置信界限 TC,或如果使用调节值 s_a^2,则计算 TC_a。

确定$(TI-TC)/HIC$ 或$(TI-TC_a)/HIC$ 的值。

绘制耐热图(见6.4)。

7.2 统计检验和报告的概括说明

在表B.1中,如果不能满足"试验"栏内的条件,则按最后栏目中指示执行。如果满足条件,则按下一步的指示执行。在耐热性计算的判决流程图中,也指明该相同程序,见附录A。

7.3 结果的报告

7.3.1 如果$(TI-TC)/HIC$ 值$\leqslant 0.6$,则应按GB/T 11026.1—2003的6.8以下面形式报告试验结果:

$$TI(HIC):\cdots(\cdots) \tag{53}$$

7.3.2 如果$0.6<(TI-TC)/HIC\leqslant 1.6$,同时 $F \leqslant F_0$(见6.3.2),则应报告

$$TI_a = TC + 0.6HIC \text{ 值} \tag{54}$$

并以 $TI(HIC)\cdots(\cdots)$ 形式同时报告 HIC。

7.3.3 在所有其他情况下,以

$$TI_g = \cdots\cdots,HIC_g = \cdots\cdots \tag{55}$$

形式报告结果。

8 试验报告

试验报告应包括:

a) 试验方法的说明,包括试样尺寸和任何条件处理;

b) 所研究的性能,终点选择,以及如果要求测定的话,性能的原始值;

c) 用作测定性能的试验方法;

d) 试验程序的任何相关信息,例如,老化环境;

e) 各个试验温度,试验种类的相关数据:

1) 非破坏性试验,各个终点时间;

2) 检查试验,老化周期的数和时间持续时间,在各周期中,达到终点的试样数;

3) 破坏性试验,老化时间和各个性能值,性能随时间变化的图。

f) 耐热图;

g) 以7.3规定形式报告的温度指数和半差;

h) X_2 值以及如果按6.3.1要求,$k-1$;

i) 按5.1.2的第一周期失效。

附 录 A
（规范性附录）
判定流程图

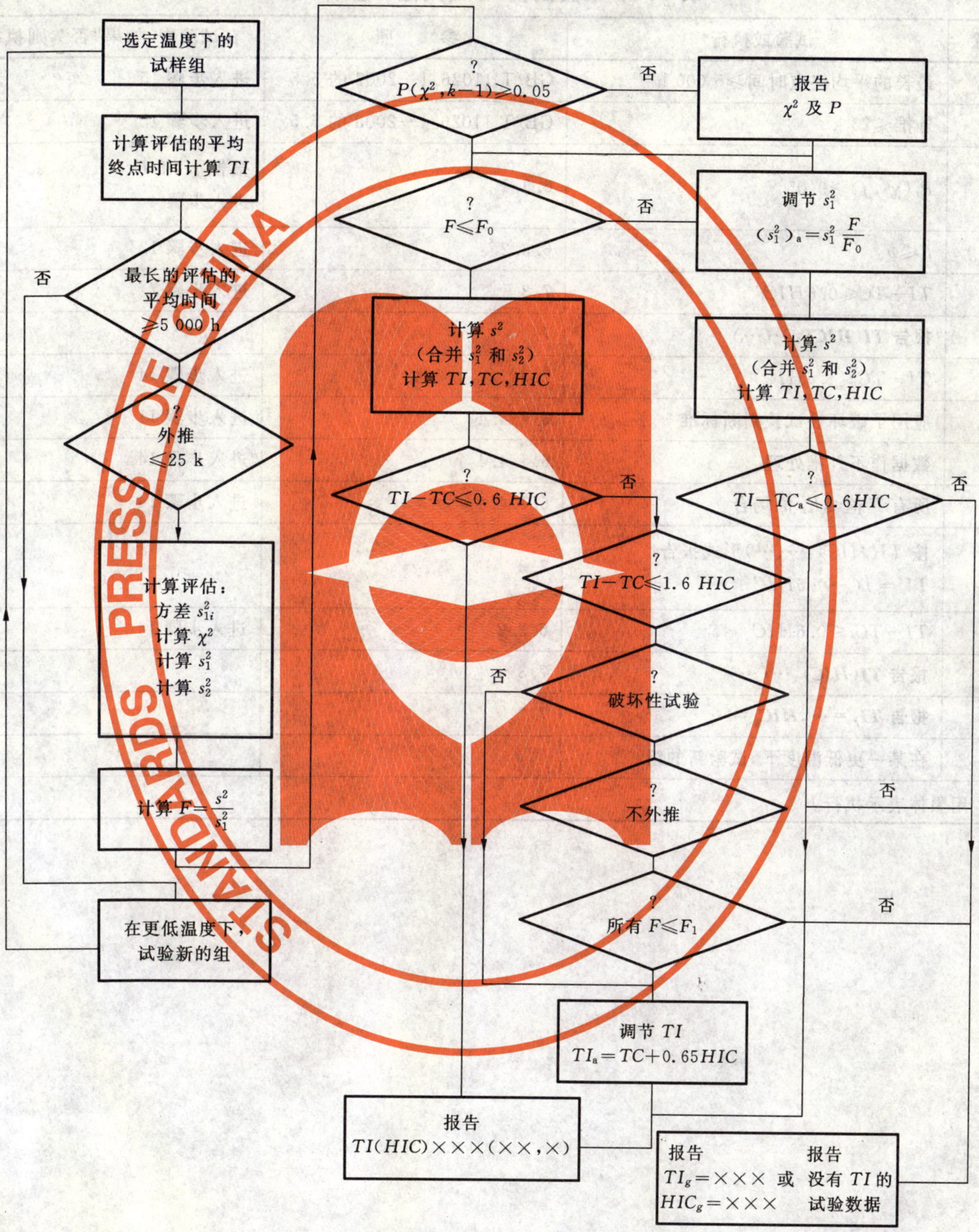

附 录 B
（规范性附录）
判 定 表

表 B.1 根据试验，作出判定和执行

步 骤	试验或执行[a]	参 照	在试验中，如果“否”，则执行
1	最长的平均终点时间≥5 000 h	GB/T 11026.1—2003 的 5.5	进入步骤 15
2	外推≤25 k	GB/T 11026.1—2003 的 5.5	进入步骤 15
3	$P(\chi^2, f) \geqslant 0.05$	6.3.1	报告 χ^2 和 P 进入步骤 4
4	$F \leqslant F_0$	6.3.2	进入步骤 12
5	$TI - TC \leqslant 0.6HIC$	7.3	进入步骤 7
6	**报告 *TI*(*HIC*)：…(…)**	7.3	
7	$TI - TC \leqslant 1.6HIC$	7.3	进入步骤 14
8	应用了破坏性试验判断标准	6.1.4.4	进入步骤 11
9	数据作不外推处理	6.1.4.4	进入步骤 14
10	所有 F 值≤F_1 的场合	6.1.4.4	进入步骤 14
11	按 *TI*(*HIC*)：…(…)形式报告 $TI_a = TC + 0.6HIC$	7.3	
12	$TI - TC_a \leqslant 0.6HIC$	6.3.2	进入步骤 14
13	**报告 *TI*(*HIC*)：…(…)**	7.3	
14	**报告 $TI_g = \cdots$，$HIC_g = \cdots$**	7.3	
15	在某一更低温度下，试验新的组		

[a] 用黑体表示执行。

附　录　C
（资料性附录）
统　计　表

表 C.1　检查过的数据计算用的系数

m	n	α	β	μ	ε
5	3	614.4705061728	−100.3801985597	0.0000000000	860.4482888889
5	4	369.3153100012	−70.6712934899	472.4937150842	874.0745894447
6	4	395.4142139605	−58.2701183523	222.6915218468	835.7650306465
6	5	272.5287238052	−44.0988850936	573.5126123815	887.1066681426
7	4	415.5880351563	−46.5401552734	0.0000000000	841.7746734375
7	5	289.1914470089	−38.0060438107	364.2642153815	837.3681267819
7	6	215.5146796875	−30.1363662109	642.2345606152	898.7994404297
8	5	302.2559543304	−32.0455510095	173.7451925589	823.1325022970
8	6	227.1320334900	−26.7149242720	462.3946896558	845.5891673417
8	7	178.0192047851	−21.8909055649	692.0082911498	908.7175231765
9	5	312.9812000000	−26.3842700000	0.0000000000	830.5022000000
9	6	236.3858000000	−23.2986100000	296.0526300000	821.3172600000
9	7	186.6401000000	−19.7898900000	534.4601800000	855.2096700000
9	8	151.5120000000	−16.6140800000	729.7119900000	917.0583200000
10	6	244.1191560890	−20.0047740729	142.3739002847	815.8210886826
10	7	193.6205880047	−17.6663604814	386.9526017618	825.7590437753
10	8	158.2300608320	−15.2437931582	589.6341322307	864.6219294884
10	9	131.8030382363	−13.0347627976	759.2533663842	924.0989192531
11	6	250.6859320988	−16.8530354295	0.0000000000	822.9729127315
11	7	199.4695468487	−15.5836545374	249.2599953079	812.6308986254
11	8	163.6996121337	−13.8371182557	457.2090965743	832.5488161799
11	9	137.2299243827	−12.1001907793	633.2292924678	873.3355410880
11	10	116.5913210464	−10.4969569718	783.0177949444	930.0880372994
12	7	204.5349924229	−13.5767110244	120.5748554921	810.9803051840
12	8	168.3292196600	−12.4439880795	332.5519557674	814.7269021330
12	9	141.6425229674	−11.1219466676	513.1493415383	840.0625045817
12	10	121.0884792448	−9.8359507754	668.5392651269	881.2400322962
12	11	104.5060800375	−8.6333795848	802.5441292356	935.2282230049
13	7	208.9406118284	−11.6456142827	0.0000000000	817.5921863390
13	8	172.3464251400	−11.0865264201	215.2023355151	807.2699422973
13	9	145.4178687827	−10.1472348992	399.3236520338	819.3180095090
13	10	124.7371924225	−9.1300085328	558.7461589055	847.5908596926

表 C.1（续）

m	n	α	β	μ	ε
13	11	108.3018058633	−8.1510819663	697.7158560873	888.3591181189
13	12	94.6796149706	−7.2252117874	818.8697028778	939.6794196639
14	8	175.9018422090	−9.7746826098	104.5543516980	807.5106793327
14	9	148.7066543210	−9.1891433745	291.5140765844	807.9273940741
14	10	127.8816896780	−8.4224506929	454.0609002065	825.0398828063
14	11	111.3817699729	−7.6266971302	596.6235832604	854.8238304463
14	12	97.9278246914	−6.8636059259	722.2249188477	894.7614153086
14	13	86.5363075231	−6.1355268822	832.7192524487	943.5668941976
15	8	179.0513405762	−8.5071530762	0.0000000000	813.5568182129
15	9	151.6274451540	−8.2566923172	189.3157319524	803.6572346196
15	10	130.6387362674	−7.7228786289	354.3906973785	810.9441335713
15	11	114.0457797966	−7.0973951863	499.7526628800	831.1920110198
15	12	100.5718881836	−6.4648224487	628.5859288205	861.6352648315
15	13	89.3466123861	−5.8578554309	743.0997382709	900.5262051665
15	14	79.6796956870	−5.2751393667	844.6143938637	946.9889014846
16	9	154.2518689085	−7.3527348129	92.2865976624	804.8901545650
16	10	133.0926552303	−7.0374903483	259.4703005026	803.4179489468
16	11	116.3971900144	−6.5718807983	407.1074446942	815.2259119510
16	12	102.8620227960	−6.0590262781	538.4703518878	837.4056164917
16	13	91.6475110414	−5.5485234808	655.9153003723	867.9864133589
16	14	82.1334839298	−5.0573990501	761.0897304685	905.7302132374
16	15	73.8281218530	−4.5839766095	854.9400915790	950.0229759376
17	9	156.6104758421	−6.4764602745	0.0000000000	810.4190113397
17	10	135.3069770991	−6.3698625234	168.9795641122	801.0660748802
17	11	118.4974933487	−6.0543187349	318.5208867246	805.3180627394
17	12	104.8944939376	−5.6546733211	451.9486020413	820.1513691949
17	13	93.6414079430	−5.2310447166	571.6961830632	843.4861778660
17	14	84.1578079201	−4.8133017972	679.5480456810	873.8803351313
17	15	75.9876912684	−4.4100612544	776.7517032846	910.4428918550
17	16	68.7761850391	−4.0203992390	863.9866274899	952.7308021373
18	10	137.3196901001	−5.7208401228	82.5925913725	802.8356541137
18	11	120.3965503416	−5.5477052124	233.7625216775	800.2584198483
18	12	106.7179571420	−5.2548692706	368.9237739923	808.4878348626
18	13	95.4179152353	−4.9135219393	490.5582072725	825.3579958906
18	14	85.9129822797	−4.5606570913	600.5193900565	849.3339891000
18	15	77.7846697341	−4.2145025451	700.1840825530	879.3395044075
18	16	70.6902823246	−3.8792292982	790.5080136386	914.7252389325
18	17	64.3706903919	−3.5548196830	871.9769987244	955.1618993620
19	10	139.1496250000	−5.0900181250	0.0000000000	807.9096187500
19	11	122.1302375000	−5.0534809375	152.5838471875	799.1198428125

表 C.1（续）

m	n	α	β	μ	ε
19	12	108.3704562500	−4.8618459375	289.2318165625	801.3602625000
19	13	97.0188250000	−4.5986040625	412.4553559375	812.3967434375
19	14	87.4809000000	−4.3069634375	524.1508350000	830.6312000000
19	15	79.3443750000	−4.0105056250	625.7586734375	854.9021531250
19	16	72.2973312500	−3.7204237500	718.3571609375	884.3945350000
19	17	66.0780873071	−3.4385965290	802.6848402810	918.6300659873
19	18	60.4951234568	−3.1657522324	879.0853247478	957.3563882895
20	11	123.7207246907	−4.5719038494	74.7399526898	801.1790116264
20	12	109.8822471135	−4.4770355488	212.6836623662	797.9482811738
20	13	98.4738232381	−4.2879392332	337.2732389272	803.6777212196
20	14	88.8993849835	−4.0546864523	450.4338248217	816.7130862373
20	15	80.7401190433	−3.8047814139	553.6438253890	835.8437320329
20	16	73.6945982033	−3.5536092812	648.0414354618	860.1735387686
20	17	67.5243573136	−3.3080573368	734.4814490502	889.0784510048
20	18	62.0270511202	−3.0688692068	813.5380807649	922.2028072690
20	19	57.0593311634	−2.8372923418	885.4495276379	959.3470694381
21	11	125.1805042688	−4.1027870814	0.0000000000	805.8572211871
21	12	111.2748584476	−4.1010407267	139.0856144175	797.6054376202
21	13	99.8073278954	−3.9827324033	264.8685742314	798.4725915308
21	14	90.1927034195	−3.8051093799	379.2915229528	806.7637854827
21	15	82.0068958400	−3.5996961022	483.8588877922	821.2259618217
21	16	74.9465754505	−3.3846323534	579.7432762887	840.9212051713
21	17	68.7848146833	−3.1701150195	667.8566522885	865.1477737296
21	18	63.3357410645	−2.9603773312	748.8832650493	893.4238105389
21	19	58.4412075437	−2.7556394531	823.2713052490	925.4824714209
21	20	53.9924872844	−2.5574642897	891.1802616762	961.1609917803
22	12	112.5622493763	−3.7339426543	68.2498992309	799.8134564378
22	13	101.0383585659	−3.6836764565	195.0883064772	796.2007530338
22	14	91.3804604560	−3.5591868547	310.6161204268	800.1345064303
22	15	83.1655367136	−3.3963282816	416.3557572996	810.3242215503
22	16	76.0857406653	−3.2157585729	513.5029910799	825.8000270835
22	17	69.9154470902	−3.0297597429	603.0017042238	845.8218001615
22	18	64.4795955687	−2.8451649972	685.5911008461	869.8337436326
22	19	59.6311106506	−2.6645660073	761.8232057644	897.4613278831
22	20	55.2451821096	−2.4879744683	832.0484727783	928.5025656429
22	21	51.2381885483	−2.3171119644	896.3673255616	962.8206447076
23	12	113.7531148245	−3.3756614624	0.0000000000	804.1474989583
23	13	102.1805929155	−3.3910352539	127.7797799222	796.3938026565
23	14	92.4787143782	−3.3175684539	244.2868537307	796.3022860399
23	15	84.2320650394	−3.1954304107	351.0543166209	802.5583945106
23	16	77.1306716018	−3.0479567336	449.2947092156	814.1621969549
23	17	70.9462283196	−2.8891287395	539.9727159165	830.3483079467

表 C.1(续)

m	n	α	β	μ	ε
23	18	65.5067730517	−2.7274270713	623.8577387905	850.5239901982
23	19	60.6745439037	−2.5674672567	701.5547596051	874.2452031077
23	20	56.3317476641	−2.4108249757	773.5119026250	901.2192903703
23	21	52.3789712444	−2.2574588071	840.0031107829	931.2919267259
23	22	48.7509673306	−2.1091382204	901.0843478372	964.3448710375
24	13	103.2433478819	−3.1048361929	62.7962963934	798.6676773352
24	14	93.4998991613	−3.0805979769	180.1796657031	794.8416535458
24	15	85.2198224000	−2.9975602432	287.8595445984	797.4563606400
24	16	78.0948480411	−2.8818367882	387.0601172274	805.4868099248
24	17	71.8941228860	−2.7491283441	478.7611920828	818.1445544127
24	18	66.4447043048	−2.6091448018	563.7511952496	834.8153636945
24	19	61.6126915633	−2.4678299408	642.6640805184	855.0189514195
24	20	57.2879088000	−2.3283191552	715.9989838080	878.3981891840
24	21	53.3750541943	−2.1915606657	784.1214493452	904.7233952180
24	22	49.7942298597	−2.0575307047	847.2450550466	933.8754408471
24	23	46.4937670005	−1.9279731656	905.3922645488	965.7495722974
25	13	104.2328856132	−2.8250501511	0.0000000000	802.7013015441
25	14	94.4531438920	−2.8483968323	118.1726878830	795.4024387937
25	15	86.1396570015	−2.8030714582	226.6706783537	794.6305407379
25	16	78.9893820242	−2.7178609400	326.7248166681	799.3466482243
25	17	72.7708231743	−2.6102752025	419.3261414998	808.7406844958
25	18	67.3090611675	−2.4911808278	505.2766660081	822.1806443986
25	19	62.4704476832	−2.3674613613	585.2280935412	839.1665981029
25	20	58.1487801571	−2.2433309433	659.7075915449	859.3057874761
25	21	54.2547721412	−2.1209279325	729.1297472481	882.3094990236
25	22	50.7106344695	−2.0008151849	793.7938286936	907.9968030989
25	23	47.4515824664	−1.8830136520	853.8654746859	936.2746548624
25	24	44.4360844355	−1.7691959649	909.3419372255	967.0482582508
26	14	95.3449516529	−2.6209763465	58.1493461856	797.6921057014
26	15	87.0000110601	−2.6121400166	167.3864953313	793.7600455859
26	16	79.8235563470	−2.5563562391	268.2070524346	795.3879797465
26	17	73.5857124933	−2.4729505699	361.6097876691	801.7490889242
26	18	68.1102550823	−2.3739926858	448.4070425448	812.1940558767
26	19	63.2623426172	−2.2671844225	529.2628483474	826.2086884902
26	20	58.9367927789	−2.1574866751	604.7212241224	843.3813295696
26	21	55.0480429364	−2.0479145245	675.2239918901	863.3884840036
26	22	51.5229352216	−1.9399299519	741.1174467776	885.9958055677
26	23	48.2974664808	−1.8338615040	802.6472197534	911.0602971929
26	24	45.3186434134	−1.7297802734	859.9406706514	938.5082900934
26	25	42.5525832097	−1.6292615541	912.9761491712	968.2524787108
27	14	96.1799524157	−2.3983307950	0.0000000000	801.4620973787
27	15	87.8072339510	−2.4248248792	109.9084470023	794.5762402919

表 C.1（续）

m	n	α	β	μ	ε
27	16	80.6049085854	−2.3975186913	211.4227629241	793.3158799216
27	17	74.3466955590	−2.3374412078	305.5459346098	796.8463988729
27	18	68.8563635730	−2.2578996096	393.0980364707	804.5028770565
27	19	63.9978278861	−2.1674187844	474.7524530084	815.7576173705
27	20	59.6654080049	−2.0715671753	551.0645680133	830.1867939907
27	21	55.7749666285	−1.9739678436	622.4924148013	847.4482192120
27	22	52.2566505091	−1.8767936096	689.4087818496	867.2739476397
27	23	49.0499538933	−1.7810451416	752.1042681971	889.4731593849
27	24	46.1018252034	−1.6869108574	810.7807829691	913.9324867793
27	25	43.3685376227	−1.5945075052	865.5349833899	940.5926719763
27	26	40.8220442466	−1.5053002920	916.3311456462	969.3721656679
28	15	88.5660259125	−2.2411328182	54.1424788011	796.8511527567
28	16	81.3393701057	−2.2414413970	156.2886460959	792.8824325275
28	17	75.0603739817	−2.2039406070	251.0647971307	793.7610598373
28	18	69.5541501973	−2.1431471452	339.2962419039	798.8109866022
28	19	64.6839991218	−2.0684387560	421.6636413417	807.4913705645
28	20	60.3433137634	−1.9859661249	498.7308586043	819.3677667693
28	21	56.4479788544	−1.8998226295	570.9665830432	834.0869174986
28	22	52.9297209889	−1.8126830339	638.7593370987	851.3622108001
28	23	49.7308667081	−1.7261222115	702.4254764256	870.9707362940
28	24	46.8009654263	−1.6408249821	762.2097935366	892.7567254884
28	25	44.0957340937	−1.5568981499	818.2783352524	916.6300223837
28	26	41.5787804887	−1.4744958266	870.7030442470	942.5420886878
28	27	39.2265620349	−1.3949691273	919.4378349773	970.4159065169
29	15	89.2798839506	−2.0610683539	0.0000000000	800.3884370370
29	16	82.0315098349	−2.0881547819	102.7240365303	793.8770365482
29	17	75.7321296520	−2.0725597540	198.0959608027	792.2635822278
29	18	70.2093506173	−2.0299142798	286.9437737860	794.8680140741
29	19	65.3267056512	−1.9704535803	369.9535738121	801.1382490326
29	20	60.9768578172	−1.9009261993	447.6958995522	810.6292670577
29	21	57.0751222222	−1.8258524691	520.6472033745	822.9791690123
29	22	53.5535949791	−1.7482834402	589.2061520394	837.8907417215
29	23	50.3561788346	−1.6702113813	653.7044516931	855.1224584510
29	24	47.4347950617	−1.5927829630	714.4118941152	874.4882360494
29	25	44.7470712190	−1.5164662295	771.5353211803	895.8606629483
29	26	42.2557943767	−1.4413224717	825.2112044901	919.1678051803
29	27	39.9304194120	−1.3675341081	875.4915371353	944.3690905327
29	28	37.7509219731	−1.2963396833	922.3227345445	971.3911639175
30	16	82.6848208854	−1.9376644008	50.6520145730	796.1185722795
30	17	76.3662564658	−1.9433496245	146.5702475018	792.1584763197
30	18	70.8267629538	−1.9183170174	235.9811143595	792.4611315875
30	19	65.9309300986	−1.8736230328	319.5743135792	796.4671299289
30	20	61.5711678648	−1.8166270961	397.9256281462	803.7214545789

表 C.1（续）

m	n	α	β	μ	ε
30	21	57.6621596530	−1.7522778385	471.5175920251	813.8538227737
30	22	54.1357421601	−1.6839506825	540.7560773794	826.5596155283
30	23	50.9363946094	−1.6139463118	605.9825649718	841.5868189642
30	24	48.0175200857	−1.5437595603	667.4818601282	858.7309102420
30	25	45.3387017070	−1.4742282493	725.4850166532	877.8361298288
30	26	42.8641163652	−1.4056715102	780.1672310812	898.7980905027
30	27	40.5622887708	−1.3381271218	831.6404696499	921.5591821698
30	28	38.4073685313	−1.2717973971	879.9405903814	946.0847402411
30	29	36.3821129993	−1.2078131518	925.0087226562	972.3044539924
31	16	83.3019925385	−1.7899787388	0.0000000000	799.4492403168
31	17	76.9661360877	−1.8163270487	96.4208836722	793.2775680743
31	18	71.4103278105	−1.8084196718	186.3489334956	791.4083191149
31	19	66.5009117575	−1.7780597559	270.4755669886	793.2803915678
31	20	62.1305948377	−1.7332089792	349.3804542382	798.4306924738
31	21	58.2136500316	−1.6792554773	423.5510178697	806.4805828440
31	22	54.6814518197	−1.6198892883	493.3986895403	817.1187339274
31	23	51.4784579361	−1.5576656387	559.2717351874	830.0864157799
31	24	48.5587515564	−1.4943363914	621.4644612582	845.1685682487
31	25	45.8832580326	−1.4310299785	680.2226141518	862.1913335039
31	26	43.4177502831	−1.3683601397	735.7447851016	881.0240582666
31	27	41.1317569496	−1.3065437907	788.1796327268	901.5811029053
31	28	38.9984874307	−1.2456083418	837.6187354827	923.8161235884
31	29	36.9958879027	−1.1857687888	884.0848862383	947.6988227000
31	30	35.1089424384	−1.1280548995	927.5156412107	973.1614917466

注：α,β,μ 和 ε 的单位为 1×10^{-3}。

表 C.2 ***F* 分布分位值**

f / f_d	f_n						
	1	2	3	4	5	6	7
12	4.747	3.885	3.490	3.259	3.106	2.996	2.913
13	4.667	3.806	3.411	3.179	3.025	2.915	2.832
14	4.600	3.739	3.344	3.112	2.958	2.848	2.764
15	4.543	3.682	3.287	3.056	2.901	2.790	2.707
16	4.494	3.634	3.239	3.007	2.852	2.741	2.657
17	4.451	3.592	3.197	2.965	2.810	2.699	2.614
18	4.414	3.555	3.160	2.928	2.773	2.661	2.577
19	4.381	3.522	3.127	2.895	2.740	2.628	2.544
20	4.351	3.493	3.098	2.866	2.711	2.599	2.514
25	4.242	3.385	2.991	2.759	2.603	2.490	2.405
30	4.171	3.316	2.922	2.690	2.534	2.421	2.334
40	4.085	3.232	2.839	2.606	2.449	2.336	2.249
50	4.034	3.183	2.790	2.557	2.400	2.286	2.199
100	3.936	3.087	2.696	2.463	2.305	2.191	2.103
500	3.860	3.014	2.623	2.390	2.232	2.117	2.028

表 C.3　F 分布分位值

f	f_n						
f_d	1	2	3	4	5	6	7
12	11.754	8.510	7.226	6.521	6.071	5.757	5.525
13	11.374	8.186	6.926	6.233	5.791	5.482	5.253
14	11.060	7.922	6.680	5.998	5.562	5.257	5.031
15	10.798	7.701	6.476	5.803	5.372	5.071	4.847
16	10.575	7.514	6.303	5.638	5.212	4.913	4.692
17	10.384	7.354	6.156	5.497	5.075	4.779	4.559
18	10.218	7.215	6.028	5.375	4.956	4.663	4.445
19	10.073	7.093	5.916	5.268	4.853	4.561	4.345
20	9.944	6.986	5.818	5.174	4.762	4.472	4.257
25	9.475	6.598	5.462	4.835	4.433	4.150	3.939
30	9.180	6.355	5.239	4.623	4.228	3.949	3.742
40	8.828	6.066	4.976	4.374	3.986	3.713	3.509
50	8.626	5.902	4.826	4.232	3.849	3.579	3.376
100	8.241	5.589	4.542	3.963	3.589	3.325	3.127
500	7.950	5.355	4.330	3.763	3.396	3.137	2.941

表 C.4　t 分布分位值

f	t
1	6314
2	2920
3	2353
4	2132
5	2015
6	1943
7	1895
8	1860
9	1833
10	1812
11	1796
12	1782
13	1771
14	1761
15	1753
16	1746
17	1740
18	1734
19	1729
20	1725
25	1708
30	1697
40	1684
50	1676
100	1660
500	164

表 C.5 χ^2 分布分位值

f	P=0.05	P=0.01	P=0.005
1	3.8	7.9	10.8
2	6.0	10.6	13.8
3	7.8	12.8	16.3
4	9.5	14.9	18.5
5	11.1	16.7	20.8
6	12.6	16.8	18.5

附 录 D
（资料性附录）
处理实例

表 D.1 处理实例 1——检查过的数据（检查试验）

ϑ_1	240		260		280	
x_1	0.001948747929		0.001875644753		0.001807827895	
j	τ_{ij}	y_{ij}	τ_{ij}	y_{ij}	τ_{ij}	y_{ij}
1	1764	7.475339237	756	6.628041376	108	4.682131227
2	2772	7.927324360	924	6.828712072	252	5.529429088
3	2772	7.927324360	924	6.828712072	324	5.780743516
4	3780	8.237479289	1176	7.069874128	324	5.780743516
5	4284	8.362642432	1176	7.069874128	468	6.148468296
6	4284	8.362642432	2184	7.688913337	612	6.416732283
7	4284	8.362642432	2520	7.832014181	684	6.527957918
8	5292	8.573951525	2856	7.957177323	756	6.628041376
9	7308	8.896724917	2856	7.957177323	756	6.628041376
10	7812	8.963416292	3192	8.068402959	828	6.719013154
11	7812	8.963416292	3192	8.068402959	828	6.719013154
12			3864	8.259458195	972	6.879355804
13			4872	8.491259809	1428	7.264030143
14			5208	8.557951184	1596	7.375255778
15			5544	8.620471541	1932	7.566311015
16			5880	8.679312041	1932	7.566311015
17			5880	8.679312041	2100	7.649692624
18			5880	8.679312041	2268	7.726653665
19					2604	7.864804003
20					2772	7.927324360
m	21		21		21	
n	11		18		20	
α	0.12518050427		0.06333574106		0.05399248728	
β	−0.00410278708		−0.00296037733		−0.00255746429	
μ	0		0.74888326505		0.89118026168	
ε	0.80585722119		0.89342381054		0.96116099178	
$\sum_{j=1}^{n_i-1} y_{ij}$	83.0894872752		133.285066669		127.45272895	
$\sum_{j=1}^{n_i-1} (y_{nj}-y_{ij})^2$	6.12724907570		19.9557443468		41.4224423138	
$\overline{y}_i$	8.963416292		8.050988496		6.84072074866	
s_{1i}^2	0.59127835553		0.66165281385		0.863951396023	

表 D.1（续）

$\sum_{i=1}^{k}\varepsilon_i/k$	0.886814007835	(29)
$\sum_{i=1}^{k}n_i x_i^2$	0.000170463415664	
$\sum_{i=1}^{k}n_i \bar{y}_i^2$	2986.41183881	
$\sum_{i=1}^{k}n_i x_i \bar{y}_i$	0.711293042041	
$M=\sum_{i=1}^{k}m_i$	63	(28)
$N=\sum_{i=1}^{k}n_i$	49	(25)
$\sum_{i=1}^{k}n_i x_i/N$	0.00186437531983	(26)
$\sum_{i=1}^{k}n_i \bar{y}_i/N$	7.76183239007	(27)
b	15307.1704959	(33)
a	−20.8152860044	(34)
s_1^2	0.647296300122	(30)
s_2^2	0.395498398826	(36)
F	0.611000555311	(40)
χ^2	0.554692947413	(38)
c	1.03161932965	(39)
$t_{0.95,N-2}$	1.677926722	(43)
t_C	1.73895334031	(43)
$\mu_2(x)$	$2.9498844403\times10^{-9}$	(31)
s^2	0.641938897967	(41)
$TI=\hat{\vartheta}$	225.827791333	(50)
$TC=\hat{\vartheta}_C$	214.550619764	(50)
HIC	11.5189953038	(53)
$(TI-TC)/HIC$	0.979006525432	
TI_a	221.462017221	(55)
结果	$TI(HIC)$:221.5(11.5)	

表 D.2　处理实例 2——完全数据(非破坏性试验)

ϑ_i	180		200		220	
x_i	0.002206774799		0.002113494663		0.002027780594	
j	τ_{ij}	y_{ij}	τ_{ij}	y_{ij}	τ_{ij}	y_{ij}
1	7410	8.910585718	3200	8.070906089	1100	7.003065459
2	6610	8.796338933	2620	7.870929597	740	6.606650186
3	6170	8.727454117	2460	7.807916629	720	6.579251212
4	5500	8.612503371	2540	7.839919360	620	6.429719478
5	8910	9.094929520	3500	8.160518247	910	6.813444599
m_i	5		5		5	
n_i	5		5		5	
ε_i	1		1		1	
$\sum_{j=1}^{n_i} y_{ij}$	44.14181166		39.75018992		33.43213093	
$\sum_{j=1}^{n_i} y_{ij}^2$	389.8355291		316.1130135		223.741618	
$\bar{y}_i$	8.828362332		7.950037984		6.686426187	
s_{1i}^2	0.03390545203		0.0024373442		0.00500357814	

$\sum_{i=1}^{k} \varepsilon_i / k$	1	(29)
$\sum_{i=1}^{k} n_i x_i^2$	6.7243044211	
$\sum_{i=1}^{k} n_i \bar{y}_i^2$	929.25690285	
$\sum_{i=1}^{k} n_i x_i \bar{y}_i$	0.24921587814	
$M=\sum_{i=1}^{k} m_i$	15	(28)
$N=\sum_{i=1}^{k} n_i$	15	(25)
$\sum_{i=1}^{k} n_i x_i / N$	2.1160166854	(26)
$\sum_{i=1}^{k} n_i \bar{y}_i / N$	7.8216088344	(27)
b	11929.077582	(33)
a	−17.42051837	(34)
s_1^2	0.0361048918	(30)
s_2^2	0.18856369729	(36)
F	5.222663409	(40)
F_0	4.747	
χ^2	0.466116435248	(38)
c	1.1111111111	(39)
$t_{0.95,N-2}$	1.7709333962	(43)
t_C	1.7709333962	(43)
$\mu_2(x)$	$5.3430011710\times 10^{-9}$	(31)
s^2	0.05119958608	(41)
$TI=\hat{\vartheta}$	163.428648665	(50)
$TC=\hat{\vartheta}_C$	158.670330155	(50)
HIC	11.3632557756	(53)
$(TI-TC)/HIC$	0.41874605344	
结果	$TI(HIC)$:163(11.4)	(54)

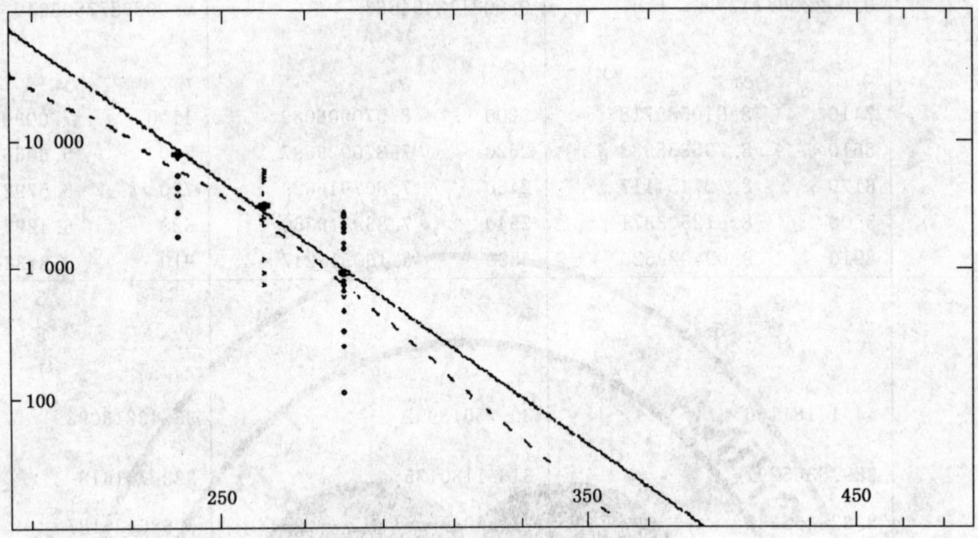

a） 例 1

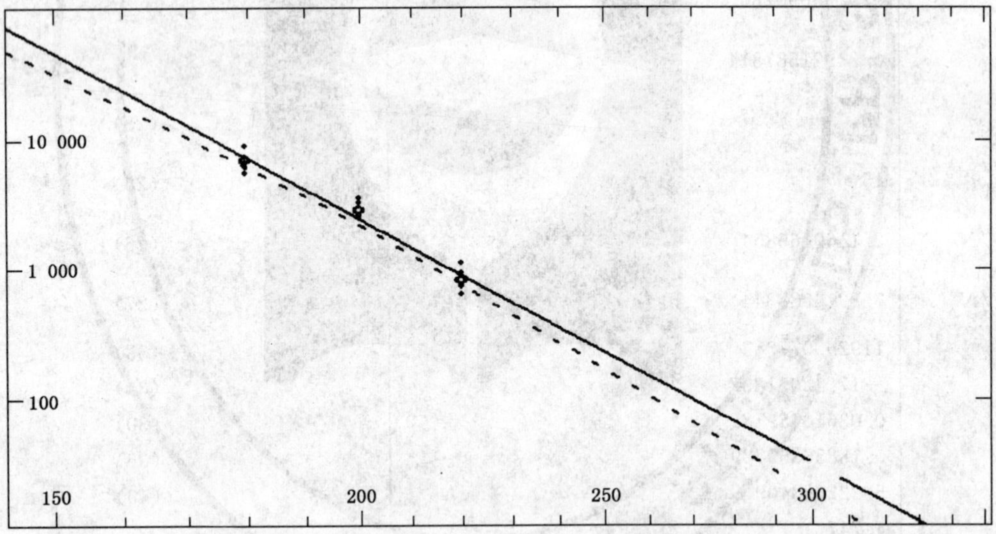

b） 例 2

注：在上面的图中，实线代表回归方程，虚线表示温度估计的 5% 下置信限，该图由附录 E 的程序绘制。

图 D.1 耐热图

表 D.3　实例 3——破坏性试验

本实例给出了图解破坏性试验计算规则，与单点试验温度相关，从该计算得的数据以及更多试验温度下的数据的输入与实例 2 阐述的计算相似。

终点 70.0					
τ_g	288	336	432	624	720
p_{gh}	139.5	121.9	101.2	77.8	69.6
	125	109.3	99.5	74.6	69.4
	120.8	98.3	98.4	71.4	67.2
	112.7	96.5	92.4	68.2	60.4
	112	93	78.1	60.5	59.4
n_g	5	5	5	5	5
$\bar{p}_g$	122.00	103.80	93.92	70.50	65.20
s_{1g}^2	125.795	139.510	89.197	44.050	24.420
$\log\tau_g$	5.66296	5.817111	6.068426	6.43615	6.579251
n_i			25		
$\bar{z}$			6.1128		
$\bar{p}$			91.084		
b_P			−59.4937		
a_P			454.756		
s_1^2			84.594		
s_2^2			77.266		
F			0.913		
F_1			3.098		
z_{gh}	6.831151	6.689472	6.592851	6.567257	6.572528
	6.587428	6.477685	6.564276	6.513469	6.569166
	6.516832	6.292792	6.545787	6.459682	6.532187
	6.380683	6.262536	6.444936	6.405895	6.41789
	6.368917	6.203707	6.204574	6.27647	6.401081

在图 D.2 中，显示例 3 的数据，通过点 E、E′的直线表示选择的终点，标记 D、D'点为随机选择的数据上，通过这些点的与回归线平行的线与终点线交于 E 和 E′，图上其他的标点为性能组值的平均值。

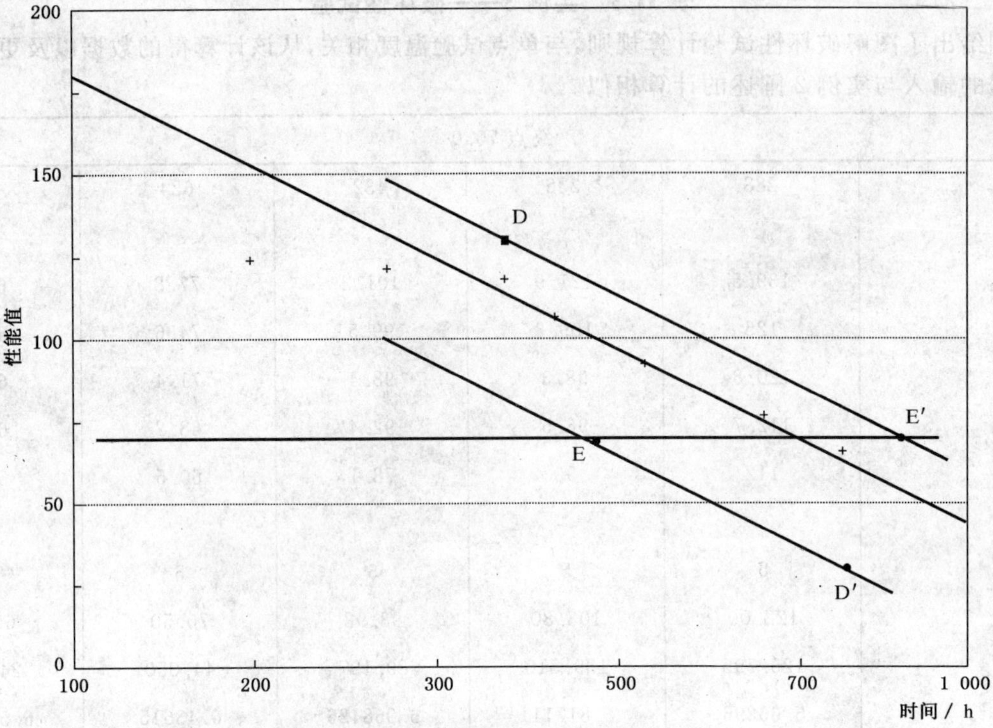

图 D.2 例 3 性能时间图(破坏性试验)

外推:

如果上述的数据组,仅是老化时间在 624 h 以上的数据是有效的,则老化曲线并未通过终点线,因为 70.5>70.0,在这种情况下,需要外推:

$$(70.5-70.0)/(122.0-70.5)=0.0097$$

这是允许的,但受到 6.1.4.4 的限制。

附 录 E
（资料性附录）
计算机程序的数据文件

E.1 总则

计算机程序是用来完成本标准规定的计算细则的，它是为了达到这一目的而编写的很多程序中的一个，由一种变化的BASIC计算机语言编写而成，选择Basic的原因是其在微机(PC)上的广泛应用，以及相对于用FORTRAN语言而言较容易。

BASIC使用的语言为众所周知的Quick Basic，虽然在附录中给出了程序编码，然后对其作微小的改变也适用于其他语言，例如Power Basic或Professinal Basic。

程序编码可由文字编辑输入或该语言的程序编辑输入，将其转化成可执行程序文件后即可使用，或者按紧接着的程序语言编辑器的指令的编译模式。

程序编码在两个分开的文件中，一个为实际计算程序，另一个为输入数据文件，以适合第一个程序检索用，数据文件的结构简单，易于从输入数据程序中删除。对于破坏性试验和非破坏性试验（或检查性试验）其文件结构有微小的逻辑上的差异：均由数据的ASCII码文本数字表示，每行输入一个（数据），关于数据文件结构的详细说明可见列于该附件后面的程序代码。

处理的数据应用ENTRY. bas输入，接着通过TI. bas处理修正，数据输入后任何编辑或必要的复查应在一个编辑器中均可进行，Quick Basic编辑器非常适合该目的。

推荐采用这种复查文件的类型，以便阐述数据结构的细节。

用于计数中的统计检验(F和t)由非常简单的近似算法而得的统计函数的值确定，它们会产生1%或2%的误差，通过运用精确的计算可显著提高其准确度，但需以更多的计算机代码为代价，有用的程序(用FORTARN Pascal或C语言)可见参考文件[2]（第6章与此相关），已发现FORTRAN语言程序非常易于适用。

下面列出的代码中，续行接着续行，续行打出没有中断行。

为使计算机代码的检测易于执行，三个数据文件按列的格式提供，用一个文件本编辑器输入，每行一个数，每行的最后按回车键，无空白行，为首的两组数据是例1和例2的数据，第3(N3,dest)是一组破坏性试验数据，接着选择的数据用于线性回归在提供试验报告中给出。

TI.bas

```
DECLARE FUNCTION F95# (n2%, n1%)
DECLARE FUNCTION KeyChoice$ (compare$)
DECLARE FUNCTION t95# (n1%)
DECLARE FUNCTION Xc# (time#, xmean#, vx#, ym#())
DECLARE FUNCTION Yc# (xh#, vx#. xmean#)
DECLARE SUB DestData (temperature#(), times#(), property#(), ntimes%(), nProperty%())
DECLARE SUB Destgraph (temperature#, z#(), nt%, pMean#(), p#(), np%(), pmax#, z1#, z2#)
DECLARE SUB DestLinTest (z#(), pMean#(), pVar#(), np%(), start%, included%, nd%, pa#, pb#, F1#, Ex#)
DECLARE SUB DestMeans (p#(), nt%. np%(), pMean#(), pVar#(), pmax#)
DECLARE SUB DestTransform (temperature#(), time#(), property#(), ntimes%(), nProperty%())
DECLARE SUB Graph (ym#(), xmean#, vx#)
DECLARE SUB GraphScreenMode ()
DECLARE SUB MeanVAr (ym#(), s1#(). epsilon#)
DECLARE SUB NDTestData (temperature#(), time#())
DECLARE SUB Regression (xmean#. vx#, ym#(), s1#(), epsilon#, tm#, tl#)
DECLARE SUB Report (test$, temperature#(), time#(), ntimes%(), tm#, tl#)
DEFINT I-N
DEFDBL A-H. O-Z

TYPE statistic
   value AS DOUBLE
   nn AS INTEGER
   nd AS INTEGER
   reflevel AS DOUBLE
END TYPE

TYPE selection       'This composite variable type covers all components
   start AS INTEGER    'of the selected data in destructive tests
   included AS INTEGER
   F AS DOUBLE
   nn AS INTEGER
   nd AS INTEGER
   F995 AS DOUBLE
   extrapolation AS DOUBLE
END TYPE

'$DYNAMIC

DIM SHARED k. l, x(1), y(1, 1), nt, n(1). m(1), mt, flag(9) AS INTEGER
DIM SHARED TI, TC. HIC, ymean, a, b. s, DestSel(1) AS selection, chi AS statistic
DIM SHARED wd AS INTEGER. ht AS INTEGER, scrn AS INTEGER, lines
DIM SHARED p0. filename AS STRING
DIM temperature(1). time(1, 1). nProperty(1, 1)
DIM propert (1, 1, 1). ntimes(1)
DIM SHARED F AS statistic
DIM ym(1). s1(1)

CONST T0 = 273.15#, FALSE = 0, TRUE = NOT FALSE
CONST TITime = 20000#    'If you want to calculate TI at any time other than
                 '20000, either change TITime here or make it a shared variable
                 'and add an entry routine for it.
CALL GraphScreenMode     'This call sets up the screen mode with the appropriate
                 'parameters

CLS
INPUT "Enter the drive letter for your data ", drive$
drive$ = LEFT$(drive$, 1) + ":"
INPUT "Enter the directory name: if none press ENTER ", directory$
IF directory$ = "" THEN directory$ = "."
INPUT "Enter the file name ", filename
filename = drive$ + "\" + directory$ + "\" + filename
```

```
'******************************** DATA INPUT **********************************
'The next group of calls open the data file for input, and get the data into
'arrays of the right size and type. The destructive test data are transformed
'into estimated times to endpoint after selection of the linear region.

PRINT "Is this a destructive test data set? Y/N"
test$ = KeyChoice$("YN")
IF test$ = "Y" THEN
   test$ = "DEST"
   CALL DestData(temperature(), time(), property(), ntimes(), nProperty())
   REDIM DestSel(k) AS selection
   CALL DestTransform(temperature(), time(), property(), ntimes(), nProperty())
ELSE
   test$ = "ND"
   CALL NDTestData(temperature(), time())
END IF

'******************************** STATISTICS ********************************
'The means and variances are now calculated and then used in the regression
'routine. The Statistical tests are carried out partly here and partly in the
'Report routine, which also finishes the calculation of the value of TI and HIC.

CALL MeanVAr(ym(), s1(), epsilon)
CALL Regression(xmean, vx, ym(), s1(), epsilon, tm, tl)

DO
   CALL Report(test$, temperature(), time(), ntimes(), tm, tl)
   any$ = INPUT$(1)
   IF any$ = CHR$(27) THEN EXIT DO
   CALL Graph(ym(), xmean, vx)
   any$ = INPUT$(1)
   SCREEN 0
LOOP UNTIL any$ = CHR$(27)

ChangeGraphMode:
   SELECT CASE scrn
     CASE 11     'SVGA screen mode not found
       scrn = 9
       RESUME
     CASE 9      'Colour VGA/EGA not found
       scrn = 8
       RESUME
     CASE 8      'Monochrome VGA/EGA not found
       scrn = 3
       RESUME
     CASE 3      'Hercules not found, so prints a warning on the screen:
       CLS
       PRINT "No suitable graphics adapter/driver installed."
       PRINT "You must have a graphics card, EGA, VGA or HERCULES"
       PRINT "If you have a HERCULES card, you must run MSHERC before this program"
       any$ = INPUT$(1)
   END SELECT

END
```

```
REM $STATIC
'*********************** Destructive Test Data Input **********************
'This routine opens the file for Destructive test data, gets first the array
'dimensions and then reads the data into them in the sequence in which they
'were written
SUB DestData (temperature(), times(), property(), ntimes(), nProperty())

   OPEN filename FOR INPUT AS #1
   INPUT #1, k
   INPUT #1, l
   INPUT #1, maxnp
   REDIM temperature(k), x(k), times(k, l), property(k, l, maxnp)
   REDIM ntimes(k), nProperty(k, l), y(k, l * maxnp), n(k), m(k)
   REDIM DestSel(k) AS selection
   FOR i = 1 TO k
      INPUT #1, temperature(i)
      x(i) = 1 / (temperature(i) + T0)
      INPUT #1, ntimes(i)
      FOR j = 1 TO ntimes(i)
         INPUT #1, times(i, j)
         INPUT #1, nProperty(i, j)
         FOR j1 = 1 TO nProperty(i, j)
            INPUT #1, property(i, j, j1)
         NEXT j1
      NEXT j
   NEXT i

   INPUT #1, p0    'p0 is the end-point value

   CLOSE #1

END SUB

'************************* DestGraph ***********************************
'This routine draws the scales and axes for the plotting of the destructive
'test ageing curve and lets you choose the best linear region in the next
'sub-routine.

SUB Destgraph (temperature, z(), ntms, pMean(), p(), np(), pmax, z1, z2)

   CLS 0
   z1 = z(1) * .98
   z2 = z(ntms) * 1.05
   r1 = (z2 - z1) / 500
   r2 = 3 * r1
   p2 = 1.1 * pmax
   SCREEN scrn
   VIEW (wd / 20, ht / 100) - (wd * .95, ht * .75), 0, 7
   WINDOW (z1, 0) - (z2, p2)
   FOR i = 1 TO ntms
      CIRCLE (z(i), pMean(i)), r2, 7
      FOR j = 1 TO np(i)
         CIRCLE (z(i), p(i, j)), r1, 7
      NEXT j
   NEXT i
   LINE (z1, p0) - (z2, p0), 7
   VIEW PRINT lines * .8 TO lines
   LOCATE lines * .8, 1, 0
   PRINT "Temperature "; temperature;
   VIEW PRINT 1 + lines * .8 TO lines

END SUB
```

```
SUB DestLinTest (z(), pMean(), pVar(), np(), start%, included, nd, pa, pb, F1, Ex)

  DIM g AS INTEGER, leastp AS DOUBLE
  leastp = pMean(start%)
  highp = pMean(start%)
  nd = 0
  FOR g1% = 1 TO included
    g = start% - 1 + g1%
    ss1 = ss1 + pVar(g) * (np(g) - 1)
    nd = nd + np(g)
    sz = sz + np(g) * z(g)
    ssz = ssz + np(g) * z(g) * z(g)
    ssmp = ssmp + np(g) * pMean(g) * pMean(g)
    smpz = smpz + np(g) * pMean(g) * z(g)
    sp = sp + np(g) * pMean(g)
    IF pMean(g) < leastp THEN leastp = pMean(g)
    IF pMean(g) > highp THEN highp = pMean(g)
  NEXT g1%
  nn = included - 2
  sa = smpz - sz * sp / nd
  sb = ssz - sz * sz / nd
  sc = ssmp - sp * sp / nd
  ss2 = sc * (1 - sa ^ 2 / (sb * sc)) / nn
  pb = sa / sb
  pa = (sp - pb * sz) / nd
  nd = nd - included
  ss1 = ss1 / nd
  F1 = ss2 / ss1
  Ex = (leastp - p0) / (highp - leastp)

END SUB

SUB DestMeans (p(), nt, np(), pMean(), pVar(), pmax)

  'This subroutine carries out Equations 3 & 4. pVar is (s1g)^2.
  DIM g AS INTEGER, h AS INTEGER
  pmax = 0
  FOR g = 1 TO nt
    pMean(g) = 0
    pVar(g) = 0
    FOR h = 1 TO np(g)
      pVar(g) = pVar(g) + p(g, h) * p(g, h)
      pMean(g) = pMean(g) + p(g, h)
      IF p(g, h) > pmax THEN pmax = p(g, h)
    NEXT h
    pMean(g) = pMean(g) / np(g)
    pVar(g) = (pVar(g) - np(g) * pMean(g) ^ 2) / (np(g) - 1)
  NEXT g

END SUB

'*********************************** DestTransform ****************************

'For each temperature, the mean values of property are calculated and plotted
'against ageing time. The best linear region is selected and the individual
'property values then transformed in equivalent times-to endpoint.
```

```
SUB DestTransform (temperature(), time(), property(), ntimes(), nProperty())

   maxnp = UBOUND(property, 3)
   FOR i = 1 TO k      'Copy into arrays without the i dimension
      ntms = ntimes(i)
      REDIM z(ntms), p(ntms, maxnp), np(ntms), pMean(ntms), pVar(ntms)
      FOR j = 1 TO ntms
         np(j) = nProperty(i, j)
         z(j) = LOG(time(i, j))  'z is log of time
         FOR j1 = 1 TO np(j)
            p(j, j1) = property(i, j, j1)
         NEXT j1
      NEXT j

      FOR j = 1 TO ntms   'Sort z values into increasing order
         j1 = j
         FOR j2 = j1 + 1 TO ntms
            IF z(j2) < z(j1) THEN j1 = j2
         NEXT j2
         IF j1 > j THEN
            SWAP z(j), z(j1)
            SWAP np(j), np(j1)
            FOR j2 = 1 TO maxnp    'Taking p values with them
               SWAP p(j, j2), p(j1, j2)
            NEXT j2
         END IF
      NEXT j
      ThisTemperature = temperature(i)

'********************** Means, variances and graph background **************
'The next routines calculate the means and variances of property values and set up the scales
and 'axes for >the ageing curve                                   'Continuation of last line

      CALL DestMeans(p(), ntms, np(), pMean(), pVar(), pmax)
      CALL Destgraph(ThisTemperature, z(), ntms, pMean(), p(), np(), pmax, z1, z2)

'***************************** Selection *************************************
'You are now asked to select the best linear region, after which the
'linearity test is made.

      DO
         CLS 2
         INPUT "Enter the first property set for selection ", start%
         INPUT "How many groups to be included?            ", included
         CALL DestLinTest(z(), pMean(), pVar(), np(), start%, included, nd, pa, pb, F1, Ex)
         LINE (z1, pa + pb * z1) - (z2, pa + pb * z2)
         PRINT USING "Enter the Table value of F995_,###_,#### "; included - 2; nd;
         INPUT "    ", F995
         IF Ex > 0 THEN
         PRINT USING "Extrapolation = #.####_, F = ##.###: F95_,##_,### = ###.####: accept Y/N?";
         Ex; F1;included - 2; nd; F95(nd, included - 2);                'Continuation of last line
         ELSE
         PRINT USING "F = ##.###: F95_,##_,### = ###.####: accept Y/N?"; F1; included - 2; nd;
         F95(nd, included - 2);                                        'Continuation of last line
         END IF
         ans$ = KeyChoice$("YN")
         IF ans$ = "N" THEN LINE (z1, pa + pb * z1) - (z2, pa + pb * z2), 0
      LOOP UNTIL ans$ = "Y"
      FOR g1% = 1 TO included
         g% = start% - 1 + g1%
         FOR h% = 1 TO np(g%)
            n(i) = n(i) + 1
            y(i, n(i)) = z(g%) - (p(g%, h%) - p0) / pb
         NEXT h%
```

```
        NEXT g1%
        DestSel(i).start = start%
        DestSel(i).included = included
        DestSel(i).F = F1
        DestSel(i).nn = included - 2
        DestSel(i).nd = n(i) - included
        DestSel(i).F995 = F995
        DestSel(i).extrapolation = Ex
        m(i) = n(i)
        IF Ex > 0 THEN flag(6) = TRUE
        IF F1 > F95(nd, included - 2) THEN flag(7) = TRUE
        IF F1 > F995 THEN flag(8) = TRUE
    NEXT i
    SCREEN 0
    VIEW PRINT
    CLS

END SUB

'******************************** F95 *****************************************
'This simple polynomial is accurate enough for our purposes. An accurate
'algorithm would need about 150 lines of code. If you wish you can delete this
'routine and enter the accurate value from the keyboard.

FUNCTION F95 (n2, n1)
  F95 = 1.8718 + 1.9993 / n1 + 10.468 / n2
END FUNCTION

REM $DYNAMIC
'****************************** TI Graph **************************************
'This routine is for drawing the thermal endurance graph. The x and y scales
'are in constant ratio for all values of TI, even though the scaling of
'temperature is variable, and the size of a degree C on the scale decreases
'as the temperature is raised.

SUB Graph (ym(), xmean, vx)

     SCREEN scrn

     IF TI > 180 THEN interval = 20 ELSE interval = 10

     x1 = 1 / (TI - 20 + T0)
     x2 = x1 - .0008
     y1 = LOG(10)
     y2 = 5 * LOG(10)
     xrange = x1 - x2
     yrange = y2 - y1

     xstart% = 10 * ((TI - 10) \ 10)
     xend% = 10 * ((1 / x2 - T0) \ 10)
     ystart% = 2
     yend% = 4

     LOCATE 1, 1, 0
     CLS
     VIEW (wd / 100, ht * .045) - (wd * .99, ht * .99), 0, 7
     WINDOW (x2, y1) - (x1, y2)
     FOR temp = xstart% TO xend% STEP interval
        xe = x1 + x2 - 1 / (temp + T0)
        IF temp MOD 50 = 0 AND xe - x2 > xrange / 40 THEN
           LOCATE lines - 1, (xe - x2) / xrange * 80 - 1
           IF x1 - xe > xrange / 20 THEN PRINT temp;
        END IF
        IF temp MOD 50 = 0 THEN z = yrange / 25 ELSE z = yrange / 50
        LINE (xe, y2 - z) - (xe, y2)
        LINE (xe, y1) - (xe, y1 + z)
     NEXT temp
     FOR ys% = 2 TO 4
        LINE (x2, ys% * LOG(10)) - (x2 + xrange / 50, ys% * LOG(10))
```

```
        LINE (x1, ys% * LOG(10)) - (x1 - xrange / 50, ys% * LOG(10))
        LOCATE lines - (ys% - 1) * lines \ 4, 3
        PRINT 10 ^ ys%;
    NEXT ys%

    LINE (x2, a + b * x1) - (x1, a + b * x2)
    inc# = xrange / 50
    FOR i = 0 TO 49
        xe = x2 + i * inc#
        LINE (x1 + x2 - xe, Yc(xe, vx, xmean)) - (x1 + x2 - (xe + inc#), Yc(xe + inc#, vx, xmean)), , ,
        &HF00F                                                          'Continuation of last line
    NEXT i

    FOR i = 1 TO k
        CIRCLE (x1 + x2 - x(i), ym(i)), xrange / 250
    NEXT i

    LOCATE 5, 40
    PRINT "Regression
    LOCATE 7, 40
    PRINT "95% Confidence";
    LINE (x2 + xrange * .75, (5 - 14 / lines) * LOG(10)) - (x2 + xrange * .85, (5 - 14 / lines) * LOG(10))
    LINE (x2 + xrange * .75, (5 - 22 / lines) * LOG(10)) - (x2 + xrange * .85, (5 - 22 / lines) * LOG(10)), , ,
    &HF00F                                                              'Continuation of last line
    LOCATE 5, 40

    FOR i = 1 TO k
        FOR j = 1 TO n(i)
            CIRCLE (x1 + x2 - x(i), y(i, j)), xrange / 640
        NEXT j
    NEXT i
    VIEW PRINT 1 TO 1
    CLS 2
    PRINT "Press ESC to finish";
    ON ERROR GOTO 0

END SUB

REM $STATIC
SUB GraphScreenMode

    ON ERROR GOTO ChangeGraphMode

    scrn = 11
    SCREEN scrn, , 0, 0
    SELECT CASE scrn
        CASE 11
            wd = 639
            ht = 479
            lines = 30
        CASE 9
            wd = 639
            ht = 349
            lines = 25
        CASE 8
            wd = 639
            ht = 199
            lines = 25
        CASE 3
            wd = 719
            ht = 347
            lines = 25
    END SELECT

    SCREEN 0
    ON ERROR GOTO 0

END SUB
```

```
'******************************** Key Choice ******************************
'The key you press is compared with a single character from a comparison
' string and any necessary action is then taken in the calling routine.

FUNCTION KeyChoice$ (compare$)

   DIM p AS INTEGER
   compare$ = UCASE$(compare$)
   DO WHILE p = 0
      p = INSTR(compare$, UCASE$(INPUT$(1)))
   LOOP
   KeyChoice$ = MID$(compare$, p, 1)

END FUNCTION
'******************************** MeanVar **********************************
'MeanVar calculates all the statistical functions like means, variances,
'etc. needed for the next stage in the calculations.

SUB MeanVAr (ym(), s1(), epsilon)

   DIM mu AS DOUBLE

   REDIM s1(k), ym(k)
   FOR i = 1 TO k
     IF n(i) = m(i) THEN
        FOR j = 1 TO n(i)
           ym(i) = ym(i) + y(i, j)
           s1(i) = s1(i) + y(i, j) * y(i, j)
        NEXT j
        ym(i) = ym(i) / n(i)
        s1(i) = (s1(i) - n(i) * ym(i) ^ 2) / (n(i) - 1)
        varfactor = varfactor + 1
     ELSE
        PRINT USING "For the values ### and ### of m and n:"; m(i); n(i)
        INPUT "Enter the value of alpha ", alpha
        INPUT "Enter the value of beta  ", beta
        INPUT "Enter the value of mu    ", mu
        INPUT "Enter the value of epsilon ", epsilon
        sy = 0
        ssy = 0
        FOR j = 1 TO n(i)   'Sort y values into increasing order
           j1 = j
           FOR j2 = j1 + 1 TO n(i)
              IF y(i, j2) < y(i, j1) THEN j1 = j2
           NEXT j2
           IF j1 > j THEN SWAP y(i, j), y(i, j1)
        NEXT j
        FOR j = 1 TO n(i) - 1   'Calculate mean and variance of y values
           sy = sy + y(i, j)
           ssy = ssy + (y(i, n(i)) - y(i, j)) ^ 2
        NEXT j
        ym(i) = mu * sy / (n(i) - 1) + (1 - mu) * y(i, n(i))
        s1(i) = alpha * ssy + beta * ((n(i) - 1) * y(i, n(i)) - sy) ^ 2
        varfactor = varfactor + epsilon
     END IF
     nt = nt + n(i)
     mt = mt + m(i)
     NEXT i
     epsilon = varfactor / k    'Varfactor is a temporary variable for the
                                'pooled epsilon

END SUB
```

```
SUB NDTestData (temperature(), time())

   OPEN filename FOR INPUT AS #1
   INPUT #1, k
   INPUT #1, l
   REDIM temperature(k), time(k, l), x(k), y(k, l), n(k), m(k)
   FOR i = 1 TO k
      INPUT#1, temperature(i)
      x(i) = 1 / (temperature(i) + T0)
      INPUT #1, m(i)
      INPUT #1, n(i)
      FOR j = 1 TO n(i)
         INPUT#1, time(i, j)
         y(i, j) = LOG(time(i, j))
      NEXT
   NEXT i
   CLOSE #1
END SUB

'****************************** Regression ******************************
'After MeanVar, the values of covariance and correlation coefficient are
'calculated from the means. These are then used for the statistical tests
'specified in the standard

SUB Regression (xmean, vx, ym(), s1(), epsilon, tm, tl)

'  The following are input parameters: ym(), s1()
'  r() is shared input
'  xmean, vx, are output
'  fag(), TI, TC, HIC, chi, F are shared output
'  tm is longest mean time to endpoint: tl is lowet test temperature

   FOR i = 1 TO k

      sy = sy + ym(i) * n(i)
      sx = sx + n(i) * x(i)
      ssx = ssx + n(i) * x(i) * x(i)
      spxy = spxy + n(i) * x(i) * ym(i)
      ssmy = ssmy + ym(i) * ym(i) * n(i)

      ss1 = ss1 + s1(i) * (n(i) - 1)

      g = g + 1 / (n(i) - 1)
      h = h + (n(i) - 1) * LOG(s1(i))

   NEXT i

   ss1 = ss1 / (nt - k)
   ff = 1 + (1 - nt / mt) * ( 1 - 12 / mt ) / 2

   chi.value = ((nt - k) * LOG(ss1) - h) / (1 + (g - 1 / (nt - k)) / 3 / (k - 1)) / ff
   chi.nd = k - 1
   chi.nn = 0
   chi.refievel = 0

   sa = spxy - sx * sy / nt
   sb = ssx - sx * sx / nt
   sc = ssmy - sy * sy / nt

   r2 = sa ^ 2 / (sb * sc)     'Square of correlation coefficient
   ss1 = ss1 * epsilon
   ss2 = sc * (1 - r2) / (k - 2)
   F.value = ss2 / ss1
   F.nd = nt - k
   F.nn = k - 2

   ymean = sy / nt
   xmean = sx / nt
```

```
b = sa / sb
a = ymean – b * xmean

F.reflevel = F95(F.nd, F.nn)
IF F.value > F.reflevel THEN
   flag(3) = TRUE
   F1 = F.value / F.reflevel
ELSE
   flag(3) = FALSE
   F1 = 1
END IF

vx = sb / nt
s = (ss1 * F.nd * F1 + ss2 * F.nn) / (nt – 2)

TI = b / (LOG(TITime) – a) – T0
TC = 1 / Xc(TITime, xmean, vx, ym()) – T0
HIC = b / (LOG(TITime / 2) – a) – b / (LOG(TITime) – a)

xmax = 0
FOR i = 1 TO k
   IF x(i) > xmax THEN
      xmax = x(i)
      lowest = i
   END IF
NEXT i

tl = 1 / x(lowest) – T0
TempExtrapolation = tl – TI
tm = EXP(ym(lowest))
dispersion = (TI – TC) / HIC

IF TempExtrapolation > 25 THEN flag(1) = TRUE ELSE flag(1) = FALSE
IF tm < TITime / 4 THEN flag(2) = TRUE ELSE flag(2) = FALSE

SELECT CASE dispersion
CASE .6 TO 1.6
   flag(4) = TRUE
   flag(5) = FALSE
CASE IS > 1.6
   flag(4) = FALSE
   flag(5) = TRUE
CASE ELSE
   flag(4) = FALSE
   flag(5) = FALSE
END SELECT

END SUB

SUB Report (test$, temperature(), time(), ntimes(), tm, tl)
  CLS
  IF flag(1) OR flag(2) OR (flag(4) AND (flag(3) OR flag(6) OR flag(7))) THEN flag(9) = TRUE
  IF flag(9) OR flag(5) OR (flag(6) AND flag(7)) THEN flag(9) = TRUE
  IF flag(8) OR flag(9) THEN flag(9) = TRUE
  IF flag(4) AND NOT (flag(3) OR flag(6) OR flag(7)) THEN
     TIa = TC + .6 * HIC
  ELSE
     TIa = TI
  END IF
  IF flag(9) THEN
     form$ = "TIg = ###.#_, HICg = ###.#"
  ELSE
     form$ = "TI (HIC): ###.# (###.#)"
  END IF
  PRINT USING "The result is " + form$; TIa; HIC
  PRINT
  PRINT USING "Lower 95% confidence limit of TI ###.#"; TC
```

```
  PRINT USING "Chi-Squared (DF) ###.#### (####)"; chi.value; chi.nd
  PRINT USING "F (nn, nd) ###.### (##_,####)"; F.value: F.nn; F.nd
  PRINT USING "Lowest ageing temperature ###: longest mean time to endpoint #######"; tl; tm
  IF flag(4) AND NOT (flag(3) OR flag(6) OR flag(7)) THEN
     PRINT USING "High dispersion: TI adjusted from ###.# to ###.#"; TI; TIa
  END IF
  IF flag(5) THEN PRINT "Excessive data dispersion"
  IF flag(3) THEN PRINT "Non-significant departure from linearity"
  IF flag(6) AND (flag(4) OR flag(5)) THEN PRINT
  PRINT
  IF test$ = "DEST" THEN
     PRINT "Selected ageing times"
     FOR i = 1 TO k
        PRINT "Temperature "; temperature(i),
        FOR j = 1 TO DestSel(i).included
           PRINT time(i, DestSel(i).start - 1 + j);
        NEXT j
        PRINT
     NEXT i
     PRINT
     PRINT "Linearity tests"
     FOR i = 1 TO k
        PRINT  USING  "Temperature  ####_,  F  (nn_,nd)  ###.###  (##_,####)";  temperature(i);
        DestSel(i).F; DestSel(i).nn; DestSel(i).nd;                   'Continuation of last line
        IF DestSel(i).extrapolation > 0 THEN
           PRINT USING "    Extrapolation  #.####"; DestSel(i).extrapolation
        ELSE
           PRINT
        END IF
     NEXT i
  END IF

END SUB

'********************************* t95 ***************************************
'This simple polynomial is accurate enough for our purposes. An accurate
'algorithm would need about 150 lines of code. If you wish you can delete this
'routine and enter the accurate value from the keyboard.

FUNCTION t95 (n1)
   t95 = 1.6282 + .0001688 * n1 + 1.8481 / n1
END FUNCTION

'************************************* Xc *************************************
'Lower 95% confidence limit of the X-estimate

FUNCTION Xc (time, xmean, vx, ym())

   tcen = 1 / (1 / t95(nt - 2) - (1 - nt / mt) / (nt / 8 + 4.5))
   br = b - tcen ^ 2 * s / b / vx / nt
   sr = SQR(s * (br / b + ((LOG(time) - a) / b - xmean) ^ 2 / vx) / nt)
   Xc = xmean + (LOG(time) - ymean) / br + tcen * sr / br

END FUNCTION

'************************************* Yc *************************************
'Lower 95% confidence limit of the Y-estimate: used for drawing the thermal
'endurance graph.

FUNCTION Yc (xh, vx, xmean)

   tcen = 1 / (1 / t95(nt - 2) - (1 - nt / mt) / (nt / 8 + 4.5))
   yb = a + b * xh
   ci = tcen * SQR(s * (1 + (xh - xmean) ^ 2 / vx) / nt)
   Yc = yb - ci

END FUNCTION
```

ENTRY.bas

```
DECLARE SUB DestEntry ()
DECLARE SUB NDEntry ()
DECLARE FUNCTION KeyChoice$ (text$)
DEFINT I-N
DEFDBL A-H, O-Z
DIM SHARED datafile AS INTEGER, filename AS STRING
CLS
SCREEN 0
INPUT "Enter the drive letter for your data ", drive$
drive$ = LEFT$(drive$, 1) + ":"
INPUT "Enter the directory name ", directory$
IF directory$ = "" THEN directory$ = "."
INPUT "Enter the file name ", filename
filename = drive$ + "\" + directory$ + "\" + filename
datafile = FREEFILE
OPEN filename FOR OUTPUT AS #datafile

PRINT "Is this a destructive test data set? Y/N"
test$ = KeyChoice$("YN")
IF test$ = "Y" THEN
   DestEntry
ELSE
   NDEntry
END IF

END

SUB DestEntry

   INPUT "Enter the number of test temperatures ", NumberOfTemperatures
   PRINT #datafile, NumberOfTemperatures
   INPUT "Enter the maximum number of ageing times at any temperature ", MaxTimes
   PRINT #datafile, MaxTimes
   INPUT "Enter the maximum number of specimens aged for any time ", MaxSpecimens
   PRINT #datafile, MaxSpecimens
   FOR i = 1 TO NumberOfTemperatures
      VIEW PRINT 8 TO 25
      CLS 2
      PRINT USING "Enter temperature ## "; i;
      INPUT "", temperature
      PRINT #datafile, temperature
      INPUT "Enter the number of ageing times ", NumberOfAgeingTimes
      PRINT #datafile, NumberOfAgeingTimes
      FOR j = 1 TO NumberOfAgeingTimes
         VIEW PRINT 10 TO 25
         CLS 2
         PRINT USING "Enter time ##_.###  "; i; j;
         INPUT "", time
         PRINT #datafile, time
         PRINT USING "Enter the number of specimens aged for time ##### at temperature ### "; time;
         temperature;
                                                                    Continuation of last line
         INPUT "", NumberOfSpecimens
         PRINT #datafile, NumberOfSpecimens
         FOR j1 = 1 TO NumberOfSpecimens
            VIEW PRINT 12 TO 25
            CLS 2
            PRINT USING "Enter property value for specimen ### "; j1;
            INPUT "", property
            PRINT #datafile, property
         NEXT j1
      NEXT j
   NEXT i
   LOCATE 15, 1
   INPUT "Enter the end point value ", EndPoint
   PRINT #datafile, EndPoint
   CLOSE #datafile

END SUB
```

```
FUNCTION KeyChoice$ (compare$)

DIM p AS INTEGER
   compare$ = UCASE$(compare$)
   DO WHILE p = 0
      p = INSTR(compare$, UCASE$(INPUT$(1)))
   LOOP
   KeyChoice$ = MID$(compare$, p, 1)

END FUNCTION

SUB NDEntry

   INPUT "Enter the number of test temperatures ", NumberOfTemperatures
   PRINT #datafile, NumberOfTemperatures
   INPUT "Enter the maximum number of specimens aged at any temperature ", l
   PRINT #datafile, l
   FOR i = 1 TO NumberOfTemperatures
      VIEW PRINT 7 TO 25
      CLS 2
      PRINT USING "Enter temperature ## "; i;
      INPUT "", temperature
      PRINT #datafile, temperature
      INPUT "Enter the number of specimens ", NumberOfSpecimens
      PRINT #datafile, NumberOfSpecimens
      INPUT "Enter the number of ageing times known ", NumberOfTimes
      PRINT #datafile, NumberOfTimes
      FOR j = 1 TO NumberOfTimes
         VIEW PRINT 10 TO 25
         CLS 2
         PRINT USING "Enter time ##_,### "; i; j;
         INPUT "", time
         PRINT #datafile, time
      NEXT j
   NEXT i
   CLOSE #datafile

END SUB
```

E.2 使用该程序的数据的结构

请阅读表E.1连同在Entry.bas中的子程序NDEntry，以及3.2中所列的符号，该文件包含了一系列数据，文件中每行仅有一个值。

表E.1 非破坏性试验数据

行	项目	符号
1	温度数	K
2	任一温度下试样的最大数目	
3	第一老化温度	ϑ_1
4	温度 ϑ_1 下试样数	m_1
5	温度 ϑ_1 下已知达到终点时间的试样数	n_1
6至$5+n_1$	ϑ_1 下的终点时间	τ_{i1}
$6+n$	第二老化温度 温度 ϑ_2 下试样数 温度 ϑ_2 下已知达到终点时间的试样数 n_2 线包括的终点时间	ϑ_2 m_2 n_2
	第三个老化温度点，等等	

请阅读表E.2连同Enty.Bas中的子程序DestEntry以及3.2中所列符号。

表E.2 破坏性试验数据

行	项目	符号
1	老化温度数	k
2	任一温度下老化时间的最大数目	
3	任一组老化试样的最大数目	
4	第一老化温度	ϑ_1
5	老化温度 ϑ_1 下老化组数	
6	老化温度 ϑ_1 下的第一组的老化时间	
7	该组的老化试样数	
8及随后的行	该组内的试样的性能值	
	下一组的老化时间 该组的老化试样数 该组内的试样的性能值 等等	
	第二老化温度	ϑ_2
	老化温度 ϑ_2 下的老化组数 老化温度 ϑ_2 下的第一组的老化时间 该组的老化试样数 该组内的试样的性能值	
	下一组的老化时间 该组的老化试验数 该组内的试样的性能值 等等	
	第三老化温度，等等	ϑ_3

E.3 计算机程序的数据文件

以下列出了例1、例2以及一个破坏性能试验的完整数的数据文件结构，计算结果也列出来了。

数据文件可按上述程序 Entry.bas 的格式准备，但也可用文本编辑器准备。

Material: cenex3 sleeving

File name: ex-1.dta Estimate time: 20 000 02-27-1995
Test property: voltage proof test

Data dispersion slightly too large, compensated
TI (HIC) : 221.5 (11.5) TC 214.6

Chi-squared = 0.56 (2 DF)
F = 0.610 : F(0.95, 1, 46) = 4.099

Times to reach end-point

Temperature 240
Number of specimens 21, times known for 11
Times 1764 2772 2772 3780 4284 4284 4284 5292 7308 7812 7812
Temperature 260
Number of specimens 21, times known for 18
Times 756 924 924 1176 1176 2184 2520 2856 2856 3192 3192 3864 4872 5208 5544 5880 5880 5880
Temperature 280
Number of specimens 21, times known for 20
Times 108 252 324 324 468 612 684 756 756 828 828 972 1428 1596 1932 1932 2100 2268 2604 2772

Data file Cenex3.dta (Example 1)
Data at the foot of each column are followed without interruption by those in the succeeding column.

3	924	324
21	1176	324
240	1176	468
21	2184	612
11	2520	684
1764	2856	756
2772	2856	756
2772	3192	828
3780	3192	828
4284	3864	972
4284	4872	1428
4284	5208	1596
5292	5544	1932
7308	5880	1932
7812	5880	2100
7812	5880	2268
260	280	2604
21	21	2772
18	20	
756	108	
924	252	

Material: Unidentified resin

File name: test2   Estimate time: 2,000D+04   12-02-1991

Test property: Loss of mass

Minor non-linearity, compensated
TI (HIC) : 163,4 (11,4)   TC 158,7

Chi-squared = 0,48 (2 DF)
F = 5,223 : F(0,95, 1, 12) = 4,743

Times to reach end-point

Temperature 180
Times 7410 6610 6170 5500 8910

Temperature 200
Times 3200 2620 2460 2540 3500

Temperature 220
Times 1100 740 720 620 910

Data file test2.dta (example 2)

3		
5		
180	200	220
5	5	5
5	5	5
7410	3200	1100
6610	2620	740
6170	2460	720
5500	2540	620
8910	3500	910

Material: N3 nylon laminate

File name: n3.dst   Estimate time: 20 000   12-02-1991

Test property: Tensile impact strength (end-point 30)

TI (HIC) : 113,8 (12,4)   TC 112,4

Chi-squared = 42,63 (3 DF)

F = 1,772 : F(0,95, 2, 101) = 2,975

Temperature 180

Time	Property Values				
312	70,1	68,5	58,8	68,0	60,5
432	42,6	62,0	62,3	68,9	69,8
576	39,5	45,4	36,7	43,7	47,4
696	39,0	40,3	35,4	26,0	35,1
744	31,2	32,4	34,3	32,4	31,8
840	36,9	29,6	18,9	26,2	30,1
888	32,5	27,5	58,9	19,4	37,7

Times 432 to 840 selected
F = 0,529 : F(0,95, 3, 20) = 3,062

Temperature 165

Time	Property Values				
528	70,9	56,5	70,9	74,5	65,6
840	62,2	46,6	46,0	57,4	48,8
1176	9,1	39,7	42,5	45,6	54,4
1274	33,0	33,1	37,6	54,9	39,2
1344	32,7	38,8	33,1	33,9	34,8
1512	23,4	31,7	32,5	25,7	25,8
1680	21,6	26,0	25,6	21,2	25,8
1848	21,6	22,1	25,8	20,9	19,6

Times 528 to 1 848 selected
F = 0,278 : F(0,95, 6, 32) = 2,532

Temperature 150

Time	Property Values				
984	83,4	83,4	82,6	81,3	82,6
1680	71,0	71,8	74,8	71,0	68,8
2160	49,8	54,2	54,2	48,6	43,6
2304	52,4	50,1	47,1	37,5	42,4
2685	29,6	37,4	34,1	39,0	35,3
3360	39,5	37,8	27,8	36,3	26,9

Times 1 680 to 2 685 selected
F = 0,342 : F(0,95, 2, 16) = 3,526
Did not cross the end point line: extrapolation 0,140

Temperature 135

Time	Property Values				
3216	45,2	71,0	73,6	72,3	
4728	49,9	70,6	66,7	63,5	59,2
5265	30,5	33,7	49,1	50,2	55,3
6072	35,4	37,7	37,7	37,3	39,0
7440	16,1	17,6	19,4	20,9	17,4
7752	21,3	20,9	20,2	21,6	18,9
8088	19,7	18,9	18,9	18,5	18,5

Times 4 728 to 7 440 selected
F = 2,126 : F(0,95, 2, 16) = 3,526

End-point = 30

Data file n3.dst: file generated by Entry.bas program.

4	56,5	82,6	55.3
8	70,9	81,3	6072
5	74,5	82,6	5
180	65,6	1680	35.4
7	840	5	37.7
312	5	71,0	37.7
5	62,2	71,8	37.3
70,1	46,6	74,8	39.0
68,5	46,0	71,0	7440
58,8	57,4	68,8	5
68,0	48,8	2160	16.1
60,5	1176	5	17.6
432	5	49,8	19.4
5	9,1	54,2	20.9
42,6	39,7	54,2	17.4
62,0	42,5	48,6	7752
62,3	45,6	43,6	5
68,9	54,4	2304	21.3
69,8	1274	5	20.9
576	5	52,4	20.2
5	33,0	50,1	21.6
39,5	33,1	47,1	18.9
45,4	37,6	37,5	8088
36,7	54,9	42,4	5
43,7	39,2	2685	19.7
47,4	1344	5	18.9
696	5	29,6	18.9
5	32,7	37,4	18.5
39,0	38,8	34,1	18.5
40,3	33,1	39,0	30
35,4	33,9	35,3	
26,0	34,8	3360	
35,1	1512	5	
744	5	39,5	
5	23,4	37,8	
31,2	31,7	27,8	
32,4	32,5	36,3	
34,3	25,7	26,9	
32,4	25,8	135	
31,8	1680	7	
840	5	3216	
5	21,6	4	
36,9	26,0	45,2	
29,6	25,6	71,0	
18,9	21,2	73,6	
26,2	25,8	72,3	
30,1	1848	4728	
888	5	5	
5	21,6	49,9	
32,5	22,1	70,6	
27,5	25,8	66,7	
58,9	20,9	63,5	
19,4	19,6	59,2	
37,7	150	5265	
165	6	5	
8	984	30,5	
528	5	33,7	
5	83,4	49,1	
70,9	83,4	50,2	

附　录　F
（资料性附录）
参考文献

[1] Saw J. G. ,Estimation of the Nomal Population Parameters given a Singly Censored Sample，Biometrika 46,159,1959

[2] press W. H. et al，Numerical recipes ,FORTRAN Version，Cambridge University Press，Cambridge 1989

ICS 77.040.30
H 15

中华人民共和国国家标准

GB/T 11067.1—2006
代替 GB/T 11067.1—1989

银化学分析方法 银量的测定 氯化银沉淀-火焰原子吸收光谱法

Methods for chemical analysis of silver —Determination of silver content—Silver chloride precipitation-flame atomic absorption spectrometric method

2006-09-26 发布 2007-02-01 实施

中华人民共和国国家质量监督检验检疫总局
中国国家标准化管理委员会 发布

前　言

GB/T 11067《银化学分析方法》分为如下几个部分：

GB/T 11067.1　银化学分析方法　银量的测定　氯化银沉淀-火焰原子吸收光谱法

GB/T 11067.2　银化学分析方法　铜量的测定　火焰原子吸收光谱法

GB/T 11067.3　银化学分析方法　硒和碲量的测定　电感耦合等离子体原子发射光谱法

GB/T 11067.4　银化学分析方法　锑量的测定　电感耦合等离子体原子发射光谱法

GB/T 11067.5　银化学分析方法　铅和铋量的测定　火焰原子吸收光谱法

GB/T 11067.6　银化学分析方法　铁量的测定　火焰原子吸收光谱法

本标准代替 GB/T 11067.1～11067.7—1984《银化学分析方法》。

本部分为第1部分。

本部分代替 GB/T 11067.1—1984《银化学分析方法　氯化银沉淀-火焰原子吸收光谱法测定银量》。与 GB/T 11067.1—1984 相比，主要有如下的变动：

——对文本格式进行了修订，补充了质量保证和控制条款；

——增加了精密度条款。

本部分由中国有色金属工业协会提出。

本部分由全国有色金属标准化技术委员会归口。

本部分由大冶有色金属公司负责起草。

本部分由内蒙古乾坤金银精炼股份有限公司起草。

本部分由铜陵有色金属公司、江西铜业公司贵溪冶炼厂参加起草。

本部分主要起草人：马蓉、吕涛、郭树有、宋文代。

本部分主要验证人：汪实富、李琴美、邵从和、杨红生、夏珍珠。

本部分由全国有色金属标准化技术委员会负责解释。

本部分所替代标准的历次发布情况为：

——GB/T 11067.1—1984。

银化学分析方法
银量的测定　氯化银沉淀-火焰原子吸收光谱法

1 范围

本部分规定了银中银含量的测定方法。

本部分适用于银中银含量的测定。测定范围：99.850%～99.980%。

2 方法原理

试料用硝酸溶解，在硝酸介质中，定量加入氯化钠标准溶液，使大部分银生成氯化银沉淀，经振荡澄清后，剩余的银离子，使用空气-乙炔火焰，于原子吸收光谱仪波长 328.1 nm 处测量银的吸光度。

3 试剂

3.1　硝酸（1+1）。

3.2　银标准溶液：称取 1.000 0 g 纯银（≥99.99%），置于 100 mL 烧杯中，加入 10 mL 硝酸（3.1），盖上表皿，加热溶解，煮沸驱除氮的氧化物，冷却后，移入 1 000 mL 棕色容量瓶中，以水稀释至刻度，混匀。此溶液 1 mL 含 1 mg 银。

3.3　氯化钠标准溶液：移取 100.0 mL 氯化钠标准溶液（3.4.1），置于 1 000 mL 容量瓶中，以水稀释至刻度，混匀。

3.4　氯化钠标准溶液

3.4.1　配制

称取 5.420 g 氯化钠，置于 300 mL 烧杯中，以水溶解后移入 1 000 mL 容量瓶中并稀释至刻度，混匀，静置 4 h。

3.4.2　校正

3.4.2.1　称取 1.000 0 g 纯银，置于三角瓶（4.2）中，加入 10 mL 硝酸（3.1），加热溶解，冷却后，用加液量管（4.3）加入 100.0 mL 氯化钠标准溶液（3.4.1），盖上瓶塞，振荡 10 min，静置澄清后，取下瓶塞，加入 0.50 mL 氯化钠标准溶液（3.3），如试液浑浊，需继续振荡，静置澄清后，再加入 0.50 mL 氯化钠标准溶液（3.3），直至试液中不再出现浑浊为止。如加入氯化钠标准溶液（3.3）总体积在 1.50 mL～2.00 mL之间，可不调整氯化钠标准溶液（3.4.1）的浓度，若加入氯化钠标准溶液（3.3）超过 2.00 mL 时，应补加氯化钠量。

补加氯化钠量按式（1）计算：

$$m = \frac{(V-2) \times 5.42V_0}{10^6} \quad \cdots\cdots\cdots\cdots (1)$$

式中：

m——应补加氯化钠量，单位为克（g）；

V——滴定消耗氯化钠标准溶液（3.3）的体积，单位为毫升（mL）；

V_0——剩余氯化钠标准溶液（3.4.1）的总体积，单位为毫升（mL）。

注：若 $(V-2)<0$ 时，应将 V 按负数代入式（2）V_2 中计算加水体积。

补加水的体积按式(2)计算：

$$V_1=\frac{(V_2+2)\times V_0}{1\ 000} \quad\cdots\cdots(2)$$

式中：

V_1——应补加水的体积，单位为毫升(mL)；

V_2——滴定消耗银标准溶液(3.2)的体积，单位为毫升(mL)；

V_0——剩余氯化钠标准溶液(3.4.1)的总体积，单位为毫升(mL)。

3.4.2.2 经振荡试液澄清后，加入 0.50 mL 氯化钠标准溶液(3.3)后不出现氯化银浑浊时，加入 0.50 mL银标准溶液(3.2)振荡，试液澄清后，再加入 0.50 mL 银标准溶液(3.2)，如出现浑浊继续振荡，澄清，再用银标准溶液(3.2)滴定。直至试液中不再出现浑浊为终点。记录滴定毫升数时要减去最初加入的 0.50 mL 氯化钠标准溶液(3.3)所消耗的 0.50 mL 银标准溶液(3.2)。

4 仪器

4.1 电动振荡机：275 次/min。

4.2 三角瓶：150 mL。

4.3 加液量管：100.0 mL。

4.4 原子吸收光谱仪，附银空心阴极灯。

在仪器最佳工作条件下，凡达到下列指标者均可使用。

——特征浓度：在与测量试液基体相一致的溶液中，银的特征浓度应不大于 0.22 μg/ mL。

——精密度：用最高浓度的标准溶液测量 10 次吸光度，其标准偏差应不超过平均吸光度的 1.0%；用最低浓度的标准溶液(不是“零”浓度标准溶液)测量 10 次吸光度，其标准偏差应不超过最高浓度标准溶液平均吸光度的 0.5%。

——工作曲线线性：将工作曲线按浓度等分成 5 段，最高段的吸光度差值与最低段的吸光度差值之比应不小于 0.8。

5 分析步骤

5.1 试料

称取 1.000 00 g 试样 3 份，精确到 0.000 01 g。称取 1.000 00 g 银标样 4 份(银含量不小于 99.990%)，精确到 0.000 01 g。

5.2 测定

5.2.1 将试料与银标样(5.1)分别置于三角瓶(4.2)中，加入 10 mL 硝酸(3.1)，低温加热溶解后取下，冷却。

5.2.2 用加液量管(4.3)加入 100.0 mL 氯化钠标准溶液(3.4.1)，盖上瓶塞，放到振荡机(4.1)上，振荡 20 min，取下，轻轻摇动三角瓶，使瓶壁上的氯化银降落于三角瓶底部，静置 10 min。

5.2.3 使用空气-乙炔火焰，于原子吸收光谱仪波长 328.1 nm 处，以水调零，与系列标准溶液平行测量吸光度。从工作曲线上查出相应的银浓度。

注：所测试液吸光度低于工作曲线中第一点的吸光度时，需调整剩余银离子浓度重新测定。

5.3 工作曲线的绘制

5.3.1 移取 0 mL，0.50 mL，1.00 mL，1.50 mL，2.00 mL，2.50 mL 银标准溶液(3.2)，分别置于一组 100 mL 容量瓶中，各加入 10 mL 硝酸(3.1)，以水稀释至刻度，混匀。

5.3.2 在与测量试液(5.2.3)相同的条件下，以水调零，测量系列标准溶液的吸光度，减去系列标准溶液中“零”浓度溶液的吸光度。以银的浓度为横坐标，吸光度为纵坐标绘制工作曲线。

6 分析结果的表述

按式(3)计算银的质量分数 $w(\mathrm{Ag})$：

$$w(\mathrm{Ag})(\%)=\frac{m_1-V\cdot c_1+V\cdot c_2}{m_0}\times 100 \qquad\cdots\cdots(3)$$

式中：

m_1——称取的 4 份银标样的均值含银质量，单位为克(g)；

V——被测试液的体积，单位为毫升(mL)；

c_1——自工作曲线上查得银标样的平均银浓度，单位为克每毫升(g/mL)；

c_2——自工作曲线上查得试样的银浓度，单位为克每毫升(g/mL)；

m_0——试料的质量，单位为克(g)。

7 精密度

7.1 重复性

在重复性条件下获得的两次独立测试结果的测定值，在以下给出的平均值范围内，这两个测试结果的绝对差值不超过重复性限(r)，超过重复性限(r)情况不超过 5%，重复性限(r)值为 0.014%。

7.2 再现性

在再现性条件下获得的两次独立测试结果的绝对差值不大于再现性限(R)，超过再现性限(R)的情况不超过 5%，再现性限(R)值为 0.015%。

注：重复性(r)为 $2.8S_r$，S_r 为重复性标准差。再现性(R)为 $2.8S_R$，S_R 为再现性标准差。

8 质量保证和控制

应用国家级标准样品或行业标准样品(当前两者没有时，也可用控制标样替代)，每周或每两周校核一次本分析方法标准的有效性。当过程失控时，应找出原因，纠正错误后，重新进行校核。

ICS 77.040.30
H 15

中华人民共和国国家标准

GB/T 11067.2—2006
代替 GB/T 11067.2—1989，部分代替 GB/T 11067.7—1989

银化学分析方法　铜量的测定
火焰原子吸收光谱法

Methods for chemical analysis of silver
—Determination of copper contents
—Flame atomic absorption spectrometric method

2006-09-26 发布　　　　2007-02-01 实施

中华人民共和国国家质量监督检验检疫总局
中国国家标准化管理委员会　发布

前　言

GB/T 11067《银化学分析方法》分为如下几个部分：

GB/T 11067.1　银化学分析方法　银量的测定　氯化银沉淀-火焰原子吸收光谱法

GB/T 11067.2　银化学分析方法　铜量的测定　火焰原子吸收光谱法

GB/T 11067.3　银化学分析方法　硒和碲量的测定　电感耦合等离子体原子发射光谱法

GB/T 11067.4　银化学分析方法　锑量的测定　电感耦合等离子体原子发射光谱法

GB/T 11067.5　银化学分析方法　铅和铋量的测定　火焰原子吸收光谱法

GB/T 11067.6　银化学分析方法　铁量的测定　火焰原子吸收光谱法

本标准代替 GB/T 11067.1～11067.7—1989《银化学分析方法》。

本部分为第 2 部分。

本部分代替 GB/T 11067.2—1989《银化学分析方法　火焰原子吸收光谱法测定铜和金量》和 GB/T 11067.7—1989《银化学分析方法　发射光谱法测定铜、铋、铁、铅、金和锑量》中铜量的测定。

本部分与 GB/T 11067.2—1989 以及 GB/T 11067.7—1989 中铜量的测定相比，主要有如下变动：

——取消了采用发射光谱法测定铜量的方法，采用火焰原子吸收光谱法测定铜量。

——对火焰原子吸收光谱法测定方法进行文字性修改；补充了质量保证和控制条款；

——增加了重复性条款。

本部分由中国有色金属工业协会提出。

本部分由全国有色金属标准化技术委员会归口。

本部分由大冶有色金属公司负责起草。

本部分由江西铜业公司贵溪冶炼厂起草。

本部分由大冶有色金属公司、内蒙古乾坤金银精炼股份有限公司参加起草。

本部分主要起草人：夏珍珠、梁亚群、邱继英、杨红生、占光仙。

本部分主要验证人：李玉琴、潘晓玲、马蓉、郭树有。

本部分由全国有色金属标准化技术委员会负责解释。

本部分所替代标准的历次发布情况为：

——GB/T 11067.2—1989；

——GB/T 11067.7—1989。

银化学分析方法　铜量的测定
火焰原子吸收光谱法

1　范围

本部分规定了银中铜含量的测定方法。

本部分适用于银中铜含量的测定，测量范围：0.000 5%～0.060%。

2　方法原理

试料用硝酸溶解，溶液加盐酸使生成氯化银沉淀，过滤分离后，加盐酸蒸至近干，转化成盐酸介质待测溶液。使用空气-乙炔火焰，于原子吸收光谱仪波长 324.8 nm 处测量铜的吸光度。

3　试剂

3.1　硝酸（ρ1.42 g/mL）。

3.2　硝酸（1+1）。

3.3　盐酸（ρ1.19 g/mL）。

3.4　盐酸（1+1）。

3.5　盐酸（2+98）。

3.6　铜标准贮存溶液：称取 1.000 0 g 金属铜（≥99.99%），置于 100 mL 烧杯中，加入 20 mL 硝酸（3.2），盖上表皿，加热至完全溶解，煮沸驱除氮的氧化物，取下，用水洗表皿及杯壁，冷至室温，移入 1 000 mL容量瓶中，用水稀释至刻度，混匀。此溶液 1 mL 含 1 mg 铜。

3.7　铜标准溶液：移取 25.00 mL 铜标准贮存溶液（3.6），置于 1 000 mL 容量瓶中，加入 20 mL 硝酸（3.2），用水稀释至刻度，混匀。此溶液 1 mL 含 25 μg 铜。

4　仪器

原子吸收光谱仪，附铜空心阴极灯。

在仪器最佳工作条件下，凡能达到下列指标者均可使用。

——特征浓度：在与测量试液基本相一致的溶液中，铜的特征浓度不大于 0.023 μg/mL。

——精密度：最高浓度的标准溶液测量 10 次吸光度，其标准偏差应不超过平均吸光度的 1.0%；用最低浓度的标准溶液（不是"零"浓度标准溶液）测量 10 次吸光度，其标准偏差应不超过最高浓度标准溶液的平均吸光度的 0.5%。

——工作曲线线性：将工作曲线按浓度分成 5 段，最高段的吸光度差值与最低段的吸光度差值之比，不小于 0.8。

5　分析步骤

5.1　试料

按表 1 称取试样，精确到 0.001 g。

表 1

铜的质量分数/%	试料/g	硝酸(3.2)/mL	盐酸(3.4)/mL	容量瓶体积/mL
0.000 5~0.002 0	5.000	20	10	50
>0.002 0~0.008 0	3.000	20	5	100
>0.008 0~0.020	1.000	10	3	100
>0.020~0.060	1.000	10	3	250

5.2 空白试验

随同试料做空白试验。

5.3 测定

5.3.1 将试料(5.1)置于 250 mL 烧杯中,按表 1 加硝酸(3.2),盖上表皿,加热溶解,取下,用水洗表皿及杯壁,加热煮沸。

5.3.2 调整溶液体积约 70 mL,置于电热板上加热,在不断搅拌下,按表 1 加入盐酸(3.4),煮沸至透明,静置 30 min。

5.3.3 用慢速定量滤纸过滤,用热盐酸(3.5)洗涤杯壁及沉淀 6 次~7 次,滤液连同洗液加入盐酸5 mL(3.4),加热蒸至近干,取下。再加入 5 mL 盐酸(3.4)加热至微沸,取下冷却。

5.3.4 按表 1 用水移入相应的容量瓶中,每 100 mL 体积补加 5 mL 盐酸(3.4),混匀。

5.3.5 使用空气-乙炔火焰,于原子吸收光谱仪波长 324.8 nm 处,以水调零,与系列标准溶液平行测量试液的吸光度,减去随同试料空白溶液的吸光度,从工作曲线上查出相应的铜浓度。

5.4 工作曲线的绘制

5.4.1 移取 0 mL,1.00 mL,2.00 mL,4.00 mL,6.00 mL,8.00 mL,10.00 mL 铜标准溶液(3.7),分别置于一组 100 mL 容量瓶中,各加入 5 mL 盐酸(3.4),以水稀释至刻度,混匀。

5.4.2 在与测量试液(5.3.5)相同的条件下,以水调零,测量系列标准溶液的吸光度,减去系列标准溶液中"零"浓度溶液的吸光度。以铜的浓度为横坐标,吸光度为纵坐标绘制工作曲线。

6 分析结果的计算

按下式计算铜的质量分数 $w(\mathrm{Cu})$:

$$w(\mathrm{Cu})(\%) = \frac{c \cdot V \times 10^{-6}}{m} \times 100$$

式中:

c——自工作曲线上查得铜的浓度,单位为微克每毫升(μg/mL);

V——试液的总体积,单位为毫升(mL);

m——试料的质量,单位为克(g)。

7 精密度

7.1 重复性

在重复性条件下获得的两次独立测试结果的测定值,在以下给出的平均值范围内,这两个测试结果的绝对差值不超过重复性限(r),超过重复性限(r)的情况不超过 5%,重复性限(r)按表 2 数据采用线性内插法求得。

表 2

铜量/(%)	0.001 1	0.005 0	0.009 2	0.052 2
r/(%)	0.000 2	0.000 5	0.000 7	0.002 0

7.2 再现性

在再现性条件下获得的两次独立测试结果的绝对差值不大于再现性限(R),超过再现性限(R)的情况不超过5%,再现性限(R)按表3数据采用线性内插法求得。

注:重复性(r)为$2.8S_r$,S_r为重复性标准差。再现性(R)为$2.8S_R$,S_R为再现性标准差。

表3

铜量/(%)	0.001 1	0.005 0	0.009 2	0.052 2
R/(%)	0.000 3	0.000 8	0.001 9	0.004 0

8 质量保证和控制

应用国家级标准样品或行业标准样品(当两者都没有时,也可用控制标样替代),每周或每两周校核一次本分析方法标准的有效性。当过程失控时,应找出原因,纠正错误后,重新进行校核。

ICS 77.040.30
H 15

GB

中华人民共和国国家标准

GB/T 11067.3—2006

银化学分析方法 硒和碲量的测定 电感耦合等离子体原子发射光谱法

Methods for chemical analysis of silver —Determination of selenium and tellurium content —Inductively coupled plasma atomic emission spectrometric method

2006-09-26 发布　　2007-02-01 实施

中华人民共和国国家质量监督检验检疫总局
中国国家标准化管理委员会　发布

前　言

GB/T 11067《银化学分析方法》分为如下几个部分：

GB/T 11067.1　银化学分析方法　银量的测定　氯化银沉淀-火焰原子吸收光谱法

GB/T 11067.2　银化学分析方法　铜量的测定　火焰原子吸收光谱法

GB/T 11067.3　银化学分析方法　硒和碲量的测定　电感耦合等离子体原子发射光谱法

GB/T 11067.4　银化学分析方法　锑量的测定　电感耦合等离子体原子发射光谱法

GB/T 11067.5　银化学分析方法　铅和铋量的测定　火焰原子吸收光谱法

GB/T 11067.6　银化学分析方法　铁量的测定　火焰原子吸收光谱法

本标准代替 GB/T 11067.1～11067.7—1989《银化学分析方法》。

本部分为第 3 部分。

本部分为首次制定的标准。

本部分由中国有色金属工业协会提出。

本部分由全国有色金属标准化技术委员会归口。

本部分由大冶有色金属公司负责起草。

本部分中硒元素的测定由江西铜业公司贵溪冶炼厂起草。

本部分中硒元素的测定由大冶有色金属公司、内蒙古乾坤金银精炼股份有限公司参加起草。

本部分中硒元素的测定主要起草人：杨红生、夏珍珠、邱继英、梁亚群、卢秋兰。

本部分中硒元素的主要验证人：何梅、余学兵、马蓉、王涛。

本部分中碲元素的测定由大冶有色金属公司起草。

本部分中碲元素的测定由内蒙古乾坤金银精炼股份有限公司、江西铜业公司贵溪冶炼厂参加起草。

本部分中碲元素的测定主要起草人：何梅、余学兵、彭建军、袁功启、王永彬。

本部分中碲元素的主要验证人：邵海青、夏珍珠、马蓉、吕涛。

本部分由全国有色金属标准化技术委员会负责解释。

银化学分析方法　硒和碲量的测定
电感耦合等离子体原子发射光谱法

1　范围

本部分规定了银中硒和碲含量的测定方法。

本部分适用于银中硒和碲含量的测定。测定范围：硒：0.000 2%～0.010%；碲：0.000 2%～0.010%。

2　方法原理

试料经硝酸溶解，用盐酸沉淀分离基体银，在盐酸介质中，于电感耦合等离子体原子发射光谱仪上，分别在波长 196.090 nm、214.281 nm 处测定溶液中硒和碲的强度。

3　试剂

3.1　盐酸(ρ1.19 g/mL)。

3.2　盐酸(1+1)。

3.3　盐酸(2+98)。

3.4　硝酸(ρ1.42 g/mL)。

3.5　硝酸(1+1)。

3.6　硒标准贮存溶液：称取 0.100 0 g 硒(≥99.99%)，置于 100 mL 烧杯中，加入 10 mL 盐酸(3.1)及 3 滴～4 滴硝酸(3.4)，于水浴上加热，使之溶解完全。取下用水洗表皿及杯壁，冷却。移入 1 000 mL 容量瓶中，用水稀释至刻度，混匀。此溶液 1 mL 含 0.1 mg 硒。

3.7　碲标准贮存溶液：称取 0.100 0 g 碲(≥99.99%)于 300 mL 烧杯中，加入 10 mL 硝酸(3.4)低温加热溶解，并蒸发至小体积，取下冷却，加 100 mL 盐酸(3.2)加热使盐类溶解，取下冷却，移入 1 000 mL 容量瓶中，用水稀释至刻度，混匀。此溶液 1 mL 含 0.1 mg 碲。

3.8　硒、碲标样溶液的配制：分别移取 0 mL，1.00 mL，2.00 mL，5.00 mL，10.00 mL，30.00 mL 硒标准贮存溶液(3.6)和碲标准贮存溶液(3.7)，置于同一组 100 mL 容量瓶中，加入 10 mL 盐酸(3.2)，稀释至刻度，混匀。

4　仪器

4.1　电感耦合等离子体原子发射光谱仪。

4.2　光源：等离子体光源，使用功率不小于 0.75 kW。

5　分析步骤

5.1　试料

按表 1 称取 10.000 g 试样，精确至 0.001 g。

表 1

硒和碲的质量分数/%	硝酸(3.5)/mL	盐酸(3.2)/mL	容量瓶体积/mL
0.000 2～0.001 0	20	2.5	25
>0.001 0～0.010	20	5.0	50

5.2 空白试验

随同试料作空白试验。

5.3 测定

5.3.1 将试料(5.1)置于250 mL烧杯中，按表1加入硝酸(3.5)，盖上表面皿，低温加热至溶解完全。取下，加水至70 mL左右，加热至沸，边搅拌边滴20 mL加盐酸(3.2)，加热并不断搅拌至溶液清亮，于低温电热板上放置30 min。

5.3.2 用慢速定量滤纸过滤，用热的稀盐酸(3.3)洗杯壁及沉淀6～7次，滤液及洗液收集于另一250 mL烧杯中。

5.3.3 将上述溶液置于低温电热板上蒸至近干，取下冷却后用适量水吹洗杯壁及表皿，按表1加入盐酸(3.2)，低温溶解盐类。取下冷却。按表1移入相应的容量瓶中，用水稀释至刻度，混匀。

5.3.4 至波长196.090 nm、214.281 nm处，以水调零，与系列标样溶液同时，在电感耦合等离子体原子发射光谱仪上测定。

6 分析结果的计算

将标样溶液的浓度直接输入计算机，根据标样溶液和分析试液的强度值，由计算机计算，并输出分析试液中待测元素的浓度，按下式计算硒和碲的质量分数 $w(\mathrm{Se})$ 和 $w(\mathrm{Te})$：

$$w(\mathrm{Se})\ 或\ w(\mathrm{Te}) = \frac{c \cdot V \times 10^{-6}}{m} \times 100$$

式中：

c——自工作曲线上查得硒和碲的浓度，单位为微克每毫升(μg/mL)；

V——试液总体积，单位为毫升(mL)；

m——试料的质量，单位为克(g)。

7 精密度

7.1 重复性

在重复性条件下获得的两次独立测试结果的测定值，在以下给出的平均值范围内，这两个测试结果的绝对差值不超过重复性限(r)，超过重复性限(r)的情况不超过5%，重复性限(r)按表2数据采用线性内插法求得。

表 2

硒量(%)	0.000 72	0.002 7	0.007 4
r(%)	0.000 06	0.000 3	0.000 6
碲量(%)	0.000 27	0.005 4	0.009 7
r(%)	0.000 03	0.000 6	0.000 8

7.2 再现性

在再现性条件下获得的两次独立测试结果的绝对差值不大于再现性限(R)，超过再现性限(R)的情况不超过5%，再现性限(R)按表3数据采用线性内插法求得。

注：重复性(r)为 $2.8S_r$，S_r 为重复性标准差。再现性(R)为 $2.8S_R$，S_R 为再现性标准差。

表 3

硒量(%)	0.000 72	0.002 7	0.007 4
R(%)	0.000 09	0.000 6	0.001 0
碲量(%)	0.000 27	0.005 4	0.009 7
R(%)	0.000 05	0.000 7	0.001 0

8 质量保证和控制

应用国家级标准样品或行业标准样品(当前两者没有时,也可用控制标样替代),每周或每两周校核一次本分析方法标准的有效性。当过程失控时,应找出原因,纠正错误后,重新进行校核。

ICS 77.040.30
H 15

中华人民共和国国家标准

GB/T 11067.4—2006
代替 GB/T 11067.4—1989

银化学分析方法　锑量的测定 电感耦合等离子体原子发射光谱法

Methods for chemical analysis of silver
—Determination of antimony content
—The inductively coupled plasma atomic emission spectrometric method

2006-09-26 发布　　　　2007-02-01 实施

中华人民共和国国家质量监督检验检疫总局
中国国家标准化管理委员会　发布

前　言

GB/T 11067《银化学分析方法》分为如下几个部分：

GB/T 11067.1　银化学分析方法　银量的测定　氯化银沉淀-火焰原子吸收光谱法

GB/T 11067.2　银化学分析方法　铜量的测定　火焰原子吸收光谱法

GB/T 11067.3　银化学分析方法　硒和碲量的测定　电感耦合等离子体原子发射光谱法

GB/T 11067.4　银化学分析方法　锑量的测定　电感耦合等离子体原子发射光谱法

GB/T 11067.5　银化学分析方法　铅和铋量的测定　火焰原子吸收光谱法

GB/T 11067.6　银化学分析方法　铁量的测定　火焰原子吸收光谱法

本标准代替 GB/T 11067.1～11067.7—1989《银化学分析方法》。

本部分为第 4 部分。

本部分代替 GB/T 11067.4—1989《银化学分析方法-2-(5-溴-2-吡啶偶氮)-5-二乙氨基苯酚分光光度法测定锑量》。与 GB/T 11067.4—1989 相比，本部分主要有如下变动：

——采用电感耦合等离子体原子发射光谱法测定锑量；

——补充了质量保证和控制条款；增加了重复性条款。

本部分由中国有色金属工业协会提出。

本部分由全国有色金属标准化技术委员会归口。

本部分由大冶有色金属公司负责起草。

本部分由内蒙古乾坤金银精炼股份有限公司起草。

本部分由江西铜业公司贵溪冶炼厂、株洲冶炼集团有限责任公司参加起草。

本部分主要起草人：马蓉、王涛、吕涛、郭树有、宋文代。

本部分主要验证人：占光仙、夏珍珠、刘传仕、刘新玲。

本部分由全国有色金属标准化技术委员会负责解释。

本部分所代替标准的历次版本发布情况为：

——GB/T 11067.4—1989。

银化学分析方法　锑量的测定
电感耦合等离子体原子发射光谱法

1　范围

本部分规定了银中锑含量的测定方法。

本部分适用于银中锑含量的测定，测定范围：0.000 4%～0.020%。

2　方法原理

试料用硫酸溶解，用盐酸沉淀分离基体银，在硝酸介质中，于电感耦合等离子体原子发射光谱仪上，在波长 217.581 nm 处测定锑的强度。

3　试剂

3.1　酒石酸。

3.2　酒石酸溶液(50 g/L)。

3.3　硫酸(ρ1.84 g/mL)。

3.4　硝酸(ρ1.42 g/mL)。

3.5　硝酸(1+1)。

3.6　硝酸(1+4)。

3.7　硝酸(1+19)。

3.8　盐酸(1+1)。

3.9　盐酸(2+98)。

3.10　锑标准贮存溶液：称取 0.100 0 g 金属锑(≥99.99%)置于 150 mL 烧杯中，加入 1 g 酒石酸、20 mL硝酸(3.5)，加热溶解后，取下冷却，用硝酸(3.7)移入 1 000 mL 容量瓶中，稀释至刻度，混匀。此溶液 1 mL 含 100 μg 锑。

3.11　锑标样溶液的配制：移取 0 mL，1.00 mL，3.00 mL，5.00 mL，7.00 mL，10.00 mL 锑标准贮存溶液(3.10)，分别置于一组 100 mL 容量瓶中，用硝酸(3.7)稀释至刻度，混匀。

4　仪器

4.1　电感耦合等离子体原子发射光谱仪。

4.2　光源：等离子体光源，使用功率不小于 0.75 kW。

5　分析步骤

5.1　试料

按表 1 称取试样，精确到 0.001 g。

表 1

锑的质量分数/%	试料/g	硫酸(3.3)/mL	盐酸(3.8)/mL	容量瓶体积/mL
0.000 4～0.002 0	10.000	10	20	25
>0.002 0～0.005 0	5.000	5	10	25

表 1（续）

锑的质量分数/%	试料/g	硫酸(3.3)/mL	盐酸(3.8)/mL	容量瓶体积/mL
>0.005 0～0.012 0	2.000	3	5	25
>0.012 0～0.020	2.000	3	5	50

5.2 空白试验

随同试料做空白试验

5.3 测定

5.3.1 将试料(5.1)置于100 mL烧杯中，按表1加入硫酸(3.3)，盖上表皿，加热溶解完全，取下冷却。

5.3.2 用水吹洗表皿及杯壁使体积约为20 mL，按表1加入盐酸(3.8)，搅拌，加热煮沸使沉淀凝聚，于低温电热板上放置30 min。

5.3.3 用慢速定量滤纸过滤于150 mL烧杯中，用热盐酸(3.9)洗涤杯壁及沉淀6次～7次，滤液加入2 mL硝酸(3.4)，加热蒸发至干，取下冷却。

5.3.4 加入5 mL硝酸(3.6)，0.2 mL酒石酸溶液(3.2)，放置30 min，低温蒸至约0.5 mL取下，冷却后用硝酸(3.7)按表1移入相应容量瓶中，稀释至刻度，混匀。

5.3.5 至波长217.581 nm处，以水调零，与系列标样溶液(3.11)同时在电感耦合等离子体原子发射光谱仪上测定。

6 分析结果的计算

将标样溶液(3.11)的浓度直接输入计算机，根据标样溶液和分析试液的强度值，由计算机计算，并输出分析试液中锑的浓度。按下式计算锑的质量分数 $w(\mathrm{Sb})$：

$$w(\mathrm{Sb})(\%)=\frac{c\cdot V\times 10^{-6}}{m}\times 100$$

式中：

c——计算机输出的分析试液中锑的浓度，单位为微克每毫升(μg/mL)；

V——试液的总体积，单位为毫升(mL)；

m——试料的质量，单位为克(g)。

7 精密度

7.1 重复性

在重复性条件下获得的两次独立测试结果的测定值，在以下给出的平均值范围内，这两个测试结果的绝对差值不超过重复性限(r)，超过重复性限(r)情况不超过5%，重复性限(r)按表2数据采用线性内插法求得：

表 2

锑量/(%)	0.000 42	0.003 9	0.015 8
r/(%)	0.000 05	0.000 6	0.000 9

7.2 再现性

在再现性条件下获得的两次独立测试结果的绝对差值不大于再现性限(R)，超过再现性限(R)的情况不超过5%，再现性限(R)按表3数据采用线性内插法求得：

注：重复性(r)为 $2.8S_r$，S_r 为重复性标准差。再现性(R)为 $2.8S_R$，S_R 为再现性标准差。

表 3

锑量/(%)	0.000 42	0.003 9	0.015 8
R/(%)	0.000 08	0.000 7	0.001 4

8 质量保证和控制

应用国家级标准样品或行业标准标品(当前两者没有时,也可用控制标样替代),每周或每两周校核一次本分析方法标准的有效性。当过程失控时,应找出原因,纠正错误后,重新进行校核。

ICS 77.040.30
H 15

中华人民共和国国家标准

GB/T 11067.5—2006

代替 GB/T 11067.3—1989,部分代替 GB/T 11067.7—1989

银化学分析方法 铅和铋量的测定 火焰原子吸收光谱法

Methods for chemical analysis of silver
—Determination of lead and bismuth contents
—Flame atomic absorption spectrometric method

2006-09-26 发布　　　　2007-02-01 实施

中华人民共和国国家质量监督检验检疫总局
中国国家标准化管理委员会　发布

前言

GB/T 11067《银化学分析方法》分为如下几个部分：

GB/T 11067.1　银化学分析方法　银量的测定　氯化银沉淀-火焰原子吸收光谱法

GB/T 11067.2　银化学分析方法　铜量的测定　火焰原子吸收光谱法

GB/T 11067.3　银化学分析方法　硒和碲量的测定　电感耦合等离子体原子发射光谱法

GB/T 11067.4　银化学分析方法　锑量的测定　电感耦合等离子体原子发射光谱法

GB/T 11067.5　银化学分析方法　铅和铋量的测定　火焰原子吸收光谱法

GB/T 11067.6　银化学分析方法　铁量的测定　火焰原子吸收光谱法

本标准代替 GB/T 11067.1～11067.7—1989《银化学分析方法》。

本部分为第 5 部分。

本部分代替 GB/T 11067.3—1989《银化学分析方法　火焰原子吸收光谱法测定铁、铅和铋量》和 GB/T 11067.7—1989《银化学分析方法　发射光谱法测定铜、铋、铁、铅、金和锑量》中铅和铋量的测定。

本部分与 GB/T 11067.3—1989 和 GB/T 11067.7—1989 中铅、铋量的测定相比，主要有如下变动：

——废止了 GB/T 11067.7—1989 发射光谱法测定铅和铋量；采用火焰原子吸收光谱法测定铅和铋量；

——对 GB/T 11067.3—1988 的方法过程进行了修改，补充了质量保证和控制条款；

——增加了重复性条款。

本部分由中国有色金属工业协会提出。

本部分由全国有色金属标准化技术委员会归口。

本部分由大冶有色金属公司负责起草。

本部分由江西铜业公司贵溪冶炼厂、内蒙古乾坤金银精炼股份有限公司参加起草。

本部分主要起草人：李玉琴、潘晓玲、刘振东、胡军凯、余学兵。

本部分主要验证人：曾宁、卢秋兰、马蓉、王涛。

本部分所替代标准的历次发布情况为：

——GB/T 11067.3—1989；

——GB/T 11067.7—1989。

银化学分析方法　铅和铋量的测定 火焰原子吸收光谱法

1　范围

本部分规定了银中铅和铋含量的测定方法。

本部分适用于银中铅和铋含量的测定。测定范围：Pb：0.000 5%～0.050%；Bi：0.000 5%～0.008 0%。

2　方法原理

试样用硝酸溶解，在氨性溶液中，以氢氧化镧富集铅和铋的氢氧化物与银分离。在硝酸介质中，使用空气-乙炔火焰，于原子吸收光谱仪上，在波长223.1 nm处测量铋的吸光度，在波长283.3 nm处测量铅的吸光度。

3　试剂

3.1　氨水（ρ0.90 g/mL）。

3.2　氨水（2＋98）。

3.3　硝酸（1＋1）。

3.4　硝酸（1＋4）。

3.5　硝酸镧溶液（25 g/L）。

3.6　混合标准溶液：分别称取0.200 0 g金属铅（≥99.99%）和0.200 0 g金属铋（≥99.99%），置于250 mL烧杯中，加入20 mL硝酸（3.3），盖上表皿，加热溶解后，取下，冷却移入500 mL容量瓶中，用水稀释至刻度，混匀。此溶液1 mL含400 μg铅、400 μg铋。

4　仪器

原子吸收光谱仪，附铅和铋空心阴极灯。

在仪器最佳工作条件下，凡能达到下列指标者均可使用。

——特征浓度：在与测量溶液基体相一致的溶液中，铅和铋的特征浓度分别不大于0.217 μg/mL和0.191 μg/mL。

——精密度：用最高浓度的标准溶液测量10次吸光度，其标准偏差应不超过平均吸光度的1.0%；用最低浓度的标准溶液（不是“零”浓度标准溶液）测量10次吸光度，其标准偏差应不超过最高浓度标准溶液平均吸光度的0.5%。

——工作曲线线性：将工作曲线按浓度等分成5段，最高段的吸光度差值与最低段的吸光度差值之比，应不小于0.8。

5　分析步骤

5.1　试料

按表1称取试样，精确到0.001 g。

表 1

铅和铋的质量分数/%	试料/g	硝酸量(3.3)/mL	容量瓶体积/mL
0.000 5~0.001 5	20.000	40	25
>0.001 5~0.003 5	10.000	20	25
>0.003 5~0.008 0	4.000	10	25
>0.008 0~0.020	2.000	10	25
>0.020~0.050	2.000	10	100

5.2 空白试验

随同试料做空白试验。

5.3 测定

5.3.1 将试料(5.1)置于 250 mL 烧杯中，按表 1 加入硝酸(3.3)，盖上表皿，低温加热使其溶解并蒸发至试液表面出现结晶时取下。

5.3.2 洗涤表皿及杯壁，调整试液体积约 50 mL，加入 5 mL 硝酸镧溶液(3.5)，用氨水(3.1)中和至试液出现白色沉淀时再过量 5 mL，混匀，静置 5 min。

5.3.3 用 ϕ9 cm 的中速定量滤纸过滤，用氨水(3.2)将沉淀移入漏斗中，并分别洗涤烧杯及滤纸各三次。

5.3.4 用热硝酸(3.4)将沉淀溶解于原烧杯中，用热水洗涤 3~4 次。将试液移入表 1 相应容量瓶中，保持溶液的酸度为 4%，以水稀释至刻度，混匀。

5.3.5 使用空气-乙炔火焰，于原子吸收光谱仪相应波长处，以水调零，与系列标准溶液平行，分别测量铅和铋的吸光度，减去随同试料空白溶液的吸光度。从工作曲线上分别查出相应的铅和铋浓度。

5.4 工作曲线的绘制

5.4.1 移取 0 mL，1.00 mL，2.00 mL，3.00 mL，4.00 mL，5.00 mL 混合标准溶液(3.6)，分别置于 100 mL容量瓶中，各加 8 mL 硝酸(3.3)，用水稀释至刻度，混匀。

5.4.2 在与测量试液(5.3.5)相同条件下，以水调零，测量系列标准溶液的吸光度，减去系列标准溶液中“零”浓度溶液的吸光度，分别以铅和铋浓度为横坐标，吸光度为纵坐标，绘制工作曲线。

6 分析结果的计算

按下式计算铅和铋的质量分数 $w(\mathrm{Pb})$ 和 $w(\mathrm{Bi})$：

$$w(\mathrm{Pb})\ \text{或}\ w(\mathrm{Bi})(\%) = \frac{c \cdot V \times 10^{-6}}{m} \times 100$$

式中：

c——自工作曲线上查得铅或铋的浓度，单位为微克每毫升(μg/mL)；

V——试液总体积，单位为毫升(mL)；

m——试料的质量，单位为克(g)。

7 精密度

7.1 重复性

在重复性条件下获得的两次独立测试结果的测定值，在以下给出的平均值范围内，这两个测试结果的绝对差值不超过重复性限(r)，超过重复性限(r)的情况不超过 5%，重复性限(r)按表 2 数据采用线性内插法求得。

表 2

铅量/(%)	0.000 80	0.019 8	0.046 7
r(%)	0.000 10	0.001 3	0.003 2
铋量/(%)	0.000 65	0.003 2	0.008 5
r(%)	0.000 12	0.000 6	0.001 0

7.2 再现性

在再现性条件下获得的两次独立测试结果的绝对差值不大于再现性限(R)，超过再现性限(R)的情况不超过5%，再现性限(R)按表3数据采用线性内插法求得。

注：重复性(r)为 $2.8S_r$，S_r 为重复性标准差。再现性(R)为 $2.8S_R$，S_R 为再现性标准差。

表 3

铅量/(%)	0.000 80	0.019 8	0.046 7
R/(%)	0.000 26	0.005 9	0.008 4
铋量/(%)	0.000 65	0.003 2	0.008 5
R/(%)	0.000 15	0.000 8	0.001 3

8 质量保证和控制

应用国家级标准样品或行业标准样品(当前两者没有时，也可用控制标样替代)，每周或每两周校核一次本分析方法标准的有效性。当过程失控时，应找出原因，纠正错误后，重新进行校核。

ICS 77.040.30
H 15

中华人民共和国国家标准

GB/T 11067.6—2006
部分代替 GB/T 11067.7—1989，部分代替 GB/T 11067.3—1989

银化学分析方法　铁量的测定
火焰原子吸收光谱法

Methods for chemical analysis of silver
—Determination of iron contents
—Flame atomic absorption spectrometric method

2006-09-26 发布　　　　2007-02-01 实施

中华人民共和国国家质量监督检验检疫总局
中国国家标准化管理委员会　发布

前言

GB/T 11067《银化学分析方法》分为如下几个部分：

GB/T 11067.1　银化学分析方法　银量的测定　氯化银沉淀-火焰原子吸收光谱法

GB/T 11067.2　银化学分析方法　铜量的测定　火焰原子吸收光谱法

GB/T 11067.3　银化学分析方法　硒和碲量的测定　电感耦合等离子体原子发射光谱法

GB/T 11067.4　银化学分析方法　锑量的测定　电感耦合等离子体原子发射光谱法

GB/T 11067.5　银化学分析方法　铅和铋量的测定　火焰原子吸收光谱法

GB/T 11067.6　银化学分析方法　铁量的测定　火焰原子吸收光谱法

本标准代替 GB/T 11067.1～11067.7—1989《银化学分析方法》。

本部分为第 6 部分。

本部分代替 GB/T 11067.3—1989《银化学分析方法　火焰原子吸收光谱法测定铁、铅和铋量》和 GB/T 11067.7—1989《银化学分析方法　发射光谱法测定铜、铋、铁、铅、金和锑量》中铁量的测定。

与 GB/T 11067.3—1989 和 GB/T 11067.7—1989 中铁量的测定相比，本部分主要有如下变动：

——取消了采用发射光谱法测定铁量；

——对 GB/T 11067.3—1989 中铁量的测定方法进行修改，补充了质量保证和控制条款；

——增加了重复性条款。

本部分由中国有色金属工业协会提出。

本部分由全国有色金属标准化技术委员会归口。

本部分由大冶有色金属公司负责起草。

本部分由江西铜业公司贵溪冶炼厂、内蒙古乾坤金银精炼股份有限公司、株洲冶炼集团有限责任公司参加起草。

本部分主要起草人：胡军凯、刘振东、潘晓玲、李玉琴、何梅。

本部分主要验证人：杨桢、夏珍珠、马蓉、吕涛、刘传仕。

本部分由全国有色金属标准化技术委员会负责解释。

本部分所替代标准的历次发布情况为：

——GB/T 11067.3—1989；

——GB/T 11067.7—1989。

银化学分析方法　铁量的测定
火焰原子吸收光谱法

1　范围

本部分规定了银中铁含量的测定方法。

本部分适用于银中铁含量的测定。测定范围:0.000 5%～0.010%。

2　方法原理

试样用硫酸溶解,在氨性溶液中,以氢氧化镧富集铁的氢氧化物与银分离。在硝酸介质中,使用空气-乙炔火焰,于原子吸收光谱仪波长 271.9 nm 处,测量铁的吸光度。

3　试剂

3.1　氨水(ρ0.90 g/mL)。

3.2　氨水(2+98)。

3.3　硫酸(ρ1.84 g/mL)。

3.4　硝酸(1+1)。

3.5　硝酸(1+4)。

3.6　硝酸镧溶液(25 g/L)。

3.7　铁标准溶液:称取 0.150 0 g 金属铁(≥99.99%),置于 250 mL 烧杯中,加入 20 mL 硝酸(3.4),盖上表皿,加热溶解后取下,冷后移入 500 mL 容量瓶中,用水稀释至刻度,混匀。此溶液 1 mL 含 300 μg铁。

4　仪器

原子吸收光谱仪,附铁空心阴极灯。

在仪器最佳工作条件下,凡能达到下列指标者均可使用。

——特征浓度:在与测量溶液基体相一致的溶液中,铁的特征浓度不大于 0.165 μg/mL。

——精密度:用最高浓度的标准溶液测量 10 次吸光度,其标准偏差应不超过平均吸光度的 1.0%;用最低浓度的标准溶液(不是“零”浓度标准溶液)测量 10 次吸光度,其标准偏差应不超过最高浓度标准溶液平均吸光度的 0.5%。

——工作曲线线性:将工作曲线按浓度等分成 5 段,最高段的吸光度差值与最低段的吸光度差值之比,应不小于 0.8。

5　分析步骤

5.1　试料

按表 1 称取试样,精确到 0.001 g。

表 1

铁的质量分数/%	试料/g	硫酸量(3.3)/mL
0.000 5～0.001 5	20.000	20

表 1（续）

铁的质量分数/%	试料/g	硫酸量(3.3)/mL
>0.001 5～0.003 5	10.000	10
>0.003 5～0.008 0	4.000	5
>0.008 0～0.010	2.000	5

5.2 空白试验

随同试料做空白试验。

5.3 测定

5.3.1 将试料(5.1)置于 250 mL 烧杯中，按表 1 加入硫酸(3.3)，盖上表皿，低温加热使其溶解并蒸发至约 1 mL，取下冷却。

5.3.2 洗涤表皿及杯壁，调整试液体积约 50 mL，缓慢地加入氨水(3.1)中和至白色沉淀恰好溶解，再过量 5 mL，加入 5 mL 硝酸镧溶液(3.6)，混匀。静置 5 min。

5.3.3 用 ϕ9 cm 的中速定量滤纸过滤，用氨水(3.2)将沉淀移入漏斗中，并分别洗涤烧杯及滤纸各三次。

5.3.4 用 5 mL 热硝酸(3.5)，将沉淀溶解于原烧杯中，用热水洗涤 3 次～4 次。将试液移入 25 mL 容量瓶中，以水稀释至刻度，混匀。

5.3.5 使用空气-乙炔火焰，于原子吸收光谱仪波长 271.9 nm 处，以水调零，与系列标准溶液平行，测量铁的吸光度，减去随同试料空白溶液的吸光度。从工作曲线上查出相应的铁浓度。

5.4 工作曲线的绘制

5.4.1 移取 0 mL，1.00 mL，2.00 mL，3.00 mL，4.00 mL，5.00 mL 铁标准溶液(3.7)，分别置于 100 mL容量瓶中，各加 8 mL 硝酸(3.4)，以水稀释至刻度，摇匀。

5.4.2 在与测量试液(5.3.5)相同条件下，以水调零，测量系列标准溶液的吸光度，减去系列标准溶液中“零”浓度溶液的吸光度，以铁浓度为横坐标，吸光度为纵坐标，绘制工作曲线。

6 分析结果的计算

按下式计算铁的质量分数 $w(\mathrm{Fe})$：

$$w(\mathrm{Fe})(\%)=\frac{c\cdot V\times10^{-6}}{m}\times100$$

式中：

c——自工作曲线上查得铁的浓度，单位为微克每毫升(μg/mL)；

V——试液总体积，单位为毫升(mL)；

m——试料的质量，单位为克(g)。

7 精密度

7.1 重复性

在重复性条件下获得的两次独立测试结果的测定值，在以下给出的平均值范围内，这两个测试结果的绝对差值不超过重复性限(r)，超过重复性限(r)的情况不超过 5%，重复性限(r)按表 2 数据采用线性内插法求得。

表 2

铁量/(%)	0.000 93	0.002 8	0.010 9
r/(%)	0.000 16	0.000 3	0.001 1

7.2 再现性

在再现性条件下获得的两次独立测试结果的绝对差值不大于再现性限(R)，超过再现性限(R)的情况不超过5%，再现性限(R)按表3数据采用线性内插法求得。

注：重复性(r)为$2.8S_r$，S_r为重复性标准差。再现性(R)为$2.8S_R$，S_R为再现性标准差。

表3

铁量/(%)	0.000 93	0.002 8	0.010 9
R/(%)	0.000 22	0.000 7	0.002 3

8 质量保证和控制

应用国家级标准样品或行业标准样品(当前两者没有时，也可用控制标样替代)，每周或每两周校核一次本分析方法标准的有效性。当过程失控时，应找出原因，纠正错误后，重新进行校核。

ICS 77.040.01
H 17

中华人民共和国国家标准

GB/T 11068—2006
代替 GB/T 11068—1989

砷化镓外延层载流子浓度电容-电压测量方法

Gallium arsenide epitaxial layer—Determination of carrier concentration voltage-capacitance method

2006-07-18 发布　　2006-11-01 实施

中华人民共和国国家质量监督检验检疫总局
中国国家标准化管理委员会　发布

前　言

本标准是对 GB/T 11068—1989《砷化镓外延层载流子浓度电容-电压测量方法》的修订。本标准在原标准基础上，参考 DIN 50439《电容-电压法和汞探针测定半导体单晶材料掺杂剂的浓度剖面分布》编制的。

本标准与原标准相比主要变动如下：

——原标准规定，在制作高阻衬底样品的欧姆电极时，要在氮气保护及 400℃下合金化 5 min，而经验表明，在 350℃～450℃的温度下合金化，都可得到好的欧姆接触电极，故将此项要求改为在 350℃～400℃及氮气保护下，合金化 5 min～10 min；

——取消了原标准对环境的要求，因为在通常的实验室条件下，所用仪器和测试方法本身对环境温度和湿度并不十分敏感，特别是成套仪器。但由于载流子浓度与温度有关，故应在测量报告中标明测量时的环境温度；

——简化了原标准关于电容仪校准的文字表述。

本标准自实施之日起代替 GB/T 11068—1989。

本标准由中国有色金属工业协会提出。

本标准由全国有色金属标准化技术委员会归口。

本标准起草单位：北京有色金属研究总院。

本标准主要起草人：王彤涵。

本标准由全国有色金属标准化技术委员会负责解释。

本标准所代替标准的历次版本发布情况为：

——GB/T 11068—1989。

砷化镓外延层载流子浓度
电容-电压测量方法

1 范围

本标准规定了砷化镓外延层载流子浓度电容-电压测量方法，适用于砷化镓外延层基体材料中载流子浓度的测量。测量范围：$1\times10^{14}\ cm^{-3}\sim5\times10^{17}\ cm^{-3}$。

2 术语和定义

下列术语和定义适用于本标准。

2.1

击穿电压　breakdown voltage

当反向偏压增加到某一值时，肖特基结就失去阻挡作用，反向电流迅速增大时的电压值。

2.2

接触面积　contact area

汞探针与试样表面的有效接触面积。

2.3

势垒电容　barrier capacitance

半导体内垂直于接触面的空间电荷区的电容。

2.4

势垒宽度　barrier width

起势垒作用的空间电荷区的线性宽度。

2.5

载流子浓度纵向分布　longitudinal distribution of carrier concentration

自半导体表面向体内垂直方向上载流子浓度与深度的对应关系。

3 原理

汞探针与砷化镓表面接触形成肖特基势垒，当反向偏压增大时，势垒区向砷化镓内部扩展。用高频小讯号测量某一反向偏压下的势垒电容 $C(F)$ 及由反向偏压增量 $\Delta V(V)$ 引起的势垒电容增量 $\Delta C(F)$，根据公式(1)和公式(2)可计算出势垒扩展深度(X)和其相应的载流子浓度 $N(X)$。

$$X=\frac{\varepsilon_0\varepsilon A}{C} \qquad \cdots\cdots(1)$$

$$N(X)=\frac{C^3\times\left(-\frac{\Delta V}{\Delta C}\right)}{e\varepsilon_0\varepsilon A^2} \qquad \cdots\cdots(2)$$

式中：

X——势垒扩展宽度，单位 μm；

C——势垒电容，单位 F；

ΔV——反向偏压增量，单位 V；

ΔC——势垒电容增量，单位 F；

$N(X)$——载流子浓度，单位 cm^3；

A——汞-砷化镓接触面积,单位 cm^2;

ε_0——真空介电常数,其值为 8.859×10^{12},单位 F/m;

ε——砷化镓相对介电常数,其值为 13.18;

e——单位电荷,其值为 1.602×10^{19},单位 C。

4 试剂

4.1 硫酸(ρ1.84 g/mL),浓度 95%~98%,优级纯;

4.2 过氧化氢(ρ1.00 g/mL),浓度 30%,优级纯。

5 仪器

5.1 电容仪或电容电桥:

量程为 1 pF~1 000 pF,误差不大于满刻度的 1%,测量频率为 0.1 MHz~1 MHz,测试讯号小于 25 mV。

5.2 数字电压表

灵敏度不低于 1 mV,误差不大于满刻度的 0.5%,输入阻抗不小于 10 MΩ。

5.3 直流电源

电压 0 V~100 V,连续可调,波纹系数不大于 0.03%或波纹电压小于 3 mV。

5.4 晶体管特性图示仪

灵敏度不低于 10 μA/cm。

5.5 标准电容 A 和 B

电容 A 和 B 分别为 10 pF 和 100 pF,在测量频率下误差不大于 0.25%。

5.6 汞探针样品台

应能屏蔽光和电磁干扰,汞探针能上下调节。

5.7 测量显微镜

标尺误差不大于满刻度的 0.5%。

6 样品和电极

6.1 砷化镓单晶片

样品经机械抛光后,在硫酸、过氧化氢和去离子水以 3∶1∶1 为体积比的溶液中腐蚀 20 s~30 s,使表面光亮即可,再用去离子水冲洗干净。然后在温度 150℃~200℃氮气流里烘干 5 min~10 min。

6.2 砷化镓外延片

使用清洁光亮的原生长表面。

6.3 欧姆电极

6.3.1 对低电阻率衬底样品,在其背面涂水,紧贴在金属样品台上。由于背面-水-样品台引起的容抗,远较势垒电容的容抗小,测得的电容可认为是势垒电容。

6.3.2 对高电阻率衬底样品,欧姆电极应做在低电阻率外延层上。电极材料用铟或镓-铟合金,在 350℃~400℃及氮气保护下,合金化 5 min~10 min。

6.4 外延层厚度范围

可测量外延层的最小厚度受起始测量偏压下势垒宽度的限制,最大厚度受肖特基结击穿电压限制,两者与载流子浓度的依赖关系如图 1 所示。若外延层厚度大于可测最大厚度,外延层载流子浓度需逐层腐蚀测量。

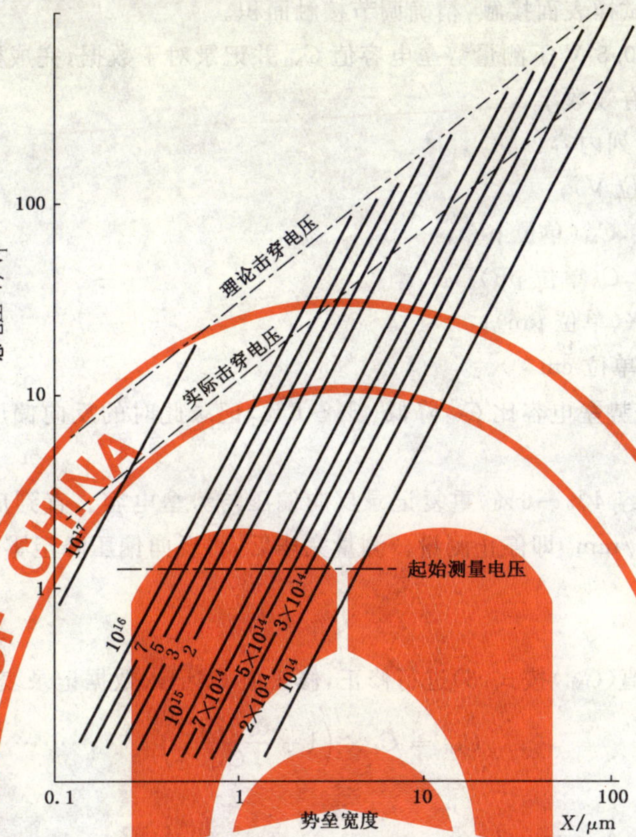

图 1　砷化镓势垒宽度、击穿电压与载流子浓度的关系曲线

6.5　汞探针

取直径为 1 mm，长 4 cm 的银丝，一端连接外引线，另一端用环氧树脂封入约 5 mm 长的玻璃毛细管内，银丝露出端面，磨平，用去离子水清洗干净，沾上一滴汞，即成汞探针。汞表面应清洁。须特别注意汞及其蒸气是有毒物质，应有相应的防护措施。操作应在通风条件下进行。

7　测量步骤

7.1　电容仪的校准

7.1.1　把长度适当的屏蔽电缆接到电容仪上(此时电缆应不与标准电容连接)，调节电容仪零点。

7.1.2　分别将电缆与标准电容 A 和 B 连接，测量并记录电容值(pF)，如果电容仪低于 5.1 条款的要求，应按说明书调整。电容仪校准完后，断开标准电容。

7.2　测量样品击穿电压

7.2.1　对低电阻率衬底样品，在其背面涂水，紧贴在金属样品台上；对高电阻率衬底试样，应使欧姆电极与金属样品台形成良好接触。然后使汞探针与试样表面接触，借助显微镜调节接触面积。

7.2.2　用屏蔽电缆将试样欧姆电极和汞探针分别与晶体管特性图示仪的晶体管插座 e 和 c 连接(在 PNP 型晶体管测量状态下)，观测试样反向特性，测量并记录击穿电压 V_B 的值。根据反向特性及击穿电压的观测结果检验肖特基势垒是否形成。

7.3　测量势垒电容

7.3.1　将样品台与电容仪连接。电容仪的低端与试样欧姆电极连接，高端与汞探针连接。电容仪置于大量程，施加 0.5 V 反向偏压，根据电容仪的读数，选择合适的量程。

7.3.2 提升汞探针，使其与试样表面正好断开，调节该量程零点。

7.3.3 降下汞探针并与试样表面接触，精确调节接触面积。

7.3.4 在反向偏压 $V_1=0.5$ V 下测量势垒电容值 C_{M1} 并记录对于数据，完成数据记录表。反向偏压值记为正数，各数据取 3 位有效数字。

数据记录表应包括下列内容：

a) 反向偏压，V(单位 V)；

b) 势垒电容测量值，C_M(单位 pF)；

c) 势垒电容修正值，C(单位 pF)；

d) 势垒扩展深度，X(单位 μm)；

e) 载流子浓度，N(单位 cm^{-3})。

7.3.5 调节反向偏压，使势垒电容比 C_{M1} 降低 4%～6%，记录此时的反向偏压 V_2 与势垒电容 C_{M2}，记入数据记录表。

7.3.6 逐次降低势垒电容 4%～6%，重复记录反向偏压与势垒电容。直到反向偏压接近击穿电压或反向电流密度大于 30 $\mu A/mm^2$ 即停止测量。测量完毕后，将反向偏压降至零。

8 计算

8.1 测量出的势垒电容值(C_{Mi})按式(3)进行修正，修正值 C_i 记入数据记录表。

$$C_{Mi}=C_i\times\left(1+\frac{0.575D}{C_{Mi}}\right) \quad\cdots\cdots(3)$$

式中：

C_{Mi}——第 i 次势垒电容测量值，单位 pF；

C_i——经修正后的势垒电容值，单位 pF；

D——汞探针接触面的直径，单位 mm。

8.2 势垒扩展深度 X(μm)及载流子浓度 $N(X)$(cm^{-3})按式(4)、式(5)计算。计算结果记入数据记录表。

$$X_i=1.83\times10^2\times\frac{D^2}{C_i+C_{i+1}} \quad\cdots\cdots(4)$$

$$N(X_i)=1.08\times10^{10}\times\frac{(C_i+C_{i+1})^3\times(V_{i+1}-V_i)}{D^4\times(C_i-C_{i+1})} \quad\cdots\cdots(5)$$

式中：

X_i——第 i 次测量时势垒扩展深度，单位 μm；

$N(X_i)$——对应于势垒扩展深度 X_i 处的载流子浓度，单位 cm^{-3}；

C_i——C_{Mi} 经式(3)修正后的势垒电容值，单位 pF；

C_{i+1}——C_{Mi+1} 经式(3)修正后的势垒电容值，单位 pF；

V_i——第 i 次外加反向偏压值，单位伏特；

V_{i+1}——第 $i+1$ 次外加反向偏压值，单位伏特。

当各个 $N(X_i)$ 值在其平均值上下相对涨落小于 10%时，载流子浓度 N 取平均值。否则，以 $\lg N(X_i)$ 对 X_i 作图，画出载流子浓度分布曲线。

9 精密度

本测量方法单一实验室及多实验室测量精密度不大于±10%。

10 测试报告

测试报告应包括下列内容：

a) 样品名称和类型；

b) 图示样品测量点的位置；

c) 平均载流子浓度或载流子浓度分布曲线；

d) 其他(需要时可附加说明)。

ICS 29.045
H 82

中华人民共和国国家标准

GB/T 11069—2006
代替 GB/T 11069—1989

高纯二氧化锗

High purity germanium dioxide

2006-07-18 发布　　　　2006-11-01 实施

中华人民共和国国家质量监督检验检疫总局
中国国家标准化管理委员会　发布

前　言

本标准是对 GB/T 11069—1989《高纯二氧化锗》的修订。

本标准与 GB/T 11069—1989 相比，主要有如下变动：

——扩大了高纯二氧化锗的用途。

——高纯二氧化锗的化学成分的杂质总含量由原来的 GeO_2—06“0.000 1%”改为“1.0×10^{-4}%”；GeO_2—05 “0.001%”改为“1.0×10^{-3}%”。

——增加了二氧化锗含量等于 100%减去实测金属杂质含量的总和及表面质量。

——产品粒度由原来的“95%不大于 200 目”改为“95%以上的产品能通过 74 μm 标准筛。”

——在检验规则中，增加了组批、仲裁取样和制样以及检验结果的判定等内容。

本标准自实施之日起，代替 GB/T 11069/T—1989。

本标准的附录 A 是规范性附录。

本标准由中国有色金属工业协会提出。

本标准由全国有色金属标准化技术委员会归口。

本标准由南京锗厂有限责任公司、云南东昌金属加工有限公司负责起草。

本标准主要起草人：黄和明、张莉萍、李贺成。

本标准由全国有色金属标准化技术委员会负责解释。

本标准所代替标准的历次版本分布情况为：

——GB/T 11069—1989。

高纯二氧化锗

1 范围

本标准规定了高纯二氧化锗的要求、试验方法、检验规则和包装、标志、运输、贮存及合同内容等。

本标准适用于以高纯四氯化锗为原料，经水解、洗涤和烘干制得的高纯二氧化锗。产品供制作还原锗、有机锗、催化剂、光纤用四氯化锗、锗酸铋(BGO)晶体及化合物晶体等。

2 规范性引用文件

下列文件中的条款通过本标准的引用而成为本标准的条款。凡是注日期的引用文件，其随后所有的修改单(不包括勘误的内容)或修订版均不适用于本标准，然而，鼓励根据本标准达成协议的各方研究是否可使用这些文件的最新版本。凡是不注日期的引用文件，其最新版本适用于本标准。

GB/T 1480　金属粉末粒度组成的测定　干筛分法

GB/T 1551　硅、锗单晶电阻率测定　直流两探针法

GB/T 6609.25　氧化铝化学分析方法和物理性能测定方法　松装密度的测定

YS/T 37(所有部分)　高纯二氧化锗化学分析方法

ASTM F5-60　二氧化锗挥发分含量的标准试验方法

3 要求

3.1 产品分类

高纯二氧化锗按化学成分分为两个牌号：GeO_2—05、GeO_2—06

牌号表示为：

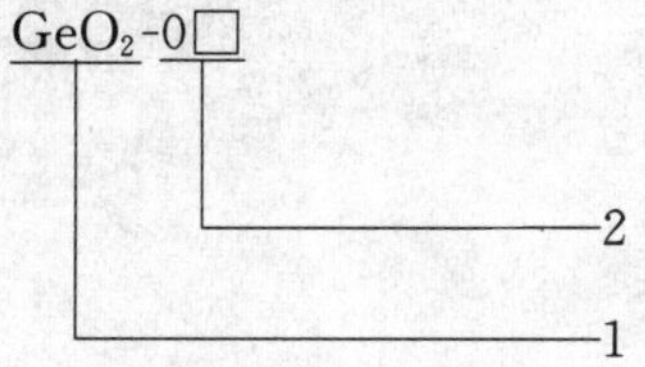

1——GeO_2 表示二氧化锗

2——“0”后加阿拉伯数字表示产品纯度百分含量中“9”的个数

3.2 化学成分

高纯二氧化锗各牌号的化学成分应符合表1的规定。

3.3 二氧化锗的含量

用100%减去表中金属杂质实测总和及挥发分的余量。

3.4 外观

白色粉末。

3.5 粒度

95%以上产品能通过74 μm标准筛。

3.6 含氯量

不大于0.05%。

3.7 电学性能

将GeO_2—06牌号二氧化锗还原、熔融、走向结晶成还原锗锭，还原锗锭的电阻率大于15 Ω·cm的部分应占全锭长的80%以上。

表 1

牌号	化学成分(质量分数)/%							
	GeO_2 纯度不小于	杂质含量不大于						
		As	Fe	Cu	Ni	Pb	Ca	Mg
GeO_2—06	99.999 9	1.0×10^{-5}	1.0×10^{-5}	1.0×10^{-6}	2.0×10^{-6}	2.0×10^{-6}	1.5×10^{-5}	1.0×10^{-5}
GeO_2—05	99.999	5.0×10^{-5}	1.0×10^{-4}	2.0×10^{-5}	2.0×10^{-5}	1.0×10^{-5}	—	—
牌号	化学成分(质量分数)/%							
	GeO_2 纯度不小于	杂质含量不大于						
		Si	Co	In	Zn	Al	总含量	
GeO_2—06	99.999 9	2.0×10^{-5}	2.0×10^{-6}	1.0×10^{-6}	1.5×10^{-5}	1.0×10^{-5}	1.0×10^{-4}	
GeO_2—05	99.999	—	2.0×10^{-5}	—	—	1.0×10^{-4}	1.0×10^{-3}	

3.8 松装密度

GeO_2—06 的范围为 1.3 g/cm³～2.0 g/cm³。

3.9 灼减量

GeO_2—06,不大于 3.5%。

3.10 其他

如对产品有特殊要求,由供需双方另行商定。

4 试验方法

4.1 化学成分的分析方法

按 YS/T 37 进行或由供需双方商定。

4.2 表面质量的检验方法

用目视检查。

4.3 粒度的测定

按 GB/T 1480 进行。

4.4 还原锗锭的制备

按附录 A 进行。

4.5 还原锗锭电阻率的测定

按 GB/T 1551 进行。

4.6 松装密度的测定

按 GB/T 6522 进行。

4.7 灼减量的测定

按 ASTM F 5-60 进行。

5 检验规则

5.1 检查和验收

5.1.1 产品应由供方技术监督部门进行检验,保证产品质量符合本标准(或订货合同)的规定,并填写质量证明书。

5.1.2 需方应对收到的产品按本标准的规定进行检验,如检验结果与本标准(或订货合同)的规定不符时,应在收到产品之日起 2 个月内向供方提出,由供需双方协商解决,如需仲裁,仲裁取样由供需双方共同委托仲裁机构在产品所在地进行。

5.2 组批

产品应成批提交验收，每批应由同一牌号的产品组成，每批重量不大于 300 kg。

5.3 检验项目

各种牌号的产品应进行化学成分、产品粒度、含氯量、表面质量的检验。GeO_2—06 产品必要时还应进行灼减量、松装密度、还原锗锭电阻率的检验。

5.4 仲裁取样和制样

5.4.1 取样

每批产品采用 3 点法取样，然后用四分法缩分成约 500 g 试样。

5.4.2 制样

将上述取得的样品在 105℃～110℃下烘干 2 h，取出冷却至室温，放入研钵中研磨至粒度全部能通过 74 μm 标准筛，分 3 份，供方 1 份，需方 1 份，另 1 份备仲裁使用。

5.5 检验结果判定

如化学成份、粒度、含氯量、表面质量、灼减量、松装密度、还原锗锭的电阻率分析结果与本标准规定（或订货合同）不符时，判该批产品为不合格。

6 标志、包装、运输、贮存

6.1 标志

6.1.1 每个装产品的塑料瓶上应贴上标签，注明生产厂名称、商标、产品名称、牌号、纯度、产品编号、净重、执行标准、生产日期。

6.1.2 装产品的塑料瓶应包装成箱，每箱应注明：

a) 供方名称；

b) 产品名称和牌号；

c) 批号；

d) 毛重、净重。

6.2 包装、运输、贮存

6.2.1 包装

将产品装入清洗好的塑料瓶内，每瓶净重为 1 kg、2 kg、5 kg，瓶口密封，再装入适合长途运输的符合环保要求的箱内。

6.2.2 运输和贮存

产品在运输和贮存中应防止受潮和腐蚀。

6.3 质量证明书

每批产品应附有质量证明书，其上注明：

a) 供方名称、地址、电话、传真；

b) 产品名称和牌号；

c) 批号；

d) 净重；

e) 分析检验结果和技术监督部门印记；

f) 本标准编号；

g) 出厂日期（或包装日期）。

7 订货单（或合同）内容

本标准所列材料的订货单（或合同）内应包括下列内容：

a) 产品名称；

b) 牌号；

c) 化学成分(杂质含量)等特殊要求；

d) 数量；

e) 本标准编号；

f) 其他需要增加的内容。

附 录 A
(规范性附录)
氢还原高纯二氧化锗制备成还原锗锭的方法

A.1 范围

本标准规定了氢还原高纯二氧化锗制备成还原锗锭的方法。

A.2 方法提要

高纯二氧化锗经氢还原、熔融、定向结晶成还原锗锭、测量其电阻率,用以检验高纯二氧化锗的质量。

A.3 试剂、材料

A.3.1 硝酸:浓度 69.0%～71.0%,优级纯。
A.3.2 盐酸:浓度 36.1%～38.0%,优级纯。
A.3.3 丙酮:优级纯。
A.3.4 去离子水:电阻率大于 10 MΩ·cm(25℃)。
A.3.5 纯氮气(或氩气):含氧量不大于 2×10^{-4},露点小于－70℃。
A.3.6 电子级氢气:露点小于－70℃。

A.4 设备

A.4.1 石英舟:长 150 mm,上部宽 25 mm,高 19 mm,底部曲率半径 6.4 mm。
A.4.2 石英管:内径 40 mm。
A.4.3 管状炉:孔径(45～50) mm,温度范围(25～1 000)±5℃。恒温区长(150～200) mm。
A.4.4 传动装置:以速度(2.0±0.1) mm/min 带动炉子移动。

A.5 试验装置

试验装置简图如图 A.1。

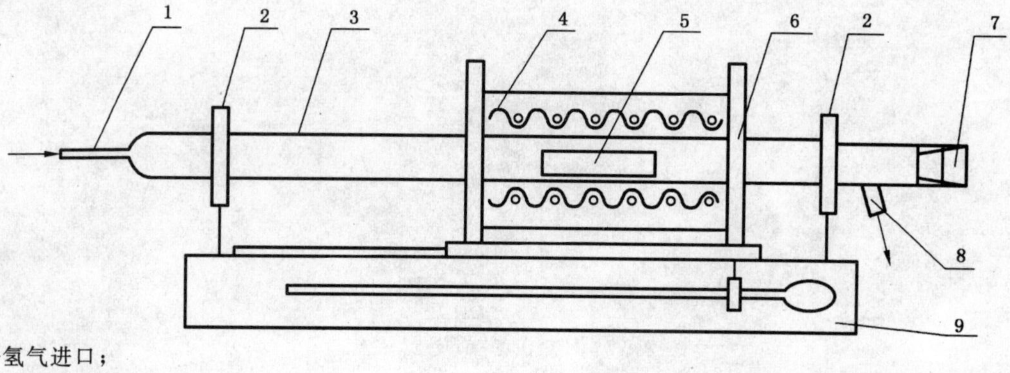

1——氢气进口;
2——支撑石英管架;
3——石英管;
4——管状炉;
5——石英舟;
6——热电偶;
7——塞子;
8——氢气,还原产生的水出口;
9——传动装置。

图 A.1

A.6 试验程序

A.6.1 石英舟内壁吹砂后，用王水浸泡，煮沸 30 min，用去离子水冲洗至中性，烘干。

A.6.2 石英舟沉碳，以流量为 500 mL/min 的氮气将丙酮带入温度 1 000℃±5℃的反应管内，带入丙酮量约 40 mL。

A.6.3 沉碳后的石英舟，用去离子水煮沸 30 min，冲洗，烘干。

A.6.4 用瓷勺向石英舟内装入 100 g 高纯二氧化锗。

A.6.5 把装好高纯二氧化锗的石英舟放入石英管内，以流量为 500 mL/min 的氢气通过 20 min 后，将流量升至(2 500±25) mL/min，升温，温度达到 650℃时，进行还原 2 h，然后以流量为(500±50) mL/min 通入氮气，停止氢气，继续升温。

A.6.6 当温度达到 1 000±5℃时，恒温 30 min。然后以(2.0±0.1) mm/min 速度移动炉子，进行定向结晶。

A.6.7 定向结晶结束后，切断电源，降低炉温到室温，停止通入氮气。

A.6.8 取出还原锗锭，测量其电阻率。

ICS 29.045
H 82

GB

中华人民共和国国家标准

GB/T 11070—2006
代替 GB/T 11070—1989

还原锗锭

Reduced germanium ingot

STANDARDS PRESS OF CHINA

2006-07-18 发布　　　　2006-11-01 实施

中华人民共和国国家质量监督检验检疫总局
中国国家标准化管理委员会　发布

前　言

本标准是对 GB/T 11070—1989《还原锗锭》的修订。

本标准与 GB/T 11070—1989 相比，主要有如下变动：

——根据生产技术的发展和满足国内外用户的需求，参照国外先进标准以及国际通行的品种和规格，将原来的 3 个牌号的还原锗锭调整为 2 个牌号，即 RGe—0：$\rho \geqslant 30\ \Omega \cdot cm$；RGe—1，$\rho \geqslant 10\ \Omega \cdot cm$。

——增加了还原锗锭的型号为单一 n 型。

——在检验规则中，增加了组批、仲裁取样和制样以及检验结果的判定等内容。

本标准自实施之日起，代替 GB/T 11070—1989。

本标准由中国有色金属工业协会提出。

本标准由全国有色金属标准化技术委员会归口。

本标准由南京锗厂有限责任公司负责起草。

本标准主要起草人：张莉萍、黄和明。

本标准由全国有色金属标准化技术委员会负责解释。

本标准所代替标准的历次版本分布情况为：

——GB/T 11070—1989。

还 原 锗 锭

1 范围

本标准规定了还原锗锭的要求、试验方法、检验规则及标志、包装、运输、贮存、订货单(或合同)。

本标准适用于以高纯二氧化锗为原料，经氢还原法制备的锗锭。产品主要用于制备区熔锗锭。

2 规范性引用文件

下列文件中的条款通过本标准的引用而成为本标准的条款。凡是注日期的引用文件，其随后所有的修改单(不包括勘误的内容)或修订版均不适用于本标准，然而，鼓励根据本标准达成协议的各方研究是否可使用这些文件的最新版本。凡是不注日期的引用文件，其最新版本适用于本标准。

GB/T 1550　非本征半导体材料导电类型测试方法

GB/T 1551　硅、锗单晶电阻率测定　直流两探针法

GB/T 11069　高纯二氧化锗

3 要求

3.1 产品分类

还原锗锭按电阻率分为2个牌号：RGe—0、RGe—1。

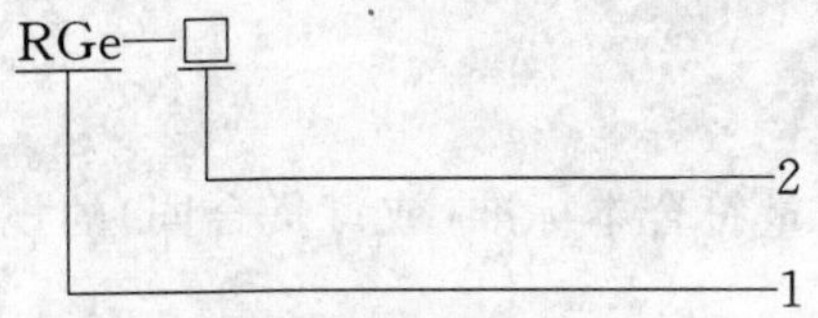

1——RGe表示还原锗锭；

2——阿拉伯数字，表示产品等级。

3.2 电阻率

还原锗锭电阻率应符合表1的规定。

表 1

牌　号	电阻率/(Ω·cm)(23℃±0.5℃)，不小于
RGe—0	30
RGe—1	10

3.3 型号

还原锗锭型号为单一 n 型。

3.4 原料

RGe—0 牌号的原料应符合 GB/T 11069GeO_2—06 牌号的规定。

3.5 电学性能

RGe—0 牌号的产品经定向结晶和6次区熔提纯后，电阻率大于47 Ω·cm 的部分应占锭长的80%以上。

3.6 表面质量

呈银灰色金属光泽，无明显氧化膜，无浮渣，裂纹和夹杂物。

3.7 外形尺寸

横截面积为梯形，其外形尺寸如表2，同一根锭的最大与最小截面之差不大于平均截面积的15%。

表2

单位为毫米

锗锭的梯形横截面尺寸			锭长
上宽不小于	下宽不小于	高不小于	
26	21	23	100～500

3.8 其他

需方如对还原锗锭电阻率、型号、表面质量、外形等有其他要求，由供需双方商定。

4 试验方法

4.1 电阻率的测定

按GB/T 1551规定进行。测点位于锭底表面的中心线上，其间距不大于30 mm。

4.2 型号的测定

按GB/T 1550规定进行。

4.3 表面质量的检验

用目视检查。

4.4 外形尺寸检验

用量具检验。

5 检验规则

5.1 检查和验收

5.1.1 还原锗锭应由供方技术监督部门进行检验，保证产品质量符合本标准（或订货合同）的规定，并填写质量证明书。

5.1.2 需方应对收到的产品按本标准的规定进行检验，若检验结果与本标准（或订货合同）的规定不符时，应在收到产品之日起（2个月）内向供方提出，由供需双方协商解决。如需仲裁，仲裁取样由供需双方共同委托仲裁机构在产品所在地进行。

5.2 组批

还原锗锭应成批提交检验，每批应由同一牌号的产品组成。

5.3 检验项目

每根产品应进行电阻率、型号、表面质量、外形尺寸的检验。

5.4 仲裁取样和制样

5.4.1 RGe—0牌号产品批量不大于50 kg，随机取样1.5 kg～2.0 kg作定向结晶和6次区熔提纯后检验电阻率、型号。

5.4.2 还原锗锭表面质量、外形尺寸以及Rge—1还原锗锭的电阻率、型号的仲裁取样和制样，按总锭数的10%抽样，但不少于2锭。

5.5 检验结果的判定

5.5.1 RGe—0牌号还原锗锭电阻率、型号的仲裁检测结果与本标准规定不符时，判不合格，或重定牌号。

5.5.2 RGe—1牌号还原锗锭的电阻率、型号的仲裁检测结果与本标准规定不符时，判不合格。

5.5.3 还原锗锭的外形尺寸和表面质量不符合本标准规定时，按锭判不合格。

6 标志、包装、运输、贮存

6.1 标志

6.1.1 每根还原锗锭应密封于塑料袋中，并在袋上贴上标签，注明：生产厂名称、商标、产品名称、型号、牌号、产品编号、净重、执行标准、生产日期。

6.1.2 还原锗锭应包装成箱，每箱上注明：

a) 供方名称；

b) 产品名称和牌号；

c) 批号；

d) 毛重、净重。

6.2 包装、运输、贮存

6.2.1 将密封于塑料袋中的还原锗锭放在泡沫塑料垫上装入符合环保要求的包装箱内，箱内空隙用填料塞紧。每箱重量不大于 50 kg，包装箱外用包扎带捆紧。

6.2.2 还原锗锭在运输和贮存过程中要防止机械损伤、防腐蚀、防受潮、防震动。

6.3 质量证明书

每批产品都应附有质量证明书，其上注明：

a) 供方名称、地址、电话、传真；

b) 产品名称和牌号；

c) 批号；

d) 净重和件数；

e) 分析检验结果和技术监督部门印记；

f) 本标准编号；

g) 出厂日期(或包装日期)。

7 订货单(或合同)内容

本标准所列材料的订货单(或合同)应包括下列内容：

a) 产品名称；

b) 牌号；

c) 锭形、尺寸、电阻率、型号等特殊要求；

d) 数量；

e) 本标准编号；

f) 其他；

g) 需方如对还原锗锭的标志、包装、运输、贮存有特殊要求时，由供需双方商定。

ICS 29.045
H 82

中华人民共和国国家标准

GB/T 11071—2006
代替 GB 11071—1989

区熔锗锭

Zone-refined germanium ingot

2006-07-18 发布　　2006-11-01 实施

中华人民共和国国家质量监督检验检疫总局
中国国家标准化管理委员会　发布

前　言

本标准是对 GB/T 11071—1989《区熔锗锭》的修订。

本标准与 GB/T 11071—1989 相比，主要有如下变动：

——将原标准区熔锗锭两个牌号 ZGe-1 和 ZGe-2 分别改为 ZGe-0 和 ZGe-1；

——明确 ZGe-0 和 ZGe-1 区熔锗锭的用途；

——区熔锗锭电阻率测量温度由(23±0.5)℃改为(20±0.5)℃，电阻率由≥47 Ω·cm 改为≥50 Ω·cm；

——在检验规则中，增加了组批、仲裁取样和制样、检测结果判定等内容；

——本标准增加了订货单(或合同)内容。

本标准自批准实施之日起代替 GB/T 11071—1989。

本标准附录 A 是规范性附录。

本标准由中国有色金属工业协会提出。

本标准由全国有色金属标准化技术委员会归口。

本标准由北京有色金属研究总院、云南临沧鑫圆锗业股份有限公司负责起草。

本标准主要起草人：冯德伸、包文东、苏小平、杨海、马绍芳。

本标准由全国有色金属标准化技术委员会负责解释。

本标准所代替标准的历次版本分布情况为：

——GB/T 11071—1989。

区 熔 锗 锭

1 范围

本标准规定了区熔锗锭的要求、试验方法、检验规则及标志、包装、运输、储存等。

本标准适用于以还原锗锭及锗单晶返料为原料，经区熔提纯而制得的高纯锗锭。ZGe-0 区熔锗锭主要用于制备探测器用高纯单晶，ZGe-1 区熔锗锭主要用于制备半导体单晶、红外光学锗单晶、锗合金等。

2 规范性引用文件

下列文件中的条款通过本标准的引用而成为本标准的条款。凡是注日期的引用文件，其随后所有的修改单(不包括勘误的内容)或修订版均不适用于本标准，然而，鼓励根据本标准达成协议的各方研究是否可使用这些文件的最新版本。凡是不注日期的引用文件，其最新版本适用于本标准。

GB/T 4326　非本征半导体单晶霍尔迁移率和霍尔系数测量方法

YS/T 602—2006　区熔锗锭电阻率测试方法　直流两探针

3 要求

3.1 产品分类

区熔锗锭按电学性能分为两个牌号：ZGe-0、ZGe-1。

ZGe-□

——2

——1

1——ZGe，表示区熔锗锭；

2——阿拉伯数字，表示产品等级。

3.2 电学性能

区熔锗锭电学性能应符合表 1 的规定。

表 1

牌　号	电阻率/(Ω·cm) (20±0.5℃)	检测单晶的参数(77K)	
		载流子浓度/cm^{-3}	载流子迁移率/[cm^2/(V·s)]
ZGe-0	≥50	≤1.5×10^{12}	≥3.7×10^{4}
ZGe-1	≥50	—	—

3.3 区熔锗锭的横截面应为梯形，同一根锗锭的最大与最小截面面积之差不大于平均截面面积的 15%。锗锭上宽不小于 26 mm，下宽不小于 21 mm，高不小于 23 mm，锭长 100 mm～500 mm。

3.4 区熔锗锭表面应呈银灰色光泽，无氧化膜、裂纹和浮渣。

3.5 需方对产品外形尺寸和电学性能有其他要求时，供需双方可另行商定。

4 试验方法

4.1 区熔锗锭电阻率的检验按 YS/T 602 规定沿锭底面中心线纵向进行，点间距不大于 30 mm。

4.2 锗单晶的载流子浓度和载流子迁移率的检验按 GB/T 4326 规定进行，测量样品从单晶头部切取。

4.3 区熔锗锭截面尺寸用游标卡尺测量，长度用直尺进行测量。

4.4 区熔锗锭表面质量用目视检查。

5 检验规则

5.1 检查和验收

5.1.1 区熔锗锭应由供方技术监督部门进行检验，保证产品质量符合本标准（或订货合同）的规定，并填写质量证明书。

5.1.2 需方应对收到的产品按本标准的规定进行检验，如检验结果与本标准（或订货合同）的规定不符时，应在收到产品之日起2个月内向供方提出，由供需双方协商解决。如需仲裁，仲裁取样在产品所在地共同进行。

5.2 组批

区熔锗锭应成批提交验收。每批应由同一牌号组成。每批不大于100 kg。

5.3 检验项目

5.3.1 每批产品应逐根进行电阻率、表面质量的检验。

5.3.2 ZGe-0牌号的区熔锗锭需要进行载流子浓度、载流子迁移率的检验。

5.4 仲裁取样和制样

5.4.1 检测ZGe-0电学参数用的锗单晶按附录A制备。

5.4.2 电阻率、外形尺寸、表面质量的仲裁取样按总锭数的10%抽取。

5.4.3 ZGe-0牌号产品载流子浓度和迁移率的仲裁取样按每批随机抽取一根，将其制备成单晶。

5.5 检验结果判定

5.5.1 电阻率的仲裁检验结果与本标准规定不符时，判批不合格。

5.5.2 外形尺寸和表面质量不符合本标准规定时，判锭不合格。

5.5.3 ZGe-0牌号产品的载流子浓度和载流子迁移率的仲裁检验结果与本标准的规定不符时，判批为不合格。

6 标志、包装、运输、贮存

6.1 标志

6.1.1 每根区熔锗锭密封于聚乙烯薄膜袋中，并在袋上贴上标签，注明生产厂家名称、商标、牌号和批号。

6.1.2 区熔锗锭应包装成箱，每箱应注明：

a) 供方名称；

b) 产品名称和牌号；

c) 批号。

6.2 包装、运输、贮存

6.2.1 将密封于聚乙烯薄膜袋中的区熔锗锭码放在泡沫塑料垫的凹槽内，然后叠放入符合环保要求的包装箱内，并用填料塞紧，以防锗锭窜动。每箱区熔锗锭质量不大于50 kg。包装箱外用包扎带捆牢，箱外应有“防震”、“防潮”、“防腐蚀”字样或标志。

6.2.2 ZGe-0牌号区熔锗锭装箱时，如客户有需求，可在其中一箱内放入按附录A制备的单晶及检测样品。单晶和检测样品分别密封装在聚乙烯袋内，计入批重。在箱外注明“内有检验样品”字样。

6.2.3 区熔锗锭在运输和贮存过程中要防止机械损伤、防腐蚀、防潮、防震动。

6.3 质量证明书

每批产品应附有质量证明书，其上注明：

a) 供方名称、地址、电话、传真；

b） 产品名称和牌号；

c） 批号；

d） 净重和件数；

e） 分析检验结果和技术监督部门印记；

f） 本标准编号；

g） 出厂日期(或包装日期)。

7 订货单(或合同)内容

本标准所列材料的订货单(或合同)应包括下列内容：

a） 产品名称；

b） 牌号；

c） 锭形、尺寸、电学性能等特殊要求；

d） 数量；

e） 本标准编号；

f） 其他。

附 录 A
（规范性附录）
检测用锗单晶制备方法

A.1 方法提要

ZGe-0 牌号的区熔锗锭，经腐蚀、清洗烘干，装炉，制备成 ϕ25 mm～ϕ30 mm 的单晶，测量其载流子浓度、载流子迁移率，用以判断区熔锗锭的质量。

A.2 试剂、材料

A.2.1 盐酸：浓度 36%～38%，优级纯。

A.2.2 硝酸：浓度 65%～68%，优级纯。

A.2.3 氢氧化铵：优级纯。

A.2.4 丙酮：MOS 级。

A.2.5 过氧化氢：优级纯。

A.2.6 氢气：露点小于－70℃，含氧量小于 1%×10^{-4}。

A.2.7 氩气：露点小于－70℃，含氧量小于 2%×10^{-4}。

A.2.8 籽晶：用电阻率大于 47 cm(23℃±0.5℃)的锗单晶制作，晶向〈111〉或〈100〉。

A.3 设备

A.3.1 单晶炉。

A.3.2 氢气净化器。

A.3.3 管状沉碳炉。

A.4 样品料的处理

将抽取的区熔锗锭打断成块，同籽晶一起置于石英烧杯中，倒入去离子水使之淹没锗块，加热到 90℃～100℃，然后倒入氢氧化铵（A.2.3）和过氧化氢（A.2.5）（水，氢氧化铵和过氧化氢体积比为 100∶2∶3，剧烈反应 3 min～5 min 后放出腐蚀液，迅速倒入去离子水，冲洗并煮沸至中性，取出样品料烘干。

A.5 部件的清洗处理

A.5.1 将制备单晶用的石墨坩埚、加热器、保温筒等石墨部件，用盐酸和硝酸按体积比(3∶1)的混合溶液在常温下浸泡 24 h。

A.5.2 浸泡后的石墨部件，用去离子水冲洗煮沸至中性(用 pH 试纸检查)，烘干后放入单晶炉内。在真空度不小于 6.65×10^{-4} Pa，温度不低于 1 300℃的单晶炉内煅烧 2 h。

A.5.3 石英坩埚内壁吹砂打毛后，用盐酸∶硝酸＝3∶1(体积比)混合溶液浸泡 24 h，再用去离子水冲洗至中性，烘干。

A.5.4 石英坩埚沉碳。以流量为 500 mL/min 的氩气流过丙酮容器，把丙酮带入管状炉内，在温度(1 000±5)℃使石英坩埚沉碳 1 h。

A.5.5 将沉碳后的石英坩埚用去离子水煮沸、冲洗、烘干。

A.6 单晶的制备

A.6.1 将处理好的样品料放入单晶炉内的石英坩埚中。

A.6.2 关好炉门,抽真空至真空度大于 2.66×10^{-2} Pa。

A.6.3 通入纯氢气至常压后,在氢气流量为 1 L/min 的条件下升温熔料。如果采用纯氩气为保护气体,则通入纯氩气至常压后停止通气,在密闭的情况下升温使锗料熔化。

A.6.4 锗料熔化后,降温到引晶温度并稳定,以籽晶转速为(15～30)转/min,坩埚转速(4～10)转/min,拉晶速度为(1.0～1.2)mm/min 拉制单晶。

A.6.5 单晶直径控制在 ϕ25 mm～ϕ30 mm。

A.6.6 熔体全部拉完后缓缓降温,待炉内温度降至室温后打开炉门,取出单晶。

ICS 75.100
E 34

中华人民共和国国家标准

GB 11121—2006
代替 GB 11121—1995

汽油机油

Gasoline engine oils

2006-07-18 发布　　2007-01-01 实施

中华人民共和国国家质量监督检验检疫总局
中国国家标准化管理委员会　发布

前　言

本标准的第4章〔表2(2)除外〕、第5章为强制性条款,其余为推荐性条款。

本标准与美国汽车工程师协会标准SAE J183:2002《发动机油性能及发动机使用分类》(英文版)、SAE J300:1999《发动机油黏度分类》(英文版)、ASTM D4485:04《发动机油性能规格标准》(英文版)、API 1509:2002附录Q《轿车发动机油ILSAC最低性能标准》(英文版)和美国军用标准MIL-L-2104G《战斗/作战装置用内燃机润滑油性能规范》(英文版)的一致性程度为非等效。

本标准与上述标准的主要差异参见附录A。

本标准代替GB 11121—1995《汽油机油》。

本标准与GB 11121—1995相比主要变化如下:

——废止SC、SD;

——增加SG、SH、GF-1、SJ、GF-2、SL和GF-3;

——对于黏度等级的设置,GB 11121—1995仅包括部分黏度牌号,本标准基本覆盖了所有可能的应用要求,取消20/20W黏度等级;

——不再对通用内燃机油品种作具体规定;

——SG、SH、GF-1、SJ、GF-2、SL和GF-3的15W、20W多级油的倾点分别为－25℃和－20℃;

——增加碱值和氮含量作为报告项目;

——在表2中增加关于碱值、元素等报告项目的脚注f;

——将沉淀物改为机械杂质,试验方法采用GB/T 511;

——取消中和值和残炭;

——取消SE的蒸发损失和高温高剪切黏度;

——取消SF的高温高剪切黏度,将蒸发损失指标由“报告”改为设定限值;

——取消原标准技术要求表1中的注1)、注2)、注3)和注4),表2中的注3);

——在表3中增加表注;

——增加第5章“检验规则”和第7章“有关说明事项”。

本标准的附录A为资料性附录。

本标准由中国石油化工集团公司提出。

本标准由中国石油化工股份有限公司石油化工科学研究院归口。

本标准起草单位:中国石油化工股份有限公司石油化工科学研究院。

本标准主要起草人:梁红、陈延。

本标准1989年首次发布,1995年第一次修订,本次为第二次修订。

汽　油　机　油

1　范围

本标准规定了以精制矿物油、合成油或精制矿物油与合成油的混合油为基础油，加入多种添加剂制成的汽油机油的要求和试验方法、检验规则及标志、包装、运输和贮存。

本标准所属产品适用于在各种操作条件下使用的汽车四冲程汽油发动机，如轿车、轻型卡车、货车和客车发动机的润滑。详细分类见 GB/T 7631.3、SAE J183 和 ASTM D4485。

2　规范性引用文件

下列文件中的条款通过本标准的引用而成为本标准的条款。凡是注日期的引用文件，其随后所有的修改单（不包括勘误的内容）或修订版均不适用于本标准，然而，鼓励根据本标准达成协议的各方研究是否可使用这些文件的最新版本。凡是不注日期的引用文件，其最新版本适用于本标准。

GB/T 260　石油产品水分测定法

GB/T 265　石油产品运动粘度测定法和动力粘度计算法

GB/T 387　深色石油产品硫含量测定法（管式炉法）

GB/T 388　石油产品硫含量测定法（氧弹法）

GB/T 511　石油产品和添加剂机械杂质测定法（重量法）

GB/T 1995　石油产品粘度指数计算法

GB/T 2433　添加剂和含添加剂润滑油硫酸盐灰分测定法（GB/T 2433—2001，eqv ISO 3987：1994）

GB/T 2541　石油产品粘度指数算表

GB/T 3535　石油倾点测定法

GB/T 3536　石油产品闪点和燃点测定法（克利夫兰开口杯法）

GB/T 4756　石油液体手工取样法（GB/T 4756—1998，eqv ISO 3170：1988）

GB/T 6538　发动机油表观粘度测定法（冷启动模拟机法）

GB/T 7631.3　内燃机油分类

GB/T 9170　润滑油及燃料油中总氮含量测定法（改进的克氏法）

GB/T 9171　发动机油边界泵送温度测定法

GB 11122　柴油机油

GB/T 11140　石油产品硫含量测定法（X 射线光谱法）

GB/T 12579　润滑油泡沫特性测定法

GB/T 14906　内燃机油粘度分类

GB/T 17040　石油产品硫含量测定法（能量色散 X 射线荧光光谱法）

GB/T 17476　使用过的润滑油中添加剂元素、磨损金属和污染物以及基础油中某些元素测定法（电感耦合等离子体发射光谱法）

SH/T 0059　润滑油蒸发损失测定法（诺亚克法）

SH 0164　石油产品包装、贮运及交货验收规则

SH/T 0172　石油产品硫含量测定法（高温法）

SH/T 0251　石油产品碱值测定法（高氯酸电位滴定法）

SH/T 0264　内燃机油高温氧化和轴瓦腐蚀评定法（皮特 W-1 法）

SH/T 0265　内燃机油高温氧化和轴瓦腐蚀评定法(L-38 法)

SH/T 0296　添加剂和含添加剂润滑油的磷含量测定法(比色法)

SH/T 0505　含聚合物油剪切安定性测定法(超声波剪切法)

SH/T 0512　汽油机油低温锈蚀评定法(MS 程序ⅡD 法)

SH/T 0513　汽油机油高温氧化和磨损评定法(MS 程序ⅢD 法)

SH/T 0514　汽油机油低温沉积物评定法(MS 程序ⅤD 法)

SH/T 0558　石油馏分沸程分布测定法(气相色谱法)

SH/T 0562　低温下发动机油屈服应力和表观粘度测定法

SH/T 0618　高剪切条件下的润滑油动力粘度测定法(雷范费尔特法)

SH/T 0631　润滑油和添加剂中钡、钙、磷、硫和锌测定法(X 射线荧光光谱法)

SH/T 0656　石油产品及润滑剂中碳、氢、氮测定法(元素分析仪法)

SH/T 0672　汽油机油低温沉积物性能评定法(CEPT-V 法)

SH/T 0695　发动机油挥发度测定法(气相色谱法)

SH/T 0703　润滑油在高温高剪切速率条件下表观粘度测定法(多重毛细管粘度计法)

SH/T 0704　石油及石油产品中氮含量测定法(舟进样化学发光法)

SH/T 0722　润滑油高温泡沫特性测定法

SH/T 0732　润滑油低温低剪切速率下粘度与温度关系测定法(温度扫描法)

SH/T 0749　润滑油及添加剂中添加元素含量测定法(电感耦合等离子体发射光谱法)

SH/T 0750　发动机油高温氧化沉积物评定法(热氧化模拟试验法)

SH/T 0751　高温和高剪切速率下粘度测定法(锥形塞粘度计法)

SH/T 0757　内燃机油节能性能评定法(程序Ⅵ法)

SH/T 0758　内燃机油高温氧化和抗磨损性能评定法(程序ⅢE 法)

SH/T 0759　内燃机油低温油泥和抗磨损性能评定法(程序ⅤE 法)

SH/T 0763　汽油机油防锈性评定法(BRT 法)

SH/T 0783　内燃机油高温氧化和抗磨损性能评定法(CEPT-Ⅲ法)

API 1509　附录 E“轿车发动机油和柴油机油 API 基础油互换准则”

API 1509　附录 F“SAE 粘度等级发动机试验的 API 导则”

ASTM D4485　发动机油性能规格标准

ASTM D5293　使用冷启动模拟机在－5℃～－35℃间测定发动机油表观粘度的标准试验方法

ASTM D6202　用程序ⅥA 火花点燃发动机，测定汽车发动机油对轿车和轻型卡车燃料经济性影响的标准试验方法(程序ⅥA)

ASTM D6417　发动机油蒸发性评估标准试验方法(气相色谱法)

ASTM D6593　在低温、轻负荷条件下，评价发动机油对火花点燃内燃式汽油发动机形成沉积物的抑制作用的标准试验方法(程序 ⅤG)

ASTM D6709　用程序Ⅷ火花点燃发动机，评价汽车发动机油的试验方法(CLR 发动机油)

ASTM D6794　测定经不同量的水和长时间(6 h)加热处理后对发动机油过滤性影响的标准试验方法

ASTM D6795　测定经一定量的水、干冰和短时间(30 min)加热处理后对发动机油过滤性影响的标准试验方法

ASTM D6837　用程序ⅥB 火花点燃发动机，测定汽车发动机油对轿车和轻型卡车燃料经济性影响的标准试验方法(程序ⅥB)

ASTM D6891　用程序ⅣA 火花点燃发动机，评价汽车发动机油的标准试验方法

ASTM D6922　汽车发动机油均匀性和混合性测定的试验方法

ASTM D6984　用程序ⅢF火花点燃发动机评价汽车发动机油的标准试验方法(程序ⅢF)

ASTM D7097　用热氧化发动机油模拟试验测定中等高温活塞沉积物的标准试验方法(TEOST MHT)

MIL-PRF-2104G　战斗/作战装置用内燃机润滑油性能规格

SAE J183　发动机油性能及发动机使用性能分类

SAE J300　发动机油粘度分类

3　产品品种和标记

3.1　产品品种

3.1.1　本标准包括SE、SF、SG、SH、GF-1、SJ、GF-2、SL和GF-3等9个汽油机油品种。

3.1.2　本标准对通用内燃机油品种不作具体规定。通用内燃机油可根据需要在本标准所属汽油机油品种和GB 11122所属6个柴油机油品种中进行组合。任何一个通用内燃机油都应同时满足其汽油机油品种和柴油机油品种的所有指标要求。

3.1.3　每个品种按GB/T 14906或SAE J300划分黏度等级。

3.2　产品标记

3.2.1　汽油机油产品标记为：[质量等级]　[黏度等级]　[汽油机油]

例如：SF 10W-30汽油机油、SE 30汽油机油。

3.2.2　通用内燃机油产品标记为：

[汽油机油质量等级/柴油机油质量等级]　[黏度等级]　[通用内燃机油]　或

[柴油机油质量等级/汽油机油质量等级]　[黏度等级]　[通用内燃机油]

例如：SJ/CF-4 5W-30通用内燃机油或CF-4/SJ 5W-30通用内燃机油，前者表示其配方首先满足SJ汽油机油要求，后者表示其配方首先满足CF-4柴油机油要求，两者均需同时符合SJ汽油机油和CF-4柴油机油的全部质量指标。

注1：汽油机油或柴油机油质量等级的先后排列由生产企业根据产品配方特点确定。

4　要求和试验方法

汽油机油产品的技术要求和试验方法见表1、表2(1)、表2(2)和表3。

4.1　汽油机油黏温性能要求见表1。

4.2　汽油机油理化性能和模拟性能要求见表2(1)和表2(2)。

4.3　汽油机油发动机试验要求见表3。

表1　汽油机油粘温性能要求

项目		低温动力黏度/(mPa·s) 不大于	边界泵送温度/℃ 不大于	运动黏度(100℃)/(mm^2/s)	黏度指数 不小于	倾点/℃ 不高于
试验方法		GB/T 6538	GB/T 9171	GB/T 265	GB/T 1995、GB/T 2541	GB/T 3535
质量等级	黏度等级	—	—	—	—	—
SE、SF	0W-20	3 250(−30℃)	−35	5.6～<9.3	—	−40
	0W-30	3 250(−30℃)	−35	9.3～<12.5	—	

表 1(续)

项　目		低温动力黏度/(mPa·s) 不大于	边界泵送温度/℃ 不大于	运动黏度(100℃)/(mm^2/s)	黏度指数 不小于	倾点/℃ 不高于
试验方法		GB/T 6538	GB/T 9171	GB/T 265	GB/T 1995、GB/T 2541	GB/T 3535
质量等级	黏度等级	—	—	—	—	—
SE、SF	5W-20	3 500(−25℃)	−30	5.6～<9.3	—	−35
	5W-30	3 500(−25℃)	−30	9.3～<12.5	—	
	5W-40	3 500(−25℃)	−30	12.5～<16.3	—	
	5W-50	3 500(−25℃)	−30	16.3～<21.9	—	
	10W-30	3 500(−20℃)	−25	9.3～<12.5	—	−30
	10W-40	3 500(−20℃)	−25	12.5～<16.3	—	
	10W-50	3 500(−20℃)	−25	16.3～<21.9	—	
	15W-30	3 500(−15℃)	−20	9.3～<12.5	—	−23
	15W-40	3 500(−15℃)	−20	12.5～<16.3	—	
	15W-50	3 500(−15℃)	−20	16.3～<21.9	—	
	20W-40	4 500(−10℃)	−15	12.5～<16.3	—	−18
	20W-50	4 500(−10℃)	−15	16.3～<21.9	—	
	30	—	—	9.3～<12.5	75	−15
	40	—	—	12.5～<16.3	80	−10
	50	—	—	16.3～<21.9	80	−5

项　目		低温动力黏度/(mPa·s) 不大于	低温泵送黏度/(mPa·s) 在无屈服应力时，不大于	运动黏度(100℃)/(mm^2/s)	高温高剪切黏度(150℃，$10^6 s^{-1}$)/(mPa·s) 不小于	黏度指数 不小于	倾点/℃ 不高于
试验方法		GB/T 6538、ASTM D5293[c]	SH/T 0562	GB/T 265	SH/T 0618[d]、SH/T 0703、SH/T 0751	GB/T 1995、GB/T 2541	GB/T 3535
质量等级	黏度等级	—	—	—	—	—	—
SG、SH、GF-1[a]、SJ、GF-2[b]、SL、GF-3	0W-20	6 200(−35℃)	60 000(−40℃)	5.6～<9.3	2.6	—	−40
	0W-30	6 200(−35℃)	60 000(−40℃)	9.3～<12.5	2.9	—	
	5W-20	6 600(−30℃)	60 000(−35℃)	5.6～<9.3	2.6	—	−35
	5W-30	6 600(−30℃)	60 000(−35℃)	9.3～<12.5	2.9	—	
	5W-40	6 600(−30℃)	60 000(−35℃)	12.5～<16.3	2.9	—	
	5W-50	6 600(−30℃)	60 000(−35℃)	16.3～<21.9	3.7	—	
	10W-30	7 000(−25℃)	60 000(−30℃)	9.3～<12.5	2.9	—	−30
	10W-40	7 000(−25℃)	60 000(−30℃)	12.5～<16.3	2.9	—	
	10W-50	7 000(−25℃)	60 000(−30℃)	16.3～<21.9	3.7	—	

表 1(续)

项　目		低温动力黏度/(mPa·s) 不大于	低温泵送黏度/(mPa·s) 在无屈服应力时,不大于	运动黏度(100℃)/(mm^2/s)	高温高剪切黏度(150℃,$10^6 s^{-1}$)/(mPa·s) 不小于	黏度指数 不小于	倾点/℃ 不高于
试验方法		GB/T 6538、ASTM D5293[c]	SH/T 0562	GB/T 265	SH/T 0618[d]、SH/T 0703、SH/T 0751	GB/T 1995、GB/T 2541	GB/T 3535
质量等级	黏度等级	—	—	—	—	—	—
SG、SH、GF-1[a]、SJ、GF-2[b]、SL、GF-3	15W-30	7 000(−20℃)	60 000(−25℃)	9.3～<12.5	2.9	—	−25
	15W-40	7 000(−20℃)	60 000(−25℃)	12.5～<16.3	3.7	—	
	15W-50	7 000(−20℃)	60 000(−25℃)	16.3～<21.9	3.7	—	
	20W-40	9 500(−15℃)	60 000(−20℃)	12.5～<16.3	3.7	—	−20
	20W-50	9 500(−15℃)	60 000(−20℃)	16.3～<21.9	3.7	—	
	30	—	—	9.3～<12.5	—	75	−15
	40	—	—	12.5～<16.3	—	80	−10
	50	—	—	16.3～<21.9	—	80	−5

a　10W 黏度等级低温动力黏度和低温泵送黏度的试验温度均升高 5℃,指标分别为:不大于 3 500 mPa·s 和 30 000 mPa·s。

b　10W 黏度等级低温动力黏度的试验温度升高 5℃,指标为:不大于 3 500 mPa·s。

c　GB/T 6538—2000 正在修订中,在新标准正式发布前 0W 油使用 ASTM D5293:2004 方法测定。

d　为仲裁方法。

表 2(1)　汽油机油模拟性能和理化性能要求

项　目	质量指标										试验方法
	SE	SF	SG	SH	GF-1		SJ		GF-2	SL、GF-3	
水分(体积分数)/% 不大于	痕迹										GB/T 260
泡沫性(泡沫倾向/泡沫稳定性)/(mL/mL)											
24℃ 不大于	25/0		10/0				10/0			10/0	GB/T 12579[a]
93.5℃ 不大于	150/0		50/0				50/0			50/0	
后 24℃ 不大于	25/0		10/0				10/0			10/0	
150℃ 不大于	—		报告				200/50			100/0	SH/T 0722[b]
蒸发损失[c](质量分数)/% 不大于		5W-30	10W-30	15W-40	0W 和 5W	所有其他多级油	0W-20、5W-20、5W-30、10W-30	所有其他多级油			
诺亚克法 (250℃,1 h)	—	25	20	18	25	20	22	20	22	15	SH/T 0059
或											
气相色谱法(371℃馏出量)											
方法 1	—	20	17	15	20	17	—	—	—	—	SH/T 0558
方法 2	—	—	—	—	—	—	17	15	17	—	SH/T 0695
方法 3	—	—	—	—	—	—	17	15	17	10	ASTM D6417

表 2(1)(续)

项　　目	质量指标								试验方法
	SE	SF	SG	SH	GF-1	SJ	GF-2	SL、GF-3	
过滤性/%　不大于			5W-30 10W-30	15W-40					
EOFT 流量减少	—		50	无要求	50	50	50	50	ASTM D6795
EOWTT 流量减少									
用 0.6% H_2O	—		—		—	报告	—	50	ASTM D6794
用 1.0% H_2O	—		—		—	报告	—	50	
用 2.0% H_2O	—		—		—	报告	—	50	
用 3.0% H_2O	—		—		—	报告	—	50	
均匀性和混合性	—		与 SAE 参比油混合均匀						ASTM D6922
高温沉积物/mg　不大于									
TEOST	—		—		—	60	60	—	SH/T 0750
TEOST MHT	—		—		—	—	—	45	ASTM D7097
凝胶指数　不大于	—		—		—	12　无要求	12[d]	12[d]	SH/T 0732
机械杂质(质量分数)/%　不大于	0.01								GB/T 511
闪点(开口)/℃(黏度等级)　不低于	200(0W、5W 多级油)；205(10W 多级油)；215(15W、20W 多级油)；220(30)；225(40)；230(50)								GB/T 3536
磷(质量分数)/%　不大于	见表 2(2)		0.12[e]		0.12	0.10[f]	0.10	0.10[g]	GB/T 17476[h]、SH/T 0296、SH/T 0631、SH/T 0749

a 对于 SG、SH、GF-1、SJ、GF-2 、SL 和 GF-3,需首先进行步骤 A 试验。

b 为 1 min 后测定稳定体积。对于 SL 和 GF-3 可根据需要确定是否首先进行步骤 A 试验。

c 对于 SF、SG 和 SH,除规定了指标的 5W/30、10W/30 和 15W/40 之外的所有其他多级油均为“报告”。

d 对于 GF-2 和 GF-3,凝胶指数试验是从 -5℃开始降温直到黏度达到 40 000 mPa·s(40 000 cP)时的温度或温度达到 -40℃时试验结束,任何一个结果先出现即视为试验结束。

e 仅适用于 5W-30 和 10W-30 黏度等级。

f 仅适用于 0W-20、5W-20、5W-30 和 10W-30 黏度等级。

g 仅适用于 0W-20、5W-20、0W-30、5W-30 和 10W-30 黏度等级。

h 仲裁方法。

表 2(2) 汽油机油理化性能要求

项目	质量指标		试验方法
	SE、SF	SG、SH、GF-1、SJ、GF-2、SL、GF-3	
碱值[a](以 KOH 计)/mg/g	报告		SH/T 0251
硫酸盐灰分[a](质量分数)/%	报告		GB/T 2433
硫[a](质量分数)/%	报告		GB/T 387、GB/T 388、GB/T 11140、GB/T 17040、GB/T 17476、SH/T 0172、SH/T 0631、SH/T 0749
磷[a](质量分数)/%	报告	见表 2(1)	GB/T 17476、SH/T 0296、SH/T 0631、SH/T 0749
氮[a](质量分数)/%	报告		GB/T 9170、SH/T 0656、SH/T 0704

a 生产者在每批产品出厂时要向使用者或经销者报告该项目的实测值,有争议时以发动机台架试验结果为准。

表 3 汽油机油发动机试验要求

质量等级	项目		质量指标	试验方法
SE	L-38 发动机试验			SH/T 0265
	轴瓦失重[a]/mg	不大于	40	
	剪切安定性[b]			SH/T 0265
	100℃运动黏度/(mm²/s)		在本等级油黏度范围之内(适用于多级油)	GB/T 265
	程序ⅡD 发动机试验			SH/T 0512
	发动机锈蚀平均评分	不小于	8.5	
	挺杆粘结数		无	
	程序ⅢD 发动机试验			SH/T 0513
	黏度增长(40℃,40h)/%	不大于	375	SH/T 0783
	发动机平均评分(64h)			
	发动机油泥平均评分	不小于	9.2	
	活塞裙部漆膜平均评分	不小于	9.1	
	油环台沉积物平均评分	不小于	4.0	
	环粘结		无	
	挺杆粘结		无	
	擦伤和磨损(64h)			
	凸轮或挺杆擦伤		无	
	凸轮加挺杆磨损/mm			
	平均值	不大于	0.102	
	最大值	不大于	0.254	
	程序ⅤD 发动机试验			SH/T 0514
	发动机油泥平均评分	不小于	9.2	SH/T 0672
	活塞裙部漆膜平均评分	不小于	6.4	
	发动机漆膜平均评分	不小于	6.3	
	机油滤网堵塞/%	不大于	10.0	
	油环堵塞/%	不大于	10.0	

表 3(续)

质量等级	项目		质量指标	试验方法
SE	压缩环粘结		无	
	凸轮磨损/mm			
	平均值		报告	
	最大值		报告	
SF	L-38 发动机试验			SH/T 0265
	轴瓦失重[a]/mg	不大于	40	
	剪切安定性[b]			SH/T 0265
	100℃运动黏度/(mm²/s)		在本等级油黏度范围之内 (适用于多级油)	GB/T 265
	程序ⅡD发动机试验			SH/T 0512
	发动机锈蚀平均评分	不小于	8.5	
	挺杆粘结数		无	
	程序ⅢD发动机试验(64 h)			SH/T 0513
	黏度增长(40℃)/%	不大于	375	SH/T 0783
	发动机平均评分			
	发动机油泥平均评分	不小于	9.2	
	活塞裙部漆膜平均评分	不小于	9.2	
	油环台沉积物平均评分	不小于	4.8	
	环粘结		无	
	挺杆粘结		无	
	擦伤和磨损			
	凸轮或挺杆擦伤		无	
	凸轮加挺杆磨损/mm			
	平均值	不大于	0.102	
	最大值	不大于	0.203	
	程序ⅤD发动机试验			SH/T 0514 SH/T 0672
	发动机油泥平均评分	不小于	9.4	
	活塞裙部漆膜平均评分	不小于	6.7	
	发动机漆膜平均评分	不小于	6.6	
	机油滤网堵塞/%	不大于	7.5	
	油环堵塞/%	不大于	10.0	
	压缩环粘结		无	
	凸轮磨损/mm			
	平均值	不大于	0.025	
	最大值	不大于	0.064	
SG	L-38 发动机试验			SH/T 0265
	轴瓦失重/mg	不大于	40	
	活塞裙部漆膜评分	不小于	9.0	
	剪切安定性,运转 10 h 后的运动黏度		在本等级油黏度范围之内 (适用于多级油)	SH/T 0265 GB/T 265
	程序ⅡD发动机试验			SH/T 0512
	发动机锈蚀平均评分	不小于	8.5	
	挺杆粘结数		无	

表 3(续)

质量等级	项　　目		质　量　指　标	试验方法
SG	程序ⅢE发动机试验			SH/T 0758
	黏度增长(40℃,375%)/h	不小于	64	
	发动机油泥平均评分	不小于	9.2	
	活塞裙部漆膜平均评分	不小于	8.9	
	油环台沉积物平均评分	不小于	3.5	
	环粘结(与油相关)		无	
	挺杆粘结		无	
	擦伤和磨损(64 h)			
	凸轮或挺杆擦伤		无	
	凸轮加挺杆磨损/mm			
	平均值	不大于	0.030	
	最大值	不大于	0.064	
	程序ⅤE发动机试验			SH/T 0759
	发动机油泥平均评分	不小于	9.0	
	摇臂罩油泥评分	不小于	7.0	
	活塞裙部漆膜平均评分	不小于	6.5	
	发动机漆膜平均评分	不小于	5.0	
	机油滤网堵塞/%	不大于	20.0	
	油环堵塞/%		报告	
	压缩环粘结(热粘结)		无	
	凸轮磨损/mm			
	平均值	不大于	0.130	
	最大值	不大于	0.380	
SH	L-38发动机试验			SH/T 0265
	轴瓦失重/mg	不大于	40	
	剪切安定性,运转10 h后的运动黏度		在本等级油黏度范围之内 (适用于多级油)	SH/T 0265 GB/T 265
	或			
	程序Ⅷ发动机试验			ASTM D 6709
	轴瓦失重/mg	不大于	26.4	
	剪切安定性,运转10 h后的运动黏度		在本等级油黏度范围之内 (适用于多级油)	
	程序ⅡD发动机试验			SH/T 0512
	发动机锈蚀平均评分	不小于	8.5	
	挺杆粘结数		无	
	或			
	球锈蚀试验			SH/T 0763
	平均灰度值/分	不小于	100	
	程序ⅢE发动机试验			SH/T 0758
	黏度增长(40℃,375%)/h	不小于	64	
	发动机油泥平均评分	不小于	9.2	
	活塞裙部漆膜平均评分	不小于	8.9	
	油环台沉积物平均评分	不小于	3.5	
	环粘结(与油相关)		无	
	挺杆粘结		无	

表 3(续)

质量等级	项目	质量指标	试验方法
SH	擦伤和磨损(64 h)		
	凸轮或挺杆擦伤	无	
	凸轮加挺杆磨损/mm		
	平均值 不大于	0.030	
	最大值 不大于	0.064	
	或		
	程序ⅢF发动机试验		ASTM D 6984
	运动黏度增长(40℃,60 h)/% 不大于	325	
	活塞裙部漆膜平均评分 不小于	8.5	
	活塞沉积物评分 不小于	3.2	
	凸轮加挺杆磨损/mm 不大于	0.020	
	热黏环	无	
	程序ⅤE发动机试验		SH/T 0759
	发动机油泥平均评分 不小于	9.0	
	摇臂罩油泥评分 不小于	7.0	
	活塞裙部漆膜平均评分 不小于	6.5	
	发动机漆膜平均评分 不小于	5.0	
	机油滤网堵塞/% 不大于	20.0	
	油环堵塞/%	报告	
	压缩环粘结(热粘结)	无	
	凸轮磨损/mm		
	平均值 不大于	0.127	
	最大值 不大于	0.380	
	或		
	程序ⅣA阀系磨损试验		ASTM D 6891
	平均凸轮磨损/mm 不大于	0.120	
	加:程序ⅤG发动机试验		ASTM D 6593
	发动机油泥平均评分 不小于	7.8	
	摇臂罩油泥评分 不小于	8.0	
	活塞裙部漆膜平均评分 不小于	7.5	
	发动机漆膜平均评分 不小于	8.9	
	机油滤网堵塞/% 不大于	20.0	
	压缩环热粘结	无	
GF-1	L-38发动机试验		SH/T 0265
	轴瓦失重/mg 不大于	40	
	活塞裙部漆膜评分 不小于	9.0	
	剪切安定性,运转10 h后的运动黏度	在本等级油黏度范围之内(适用于多级油)	SH/T 0265 GB/T 265
	程序ⅡD发动机试验		SH/T 0512
	发动机锈蚀平均评分 不小于	8.5	
	挺杆粘结数	无	

表 3(续)

质量等级	项目		质量指标	试验方法
GF-1	程序ⅢE发动机试验			SH/T 0758
	黏度增长(40℃,64 h)/%	不大于	375	
	发动机油泥平均评分	不小于	9.2	
	活塞裙部漆膜平均评分	不小于	8.9	
	油环台沉积物平均评分	不小于	3.5	
	环粘结(与油相关)		无	
	挺杆粘结		无	
	擦伤和磨损			
	凸轮或挺杆擦伤		无	
	凸轮加挺杆磨损/mm			
	平均值	不大于	0.030	
	最大值	不大于	0.064	
	油耗/L	不大于	5.1	
	程序ⅤE发动机试验			SH/T 0759
	发动机油泥平均评分	不小于	9.0	
	摇臂罩油泥评分	不小于	7.0	
	活塞裙部漆膜平均评分	不小于	6.5	
	发动机漆膜平均评分	不小于	5.0	
	机油滤网堵塞/%	不大于	20.0	
	油环堵塞/%		报告	
	压缩环粘结(热粘结)		无	
	凸轮磨损/mm			
	平均值	不大于	0.130	
	最大值	不大于	0.380	
	程序Ⅵ发动机试验			SH/T 0757
	燃料经济性改进评价/%	不小于	2.7	
SJ	L-38发动机试验			SH/T 0265
	轴瓦失重/mg	不大于	40	
	剪切安定性,运转10 h后的运动黏度		在本等级油黏度范围之内(适用于多级油)	SH/T 0265 GB/T 265
	或			
	程序Ⅷ发动机试验			ASTM D 6709
	轴瓦失重/mg	不大于	26.4	
	剪切安定性,运转10 h后的运动黏度		在本等级油黏度范围之内(适用于多级油)	
	程序ⅡD发动机试验			SH/T 0512
	发动机锈蚀平均评分	不小于	8.5	
	挺杆粘结数		无	
	或			
	球锈蚀试验			SH/T 0763
	平均灰度值/分	不小于	100	

表 3(续)

质量等级	项　　目		质　量　指　标	试验方法
SJ	程序ⅢE发动机试验			SH/T 0758
	黏度增长(40℃,375%)/h	不小于	64	
	发动机油泥平均评分	不小于	9.2	
	活塞裙部漆膜平均评分	不小于	8.9	
	油环台沉积物平均评分	不小于	3.5	
	环粘结(与油相关)		无	
	挺杆粘结		无	
	擦伤和磨损(64 h)			
	凸轮或挺杆擦伤		无	
	凸轮加挺杆磨损/mm			
	平均值	不大于	0.030	
	最大值	不大于	0.064	
	或			
	程序ⅢF发动机试验			ASTM D 6984
	运动黏度增长(40℃,60 h)/%	不大于	325	
	活塞裙部漆膜平均评分	不小于	8.5	
	活塞沉积物评分	不小于	3.2	
	凸轮加挺杆磨损/mm	不大于	0.020	
	热粘环		无	
	程序ⅤE发动机试验			SH/T 0759
	发动机油泥平均评分	不小于	9.0	
	臂罩油泥评分	不小于	7.0	
	活塞裙部漆膜平均评分	不小于	6.5	
	发动机漆膜平均评分	不小于	5.0	
	机油滤网堵塞/%	不大于	20.0	
	油环堵塞/%		报告	
	压缩环粘结(热粘结)		无	
	凸轮磨损/mm			
	平均值	不大于	0.127	
	最大值	不大于	0.380	
	或			
	程序ⅣA阀系磨损试验			ASTM D 6891
	平均凸轮磨损/mm	不大于	0.120	
	加			
	程序ⅤG发动机试验			ASTM D 6593
	发动机油泥平均评分	不小于	7.8	
	摇臂罩油泥评分	不小于	8.0	
	活塞裙部漆膜平均评分	不小于	7.5	
	发动机漆膜平均评分	不小于	8.9	
	机油滤网堵塞/%	不大于	20.0	
	压缩环热粘结		无	
GF-2	L-38发动机试验			SH/T 0265
	轴瓦失重/mg	不大于	40	
	剪切安定性,运转10 h后的运动黏度		在本等级油黏度范围之内 (适用于多级油)	SH/T 0265 GB/T 265

表 3(续)

质量等级	项目		质量指标	试验方法
GF-2	程序ⅡD发动机试验			SH/T 0512
	发动机锈蚀平均评分	不小于	8.5	
	挺杆粘结数		无	
	程序ⅢE发动机试验			SH/T 0758
	黏度增长(40℃,375%)/h	不小于	64	
	发动机油泥平均评分	不小于	9.2	
	活塞裙部漆膜平均评分	不小于	8.9	
	油环台沉积物平均评分	不小于	3.5	
	环粘结(与油相关)		无	
	凸轮加挺杆磨损/mm			
	平均值	不大于	0.030	
	最大值	不大于	0.064	
	油耗/L	不大于	5.1	
	程序ⅤE发动机试验			SH/T 0759
	发动机油泥平均评分	不小于	9.0	
	摇臂罩油泥评分	不小于	7.0	
	活塞裙部漆膜平均评分	不小于	6.5	
	发动机漆膜平均评分	不小于	5.0	
	机油滤网堵塞/%	不大于	20.0	
	油环堵塞/%		报告	
	压缩环粘结(热粘结)		无	
	凸轮磨损/mm			
	平均值	不大于	0.127	
	最大值	不大于	0.380	
	活塞内腔顶部沉积物		报告	
	环台沉积物		报告	
	汽缸筒磨损		报告	
	程序ⅥA发动机试验			ASTM D 6202
	燃料经济性改进评价/%	不小于		
	0W-20和5W-20		1.4	
	其他 0W-××和5W-××		1.1	
	10W-××		0.5	
SL	程序Ⅷ发动机试验			ASTM D6709
	轴瓦失重/mg	不大于	26.4	
	剪切安定性,运转10 h后的运动黏度		在本等级油黏度范围之内(适用于多级油)	
	球锈蚀试验			SH/T 0763
	平均灰度值/分	不小于	100	
	程序ⅢF发动机试验			ASTM D6984
	运动黏度增长(40℃,80 h)/%	不大于	275	
	活塞裙部漆膜平均评分	不小于	9.0	
	活塞沉积物评分	不小于	4.0	
	凸轮加挺杆磨损/mm	不大于	0.020	
	热粘环		无	
	低温黏度性能[c]		报告	GB/T 6538 SH/T 0562

表 3(续)

质量等级	项　　目		质　量　指　标	试验方法
SL	程序ⅤE 发动机试验			SH/T 0759
	平均凸轮磨损/mm	不大于	0.127	
	最大凸轮磨损/mm	不大于	0.380	
	程序ⅣA 阀系磨损试验			ASTM D6891
	平均凸轮磨损/mm	不大于	0.120	
	程序ⅤG 发动机试验			ASTM D6593
	发动机油泥平均评分	不小于	7.8	
	摇臂罩油泥评分	不小于	8.0	
	活塞裙部漆膜平均评分	不小于	7.5	
	发动机漆膜平均评分	不小于	8.9	
	机油滤网堵塞/%	不大于	20.0	
	压缩环热粘结		无	
	环的冷粘结		报告	
	机油滤网残渣/%		报告	
	油环堵塞/%		报告	
GF-3	程序Ⅷ发动机试验			ASTM D6709
	轴瓦失重/mg	不大于	26.4	
	剪切安定性,运转 10 h 后的运动黏度		在本等级油黏度范围之内 (适用于多级油)	
	球锈蚀试验			SH/T 0763
	平均灰度值/分	不小于	100	
	程序ⅢF 发动机试验			ASTM D6984
	运动黏度增长(40℃,80 h)/%	不大于	275	
	活塞裙部漆膜平均评分	不小于	9.0	
	活塞沉积物评分	不小于	4.0	
	凸轮加挺杆磨损/mm	不大于	0.020	
	热粘环		不允许	
	油耗/L	不大于	5.2	
	低温黏度性能[c]		报告	GB/T 6538 SH/T 0562
	程序ⅤE 发动机试验			SH/T 0759
	平均凸轮磨损/mm	不大于	0.127	
	最大凸轮磨损/mm	不大于	0.380	
	程序ⅣA 阀系磨损试验			ASTM D6891
	平均凸轮磨损/mm	不大于	0.120	
	程序ⅤG 发动机试验			ASTM D6593
	发动机油泥平均评分	不小于	7.8	
	摇臂罩油泥评分	不小于	8.0	
	活塞裙部漆膜平均评分	不小于	7.5	
	发动机漆膜平均评分	不小于	8.9	
	机油滤网堵塞/%	不大于	20.0	
	压缩环热粘结		无	
	环的冷粘结		报告	
	机油滤网残渣/%		报告	
	油环堵塞/%		报告	

表 3(续)

质量等级	项　目	质　量　指　标			试验方法
GF-3	程序ⅥB发动机试验	0W-20 5W-20	0W-30 5W-30	10W-30 和其他多级油	ASTM D 6837
	16 h 老化后燃料经济性改进评价,FEI 1/%　　不小于	2.0	1.6	0.9	
	96 h 老化后燃料经济性改进评价,FEI 2/%　　不小于	1.7	1.3	0.6	
	FEI 1+ FEI 2/%　　不小于	—	3.0	1.6	

注 1：对于一个确定的汽油机油配方,不可随意更换基础油,也不可随意进行黏度等级的延伸。在基础油必须变更时,应按照 API 1509 附录 E“轿车发动机油和柴油机油 API 基础油互换准则”进行相关的试验并保留试验结果备查;在进行黏度等级延伸时,应按照 API1509 附录 F“SAE 黏度等级发动机试验的 API 导则”进行相关的试验并保留试验结果备查。

注 2：发动机台架试验的相关说明参见 ASTM D4485“S 发动机油类别”中的脚注。

a 亦可用 SH/T 0264 方法评定,指标为轴瓦失重不大于 25 mg。

b 按 SH/T 0265 方法运转 10 h 后取样,采用 GB/T 265 方法测定 100℃运动黏度,在用 SH/T 0264 方法评定轴瓦腐蚀时,剪切安定性用 SH/T 0505 方法测定,指标不变。如有争议以 SH/T 0265 和 GB/T 265 方法为准。

c 根据油品低温等级所指定的温度,使用试验方法 GB/T 6538 和 SH/T 0562 测定 80 h 试验后的油样。

5　检验规则

5.1　检验分类与检验项目

本产品检验分为出厂检验和型式检验。

5.1.1　出厂检验

出厂批次检验项目包括:运动黏度、黏度指数、低温动力黏度、倾点、机械杂质、水分、闪点、泡沫性、高温泡沫性、硫酸盐灰分、碱值、氮含量和磷含量。

基础油和添加剂无变化时,出厂周期检验项目包括:蒸发损失、边界泵送温度、低温泵送黏度、高温高剪切黏度和硫含量每半年检测 1 次;凝胶指数、高温沉积物、均匀性与混溶性、过滤性、L-38 发动机试验或程序Ⅷ发动机试验每年检测 1 次。

5.1.2　型式检验

型式检验项目为第 4 章技术要求规定的所有检验项目。

在下列情况下进行型式检验:

a)　新产品投产或产品定型鉴定时;

b)　原材料、工艺等发生较大变化,可能影响产品质量时;

c)　出厂检验或周期检验结果与上次型式检验结果有较大差异时。

5.2　组批

在原材料、工艺不变的条件下,产品每生产一罐或釜为一批。

5.3　取样

取样按 GB/T 4756 进行,每批产品取样 3 L(如包括发动机台架试验酌情增加取样量)作为检验和留样用。

5.4　判定规则

出厂检验和型式检验结果符合第 4 章的技术要求,则判定该产品合格。

5.5 复验规则

如出厂批次检验和出厂周期检验结果中有不符合第4章技术要求的规定时，按GB/T 4756的规定重新抽取双倍样品进行复检，复检结果如仍有一项不符合第4章技术要求的规定时，则判定该批产品为不合格。

6 标志、包装、运输和贮存

标志、包装、运输和贮存及交货验收按SH 0164进行。

7 有关说明事项

需方如有要求，可与供方协商在购货合同中增加控制指标、对报告项目确定具体指标或增加产品检验频次。

附 录 A
（资料性附录）
本标准各品种质量指标与采用的国外标准的差异

A.1 本标准各品种质量指标与采用的国外标准的差异见表 A.1。

表 A.1 本标准各品种质量指标与采用的国外标准的差异

本标准中的品种	国外标准中的品种及指标		
	黏温性能 （4.1 表 1）	理化性能和模拟性能 （4.2 表 2）	发动机试验 （4.3 表 3）
SE、SF	倾点：10W、15W-XX 同 MIL-PRF-2104G，其他黏度等级自定 其他指标：同 SAE J300-87	泡沫性：同 SAE J183 闪点：10W、15W、30、40 同 MIL-PRF-2104G，其他黏度等级自定 碱值、灰分和元素：在 MIL-PRF-2104G“报告”基础上，执行表 2(2)的脚注 a。 蒸发损失：SF 增加此项指标	SE、SF 同 SAE J183
SG、SH GF-1、SJ GF-2、SL GF-3	倾点：10W 同 MIL-PRF-2104G，其他黏度等级自定 其他指标：同 SAE J300-99		同 SAE J183、ASTM D4485

ICS 75.100
E 34

中华人民共和国国家标准

GB 11122—2006
代替 GB 11122—1997

柴 油 机 油

Diesel engine oils

2006-07-18 发布　　2007-01-01 实施

中华人民共和国国家质量监督检验检疫总局
中国国家标准化管理委员会　发布

前 言

本标准的第4章〔表2(2)除外〕、第5章为强制性条款,其余为推荐性条款。

本标准与美国汽车工程师协会标准SAE J 183:2002《发动机油性能及发动机使用分类》(英文版)、SAE J 300:1999《发动机油黏度分类》(英文版)、ASTM D 4485:2004《发动机油性能规格标准》(英文版)和美国军用标准MIL-PRF-2104G《战斗/作战装置用内燃机润滑油性能规范》(英文版)的一致性程度为非等效。

本标准与上述标准的主要差异参见附录A。

本标准代替GB 11122—1997《柴油机油》。

本标准与GB 11122—1997相比主要变化如下:

——对于黏度等级的设置,GB 11122—1997仅包括部分黏度牌号,本标准基本覆盖了所有可能的应用要求;

——增加CF、CF-4、CH-4和CI-4,且这4个质量等级的15W和20W多级油倾点分别为-25℃和-20℃;

——增加碱值和氮含量作为报告项目;

——将"沉淀物"改为"机械杂质",试验方法采用GB/T 511;

——CD的高温高剪切黏度指标由"报告"改为设定限值;

——取消中和值和残炭;

——取消CD的蒸发损失项目;

——取消原标准表1中的注1)、注2)、注3)、注7);和表2中的注1)、注2)、注4)、注7);

——在表3中增加表注;

——增加第5章"检验规则"和第7章"有关说明事项"。

本标准的附录A为资料性附录。

本标准由中国石油化工集团公司提出。

本标准由中国石油化工股份有限公司石油化工科学研究院归口。

本标准起草单位:中国石油化工股份有限公司石油化工科学研究院。

本标准主要起草人:梁红、陈延。

本标准1989年首次发布,1997年第一次修订,本次为第二次修订。

柴 油 机 油

1 范围

本标准规定了以精制矿物油、合成油或精制矿物油与合成油的混合油为基础油,加入多种添加剂或复合剂制成的柴油机油的要求和试验方法、检验规则及标志、包装、运输和贮存。

本标准所属产品适用于以柴油为燃料的四冲程柴油发动机,如卡车、客车和货车柴油发动机、农业用、工业用和建设用柴油发动机的润滑。详细分类见 GB/T 7631.3、SAE J183 和 ASTM D 4485。

2 规范性引用文件

下列文件中的条款通过本标准的引用而成为本标准的条款。凡是注日期的引用文件,其随后所有的修改单(不包括勘误的内容)或修订版均不适用于本标准,然而,鼓励根据本标准达成协议的各方研究是否可使用这些文件的最新版本。凡是不注日期的引用文件,其最新版本适用于本标准。

GB/T 260　石油产品水分测定法

GB/T 265　石油产品运动粘度测定法和动力粘度计算法

GB/T 387　深色石油产品硫含量测定法(管式炉法)

GB/T 388　石油产品硫含量测定法(氧弹法)

GB/T 511　石油产品和添加剂机械杂质测定法(重量法)

GB/T 1995　石油产品粘度指数计算法

GB/T 2433　添加剂和含添加剂润滑油硫酸盐灰分测定法(GB/T 2433—2001,eqv ISO 3987:1994)

GB/T 2541　石油产品粘度指数算表

GB/T 3535　石油倾点测定法

GB/T 3536　石油产品闪点和燃点测定法(克利夫兰开口杯法)

GB/T 4756　石油液体手工取样法(GB/T 4756—1998,eqv ISO 3170:1988)

GB/T 5096　石油产品铜片腐蚀试验法

GB/T 6538　发动机油表观粘度测定法(冷启动模拟机法)

GB/T 7631.3　内燃机油分类

GB/T 9170　润滑油及燃料油中总氮含量测定法(改进的克氏法)

GB/T 9171　发动机油边界泵送温度测定法

GB/T 9932　内燃机油性能评定法(开特皮勒 1H2 法)

GB/T 9933　内燃机油性能评定法(开特皮勒 1G2 法)

GB 11121　汽油机油

GB/T 11140　石油产品硫含量测定法(X 射线光谱法)

GB/T 12579　润滑油泡沫特性测定法

GB/T 14906　内燃机油粘度分类

GB/T 17040　石油产品硫含量测定法(能量色散 X 射线荧光光谱法)

GB/T 17476　使用过的润滑油中添加剂元素、磨损金属和污染物以及基础油中某些元素测定法(电感耦合等离子体发射光谱法)

SH/T 0059　润滑油蒸发损失测定法(诺亚克法)

SH 0164　石油产品包装、贮运及交货验收规则

SH/T 0172　石油产品硫含量测定法(高温法)

SH/T 0251　石油产品碱值测定法(高氯酸电位滴定法)
SH/T 0264　内燃机油高温氧化和轴瓦腐蚀评定法(皮特 W-1 法)
SH/T 0265　内燃机油高温氧化和轴瓦腐蚀评定法(L-38 法)
SH/T 0296　添加剂和含添加剂润滑油的磷含量测定法(比色法)
SH/T 0505　含聚合物油剪切安定性测定法(超声波剪切法)
SH/T 0562　低温下发动机油屈服应力和表观粘度测定法
SH/T 0618　高剪切条件下的润滑油动力粘度测定法(雷范费尔特法)
SH/T 0631　润滑油和添加剂中钡、钙、磷、硫和锌测定法(X 射线荧光光谱法)
SH/T 0656　石油产品及润滑剂中碳、氢、氮测定法(元素分析仪法)
SH/T 0703　润滑油在高温高剪切速率条件下表观粘度测定法(多重毛细管粘度计法)
SH/T 0704　石油及石油产品中氮含量测定法(舟进样化学发光法)
SH/T 0723　柴油机油腐蚀性能评定法
SH/T 0749　润滑油及添加剂中添加元素含量测定法(电感耦合等离子体发射光谱法)
SH/T 0751　高温和高剪切速率下粘度测定法(锥形塞粘度计法)
SH/T 0754　柴油机油在 135℃下腐蚀性能评定法
SH/T 0758　内燃机油高温氧化和抗磨损性能评定法(程序ⅢE 法)
SH/T 0760　柴油机油性能评定法(Mack　T-8 法)
SH/T 0761　柴油机油性能评定法(Mack　T-9 法)
SH/T 0782　柴油机油性能评定法(开特皮勒 1K/1N 法)
API 1509　附录 E　“轿车发动机油和柴油机油 API 基础油互换准则”
API 1509　附录 F　“SAE 粘度等级发动机试验的 API 导则”
ASTM D 11.15　测定发动机油与特定密封橡胶和弹性体相容性的试验方法
ASTM D 4485　发动机油性能规格标准
ASTM D 5293　使用冷启动模拟机在－5℃～－35℃间测定发动机油表观粘度的标准试验方法
ASTM D 5966　评价发动机油对轻型柴油发动机的滚动挺杆磨损的标准试验方法
ASTM D 6278　用欧洲柴油喷射设备测定含聚合物液体的剪切安定性标准试验方法
ASTM D 6417　发动机油蒸发性评估标准试验方法(气相色谱法)
ASTM D 6618　用柴油四冲程增压 1M-PC 单缸油试验发动机评价发动机油的试验方法
ASTM D 6681　用高速单缸柴油发动机评价发动机油的试验方法(开特皮勒 1P 试验程序)
ASTM D 6709　用程序Ⅷ火花点燃发动机、评价汽车发动机油的试验方法(CLR 发动机油)
ASTM D 6838　康明斯 M11 高烟炱试验的标准试验方法
ASTM D 6894　用直喷涡轮增压汽车柴油发动机评价发动机油空气卷入的试验方法
ASTM D 6896　在低温下测定用过发动机油屈服应力和表观粘度的标准试验方法
ASTM D 6923　用高速单缸柴油发动机评价发动机油的试验方法(开特皮勒 1R 试验程序)
ASTM D 6975　康明斯 M11 废气再循环试验的标准试验方法
ASTM D 6984　用程序ⅢF 火花点燃发动机评价汽车发动机油的标准试验方法(ⅢF 试验程序)
ASTM D 6987　用 T-10 废气再循环柴油发动机评价柴油发动机油的标准试验方法
ASTM E 178　处理离群观测值的标准操作规程
ASTM RR:D-2-1219　汽车发动机油性能规格(评价润滑油的多缸发动机试验程序-Mack-6)
ASTM RR:D-2-1220　汽车发动机油性能规格(评价润滑油的多缸发动机试验程序-Mack-7)
MIL-PRF-2104G　战斗/作战装置用内燃机润滑油性能规格
SAE J183　发动机油性能及发动机使用性能分类
SAE J300　发动机油粘度分类

3 产品品种和标记

3.1 产品品种

3.1.1 本标准包括 CC、CD、CF、CF-4、CH-4 和 CI-4 等 6 个柴油机油品种。

3.1.2 本标准对通用内燃机油品种不作具体规定。通用内燃机油可根据需要在本标准所属 6 个柴油机油品种和 GB 11121 所属 9 个汽油机油品种中进行组合。任何一个通用内燃机油都应同时满足其汽油机油品种和柴油机油品种的所有指标要求。

3.1.3 每个品种按 GB/T 14906 或 SAE J300 划分黏度等级。

3.2 产品标记

3.2.1 柴油机油产品标记为：[质量等级] [黏度等级] [柴油机油]

例如：CD 10W-30 柴油机油、CC 30 柴油机油。

3.2.2 通用内燃机油产品标记为：

[汽油机油质量等级/柴油机油质量等级] [黏度等级] [通用内燃机油] 或

[柴油机油质量等级/汽油机油质量等级] [黏度等级] [通用内燃机油]

例如：SJ/CF-4 5W-30 通用内燃机油或 CF-4/SJ 5W-30 通用内燃机油，前者表示其配方首先满足 SJ 汽油机油要求，后者表示其配方首先满足 CF-4 柴油机油要求，两者均需同时符合本标准中 CF-4 柴油机油和 GB 11121 中 SJ 汽油机油的全部质量指标。

注：汽油机油或柴油机油质量等级的先后排列由生产企业根据产品配方特点确定。

4 要求和试验方法

柴油机油产品的技术要求和试验方法见表 1、表 2(1)、表 2(2)和表 3。

4.1 柴油机油黏温性能要求见表 1。

4.2 柴油机油理化性能和模拟台架性能要求见表 2(1)和表 2(2)。

4.3 柴油机油使用性能要求见表 3。

表 1 柴油机油黏温性能要求

项目		低温动力黏度/(mPa·s) 不大于	边界泵送温度/℃ 不高于	运动黏度(100℃)/(mm^2/s)	高温高剪切黏度($150℃,10^6s^{-1}$)/(mPa·s) 不小于	黏度指数 不小于	倾点/℃ 不高于
试验方法		GB/T 6538	GB/T 9171	GB/T 265	SH/T 0618[b]、SH/T 0703、SH/T 0751	GB/T 1995、GB/T 2541	GB/T 3535
质量等级	黏度等级	—	—	—	—	—	—
CC[a]、CD	0W-20	3 250(−30℃)	−35	5.6～<9.3	2.6	—	−40
	0W-30	3 250(−30℃)	−35	9.3～<12.5	2.9	—	
	0W-40	3 250(−30℃)	−35	12.5～<16.3	2.9	—	
	5W-20	3 500(−25℃)	−30	5.6～<9.3	2.6	—	−35
	5W-30	3 500(−25℃)	−30	9.3～<12.5	2.9	—	
	5W-40	3 500(−25℃)	−30	12.5～<16.3	2.9	—	
	5W-50	3 500(−25℃)	−30	16.3～<21.9	3.7	—	

表 1(续)

项目		低温动力黏度/(mPa·s) 不大于	边界泵送温度/℃ 不高于	运动黏度(100℃)/(mm^2/s)	高温高剪切黏度($150℃, 10^6 s^{-1}$)/(mPa·s) 不小于	黏度指数 不小于	倾点/℃ 不高于
试验方法		GB/T 6538	GB/T 9171	GB/T 265	SH/T 0618[b]、SH/T 0703、SH/T 0751	GB/T 1995、GB/T 2541	GB/T 3535
质量等级	黏度等级	—	—	—	—	—	—
CC[a]、CD	10W-30	3 500(−20℃)	−25	9.3～<12.5	2.9	—	−30
	10W-40	3 500(−20℃)	−25	12.5～<16.3	2.9	—	
	10W-50	3 500(−20℃)	−25	16.3～<21.9	3.7	—	
	15W-30	3 500(−15℃)	−20	9.3～<12.5	2.9	—	−23
	15W-40	3 500(−15℃)	−20	12.5～<16.3	3.7	—	
	15W-50	3 500(−15℃)	−20	16.3～<21.9	3.7	—	
	20W-40	4 500(−10℃)	−15	12.5～<16.3	3.7	—	−18
	20W-50	4 500(−10℃)	−15	16.3～<21.9	3.7	—	
	20W-60	4 500(−10℃)	−15	21.9～<26.1	3.7	—	
	30	—	—	9.3～<12.5	—	75	−15
	40	—	—	12.5～<16.3	—	80	−10
	50	—	—	16.3～<21.9	—	80	−5
	60	—	—	21.9～<26.1	—	80	−5

a CC 不要求测定高温高剪切黏度。

b 为仲裁方法。

项目		低温动力黏度/(mPa·s) 不大于	低温泵送黏度/(mPa·s) 在无屈服应力时,不大于	运动黏度(100℃)/(mm^2/s)	高温高剪切黏度($150℃, 10^6 s^{-1}$)/(mPa·s) 不小于	黏度指数 不小于	倾点/℃ 不高于
试验方法		GB/T 6538、ASTM D5293[b]	SH/T 0562	GB/T 265	SH/T 0618[c]、SH/T 0703、SH/T 0751	GB/T 1995 GB/T 2541	GB/T 3535
质量等级	黏度等级	—	—	—	—	—	—
CF、CF-4、CH-4、CI-4[a]	0W-20	6 200(−35℃)	60 000(−40℃)	5.6～<9.3	2.6	—	−40
	0W-30	6 200(−35℃)	60 000(−40℃)	9.3～<12.5	2.9	—	
	0W-40	6 200(−35℃)	60 000(−40℃)	12.5～<16.3	2.9	—	
	5W-20	6 600(−30℃)	60 000(−35℃)	5.6～<9.3	2.6	—	−35
	5W-30	6 600(−30℃)	60 000(−35℃)	9.3～<12.5	2.9	—	
	5W-40	6 600(−30℃)	60 000(−35℃)	12.5～<16.3	2.9	—	
	5W-50	6 600(−30℃)	60 000(−35℃)	16.3～<21.9	3.7	—	
	10W-30	7 000(−25℃)	60 000(−30℃)	9.3～<12.5	2.9	—	−30
	10W-40	7 000(−25℃)	60 000(−30℃)	12.5～<16.3	2.9	—	
	10W-50	7 000(−25℃)	60 000(−30℃)	16.3～<21.9	3.7	—	

表 1(续)

项目		低温动力黏度/(mPa·s) 不大于	低温泵送黏度/(mPa·s) 在无屈服应力时,不大于	运动黏度(100℃)/(mm^2/s)	高温高剪切黏度(150℃,$10^6 s^{-1}$)/(mPa·s) 不小于	黏度指数 不小于	倾点/℃ 不高于
试验方法		GB/T 6538、ASTM D5293[b]	SH/T 0562	GB/T 265	SH/T 0618[c]、SH/T 0703、SH/T 0751	GB/T 1995 GB/T 2541	GB/T 3535
质量等级	黏度等级	—	—	—	—	—	—
CF、CF-4、CH-4、CI-4[a]	15W-30	7 000(−20℃)	60 000(−25℃)	9.3～<12.5	2.9	—	−25
	15W-40	7 000(−20℃)	60 000(−25℃)	12.5～<16.3	3.7	—	
	15W-50	7 000(−20℃)	60 000(−25℃)	16.3～<21.9	3.7	—	
	20W-40	9 500(−15℃)	60 000(−20℃)	12.5～<16.3	3.7	—	−20
	20W-50	9 500(−15℃)	60 000(−20℃)	16.3～<21.9	3.7	—	
	20W-60	9 500(−15℃)	60 000(−20℃)	21.9～<26.1	3.7	—	
	30	—	—	9.3～<12.5	—	75	−15
	40	—	—	12.5～<16.3	—	80	−10
	50	—	—	16.3～<21.9	—	80	−5
	60	—	—	21.9～<26.1	—	80	−5

a CI-4 所有黏度等级的高温高剪切黏度均为不小于 3.5 mPa·s,但当 SAE J300 指标高于 3.5 mPa·s 时,允许以 SAE J300 为准。

b GB/T 6538—2000 正在修订中,在新标准正式发布前 0 W 油使用 ASTM D 5293:2004 方法测定。

c 为仲裁方法。

表 2(1) 柴油机油理化性能要求(1)

项目		质量指标 CC CD	CF CF-4	CH-4		CI-4	试验方法
水分(体积分数)/%	不大于	痕迹	痕迹	痕迹		痕迹	GB/T 260
泡沫性(泡沫倾向/泡沫稳定性)/(mL/mL)							GB/T 12579[a]
24℃	不大于	25/0	20/0	10/0		10/0	
93.5℃	不大于	150/0	50/0	20/0		20/0	
后 24℃	不大于	25/0	20/0	10/0		10/0	
蒸发损失(质量分数)/%	不大于			10W-30	15W-40		
诺亚克法(250℃,1 h)或		—	—	20	18	15	SH/T 0059
气相色谱法(371℃馏出量)		—	—	17	15	—	ASTM D6417
机械杂质(质量分数)/%	不大于	0.01					GB/T 511
闪点(开口)/℃(黏度等级)	不低于	200 (0W、5W 多级油); 205 (10W 多级油); 215 (15W、20W 多级油); 220 (30); 225 (40); 230 (50); 240 (60)					GB/T 3536

a CH-4、CI-4 不允许使用步骤 A。

表 2(2) 柴油机油理化性能要求(2)

项目	质量指标 CC、CD、CF、CF-4、CH-4、CI-4	试验方法
碱值(以 KOH 计)[a]/(mg/g)	报告	SH/T 0251
硫酸盐灰分[a](质量分数)/%	报告	GB/T 2433
硫[a](质量分数)/%	报告	GB/T 387、GB/T 388、GB/T 11140、GB/T 17040 GB/T 17476、SH/T 0172、SH/T 0631、SH/T 0749
磷[a](质量分数)/%	报告	GB/T 17476、SH/T 0296、SH/T 0631、SH/T 0749
氮[a](质量分数)/%	报告	GB/T 9170、SH/T 0656、SH/T 0704

a 生产者在每批产品出厂时要向使用者或经销者报告该项目的实测值，有争议时以发动机台架试验结果为准。

表 3 柴油机油使用性能要求

品种代号	项目		质量指标	试验方法
CC	L-38 发动机试验			SH/T 0265
	轴瓦失重[a]/mg	不大于	50	
	活塞裙部漆膜评分	不小于	9.0	
	剪切安定性[b]		在本等级油黏度范围之内	SH/T 0265
	100℃运动黏度/(mm^2/s)		(适用于多级油)	GB/T 265
	高温清净性和抗磨试验(开特皮勒 1H2 法)：			GB/T 9932
	顶环槽积炭填充体积(体积分数)/%	不大于	45	
	总缺点加权评分	不大于	140	
	活塞环侧间隙损失/mm	不大于	0.013	
CD	L-38 发动机试验			SH/T 0265
	轴瓦失重[a]/mg	不大于	50	
	活塞裙部漆膜评分	不小于	9.0	
	剪切安定性[b]		在本等级油黏度范围之内	SH/T 0265
	100℃运动黏度/(mm^2/s)		(适用于多级油)	GB/T 265
	高温清净性和抗磨试验(开特皮勒 1G2 法)			GB/T 9933
	顶环槽积炭填充体积(体积分数)/%	不大于	80	
	总缺点加权评分	不大于	300	
	活塞环侧间隙损失/mm	不大于	0.013	
CF	L-38 发动机试验		一次试验　二次试验平均　三次试验平均[c]	SH/T 0265
	轴瓦失重/mg	不大于	43.7　48.1　50.0	
	剪切安定性		在本等级油黏度范围之内	SH/T 0265
	100℃运动黏度/(mm^2/s)或		(适用于多级油)	GB/T 265
	程序Ⅷ发动机试验			ASTM D6709
	轴瓦失重/mg	不大于	29.3　31.9　33.0	
	剪切安定性		在本等级油黏度范围之内	
	100℃运动黏度/(mm^2/s)		(适用于多级油)	

表 3(续)

品种代号	项目	质量指标			试验方法
CF	开特皮勒 1M-PC 试验	二次试验平均	三次试验平均	四次试验平均	ASTM D6618
	总缺点加权评分(WTD)　不大于	240	MTAC[d]	MTAC	
	顶环槽充炭率(体积分数)(TGF)/%　不大于	70[e]			
	环侧间隙损失/mm　不大于	0.013			
	活塞环粘结	无			
	活塞、环和缸套擦伤	无			
CF-4	L-38 发动机试验				SH/T 0265
	轴瓦失重/mg　不大于	50			
	剪切安定性 100℃运动黏度/(mm²/s)	在本等级油黏度范围之内 (适用于多级油)			SH/T 0265 GB/T 265
	或				
	程序Ⅷ发动机试验				ASTM D6709
	轴瓦失重/mg　不大于	33.0			
	剪切安定性 100℃运动黏度/(mm²/s)	在本等级油黏度范围之内 (适用于多级油)			
	开特皮勒 1K 试验[f]	二次试验平均	三次试验平均	四次试验平均	SH/T 0782
	缺点加权评分(WDK)　不大于	332	339	342	
	顶环槽充炭率(体积分数)(TGF)/%　不大于	24	26	27	
	顶环台重炭率(TLHC)/%　不大于	4	4	5	
	平均油耗/((g/kw)/h)(0 h～252 h)　不大于	0.5	0.5	0.5	
	最终油耗/((g/kw)/h)(228 h～252 h)　不大于	0.27	0.27	0.27	
	活塞环粘结	无	无	无	
	活塞环和缸套擦伤	无	无	无	
	MackT-6 试验				ASTM RR:D-2-1219 或 SH/T 0761
	优点评分　不小于	90			
	或				
	MackT-9 试验				
	平均顶环失重/mg　不大于	150			
	缸套磨损/mm　不大于	0.040			
	Mack T-7 试验				ASTM RR:D-2-1220
	后 50 h 运动黏度平均增长率(100℃)/〔(mm²/s)/h〕　不大于	0.040			
	或				或
	Mack T-8 试验(T-8A)				SH/T 0760
	(100～150) h 运动黏度平均增长率(100℃)/〔(mm²/s)/h〕　不大于	0.20			
	腐蚀试验				
	铜浓度增加/(mg/kg)　不大于	20			
	铅浓度增加/(mg/kg)　不大于	60			
	锡浓度增加/(mg/kg)	报告			
	铜片腐蚀/级　不大于	3			GB/T 5096

表 3(续)

品种代号	项目	质量指标			试验方法
CH-4	柴油喷嘴剪切试验	XW-30[g]		XW-40[g]	ASTM D6278
	剪切后的100℃运动黏度/(mm^2/s) 不小于	9.3		12.5	GB/T 265
	开特皮勒1K试验	一次试验	二次试验平均	三次试验平均	SH/T 0782
	缺点加权评分(WDK) 不大于	332	347	353	
	顶环槽充炭率(TGF)(体积分数)/% 不大于	24	27	29	
	顶环台重炭率(TLHC)/% 不大于	4	5	5	
	油耗/((g/kw)/h)(0 h～252 h) 不大于	0.5	0.5	0.5	
	活塞、环和缸套擦伤	无	无	无	
	开特皮勒1P试验	一次试验	二次试验平均	三次试验平均	ASTM D6681
	缺点加权评分(WDP) 不大于	350	378	390	
	顶环槽炭(TGC)缺点评分 不大于	36	39	41	
	顶环台炭(TLC)缺点评分 不大于	40	46	49	
	平均油耗/(g/h)(0 h～360 h) 不大于	12.4	12.4	12.4	
	最终油耗/(g/h)(312 h～360 h) 不大于	14.6	14.6	14.6	
	活塞、环和缸套擦伤	无	无	无	
	Mack T-9试验	一次试验	二次试验平均	三次试验平均	SH/T 0761
	修正到1.75%烟炱量的平均缸套磨损/mm 不大于	0.025 4	0.026 6	0.027 1	
	平均顶环失重/mg 不大于	120	136	144	
	用过油铅变化量/(mg/kg) 不大于	25	32	36	
	Mack T-8试验(T-8E)	一次试验	二次试验平均	三次试验平均	SH/T 0760
	4.8%烟炱量的相对黏度(RV)[h] 不大于	2.1	2.2	2.3	
	3.8%烟炱量的黏度增长/(mm^2/s) 不大于	11.5	12.5	13.0	
	滚轮随动件磨损试验(RFWT)	一次试验	二次试验平均	三次试验平均	ASTM D5966
	液压滚轮挺杆销平均磨损/mm 不大于	0.007 6	0.008 4	0.009 1	
	康明斯M11(HST)试验	一次试验	二次试验平均	三次试验平均	ASTM D6838
	修正到4.5%烟炱量的摇臂垫平均失重/mg 不大于	6.5	7.5	8.0	
	机油滤清器压差/kPa 不大于	79	93	100	
	平均发动机油泥,CRC优点评分 不小于	8.7	8.6	8.5	
	程序ⅢE发动机试验	一次试验	二次试验平均	三次试验平均	SH/T 0758
	黏度增长(40℃,64 h)/% 不大于	200	200 (MTAC)	200 (MTAC)	
	或				
	程序ⅢF发动机试验				ASTM D6984
	黏度增长(40℃,60 h)/% 不大于	295	295 (MTAC)	295 (MTAC)	
	发动机油充气试验	一次试验	二次试验平均	三次试验平均	ASTM D6894
	空气卷入(体积分数)/% 不大于	8.0	8.0 (MTAC)	8.0 (MTAC)	
	高温腐蚀试验				SH/T 0754
	试后油铜浓度增加/(mg/kg) 不大于		20		
	试后油铅浓度增加/(mg/kg) 不大于		120		
	试后油锡浓度增加/(mg/kg) 不大于		50		
	试后油铜片腐蚀/级 不大于		3		GB/T 5096

表 3(续)

品种代号	项目	质量指标			试验方法
CI-4	柴油喷嘴剪切试验	XW-30[g]		XW-40[g]	ASTM D6278
	剪切后的 100℃ 运动黏度/(mm^2/s) 不小于	9.3		12.5	GB/T 265
	开特皮勒 1K 试验	一次试验	二次试验平均	三次试验平均	SH/T 0782
	缺点加权评分(WDK) 不大于	332	347	353	
	顶环槽充炭率(体积分数)(TGF)/% 不大于	24	27	29	
	顶环台重炭率(TLHC)/% 不大于	4	5	5	
	平均油耗/((g/kw)/h)(0 h～252 h) 不大于	0.5	0.5	0.5	
	活塞、环和缸套擦伤	无	无	无	
	开特皮勒 1R 试验	一次试验	二次试验平均	三次试验平均	ASTM D6923
	缺点加权评分(WDR) 不大于	382	396	402	
	顶环槽炭(TGC)缺点评分 不大于	52	57	59	
	顶环台炭(TLC)缺点评分 不大于	31	35	36	
	最初油耗(IOC)/(g/h),(0 h～252 h)平均值 不大于	13.1	13.1	13.1	
	最终油耗/(g/h),(432 h～504 h)平均值 不大于	IOC+1.8	IOC+1.8	IOC+1.8	
	活塞、环和缸套擦伤	无	无	无	
	环粘结	无	无	无	
	Mack T-10 试验	一次试验	二次试验平均	三次试验平均	ASTM D6987
	优点评分 不小于	1 000	1 000	1 000	
	Mack T-8 试验(T-8E)	一次试验	二次试验平均	三次试验平均	SH/T 0760
	4.8%烟炱量的相对黏度(RV)[h] 不大于	1.8	1.9	2.0	
	滚轮随动件磨损试验(RFWT)	一次试验	二次试验平均	三次试验平均	ASTM D5966
	液压滚轮挺杆销平均磨损/mm 不大于	0.007 6	0.008 4	0.009 1	
	康明斯 M11(EGR)试验	一次试验	二次试验平均	三次试验平均	ASTM D6975
	气门搭桥平均失重/mg 不大于	20.0	21.8	22.6	
	顶环平均失重/mg 不大于	175	186	191	
	机油滤清器压差(250 h)/kPa 不大于	275	320	341	
	平均发动机油泥,CRC 优点评分 不小于	7.8	7.6	7.5	
	程序ⅢF 发动机试验	一次试验	二次试验平均	三次试验平均	ASTM D6984
	黏度增长(40℃,80 h)/% 不大于	275	275 (MTAC)	275 (MTAC)	
	发动机油充气试验	一次试验	二次试验平均	三次试验平均	ASTM D6894
	空气卷入(体积分数)/% 不大于	8.0	8.0 (MTAC)	8.0 (MTAC)	
	高温腐蚀试验		0W、5W、10W、15W		SH/T 0754
	试后油铜浓度增加/(mg/kg) 不大于		20		
	试后油铅浓度增加/(mg/kg) 不大于		120		
	试后油锡浓度增加/(mg/kg) 不大于		50		
	试后油铜片腐蚀/级 不大于		3		GB/T 5096

表 3(续)

品种代号	项　　目	质　量　指　标	试验方法
CI-4	低温泵送黏度 (Mack T-10 或 Mack T-10A 试验,75 h 后试验油,－20℃)/(mPa·s)　不大于	0W、5W、10W、15W 25 000	SH/T 0562
	如检测到屈服应力 低温泵送黏度/(mPa·s)　不大于 屈服应力/Pa　不大于	 25 000 35(不含 35)	ASTM D6896
	橡胶相容性		ASTM D11.15
	体积变化/%		
	丁腈橡胶	+5/−3	
	硅橡胶	+TMC 1006[i]/−3	
	聚丙烯酸脂	+5/−3	
	氟橡胶	+5/−2	
	硬度限值		
	丁腈橡胶	+7/−5	
	硅橡胶	+5/−TMC 1006	
	聚丙烯酸脂	+8/−5	
	氟橡胶	+7/−5	
	拉伸强度/%		
	丁腈橡胶	+10/−TMC 1006	
	硅橡胶	+10/−45	
	聚丙烯酸脂	+18/−15	
	氟橡胶	+10/−TMC 1006	
	延伸率/%		
	丁腈橡胶	+10/−TMC 1006	
	硅橡胶	+20/−30	
	聚丙烯酸脂	+10/−35	
	氟橡胶	+10/−TMC 1006	

注 1:对于一个确定的柴油机油配方,不可随意更换基础油,也不可随意进行黏度等级的延伸。在基础油必须变更时,应按照 API 1509 附录 E“轿车发动机油和柴油机油 API 基础油互换准则”进行相关的试验并保留试验结果备查;在进行黏度等级延伸时,应按照 API1509 附录 F“SAE 黏度等级发动机试验的 API 导则”进行相关的试验并保留试验结果备查。

注 2:发动机台架试验的相关说明参见 ASTM D4485“C 发动机油类别”中的脚注。

a　亦可用 SH/T 0264 方法评定,指标为轴瓦失重不大于 25 mg。

b　按 SH/T 0265 方法运转 10 h 后取样,采用 GB/T 265 方法测定 100℃运动黏度。在用 SH/T 0264 评定轴瓦腐蚀时,剪切安定性用 SH/T 0505 和 GB/T 265 方法测定,指标不变。如有争议时,以 SH/T 0265 和 GB/T 265方法为准。

c　如进行 3 次试验,允许有 1 次试验结果偏离。确定试验结果是否偏离的依据是 ASTM E178。

d　MTAC 为“多次试验通过准则”的英文缩写。

e　如进行 3 次或 3 次以上试验,一次完整的试验结果可以被舍弃。

f　由于缺乏关键性试验部件,康明斯 NTC 400 不能再作为一个标定试验,在这一等级上需要使用一个两次的 1K 试验和模拟腐蚀试验取代康明斯 NTC 400。按照 ASTM D4485:1994 的规定,在过去标定的试验台架上运行康明斯 NTC 400 试验所获得的数据也可用以支持这一等级。
原始的康明斯 NTC 400 的限值为:
凸轮轴滚轮随动件销磨损:不大于 0.051 mm;
顶环台(台)沉积物,重碳覆盖率,平均值(%):不大于 15;
油耗(g/s):试验油耗第二回归曲线应完全落在公布的平均值加上参考油标准偏差之内。

g　XW 代表表 1 中规定的低温黏度等级。

h　相对黏度(*RV*)为达到 4.8%烟炱量的黏度与新油采用 ASTM D6278 剪切后的黏度之比。

i　TMC 1006 为一种标准油的代号。

5 检验规则

5.1 检验分类与检验项目

本产品检验分为出厂检验和型式检验。

5.1.1 出厂检验

出厂批次检验项目包括:运动黏度、黏度指数、低温动力黏度、倾点、机械杂质、水分、闪点、泡沫性、硫酸盐灰分、碱值、氮含量和磷含量。

基础油和添加剂无变化时,出厂周期检验项目包括:蒸发损失、边界泵送温度、低温泵送黏度、高温高剪切黏度和硫含量每半年检测一次;腐蚀试验、高温腐蚀试验、柴油喷嘴剪切试验、L-38发动机试验或程序Ⅷ发动机试验每年检测一次。

5.1.2 型式检验

型式检验项目为第4章技术要求规定的所有检验项目。

在下列情况下进行型式检验:

a) 新产品投产或产品定型鉴定时;

b) 原材料、工艺等发生较大变化,可能影响产品质量时;

c) 出厂检验或周期检验结果与上次型式检验结果有较大差异时。

5.2 组批

在原材料、工艺不变的条件下,产品每生产一罐或釜为一批。

5.3 取样

取样按GB/T 4756进行,每批产品取样3 L(如包括发动机台架试验酌情增加取样量)作为检验和留样用。

5.4 判定规则

出厂检验和型式检验结果符合第4章的技术要求,则判定该产品合格。

5.5 复验规则

如出厂批次检验和出厂周期检验结果中有不符合第4章技术要求的规定时,按GB/T 4756的规定重新抽取双倍样品进行复检,复检结果如仍有一项不符合第4章技术要求的规定时,则判定该批产品为不合格。

6 标志、包装、运输和贮存

标志、包装、运输和贮存及交货验收按SH 0164进行。

7 有关说明事项

需方如有要求,可与供方协商在购货合同中增加控制指标、对报告项目确定具体指标或增加产品检验频次。

附 录 A
（资料性附录）
本标准各品种质量指标与采用的国外标准的差异

A.1 本标准各品种质量指标与采用的国外标准的差异见表 A.1。

表 A.1 本标准各品种质量指标与采用的国外标准的差异

<table>
<tr><th rowspan="2">本标准中的品种</th><th colspan="3">国外标准中的品种及指标</th></tr>
<tr><th>粘温性能指标
（4.1 表 1）</th><th>理化性能指标
（4.2 表 2）</th><th>使用性能指标
（4.3 表 3）</th></tr>
<tr><td>CC、CD</td><td>倾点：10W、15W-XX 同 MIL-PRF-2104G，其他黏度等级自定
高温高剪切黏度：CD 增加此项目
其他指标：同 SAE J300:1987</td><td rowspan="2">泡沫性：同 SAE J183
闪点：10W、15W、30、40 同 MIL-PRF-2104G，其它黏度等级自定
碱值、灰分和元素：在 MIL-PRF-2104G“报告”基础上，执行表 2(2)的脚注[a]。</td><td>同 SAE J183</td></tr>
<tr><td>CF、CF-4、CH-4、CI-4</td><td>倾点：10W 同 MIL-PRF-2104G，其他黏度等级自定
其它指标：同 SAE J300:1999</td><td>同 SAE J183、ASTM D4485</td></tr>
</table>

ICS 77.140.60
H 49

中华人民共和国国家标准

GB/T 11182—2006
代替 GB/T 11182—1989

橡胶软管增强用钢丝

Steel wire for rubber hose reinforcement

2006-02-05 发布　　2006-08-01 实施

中华人民共和国国家质量监督检验检疫总局
中国国家标准化管理委员会　发布

前 言

本标准代替 GB/T 11182—1989《橡胶软管增强用钢丝》。

本标准与 GB/T 11182—1989 相比主要变化如下：

——适用范围扩大，钢丝直径扩大至 2.40 mm（见第 1 章）。

——增加订货内容（见第 3 章）。

——钢丝直径规格增加了一些常用产品（1989 年版 3.2.1；本版的 4.2.2）。

——钢丝抗拉强度范围指标提高，且抗拉强度单位由 N/mm^2 改为 MPa（1989 年版 3.2.1；本版的 4.2.2）。

——对 0.20 mm～0.80 mm 直径的某些相同规格钢丝扭转试验最小值有较大提高，分别提高了 20 次～27 次（1989 年版的 3.2.1；本版的 4.2.2）。

——对 0.20 mm 至 0.50 mm 直径钢丝规定了反复弯曲次数最小值，同时也给出了打结强度率（1989 年版的 3.2.1；本版的 4.2.2）。

——对钢丝给出的强度级别进行了归类，以便于供需双方标记方便（见本版 4.2.6）。

——对新增规格钢丝规定了上黄铜镀层质量最小值（见本版 4.2.7）。

——对不同直径钢丝测量规定使用不同分度值的千分尺（见本版 5.1）。

——规定抗拉强度按钢丝实际直径计算（1989 版 4.2.1；本版的 5.2.1）。

本标准的附录 A、附录 B 为规范性附录。

本标准由中国钢铁工业协会、中国石油和化学工业协会共同提出。

本标准由全国钢标准化技术委员会归口。

本标准负责起草单位：河北金宝集团、中橡集团沈阳橡胶研究设计院、南通贝斯特钢丝有限公司、江阴华胜特钢制品厂、巩义市恒星金属制品厂、江阴鑫鑫钢丝制品厂。

本标准主要起草人：赵志新、刘宝华、吕士清、陶荣、王首领、吴镇国、杨银新、胡强、胡美艳。

本标准 1989 年 3 月首次发布。

橡胶软管增强用钢丝

1 范围

本标准规定了橡胶软管增强用钢丝的技术要求、试验方法、检验规则和包装、标志、运输、贮存及质量证明书等要求。

本标准适用于橡胶软管增强用镀黄铜钢丝，钢丝直径范围为0.20 mm～2.40 mm。

2 规范性引用文件

下列文件中的条款通过本标准的引用而成为本标准的条款。凡是注日期的引用文件，其随后所有的修改单(不包括勘误的内容)或修订版均不适用于本标准，然而，鼓励根据本标准达成协议的各方研究是否可使用这些文件的最新版本。凡是不注日期的引用文件，其最新版本适用于本标准。

GB/T 228　金属拉伸试验方法(GB/T 228—2002,EQV ISO 6892:1998)

GB/T 238　金属材料 线材 反复弯曲试验方法(GB/T 238—2002,IDT ISO 7801:1984)

GB/T 239　金属线材扭转试验方法(GB/T 239—1999,EQV ISO 7800:1984 ISO 9649:1990)

GB/T 601　化学试剂 标准滴定溶液的制备

GB/T 4354　优质碳素钢热轧盘条(GB/T 4354—1994,NEQ ISO 8457-2:1989)

3 订货内容

按本标准订货的合同可包括以下内容：

a) 标准号及年代号；

b) 产品规格、数量；

c) 强度级；

d) 需方提出的其他特殊要求。

4 技术要求

4.1 原料

生产钢丝用盘条，其技术要求应符合GB/T 4354标准的规定，钢的化学成分(熔炼分析)应符合表1的规定。

表1

元素	最小值(质量分数)/%	最大值(质量分数)/%
C	0.57	0.90
Si	0.17	0.30
Mn	0.40	0.80
P	—	0.030
S	—	0.030

4.2 钢丝性能要求

4.2.1 钢丝经最终淬火热处理后应镀黄铜，然后将镀层钢丝拉至规定尺寸。

4.2.2 钢丝直径和性能要求应符合表2规定。

4.2.3 供需双方协商也可供应其他所需规格，其各项性能指标应按照相邻较大规格钢丝的性能指标执行。

4.2.4 钢丝的不圆度应不超过直径公差之半。

4.2.5 钢丝断裂总伸长率应不小于2.0%，亦可由供需双方协商确定。

4.2.6 在表2中直径0.20 mm～0.80 mm部分钢丝给出了四个强度级，其应按下列方法归类：

a) 低强度 LT：2 150 MPa～2 450 MPa；

b) 标准强度 ST：2 450 MPa～2 750 MPa；

c) 高强度 HT：2 750 MPa～3 050 MPa；

d) 超高强度 SHT：3 050 MPa～3 350 MPa。

表 2

公称直径/mm	允许偏差/mm	抗拉强度/MPa	扭转（最小值）/次	反复弯曲（最小值）/次	打结强度率（最小值）/%
0.20	±0.010	2 150～2 450	70	125	58
		2 450～2 750	70		
		2 750～3 050	65		
		3 050～3 350	60		
0.25		2 150～2 450	70	125	
		2 450～2 750	70	125	
		2 750～3 050	65	105	
		3 050～3 350	60	75	
0.30		2 150～2 450	65	105	
		2 450～2 750	60	95	
		2 750～3 050	60	85	
		3 050～3 350	50	60	
0.35	±0.015	2 150～2 450	65	60	
		2 450～2 750	60	60	
		2 750～3 050	60	55	
		3 050～3 350	50	50	
0.40		2 150～2 450	65	55	
		2 450～2 750	60	55	
		2 750～3 050	60	50	
		3 050～3 350	50	45	
0.42		2 150～2 450	60	50	
		2 450～2 750	60	50	
		2 750～3 050	50	45	
0.46		2 150～2 450	60	45	50
		2 450～2 750	60	45	
		2 750～3 050	50	40	
0.50		2 150～2 450	60	40	
		2 450～2 750	60	35	
		2 750～3 050	50	30	

表 2(续)

公称直径/mm	允许偏差/mm	抗拉强度/MPa	扭转(最小值)/次	反复弯曲(最小值)/次	打结强度率(最小值)/%
0.56	±0.015	2 150～2 450	60	35	50
		2 450～2 750	60	30	
		2 750～3 050	50	25	
0.60		2 150～2 450	60	30	
		2 450～2 750	50	25	
0.65		2 150～2 450	55	25	
		2 450～2 750	50	20	
0.70		2 150～2 450	50	20	
		2 450～2 750	50	20	
0.75	±0.020	2 150～2 450	50	20	
		2 450～2 750	50	20	
0.78		2 150～2 450	40	15	
0.80		2 150～2 450	40	15	
1.00	±0.02	1 770～1 860	28	14	—
		1 860～1 950	25		
		1 950～2 150	23		
1.20		1 770～1 860	25	14	
		1 860～1 950	24		
		1 950～2 150	23		
1.40		1 770～1 860	24	14	
		1 860～1 950	23		
		1 950～2 150	22		
1.60		1 770～1 860	23	13	
		1 860～1 950	20		
		1 950～2 150	19		
1.80		1 770～1 860	22	12	
		1 860～1 950	20		
		1 950～2 150	19		
2.00		1 770～1 860	20	10	
		1 860～1 950	20		
		1 950～2 150	19		
2.20		1 770～1 860	18	10	
		1 860～1 950	18		
		1 950～2 150	17		
2.40		1 770～1 860	18	10	
		1 860～1 950	18		
		1 950～2 150	17		

在表2中直径1.00 mm～2.40 mm部分钢丝给出了三个强度级，其应按下列方法归类：

a) 低强度 LT：1 770 MPa～1 860 MPa

b) 标准强度 ST：1 860 MPa～1 950 MPa

c) 高强度 HT：1 950 MPa～2 150 MPa

4.2.7 钢丝表面所镀黄铜层成分应由铜和锌元素组成，其中铜的质量分数为(68±4)%，黄铜层量应符合表3规定。以每千克无镀层钢丝上所镀黄铜量(g)表示。

表3

公称直径 d/ mm	千克钢丝上黄铜镀层量 (最小值)/(g/kg)
<0.35	3.0
≥0.35～0.80	2.0
>0.80～1.40	1.85
>1.40～2.40	1.50

4.3 成品钢丝外观质量

4.3.1 钢丝表面应清洁无油污、无锈斑以及无目视所能见到的镀层脱落。

4.3.2 钢丝不应出现波浪形、扭曲或打折、人工打结、断点等现象。

4.3.3 直径0.20 mm～0.80 mm钢丝必须整齐地缠绕在B60线轴上并成圈形。从线轴上取1 m长的钢丝放在无约束力的光滑平面上，自然成圈，其圈径应不小于120 mm。从切口端到平面的垂直高度不大于50 mm。

直径大于0.80 mm的钢丝应整齐地缠绕在线轴上或成圈形钢丝盘。从线轴(盘)(钢丝盘，下同)上取1圈钢丝放在无约束力的光滑平面上，自然成圈，其圈径应不小于450 mm。从切口端到平面的垂直高度不大于90 mm。

4.4 成品钢丝焊接

4.4.1 允许对成品钢丝进行焊接，但应满足4.4.2～4.4.4的规定。

4.4.2 在任何一批产品中，含有焊接点的钢丝线轴(盘)数不得超过该批产品的总钢丝线轴(盘)数的10%。每线轴(盘)钢丝的焊接点不应超过二个，并应注明焊接点数。

4.4.3 在相同条件下测定，直径不小于0.30 mm的钢丝，焊接处的抗拉强度应不小于原抗拉强度的40%；直径小于0.30 mm的钢丝，其焊接处的抗拉强度不小于原抗拉强度的35%。

4.4.4 焊接点的直径按4.1测量，其值不应超过公称直径的20%。

5 试验方法

5.1 钢丝直径和不圆度

从线轴(盘)上取长度不小于250 mm钢丝，用下面a、b规定的千分尺，在钢丝长度方向上间隔测量三点，每点必须互相垂直测量二次，用六次测量的平均值作为该钢丝的直径；同一截面测量的最大与最小值之差为不圆度。

a) 直径小于等于0.80 mm钢丝用分度值为0.002 mm的千分尺测量。

b) 直径大于0.80 mm钢丝用分度值为0.01 mm的千分尺测量。

5.2 力学和工艺性能试验

5.2.1 抗拉强度和断裂总伸长率按GB/T 228规定进行。断裂总伸长率的预张力应小于10%破断力。试样原始标距为250 mm。

抗拉强度按钢丝实际直径计算。

打结强度按GB/T 228规定进行，试样应取于做抗拉强度试样的邻近部位。

5.2.2 反复弯曲试验按 GB/T 238，直径 0.20 mm～1.00 mm 钢丝，试验时弯曲圆弧半径为 2.5 mm；直径 1.20 mm～2.40 mm 钢丝，试验时弯曲圆弧半径按 GB/T 238 中规定执行。

5.2.3 扭转试验按 GB/T 239，直径 0.20 mm～1.00 mm 钢丝试验时两夹头间标距长度为 200*d*。直径 1.20 mm～2.40 mm 钢丝，试验时两夹头间标距长度按 GB/T 239 中规定执行。

5.3 镀层试验

黄铜层成分和镀铜量试验遵照附录 A 的规定，同时可遵照附录 B 的规定，仲裁试验时，按附录 A。

6 检验规则

6.1 取样要求

6.1.1 应抽取包装完整、包装箱(桶)无破损、没有受潮的钢丝线轴(盘)。

6.1.2 从线轴(盘)的外侧端头处抽取不少于 10m 长的钢丝，然后截取足够长的钢丝做各项性能试验。

6.2 取样数量

6.2.1 每批交货的包装箱(桶)少于或等于 5 个时，应对全部包装箱(桶)进行抽样；多于 5 个时，应在其中任选至少 5 个包装箱(桶)进行抽样。

6.2.2 从每个包装箱中抽取样品数应符合表 4 规定，镀层试验取样数量为每批 2 个。

表 4

试验项目	直径及不圆度	圈径	抗拉强度	断裂总伸长率
抽取样品数/盘	10	10	4	4
取试样次数/(次/盘)	1	1	2	2
试验项目	打结强度	扭转	反复弯曲	镀层试验
抽取样品数/盘	4	4	4	2
取试样次数/(次/盘)	2	2	2	1

6.3 复验

6.3.1 在试验中，任何一根钢丝有一项或更多项试验结果不合格，应从原线轴(盘)上截取双倍试样进行不合格项目的重复试验，这二根试样中仍有一根钢丝一项或更多项试验不合格，则认为该线轴(盘)钢丝为不合格品。

6.3.2 如在整批钢丝中，有 10%或更多的钢丝不符合标准要求，则认为该批钢丝为不合格品。

7 包装、标志、运输、贮存及质量证明书

7.1 包装

成品钢丝的包装形式分线轴包装和钢丝盘包装两种，外侧钢丝应固定且容易认定。钢丝盘应用软钢丝捆扎不少于三处，并均匀地分布在线盘的圆圈上。钢丝圈外表应采用防潮纸和塑料薄膜包装。线轴包装钢丝，防潮纸和塑料膜的宽度要和线轴的二法兰盘之间距离相当。包装好的钢丝线轴(盘)应合理地存放在内有塑料袋的包装箱(桶)里。塑料袋中应放有防潮剂，防潮剂不能直接与钢丝接触并将塑料袋封口。

7.2 标志

在每个线轴(盘)上应标明制造厂名、生产日期(年、月、日)、公称直径、强度等级、实测直径、实测抗拉强度、焊接点数、净重。包装箱(桶)上要标明制造厂名、接受单位、出厂日期(年、月、日)、公称直径、强度等级，并有明显的防潮标志。

7.3 运输

凡待运的钢丝线轴(盘)不得露天堆放。在运输过程中要有防雨、防潮措施。

7.4 贮存

从出厂日算起，在没有打开包装箱(桶)条件下，钢丝质量保证期为半年。

7.5 质量证明书

软管增强用钢丝应由制造厂质量检验部门进行检查并随货附有质量证明书，内容包括：制造厂名、合同编号、生产日期、公称直径、镀层质量、各项技术参数、抽检数量、各项检测数据、该批货的线轴(盘)数量以及该批货的净重。

附 录 A
(规范性附录)
单位钢丝上黄铜镀层质量及成分测定 原子吸收分光光度法

A.1 原理

借助于黄铜层溶解于氨和过氧化氢中而将其自钢丝上剥离下来。这里铜和锌被氧化成二价,而铁则不受影响,将溶液煮沸除去过氧化氢之后,使用原子吸收分光光度法测定铜和锌。

A.2 仪器

原子吸收分光光度计应满足下列要求:

a) 仪器所显示精度为1%;

b) 所选用的铜波长为32.475 mm,锌波长为21.386 mm;

c) 所使用的混合气体为空气-乙炔。

A.3 试剂和溶液

A.3.1 氨溶液:将一份体积的 $c(NH_3)=13$ mol/L 的氨气与二份体积的蒸馏水混合;

A.3.2 过氧化氢的质量分数:30%;

A.3.3 盐酸;

A.3.4 标准铜溶液:1 000 μg/mL,把 500 mg 电解铜溶解在 10 mL 的 $c(HNO_3)=7$ mol/L 硝酸中,用蒸馏水稀释、煮沸,以驱尽氮氧化合物烟雾,放至室温,移入 500 mg 容量中,用蒸馏水稀释至刻度。

A.3.5 标准锌溶液:1 000 μg/mL,通过加热将 500 mg 锌粒(基准试剂,质量分数为 99.98%或更高)溶液在 10 mL 盐酸的 $c(HCl)=6$ mol/L 中,冷却后在容量瓶中用蒸馏水稀释到 500 mL。

注 1:标准金属溶液应储存在聚乙烯瓶中,可以保存几个月。

注 2:标准金属溶液,尽管供应渠道不一,但都是通用的。

A.4 测定步骤

A.4.1 试样的准备

取约 2 g 左右试样,然后切成约 30 mm 长的小段,将切下来的小段收集于 150 mL 的烧杯内,用汽油漂洗掉表面的油腻物,在 105℃的恒温箱中干燥 10 min,取出后置于一干燥器中冷却至室温。

A.4.2 操作条件

对仪器说明书中所介绍的每一条操作条件都应当遵守。

A.4.3 待测试样溶液的制备

取约 1 g 重的试样,准确称量为 mg(精确到 0.1 mg),放入 150 mL 烧杯中。加入 15 mL 氨溶液(见 A3.1),然后逐滴加入 1 mL 的质量分数为 30%过氧化氢,分四次加入。将溶液定量地倒入第二只 150 mL烧杯。煮沸该溶液,直至出现混浊为止。冷至室温再加入 1 mL 盐酸溶液见(A3.3),将溶液移入 100 mL 的容量瓶中,用蒸馏水稀释至刻度并摇匀。再用移液管取 5 mL 该溶液转移到另一只 100 mL的容量瓶,用蒸馏水稀释至刻度并摇匀。

空白试剂的制备也应严格地按同样方法进行,但不加试样。这样制备的溶液只能使用一天。

A.4.4 标准溶液的制备

将 10 mL 标准铜溶液(A3.4)和 5 mL 标准锌溶液(A3.5)移入一只 150 mL 的烧杯中,加入 15 mL 的氨溶液(见 A3.1),然后逐滴加入 2 mL 的质量分数为 30%过氧化氢,分四次加入。煮沸该溶液,直至出现混浊为止。冷至室温再加入 1 mL 盐酸溶液(A3.3),将溶液移入 100 mL 的容量瓶,加蒸馏水稀释至刻度并摇匀。这样制备的溶液只能使用一天。

A.4.5 铜和锌的测定

A.4.5.1 标准曲线的绘制

按浓度递增的顺序将标准溶液和空白试剂放入仪器中,并记录铜吸收率读数,再重复测定一次,计算出每个值的平均值,然后绘出用空白吸收率校准过的平均吸收率与铜浓度关系的标准曲线。用同样方法绘制出锌浓度的标准曲线。

A.4.5.2 待测试样的测定

按 A4.5.1 同样测定的待测试样(按 A4.3 制备试液)的铜、锌吸收率。经空白吸收率校准过的平均吸收率,分别从标准曲线中读出待测试样的铜、锌浓度。

注:仪器在吸入标准溶液和待测试样溶液之后,还必须吸入几毫升蒸馏水。

A.5 结果计算

A.5.1 黄铜层单位质量计算

A.5.1.1 黄铜层单位质量按下式计算:

$$m=\frac{2(x+y)}{p-2(x+y)} \qquad \cdots\cdots(A.1)$$

式中:

m——每千克钢丝上黄铜镀层质量,用黄铜镀层质量/钢丝质量(g/kg)表示;

p——所取试样质量见(A.4.3),单位为克(g);

x——每毫升试样溶液中所含铜,单位为毫克(mg);

y——每毫升试样溶液中所含锌,单位为毫克(mg);

2——常数。

A.5.1.2 在试验报告中黄铜层单位质量应精确到 0.1 g/kg。

A.5.2 黄铜成分的计算

A.5.2.1 铜的质量分数按下式计算:

$$w_{Cu}=\frac{x}{x+y}\times 100\% \qquad \cdots\cdots(A.2)$$

式中:

w_{Cu}——被测试样中铜的质量分数。

A.5.2.2 锌的质量分数按下式计算:

$$w_{Zn}=\frac{y}{x+y}\times 100\% \qquad \cdots\cdots(A.3)$$

式中:

w_{Zn}——被测试样中锌的质量分数,%。

A.5.2.3 在试验报告中铜、锌的质量分数应精确到 0.1%。

附 录 B
(规范性附录)
单位钢丝上黄铜镀层质量及成分的测定 化学容量法

B.1 方法原理

本法借助于黄铜溶解于氨和过硫酸铵中而自钢丝上剥离下来，而二价铁则不受影响，然后用乙二胺四乙酸二钠络合滴定法测定黄铜层的质量和成分。

B.2 试剂和溶液

B.2.1 一般要求:所使用的试剂均应为分析纯。

B.2.2 氨-过硫酸铵溶液:80 g 过硫酸铵加 150 mL 的氨加蒸馏水配制成 1L;

B.2.3 硫酸:质量分数为 98%硫酸。

B.2.4 抗坏血酸;

B.2.5 氰化钠溶液:质量分数为 10%氰化钠溶液;

B.2.6 甲醛溶液:1∶4 甲醛溶液;

B.2.7 pH6 缓冲溶液:240 g 乙酸铵加 10 mL 乙酸加蒸馏水配制成 1 L;

B.2.8 pH10 缓冲溶液:54 g 氯化铵加 200 mL 蒸馏水溶解加 350 mL 氨水,用蒸馏水配制成 1 L;

B.2.9 乙醇:体积分数为 95%乙醇;

B.2.10 EDTA 标准溶液:c(EDTA)=0.01 mol/L,按 GB/T 601 配制及标定;

B.2.11 PAN 指示剂:0.2 g PAN 指示剂溶解于 100 mL 乙醇中;

B.2.12 铬黑 T 指示剂:0.5 g 铬黑 T 指示剂溶解于 50 mL 乙醇中加 50 mL 三乙醇胺。

B.3 测定步骤

B.3.1 取约 6 m 长的钢丝,绕成圈形或切成约 30 mm 长的小段置于汽油中漂洗烘干,然后把钢丝放于 250 mL 的高型烧杯中,加入约 10 mL 氨-过硫酸铵溶液(B2.2),至黄铜溶解后,取出钢丝,用蒸馏水冲洗后收集于烧杯中,然后置于烘箱中烘干并于干燥器中放冷,准确称量为 p(精确到 0.1 mg)。

B.3.2 在上述被溶解的黄铜溶液中加入约 2 mL 硫酸(B2.3)至铜铵络离子特有蓝色褪去,于通风橱内灼干,驱尽白烟,冷却,加少量蒸馏水溶解,然后加抗坏血酸(B2.4)约 0.2 g,放至室温。

B.3.3 把该溶液与经三次冲洗液一并移入 50 mL 容量瓶中,加蒸馏水至刻度并摇匀,然后用 10 mL 移液管移取 10 mL 该溶液于锥形瓶中,加 pH 为 6 缓冲溶液 10 mL 及 5 mL 乙醇,加热至 60℃左右,滴加 PAN 指示剂(B2.11)3～5 滴,用 EDTA 标准滴定溶液(B2.10)滴至红色转变为黄色,记下耗用数 V_1。

B.3.4 用同样方法再从 50 mL 容量瓶中移取 10 mL 试液于另一只锥形瓶中,然后加 pH 为 10 缓冲溶液(B2.8)10 mL,加 2 mL 氰化钠溶液(B2.5),滴铬黑 T 指示剂(B2.12)2～3 滴,加 2 mL 的甲醛溶液(B2.6),用 EDTA 标准滴定溶液滴至红色转变到蓝色,记下耗用数 V_2。

B.4 结果计算

B.4.1 黄铜层单位质量计算

B.4.1.1 滴定铜耗用 EDTA 标准溶液体积按下式计算:

$$V = V_1 - V_2 \qquad \cdots\cdots\cdots\cdots (B.1)$$

式中:

V——EDTA 标准滴定溶液滴定铜耗用量，单位为毫升(mL);

V_1——EDTA 标准滴定溶液滴定铜锌耗用量，单位为毫升(mL)；

V_2——EDTA 标准滴定溶液滴定锌耗用量，单位为毫升(mL)。

B.4.1.2 黄铜层单位质量用下式计算：

$$w = \frac{5(0.0654c \cdot V_2 + 0.0635c \cdot V}{p} \quad \cdots\cdots(B.2)$$

式中：

w——每千克钢丝上镀层质量，用黄铜镀层质量/钢丝质量(g/kg)表示；

p——试样褪掉黄铜层后称重(见 B.3)，g；

0.065 4——与 1.00 mL EDTA 标准滴定溶液[c(EDTA)＝1.000 mol/L]相当的、以克表示的锌的质量；

0.063 5——与 1.00 mL EDTA 标准滴定溶液[c(EDTA)＝1.000 mol/L]相当的、以克表示的锌的质量；

c——EDTA 标准滴定溶液浓度，mol/L。

B.4.2 黄铜成分计算

B.4.2.1 铜的质量分数按下式计算：

$$w_{Cu} = \frac{63.5c \cdot V}{65.4c \cdot V_2 + 63.5c \cdot V} \times 100\% \quad \cdots\cdots(B.3)$$

式中：

w_{Cu}——被测试样中铜的质量分数，%；

c、V、V_2——同式 B.1、式 B.2。

B.4.2.2 锌的质量分数按下式计算：

$$w_{Zn} = \frac{65.4c \cdot V_2}{65.4c \cdot V_2 + 63.5c \cdot V} \times 100\% \quad \cdots\cdots(B.4)$$

式中：

w_{Zn}——被测试样中锌的质量分数，%；

c、V、V_2——同式(B.1)、式(B.2)。

B.4.2.3 在试验报告中铜、锌的质量分数应精确到 0.1%。

ICS 71.060.40
G 11

GB

中华人民共和国国家标准

GB/T 11199—2006
代替 GB/T 11199—1989

STANDARDS PRESS OF CHINA

高纯氢氧化钠

High-purity sodium hydroxide

2006-09-14 发布　　　　2007-02-01 实施

中华人民共和国国家质量监督检验检疫总局
中国国家标准化管理委员会　发布

前　言

本标准对应于英国 BS 4130:1984(1993)《工业级氢氧化钠》(英文版),与 BS 4130-84(93)的一致性程度为非等效。

本标准代替 GB/T 11199—1989《离子交换膜法氢氧化钠》。

本标准与 GB/T 11199—1989 相比主要变化如下:

——标准名称修改为“高纯氢氧化钠”;

——调整了范围(1989 年版的第 1 章;本版的第 1 章);

——增加了“符号”(见第 3 章);

——调整和增加了液体氢氧化钠型号规格和技术指标(1989 年版的 3.2;本版的 4.2);

——不规定样品保留期(1989 年版的 4.4);

——增加了固体氢氧化钠要求、采样、标志、包装、运输、贮存、安全(见第 4 章、5.1、5.2、5.3、8.1、8.2.1、8.2.2、8.3、8.4 和第 9 章);

——增加了型式检验周期规定(见 7.3)。

请注意本标准的某些内容有可能涉及专利。本标准的发布机构不应承担识别这些专利的责任。

本标准由中国石油和化学工业协会提出。

本标准由全国化学标准化技术委员会氯碱分会(SAC/TC 63/SC 6)归口。

本标准起草单位:锦西化工研究院、浙江善高化学有限公司。

本标准主要起草人:陈沛云、胡立明、余金炎、李富荣、田友利。

本标准 1989 年首次发布。

高纯氢氧化钠

1 范围

本标准规定了高纯氢氧化钠的要求、采样、试验方法、检验规则及标志、包装、运输和贮存、安全。

本标准适用于氯化钠水溶液电解生产的氢氧化钠产品。

2 规范性引用文件

下列文件中的条款通过本标准的引用而成为本标准的条款。凡是注日期的引用文件，其随后所有的修改单（不包括勘误的内容）或修订版均不适用于本标准，然而，鼓励根据本标准达成协议的各方研究是否可使用这些文件的最新版本。凡是不注日期的引用文件，其最新版本适用于本标准。

GB 190 危险货物包装标志

GB/T 191 包装储运图示标志(GB/T 191—2000,eqv ISO 780:1997)

GB/T 1250 极限数值的表示方法和判定方法

GB/T 4348.1 工业用氢氧化钠中氢氧化钠和碳酸钠含量的测定

GB/T 4348.3 工业用氢氧化钠 铁含量的测定 1,10-菲啰啉分光光度法(GB/T 4348.3—2002,eqv ISO 983:1974)

GB/T 6678 化工产品采样总则

GB/T 6679 固体化工产品采样通则

GB/T 6680 液体化工产品采样通则

GB/T 7698 工业用氢氧化钠 碳酸盐含量的测定 滴定法[GB/T 7698—2003,MOD ISO 3196:1975(2002)]

GB/T 11200.1 离子交换膜法氢氧化钠中氯酸钠含量的测定 邻-联甲苯胺分光光度法

GB/T 11200.2 离子交换膜法氢氧化钠中三氧化二铝含量的测定 分光光度法(GB/T 11200.2—1989,neq ISO 6353-1:1982)

GB/T 11200.3 离子交换膜法氢氧化钠中钙含量的测定 火焰原子吸收法(GB/T 11200.3—1989,neq ISO 3697:1976)

GB/T 11213.1 化纤用氢氧化钠含量的测定方法(甲法)(GB/T 11213.1—1989,idt ISO 979:1974)

GB/T 11213.2 化纤用氢氧化钠中氯化钠含量的测定 分光光度法(GB/T 11213.2—1989,idt ISO 3197:1975)

GB/T 11213.4 化纤用氢氧化钠中硅含量的测定 还原硅钼酸盐分光光度法(GB/T 11213.4—1989,neq ISO 984:1985)

GB/T 11213.5 化纤用氢氧化钠中硫酸盐含量的测定 硫酸钡重量法(甲法)(GB/T 11213.5—1989,eqv ISO 982:1976)

GB/T 11213.6 化纤用氢氧化钠中硫酸盐含量的测定 比浊法(乙法)(GB/T 11213.6—1989,eqv ISO 6353-1:1982)

GB/T 15915 包装容器 固碱钢桶

3 符号

下列符号适用于本标准。

HS——高纯固体氢氧化钠。

HL——高纯液体氢氧化钠。

4 要求

4.1 外观:固体(包括片状、粒状、块状等)氢氧化钠主体为白色,有光泽。液体氢氧化钠为无色透明、稠状液体。

4.2 高纯氢氧化钠应符合表1给出的指标要求。

表 1 质量分数(%)

项目	型号规格							
	HS		HL					
	Ⅰ		Ⅰ		Ⅱ		Ⅲ	
	指标							
	优等品	一等品	优等品	一等品	优等品	一等品	优等品	一等品
氢氧化钠(以 NaOH 计) ≥	99.0	98.5	45.0		32.0		30.0	
碳酸钠(以 Na_2CO_3 计) ≤	0.50	0.80	0.1	0.2	0.04	0.06	0.04	0.06
氯化钠(以 NaCl 计) ≤	0.02	0.04	0.008	0.01	0.004	0.007	0.004	0.007
三氧化二铁(以 Fe_2O_3 计) ≤	0.002	0.004	0.000 8	0.001	0.000 3	0.000 5	0.000 3	0.000 5
二氧化硅(以 SiO_2 计) ≤	0.008	0.010	0.002	0.003	0.001 5	0.003	0.001 5	0.003
氯酸钠(以 $NaClO_3$ 计) ≤	0.005	0.005	0.002	0.003	0.001	0.002	0.001	0.002
硫酸钠(以 Na_2SO_4 计) ≤	0.01	0.02	0.002	0.004	0.001	0.002	0.001	0.002
三氧化二铝(以 Al_2O_3 计) ≤	0.004	0.005	0.001	0.002	0.000 4	0.000 6	0.000 4	0.000 6
氧化钙(以 CaO 计) ≤	0.001	0.003	0.000 3	0.000 8	0.000 1	0.000 5	0.000 1	0.000 5

4.3 表1中规定的HL—Ⅰ、HL—Ⅱ、HL—Ⅲ规格的液体氢氧化钠应符合表1指标要求,对于其他规格(电解液蒸发后所生产的液体氢氧化钠)的质量指标应与表1中HL—Ⅰ所列的质量指标成相同比例。

5 采样

5.1 产品按批检验。铁桶包装的固体氢氧化钠产品以每锅包装量为一批。袋装的片状、粒状、块状等固体氢氧化钠产品以每天或每一生产周期生产量为一批。液体氢氧化钠产品以贮槽或槽车所盛量为一批。用户以每次收到的同规格同批次的氢氧化钠产品为一批。

5.2 铁桶包装的固体氢氧化钠产品按单批总桶数的5%随机抽样,小批量时不得少于3桶,顺桶竖接口处剖开桶片,将氢氧化钠劈开,自上、中、下三处迅速采取有代表性的样品,装于清洁、干燥的聚乙烯瓶中,密封。样品量不少于500 g。

生产企业可在包装前采取有代表性的熔融氢氧化钠为实验室样品,进行检验。

5.3 袋装的片状、粒状、块状等固体氢氧化钠产品按GB/T 6678规定的采样单元数随机抽样,拆开包装袋,宜用GB/T 6679中规定的适宜的采样器和方式迅速采取有代表性样品,将采取的样品混匀,装于清洁、干燥的聚乙烯瓶中,密封。样品量不少于500 g。

生产企业可在包装线上采取有代表性的氢氧化钠为实验室样品,进行检验。

5.4 液体氢氧化钠产品宜用GB/T 6680中规定的适宜的采样器自槽车或贮槽的上、中、下三处采取等量的有代表性样品，将采取的样品混匀，装于清洁、干燥的聚乙烯瓶中，密封。样品量不少于500 mL。

生产企业可在充分混匀的成品槽采样口采取有代表性的氢氧化钠为实验室样品，进行检验。

5.5 样品瓶上应贴上标签并注明：生产企业名称、产品名称、型号规格、批号或生产日期、采样日期及采样人等。

6 试验方法

6.1 外观

目视观察。

6.2 氢氧化钠含量的测定

氢氧化钠含量的测定按GB/T 4348.1或GB/T 11213.1和GB/T 7698规定的方法。

6.3 碳酸钠含量的测定

碳酸钠含量的测定按GB/T 7698规定的方法。

6.4 氯化钠含量的测定

氯化钠含量的测定按GB/T 11213.2规定的方法。

6.5 三氧化二铁含量的测定

三氧化二铁含量的测定按GB/T 4348.3规定的方法。

6.6 二氧化硅含量的测定

二氧化硅含量的测定按GB/T 11213.4规定的方法。

6.7 硫酸钠含量的测定

硫酸钠含量的测定按GB/T 11213.5或GB/T 11213.6规定的方法，其中GB/T 11213.5为仲裁法。

6.8 氯酸钠含量的测定

氯酸钠含量的测定按GB/T 11200.1规定的方法。

6.9 三氧化二铝含量的测定

三氧化二铝含量的测定按GB/T 11200.2规定的方法。

6.10 氧化钙含量的测定

氧化钙含量的测定按GB/T 11200.3规定的方法。

7 检验规则

7.1 本标准中产品质量指标合格判定，采用GB/T 1250中的“修约值比较法”。

7.2 本标准产品型号规格等级判定宜为：该产品氢氧化钠浓度为×%，符合GB/T 11199—2006中×型号—×规格—×等级(成比例折算)指标要求。

7.3 本标准规定的检验项目全部为型式检验项目，其中氢氧化钠、氯化钠和三氧化二铁为型式检验项目中的出厂检验项目，其余为型式检验项目中的抽检项目。如有下述情况：停产后复产、生产工艺有较大改变(如材料、工艺条件等)、合同规定等，应进行型式检验。在正常生产情况下，每月至少进行一次型式检验。

7.4 出厂的氢氧化钠产品应由生产企业的质量监督检验部门进行检验，并附有质量证明书，内容包括：生产企业名称、产品名称、型号规格、质量指标、等级、批号或生产日期、执行标准号。未满足本标准要求的高纯氢氧化钠不得声明符合本标准。

7.5 用户有权按本标准规定对收到的氢氧化钠产品进行检验，验证其质量是否符合本标准要求。

7.6 检验结果如有一项指标不符合本标准要求，应重新加倍在包装单元中采取有代表性的样品进行复检。复检结果中仍有一项指标不符合本标准要求，则该批产品为不合格品。

8 标志、包装、运输和贮存

8.1 标志

出厂的氢氧化钠产品的外包装上应有明显牢固的标志，内容包括：生产企业名称、地址、产品名称、商标、执行标准号、型号规格、批号或生产日期、净质量和生产许可证编号及 GB 190 中规定的“腐蚀品”标志。固体氢氧化钠产品还应有 GB/T 191 中规定的“怕雨”标志。

8.2 包装

8.2.1 铁桶包装的固体氢氧化钠产品按 GB/T 15915 规定执行。每桶净质量为(200±2) kg。

8.2.2 袋装的片状、粒状、块状等固体氢氧化钠产品，内袋宜用聚乙烯、聚丙烯薄膜袋，外袋宜用聚乙烯、聚丙烯编织袋(或复膜袋)或牛皮纸袋。每袋净质量为(25.0±0.25) kg。也可按相关规定采用其他包装形式。包装袋及封口应保证产品在正常贮运中不污染、不泄漏、不破损。

8.2.3 液体氢氧化钠产品用专用槽车或贮槽装运，包装容器不得污染产品。

8.3 运输

运输过程中防止撞击。袋装的氢氧化钠产品避免包装损坏、受潮、污染。不可与酸性物品混装运输。

8.4 贮存

固体(包括片状、粒状、块状等)氢氧化钠产品应贮存于干燥、清洁的仓库内；液体氢氧化钠产品应用贮槽贮存。防止碰撞及与酸性物品接触。

9 安全

氢氧化钠产品具有强腐蚀性，使用者有责任采取适当的安全和健康措施，接触人员应配带防护眼镜和胶皮手套等劳动保护用具。

ICS 71.060.40
G 11

中华人民共和国国家标准

GB/T 11200.1—2006
代替 GB/T 11200.1—1989

工业用氢氧化钠 氯酸钠含量的测定 邻-联甲苯胺分光光度法

Sodium hydroxide for industrial use—Determination of sodium chlorate content—*o*-Tolidine spectrometric method

2006-09-14 发布　　2007-02-01 实施

中华人民共和国国家质量监督检验检疫总局
中国国家标准化管理委员会 发布

前　言

本标准代替 GB/T 11200.1—1989《离子交换膜法氢氧化钠中氯酸钠含量的测定　邻-联甲苯胺分光光度法》。

本标准与 GB/T 11200.1—1989 相比主要变化如下：

——标准名称修改为“工业用氢氧化钠　氯酸钠含量的测定　邻-联甲苯胺分光光度法”；

——测定装置不同(1989 年版的第 4 章；本版的第 5 章)；

——取样量不同(1989 年版的第 5 章，本版的 6.2)；

——各种试剂加入量不同(1989 年版的 6.2.1、第 7 章，本版的 6.1.1、6.1.2、6.4)；

——允许差不同(1989 年版的第 9 章，本版的第 8 章)。

请注意本标准的某些内容有可能涉及专利。本标准的发布机构不应承担识别这些专利的责任。

本标准由中国石油和化学工业协会提出。

本标准由全国化学标准化技术委员会氯碱分会(SAC/TC 63/SC6)归口。

本标准起草单位：锦西化工研究院、上海氯碱化工股份有限公司、福建东南电化股份有限公司。

本标准主要起草人：李富荣、陈菊仙、周建平、陈江、胡立明、郝晶。

本标准于 1989 年首次发布。

工业用氢氧化钠　氯酸钠含量的测定
邻-联甲苯胺分光光度法

1　范围

本标准规定了工业用氢氧化钠中氯酸钠含量测定的方法。

本标准适用于工业用氢氧化钠中氯酸钠质量分数为0.000 05%～0.01%的产品。

2　规范性引用文件

下列文件中的条款通过本标准的引用而成为本标准的条款。凡是注日期的引用文件，其随后所有的修改单（不包括勘误的内容）或修订版均不适用于本标准，然而，鼓励根据本标准达成协议的各方研究是否可使用这些文件的最新版本。凡是不注日期的引用文件，其最新版本适用于本标准。

GB/T 602　化学试剂　杂质测定用标准溶液的制备（GB/T 602—2002，ISO 6353-1：1982，NEQ）

GB/T 603　化学试剂　试验方法中所用制剂及制品的制备（GB/T 603—2002，ISO 6353-1：1982，NEQ）

3　方法概要

在强酸介质中氯酸钠分解为氯气和二氧化氯，在pH＜1.3条件下氯气和二氧化氯与邻-联甲苯胺反应生成稳定的黄色络合物，用分光光度计测定吸光度。

4　试剂

除非另有说明，在分析中仅使用确认为分析纯的试剂和去离子水或相当纯度的水。

本方法用于氯酸钠分析的容器应避免与橡胶或其他有机物接触。

4.1　盐酸：优级纯。

4.2　氢氧化钠溶液：400 g/L。

4.3　氯酸钠标准溶液：1 g/L。

称取1.000 g氯酸钠，移入1 000 mL容量瓶中，稀释至刻度。

4.4　氯酸钠标准溶液：10 mg/L。

量取5.00 mL氯酸钠标准溶液（4.3），置于500 mL的容量瓶中，稀释至刻度。该溶液使用前配制。

4.5　邻-联甲苯胺指示液：1 g/L。

称取0.5 g邻-联甲苯胺，置于研钵中，加少量的50 mL盐酸（4.1）与200 mL水的混合溶液进行研磨，然后连同剩余的混合溶液一起移入500 mL烧杯中，加150 mL水，一边搅拌一边加热。溶解后，将溶液全部移入500 mL棕色容量瓶中，用水稀释至刻度。

此溶液保存在棕色瓶中，置于暗处，有效期为3个月。

5　仪器

一般的实验室仪器和以下仪器。

5.1　分液漏斗。

5.2　双口烧瓶：500 mL。

5.3　水浴：可控在（50±2）℃。

5.4 分光光度计。

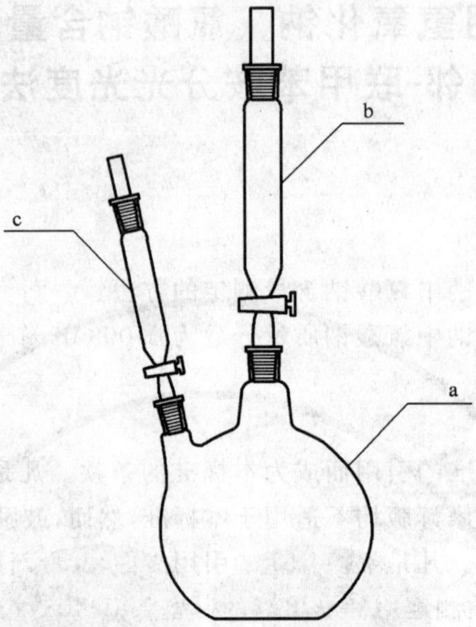

a——双口烧瓶；
b、c——分液漏斗。

图 1 氯酸钠测定装置示意图

6 分析步骤

6.1 标准曲线绘制

6.1.1 依次加入 0 mL、0.5 mL、1.0 mL、1.5 mL、2.0 mL、2.5 mL 氯酸钠标准溶液(4.4)于双口烧瓶中，分别加入 3.0 mL、2.5 mL、2.0 mL、1.5 mL、1.0 mL、0.5 mL 水，再加入 3.0 mL 氢氧化钠溶液(4.2)。

6.1.2 将双口烧瓶浸入约 50℃ 的水浴中约 0.5 min，取出，迅速将装有 8.0 mL 盐酸(4.1)和 1.0 mL 邻-联甲苯胺指示液(4.5)的分液漏斗连接双口烧瓶，旋紧不漏气。双口烧瓶置于自来水中快速冷却，取出，先将盐酸(4.1)加入双口烧瓶中，混匀，后将邻-联甲苯胺指示液(4.5)加入双口烧瓶中，摇动 1 min，从分液漏斗加入 35 mL 水。将溶液全部移入 100 mL 容量瓶中，用水稀释至刻度，摇匀。

6.1.3 用水调节分光光度计零点，选用适宜的比色皿，在波长 442 nm 处，测定吸光度。

6.1.4 按 6.1.2 和 6.1.3 分别测定其他曲线点。

6.1.5 从比色溶液吸光度中扣除试剂空白的吸光度，以 100 mL 比色溶液所含的氯酸钠质量(μg)为横坐标，与其对应的吸光度为纵坐标，绘制标准曲线。

6.2 试样溶液

称取适量的实验室样品(精确到 0.01 g)，配制成一定体积的试样溶液(以 NaOH 计不超过 33%)，使氯酸钠量不超过 12 mg/L。

6.3 空白试验

不加试料，加 3.0 mL 氢氧化钠溶液(4.2)和 3.0 mL 水，采用与测定试料完全相同的分析步骤、试剂和用量进行空白试验。

6.4 测定

量取 3.0 mL 试料(6.2)置于双口烧瓶中，再加入 3.0 mL 水，以下按 6.1.2 和 6.1.3 规定进行。

7 结果计算

氯酸钠含量以氯酸钠($NaClO_3$)的质量分数 w 计，数值以%表示，按下式计算：

$$w = \frac{m_1 \times 10^{-6}}{m_0 \times V_0 / V} \times 100$$

式中：

m_0——试样(或试料)的质量的数值，单位为克(g)；

m_1——从标准曲线上查得的扣除空白后试料中氯酸钠的质量的数值，单位为微克(μg)；

V_0——试料的体积的数值，单位为毫升(mL)；

V——稀释试样用容量瓶的体积的数值，单位为毫升(mL)。

8 允许差

平行测定结果之差的绝对值不超过下列数值(氯酸钠质量分数为 w)：

$w \leqslant 0.0005\%$	不规定允许差
$w > 0.0005\%$	0.000 5%

9 试验报告

试验报告应包括以下内容：

a) 识别被试的样品所需的全部资料；

b) 使用的标准；

c) 试验结果，包括各单次试验结果和它们的算术平均值；

d) 与规定的分析步骤的差异；

e) 在试验中观察到的异常现象；

f) 试验日期。

ICS 71.060.40
G 11

GB

中华人民共和国国家标准

GB/T 11213.4—2006
代替 GB/T 11213.4—1989

化纤用氢氧化钠 硅含量的测定 还原硅钼酸盐分光光度法

Sodium hydroxide for chemical fiber use—Determination of silicon content—Reduced molybdosilicate spectrophotometric method

(ISO 6382:1981, General method for Determination of silicon content—Reduced molybdosilicate spectrophotometric method, MOD)

2006-12-29 发布 2007-06-01 实施

中华人民共和国国家质量监督检验检疫总局
中国国家标准化管理委员会 发布

前　言

本标准修改采用 ISO 6382:1981《硅含量测定的通用方法　还原硅钼酸盐分光光度法》(英文版)。

本标准根据 ISO 6382:1981 重新起草。为了方便比较,在附录 A 中列出了本国家标准条款和国际标准条款的对照一览表。

本标准在采用国际标准 ISO 6382:1981 时进行修改,有关技术性差异已编入正文中并在它们所涉及的条款的页边空白处用垂直单线标识。在附录 B 中给出了技术性差异及其原因的一览表以供参考。

为便于使用,本标准还做了下列编辑性修改:

——“本国际标准”一词改为“本标准”;

——“本方法”一词改为“本标准”;

——用小数点“.”代替作为小数点的逗号“,”;

——删除国际标准的封面和前言;

本标准代替 GB/T 11213.4—1989《化纤用氢氧化钠中硅含量的测定　还原硅钼酸盐分光光度法》。

本标准与前版标准相比主要变化如下:

——标准英文名称不同;

——增加“前言”;

——“范围”不同(1989 版的第 1 章;本版的第 1 章);

——试验用水不同(1989 版的第 4 章;本版的第 4 章);

——增加“制备二氧化硅方法”(见 4.10);

——试料量不同(1989 版的第 8 章;本版的 6.4);

——中和试料用盐酸溶液不同(1989 版的第 8 章;本版的 6.4);

——比色皿规格不同(1989 版的 7.2.2,本版的 6.1.2);

——计算硅含量公式不同(1989 版的第 9 章;本版的第 7 章);

——允许差不同(1989 版的第 10 章,本版的第 8 章);

——增加“试验报告”章(见第 9 章);

——增加资料性附录“本标准章条编号与 ISO 6382:1981 章条编号对照一览表”(见附录 A);

——增加资料性附录“本标准与 ISO 6382:1981 技术性差异及其原因”(见附录 B)。

本标准附录 A 和附录 B 为资料性附录。

本标准由中国石油和化学工业协会提出。

本标准由全国化学标准化技术委员会氯碱分会(SAC/TC 63/SC 6)归口。

本标准起草单位:锦西化工研究院、云南盐化股份有限公司、杭州电化集团有限公司、浙江巨化股份有限公司电化厂。

本标准参加起草单位:自贡鸿鹤化工股份有限公司、青岛海晶化工集团有限公司。

本标准主要起草人:陈沛云、李富荣、杨淑玉、许群立、邓建明、张荻、段万山。

本标准 1989 年首次发布。

请注意本标准的某些内容有可能涉及专利。本标准的发布机构不应承担识别这些专利的责任。

化纤用氢氧化钠　硅含量的测定
还原硅钼酸盐分光光度法

1　范围

本标准规定了化纤用氢氧化钠中硅含量测定的方法。

本标准适用于测定试料中二氧化硅(以 SiO_2 计)量为 2μg～200 μg 的氢氧化钠产品。

2　规范性引用文件

下列文件中的条款通过本标准的引用而成为本标准的条款。凡是注日期的引用文件,其随后所有的修改单(不包括勘误的内容)或修订版均不适用于本标准,然而,鼓励根据本标准达成协议的各方研究是否可使用这些文件的最新版本。凡是不注日期的引用文件,其最新版本适用于本标准。

GB/T 4348.1—2000　工业用氢氧化钠中氢氧化钠和碳酸钠含量的测定

GB/T 6682　分析实验室用水规格和试验方法(GB/T 6682—1992,eqv ISO 3696:1987)

3　方法概要

在盐酸存在的介质中,用氟化钠处理,使任何形态的聚合硅解聚。

在硼酸存在下,掩蔽氟离子的干扰,pH 为 1.1±0.2 时,形成氧化态(黄色)硅钼酸盐。

在草酸存在下,于硫酸强酸介质中,选择性的还原硅钼酸盐配合物,以消除磷酸盐的干扰。

在最大吸收波长 800 nm 处测定吸光度。

4　试剂和材料

本方法所用试剂和水,在没有注明其他要求时,均按分析纯试剂和 GB/T 6682 中规定的三级水(不含硅)或相当纯度的水。

所用试剂应贮存于无硅材料(如聚乙烯)制成的容器中。

4.1　盐酸溶液:150 g/L

量取 340 mL 盐酸,用水稀释至 1 000 mL。

4.2　盐酸溶液:1+100

4.3　氟化钠溶液:20 g/L

称取 4 g 氟化钠,置于聚乙烯烧杯中,加水溶解,移至 200 mL 的容量瓶中,用水稀释至刻度,移至聚乙烯瓶中。

警告——吸入或接触皮肤则中毒。若溅入眼睛内,立即用大量清水冲洗,并就医治疗。

4.4　硼酸溶液:48 g/L

室温下的饱和溶液。

4.5　二水钼酸钠溶液:140 g/L

称取 35 g 二水钼酸钠,置于聚乙烯烧杯中,用 200 mL 50℃的水溶解,冷却至室温,移入 250 mL 容量瓶中,用水稀释至刻度,移至聚乙烯瓶中。若有必要,使用前过滤。该溶液一周更换一次。

4.6　二水草酸溶液:100 g/L

警告——吸入或接触皮肤是有害的,避免接触皮肤和眼睛。

4.7　硫酸溶液:400 g/L

量取 240 mL 硫酸，搅拌下小心加入约 500 mL 水中，稀释至 1 000 mL。

警告——硫酸具有强腐蚀性。

4.8 氯化钠溶液：70 g/L

4.9 还原溶液制备

使用下列溶液之一。

4.9.1 磺酸还原溶液

a) 称取 7 g 无水亚硫酸钠，溶于 50 mL 水中，然后加入 1.5 g 1-氨基-2-萘酚-4-磺酸（$C_{10}H_9NO_4S$），研磨溶解。

b) 称取 90 g 无水偏重亚硫酸钠（$Na_2S_2O_5$），溶于 900 mL 水中。

将 a)和 b)混合均匀，置于 1 000 mL 容量瓶中，用水稀释至刻度，摇匀，移至聚乙烯瓶中，于避光处储存备用。若需要，过滤。该溶液二至三周更换一次。

警告——此溶液刺激皮肤和眼睛。

4.9.2 L-抗坏血酸溶液：25 g/L

称取 2.5 g L-抗坏血酸，溶于水，移至 100 mL 容量瓶中，稀释至刻度，摇匀，移至聚乙烯瓶中。此溶液使用前配制。

4.10 二氧化硅标准溶液：0.500 g/L

称取 0.500 g 二氧化硅，精确到 0.001 g，置于铂坩埚中。

制备二氧化硅有两种方法，任选其一：

——在 1 000℃条件下，灼烧纯硅酸至恒量（即两次相邻的称量差不大于 0.001 g），并在装有五氧化二磷的干燥器中冷却；

——将纯二氧化硅仔细磨碎，预先在 1 000℃下灼烧 1 h，并在装有五氧化二磷的干燥器中冷却。

称取 5 g 无水碳酸钠，置于盛有二氧化硅的铂坩埚中，用铂刮勺搅匀，缓慢加热，升温至 950℃～1 000℃，使其熔化，至熔融物清彻透明为止。冷却后加入温水，缓缓加热至完全溶解，全部转移至聚乙烯烧杯中。冷却后，全部移至 1 000 mL 容量瓶中，用水稀释至刻度，摇匀，立即将溶液移至聚乙烯瓶中。溶液保存期不超过一个月。

4.11 二氧化硅标准溶液：0.010 g/L

量取 10.00 mL 二氧化硅标准溶液（4.10），置于 500 mL 容量瓶中，用水稀释至刻度，摇匀，将溶液移至聚乙烯瓶中。该溶液使用前配制。

5 仪器和设备

一般的实验室仪器及无硅材料制成的器皿和以下设备。

5.1 酸度计；

5.2 分光光度计，配有不同规格的比色皿。

6 分析步骤

6.1 标准曲线的绘制

6.1.1 标准比色溶液的配制

依次量取 0 mL、1.0 mL、2.0 mL、3.0 mL、4.0 mL、5.0 mL、6.0 mL、8.0 mL 二氧化硅标准溶液（4.11），分别置于 8 个 100 mL 聚乙烯烧杯中，用水稀释至约 20 mL 加入 4.0 mL 盐酸溶液（4.1）、1.0 mL氟化钠溶液（4.3），摇匀，放置 5 min。边搅拌边加入 20.0 mL 硼酸溶液（4.4），放置 5 min，加入 10.0 mL 二水钼酸钠溶液（4.5），摇匀，放置 10 min。

在搅拌下，加入 5 mL 草酸溶液（4.6），放置 5 min，将溶液全部移至 100 mL 容量瓶中。

然后，根据使用的还原溶液，加入：

——20 mL 硫酸溶液(4.7),摇匀,加入 2 mL 磺酸还原溶液(4.9.1);

——或加入 30 mL 硫酸溶液(4.7),摇匀,加入 2 mL L-抗坏血酸溶液(4.9.2)。

用水稀释至刻度,摇匀。

6.1.2 吸光度测定

10 min 后,40 min 前,选用适宜的比色皿,在 800 nm 处,以水调整分光光度计零点,测定吸光度。

6.1.3 标准曲线的绘制

从标准比色溶液的吸光度中扣除空白试验吸光度,以 100 mL 标准比色溶液中二氧化硅的质量(μg)为横坐标,与其对应的吸光度为纵坐标绘制标准曲线。

6.2 试样溶液制备

按 GB/T 4348.1—2000 中 6.1 规定制备试样溶液或根据产品中硅含量称取适量的实验室样品制备试样溶液,立即移至聚乙烯瓶中。

6.3 空白试验

空白试验与试料测定同时进行,不加试料,加 10.0 mL 氯化钠溶液(4.8)代替试料,采用与测定试料完全相同的分析步骤,试剂和用量进行。

6.4 测定

从试样溶液(6.2)中移取 10.0 mL 试料,置于 100 mL 聚乙烯烧杯中,在酸度计(5.1)指示下,用盐酸溶液(4.1)中和至 pH 约为 11,再用盐酸溶液(4.2)中和至 pH 为 7.0±0.5,用水稀释至约 20 mL,加入 4.0 mL 盐酸溶液(4.1)、1.0 mL 氟化钠溶液(4.3),摇匀,放置 5 min。边搅拌边加入 20.0 mL 硼酸溶液(4.4),放置 5 min,加入 10.0 mL 二水钼酸钠溶液(4.5),摇匀,放置 10 min。

在搅拌下,加入 5 mL 草酸溶液(4.6),放置 5 min,将溶液全部移至 100 mL 容量瓶中。

然后,根据使用的还原溶液,加入:

——20 mL 硫酸溶液(4.7),摇匀,加入 2 mL 磺酸还原溶液(4.9.1);

——或加入 30 mL 硫酸溶液(4.7),摇匀,加入 2 mL L-抗坏血酸溶液(4.9.2)。

用水稀释至刻度,摇匀。

以下按 6.1.2 规定测定吸光度。

7 结果计算

硅含量以二氧化硅(SiO_2)的质量分数 w 计,数值以%表示,按下式计算:

$$w=\frac{(m_1-m_2)\times 10^{-6}}{\frac{m_0}{1\,000}\times 10}\times 100=\frac{m_1-m_2}{100m_0}$$

式中:

m_0——试样的质量的数值,单位为克(g);

m_1——与试料吸光度相对应的由标准曲线上查得的二氧化硅的质量的数值,单位为微克(μg);

m_2——与空白吸光度相对应的由标准曲线上查得的二氧化硅的质量的数值,单位为微克(μg)。

8 允许差

平行测定结果之差的绝对值不超过下列数值(w 为二氧化硅的质量分数):

$w<0.001\%$	不规定允许差
$w\geqslant 0.001\%$	0.000 5%

9 试验报告

试验报告应包括以下内容:

a） 识别测试样品所需的全部信息；

b） 使用的标准；

c） 试验结果，包括各单次试验结果和它们的算术平均值；

d） 与规定的分析步骤的差异；

e） 试验中观察到的异常现象说明；

f） 试验日期。

附 录 A
（资料性附录）
本标准章条编号与 ISO 6382:1981 章条编号对照一览表

表 A.1 给出了本标准章条编号与 ISO 6382:1981 章条编号对照一览表。

表 A.1 本标准章条编号与 ISO 6382:1981 章条编号对照

本标准章条编号	对应的国际标准章条编号
1	1 和 2
2	—
4.1	4.2
4.2	—
4.3	4.5
4.4	4.3
4.5	4.6
4.6	4.4
4.7	4.1
4.8	—
4.9	4.7
4.9.1	4.7.1
4.9.2	4.7.2
4.10	4.8
4.11	4.9
6.1	6.3
6.1.1	6.3.1 和 6.3.2
6.1.2	6.3.3
6.1.3	6.3.4
6.2	—
6.3	6.2
6.4	6.4.1、6.4.2 和 6.4.3
8	—
9	8
附录 A	—
附录 B	—
注：表中的章条以外的本标准其他章条编号与 ISO 6382:1981 其他章条编号均相同且内容相对应。	

附　录　B
（资料性附录）
本标准与 ISO 6382:1981 技术性差异及其原因

表 B.1 给出了本标准与 ISO 6382:1981 技术性差异及其原因一览表。

表 B.1　本标准与 ISO 6382:1981 技术性差异及其原因

本标准章条编号	技术性差异	原　因
1	删除 ISO 6382:1981 第一章中第二段和第 2 章中第二段。	该段是对采用该通用方法时的指导性陈述，不适用于本标准。
2	增加"规范性引用文件"。	避免了重复叙述，简化标准结构。
4	"GB/T 6682 中三级水或相当纯度的水"替代了"用石英设备蒸馏的二次蒸馏水或相当纯度的水"。	三级水（符合 GB/T 6682）中硅含量足够低时，不影响测定结果即能满足检验要求。
6.1.1	采纳"试料中含有 10 μg～80 μg 硅的标准曲线"。	已能满足氢氧化钠产品的检验要求。
7	增加"硅含量的计算公式"。	为方便标准使用者。
8	增加"允许差规定"。	避免偶然误差，保证测定的准确性。
附录	删除 ISO 6382:1981 中"附录 A"。	该附录是应用该方法时应考虑的离子干扰问题。制定标准时已考虑了该问题，不需再列该附录。
附录	删除 ISO 6382:1981 中"附录 B"。	属于参考标准，不适用于氢氧化钠产品。

ICS 71.060.40
G 11

中华人民共和国国家标准

GB/T 11213.5—2006
代替 GB/T 11213.5—1989
GB/T 11213.6—1989

化纤用氢氧化钠 硫酸盐含量的测定

Sodium hydroxide for chemical fiber use—Determination of sulphate content

2006-12-29 发布 2007-06-01 实施

中华人民共和国国家质量监督检验检疫总局
中国国家标准化管理委员会 发布

前　言

本标准中方法 A 对应于 ISO 6353-1:1982《化学分析试剂　第一部分:通用方法》(英文版),与 ISO 6353-1:1982的一致性程度为非等效;方法 B 对应于 ASTM E 291:2001《苛性钠和苛性钾(氢氧化钠和氢氧化钾)的化学分析试验方法》(英文版),与 ASTM E 291:2001 的一致性程度为非等效。

本标准同时代替 GB/T 11213.5—1989《化纤用氢氧化钠中硫酸盐含量的测定　硫酸钡重量法(甲法)》和 GB/T 11213.6—1989《化纤用氢氧化钠中硫酸盐含量的测定　比浊法(乙法)》。

本标准与 GB/T 11213.5—1989、GB/T 11213.6—1989 相比主要变化如下:

——修改了标准的中英文名称;

——增加了"前言";

——修改了 GB/T 11213.6—1989 中溶液Ⅱ制备及吸取溶液Ⅱ的体积,增加了标准溶液加入体积的计算公式、用分光光度计进行浊度判断;

——修改了 GB/T 11213.5—1989 中的取样量;

——修改了 GB/T 11213.5—1989 中氯化钡溶液、硝酸银溶液及甲基橙指示液的浓度和分析步骤中氯化钡溶液的加入量;

——修改了 GB/T 11213.5—1989 中的灼烧温度;

——增加了"试验报告"。

本标准由中国石油和化学工业协会提出。

本标准由全国化学标准化技术委员会氯碱分会(SAC/TC 63/SC 6)归口。

本标准起草单位:锦西化工研究院、浙江巨化股份有限公司电化厂、云南盐化股份有限公司。

本标准参加起草单位:青岛海晶化工集团有限公司、自贡鸿鹤化工股份有限公司。

本标准主要起草人:陈沛云、郝晶、程治平、杨淑玉、田友利、郎需霞、黄朝东。

GB/T 11213.5—1989 和 GB/T 11213.6—1989 于 1989 年首次发布。

请注意本标准的某些内容有可能涉及专利,本标准的发布机构不应承担识别这些专利的责任。

化纤用氢氧化钠　硫酸盐含量的测定

1　范围

本标准规定了化纤用氢氧化钠中硫酸盐含量的测定方法。

本标准中，方法A适用于氢氧化钠中硫酸盐含量(以 Na_2SO_4 计) 0.001%～0.07%的产品；方法B适用于氢氧化钠中硫酸盐含量(以 Na_2SO_4 计)等于或大于0.01%的产品。

2　规范性引用文件

下列文件中的条款通过本标准的引用而成为本标准的条款。凡是注日期的引用文件，其随后所有的修改单(不包括勘误的内容)或修订版均不适用于本标准，然而，鼓励根据本标准达成协议的各方研究是否可使用这些文件的最新版本。凡是不注日期的引用文件，其最新版本适用于本标准。

GB/T 603　化学试剂　试验方法中所用制剂及制品的制备(GB/T 603—2002，neq ISO 6353-1：1982)

GB/T 6682　分析实验室用水规格和试验方法(GB/T 6682—1992，neq ISO 3696：1987)

3　方法A(比浊法)

3.1　原理

在酸性介质(盐酸)中，钡离子与硫酸根离子生成难溶的硫酸钡。

$$Ba^{2+} + SO_4^{2-} \longrightarrow BaSO_4 \downarrow$$

当硫酸根离子含量甚微时，在一定的时间内，硫酸钡呈悬浮状，使溶液混浊，可用目视比浊法进行硫酸盐含量的测定。

3.2　试剂和材料

本方法所用试剂和水，在没有注明其他要求时，均指分析纯试剂和GB/T 6682中规定的三级水(不含二氧化碳)。试验中所需标准溶液、制剂及制品，在没有其他规定时，均按GB/T 603的规定制备。

3.2.1　盐酸。

3.2.2　盐酸溶液：质量分数为20%。

3.2.3　硫酸钾乙醇溶液：0.2 g/L。称取0.02 g硫酸钾，溶于30 mL乙醇和70 mL水的溶液中。

3.2.4　氯化钡($BaCl_2 \cdot 2H_2O$)溶液：250 g/L。称取25 g二水氯化钡，溶于水，稀释至100 mL。

警告——氯化钡有毒，具有刺激性，吸入或口服有害。接触皮肤后，应立即用大量清水冲洗。

3.2.5　硫酸盐标准溶液：0.1 mg/mL。称取0.100 g预先经(105～110)℃干燥并质量恒定的无水硫酸钠溶于水，全部移入1 000 mL容量瓶中，用水稀释至刻度，摇匀。

3.2.6　硫酸盐标准溶液：0.01 mg/mL。将硫酸盐标准溶液(3.2.5)用水稀释至10倍，该溶液使用前配制。

3.2.7　酚酞指示液：10 g/L。

3.3　仪器和设备

一般实验室仪器和以下仪器。

3.3.1　25 mL比色管。

3.3.2　分光光度计。

3.4　试样溶液的制备

3.4.1　溶液Ⅰ：称取50 g实验室样品，精确到0.01 g，溶于200 mL水中，再稀释至250 mL。

3.4.2 溶液Ⅱ：用移液管吸取 50 mL 溶液Ⅰ，以酚酞(3.2.7)作指示液，用盐酸溶液(3.2.1)中和至中性，冷却后用水稀释至 100 mL。

3.5 分析步骤

3.5.1 按产品中硫酸盐含量参照表 1 用移液管吸取适量的溶液Ⅱ至 25 mL 比色管中，加 0.5 mL 盐酸(3.2.2)酸化试料。

3.5.2 将 0.25 mL 硫酸钾乙醇溶液(3.2.3)与 1 mL 氯化钡溶液(3.2.4)混合，放置 1 min。

3.5.3 将 3.5.2 条的溶液加入 3.5.1 条的溶液中，用水稀释至刻度，摇匀，放置 5 min。

3.5.4 标准比对溶液的制备：根据产品中硫酸盐含量，按表 1 吸取对应体积的硫酸盐标准溶液(3.2.6)至 25 mL 比色管中，加 0.5 mL 盐酸溶液(3.2.2)酸化，以下按 3.5.2，3.5.3 与试料同时同样处理。

表 1 不同硫酸盐含量产品吸取溶液Ⅱ及硫酸盐标准溶液(3.2.6)的体积

产品中硫酸盐质量分数(以 Na_2SO_4 计)/%	吸取溶液Ⅱ体积/mL	吸取硫酸盐标准溶液(3.2.6)体积/mL
0.07	2.00	14.00
0.05	2.00	10.00
0.02	2.00	4.00
0.01	2.00	2.00
0.004	10.00	4.00
0.002	10.00	2.00
0.001 5	10.00	1.50
0.001	20.00	2.00

3.5.5 如对硫酸盐含量有特殊要求，可按式(1)计算对应标准溶液加入体积：

$$V_1 = \frac{wV_2}{\rho} \qquad \cdots\cdots(1)$$

式中：

V_1——标准溶液加入体积，单位为毫升(mL)；

V_2——吸取溶液Ⅱ的体积，单位为毫升(mL)；

w——产品中硫酸盐(以 Na_2SO_4 计)的质量分数，%；

ρ——硫酸盐标准溶液的质量浓度，单位为毫克每毫升(mg/mL)。

3.5.6 用目视比浊法将试料浊度与规定的标准比对溶液呈现的浊度相比较。

如试料的浊度与标准比对溶液浊度接近，通过目视无法准确判断，可采用分光光度计，在波长 450 nm 处，选择适宜的比色皿进行比较。

4 方法 B(硫酸钡重量法)

4.1 原理

氢氧化钠产品用水溶解后，过滤出不溶物，加入氯化钡溶液，钡离子与硫酸根离子生成难溶的硫酸钡，通过称取硫酸钡的质量可计算产品中硫酸盐的含量。

4.2 试剂和材料

本方法所用试剂和水，在没有注明其他要求时，均指分析纯试剂和 GB/T 6682 中规定的三级水(不含二氧化碳)。试验中所需标准溶液、制剂及制品，在没有其他规定时，均按 GB/T 603 的规定制备。

4.2.1 盐酸。

4.2.2 硝酸。

4.2.3　氯化钡($BaCl_2 \cdot 2H_2O$)溶液:250 g/L。称取 25 g 二水氯化钡,溶于水,稀释至 100 mL。

4.2.4　硝酸银溶液:5 g/100 mL。称取 5 g 硝酸银,溶于少量水中,加入 5 mL 硝酸(4.2.2),用水稀释至 100 mL。

4.2.5　甲基橙指示液:1 g/L。

4.3　仪器和设备

一般实验室仪器和以下设备。

4.3.1　瓷坩埚:30 mm×30 mm。

4.3.2　烘箱。

4.3.3　高温炉。

4.4　分析步骤

称取 50 g 实验室样品,精确到 0.01 g,置于 600 mL 烧杯中,加 200 mL 水溶解,再加 2～4 滴甲基橙指示液(4.2.5),边搅拌边滴加盐酸(4.2.1)进行中和。当溶液由黄色变为橙色时,再迅速过量加入 3 mL盐酸。检查溶液,如果含有不溶物,用慢速定量滤纸过滤。将滤液置于烧杯中并加热至沸,在不断搅拌下缓慢加入 12 mL 氯化钡溶液,置于蒸气浴中 30 min,在室温下放置过夜。

用慢速定量滤纸过滤,用温水洗涤沉淀至无氯离子为止[取少量滤液,加入 3～4 滴硝酸银溶液(4.2.4),溶液不产生浑浊]。

将坩埚预先在 850℃～900℃灼烧至质量恒定,在干燥器中冷却,称量,精确到 0.000 1 g。将附有沉淀物的滤纸转移至该恒定质量的瓷坩埚中,烘干,然后灰化(注意不要使滤纸燃烧),再在 850℃～900℃灼烧至恒定质量,称量,精确到 0.000 1 g。

4.5　试验结果的计算

硫酸盐的含量以硫酸钠(Na_2SO_4)的质量分数 w 计,数值以%表示,按式(2)计算:

$$w = (m_2 - m_1) \times \frac{100}{m_0} \times 0.608\,6 = \frac{60.86 \times (m_2 - m_1)}{m_0} \quad \cdots\cdots(2)$$

式中:

m_0——样品质量,单位为克(g);

m_1——坩埚质量,单位为克(g);

m_2——(坩埚+硫酸钡沉淀)质量,单位为克(g);

0.608 6——硫酸钡换算为硫酸钠的系数。

4.6　允许差

平行测定结果之差的绝对值不超过 0.008%。

5　试验报告

试验报告应包括以下内容:

a)　识别被试的样品所需的全部资料;

b)　使用的标准;

c)　使用的方法;

d)　试验结果;

e)　与规定的分析步骤的差异;

f)　在试验中观察到的异常现象;

g)　试验日期。

ICS 11.040
C 36

中华人民共和国国家标准

GB 11234—2006
代替 GB 11234—1995

宫腔形宫内节育器

Uterine cavity form intra-uterine devices

2006-09-14 发布　　2007-05-01 实施

中华人民共和国国家质量监督检验检疫总局
中国国家标准化管理委员会　发布

前 言

本标准代替 GB 11234—1995。

本标准与 GB 11234—1995 的主要区别如下：

——将节育器尺寸纵臂 A 改为 H，修订后横臂 B 尺寸在 18 mm～22 mm 范围、纵臂 H 尺寸在 20 mm～ 24 mm 范围内选取；

——增加了一次性使用放置器内容及要求；

——增加了节育器和一次性使用放置器的灭菌要求；

——修改了铜丝表面积计算公式。

本标准的附录 A、附录 B、附录 C 为规范性附录。

本标准由国家食品药品监督管理局提出。

本标准由全国计划生育器械标准化技术委员会归口。

本标准起草单位：重庆市南桐节育器具厂、重庆医用设备厂。

本标准主要起草人：喻应治、陈昌云。

本标准所代替标准的历次版本发布情况为：

——GB 11234—1989；

——GB 11234—1995。

宫腔形宫内节育器

1 范围

本标准规定了宫腔形宫内节育器的材料、型式、基本尺寸、配置、标示、要求、试验方法、检验规则、标志、包装、运输、储存等。

本标准适用于宫腔形宫内节育器(以下简称节育器)。该产品放置于妇女子宫腔内作避孕用。

2 规范性引用文件

下列文件中的条款通过本标准的引用而成为本标准的条款。凡是注日期的引用文件,其随后所有的修改单(不包括勘误的内容)或修订版均不适用于本标准,然而,鼓励根据本标准达成协议的各方研究是否可使用这些文件的最新版本。凡是不注日期的引用文件,其最新版本适用于本标准。

GB/T 191—2000 包装储运图示标志(eqv ISO 780:1997)

GB/T 2828.1 计数抽样检验程序 第1部分:按接收质量限(AQL)检索的逐批检验抽样计划(GB/T 2828.1—2003,ISO 2859.1:1999,IDT)

GB/T 4240—1993 不锈钢丝(neq JIS G4309:1988)

GB/T 4340.1—1999 金属维式硬度试验 第1部分:试验方法(eqv ISO 6507.1:1997)

GB 9969.1—1998 工业产品使用说明书 总则

GB/T 14233.1—1998 医用输液、输血、注射器具检验方法 第1部分:化学分析方法

GB/T 16886.1 医疗器械生物学评价 第1部分:评价与试验(GB/T 16886.1—2001,idt ISO 10993.1:1997)

GB/T 16886.5 医疗器械生物学评价 第5部分:体外细胞毒性试验(GB/T 16886.5—2003,ISO 10993.5:1999,IDT)

GB/T 16886.6 医疗器械生物学评价 第6部分:植入后局部反应试验(GB/T 16886.6—1997,idt ISO 10993.6:1994)

GB/T 16886.10 医疗器械生物学评价 第10部分:刺激与迟发型超敏反应试验(GB/T 16886.10—2005,ISO 10993.10:2002,IDT)

GB 18279 医疗器械 环氧乙烷灭菌 确认和常规控制(GB 18279—2000,idt ISO 11135:1994)

YY/T 0149 不锈钢医用器械耐腐蚀性能试验方法

中华人民共和国药典(2000年版)

3 材料、型式、基本尺寸、配置、标示

3.1 材料

节育器选用1Cr18Ni9Ti或0Cr18Ni9不锈钢和高导无氧铜丝材料制成,材料的技术要求应符合附录A的规定。其放置器应由无毒塑料制成。

3.2 型式

节育器的型式应符合图1的规定。

3.3 基本尺寸(规格)

节育器 *B* 尺寸应在18 mm～22 mm范围内、*H* 尺寸应在20 mm～24 mm范围内选取,并在产品规格标记中标注。

3.4 配置

一次性使用放置器由叉头、定位块、放置管、推杆组成，节育器与一次性使用放置器的配置应符合图2的规定。

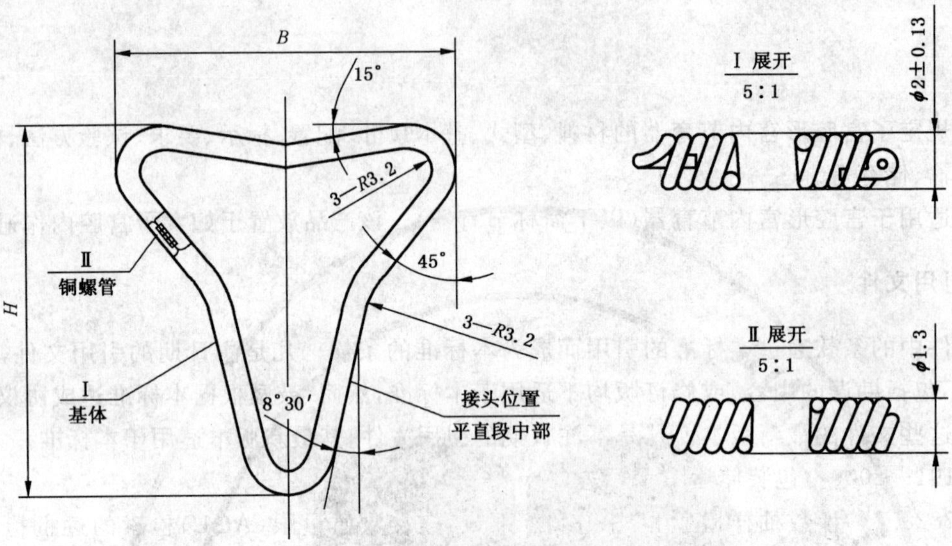

图1 节育器

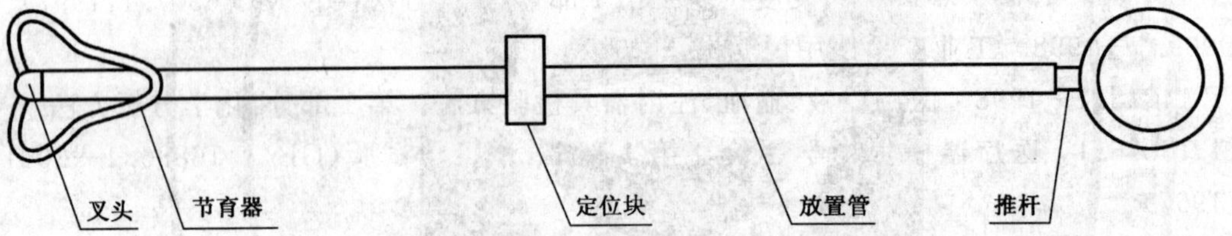

图2 节育器与放置器配置示意图

3.5 标示

节育器的名称、铜表面积和规格应按以下方式标示：

GCu □-□×□

- □×□ —— 节育器规格：横臂 B(mm)×纵臂 H(mm)
- □ —— 铜表面积标示值(mm^2)
- GCu —— 宫腔形宫内节育器

标记示例：

GCu 200-18×20：表示宫腔形宫内节育器，铜表面积为 200 mm^2，横臂 B 尺寸为 18 mm，纵臂 H 尺寸为 20 mm。

4 要求

4.1 外观

4.1.1 节育器表面应清洁，不允许有发黑、发黄现象。

4.1.2 节育器表面应光滑，不允许有裂纹、斑疤、毛刺。

4.1.3 节育器转角圆弧内侧处螺旋圈应排列均匀、紧密，其余部位螺旋圈应匀整，不得有明显离距现象。

4.1.4 节育器接头旋合处应匀整，旋合总圈数为 4～6 圈。

4.1.5 节育器接头旋合处的弯钩应伸入螺旋圈内，并不得少于1圈。

4.2 尺寸

4.2.1 节育器的 B、H 尺寸的公差应不超过±0.65 mm；

4.2.2 放置器的放置管外径应为 ϕ 4.3 mm～ϕ 4.5 mm。

4.3 性能

4.3.1 节育器不锈钢丝硬度为 410 $HV_{0.2}$～480 $HV_{0.2}$。

4.3.2 节育器钢丝表面粗糙度 Ra 之数值应不大于 0.4 μm。

4.3.3 节育器应平整，其平面度误差应不大于 0.8 mm。

4.3.4 节育器拉伸至 H 尺寸的 180％时，接头不得松开，放松后 H 的变形量应不大于 1 mm。

4.3.5 节育器的钢丝耐腐蚀性应达到 YY/T 0149 中 a 级的规定。

4.3.6 节育器铜丝表面积应为标示值$^{+10\%}_{-5\%}$。

4.3.7 放置器的定位块，在放置管上自前端起至 100 mm 内的移动阻力应在 2.5 N～10.0 N 之间。

4.3.8 节育器单包装若为纸塑包装，其纸与塑料薄膜的剥离力应≥6.0 N。

4.4 无菌保证

节育器与放置器应经已确认过的灭菌过程进行灭菌，使产品保证无菌。若采用环氧乙烷灭菌，灭菌过程的确认应按照 GB 18279 的规定进行。

4.5 环氧乙烷残留量

若采用环氧乙烷灭菌，则环氧乙烷残留量应不大于 5 μg/g。

4.6 生物相容性评价

节育器应按 GB/T 16886.1 的规定进行生物相容性评价，评价结果应无生物相容危害。

5 试验方法

5.1 外观

5.1.1 用目力观察，应符合 4.1.1、4.1.3 和 4.1.4 的规定。

5.1.2 用 10 倍放大镜观察，应符合 4.1.2 和 4.1.5 的规定。

5.2 尺寸

用通用或专用量具检验，应符合 4.2.1、4.2.2 的规定。

5.3 性能

5.3.1 硬度

按 GB/T 4340.1 中规定的方法进行试验，在钢丝上测三点，取其算术平均值，应符合 4.3.1 的规定。

5.3.2 表面粗糙度

将节育器与表面粗糙度比较样块在 10 倍放大镜下进行比较，应符合 4.3.2 的规定。

5.3.3 平面度

用通用量具或专用量具进行检验，应符合 4.3.3 的规定。

5.3.4 变形量

用专用器具沿对称轴线上下两点将节育器拉伸至 H 尺寸的 180％，放松后用通用量具测量 H 的变形量，应符合 4.3.4 的规定。

5.3.5 耐腐蚀性

按 YY/T 0149 中氯化钠溶液试验法(B 法)的半浸法规定进行检验，应符合 4.3.5 的规定。

5.3.6 铜丝表面积

将节育器内铜螺管全部取出，用通用或专用量具测量铜螺管重量和铜丝半径，按照附录 B 给出的公式计算，铜丝表面积应符合 4.3.6 的规定。

5.3.7 **定位块移动阻力**

固定放置管，然后将放置管上的定位块固定在专用拉力表的连接杆的 U 形槽中，手握住拉力表均匀移动，观察其所受移动阻力，应符合 4.3.7 的规定。

5.3.8 **剥离力**

以专用拉力表的夹具夹紧包装袋的纸，一手固定塑料薄膜，一手握住拉力表，匀速剥离包装袋至放置管定位块处，观察其剥离的力值，应符合 4.3.8 的规定。

5.4 **无菌**

按《中华人民共和国药典》2000 版附录中(无菌检验法)进行检验，应符合 4.4 的规定。

5.5 **环氧乙烷残留量**

按 GB/T 14233.1 进行试验，应符合 4.5 的规定。

5.6 **生物相容性**

按附录 C 要求进行生物相容性试验，应符合 4.6 的规定。

6 检验规则

6.1 **验收**

节育器应经制造厂技术检验部门进行检验，合格后方可提交验收。

6.2 **检验方式**

节育器应成批提交检验，检验分为逐批检验和周期检验。

6.3 **逐批检验**

6.3.1 逐批检验按 GB/T 2828.1 的有关规定进行。

6.3.2 抽样方案类型采用一次抽样，抽样方案严格性从正常检验抽样开始，其不合格分类、检验项目、检验水平和接收质量限(AQL)按表 1 的规定。

表 1 逐批检验抽样方案

不合格分类	A	B			C		
不合格分类组	Ⅰ	Ⅰ	Ⅱ	Ⅲ	Ⅰ	Ⅱ	Ⅲ
检验项目	4.4 4.5	4.3.1 4.3.6	4.3.5	4.3.4 4.3.7 4.3.8	4.1.2 4.1.5 4.3.3	4.4.1 4.1.3 4.1.4 4.3.2	4.2.1 4.2.2
检验水平	—	S-1	S-2	S-2	S-3	S-4	S-4
接收质量限	全部合格	2.5			4.0		6.5
注：环氧乙烷残留量和无菌测试以每一灭菌批提供报告或提供有关验证报告。							

6.4 **周期检验**

6.4.1 在下列情况下应进行周期检查：

a) 新产品投产前(包括老产品转厂生产注册时)；

b) 连续生产中每年不少于一次；

c) 停产一年以上恢复生产时；

d) 在设计、工艺或材料有重大改变时；

e) 质量监督部门对产品质量进行监督抽查时。

6.4.2 周期检验为全性能检验。

6.4.3 周期检验样本应从逐批检验合格批中随机抽取5套。

6.4.4 判定规则

周期检验中若出现不合格项目，应重新加倍抽取样本，对不合格项目重新进行检验。检验仍不合格，则判型式检验不合格。

7 标志、包装、贮存、运输

7.1 节育器及其放置器应单个包装在防穿刺的医用包装袋中。

7.2 单包装袋上应有下列标志：

a) 产品名称；

b) 产品规格(产品标示)；

c) 产品注册号；

d) 产品标准号；

e) 灭菌方法；

f) 灭菌批号和灭菌失效期；

g) “包装袋破损勿用”等字样或标志；

h) 制造厂名称、地址。

7.3 节育器应有能防护产品的中包装和大包装，中包装内应有产品说明书和检验合格证。

7.3.1 中包装应有下列标志：

a) 产品名称、规格和数量；

b) 产品注册号；

c) 产品标准号；

d) 灭菌方法；

e) 灭菌批号和灭菌失效期；

f) 制造厂名称、地址。

7.3.2 检验合格证应有下列标志：

a) 产品名称、规格和数量；

b) 产品注册号；

c) 产品标准号；

d) 灭菌批号和灭菌失效期；

e) 检验员代号和检验日期。

7.3.3 产品说明书的编写应遵循GB 9969.1和有关规定。中包装中说明书的数量应与中包装中的节育器数量相同。在说明书中应标明节育器在妇女子宫腔内的放置年限、不良反应、禁忌症、注意事项等内容，并标明不可重复使用。

7.3.4 大包装应有下列标志：

a) 产品名称、规格和数量；

b) 产品注册号；

c) 产品标准号；

d) 灭菌批号和灭菌失效期；

e) 毛重、体积（长×宽×高）；

f) 制造厂名称、地址、电话等；

g) “怕晒”、“怕雨”等字样或标志，应符合 GB/T 191 中有关规定。

7.4 包装后的节育器应贮存在相对湿度不超过 80%，无腐蚀性气体和通风良好的室内。

8 灭菌失效期

经包装袋密封后灭菌的节育器，在遵守贮存规则的条件下，应标明从灭菌之日起计算的灭菌失效期。

附 录 A
（规范性附录）
节育器原材料的技术要求

A.1 不锈钢丝材料

A.1.1 节育器基体材料为 0Cr18Ni9 或 1Cr18Ni9Ti 不锈耐酸钢丝，应符合 GB/T 4240 规定。

A.1.2 钢丝表面粗糙度 Ra 值应不大于 0.32 μm。

A.1.3 钢丝硬度为 410 $HV_{0.2}$～460 $HV_{0.2}$。

A.1.4 钢丝直径为 $\phi 0.3_{-0.018}^{\ 0}$ mm。

A.1.5 钢丝的不圆度应不大于 0.009 mm。

A.1.6 钢丝不得有晶间腐蚀。

A.2 铜丝材料

A.2.1 铜螺管材料为高导无氧铜丝。

A.2.2 铜丝纯度应不低于 99.99%。

A.2.3 铜丝表面应光滑、清洁，不应有裂纹、起皮、起刺、粗拉道等现象。

A.2.4 铜丝直径为 $\phi 0.4_{-0.04}^{\ 0}$。

附 录 B
（规范性附录）
铜丝表面积的计算

B.1 铜丝表面积(S_1)计算公式〔见式(B.1)、式(B.2)、式(B.3)〕

$$S_1 = 2\,r\,\pi\,l = 2\,r\,\pi(m/\rho\,\pi\,r^2) = 2\,m/\rho\,r \qquad \cdots\cdots(B.1)$$

$$m = \rho \times V \qquad \cdots\cdots(B.2)$$

式中：

m——铜丝质量，单位为毫克(mg)；

ρ——密度，单位为毫克每立方毫米(mg/mm^3)（$\rho_{Cu}=8.96\ mg/mm^3$）；

V——体积，单位为立方毫米(mm^3)。

$$V = \pi \times r^2 \times l \qquad \cdots\cdots(B.3)$$

式中：

l——铜丝的长度，单位为毫米(mm)；

r——铜丝的半径，单位为毫米(mm)。

B.2 铜管表面积(S_2)计算公式〔见式(B.4)〕

铜管表面积：

$$S_2 = n\,[2R\pi L + 2(\pi \times R^2 - \pi \times r^2)] = n\,[D\pi L + 1/2\pi\,(D^2 - d^2)] \qquad \cdots\cdots(B.4)$$

式中：

R——铜管外半径，单位为毫米(mm)；

r——铜管内半径，单位为毫米(mm)；

D——铜管外直径，单位为毫米(mm)；

d——铜管内直径，单位为毫米(mm)；

L——铜管长度，单位为毫米(mm)；

n——铜管个数。

B.3 铜总面积(S)计算公式〔见式(B.5)〕

$$S = S_1 + S_2 \qquad \cdots\cdots(B.5)$$

注：本标准节育器的铜表面积控制是通过控制最终产品的铜丝质量及生产过程中将铜丝缠绕在纵臂之前控制其长度。

附 录 C
（规范性附录）
生物相容性评价

C.1 在下列任一情况下，应考虑对材料或最终产品重新进行生物学评价（无下列情况可以豁免）：

a） 新产品注册时；

b） 制造产品所用材料来源或技术条件改变时；

c） 产品配方、工艺、初级包装或灭菌改变时；

d） 贮存期内最终产品中的任何变化；

e） 产品用途改变时；

f） 有迹象表明产品用于人体时会产生不良作用。

注：评价可以包括有关经验研究和实际试验，如果设计中器械的材料在具体应用中具有可论证的使用史，采用这样的评价，其结果可能是不必再进行试验。

C.2 为了保证节育器临床适应性能，应进行下列试验：

a） 节育器应按 GB/T 16886.5 的试验方法，进行刺激与致敏试验；

b） 节育器应按 GB/T 16886.6 的试验方法，进行植入试验；

c） 节育器应按 GB/T 16886.10 的试验方法，进行细胞毒性试验。

ICS 11.040.30
C 36

中华人民共和国国家标准

GB 11235—2006
代替 GB 11235—1997

VCu 宫内节育器

VCu intra-uterine devices

2006-09-14 发布　　2007-05-01 实施

中华人民共和国国家质量监督检验检疫总局
中国国家标准化管理委员会　发布

前言

本标准代替 GB 11235—1997《VCu 宫内节育器》。

本标准与 GB 11235—1997 的主要区别：

——节育器的尾丝抗拉力由原来的 6 N 提高到不小于 8.9 N；

——节育器的纸塑包装的剥离力由原来的不小于 4 N 提高到不小于 6 N；

——节育器铜丝的纯度由原来的不低于 99.95％提高到不低于 99.98％；

——在要求中同时增加了节育器的生物相容性评价；

——单独列出灭菌失效期章节。

本标准附录 A、附录 B、附录 C 均为规范性附录。

本标准由国家食品药品监督管理局提出。

本标准由全国计划生育器械标准化技术委员会归口。

本标准主要起草单位：上海医用缝合针厂。

本标准主要起草人：余国恩、金耀明、周雅萍。

本标准所代替标准的历次版本发布情况为：

——GB 11235—1989；

——GB 11235—1997。

VCu 宫内节育器

1 范围

本标准规定了附带放置器的 VCu 宫内节育器的材料、型式、配置、标示、要求、试验方法、检验规则、标志、包装、贮存和灭菌有效期等。

本标准适用于 VCu 宫内节育器(以下简称节育器),该产品供放置于妇女宫腔内作避孕用。

2 规范性引用文件

下列文件中的条款通过本标准的引用而成为本标准的条款。凡是注日期的引用文件,其随后所有的修改单(不包括勘误的内容)或修订版均不适用于本标准,然而,鼓励根据本标准达成协议的各方研究是否可使用这些文件的最新版本。凡是不注日期的引用文件,其最新版本适用于本标准。

GB/T 191 包装储运图示标志(GB/T 191—2000,eqv ISO 780:1997)

GB/T 2828.1 计数抽样检验程序 第1部分:按接收质量限(AQL)检索的逐批检验抽样计划(GB/T 2828.1—2003,ISO 2859-1:1999,IDT)

GB/T 4240 不锈钢丝(neq JIS G4309:1988)

GB/T 4340.1 金属维氏硬度试验 第1部分:试验方法(GB/T 4340—1999,eqv ISO 6507-1:1997)

GB/T 9969.1 工业产品使用说明书 总则

GB/T 14233.1 医用输液、输血、注射器具检验方法 第1部分:化学分析方法

GB/T 16886.1 医疗器械生物学评价 第1部分:评价与试验(GB/T 16886.1—2001,idt ISO 10993-1:1997)

GB/T 16886.5 医疗器械生物学评价 第5部分:体外细胞毒性试验(GB/T 16886.5—2003,ISO 10993-5:1999,IDT)

GB/T 16886.6 医疗器械生物学评价 第6部分:植入后局部反应试验(GB/T 16886.6—1997,idt ISO 10993-6:1994)

GB/T 16886.10 医疗器械生物学评价 第10部分:刺激与迟发型超敏反应试验(GB/T 16886.10—2005,ISO 10993-10:2002,IDT)

GB 18279 医疗器械 环氧乙烷灭菌 确认和常规控制(GB 18279—2000,idt ISO 11135:1994)

YY/T 0149 不锈钢医用器械耐腐蚀性能试验方法

中华人民共和国药典(2000年版)

3 材料、型式、配置、标示

3.1 材料

节育器选用 1Cr18Ni9Ti 或 0Cr18Ni9 不锈钢材料、高导无氧铜丝和硅橡胶制成,材料的技术要求应符合附录 A 的规定。其放置器应由无毒塑料制成。

3.2 型式

节育器的型式应符合图1的规定。

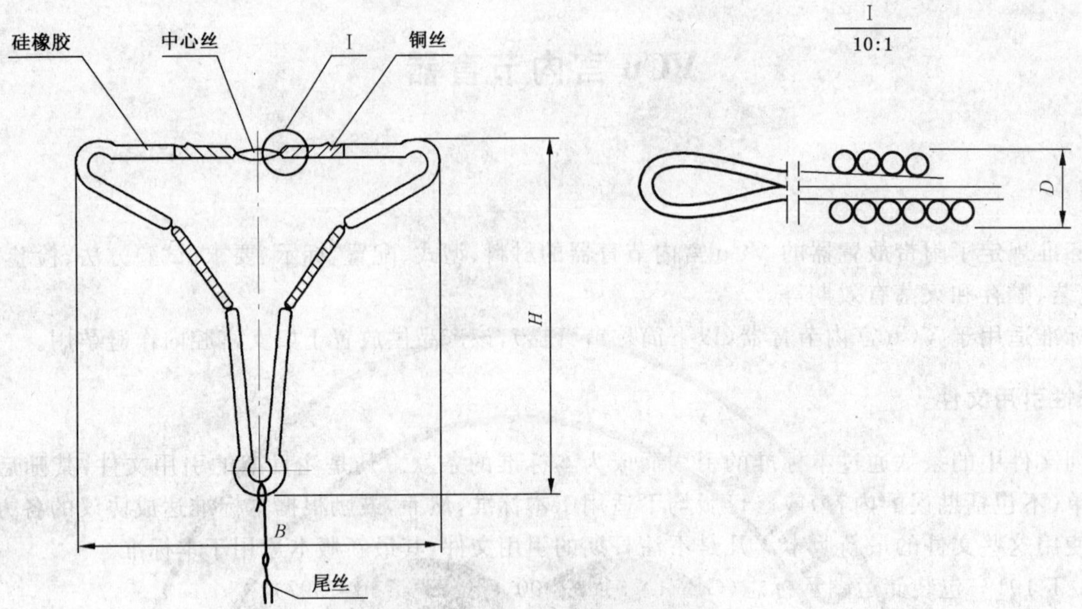

图 1 节育器

3.3 配置

一次性使用放置器由定位块、放置管、推杆组成，节育器与一次性使用放置器的配置应符合图 2 的规定。

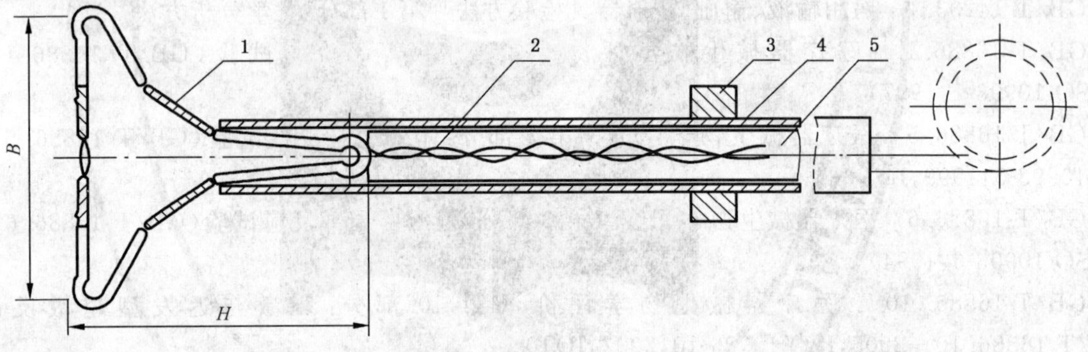

1——节育器；
2——尾丝；
3——定位块；
4——放置管；
5——推杆。

图 2 节育器与放置器配置示意图

3.4 标示

节育器的名称、铜表面积和规格应按以下方式标示：

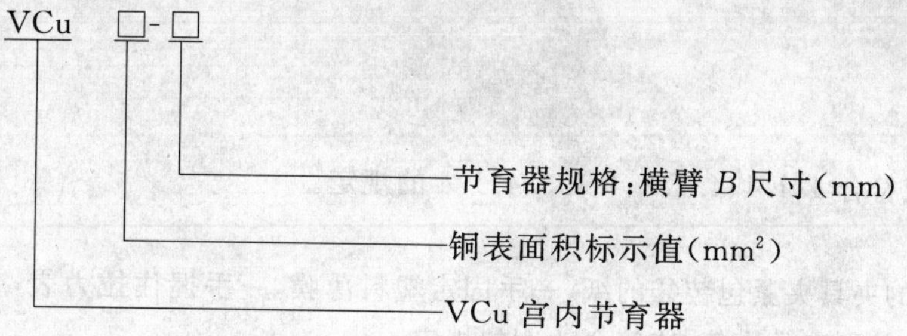

标记示例：

VCu 180-24：表示 VCu 宫内节育器，铜表面积为 180 mm^2，横臂 B 尺寸为 24 mm。

4 要求

4.1 外观

4.1.1 节育器应平整、清洁、光滑、色泽均匀，不允许有裂纹、气泡、斑痕、黑点、毛刺等缺陷。

4.1.2 铜丝螺旋圈应排列整齐、紧密，不得有扭曲、重叠等现象。

4.1.3 节育器接口处中心丝不应有损伤痕迹，伸入铜管内不短于 3 mm。

4.1.4 尾丝应清洁光滑。

4.2 节育器包装

节育器的单包装若为纸塑包装，其纸与塑料薄膜的剥离力应不小于 6 N。

4.3 中心丝耐腐蚀性

节育器的中心丝耐腐蚀性应达到 YY/T 0149 中 a 级的规定。

4.4 中心丝表面粗糙度

节育器的中心丝表面粗糙度 Ra 之数值应不大于 0.4 μm。

4.5 铜丝表面积

节育器铜丝表面积应为标示值$^{+10\%}_{-5\%}$。

4.6 尾丝抗拉力

节育器的尾丝抗拉力应不小于 8.9 N。

4.7 尾丝长度和外观

节育器的尾丝长度不小于 150 mm。

4.8 中心丝硬度

节育器的中心丝硬度为 430 $HV_{0.2}$～530 $HV_{0.2}$。

4.9 弹性

节育器应有良好的弹性，从放置器推出后，不应有重叠变形现象，B 尺寸不得小于标示值的 94%。

4.10 定位块位移阻力

放置器的定位块，在放置管上自前端起至 100 mm 内的移动阻力应在 2.5 N～10.0 N 之间。

4.11 无菌保证

节育器与放置器应经已确认过的灭菌过程进行灭菌，使产品保证无菌。若采用环氧乙烷灭菌，灭菌过程的确认应按照 GB 18279 的规定进行。

4.12 环氧乙烷残留量

若采用环氧乙烷灭菌，则环氧乙烷残留量应不大于 5 μg/g。

4.13 生物相容性评价

节育器应按 GB/T 16886.1 的规定进行生物相容性评价，评价结果应无生物相容危害。

5 试验方法

5.1 外观

以目力观察，应符合4.1.1、4.1.2、4.1.3、4.1.4的规定。

5.2 剥离力

以专用拉力表的夹具夹紧包装袋的纸，一手固定塑料薄膜，一手握住拉力表，匀速剥离包装袋至放置管定位块处，观察其剥离的力值，应符合4.2的规定。

5.3 耐腐蚀性

按YY/T 0149中规定的氯化钠溶液试验法中半浸法进行试验，应符合4.3的规定。

5.4 表面粗糙度

将节育器与表面粗糙度比较样块在10倍放大镜下进行比较，应符合4.4的规定。

5.5 铜丝表面积

将节育器内铜螺管全部取出，用通用或专用量具测量，按照附录B给出的公式计算，应符合4.5的规定。

5.6 尾丝抗拉力

以专用或通用测量工具进行测量，应符合4.6的规定。

5.7 尾丝长度

以通用或专用量具检验，应符合4.7的规定。

5.8 中心丝硬度检测

按GB/T 4340.1中规定的方法进行，在中心丝上测三点，取其算术平均值，应符合4.8的规定。

5.9 弹性

将节育器放入放置器的放置管内，时间不超过3 min，然后轻轻推出，应符合4.9的规定。

5.10 定位块位移阻力

固定放置管，然后将放置管上的定位块固定在专用拉力表的连接杆的U形槽中，手握住拉力表均匀移动，观察其所受移动阻力，应符合4.10的规定。

5.11 无菌

按《中华人民共和国药典》2000年版附录中"无菌检验法"进行检验，应符合4.11的规定。

5.12 环氧乙烷残留量

按GB/T 14233.1进行，应符合4.12的规定。

5.13 生物相容性

按附录C要求进行生物相容性试验，应符合4.13的规定。

6 检验规则

6.1 验收

节育器应经制造厂技术检验部门进行检验，合格后方可提交验收。

6.2 检验方式

节育器应成批提交检验，检验分为逐批检验和周期检验。

6.3 逐批检验

6.3.1 逐批检验按GB/T 2828.1的有关规定进行。

6.3.2 抽样方案类型采用一次抽样，抽样方案严格性从正常检验抽样开始，其不合格分类、检验项目、检验水平和接收质量限(AQL)按表1的规定。

表 1 逐批检查抽样方案

不合格分类	A类	B类		C类		
不合格分类组	Ⅰ	Ⅰ	Ⅱ	Ⅰ	Ⅱ	Ⅲ
检查项目	4.11 4.12	4.3 4.8	4.5 4.6 4.10	4.1.1 4.1.2 4.1.3 4.1.4 4.7	4.2	4.4 4.9
检查水平	—	S-2	S-2	S-3	S-4	S-4
接收质量限(AQL)	全部合格	2.5	4.0	10	6.5	6.5
注：环氧乙烷残留量和无菌测试以每一灭菌批提供报告或提供有关验证报告。						

6.4 周期检验

6.4.1 在下列情况下应进行周期检查：

a) 新产品投产前(包括老产品转厂生产注册时)；

b) 连续生产中每年不少于一次；

c) 停产一年以上恢复生产时；

d) 在设计、工艺或材料有重大改变时；

e) 质量监督部门对产品质量进行监督抽查时。

6.4.2 周期检查为全性能检验。

6.4.3 周期检查样本应从逐批检验合格批中随机抽取 5 套。

6.4.4 周期检验中若出现不合格项目，应重新加倍抽取样本，对不合格项目重新进行检验。检验仍不合格，则判型式检验不合格。

7 标志、包装、贮存

7.1 节育器及其放置器应单个包装在防穿刺的医用包装袋中。

7.2 单包装袋上应有下列标志：

a) 产品名称；

b) 产品规格(产品标示)；

c) 产品注册号；

d) 产品标准号；

e) 灭菌方法；

f) 灭菌批号和灭菌失效期；

g) “包装袋破损勿用”等字样或标志；

h) 制造厂名称、地址。

7.3 节育器应有能防护产品的中包装和大包装，中包装内应有产品说明书和检验合格证。

7.3.1 中包装应有下列标志：

a) 产品名称、规格和数量；

b) 产品注册号；

c) 产品标准号；

d) 灭菌方法；

e) 灭菌批号和灭菌失效期；

f) 制造厂名称、地址。

7.3.2 检验合格证应有下列标志：

a) 产品名称、规格和数量；

b) 产品注册号；

c) 产品标准号；

d) 灭菌批号和灭菌失效期；

e) 检验员代号和检验日期。

7.3.3 产品说明书的编写应遵循 GB 9969.1 和有关规定。中包装中说明书的数量应与中包装中的节育器数量相同。在说明书中应标明节育器在妇女子宫腔内的放置年限、不良反应、禁忌症、注意事项等内容，并标明不可重复使用。

7.3.4 大包装应有下列标志：

a) 产品名称、规格和数量；

b) 产品注册号；

c) 产品标准号；

d) 灭菌批号和灭菌失效期；

e) 毛重、体积（长×宽×高）；

f) 制造厂名称、地址、电话等；

g) “怕晒”、“怕雨”等字样或标志，应符合 GB/T 191 中有关规定。

7.4 包装后的节育器应贮存在相对湿度不超过 80%，无腐蚀性气体和通风良好的室内。

8 灭菌失效期

经包装袋密封后灭菌的节育器，在遵守贮存规则的条件下，应标明从灭菌之日起计算的灭菌失效期。

附 录 A
（规范性附录）
节育器原材料的技术要求

A.1 不锈钢丝材料

A.1.1 节育器中心丝材料为 0Cr18Ni9 或 1Cr18Ni9Ti 不锈耐酸钢丝，应符合 GB/T 4240 规定。

A.1.2 钢丝硬度为 410 $HV_{0.2}$～480$HV_{0.2}$。

A.1.3 钢丝直径为 ϕ0.25 mm±0.02 mm。

A.2 铜丝材料

A.2.1 铜丝材料为高导无氧铜丝。

A.2.2 铜丝纯度≥99.98%。

A.2.3 铜丝的直径为 ϕ0.35 mm±0.02 mm。

A.2.4 铜丝表面应光滑、清洁，不应有裂纹、起皮、粗拉痕等缺陷。

A.3 硅橡胶套管

A.3.1 硅橡胶外观应光滑，无明显杂质，外形应基本圆整，颜色基本为透明的白色。

A.3.2 硅橡胶套管的物理性能应符合表 A.1 的规定。

表 A.1 医用硅橡胶物理机械性能

项 目	指 标
扯断强度/(MPa/cm^2)	≥60
扯断伸长率/(%)	≥100
扯断永久变形/(%)	≤12
硬度(邵尔 A 型)/(度)	60±5

附 录 B
（规范性附录）
铜丝表面积的计算

B.1 铜丝表面积（S_1）计算公式〔见式（B.1）、式（B.2）、式（B.3）〕

$$S_1 = 2r\pi l = 2r\pi(m/\rho\pi r^2) = 2m/\rho r \qquad \text{(B.1)}$$

$$m = \rho \times V \qquad \text{(B.2)}$$

式中：

m——铜丝质量，单位为毫克（mg）；

ρ——密度，单位为毫克每立方毫米（mg/mm^3）（$\rho_{Cu}=8.96\ mg/mm^3$）；

V——体积，单位为立方毫米（mm^3）。

$$V = \pi \times r^2 \times l \qquad \text{(B.3)}$$

式中：

l——铜丝的长度，单位为毫米（mm）；

r——铜丝的半径，单位为毫米（mm）。

B.2 铜管表面积（S_2）计算公式〔见式（B.4）〕

$$S_2 = n[2R\pi L + 2(\pi \times R^2 - \pi \times r^2)] = n[D\pi L + 1/2\pi(D^2 - d^2)] \qquad \text{(B.4)}$$

式中：

R——铜管外半径，单位为毫米（mm）；

r——铜管内半径，单位为毫米（mm）；

D——铜管外直径，单位为毫米（mm）；

d——铜管内直径，单位为毫米（mm）；

L——铜管长度，单位为毫米（mm）；

n——铜管个数。

B.3 铜总表面积（S）计算公式〔见式（B.5）〕

$$S = S_1 + S_2 \qquad \text{(B.5)}$$

注：本标准节育器的铜表面积控制是通过控制最终产品的铜丝质量及生产过程中将铜丝缠绕在纵臂之前控制其长度。

附 录 C
（规范性附录）
生物相容性评价

C.1 在下列任一情况下，应考虑对材料或最终产品重新进行生物学评价（无下列情况可以豁免）：

a） 新产品注册时；

b） 制造产品所用材料来源或技术条件改变时；

c） 产品配方、工艺、初级包装或灭菌改变时；

d） 贮存期内最终产品中的任何变化；

e） 产品用途改变时；

f） 有迹象表明产品用于人体时会产生不良作用。

注：评价可以包括有关经验研究和实际试验，如果设计中器械的材料在具体应用中具有可论证的使用史，采用这样的评价，其结果可能是不必再进行试验。

C.2 为了保证节育器临床适应性能，应进行下列试验：

a） 节育器应按 GB/T 16886.5 的试验方法，进行刺激与致敏试验；

b） 节育器应按 GB/T 16886.6 的试验方法，进行植入试验；

c） 节育器应按 GB/T 16886.10 的试验方法，进行细胞毒性试验。

ICS 11.040
C 36

中华人民共和国国家标准

GB 11236—2006
代替 GB 11236—1995

TCu 宫内节育器

TCu intra-uterine devices

2006-09-14 发布　　2007-05-01 实施

中华人民共和国国家质量监督检验检疫总局
中国国家标准化管理委员会　发布

前　言

本标准代替 GB 11236—1995《TCu 宫内节育器》。

本标准与 GB 11236—1995《TCu 宫内节育器》的主要差异在于：

——本标准规定了节育器尺寸的允差范围；

——用铜丝质量来计算铜丝表面积；

——规定了医用包装袋的试验方法。

本标准的附录 A、附录 B、附录 C 为规范性附录。

本标准由国家食品药品监督管理局提出。

本标准由全国计划生育器械标准化技术委员会归口。

本标准由先灵(广州)药业有限公司负责起草。

本标准主要起草人：娄瑰霞、谢军、宣培军、贺孟升。

本标准所代替标准的历次版本发布情况为：

——GB 11236—1989；

——GB 11236—1995。

TCu 宫内节育器

1 范围

本标准规定了附带放置器的带铜T型TCu宫内节育器的产品特征、基本尺寸、材料、要求、试验方法、检验规则、标志、包装、贮存和灭菌有效期等。

本标准适用于带铜T型TCu宫内节育器(以下简称节育器)。该节育器放置于妇女子宫腔内作避孕用。

2 规范性引用文件

下列文件中的条款通过本标准的引用而成为本标准的条款。凡是注日期的引用文件,其随后所有的修改单(不包括勘误的内容)或修订版均不适用于本标准,然而,鼓励根据本标准达成协议的各方研究是否可使用这些文件的最新版本。凡是不注日期的引用文件,其最新版本适用于本标准。

GB/T 191 包装储运图示标志(GB/T 191—2000,eqv ISO 780:1997)

GB/T 2828.1 计数抽样检验程序 第1部分:按接收质量限(AQL)检索的逐批检验抽样计划(GB/T 2828.1—2003,ISO 2859-1:1999,IDT)

GB 9969.1 工业产品使用说明书 总则

GB/T 13293(所有部分) 高纯阴极铜化学分析方法

GB/T 14233.1—1998 医用输液、输血、注射器具检验方法 第1部分:化学分析方法

GB/T 16886.1—2001 医疗器械生物学评价 第1部分:评价与试验(idt ISO 10993-1:1997)

GB/T 16886.5 医疗器械生物学评价 第5部分:体外细胞毒性试验(GB/T 16886.5—2003,ISO 10993-5:1999,IDT)

GB/T 16886.6 医疗器械生物学评价 第6部分:植入后局部反应试验(GB/T 16886.6—1997,idt ISO 10993-6:1994)

GB/T 16886.10 医疗器械生物学评价 第10部分:刺激与迟发型超敏反应试验(GB/T 16886.10—2005,ISO 10993-10:2002,IDT)

GB/T 16886.11 医疗器械生物学评价 第11部分:全身急性毒性(GB/T 16886.11—1997,idt ISO 10993-11:1995)

GB 18279 医疗器械 环氧乙烷灭菌 确认和常规控制(GB 18279—2000,idt ISO 11135:1994)

JJG 455—2000 工作测力仪

中华人民共和国药典(2000年版)

3 产品特征、基本尺寸、材料

3.1 产品特征

3.1.1 节育器由T型架〔带铜管和(或)铜丝〕和尾丝组成(见图1)。

产品名称和特征应按以下方式标示:

TCu □ □ □×□

- 规格：横臂长(mm)×竖臂长(mm)。例如：32×36
- 带铜型式：A 表示铜管＋铜丝；B 表示铜丝；C 表示铜管
- 铜面积标示值(mm^2)。例如：380，表示铜表面积标示值为 380 mm^2
- TCu 宫内节育器

3.1.2 放置器由放置管、定位块、推杆组成(见图 2)。

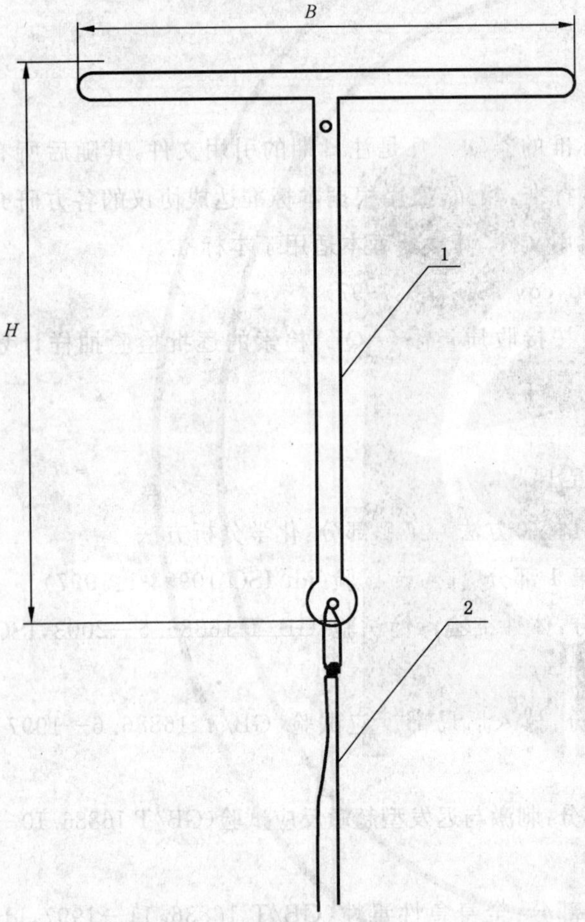

1——T 架；
2——尾丝。

图 1 T 型架示意图

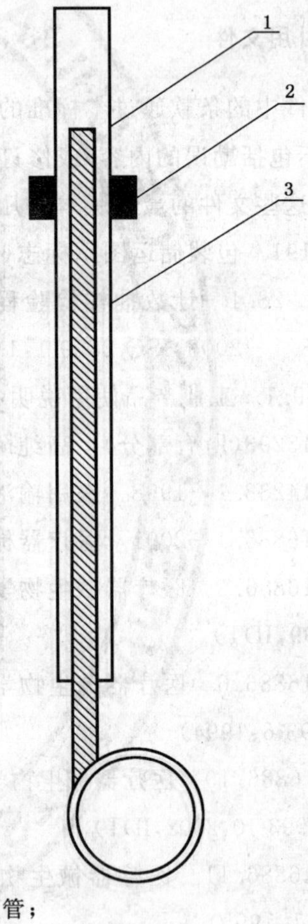

1——放置管；
2——定位块；
3——推杆。

图 2 放置器示意图

3.2 基本尺寸

横臂(B)≤32 mm

竖臂(H)≤36 mm

铜表面积：200 mm^2～380 mm^2

3.3 材料

节育器应由混入医用硫酸钡(20%～24%)的低密度聚乙烯材料和 99.99%纯度的高导无氧铜管和

(或)铜丝以及尾丝制成。放置器采用符合 GB/T 16886.1 评价规定的医用材料制成。节育器、尾丝、放置管和铜部件应符合附录 A(规范性附录)的要求。

4 要求

4.1 外观

4.1.1 节育器 T 型架表面应光滑、色泽均匀,不允许有裂纹、缺损、锋棱、毛刺等缺陷,但允许有合模线和浇口修正后的痕迹。

4.1.2 铜丝绕丝均匀,不应有末端凸起。

4.1.3 铜管不可以松脱。

4.2 节育器包装袋

4.2.1 包装袋印刷内容清晰,封口连续完整。

4.2.2 节育器经医用包装材料包装后的包装剥离力应不小于 6.0 N。

4.3 节育器尺寸

节育器的 T 型架的尺寸应为标示值的±3%。

4.4 定位块位移阻力

放置器的定位块,在放置管上一端起至 100 mm 内的移动阻力应在 2.5 N～10.0 N 之间。

4.5 尾丝长度

节育器的尾丝双线长度应不小于 100 mm。

4.6 节育器的连接强度

节育器的尾丝或尾丝与 T 型架连接处或 T 型架应在平稳的拉力下拉至 12.0 N 不应断裂。

4.7 铜表面积

节育器的铜表面积应为标示值的$^{+10\%}_{-5\%}$。

4.8 铜管位移拉力

铜管应牢固地固定在节育器的 T 型架上,使铜管产生位移的拉力应不小于 6.9 N。

4.9 恢复性

节育器具有良好的恢复性,应不大于 5 mm。

4.10 放置管外径

放置管前端外缘应保持光滑、圆钝。放置管外径应不大于 5 mm。

4.11 环氧乙烷残留量

若采用环氧乙烷灭菌,环氧乙烷残留量应不大于 5 μg/g。

4.12 无菌保证

节育器与放置器应经已确认过的灭菌过程进行灭菌,使产品保证无菌。若采用环氧乙烷灭菌,灭菌过程的确认应按照 GB 18279 的规定进行。

4.13 生物相容性评价

节育器应按 GB/T 16886.1 的规定进行生物相容性评价,评价结果应无生物相容危害。

5 试验方法

5.1 外观

在 10 倍放大镜下观测及手感检查,应符合 4.1.1、4.1.2 、4.1.3 和 4.2.1 的规定。

5.2 剥离力试验

以专用拉力表的夹具夹紧包装袋的一面,以手动拉力匀速剥离约 10 cm 长,应符合 4.2.2 的规定。若用专用拉力测量仪自动测量,测量仪应符合 JJG 455 对 1.0 级工作测力仪的要求。

5.3 节育器尺寸

以通用或专用量具进行检验，应符合4.3的规定。

5.4 定位块位移阻力试验

将放置管上的定位块固定在专用拉力表的U形槽中，使定位块以手动拉力匀速移动，观察其所受阻力，应符合4.4的规定。

5.5 尾丝长度

以通用或专用量具进行检验，结果应符合4.5的规定。

5.6 节育器连接强度试验

将节育器尾丝结挂在专用拉力表的连接钩上，节育器T型架固定在专用夹具上(如图3)，以手动拉力匀速牵拉，应符合4.6的规定。

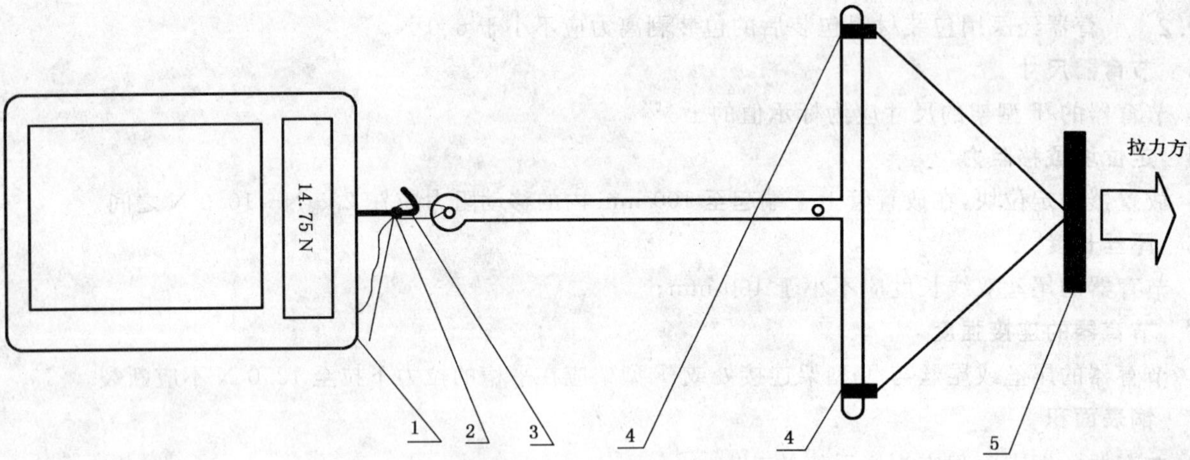

1——拉力计；
2——尾丝结；
3——连接钩；
4——T型架锁紧螺母；
5——手持杆。

图3 节育器连接强度试验示意图

5.7 铜表面积试验

用通用或专用量具测量，按照附录B给出的公式计算，应符合4.7的规定。

5.8 铜管位移拉力试验

将节育器臂上的铜管插入专用拉力表的连接杆槽中固定，一手固定T型架，一手握住拉力表并均匀地后移至铜管脱落，应符合4.8的规定。

5.9 恢复性试验

恢复性检验样品应先在温度为23℃±2℃、相对湿度为50%±5%的条件下放置至少24 h。节育器横臂应按照节育器使用说明书规定的使用方法折叠(例如：折叠插于放置管中)。两横臂应保持折叠状态5 min，然后取出，使其自然恢复1 min，观察两横臂末端的水平位移平均值，应不大于5 mm。结果应符合4.9的规定。

5.10 放置管外径

以通用或专用量具进行检验，结果应符合4.10的规定。

5.11 环氧乙烷残留量检验

按GB/T 14233.1—1998中“9.1 气相色谱法”的要求进行试验，应符合4.11的规定。

5.12 无菌试验

无菌试验按《中华人民共和国药典》2000 年版无菌检查法进行，应符合 4.12 的规定。

5.13 生物学评价方法

按附录 A 要求进行生物相容性试验。

6 检验规则

6.1 验收

节育器应经制造厂技术检验部门进行检验，合格后方可提交验收。

6.2 检验方式

节育器应成批提交检验，检验分为逐批检验和周期检验。

6.3 逐批检验

6.3.1 逐批检验按 GB/T 2828.1 的有关规定进行。

6.3.2 抽样方案类型采用一次抽样，抽样方案严格性从正常检验抽样开始，其不合格分类、检验项目、检验水平和接收质量限(AQL)按表 3 的规定。

表 1 逐批检验抽样方案

不合格品分类	A 类	B 类	C 类
检验项目	4.11 4.12	4.1.1(裂纹、缺损)、4.2.2、4.3、4.5、4.6、4.7、4.9、4.10	4.1.1、4.1.2、4.1.3、4.2.1、4.4、4.8
取样方案	按灭菌批次抽样	一次抽样	一次抽样
检查水平	—	S-3	S-3
接收质量限(AQL)	全部合格	4.0	6.5
注：环氧乙烷残留量和无菌测试以每一灭菌批提供报告或提供有关验证报告。			

6.4 周期检验

6.4.1 在下列情况下应进行周期检查：

a) 新产品投产前(包括老产品转厂生产注册时)；

b) 连续生产中每年不少于一次；

c) 停产一年以上恢复生产时；

d) 在设计、工艺或材料有重大改变时；

e) 质量监督部门对产品质量进行监督抽查时。

6.4.2 周期检验为全性能检验。

6.4.3 周期检验样本应从逐批检验合格批中随机抽取 5 套。

6.4.4 周期检验中若出现不合格项目，应重新加倍抽取样本，对不合格项目重新进行检验。检验仍不合格，则判型式检验不合格。

7 标志、包装、贮存

7.1 节育器包装袋应符合附录 C 的要求。

7.2 节育器及其放置器应单个包装在防穿刺的医用包装袋中。包装袋上应有下列标志：

a) 产品名称、特征；

b) 产品规格；

c) 产品注册号；

d) 产品标准号；

e) 灭菌方法；

f) 灭菌批号和灭菌失效期；

g) “包装袋破损勿用”等字样或标志；

h) 制造厂名称、地址。

7.3 节育器应有能防护产品的中包装和大包装，中包装内应有产品说明书和检验合格证。

7.3.1 中包装应有下列标志：

a) 产品名称、特征、规格和数量；

b) 产品注册号；

c) 产品标准号；

d) 灭菌批号和灭菌失效期；

e) 制造厂名称、地址。

7.3.2 检验合格证应有下列标志：

a) 产品名称、特征、规格和数量；

b) 产品注册号；

c) 产品标准号；

d) 灭菌批号和灭菌失效期；

e) 检验员代号和检验日期。

7.3.3 产品说明书的编写应遵循 GB 9969.1 和有关规定。中包装中说明书的数量应与中包装中的节育器数量相同。在说明书中应标明节育器在妇女子宫腔内的放置年限、不良反应、禁忌症、注意事项等内容，并标明不可重复使用。

7.3.4 大包装应有下列标志：

a) 产品名称、规格和数量；

b) 产品注册号；

c) 产品标准号；

d) 灭菌批号和灭菌失效期；

e) 毛重、体积（长×宽×高）；

f) 制造厂名称、地址、电话等；

g) “怕晒”、“怕雨”等字样或标志，应符合 GB/T 191 中有关规定。

7.4 包装后的节育器应贮存在相对湿度不超过 80%，无腐蚀性气体和通风良好的室内。

8 灭菌失效期

经包装袋密封后灭菌的节育器，在遵守贮存规则的条件下，应标明从灭菌之日起计算的灭菌失效期。

附　录　A
（规范性附录）
材料的试验方法

A.1　重新评价产品的生物学相容性

在下列任一情况下，应考虑对材料或最终产品重新进行生物学评价（无下列情况可以豁免）：

a）　制造产品所用材料来源或技术条件改变时；

b）　产品配方、工艺、初级包装或灭菌改变时；

c）　贮存期内最终产品中的任何变化；

d）　产品用途改变时；

e）　有迹象表明产品用于人体时会产生不良作用。

注：按 GB/T 16886.1—2001 附录 A 中 3.6 的说明，评价可以包括有关经验研究和实际试验，如果设计中器械的材料在具体应用中具有可论证的使用史，采用这样的评价，其结果可能是不必再进行试验。

A.2　生物学评价试验

A.2.1　节育器 T 型架应按 GB/T 16886.6、GB/T 16886.10 和 GB/T 16886.11 的试验方法，进行短期肌肉植入、皮肤粘膜刺激和急性全身毒性试验。

A.2.2　尾丝应按 GB/T 16886.6 的试验方法，进行组织植入试验。

A.2.3　放置管应按 GB/T 16886.5 和 GB/T 16886.10 的试验方法，进行皮肤致敏试验、皮内刺激试验和细胞毒性试验。

A.3　铜管和铜丝纯度试验

按 GB/T 13293（所有部分）进行试验，铜的最小含量 99.99%，其他各项（见表 A.1）所列金属杂质含量总和不大于 100 μg/g，或者各单项金属杂质不大于表 A.1 规定。

表 A.1　金属杂质含量

单项金属	最大限量/(μg/g)	单项金属	最大限量/(μg/g)
铅(Pb)	2	碲(Te)	3
镉(Cd)	1	锑(Sb)	2
铁(Fe)	10	砷(As)	3
镍(Ni)	5	磷(P)	1
汞(Hg)	1	银(Ag)	50
锡(Sn)	1	铋(Bi)	1
锌(Zn)	2	锰(Mn)	2
硒(Se)	5	—	—

附　录　B
（规范性附录）
铜丝表面积的计算

B.1　铜丝表面积(S_1)计算公式〔见式(B.1)、式(B.2)、式(B.3)〕

$$S_1 = 2r\pi l = 2r\pi(m/\rho\pi r^2) = 2\,m/\rho\,r \quad\cdots\cdots(\text{B.1})$$

$$m = \rho \times V \quad\cdots\cdots(\text{B.2})$$

式中：

m——铜丝质量，单位为毫克(mg)；

ρ——密度，单位为毫克每立方毫米(mg/mm³)(ρ_{Cu}=8.96 mg/mm³)；

V——体积，单位为立方毫米(mm³)。

$$V = \pi \times r^2 \times 1 \quad\cdots\cdots(\text{B.3})$$

式中：

l——铜丝的长度，单位为毫米(mm)；

r——铜丝的半径，单位为毫米(mm)。

B.2　铜管表面积(S_2)计算公式〔见式(B.4)〕

$$S_2 = n[2R\pi L + 2(\pi \times R^2 - \pi \times r^2)] = n[D\pi L + 1/2\pi(D^2 - d^2)] \quad\cdots\cdots(\text{B.4})$$

式中：

R——铜管外半径，单位为毫米(mm)；

r——铜管内半径，单位为毫米(mm)；

D——铜管外直径，单位为毫米(mm)；

d——铜管内直径，单位为毫米(mm)；

L——铜管长度，单位为毫米(mm)；

n——铜管个数。

B.3　铜总表面积(S)计算公式〔见式(B.5)〕

$$S = S_1 + S_2 \quad\cdots\cdots(\text{B.5})$$

注：本标准节育器的铜表面积控制是通过控制最终产品的铜丝质量及生产过程中将铜丝缠绕在纵臂之前控制其长度。

附 录 C
（规范性附录）
医用包装袋的试验方法

C.1 包装袋材料单位质量测定

单位质量应符合生产者的标示值。

C.2 微生物屏障性能鉴定

C.2.1 不透气性材料试验

C.2.1.1 试样

取包装袋样片剪成250 mm×105 mm的小块，取与样片同样大小的白色吸水纸放在平滑玻璃表面，样片放在滤纸上，将测试材料的内表面与吸水纸接触。将染色液倒入一个浅盘中，使海绵在浅盘内滞留1 min，取出海绵，靠着盘的边把多余的液体挤除。将海绵放在样片上，保证海绵的边缘在样片边部之内（且距边部不少于15 mm），并静置2 min。取走海绵，检查吸水纸的污染情况。吸水纸上应不沾颜料。每批10个样品，如果连续10批结果都符合要求，对同一供应商可每10批检验一次。

C.2.1.2 器材及试剂，应符合下列要求：

a) 海绵：由醋酸纤维海绵制取，其尺寸为110 mm×75 mm×32 mm，用防水胶粘剂与尺寸为110 mm×75 mm×12 mm的钢板粘结，其总质量应控制在800 g±50 g；
b) 染色液：1%苋莱红水溶液（1%苋莱红，0.005%西曲溴胺水溶液）；
c) 吸水纸：白色，中速或中/快速吸收滤纸或气相色谱纸；
d) 浅盘：深度不小于15 mm，最小面积为135 mm×95 mm。

C.2.2 透气性材料试验

取包装袋样片用环氧乙烷灭菌后，剪成45 mm×45 mm小块，将样片外表面朝上平铺于无菌平皿内。用含10^6 CFU/mL的金黄色葡萄球菌悬液滴到样片上，互不接触滴5滴，每滴0.1 mL。将样片置于无菌、相对湿度为40%、室温（24℃）环境中干燥6 h，将样片染菌面向上平铺在血琼脂培养基表面，完全接触，6 s后，移走样片。血琼脂培养基于37℃培养16 h～24 h进行菌落计数。评价：5个培养基平板上应均无菌生长，则为合格；若有菌生长且5个培养基平板上生长菌落总数不大于5，则可用另外20个样片复检，在20个平板上生长的菌落总数不大于5为合格。如果连续10批结果都符合要求，对同一供应商的同一种材料，可每10批检验一次。

C.3 密封完好性试验

C.3.1 透明/不透明包装

用剪刀从一面将包装袋从中间纵向剪开，使包装袋开口面朝上。用吸液管或注射器向热封处滴加多滴试验溶液，并确保热封处被完全润湿。放置15 min后观察。应无染料透过热封处。

C.3.2 不透明包装

与透明包装的方法相同，但在湿润后，应除去多余的试验溶液。在60℃干燥样品15 min，然后用手轻轻剥开密封。应无染料透过热封处。

试液：0.15% 罗丹明B
0.15% 表面活性剂
5.0% 异丙醇
94.7% 蒸馏水

ICS 77.080.01
H 11

中华人民共和国国家标准

GB/T 11261—2006
代替 GB/T 11261—1989

钢铁 氧含量的测定 脉冲加热惰气熔融-红外线吸收法

Steel and Iron—Determination of oxygen content—The pulse heating inert gas fusion-infra-red absorption method

2006-03-02 发布 2006-09-01 实施

中华人民共和国国家质量监督检验检疫总局
中国国家标准化管理委员会 发布

前言

本标准此次修订对以下主要内容进行了修改：

——修改了标准名称；

——增加了“7　仪器的准备”；

——增加了“10　试验报告”；

——增加了附录A；

——原1,修改本章名称及内容；

——原2,修改本章引用标准；

——原3,修改本章名称；

——原6,修改本章名称；

——原7现为8,修改本章内容。

——原8现为9,修改本章内容。

本标准代替GB/T 11261—1989《高碳铬轴承钢化学分析方法　脉冲加热惰气熔融　红外线吸收法测定氧量》。

本标准的附录A是资料性附录。

本标准由中国钢铁工业协会提出。

本标准由全国钢标准化技术委员会归口。

本标准负责起草单位:宝钢集团上海五钢有限公司。

本标准参加起草单位:国家钢铁材料测试中心、武汉钢铁公司、宝钢集团上海钢铁研究所、宝钢集团上海一钢有限公司、山东省冶金科学研究院、上海材料研究所、抚顺特殊钢公司。

本标准主要起草人:王玉娟、崔秋红、樊勇飞、俞信霞。

本标准1989年首次发布。

钢铁 氧含量的测定
脉冲加热惰气熔融-红外线吸收法

1 范围

本标准规定了用脉冲加热惰气熔融-红外线吸收法测定钢铁中氧含量。

本方法适用于钢铁中质量分数0.000 5%～0.020%氧含量的测定。

2 规范性引用文件

下列文件中的条款通过本标准的引用而成为本标准的条款。凡是注日期的引用文件，其随后所有的修改单(不包括勘误的内容)或修订版均不适用于本标准，然而，鼓励根据本标准达成协议的各方研究是否可使用这些文件的最新版本。凡是不注日期的引用文件，其最新版本适用于本标准。

GB/T 6379(所有部分) 测量方法与结果的准确度(正确度与精密度)

3 原理

将预先制备好的试料，投入处在氦(或氩)气流的石墨坩埚中，用低压交流电直接加热至2 300℃左右熔融，试料中的氧呈一氧化碳析出(或经加热400℃的稀土氧化铜转化成二氧化碳)，导入红外线检测器进行测定。

4 试剂和材料

4.1 氦(或氩)气，纯度为99.99%以上。

4.2 动力气：氮气、氩气或压缩空气，其杂质(油和水)小于0.5%。

4.3 四氯化碳(或乙醚)。

4.4 丙酮。

4.5 稀土氧化铜。

4.6 真空油脂。

4.7 无水高氯酸镁。

4.8 碱性活性陶土。

4.9 玻璃棉。

4.10 氧有证标准物质。

4.11 石墨坩埚：采用高纯或光谱纯石墨加工而成，其形状与尺寸参见图1。

允许使用能使氧完全析出的其他形状和尺寸的坩埚，加热条件另选。

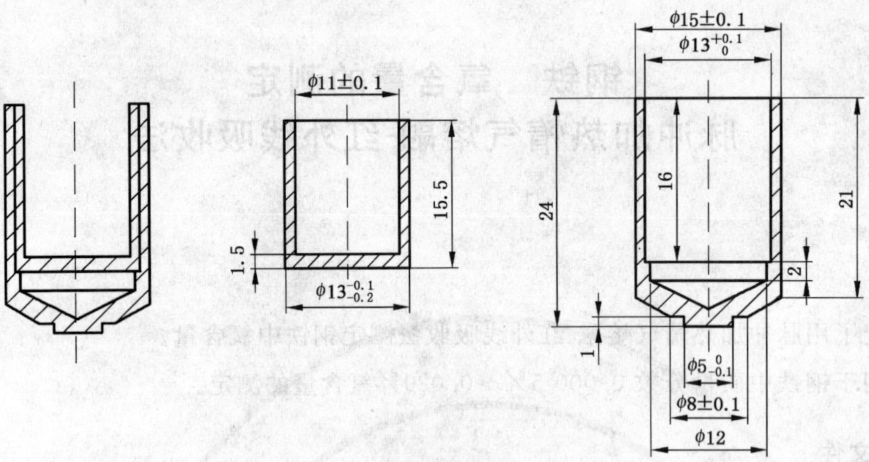

图 1

5 仪器与设备

5.1 仪器性能

脉冲加热红外线吸收仪(附电子交流稳压器)仪器应达到下述指标:

5.1.1 系统空白小于 0.000 05%。

5.1.2 仪器本身显示灵敏度为 0.000 01%。

5.1.3 精密度为 0.000 2%。

5.1.4 脉冲加热炉功率不小于 6.6 kW(炉温不低于 2 500℃)。

5.2 仪器示意图见图 2。

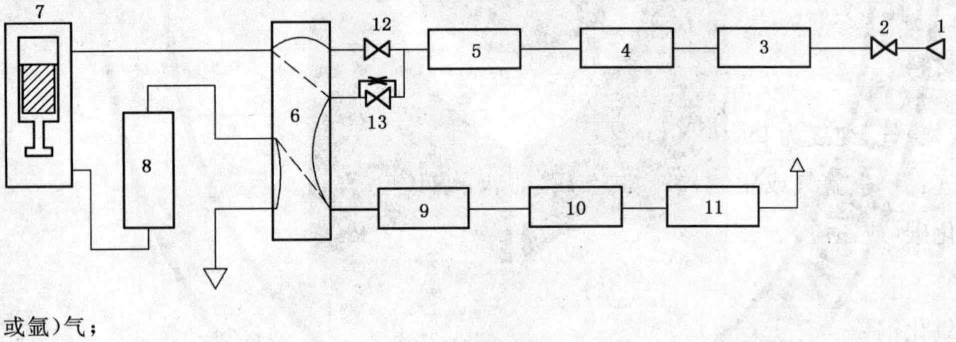

1——氦(或氩)气;
2——电磁阀;
3——脱气净化气;
4——碱石棉;
5——高氯酸镁;
6——转心阀;
7——脉冲加热炉;
8——玻璃棉;
9——稀土氧化铜;
10——流量控制器;
11——CO_2(或 CO)红外检测器;
12——电磁阀;
13——稳压器。

图 2

6 取制样

6.1 试样应车制成 $\phi(4\sim5)$ mm，长度大于 30 mm 的圆棒，表面粗糙度 Ra 3.2 μm 以上。碳化硅砂布和鹿皮在 800 r/min 左右的转速下依次进行抛光至 Ra 1.6 μm 以上，抛光后用剪线钳剪去端部，剪去所需长度，在超声波清洗器中用四氯化碳（或乙醚）和丙酮（4.4）依次清洗 3 min～7min，用热风吹干后置入干燥器中备用。

6.2 操作中应避免试样氧化和沾污，车制应在车速为 800 r/min 左右加冷却液下进行，车刀和剪线钳应事先用四氯化碳（或乙醚）（4.3）擦洗。

6.3 经过洗涤底试样需用干净底镊子夹取，不得用手触摸。

注：测定高含量的氧量时，也可用其他方法去除试样表面吸附的氧。

7 仪器的准备

7.1 分析前仪器应处于正常状态。

7.2 分析前用氧有证标准物质（4.10）进行检查，所用实物标准的氧含量略大于被分析试样的含氧量，三次校正值之间的极差值小于重复性数值，否则应重新校正。

8 分析步骤

8.1 试料

称取约 0.5～1.0 g 试样，精确至 1 mg。

8.2 空白试验

空白值的测定，应将原储存的空白值置零，然后按仪器规定程序和 8.3.2 规定的条件进行空白试验。测定氧含量≤0.003 0%时，空白值应小于 0.000 05%。

8.3 测定

8.3.1 将试料（8.1）装入加样器，用专用铜刷清扫进样通道与脉冲炉膛，在炉内装入石墨坩埚（4.11）。

8.3.2 按下述条件进行坩埚脱气和试样分析：

a) 脱气的加热电流 1 100 A；

b) 分析试样的电流（950 ～1 050）A；

c) 分析试样的时间（20～30）s；

d) 脱气的气流速度 1 000 mL/min 左右；

e) 分析试样的气流速度 300 mL/min 左右。

9 精密度

本标准的精密度数据是在 2003 年由 9 个实验室对氧的 4 个水平进行共同试验所确定的。按照 GB/T 6379 的规定各实验室对氧的每个水平测定 3 次完成的。各实验室报出的原始数据（测定值）见附录 A（资料性附录）。原始数据按照 GB/T 6379 进行统计分析，精密度结果见下表 1。

表 1

氧含量（质量分数）/%	重复性限 r	再现性限 R
0.000 5～0.020	$\lg r=-1.734\ 5+0.762\ 9\lg m$	$\lg R=-0.910\ 6+0.924\ 7\lg m$

重复性限 r、再现性限 R 按以上表 1 给出的方程求得。

式中 m 是两个测定值的平均值，单位为%（质量分数）。

在重复性条件下，获得的两次独立测试结果的绝对差值不大于重复性限 r，大于重复性限 r 的情况以不超过 5%为前提；

在再现性条件下，获得的两次独立测试结果的绝对差值不大于再现性限 R，大于再现性限 R 的情况以不超过 5% 为前提。

10 试验报告

试验报告应包括下列内容：

a) 识别样品、实验室和试验日期所需的全部资料；

b) 使用的标准和方法；

c) 试验结果及表示；

d) 试验中观察到的异常现象；

e) 任何本标准中未规定的操作，或任何可能影响结果的操作。

附 录 A
（资料性附录）
用脉冲加热惰气熔融-红外线吸收法测定钢铁中氧含量精密度试验原始数据

表 A.1

实验室	氧含量(质量分数)/%			
	水平 1	水平 2	水平 3	水平 4
1	0.002 19 0.002 24 0.002 20	0.003 47 0.003 53 0.003 47	0.004 99 0.005 14 0.005 09	0.018 0 0.018 1 0.018 2
2	0.002 40 0.002 41 0.002 43	0.003 49 0.003 52 0.003 38	0.005 68 0.005 73 0.005 77	0.020 2 0.020 4 0.020 1
3	0.002 12 0.002 06 0.002 12	0.003 19 0.003 44 0.003 15	0.005 40 0.005 41 0.005 42	0.019 0 0.018 3 0.018 8
4	0.002 30 0.002 25 0.002 23	0.003 93 0.003 81 0.003 91	—	—
5	0.002 54 0.002 48 0.002 63	0.004 07 0.003 95 0.004 05	0.004 88 0.004 92 0.004 96	0.017 1 0.016 6 0.016 8
6	0.001 99 0.002 17 0.002 14	0.003 63 0.003 76 0.003 87	0.005 14 0.005 27 0.005 33	0.018 2 0.018 3 0.018 8
7	0.002 15 0.002 20 0.002 22	0.003 70 0.003 68 0.003 75	0.005 15 0.005 19 0.005 25	0.018 2 0.018 2 0.018 4
8	0.002 02 0.002 04 0.002 14	0.003 81 0.003 62 0.003 51	0.004 85 0.005 25 0.005 10	0.017 0 0.017 3 0.017 8
9	0.002 12 0.002 25 0.002 35	0.003 65 0.003 50 0.003 38	0.005 28 0.004 99 0.005 10	0.0168 0.0172 0.0178

ICS 33.120.30
L 23

中华人民共和国国家标准

GB/T 11313.36—2006/IEC 61169-36:1996
QC 223600

射频连接器
第36部分：特性阻抗为50 Ω的搭锁连接微小型射频同轴连接器(MCX型)

Radio-frequency connectors—
Part 36: Microminiature r.f. coaxial connectors with snap-on coupling—Characteristic impedance 50 Ohms (Type MCX)

(IEC 61169-36:1996, IDT)

2006-04-21 发布　　　　2006-10-01 实施

中华人民共和国国家质量监督检验检疫总局
中国国家标准化管理委员会　发布

前 言

GB/T 11313 在《射频连接器》总标题下包括若干部分：

——第 1 部分：总规范 一般要求和试验方法(idt IEC 61169-1:1992)；

——第 36 部分：特性阻抗为 50 Ω 的搭锁连接微小型射频同轴连接器(MCX 型)(IEC 61169-36:1996,IDT)；

……

本部分为第 36 部分，等同采用 IEC 61169-36:1996《射频连接器 第 36 部分：特性阻抗为 50 Ω 的搭锁连接微小型射频同轴连接器(MCX 型)》(英文版)，并增加了资料性附录“部分 96IEC 电缆的结构尺寸”(见附录 A)。

为便于使用，本部分对 IEC 61169-36:1996 做了下列编辑性修改：

a) 删除 IEC 61169-36:1996 的前言；

b) 本部分的所有图形的制图方式均按我国相关制图规则进行了更改。

本部分的附录 A 为资料性附录。

本部分由中华人民共和国信息产业部提出。

本部分由全国电子设备用高频电缆及连接器标准化技术委员会归口。

本部分起草单位：中国电子技术标准化研究所。

本部分主要起草人：吴正平、郭建雄、王健。

射 频 连 接 器
第 36 部分：特性阻抗为 50 Ω 的搭锁连接微小型射频同轴连接器（MCX 型）

1 总则

1.1 范围

本部分适用于与柔软、半柔软和半硬电缆（96IEC50-1-…和 96IEC 50-2-…等）一起使用的微小型同轴连接器。MCX 型连接器具有搭锁连接机构，阻抗为 50 Ω，工作频率达 3 GHz。

1.2 规范性引用文件

下列文件中的条款通过本部分的引用而成为本部分的条款。凡是注日期的引用文件，其随后所有的修改单（不包括勘误的内容）或修订版均不适用于本部分，然而，鼓励根据本部分达成协议的各方研究是否可使用这些文件的最新版本。凡是不注日期的引用文件，其最新版本适用于本部分。

GB/T 11313—1996　射频连接器　第 1 部分：总规范　一般要求和测量方法（idt IEC 61169-1:1992）

IEC 60096-2:1988　射频连接器　第 2 部分：有关电缆规范

IEC QC 001005　按 IECQ 体系（包括 ISO 9000）批准的公司、产品和服务的注册

1.3 IEC 型号命名

符合本部分的连接器应按如下命名：

a)　本部分的编号：61169-36 IEC；

b)　级别号：

0 级为标准试验连接器，用 G0 表示；

2 级为通用连接器，用 G2 表示。

c)　一组规定气候类别的数字。

例如：61169-36 IEC G2 (55/155/21) 表示 2 级连接器，界面尺寸见图 1 和图 2，气候类别为 55/155/21。

2 插合界面和标准规

2.1 通用连接器尺寸

原始尺寸为公制，所有未注尺寸的图形结构仅供参考。

2.1.1 具有插针中心接触件的连接器

单位为毫米

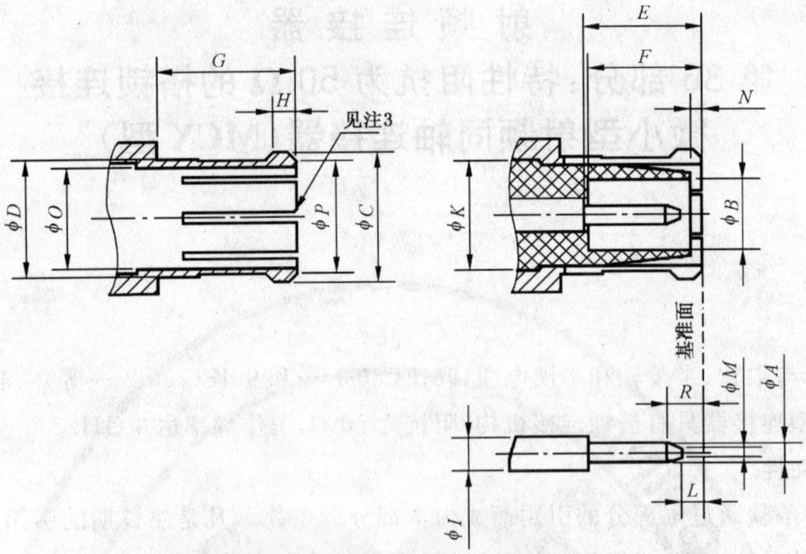

图 1 具有插针中心接触件的连接器

表 1 具有插针中心接触件的连接器尺寸

代号	mm		in		备 注
	min	max	min	max	
A	0.48	0.53	0.019	0.021	
B	2.0	—	0.079	—	
C	—	—	—	—	见注 4
D	—	3.40	—	0.134	
E	2.80	3.20	0.110	0.126	
F	2.80	—	0.110	—	
G	4.15	—	0.163	—	
H	—	—	—	—	见注 1
I	—	—	—	—	见注 2
K	3.05(标称值)		0.120(标称值)		见注 2
L	0.15	—	0.006	—	
M	—	0.25	—	0.010	
N	0.00	0.30	0.000	0.012	
O	—	3.00	—	0.118	见注 5
P	—	3.60	—	0.142	见注 6
R	—	1.20	—	0.047	

注 1:外接触件锁销的形状和尺寸应满足电气和机械性能要求。

注 2:中心接触件和均匀传输线的直径能得到要求的 50 Ω 的特性阻抗。

注 3:开槽的个数和尺寸要满足电气和机械性能要求。

注 4:涨口至直径最大为 3.8 mm(0.15 in)时,满足标准规的要求。

注 5:所选直径要满足机械和电气要求,并能补偿开槽的电气影响。

注 6:开槽和涨口之前的尺寸。

2.1.2 具有插孔中心接触件的连接器

单位为毫米

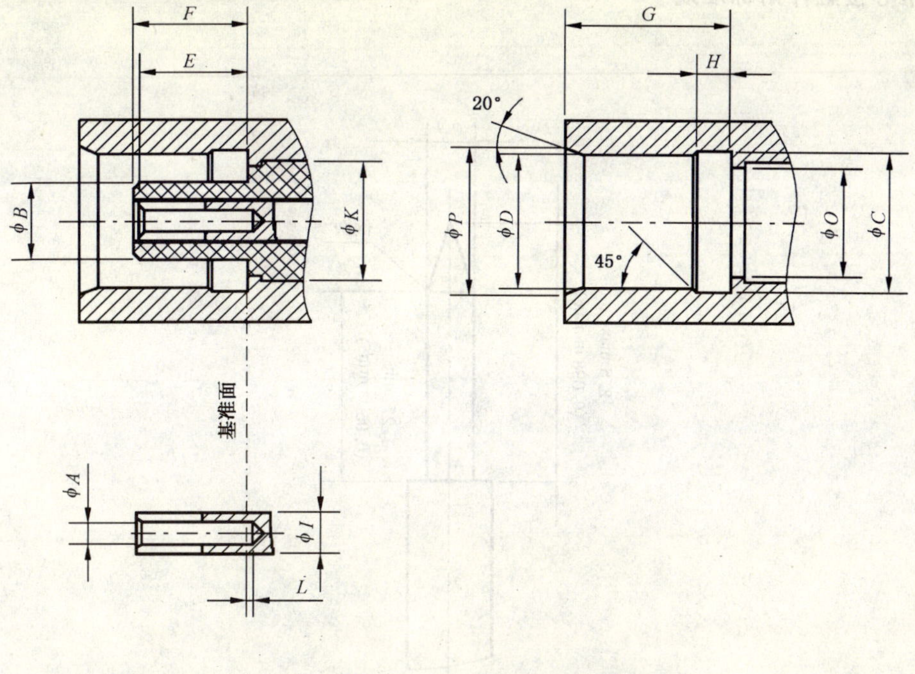

图2 具有插孔中心接触件的连接器

表2 具有插孔中心接触件的连接器尺寸

代号	mm		in		备 注
	min	max	min	max	
A	—	—	—	—	见注2
B	—	1.98	—	0.078	
C	3.60	3.75	0.142	0.148	
D	3.42	3.48	0.135	0.137	
E	2.30	2.80	0.091	0.110	
F	2.60	2.80	0.102	0.110	
G	4.00	4.12	0.157	0.162	
H	0.75	0.85	0.030	0.033	
I	—				见注1
K	3.05(标称值)		0.120(标称值)		见注1
L	0.00	—	0.000	—	
O	—	3.00	—	0.118	
P	3.80	—	0.150	—	

注1:中心导体和均匀传输线截面的直径能得到要求的50 Ω的特性阻抗。

注2:孔径和收口满足电气和机械性能要求。

注3:角度公差为±2°。

2.2 通用连接器标准规

原始尺寸为公制,所有未注尺寸的图形结构仅供参考。

2.2.1 插孔中心接触件用标准规

单位为毫米

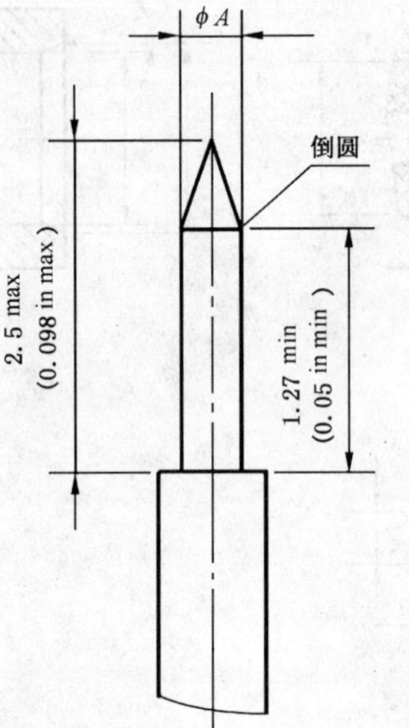

图3 插孔中心接触件连接器的插针标准规

表3 插孔中心接触件用标准规的尺寸

代号	标准规 A——稳定尺寸用最大实体				标准规 B——测量内导体标准规保持力用最小实体标准规质量:(28±1)g			
	mm		in		mm		in	
	min	max	min	max	min	max	min	max
A	0.530	0.538	0.020	0.0212	0.477	0.482	0.0188	0.0190
注:材料为抛光的钢材。表面粗糙度:Ra=0.4 μm(16 μin) max。								

标准规 A 应只插入插孔中心接触件一次,这是一次稳定尺寸操作。

此后,将标准规 B 插入插孔中心接触件,接触件垂直朝下应能保持标准规的质量。

附加试验

稳定尺寸操作后,当详细规范规定时,应测量将整个标准规 A 插入插孔中心接触件时所需要的力。当要求此试验时,应规定最大允许的插入力,不应超过 11 N。

注:标准规 A 仅用于鉴定批准试验。标准规 A 的最小直径与插头的插针接触件的最大直径一致。

2.2.2 外接触件用标准规

单位为毫米

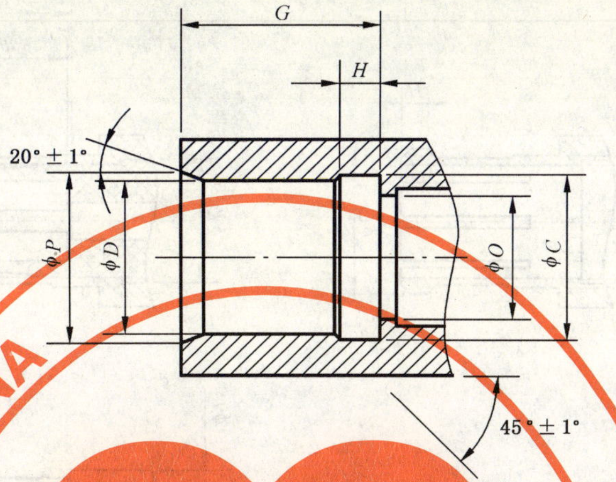

图 4 外接触件保持力和分离力用标准规 A 和 B

表 4 外接触件标准规的尺寸

代号	标准规 A——测量分离力用				标准规 B——测量保持力用			
	mm		in		mm		in	
	min	max	min	max	min	max	min	max
C	3.60	3.62	0.142	0.143	3.60	3.62	0.142	0.143
D	3.40	3.42	0.134	0.135	3.46	3.48	0.136	0.137
G	4.10	4.12	0.161	0.162	4.10	4.12	0.161	0.162
H	0.79	0.81	0.031	0.032	0.79	0.81	0.031	0.032
P	3.75	3.85	0.148	0.152	3.75	3.85	0.148	0.152
O	2.60	2.80	0.102	0.110	2.60	2.80	0.102	0.110
	标准规的质量:(2000±10)g				标准规的质量:(800±10)g			
注:材料为抛光的钢材。表面粗糙度:$Ra=0.4$ μm(16 μin) max。								

按标准程序,将代表最大实体(最小直径)的稳定尺寸用标准规 A 只插入一次,但应测量拔出标准规的力。拔出标准规的最大力应为 20 N(2 kg)。

然后,施加代表最小实体(最大直径)的保持力用标准规。标准规的质量为 800 g,在垂直朝下方向应能保持标准规。

附加试验

试验结束后,当详细规范规定时,应测量插入标准规 A 所需要的力。当要求此附加试验时,要求力应不超过 63 N。

2.3 标准试验连接器尺寸(0 级)

原始尺寸为公制,所有未注尺寸的图形结构仅供参考。

2.3.1 具有插针中心接触件的标准试验连接器

单位为毫米

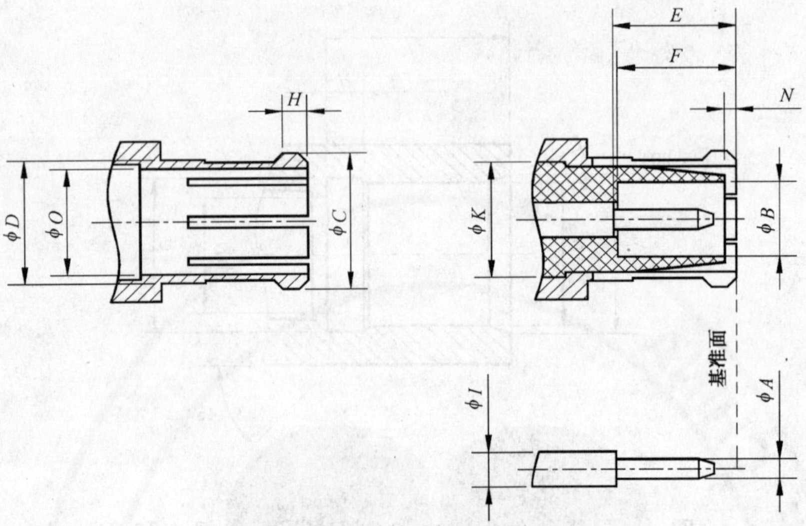

图 5 具有插针中心接触件的标准试验连接器

表 5 具有插针中心接触件的标准试验连接器尺寸

代号	mm		in		注
	min	max	min	max	
A	0.50	0.53	0.020	0.021	
B	2.00	2.05	0.079	0.081	见注 2
C	3.62	3.65	0.143	0.144	见注 3
D	3.37	3.40	0.133	0.134	
E	2.81	3.00	0.111	0.118	
F	2.81	3.00	0.111	0.118	
H	0.70	0.75	0.028	0.030	
I	0.930	0.950	0.0366	0.0374	
K	—	—	—	—	见注 1
N	—	0.20	—	0.008	
O	2.800	2.830	0.1102	0.1114	见注 3

未注尺寸,见表 1 和图 1。

注 1:当使用时域反射法检查时,外接触件直径和均匀传输线段的长度应能得到要求的 50 Ω 的特性阻抗。

注 2:使用介电常数为 2.02 的 PTFE 介质的尺寸。

注 3:开槽前的尺寸。

2.3.2 具有插孔中心接触件的标准试验连接器

单位为毫米

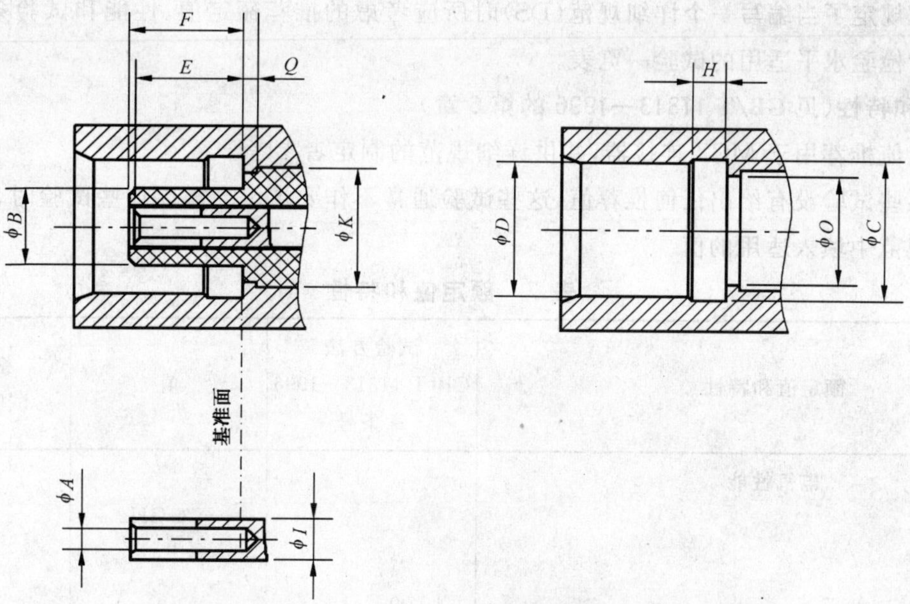

图 6 具有插孔中心接触件的标准试验连接器

表 6 具有插孔中心接触件的标准试验连接器尺寸

代号	mm		in		备 注
	min	max	min	max	
A	0.55	0.58	0.022	0.023	见注 3
B	1.90	1.95	0.075	0.077	见注 2
C	3.61	3.69	0.142	0.145	
D	3.42	3.48	0.135	0.137	
E	2.60	2.79	0.102	0.110	
F	2.60	2.79	0.102	0.110	
H	0.80	0.85	0.031	0.033	
I	0.930	0.950	0.0366	0.0374	
K	—	—	—	—	见注 1
O	2.75	2.80	0.108	0.110	
Q	0.45	0.55	0.018	0.022	

未注尺寸见表 2 和图 2。

注 1：当使用时域反射法检查时，外接触件直径和均匀传输线段的长度应能得到要求的 50 Ω 的特性阻抗。

注 2：使用介电常数为 2.02 的 PTFE 介质的尺寸。

注 3：在开槽和收口前。

3 质量评定程序

3.1 总则

下列条款规定了当编写一个详细规范(DS)时所应考虑的推荐额定值、性能和试验条件，也规定了具有最低质量检验水平适用的试验一览表。

3.2 额定值和特性(见 GB/T 11313—1996 的第 6 章)

下列规定值推荐用于 MCX 连接器，并供详细规范的制定者参考。

所列的某些试验没有给出任何推荐值，这些试验通常不作要求。当需要这些试验时，按规范制定者判断在详细规范中填入适用的值。

表 7 额定值和特性

额定值和特性	试验方法 GB/T 11313—1996 章条号	值	备注或与标准 试验方法的差异
电气性能			
频率范围		至 6 GHz	
2 级连接器			
反射系数[a]	9.2.1		
2 级连接器			
——直式		≤0.1	至 1 GHz
——直角弯式		≤0.2	至 1 GHz
——直式		≤0.15	至 3 GHz
——直角弯式		≤0.24	至 3 GHz
——印制板安装式(直式或弯式)		na	
——元件安装式		见详细规范	
——焊接槽			
T 形接头		na	
中心接触件电阻[b]	9.2.3		
——初始值		≤5 mΩ	
——环境试验后		≤15 mΩ	
外导体连续性[b]	9.2.3		
——初始值		≤2.5 mΩ	
——环境试验后		≤7.5 mΩ	
绝缘电阻[b]	9.2.5		
——初始值		≥1 GΩ	
——环境试验后		≥500 MΩ	
海平面耐电压[c,d]	9.2.6		(86～106)kPa
——接 96IEC 50-1-1,96IEC 50-1-2,96IEC 50-1-3 电缆		500 V	
——接 96IEC 50-2-1,96IEC 50-2-2,96IEC 50-2-3,96IEC 50-2-4 电缆		750 V	
——接直径为 0.056 in 或 1.42 mm 半硬电缆		500 V	
——接直径为 0.085 in 或 2.16 mm 半硬电缆		750 V	
——接直径为 0.141 in 或 3.58 mm 半硬电缆		1 kV	

表 7（续）

额定值和特性	试验方法 GB/T 11313—1996 章条号	值	备注或与标准试验方法的差异
4.4 kPa 时的耐电压[c,d]	9.4.2		
——接 96IEC 50-1-1,96IEC 50-1-2,96IEC 50-1-3 电缆		100 V	4.4 kPa 相当于 20 km (70 000 ft)的高空
——接 96IEC 50-2-1,96IEC 50-2-2,96IEC 50-2-3, 96IEC 50-2-4 电缆		100 V	
——接直径为 0.056 in 或 1.42 mm 半硬电缆		100 V	
——接直径为 0.085 in 或 2.16 mm 半硬电缆		100 V	
——接直径为 0.141 in 或 3.58 mm 半硬电缆		100 V	
海平面环境试验电压[c,d]	9.4.3		(86～106)kPa
——接 96IEC 50-1-1,96IEC 50-1-2,96IEC 50-1-3 电缆		170 V	
——接 96IEC 50-2-1,96IEC 50-2-2,96IEC 50-2-3, 96IEC 50-2-4 电缆		335 V	
——接直径为 0.056 in 或 1.42 mm 半硬电缆		175 V	
——接直径为 0.085 in 或 2.16 mm 半硬电缆		250 V	
——接直径为 0.141 in 或 3.58 mm 半硬电缆		335 V	
4.4kPa 时的环境试验电压[c,d]	9.4.2		4.4 kPa 相当于 20 km (70 000 ft)的高空
——接 96IEC 50-1-1,96IEC 50-1-2,96IEC 50-1-3 电缆		45 V	
——接 96IEC 50-2-1,96IEC 50-2-2,96IEC 50-2-3, 96IEC 50-2-4 电缆		85 V	
——接直径为 0.056 in 或 1.42 mm 半硬电缆		45 V	
——接直径为 0.085 in 或 2.16 mm 半硬电缆		65 V	
——接直径为 0.141 in 或 3.58 mm 半硬电缆		85 V	
屏蔽效率(仅适用于接电缆连接器)	9.2.8	≥70 dB,1 GHz	$Z_t \leqslant 31.6$ mΩ
放电试验(电晕试验)	9.2.9	见详细规范	
机械性能			
中心接触件固定性	9.3.5		
——轴向力		10 N	在各方向的最大永久位移为 0.25 mm
——力矩		0.02 N·m	
啮合力和分离力及力矩	9.3.6		
——啮合力		63 N max	
——分离力		8 N min,20 N max	
标准规保持力(弹性接触件)	9.3.4		
——中心接触件		(28±1)g(0.27 N)	
——外接触件		800 g(78.5 N)	

表 7（续）

额定值和特性	试验方法 GB/T 11313—1996 章条号	值	备注或与标准试验方法的差异
电缆固紧装置的机械试验			
——电缆旋转(挠动)	9.3.7.2	na	
——电缆拉伸	9.3.8		
——接 96IEC 50-1 电缆		32 N	
——接 96IEC 50-2 电缆		53 N	单屏蔽电缆
——接 96IEC 50-2 电缆		105 N	双屏蔽电缆
——接直径为 0.056 in 或 1.42 mm 半硬电缆		98 N	
——接直径为 0.085 in 或 2.16 mm 半硬电缆		155 N	
——接直径为 0.141 in 或 3.58 mm 半硬电缆		302 N	
——电缆弯曲	9.3.9	na	
——电缆扭转	9.3.10		
——接 96IEC 50-1 电缆		0.005 N·m	
——接 96IEC 50-2 电缆		0.013 N·m	单屏蔽电缆
——接 96IEC 50-2 电缆		0.030 N·m	双屏蔽电缆
——接直径为 0.056 in 或 1.42 mm 半硬电缆		0.06 N·m	
——接直径为 0.085 in 或 2.16 mm 半硬电缆		0.15 N·m	
——接直径为 0.141 in 或 3.58 mm 半硬电缆		0.50 N·m	
连接机构强度	9.3.11	na	
弯曲力矩(和剪切力)	9.3.12	0.5 N·m	相对于基准面
振 动	9.3.3	98 m/s^2，(10～500)Hz (30 次扫描)	
碰 撞	9.3.13	见详细规范	
冲 击	9.3.14	见详细规范	
环境性能			
气候类别[e]	9.4.1	55/155/21	
非气密封	9.4.5.1	1 cm^3/h max	(100～110)kPa 压差
气密封	9.4.5.2	5 Pa cm^3/s	(100～110)kPa 压差
盐 雾	9.4.6	48 h	
耐久性			
机械耐久性	9.5	500 次插拔	
高温耐久性[e]	9.6	1 000 h,155℃	

[a] 这些值适用于通用连接器，实际上，这些值会受到所用电缆的影响，通常应参考详细规范中给出的实际值。

[b] 一对连接器的值。

[c] 除非另有规定，电压都是(40～65)Hz 交流有效值。

[d] 有些与这些连接器配用的电缆的额定值低于本规范给出的值。

[e] 对于某些连接器，上限温度受到电缆特性的限制，应参照相应的电缆规范。当使用半硬电缆时，上限温度最大为 115℃。

缩写：

na：不适用。

3.3 试验一览表和检验要求

交收试验

表 8 交收试验

	试验方法 GB/T 11313—1996 章条号	评定水平 M(较高)				评定水平 H(较低)			
		试验要求	IL	AQL %	周期	试验要求	IL	AQL %	周期
A1 组									
外观检查	9.1.2	a	Ⅱ	1.0		a	S3	1.5	
B1 组									
外形尺寸	9.1.3.1	a	S4	0.40	逐批试验	a	S3	4.0	逐批试验
机械互换性	9.1.3.3	a	Ⅱ	1.0		a	S3	1.5	
啮合力和分离力及力矩	9.3.6	a	S4	0.40		a	S3	1.5	
标准规保持力(弹性接触件)	9.3.4	ia	Ⅱ	1.0		ia	S3	1.5	
非气密封	9.4.5.1	ia	Ⅱ	0.65		ia	S3	1.0	
气密封	9.4.5.2	ia	Ⅱ	0.015		ia	S3	0.025	
耐电压	9.2.6	a	S4	0.40		a	Ⅱ	4.0	
可焊性(零部件)	9.3.2.1.1	ia	S4	0.40		ia	S3	4.0	
绝缘电阻	9.2.5	a	S4	0.40		a	S3	4.0	
备注、缩写和程序说明见表 9 末尾。									

周期试验

对于评定水平 H 和 M,没有 C 组试验。

表 9 周期试验

	试验方法 GB/T 11313—1996 章条号	评定水平 M(较高)				评定水平 H(较低)			
		试验要求	样品数	每组允许失效数[a]	周期	试验要求	样品数	每组允许失效数[a]	周期
D1 组(d)			6	1	3y		3	1	3y
可焊性——连接器组件	9.3.2.1.1	ia				ia			
耐焊接热	9.3.2.1.2	ia				ia			
电缆固紧装置的机械试验									
——电缆旋转(挠动)	9.3.7.2	ia							
——电缆拉伸	9.3.8	ia				ia			
——电缆弯曲	9.3.9	ia							
——电缆扭转	9.3.10	ia							
弯曲力矩(和剪切力)	9.3.12	a				a			
连接机构强度	9.3.11	ia				ia			

表 9（续）

	试验方法 GB/T 11313—1996 章条号	评定水平 M(较高)				评定水平 H(较低)			
		试验要求	样品数	每组允许失效数[a]	周期	试验要求	样品数	每组允许失效数[a]	周期
D2 组(d)			6	1	3y		3	1	3y
接触电阻、外导体和屏蔽连续性、中心导体连续性(插合的电缆连接器)	9.2.3	a				a			
碰撞	9.3.13								
振动	9.3.3	a							
冲击	9.3.14	a							
稳态湿热	9.4.3	a				a			
盐雾	9.4.6	a							
D3 组									
尺寸	9.1.3.2	a	[b]	1	3y	a	[b]	1	3y
D4 组(d)			6	1	3y		3	1	3y
机械耐久性	9.5	a				a			
高温耐久性	9.6	a							
二氧化硫	9.4.8								
D5 组 (d)			6	1	3y		3	1	3y
反射系数	9.2.1	ia				ia			
屏蔽效率	9.2.8	ia							
浸水	9.2.7								
D6 组 (d)			6	1	3y		3	1	3y
中心接触件固定性	9.3.5	ia							
放电试验(电晕)	9.2.9	a							
温度快速变化	9.4.4	a				a			
气候顺序	9.4.2	a				a			
D7 组 (d)									
耐溶剂和污染流体	9.7		1[c]	—	3y		1[c]	1	3y

a 对于鉴定批准(QA)，评定水平 H 的 D1～D7 组总共只允许两次失效，评定水平 M 的 D1～D7 组总共只允许一次失效。

b 除非使用同样的零部件，否则每种型号和规格均要求一套产品。

c D7 组—每种溶剂连接器对的数量。

缩写：

a：适用；

ia：试验要求(适用时)；

IL：检验水平；

AQL：可接受质量水平；

(d)：破坏性试验——试验样品不能返回库存。

程序

质量一致性检验

它包括以逐批为基础的 A1 组和 B1 组试验和以周期为基础的 D1～D7 组试验。

鉴定批准及其维持

这包括通过 A1 和 B1 组试验的三个连续的批，及随后按适用从批中抽取的试验样品组成。这些试验样品应成功地通过规定的 D 组周期试验。

3.4 制定详细规范的指南

3.4.1 总则

详细规范(DS)应使用适用的空白详细规范(BDS)。以下列出了用于 50 ΩMCX 系列连接器的空白详细规范，并已列入了有关下列内容：

a) 适用于所有详细规范的总规范编号，包括分规范规定的连接器系列类型；

b) 连接器的系列名称。

规范制定者应按规定填入要包括的有关连接器类型/规格的详细内容。在空白详细规范的方框中对应位置填入下列内容。

3.4.2 详细规范的识别

(1) 授权出版详细规范的国家机构(NAI)，当可采购时，可买到详细规范的机构。

(2) 有关国家机构分配给详细规范(DS)的编号，它紧接着 ISO 和两字母国家识别代号或“XX”(当详细规范由 IEC 分技术委员会制定时)之后。

(3) IECQ 总规范和分规范(适用时)的编号和版本，以及国家标准号(当不同时)。

(4) 如果不同于 IECQ 号，详细规范的国家编号、发布日期以及国家体系要求的更多信息及其更改单编号。

3.4.3 元件的识别

(5) 填入下列内容：

——品种：连接器的品种名称，包括固定和密封类型(适用时)。

——连接：对于中心导体和外导体，选取适用的电缆/导线的连接方式。

——特点和标志：适合时。

——型号名称：用粗体字母/数字，约 15 mm 高。

(6) 填入质量评定水平、特性阻抗和气候类别。

(7) 填入外形图和面板开孔(适用时)细则。应规定最大外形尺寸，以及基准面位置，对于固定连接器，相对于连接器前面安装面板的安装板位置。

对于固定连接器，应规定最大面板厚度。

(8) 详细规范包括的所有规格特性，适用时包括下列内容：

——各规格适用的电缆类型(或规格)；

——镀层或防护涂层

——具有螺纹孔或光孔的安装法兰细则；

——焊接柱或焊接槽的细节，包括与微波集成电路(MIC)元件(适用时)一起使用的那些细节。

3.4.4 性能

(9) 按分规范的要求，列出连接器最重要的特性数据。明确指出与最低要求的偏差。不适用的参数应标上“na”。

3.4.5 标志、定货资料及有关事项

(10) 按适用填入标志和定货资料，以及有关文件和任何引用结构相似性的细则。

3.4.6 试验、试验条件和严酷度的选择

(11) “na”用来表示不适用的试验。所有由详细规范制定者标上“a”的试验是强制性的。

当采用空白详细规范规定的正常程序时，适用时，在有关分规范的试验一览表中指定为强制性的每项试验对应的"试验要求"中填入字母"a"。对要求的任何附加试验中,由规范制定者确定是否也应填入字母"a"。

当需要时,规范制定者也应指出与标准试验方法和试验条件的差异,包括与分规范的试验一览表中给定的任何有关差异。

鉴定批准和质量一致性检验是适用的,并与在系统内提供类似可比较的服务功能的其他连接器相一致,以使国家监督检查机构(NSI)满意。

3.5 MCX 型连接器的空白详细规范格式

以下几页包括了完整的空白详细规范。

(1)	(2)[a] IECQ
(3) 电子元件质量评定按: 总规范:GB/T 11313—1996/IEC 61169-1:1992 分规范:GB/T 11313.36—2006/IEC 61169-36:1996	(4) 版本 …… ……

(5) 射频连接器质量评定详细规范　　　　型号:MCX

品种:……………………　　　　特点和标志:

连接机构形式:……

电缆/导线的连接方式:中心导体—焊接/压接[b]…………………

外导体—焊接/夹接/压接[b]…………………

(6) 评定水平……　　(标称值)阻抗 Ω……　　气候分类…/…/…

(7) 外形图和最大尺寸:　　　　面板开孔尺寸和安装详图:

插合界面尺寸和基准面位置见 GB/T 11313.36—2006

面板最大厚度:前面安装……mm　　后面安装:……mm

(8) 规格

规格号	规格说明	96IEC	其他电缆
—01……	……	……	……
…………	……	……	……
…………	……	……	……
…………	……	……	……
…………	……	……	……
…………	……	……	……

有关拥有按本详细规范鉴定元件的承制方的资料见 QC 001005 最新版本的合格产品目录。

[a] 填入 ISO 国家识别码或 XX(当由 IEC 委员会制定时)。

[b] 仅填入适用的内容。

(9) 性能(包括使用的极限条件)

额定值及特性		试验方法 GB/T 11313—1996 章条号	值	备注或与标准试验方法的差异
电气性能				
阻抗(标称值)			………………Ω	
频率范围			………………	测量频率范围
	规格号			
反射系数	—01……	9.2.1	………………	……………………………
	……		………………	……………………………
	……		………………	……………………………
	……		………………	…
中心接触件电阻		9.2.3	≤…………mΩ	初始值
			≤…………mΩ	条件试验后
中心导体连续性	—01……	9.2.4	……………mΩ	初始值
	……		……………mΩ	条件试验后
	……		……………mΩ	
	……		……………mΩ	
外导体连续性	—01……	9.2.4	≤…………mΩ	初始值
	……		≤…………mΩ	条件试验后
绝缘电阻		9.2.5	≥…………GΩ	初始值
			≥…………MΩ	条件试验后
耐电压[a] (海平面)	—01……	9.2.6	……………kV	(86～106)kPa
	……		……………kV	
	……		……………kV	
	……		……………kV	
耐电压[a] (4.4 kPa)	—01……	9.2.6	……………V	……kPa(如果不是 4.4 kPa)
	……		……………V	
	……		……………V	
	……		……………V	
环境试验电压[a] (海平面)	—01……		……………V	(86～106)kPa
	……		……………V	
	……		……………V	
	……		……………V	
环境试验电压[a] (4.4 kPa)	—01……		……………V	……kPa(如果不是 4.4 kPa)
	……		……………V	
	……		……………V	
	……		……………V	
屏蔽效率	—01……	9.2.8	≥…dB 在……GHz	Z_t≤………mΩ
	……		≥…dB 在……GHz	Z_t≤………mΩ
	……		≥…dB 在……GHz	Z_t≤………mΩ
	……		≥…dB 在……GHz	Z_t≤………mΩ

额定值及特性	试验方法 GB/T 11313—1996 章条号	值	备注或与标准试验方法的差异
放电试验(电晕试验)			
在海平面　　　　—01……	9.2.9	………………V	熄灭电压
……		………………V	
……		………………V	
……		………………V	
在 4.4 kPa　　　—01……		………………V	……kPa(如果不是 4.4 kPa)
……		………………V	
……		………………V	
……		………………V	
附加的电气性能			
机械性能			
可焊性	9.3.2.1.1		
——焊头尺寸		…………	
标准规保持力(弹性接触件)	9.3.4		对于标准规细则见图 4 和表 4,图 3 和表 3
——中心接触件		…………g	
——外接触件		…………g	
中心接触件固定性	9.3.5		
——轴向力		…………N	
——各方向允许位移		…………mm	
——力矩		…………N·m	
啮合力和分离力及力矩	9.3.6		
螺纹连接			
连接力矩			
——连接螺母摩擦力			可手动实现
——正常力矩		……～……N·m	
——耐力矩		<…………N·m	
连接机构强度	9.3.11		
		……………N	
电缆固紧装置的机械试验			
			弯曲半径和圈数
1)　电缆旋转　　　—01……	9.3.7	……………	……mm,……圈
……		……………	……mm,……圈
……		……………	……mm,……圈
……		……………	……mm,……圈
2)　电缆拉伸　　　—01……	9.3.8	……………N	施加的点和时间
……		……………	………mm………s
……		……………	
……		……………	
3)　电缆弯曲	9.3.9	循环次数	电缆长度和质量
—01……		………………	………mm……kg
……		………………	………mm……kg
……		………………	………mm………kg
……		………………	………mm………kg

额定值及特性	试验方法 GB/T 11313—1996 章条号	值	备注或与标准试验方法的差异
4）　电缆扭转	9.3.10	力矩	施加力矩的时间
—01……		…………N·m	………s
……		…………N·m	………s
……		…………N·m	………s
……		…………N·m	………s
弯曲力矩(和剪切力)	9.3.12	…………N·m	相对于参考面
碰撞	9.3.13	…………m/s^2	
		共………次碰撞	
振动	9.3.3	…………m/s^2	
		……～……Hz	
冲击	9.3.14	…………m/s^2	
		…………波形	
		…………ms	
附加的机械特性			
环境性能			
气候类别		……/……/……	
密封-非气密连接器	9.4.5	……cm^3/h	(100～110)kPa 压差
密封-气密连接器	9.4.5	……Pa·cm^3/s	(100～110)kPa 压差
浸水	9.2.7	…………………	
盐雾	9.4.6	…………… h	喷雾时间
附加的环境性能			
耐久性			
机械耐久性	9.5	…………次，	
高温耐久性	9.6	……℃，……h	
其他耐久性			
化学污染			
耐溶剂和污染流体	9.7		
——使用的流体		………………	
		………………	
		………………	
		………………	
		………………	
二氧化硫暴露	9.4.8	………………d	

a　除非另有规定，电压值为(40～65)Hz 时的交流有效电压。

（10） 补充内容

元件标志：按 GB/T 11313—1996 中 11.1 的规定，并按如下顺序：

1） 制造厂的识别代码：……………………………………………

2） 制造日期代码　　年/月

3） 元件识别代码　　规格号/型号　　标志

………………　　………………

………………　　………………

………………　　………………

………………　　………………

………………　　………………

………………　　………………

………………　　………………

………………　　………………

包装的标志和内容：按 GB/T 11313—1996 中 11.2 的规定。

1） 按 GB/T 11313—1996 中 11.1 的规定详细标上以上内容

2） 标称特性阻抗能 ……………Ω

3） 评定水平字母代码 ……………

4） 任何要求的附加标志 ……………

订货文件

1） 详细规范的编号……………………… /规格代号………………………………

2） 质量评定字母代码……………………………………………………………

3） 壳体涂覆（如果多于一个）………………………………………

4） 任何附加内容或特殊要求……………………………………………………

有关文件（如果在 GB/T 11313—1996 或分规范中没有包括）：

…………………………………………………………………………………………………

…………………………………………………………………………………………………

结构相似性按 GB/T 11313—1996 中 10.2.3.4 的规定。

注：基本品种的相关内容应编入规格号 01。

（11） 试验一览表和检验要求

交收试验

	试验方法 GB/T 11313—1996 章条号	评定水平……							
		试验要求	IL	AQL %	周期	与标准试验方法的差异			
A1 组									
外观检查	9.1.2				逐批				
B1 组									
外形尺寸	9.1.3								
机械互换性	9.3								
啮合力和分离力及力矩	9.3.6				逐				
标准规保持力（弹性接触件）	9.3.4								
非气密封连接器	9.4.5.1								
气密封连接器	9.4.5.2				批				
耐电压	9.2.6								
可焊性	9.3.2.1.1								
绝缘电阻	9.2.5								

符号、缩写和程序见周期试验表末尾。

周期试验

C 组试验

对于评定水平 H 和 M,没有 C 组试验。

周期试验

	试验方法 GB/T 11313—1996 章条号	评定水平……				
		试验要求	样品数	每组允许失效数[a]	周期	与标准试验方法的差异
D1 组(d)						
可焊性——连接器组件	9.3.2.1.1					
耐焊接热	9.3.2.1.2					
电缆固紧装置的机械试验						
——电缆旋转(挠动)	9.3.7					
——电缆拉伸	9.3.8					
——电缆弯曲	9.3.9					
——电缆扭转	9.3.10					
弯曲力矩(剪切力)	9.3.12					
连接机构强度	9.3.11					
D2 组(d)						
中心接触件电阻	9.2.3					
外导体连续性	9.2.4					
碰撞	9.3.19					
振动	9.3.3					
冲击	9.3.14					
稳态湿热	9.4.3					
盐雾	9.4.6					
D3 组			b	b		
尺寸	9.1.3					
D4 组(d)						
机械耐久性	9.5					
高温耐久性	9.6					
二氧化硫	9.4.8					
D5 组(d)						
反射系数	9.2.1					
屏蔽效率	9.2.8					
浸水	9.2.7					
D6 组(d)						
中心接触件固定性	9.3.5					
放电试验(电晕)	9.2.9					
温度快速变化	9.4.4					
气候试验	9.4.2					

表（续）

	试验方法 GB/T 11313—1996 章条号	评定水平……						
		试验要求	样品数	每组允许失效数[a]	周期	与标准试验方法的差异		
D7 组(d) 耐溶剂和污染流体	9.7		[c]					

[a] 对于鉴定批准，D1～D7 组总共只允许两次失效。

[b] 除非使用同样的零部件，否则每种型号和规格均要求一套产品。

[c] D7 组——每种溶剂要求连接器对的数量。

缩写：

a：适用；

ia：试验要求(适用时)；

IL：检验水平；

AQL：可接受质量水平；

(d)：破坏性试验——试验样品不能返回库存。

程序

质量一致性检验

逐批试验

应由逐批进行的 A1 组和 B1 组试验组成。

鉴定批准及其维持

由通过 A1 和 B1 组试验的三个连续批，及随后按适用从批中抽取的试验样品组成。这些试验样品应成功地通过规定的 D 组周期试验。

附 录 A
（资料性附录）
部分 96IEC 电缆的结构尺寸

部分 96IEC 电缆的结构尺寸如表 A.1。

表 A.1

单位为毫米

电缆型号	内导体			绝缘		护套材料	其他
	材料	根数×直径	最大外径	材料	标称外径		
96IEC50-1-1	镀银铜包钢线	7×0.11	0.365	聚四氟乙烯	0.87	聚全氟乙丙烯	
96IEC50-1-2	镀银铜包钢线	7×0.11	0.365	聚四氟乙烯	0.87	聚四氟乙烯	
96IEC50-1-3	镀银铜包钢线	7×0.11	0.365	聚四氟乙烯	0.87	聚四氟乙烯防潮密封层外加浸硅漆玻璃丝	
96IEC50-2-1	裸铜线	7×0.17	0.564	实芯聚乙烯	1.5	聚氯乙烯	
96IEC50-2-2	镀银铜包钢线	7×0.18	0.598	聚四氟乙烯	1.5	聚全氟乙丙烯	
96IEC50-2-3	镀银铜包钢线	7×0.18	0.598	聚四氟乙烯	1.5	聚四氟乙烯	
96IEC50-2-4	镀银铜包钢线	7×0.18	0.598	聚四氟乙烯	1.5	聚四氟乙烯防潮密封层外加浸硅漆玻璃丝	

ICS 17.160
J 04

中华人民共和国国家标准

GB/T 11349.1—2006/ISO 7626-1:1986
代替 GB/T 11349.1—1989

振动与冲击 机械导纳的试验确定 第1部分:基本定义与传感器

Vibration and shock—Experimental determination of mechanical mobility—Part 1:Basic definitions and transducers

(ISO 7626-1:1986,IDT)

2006-06-02 发布 2006-11-01 实施

中华人民共和国国家质量监督检验检疫总局
中国国家标准化管理委员会 发布

前　言

GB/T 11349《振动与冲击　机械导纳的试验确定》分为3个部分：

——第1部分：基本定义与传感器；

——第2部分：用激振器作单点平动激励测量；

——第3部分：冲击激励法。

本部分是GB/T 11349的第1部分。本部分等同采用ISO 7626-1:1986《振动与冲击　机械导纳的试验确定　第1部分：基本定义与传感器》。

为便于使用，本部分做了如下编辑性修改：

——用"本部分"代替"本国际标准"；

——用小数点"."代替作为小数点的逗号","；

——按照GB/T 1.1的要求删去国际标准的前言；引言放在正文之前；

——删去了个别不必要的注释。

本部分代替GB/T 11349.1—1989《机械导纳的试验确定　基本定义与传感器》。

本部分与GB/T 11349.1—1989相比主要变化如下：

——本部分名称改为《振动与冲击　机械导纳的试验确定　第1部分：基本定义与传感器》。

——增补了"目次"和"引言"。

——补充了"规范性引用文件"。

——4.6及正文中1989年版的"有关的频率范围"均改为"关注的频率范围"，而未采用"感兴趣的频率范围。"

——8.8.1改写了"加速度传感器的线性度"中线性度的表述方式，删去1989年版中的公式(5)。

——8.8.2"力传感器的线性度"中，删去1989年版中的公式(7)，激振力的计算改为用文字叙述。

——8.9.5"应变的影响"一节中删去1989年版括号中的内容。

——补充了"附录A(资料性附录)机械阻抗、导纳和模态分析之间的关系"和"参考文献"。

——增补了一些注释。

本部分的附录A、附录B和附录C均为资料性附录。

本部分由中国机械工业联合会提出。

本部分由全国机械振动与冲击标准化技术委员会归口。

本部分起草单位：郑州机械研究所。

本部分主要起草人：韩国明、潘文峰。

引　言

0.1　关于导纳测量国家标准 GB/T 11349 的全面介绍

结构的动力特性可以由导纳测量得到的频率响应函数来确定,或由与频率响应函数相应的加速度导纳和位移导纳来确定。每个频率响应函数都是由于在单位力或力矩激励下,在结构的某一点的运动响应的相量,这些函数的大小和相位是频率的函数。

加速度导纳、位移导纳与导纳的区别仅在于分别用加速度或位移代替速度表示运动响应。为简便起见,在 GB/T 11349 的各部分中将只用“导纳”这一术语。当然,所有的试验方法和要求均适用于加速度导纳和位移导纳的确定。

导纳测量的典型应用:

a)　预测结构对已知的或假定的输入激励的动力响应;

b)　确定结构的模态特征(固有频率、振型和阻尼比);

c)　预测相连结构之间的动力相互作用;

d)　检验结构的数学模型的有效性并改善其精确度;

e)　确定单一或复合材料的动力特性(即复弹性模量)。

对于某些需完整地描述动态特性的应用,可能要求测量沿 3 个相互垂直的轴的力和运动,以及绕这 3 个轴的力矩和转动。对每个关注的点,这些测量给出一个(6×6)的导纳矩阵。对结构上的 N 个点,系统有一个($6N\times6N$)阶的完整导纳矩阵。

对于大多数实际应用,没有必要知道完整的($6N\times6N$)矩阵。通常只需要用单点单方向施加激振力,在结构的关键点测平动响应的办法测出驱动点导纳和一些传递导纳就已足够了。在另一些应用中,可能关注的仅是转动导纳。

为了简化,在实际中对不同的导纳测量可使用 GB/T 11349 的不同部分,GB/T 11349 将作为一套 3 个独立的部分颁布。

GB/T 11349.1 基本定义和传感器。

GB/T 11349.2 用激振器作单点平动激励测量。

GB/T 11349.3 冲击激励法。

机械导纳定义为由平动或转动速度响应的相量与施加的激振力或力矩的相量之比构成的频率响应函数。如果响应是用加速度传感器测量,还得转换成速度以得到导纳。也可用被称为加速度导纳的加速度与力之比描述结构的特性。在另一些情况下,也可以用位移导纳,即位移与力之比。

注:习惯上,结构的频率响应函数通常表示为上述动力特性之一的倒数。机械导纳的倒数通常称为机械阻抗。但是,应该注意这是一种误解。因为导纳的倒数通常并不表示结构的阻抗矩阵中的任一元素,这一点在附录 A 中详细说明。

导纳试验数据不能直接用作结构的阻抗模型的一部分。为了使数据和模型协调,模型的阻抗矩阵应转换成导纳矩阵,或者相反(其限制见 A.3)。

0.2　介绍 GB/T 11349 的本部分

在进行导纳测量之前,必须估计所使用的力和响应传感器的特性,以确保在整个关注的频段内能得到准确的幅值和相位信息。

GB/T 11349 的本部分用于指导传感器和仪器的选择、校准和评价,使之适用于导纳测量。

这部分的内容对大多数导纳测量是共同的。

振动与冲击 机械导纳的试验确定 第1部分：基本定义与传感器

1 范围

GB/T 11349 的本部分界定了带注释的基本定义，并给出了为确定测量机械导纳所使用的阻抗头、力传感器和响应传感器的适用性，规定了必需做的校准试验、环境试验和物理测量。

GB/T 11349 的本部分适用于各种类型的驱动点导纳和传递导纳、加速度导纳和位移导纳的测量。本部分不适用于约束阻抗(见4.3)的测量。

注：在不同情况下进行导纳测量的方法将在 GB/T 11349.2 和 GB/T 11349.3 中论述。

2 规范性引用文件

下列文件中的条款通过 GB/T 11349 的本部分的引用而成为本部分的条款。凡是注日期的引用文件，其随后所有的修改单(不包括勘误的内容)或修订版均不适用于本部分，然而，鼓励根据本部分达成协议的各方研究是否可使用这些文件的最新版本。凡是不注日期的引用文件，其最新版本适用于本部分。

ISO 2041 振动与冲击——词汇

ISO 5347 振动与冲击——传感器的校准方法

IEC 263 绘制频率特性和极座标图的刻度和尺寸

3 符号与单位

符号	量	国际单位
a	加速度	m/s^2
a_i/F_j	加速度导纳	$m/(N \cdot s^2)$
E	传感器输出	V
f	频率	Hz
F	力	N
k	刚度	N/m
m	质量	kg
S	灵敏度	V/输入量单位
v	速度	m/s
x	位移	m
x_i/F_j	动柔度(位移导纳)	m/N
Y_{ij}	导纳	$m/(N \cdot s)$
Z	自由阻抗	$N \cdot s/m$
Z_{ij}	约束阻抗	$N \cdot s/m$

4 术语和定义

ISO 2041 确定的以及下列术语和定义适用于 GB/T 11349 的本部分。

4.1

频率响应函数 frequency-response function

与频率有关的运动响应相量与激励力相量之比。

注1：频率响应函数是线性动力系统的特性，与激励函数的类型无关。激励可以是时间的简谐、随机或瞬态函数。由一种激励得到的试验结果可用来预测系统对其他任何类型的激励的响应。随机和瞬态激励的相量及其等价量在附录B中讨论。

注2：系统的线性是有条件的，实际上只能近似满足，它取决于系统的类型和输入的大小。应当注意避免非线性影响，特别在加瞬态激励时。已知是非线性的结构（如某些铆接结构）不应采用瞬态激励试验，这些结构采用随机激励试验时也要格外细心。

注3：运动可用速度、加速度或位移来表示，相应的频率响应函数分别称为导纳、加速度导纳和位移导纳。

4.2

导纳，Y_{ij}　mobility，Y_{ij}

除了结构在应用中支承点所具有的约束之外，其余的测点没有任何约束，允许其自由地响应。这时 i 点的速度响应相量与 j 点的激励力相量之比构成的频率响应函数称为导纳。典型的曲线示于图1。

注1：速度响应既可以是平动，也可以是转动。激振力可以是直线力，也可以是力矩。

注2：如果测得的速度响应是平动，而且所加的激振力是直线力，则在国际单位制(SI)中导纳的单位是 m/(N·s)。

4.3

约束阻抗，Z_{ij}　blocked impedance，Z_{ij}

当结构的所有其他测点被约束（即限制其速度为零）时，由 i 点的约束或激励力相量与在 j 点的速度相量之比构成的频率响应函数。为了得到正确的约束阻抗矩阵，则完全约束的结构上所有关注的测点的全部力和力矩都应当测量，因而，很少测量约束阻抗，而且在 GB/T 11349 的各个部分中均不涉及它。

注1：测点数目或位置的任何改变都将引起所有测点的约束阻抗改变。

注2：约束阻抗的主要用途在于用集总质量、刚度和阻尼元件或有限元法建立结构的数学模型。当把这些数学模型与试验导纳数据结合或比较时，需要把解析的约束阻抗矩阵转换为导纳矩阵，或者相反，在附录A中将加以讨论。

4.4

自由阻抗　free impedance

当结构的所有其余连结点处于自由状态时（即约束力为零），所施加的激振力相量与所引起的速度相量之比。自由阻抗是4.2中所定义的导纳矩阵的每个元素的倒数。

注1：过去，经常不区分约束阻抗和自由阻抗，因此在引用已发表的资料时，应当慎重。

注2：由试验确定的自由阻抗可以组成一个矩阵，而这个矩阵可能完全不同于由结构的数学模型得出的约束阻抗矩阵。因此，它可能不符合在附录A中所讨论的用机械阻抗系统进行综合理论分析的要求。

4.5

其他与导纳有关的频率响应函数　other frequency-response function related to mobility

有时候不用机械导纳，而用另外几种结构响应比值。它们均列入表1中。

表1　各种与机械导纳有关的实测频率响应函数的等价定义

	运动表示为速度	运动表示为加速度	运动表示为位移
项目 符号 单位 边界条件 参照图	导纳 $Y_{ij}=V_i/F_j$ m/(N·s) $F_k=0;k\neq j$ 1	加速度导纳 a_i/F_j $m/(N\cdot s^2)=kg^{-1}$ $F_k=0;k\neq j$ 2	位移导纳（动柔度） x_i/F_j m/N $F_k=0;k\neq j$ 3
注释	实验时边界条件容易满足		
项目 符号 单位 边界条件	约束阻抗 $Z_{ij}=F_i/V_j$ (N·s)/m $v_k=0;k\neq j$	约束加速度阻抗（有效质量） F_i/a_j $(N\cdot s^2)/m=kg$ $a_k=0;k\neq j$	约束位移阻抗（动刚度） F_i/x_j N/m $x_k=0;k\neq j$

表 1（续）

	运动表示为速度	运动表示为加速度	运动表示为位移
注释	实验时边界条件很难或不可能实现		
项目 符号 单位 边界条件	自由阻抗 $F_j/V_i=1/Y_{ij}$ (N·s)/m $F_k=0;k\neq j$	自由加速度阻抗 （自由有效质量） F_j/a_i $(N\cdot s^2)/m=kg$ $F_k=0;k\neq j$	自由位移阻抗 （自由动刚度） F_j/x_i N/m $F_k=0;k\neq j$
注释	边界条件容易满足，但结果用于系统建模时要极为慎重		

应特别注意，每一种比值的注释。相应于图 1 中的导纳图、典型的加速度导纳图和位移导纳图分别示于图 2 和图 3。

注 1：有的作者称位移导纳（动柔度）为“敏感度”。

注 2：在有些刊物中，称加速度导纳为“惯量”。这个术语是不标准的，应当避免使用。因为它与“声惯量”的普通定义相矛盾，而且与术语“惯量”的真正含义也相反。

4.6

关注的频率范围　frequency range of interest

在一组给定的实验中，要得到导纳数据的从最低频率到最高频率的区间（以 Hz 为单位）。

5　对力传感器和运动传感器的基本要求

5.1　总则

为了取得满足要求的导纳数据，对各种测量传感器的基本特性要求如下：

a）　传感器应该有足够的灵敏度和较低的噪声，使测量系统的信噪比满足结构的导纳的动态范围的要求。由于小阻尼结构比具有较大阻尼的结构要求更大的动态范围，所以当试验小阻尼结构时，更应该注意传感器噪声的影响。

b）　如果测量传感器的频率响应函数未经过适当的信号处理加以补偿，则传感器的固有频率应远低于或远高于关注的频率范围，以免发生不能接受的相移。

c）　传感器的灵敏度应具有时间稳定性，其直流漂移要小到可以忽略的程度。

d）　传感器应当对外界环境的影响（如温度、湿度、磁场、电场、声场、应变以及交叉输入）不敏感。

e）　传感器的质量和转动惯量应当很小，以免给被试结构增加动载荷，至少应小到能够对该载荷进行修正。

测量系统对接地回路和其他外来信号的影响应不敏感。

5.2　对运动传感器的要求

尽管对运动传感器的要求已在 5.1 中叙述过，但其中某些特性比其他特性更重要。在机械导纳测量中最常用的运动传感器是加速度传感器，有时也用位移或速度传感器。在选择这些传感器时应考虑的主要特性如下：

5.2.1　运动传感器应设计得重量轻（或非接触式的），使被测结构的附加载荷最小。

5.2.2　传感器与结构的连接在主测量轴的方向上必须是刚性的。

5.2.3　为防止传感器或它的固定底座增加结构的刚度或阻尼，连接处的接触面积应足够小。

5.2.4　当施加脉冲激励时，由于热电效应，压电加速度传感器容易产生零点漂移，这将限制低频段的测试精度。此时，可选用其他类型的运动传感器，如压阻式、电动式或一些剪切型压电加速度传感器。

5.3　对力传感器的要求

在选择用于机械导纳测量的力传感器时，5.1 中的某些特性更重要。由于在设计中要兼顾各方面，5.3.1 到 5.3.3 所列各条应优先考虑。

5.3.1 有效端部质量(即传感器的力敏感元件和结构之间的质量)应足够小,使得由它引起的外加惯性力信号最小(详见8.4)。

5.3.2 在选择力传感器和它的元件的刚度时,应当使之在关注的频率范围内不发生共振。如做不到时,作为折衷方法应当用适当的信号处理来补偿这种共振对力敏感元件信号的影响。

5.3.3 静态预加载应与测试所要求的激振力的范围相适应。带有内置预加载的传感器可较好地解决这一问题。

5.4 对阻抗头及其与被测试结构连接件的要求

把加速度传感器和力传感器组装一起用来进行导纳测量的装置,习惯上叫做"阻抗头"。其设计应兼顾5.2和5.3中的特性要求外,还应满足5.4.1～5.4.4的要求。

5.4.1 试验结构与内部加速度传感器之间的总柔度应当很小,因为大的柔度将会引起加速度测量误差。

注:总柔度是连接件柔度和阻抗头内部柔度之和。连接件柔度包括被测结构的局部"硬模效应"柔度。总柔度可按附录C所述的方法测量。

5.4.2 有效端部质量(即传感器的力敏感元件与结构之间的质量)相对于被测结构的自由有效质量(加速度阻抗)应当很小。

5.4.3 阻抗头相对于连接平面内的轴惯性矩应足够小,使其绕该轴的转动引起的结构附加载荷最小。

注:为避免由于阻抗头连接件引起的被测结构的载荷的准则将在GB/T 11349.2中给出。

5.4.4 在阻抗头设计中,要求特别注意避免加速度传感器对作用力的交叉影响。

6 校准

校准分为3类:

a) 测量和分析组合的系统校准;

b) 传感器基本校准;

c) 传感器补充校准。

6.1 系统校准

测量和分析组合的系统校准应该在每个测试阶段的开始和结束时(或按要求测试过程中)进行。详细的步骤将在有关不同类型的导纳测试的GB/T 11349的各部分(如引言0.1中所列的)叙述。

组合的系统校准比第7章中讨论的基本校准容易实现、更精确,而且应用更广泛。系统校准可在自由空间对一已知质量的自由刚体激振,同时加速度和力通道的增益要置于以后测量用的数值。输出比应该与导纳图上相应的质量线一致。如果进行系统校准遇到困难,则应进行基本校准。

在系统校准过程中应经常检验响应图上的频率刻度或其他输出数据的精度。

注1:在附录C中给出了一个导纳图的例子,以说明阻抗头连接柔度的影响。

注2:只要经过选择的加速度传感器、力传感器和放大器在导纳测量用的频段内响应近似平坦,而且加速度传感器是小阻尼的,通常不必作相移校准。可是,用相位计显示力传感器和加速度传感器输出之间的相位差,在进行系统校准时记录与这两者之间的固有的相位差的偏离是很有用的。

6.2 传感器的基本校准和补充校准

表2中所列的基本校准和补充校准是为了确定传感器对导纳测量的适用性。通常使用压电式传感器。如果使用其他类型的传感器,为了确定它们的适用性,这些步骤可能必须加以修改。

若在基本的或附加的校准中发现传感器性能有变化,而且按照本标准中有关章节这些变化是不允许的,就不应再使用这些传感器。

与特定的放大器或信号适调器配用的传感器应该在使用条件下校准,例如,与电荷放大器或高阻抗电压放大器配用的压电式力传感器、阻抗头和加速度传感器,应当与所用的放大器一起校准。对于这些传感器来说,连接传感器与放大器的导线的电容很重要,这些传感器应当与要用的导线一起校准。对于其他类型的传感器,应根据制造厂对电激励、特殊的端接阻抗等的说明书,与所要用的信号适调装置一起校准。

当校准力传感器和阻抗头时,要特别注意使安装条件与制造厂规定的相符。安装面的平面度以及连接螺栓适当的紧固力矩十分重要。在传感器和固定面之间有一层薄的油膜或润滑脂或腊,在高频率时会增加传感器的耦合和刚性。若使用特殊的夹具进行力传感器的校准,应尽量安装得与进行导纳测量时相似。

表 2　传感器校准和检验项目汇总表

校准或检验项目	加速度传感器		力传感器	
	基本的	补充的	基本的	补充的
灵敏度	7.2.1		7.2.2	
电阻抗	7.3		7.3	
尺寸		8.2		8.2
质量		8.3		8.3
有效端部质量				8.4
传感器柔度				8.5
极性		8.6		8.6
频率响应		8.7.1		8.7.2
线性度		8.8.1		8.8.2
温度灵敏度		8.9.1 和 8.9.2		8.9.1 和 8.9.2
横向灵敏度		8.9.4		
应变灵敏度		8.9.5		

7　压电传感器的基本校准

7.1　总则

制造厂要根据表 2 中所列的各个基本项目对每个传感器进行校准和检验,并把所得的结果以校准证书的形式随同该传感器一起提交给用户。用户应定期重复各项基本校准(如果用户没有合适的校准设备,则可委托计量部门的校准实验室来做)。

重复校准和检验的时间间隔最好为 1 年。此外,像灵敏度之类的校准应该经常做。尤其是经常在灵敏度可能改变的场合下工作的传感器。

7.2　灵敏度

7.2.1　加速度传感器灵敏度

加速度传感器及阻抗头中的加速度传感器的灵敏度用比较法来测定。应当把加速度传感器装在一个适用的振动台上进行校准,振动台上装有一个预先已校准过的标准加速度传感器或者以绝对法校准为基准。校准幅值应在实际导纳测量中所使用的范围内,一般是 1.0 m/s^2 到 100 m/s^2 之间。

灵敏度校准应在单一频率下进行,通常为 80 Hz。

注:如果 80 Hz 超出了需校准的传感器的工作范围或有另一个频率更适合于特殊设计的传感器或传感器的实验应用范围的话,可以使用别的频率。

与电荷放大器一起联用的加速度传感器的灵敏度单位是〔$pC/(m/s^2)$〕。与电压放大器连用的加速度传感器、内置电荷放大器或和阻抗转换器联用的加速度传感器的灵敏度单位是〔$V/(m/s^2)$〕。

注:因为与加速度传感器连接的电荷或电压放大器的输出信号是电压,所以,加速度通道的总灵敏度以〔$V/(m/s^2)$〕为单位。一般,加速度通道总灵敏度可由加速度传感器和放大器各自的灵敏度来确定。当需要精确地测量导纳时,应把加速度传感器及与之联用的放大器一起校准,以便直接得到加速度通道的总灵敏度。

7.2.2　力传感器的灵敏度

力传感器及阻抗头中的力传感部件采用质量加载法来校准。

校准是这样进行的:根据制造厂推荐的额定预紧扭矩,把力传感器安装在适当的振动台上。力传感器在某一控制的加速度幅值 a_0 下振动,在力传感器上装一只标准加速度传感器。测出与力传感器相连的放大器的输出电压 E_0 和施加的加速度值 a_0。接着,把一个负载质量 m 安装到力传感器的对面,不改变放大器的增益,调整振动台的输入使加速度值 a 与前面的值相等(即 $a_0 = a$)。测出放大器的输出电压 E_M,则力通道的灵敏度 S_f 可由式(1)求得:

$$S_f = \frac{E_M - E_0}{(m + m_1 + m_2 + m_3)a - (m_1 + m_2 + m_3)a_0} \quad \cdots\cdots\cdots\cdots(1)$$

式中:

m——负载质量;

m_1——标准加速度传感器的质量;

m_2——螺栓的有效质量;

m_3——力传感器有效端部质量。

所有质量的单位均为 kg,加速度单位为 m/s²,因为 $a_0 = a$,所以 $(m_1 + m_2 + m_3)a_0 = (m_1 + m_2 + m_3)a$,方程(1)变成:

$$S_f = \frac{E_M - E_0}{ma} \quad \cdots\cdots\cdots\cdots(2)$$

注:对于非预紧装配的力传感器,必须特别细心,以保证安装预载在每次使用时都相同,因为灵敏度及其校准与传感器预载有关。

式(2)给出了力通道(传感器—放大器系统)的灵敏度单位是 V/N。力传感器的灵敏度可由式(2)和所用放大器的灵敏度推出。

与电荷放大器联用的力传感器的灵敏度的单位为 pC/N,与电压放大器联用的力传感器的灵敏度的单位是 V/N。

注:当需要精确测量导纳时,力传感器应与联用的放大器一起校准,以便直接得到力通道的总灵敏度。

上述方法仅适用于校准频率低于系统共振频率五分之一的时候,该共振频率由系统的有效质量和力传感器刚度 K 决定,可由式(3)估算出:

$$f_n = \frac{1}{2\pi}\left[\frac{K}{(m + m_1 + m_2 + m_3)}\right]^{1/2} \quad \cdots\cdots\cdots\cdots(3)$$

式中:

f_n——有负载质量的传感器的共振频率,单位为赫(Hz)。

7.2.3 阻抗头的灵敏度

阻抗头的灵敏度校准可采用 7.2.1 和 7.2.2 的方法,分别校准它的加速度传感器和力传感器的灵敏度。阻抗头的现场校准通常激振两、三个不同尺寸的质量块,以确保阻抗头能在很宽的范围内测量导纳。

7.3 电阻抗

7.3.1 传感器的电阻和电容

传感器接线柱间的直流电阻由制造厂用兆欧表测量,测量时所加的电压不超过 50V。

电容用阻抗电桥来测,所用激励电压的频率在传感器的工作频率范围内。如果电容随频率改变,那么至少要在两个频率(其中应包括确定基准灵敏度时使用的那个频率)测量。对于电容随频率变化不大的传感器,通常在 1 000 Hz 测量。

因为某些压电材料的电容随温度和电压而变,所以,应该在室温(20℃～30℃)和在制造厂推荐的激励电压下测量电容。在测量开始前和测量过程中应避免触摸传感器,使由温度变化引起的电容变化量最小。

注:对于一些内部装有电子元件的传感器,上述测量电阻抗的方法得到的结果不精确或可能损坏元件,在这种情况下,应采用插入法。

电阻和电容的测量应每隔一段适当的时间(见7.1)重复进行。由于这些测量常常不很精确，因此，在与先前的校准结果相比较时，只须考虑较为明显的变化。例如：若电阻和(或)电容的变化大于5%，应对传感器进一步进行各项基本校准和补充校准，或者必要的话应修理传感器。

7.3.2 绝缘电阻

传感器的所有接头和其安装面间的直流电阻由制造厂测量，其测量结果作为资料提供给用户。

如果传感器不是绝缘型的，制造厂应指明使用该传感器时合适的安装方法，以达到绝缘的目的(见5.1)。

8 补充校准

8.1 总则

制造厂对所生产的每种类型传感器的样品应进行表2中所列的各项补充校准和检验。为确定传感器特有的工作特性或性能的变化，有些补充校准和检验项目可由用户来做。

8.2 尺寸

包括长、宽、高、直径以及全部安装孔或螺栓的直径在内的全部尺寸均应给出，并标注在轮廓图上。同时还应提供连接件以及电缆的规格、型号等。

8.3 质量

说明书上所列的质量是传感器的总质量，不包括安装用螺栓和电缆的质量。

8.4 力传感器和阻抗头的有效端部质量

力传感器和阻抗头的有效端部质量是指传感器的力敏感元件与试件端部之间的质量。有效端部质量应列于产品说明书中。然而，用户应该懂得，有效端部质量会随着试验或传感器预加载时，连接传感器和被测结构的附件的增加而增加。因此，有效端部总质量应为说明书上给出的有效端部质量与连接件质量之和。

8.5 阻抗头的柔度

阻抗头的柔度是其内部加速度传感器和连接点之间的组合件的柔度。

除了制造厂已提供的阻抗头的柔度值外，在导纳测量时还应考虑连接件的柔度。

本标准的附录C给出了实验测定总柔度的方法。

8.6 极性

传感器的极性通常由制造厂给出，当机械输入是从安装表面加到传感器的另一端，而且是沿着最大灵敏轴时，传感器的极性用比较法来测量，以便确定所产生的输出电压是正的或负的，从而确定它的极性是正或负。这种方法可用来确定灵敏轴垂直于安装表面的大多数传感器的极性。

8.7 频率响应

8.7.1 加速度传感器的频率响应

应当用比较法进行加速度传感器的频率响应校准。选取信噪比大于10(S/N>20 dB)的加速度幅值，激励的频率范围应覆盖加速度传感器的使用频率范围。用一个合适的激振器进行简谐激振或宽带激励来测量频率响应。宽带激励可以是随机的或瞬态的。

简谐激励可以是离散频率激励或连续扫描激励。在离散频率激励中，频率点数应足够多(如频率每增加10倍就要增加10个频率点)，以保证传感器在所关注的频率范围内没有局部共振或内部共振。如果在有限的频率下进行校准，那么为保证达到同样的目标，附加的频率扫描是有用的。

连续扫描时，应当缓慢地扫过整个频率范围，由一个标准加速度传感器反馈控制系统来保持激励的加速度幅值恒定。

频率响应曲线在所关注的频率范围内必须是平坦的，其波动幅度不得超过±5%。必须注意：由激振器的横向运动以及传感器的横向灵敏度所引起的测量误差不得超过规定的±5%的量级。

8.7.2 力传感器的频率响应

力传感器的频率响应校准条件与上述加速度传感器的相同，但力传感器应当加质量负载，而且在每一规定的频率上以恒定的加速度幅值振动。在每个频率上测量力传感器放大器的输出电压 E_f。频率响应偏差的百分比可由式(4)求得：

$$频率响应偏差 = 100 \times \left[\frac{E_f}{E_r} - 1\right] \quad \cdots\cdots(4)$$

标准电压 E_r 是传感器的放大器在参考频率(通常为 80 Hz)上的输出电压值。力传感器上质量负载不得引起由负载质量和传感器柔度所组成的系统共振，并可用式(3)来检验。在所关注的频率范围内，频率响应偏差必须小于参考频率响应的±5%。

注：如果力传感器没有内部预载，那么与力传感器灵敏度校准时一样，为了得到较精确的结果，在频率响应的校准过程中，不应调整传感器固定螺栓的紧固力矩。

8.8 线性度

采用比较法以简谐激振方式进行线性度校准。

8.8.1 加速度传感器的线性度

幅值线性度偏差通过测量基准加速度传感器和被测加速度传感器之输出的比来确定。这个比值应由制造厂在设计量程的 90%～100%范围内的至少 3 个加速度幅值来测量。这对于用户检验在自己使用的范围内的线性度可能是有用的。每个加速度值的偏差由它与所有加速度的平均比值之差来确定。这个差用平均比值的百分数来表示。如果所有加速度值的偏差均在±2%之内，则该加速度传感器适用于导纳测量。

8.8.2 力传感器的线性度

线性度校准通常在频率 80 Hz 时，以不同幅值的加速度激励加有质量负载的力传感器，测出力传感器的放大器在每一激励加速度 a_x 下的输出电压 E_x，则线性度偏差表示为一个百分比，由式(5)求出：

$$幅值线性度偏差 = 100 \times \left[\frac{E_x/a_x}{(E_x/a_x)_{平均}} - 1\right] \quad \cdots\cdots(5)$$

式中：

E_x——力传感器的放大器在离散的加速度幅值下的输出电压，单位为伏(V)。

a_x——标准加速度传感器测得的离散加速度幅值，单位为米每二次方秒(m/s²)。

$(E_x/a_x)_{平均}$——力传感器的放大器的所有输出幅值与加速度幅值之比的平均值，等于 $\sum_{i=1}^{n}(E_x/a_x)_i/n$，单位为伏二次方秒每米[V·s²/m]。

如果 80 Hz 在使用频率范围外，或有一个更适合传感器特殊设计或使用的频率，校准时也可使用别的激励频率。

激励力的计算方法：把放大器输出电压 E_x 除以 7.2.2 中得到的力通道灵敏度便可求得某一加速度下的激励力。其余校准点的激励力等于刚才求得的力乘以新点的加速度与上面求力时所用的加速度之比。

如果在额定力范围内力传感器或阻抗头中的力传感器的线性度偏差大于 2%，则该传感器不能用于导纳测量。

8.9 由于环境和次要因素的影响必须要进行的补充校准

次要因素和(或)环境条件会使传感器输出不能直接模拟所感应的量，因此必须补充进行某些校准。8.9.1～8.9.5 描述的补充校准反映了对这类影响定量分析的必要性。

8.9.1 传感器灵敏度随温度的变化

在整个使用温度范围内，通常选用温度灵敏度偏差不超过±1.0%的传感器。

8.9.2 温度改变在传感器输出信号中产生的噪声

温度改变会在压电传感器以及内置放大器的传感器里产生低频噪声。压电传感器使用频率范围一般较高，噪声和被测信号无关，因此不会影响导纳测量的结果。然而在低频测量时，温度的迅速变化可能会产生较大的噪声，使传感器的电子线路饱和，导致错误的测量结果。

8.9.3 力传感器预载对灵敏度的影响

不同的紧固力矩对非预紧安装的力传感器灵敏度的影响,可用不同的紧固力矩多次安装力传感器,重复进行灵敏度校准的方法来确定。

8.9.4 加速度传感器的横向灵敏度

横向灵敏度在低于500 Hz的某个频率上进行校准。传感器装在垂直于传感器灵敏轴的振动台上。施加简谐激励,要求振动台在垂直于灵敏轴平面内的(横向)运动应小于沿传感器灵敏方向(纵向)运动的1%。为了测量比1%小得多的横向灵敏度比,对激振的要求更为苛刻,这就要求特别细心和熟练,才能获得这种横向灵敏度有效的数值。

把传感器安装好并以45°或更小的增量绕其灵敏轴旋转360°,以确定最大横向响应。如果横向灵敏度超过轴向灵敏度的5%,或者与早先的校准相比有显著改变,就应对传感器作补充校准,进一步评定。或者如必要的话,应加以修理。

8.9.5 应变的影响

应变对传感器灵敏度的影响可用一根夹在刚性支承上的悬臂梁来测定。一根设计合适的梁的第一阶固有频率约为5 Hz。传感器装在梁的适当位置上,通过贴在梁上传感器附近的应变片测出应变值。

确定应变对力传感器和阻抗头的灵敏度的影响的详细过程可在参考文献[12]中找到。

9 数据的图示

对数据进行适当的图示有利于解释导纳实验数据,不同的格式适于不同的用途。

9.1 对数图

以对数频率为横坐标,频率响应函数的对数值为纵坐标绘对数图。

当频率远离结构的最低共振频率(有支承条件下测量)和最低反共振频率(自由悬挂测量)时,结构频率响应函数几乎都是直线。当频率远小于最低共振频率时,频响曲线往往渐近于恒定柔度线;在频率远小于最低反共振频率时,曲线渐近于恒定质量线。在导纳图中,柔度线是向上倾斜的,因此,频率每增加10倍,其幅度值增大10倍。质量线是向下倾斜的,频率每增加10倍,其幅值减小到1/10(如图1所示)。

如用位移导纳或加速度导纳数据绘图时,质量线和柔度线的斜率相应地改变,如图2和图3所示。

采用对数频率刻度绘制导纳测试结果时,幅值和频率刻度应与国际电工委员会的出版物IEC 263所推荐的一致。图4是推荐的绘制导纳数据(包括质量线和位移导纳线)的一种格式。

注1:按国际单位,恒定位移导纳线、恒定质量线与恒定导纳线(均以10倍为增量)总是在1/2π、10/2π、100/2π等频率处相交,频率159Hz(=1 000/2π)是一个很方便的参考点,如图4所示。

注2:根据IEC 263,以十进制刻度的幅值坐标和频率坐标长度之比应为2/5,图4上绘制导纳数据曲线的格式遵循2/5的原则。

注3:导纳、质量和位移导纳应根据试验结果,确定合适的以10为幂的指数,以利于绘图并将指数在图上加以注明。

9.2 其他绘图法

除幅频-相频图外,有时把导纳图分别绘成频率响应函数的实部图和虚部图更为有利,如图5所示。还可以在极坐标系统中绘出实验结果,如图6所示(乃奎斯特图)。极坐标图的优点是可通过画拟合圆来增加数据,可从实验数据中提取模态阻尼系数。

注1:在图6中实测的数据点是用直线连接的,这些直线并不是实测数据,而是用来帮助区分数据点是属于结构的一个模态或属于另一个模态。

注2:图6中连接实测数据点的直线并不接近一个通过数据点的圆这一事实表明,在共振频率附近没测得足够的、用以直接确定真实共振频率、峰值响应以及模态阻尼的数据。为了正确识别这些参数应当测更多的点,或者用测得的数据作拟合圆。

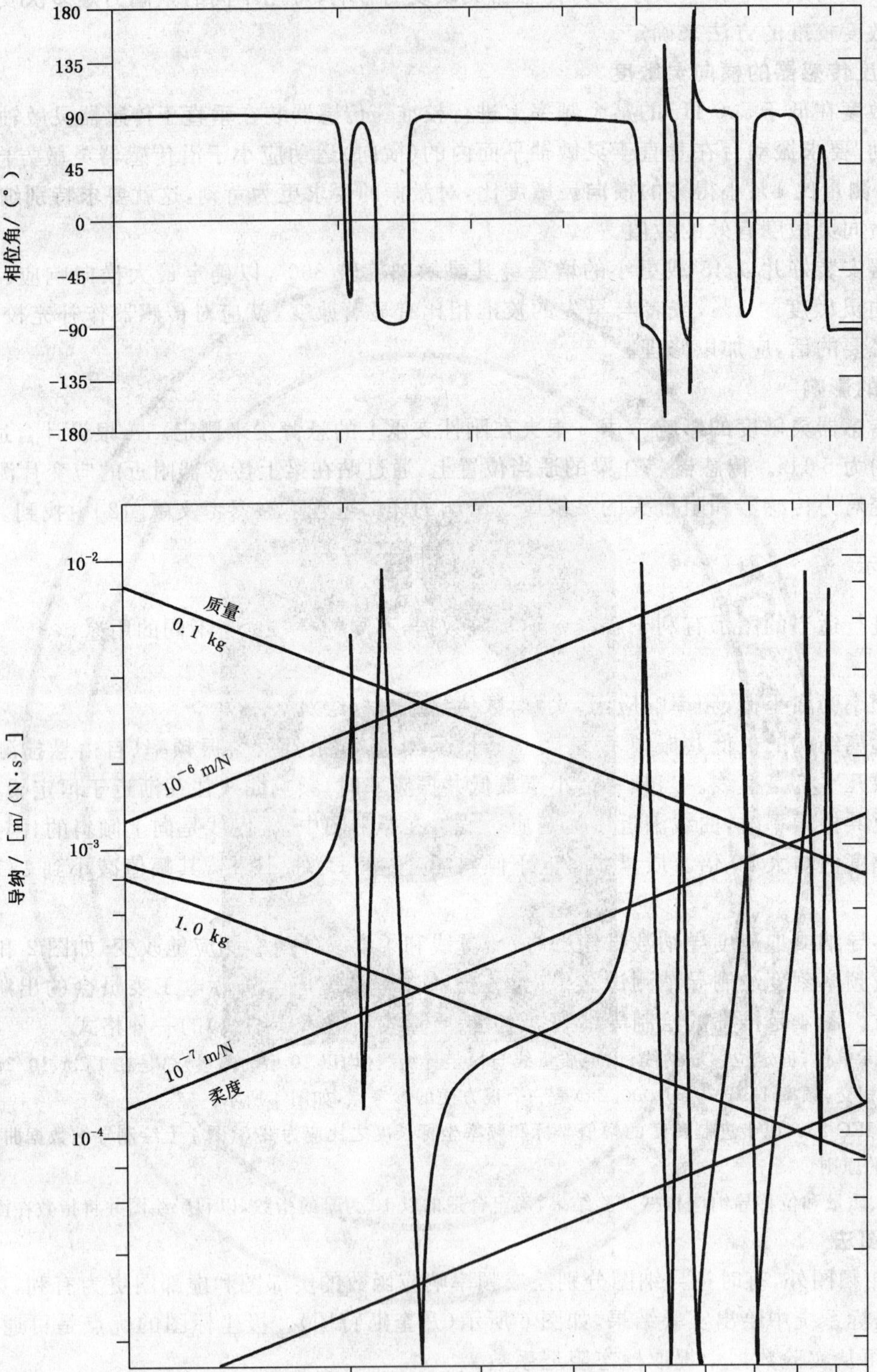

图 1　典型的导纳测试结果图

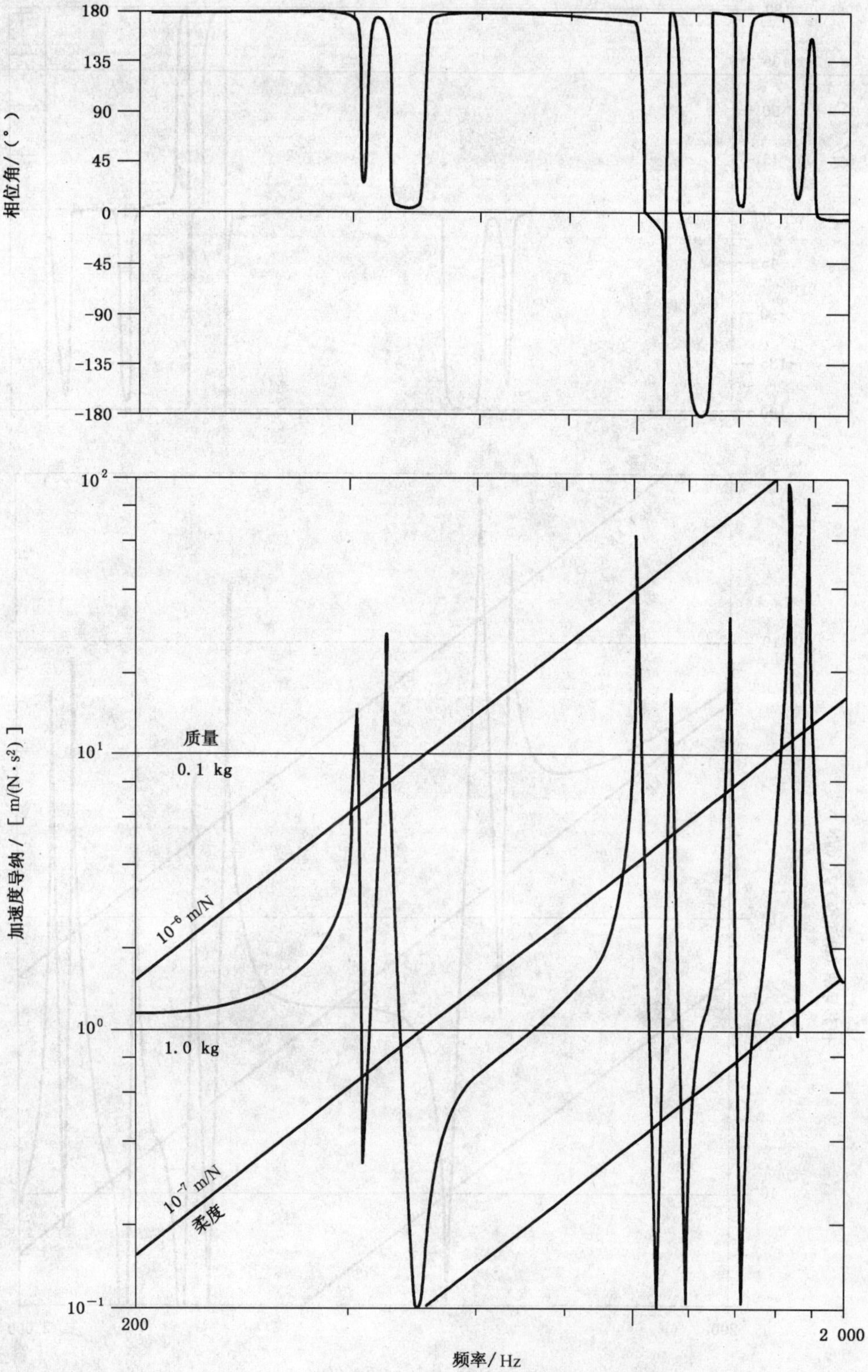

图 2　与图 1 的导纳图相对应的加速度导纳图

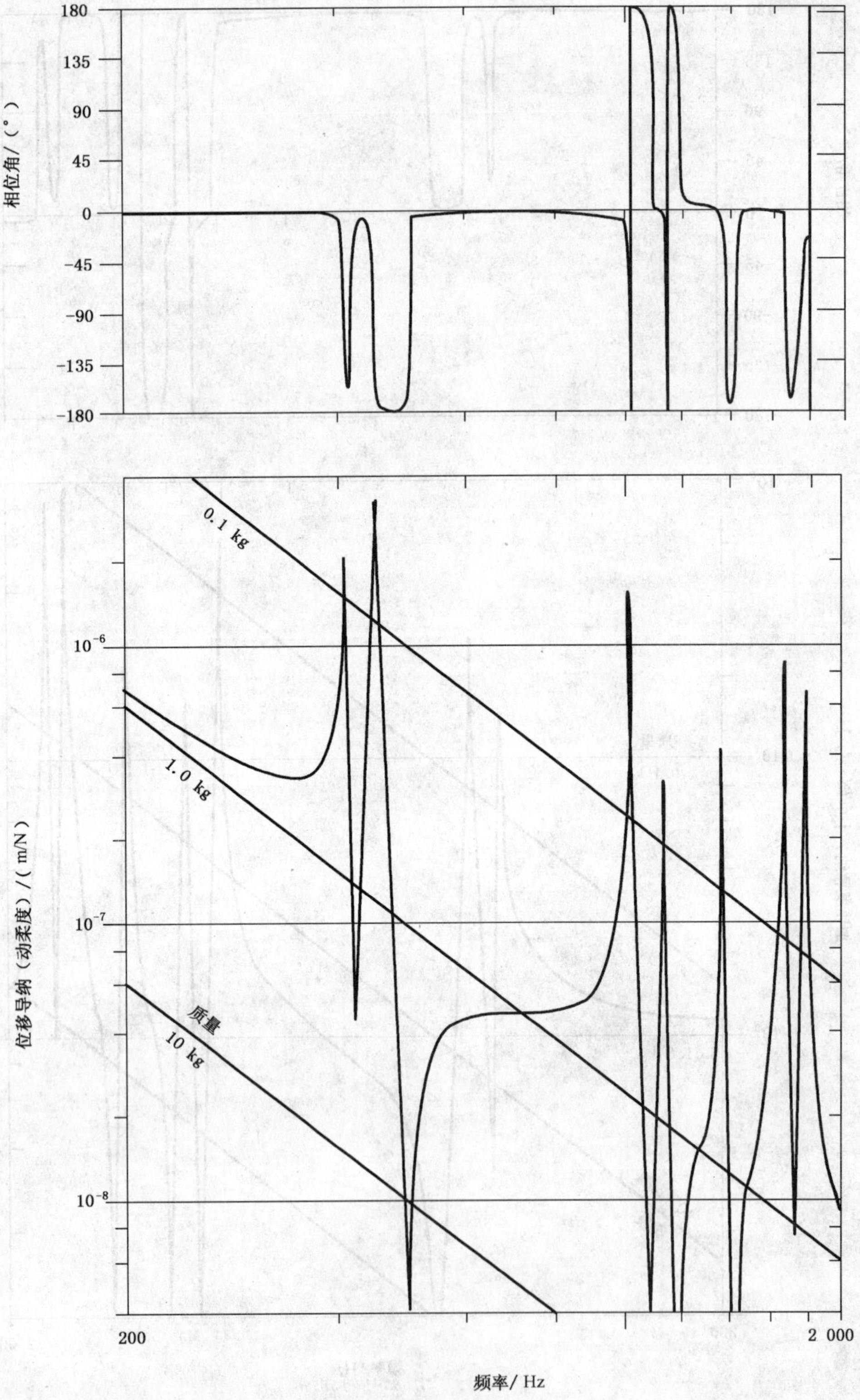

图3 与图1的导纳图相对应的位移导纳图

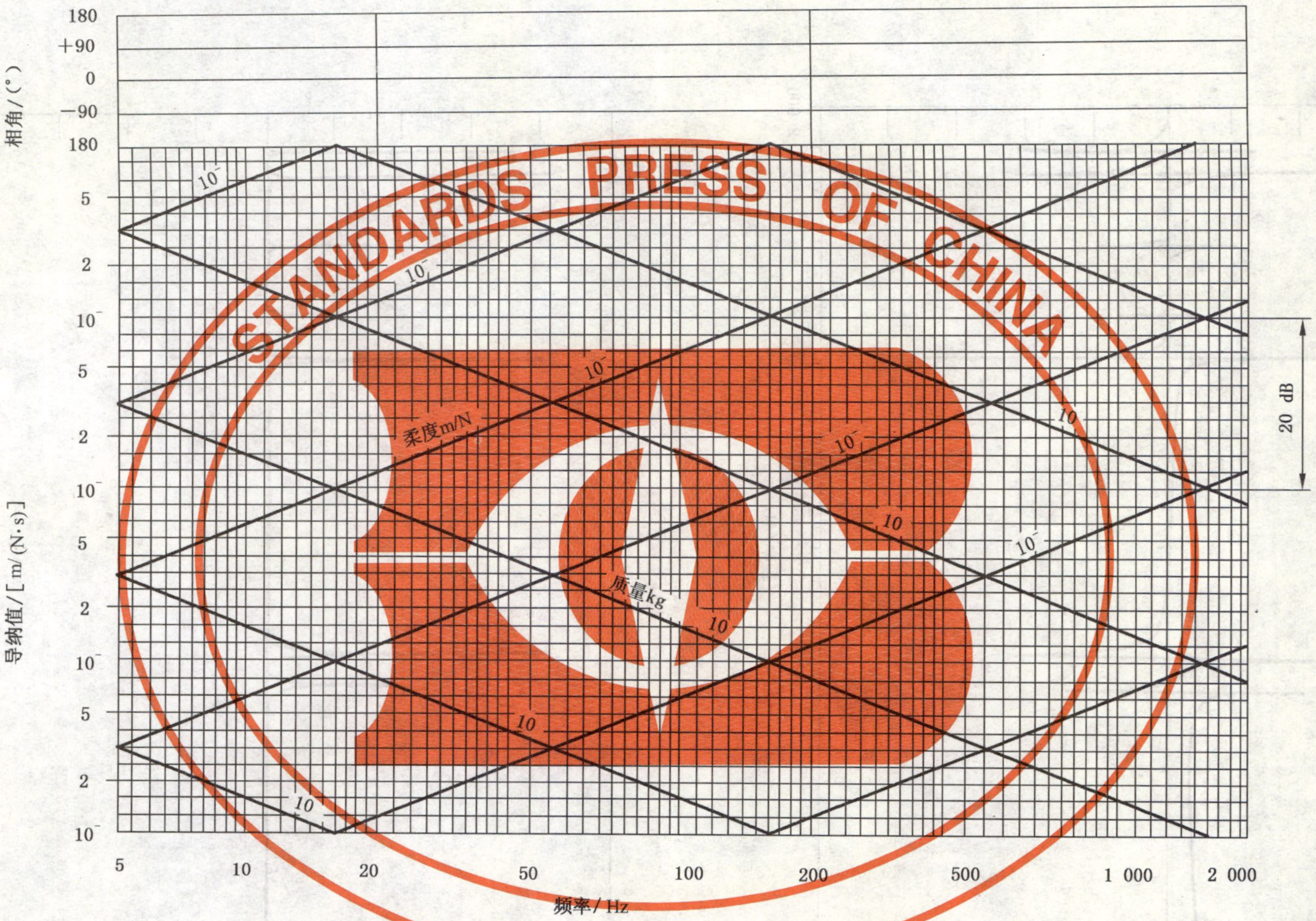

注：在 159 Hz，采用下列这组数值：

导纳	柔度	质量
10^{-3} m/(N·s)	10^{-6} m/N	1.0 kg
10^{-4} m/(N·s)	10^{-7} m/N	11.0 kg

图 4　导纳曲线绘图纸

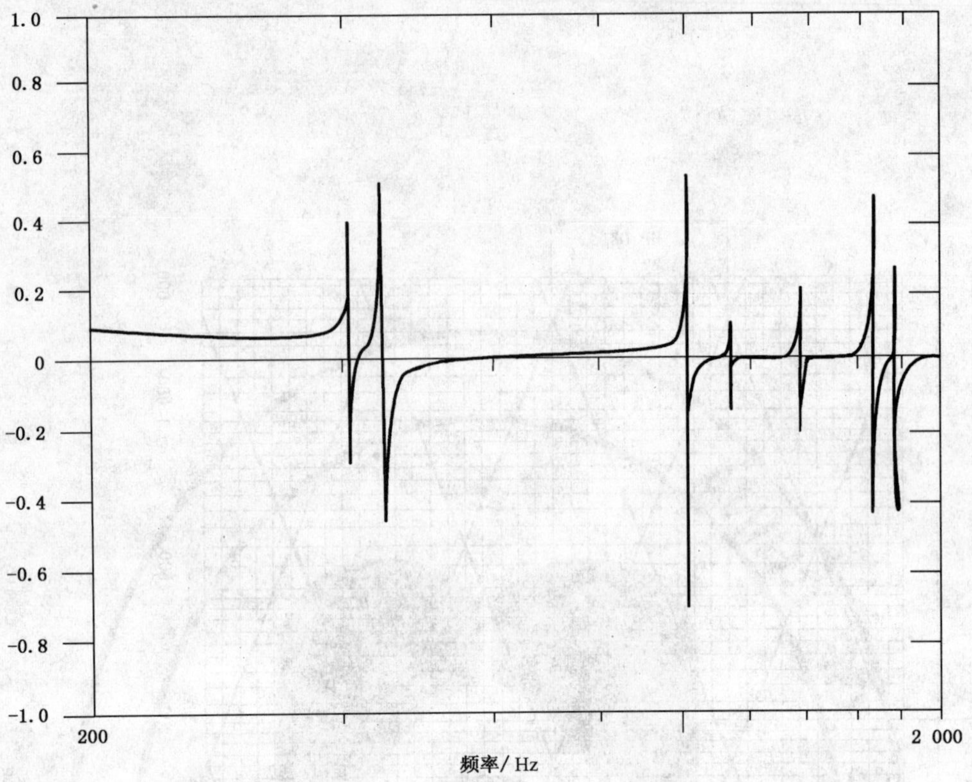

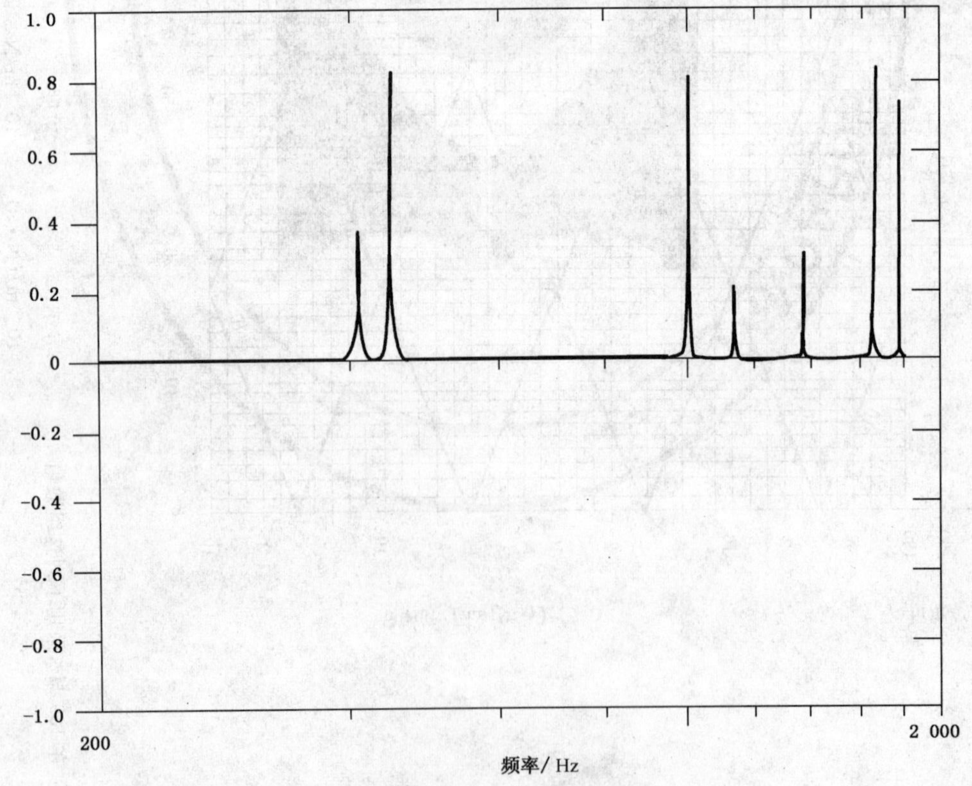

图 5　与图 1 相对应的实部导纳图和虚部导纳图

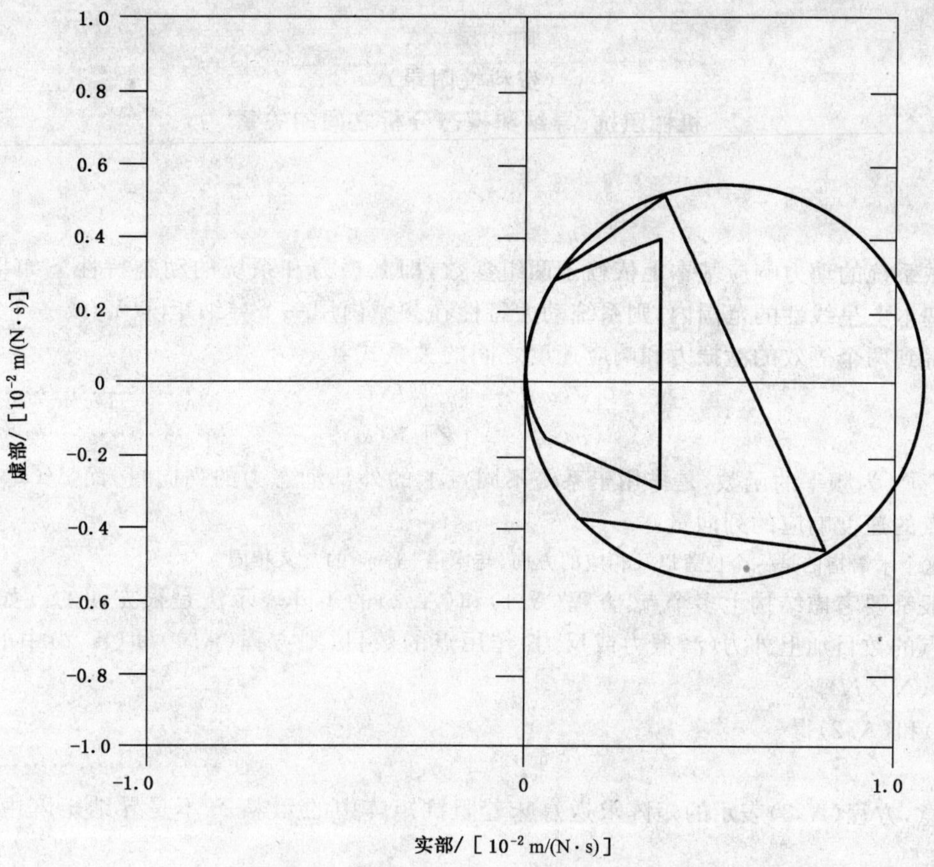

图 6 图 1 前两阶模态的极坐标导纳图

附 录 A
（资料性附录）
机械阻抗、导纳和模态分析之间的关系

A.1 概述

一个机械系统的动力响应基本上依赖于两组参数，即激振力和系统的动态特性。如果激振力水平处于使系统基本上呈线性的范围内，则系统动力特性在频域内用一个导纳矩阵[Y]或一个阻抗矩阵[Z]描述。由此得到两个等效的激振力和响应速度之间的关系式：

$$\{V(\omega)\} = [Y]\{F(\omega)\} \quad \cdots\cdots (A.1)$$

$$\{F(\omega)\} = [Z]\{V(\omega)\} \quad \cdots\cdots (A.2)$$

式中$\{F(\omega)\}$为频率的函数，是作用于系统不同点上的外部动态力的列向量；而$\{V(\omega)\}$是相应于关注的所有各点的速度响应的列向量。

注：“点”这个术语指的是一个位置以及相应的方向，与术语“坐标”的含义相同。

因为一般都要考虑结构上多个点，方程(A.1)和(A.2)的矩阵表示法是很方便的。如果N是考虑的运动响应点的数目加上外力（激振力或反力）作用点的数目，则方程(A.1)和(A.2)中的列向量是N维的，矩阵为$(N\times N)$阶。

由(A.1)和(A.2)得

$$[Z] = [Y]^{-1} \quad \cdots\cdots (A.3)$$

应当注意，方程(A.3)表示的矩阵求逆意味着阻抗矩阵中的元素Z_{ij}不是导纳矩阵中元素Y_{ij}的倒数，反之亦然。

A.2 边界条件

在导纳实验时，激振力只加在结构上一个点，因此

$$F_k = 0; k \neq j \quad \cdots\cdots (A.4)$$

其中j为激振点，k表示其他所有关注的点。

式(A.4)规定了实验确定机械导纳的边界条件。在这些给定边界条件下，测量在j点的激振力和在i点的速度响应，得到导纳矩阵的i行j列元素：

$$Y_{ij} = (V_i/F_j) \quad \cdots\cdots (A.5)$$

$$F_k = 0; k \neq j$$

这就是4.2中给出的导纳定义的数学表达式。

应该注意到，上述边界条件在实验过程中容易满足。相反，阻抗矩阵Z[式(A.2)]中的元素是：

$$Z_{ij} = F_i/V_j \quad \cdots\cdots (A.6)$$

边界条件为

$$V_k = 0; k \neq j \quad \cdots\cdots (A.7)$$

方程(A.6)和(A.7)是4.3中给出的约束阻抗定义的数学表达式。方程(A.2)的边界条件在实测中要满足是很困难的或者是不可能的。因此，通过实验手段确定阻抗矩阵[式(A.2)]中的元素一般是不可能的。

边界条件(A.4)和(A.7)的差异对于正确使用阻抗和导纳数据非常重要。应当注意，如关注的只是结构上一个点和方向（即激振点）的特殊情形下，这个差异就无关紧要了。

这种特殊情形在实际中并不常见。常用的阻抗定义为激振力与速度响应之比，而不限定边界条件。在这种特殊情形中，阻抗矩阵和导纳矩阵仅有一项，因此阻抗是导纳的倒数。要注意这个特殊阻抗是

4.4 中定义的自由阻抗，而不是一般结构的($N \times N$)阶阻抗矩阵的一个元素。

A.3 阻抗和导纳数据的比较

结构的动力特性的实验研究得到的是导纳型的数据。但在数学模型中，一般使用质量矩阵和刚度矩阵。在频率域内得到的是约束阻抗数据。当对比导纳数据和约束阻抗数据时，有必要从一种形式转换为另一种形式。但转换时必须特别小心，约束阻抗依赖于所考虑的自由度数目，而不是结构的固有特性。因此，只有当两者所有自由度(点和方向)都相同时，阻抗矩阵的元素与导纳矩阵的逆矩阵的元素才能比较。如果数学模型(以及其阻抗矩阵)比实验得出的导纳矩阵自由度多(实际中常有这类情形)，则必须把阻抗矩阵转换为导纳矩阵，再与实验得出的导纳矩阵中相应的元素比较，而不是反过来做。这是因为导纳不受人为约束的影响，而阻抗并非如此。

A.4 模态分析

模态分析是连接实验分析与数学模型的非常有用的工具，它对预示相连子结构的动力相互作用特别方便。

在利用实验导纳数据时，模态分析可用统计方法在所关注的频率范围内求出模态参数，包括固有频率，阻尼和模态质量(或刚度)。许多不同的方法可用来准确地识别出这些参数，并计及关注的频率范围之外的模态的影响。

在应用数学模型时，模态参数可由子结构的质量、刚度和阻尼矩阵，通过特征值/特征向量计算或其他矩阵凝缩过程求得。这些方法通常比整个阻抗矩阵直接求逆更为有效。

附　录　B
（资料性附录）
作为频率响应函数的导纳

B.1　简谐激振

若一个时间函数可表示为：

$$x(t) = A\cos(\omega t + \Phi) \qquad \text{(B.1)}$$

式中：

A——简谐波形的幅值，单位为米(m)；

ω——圆频率，单位为弧度每秒(rad/s)；

t——时间，单位为秒(s)；

Φ——初相位角，单位为弧度(rad)。

此函数可在复平面上表示为：

$$\overline{x}(t) = Ae^{j(\omega t+\Phi)} \qquad \text{(B.2)}$$

式中：

$j=\sqrt{-1}$

$x(t)$——$\overline{x}(t)$在实轴上的投影。

$\overline{x}(t)$可以认为是以复平面原点为中心的旋转矢量，该旋转矢量通常称为相量[1]。如果在某一给定频率求出两个相量之比，其结果不再是时间的函数，而是一个复数。如果对关注的所有频率构成一系列这样的复数，其结果称为频率响应函数。例如，两个相量为：

$$\overline{x}_1(\omega,t) = A_1(\omega)e^{j[\omega t+\Phi_1(\omega)]}$$

$$\overline{x}_2(\omega,t) = A_2(\omega)e^{j[\omega t+\Phi_2(\omega)]}$$

则

$$H(\omega) = \overline{x}_1/\overline{x}_2 = B(\omega)e^{j\theta(\omega)} \qquad \text{(B.3)}$$

式中：

$B(\omega) = A_1(\omega)/A_2(\omega)$

$\theta(\omega) = \Phi_1(\omega) - \Phi_2(\omega)$

$B(\omega)$ 和 $\theta(\omega)$ 都是频率 ω 的函数，频率响应函数 $H(\omega)$ 可以以极坐标形式用幅值和相位表示[上面的 $B(\omega)$ 和 $\theta(\omega)$]，或以直角坐标形式表示为实部和虚部分量。

$$H(\omega) = R(\omega) + jI(\omega) \qquad \text{(B.4)}$$

式中：

$$R(\omega) = B(\omega)\cos[\theta(\omega)] \qquad \text{(B.5)}$$

$$I(\omega) = B(\omega)\sin[\theta(\omega)] \qquad \text{(B.6)}$$

导纳可看作由速度相量与力相量之比给出的频率响应函数。对其他与导纳相似的量也可作类似的解释。

---

1) 某些作者定义 $Ae^{j\Phi}$ 为相量，这两个定义和在本标准中用的术语“相量”是一致的，因为本标准只涉及相量的比值。

B.2 随机激振

在平稳高斯分布的随机振动中，一个线性双向系统的输入和输出的基本方程是：

$$G_{12}(\omega) = H(\omega)G_{22}(\omega) \quad \cdots\cdots(B.7)$$

式中：

$G_{12}(\omega)$——系统输入和输出的互谱密度；

$H(\omega)$——系统频率响应函数；

$G_{22}(\omega)$——输入的自谱密度。

G_{12}是频率的复函数，G_{22}是频率的实函数，因此$H(\omega)$是频率的复函数。导纳可看作由速度与激励的互谱密度与激励(输入)的自谱密度之比构成的频率响应函数。在实际应用中只能估算自谱与互谱，因此，用随机激励只能估计导纳，估计误差可以做到小于其他测量误差，因而不一定要限制测量精度。

B.3 瞬态激励

在瞬态振动下，线性系统的输出和输入关系如下：

$$X_1(\omega) = H(\omega)X_2(\omega) \quad \cdots\cdots(B.8)$$

式中：

$X_1(\omega)$——输出$x_1(t)$的傅里叶变换；

$X_2(\omega)$——输入$x_2(t)$的傅里叶变换；

$H(\omega)$—系统的频率响应函数。

式(B.8)中所有的量都是频率的复函数。$H(\omega)$的逆傅里叶变换就是系统的单位脉冲响应函数$h(t)$，即若输入一单位脉冲，系统输出由$h(t)$给出。导纳可看作由速度响应的傅里叶变换与输入力的傅里叶变换之比构成的频率响应函数。

在实际运用时，用离散傅里叶变换(DFT)近似连续傅里叶变换。细心地选择采样频率和样本长度，可把这一近似的误差水平减至低于其他测量误差。因此，使用DFT不一定要限制测量精度。

附 录 C
（资料性附录）
阻抗头连接柔度和阻尼的确定

包括激振器与被测结构连接件在内的导纳测试装置的整体校准和灵敏度测定，都可按下述试验方法完成。这一方法还可提供阻抗头的连接柔度以及结构阻尼的数据。

把一个圆柱形刚性块安装在一个充分柔性的支承上，使其固有频率小于或等于 2 Hz。刚性块质量应足够大，使得反共振频率在关注的频率范围内，其质量 m 的大小（单位为 kg）可由下式估算：

$$m = 1/[(2\pi f)^2 C] \qquad \cdots\cdots(C.1)$$

式中：

f——在导纳测试频率范围内一个较高的频率；

C——阻抗头以及力传感器与被测结构之间连接件的柔度估算值，单位为米每牛（m/N）。

为设计刚性块的柔性支承，由式（C.1）可得出要求的刚性块的支承柔度 C_s：

$$C_s = 1/[(2\pi f_s)^2 m] \qquad \cdots\cdots(C.2)$$

式中：

f_s——刚性块与柔性支承构成的系统的固有频率，单位为赫（Hz）（2 Hz 或更低）；

m——选作测试用的刚性块的质量，单位为千克（kg）。

阻抗头（或力传感器）应安装得与校准块的重心共线，应严格遵守传感器说明书规定的螺栓紧固力矩。安装紧固件应尽可能与结构试验时用的一样。激振器应按导纳实测的方式与阻抗头（或力传感器）连结。激振器产生的波形应和导纳测量时用的波形相同。校准的频率范围应超出所关注的频率范围。这套试验装置的数学模型在参考文献[4]中给出。

力传感器和运动响应传感器的输出信号应像做导纳试验一样来处理，并在适当的坐标纸上画出导纳或加速度导纳曲线。

导纳数据的典型曲线见图 C.1。图 C.1 所示结果是由一个质量 5.5 kg 的校准块获得的，并给出了一个约为 8×10^{-10} m/N 的相当典型的阻抗头连接柔度。在 30 Hz 至 1 100 Hz 范围内，测出的导纳曲线十分接近校准块质量加上阻抗头传感器以下部分的质量以及连接件的质量的导纳曲线。如果导纳测试结果的低频部分指示的质量不等于整个校准系统的质量，则导纳测量系统有不妥之处，应加以修正。很可能是灵敏度不适当、校准方法或电子仪器有问题。

导纳曲线上 2 400 Hz 处的反共振点（响应骤降点）表明，在该频率处校准块的导纳与阻抗头连接柔度产生的导纳具有大致相同的幅值。因为这两个导纳基本上是反相位的，总导纳幅值在反共振频率接近零。只是因为阻抗头和校准块接合面间的阻尼才残留下一个有限值，这也是在反共振点相角为 0°的原因。

在高于 2 400 Hz 反共振点的频率处，导纳曲线渐近地趋近安装紧固件柔度和阻抗头本身柔度的串联组合。如果连接件有一定阻尼的话，就很难检验总柔度。如果反共振下降不很陡，导纳曲线在高频段将不会趋于有效柔度的渐近线。

注：图 C.1 中测得的导纳曲线在 4 600 Hz 处的不规则是阻抗头对连接点作横向摆动的结果。

如果整体校准和灵敏度检验扩展到足够高的频率，导纳曲线转而由阻抗头及连接件的有效阻尼控制。有效阻尼的大小一般算不出来，因此，本附录介绍的实验只是确定力传感器与被测结构之间连接中的阻尼的一种实用方法。

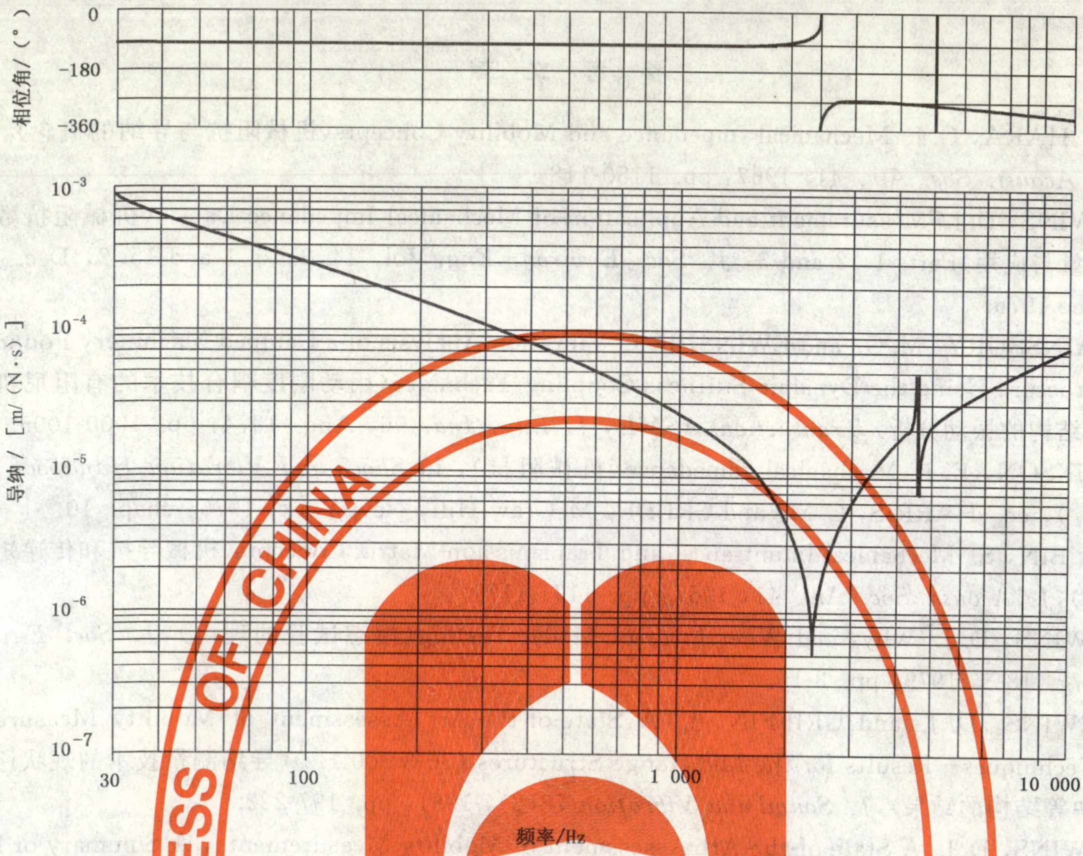

图 C.1 表明阻抗头连接柔度影响的试验结果的例子(256 次平均)

参 考 文 献

[1] O' HARA, G. J. Mechanical Impedance and Mobility Concepts(机械阻抗与导纳的概念), *J. Acoust. Soc. Am.* 41, 1967: pp. 1180-1184.

[2] EWINS, D. J. Measurement and Application of Mechanical Impedance Data, (机械阻抗数据的测量与应用)Parts 1, 2 and 3, *J. Soc. Environ. Eng.* Vol. 14,3,15.1 and 15.2, Dec. 1975-June 1976.

[3] SAINSBURY, M. G. and EWINS, D. J. Vibration Analysis of a Damped Machinery Foundation Structure Using the Dynamic Stiffness Coupling Technique(用动刚度耦合技术的有阻尼机器基础结构的振动分析) *Transactions ASME*, *J. Eng. Ind.* 96, Aug. 1974: pp. 1000-1005.

[4] HIXSON, E. J. Mechanical Impedance(机械阻抗), in *Shock and Vibration Handbook* (2nd ed.), ed. HARRIS, C. M. and CREDE, McGraw-Hill, New York, 1976: chap. 10.

[5] RUBIN, S. Mechanical Immittance- and Transmission-Matrix Concepts(机械导抗和传递矩阵概念), *J. Acoust. Soc. Am.* 41, 1967: pp. 1171-1179.

[6] EWINS, D. J. Whys and Wherefores of Modal Testing(模态试验的理由), *J. Soc. Environ. Eng.* 18-3, 1979: pp. 3-15.

[7] EWINS, D. J. and GRIFFIN, J. A State-of-the-Art Assessment of Mobility Measurement Techniques—Results for the Mid-Range Structures (30-3 000 Hz)(导纳测量技术的现状评估—中等结构的结果), *J. Sound and Vibration* 78(2), 1981: pp. 197-222.

[8] EWINS, D. J. A State-of-the-Art Assessment of Mobility Measurements, A Summary of European Results(导纳测量技术的现状评估,欧洲结果的摘要), *Shock Vib. Bull.* 51,1981: Part 1, pp. 15-35.

[9] EWINS, D. J. State-of-the-Art Assessment of Mobility Measurement Techniques(导纳测量技术的现状评估), *J. Soc. Environ. Eng.* 20(1), March 1981: pp. 3-13.

[10] BROWNJOHN, J. M. W., STEELE, G. H., CAWLEY, P. and ADAMS, R. D. Errors in Mechanical Impedance Data Obtained with Impedance Heads(用阻抗头得到的机械阻抗数据的误差), *J. Sound and Vibration* 73, 1980: pp. 461-468.

[11] KLAASSEN, K. B. Piezoelectric Accelerometers(压电加速度计) in *Modern Electronic Measuring Systems*, ed. REGTIEN, P. P. L., Delft University Press, Delft, Netherlands, 1978: chap. III.

[12] BOUCHE, R. K. *Calibration of Shock and Vibration Measuring Transducers*(冲击与振动传感器的校准), *Monograph SVM*-11, The Shock and Vibration Information Center, U. S. Department of Defense, 1979.

[13] CANSDALE, R., GAUKROGER, D. R. and SKINGLE, C. W. A Technique for Measuring Impedances of a Spinning Model Rotor(旋转模型转子测量阻抗的技术), *Technical Report TR 71092*, Royal Aircraft Establishment, Farnborough, United Kingdom, May 1971.

ICS 17.160
J 04

中华人民共和国国家标准

GB/T 11349.2—2006/ISO 7626-2:1990
代替 GB/T 11349.2—1989

振动与冲击　机械导纳的试验确定 第2部分:用激振器作单点平动激励测量

Vibration and shock—Experimental determination of mechanical mobility—Part 2:Measurements using single-point translation excitation with an attached vibration exciter

(ISO 7626-2:1990,IDT)

2006-06-02 发布　　2006-11-01 实施

中华人民共和国国家质量监督检验检疫总局
中国国家标准化管理委员会　发布

前 言

GB/T 11349《振动与冲击　机械导纳的试验确定》分为3个部分：

——第1部分：基本定义与传感器；

——第2部分：用激振器作单点平动激励测量；

——第3部分：冲击激励法。

本部分是关于机械导纳测量的系列标准的第2部分。

本部分等同采用ISO 7626-2:1990《振动与冲击　机械导纳的试验确定　第2部分：用激振器作单点平动激励测量》。

为便于使用，本部分做了如下编辑性修改：

——用“本部分”代替“本国际标准”；

——用小数点“.”代替作为小数点的逗号“,”；

——按照GB/T 1.1的要求删去国际标准的前言。

本部分代替GB/T 11349.2—1989《机械导纳的试验确定　用激振器作单点激励测量》。

本部分与GB/T 11349.2—1989相比主要变化是：

——增补了“目次”和“引言”。

——补齐了“规范性引用文件”。

——增加了“第3章　术语和定义”。

——3.5及正文中的“有关的频率范围”均改为“关注的频率范围”，而未采用“感兴趣的频率范围”。

——在5.3(1989版4.2)第1段中增加了“悬挂系统与试验结构连接处的驱动点导纳矩阵中所有相关元素的值至少应该比相同点处结构导纳矩阵的相应元素的值大10倍。”和在6.4.4(1989版5.3.3)第3段中增加了“在关注的频率范围内，当激振器和连接件不与结构连接时，激振器连接件的横向和转动驱动点导纳的幅值应当比结构本身的驱动点导纳矩阵中的相应元素的值至少大10倍。”两段话。

——增加了第10章、第11章、附录C。

——增加了一些注释。

本部分的附录A和附录B是规范性附录，附录C是资料性附录。

本部分由中国机械工业联合会提出。

本部分由全国机械振动与冲击标准化技术委员会归口。

本部分起草单位：郑州机械研究所。

本部分主要起草人：韩国明、潘文峰。

引　言

0.1　关于导纳测量国家标准 GB/T 11349 的全面介绍

结构的动力特性可以由导纳测量得到的频率响应函数来确定，或由与频率响应函数相应的加速度导纳和位移导纳来确定。每个频率响应函数都是由于在单位力或力矩激励下，在结构的某一点的运动响应的相量。这些函数的大小和相位是频率的函数。

加速度导纳、位移导纳与导纳的区别仅在于分别用加速度或位移代替速度表示运动响应。为简便起见，在 GB/T 11349 的各部分中将只用“导纳”这一术语。当然，所有的试验方法和要求均适用于加速度导纳和位移导纳的确定。

导纳测量的典型应用：

a)　预测结构对已知的或假定的输入激励的动力响应；

b)　确定结构的模态特征(固有频率、振型和阻尼比)；

c)　预测相连结构之间的动力相互作用；

d)　检验结构的数学模型的有效性并改善其精确度；

e)　确定单一或复合材料的动力特性(即复弹性模量)。

对于某些应用，可能要求测量沿 3 个相互垂直的轴的力和运动，以及绕这 3 个轴的力矩和转动来完整地描述动力特性。对每个关注的点，这些测量给出一个(6×6)的导纳矩阵。对结构上的 N 个点，系统有一个($6N\times6N$)阶的完整导纳矩阵。

对于大多数实际应用，没有必要知道完整的($6N\times6N$)矩阵。通常只需用单点单方向施加激振力，在结构的关键点测平动响应的办法测出驱动点导纳和一些传递导纳就已足够了。在另一些应用中，可能关注的仅是转动导纳。

为了简化，在实际中对不同的导纳测量可使用 GB/T 11349 的不同部分，GB/T 11349 将作为一套 3 个独立的部分颁布。

GB/T 11349.1 基本定义和传感器。这部分的内容对大多数导纳测量是通用的。

GB/T 11349.2 用激振器作单点平动激励导纳测量。

GB/T 11349.3 冲击激励法。

机械导纳定义为由平动或转动速度响应的相量与施加的激振力或力矩的相量之比构成的频率响应函数。如果响应是用加速度传感器测量，还得转换成速度以得到导纳。也可用被称为加速度导纳的加速度与力之比描述结构的特性。在另一些情况下，也可以用位移导纳，即位移与力之比。

注：习惯上，结构的频率响应函数通常表示为上述动力特性之一的倒数。机械导纳的倒数通常称为机械阻抗。但是，应该注意这是一种误解。因为导纳的倒数通常并不表示结构的阻抗矩阵中的任一元素，这一点在 GB/T 11349.1—2006 附录 A 中详细说明。

导纳试验数据不能直接用作结构的阻抗模型的一部分。为了使数据和模型协调，模型的阻抗矩阵应转换成导纳矩阵，或者相反(其限制见 GB/T 11349.1—2006 的 A.3)。

0.2　关于 GB/T 11349 本部分的介绍

许多机械导纳数据的应用中，在结构的某一位置、某一方向激励，在一些关键点上测量平动响应，确定驱动点导纳和少量传递导纳已经足够。这些平动激励力可以用连接到试验结构上的激振器或者由不连接到结构上的装置施加上去。

激振装置分为“连接的”和“不连接的”，在将激励点移动到新位置的难易方面有显著差别。例如：用激振锤时，改变脉冲作用的位置，比用一个连接的激振器重新移动到结构上一个新位置要容易得多。两种激励方法都有它们最适合的应用场合。GB/T 11349 本部分涉及用单个连接式激振器的测量；GB/T 11349.3适用于不用连接式激振器的冲击激励测量。

振动与冲击　机械导纳的试验确定
第2部分:用激振器作单点平动激励测量

1　范围

本部分规定了用连接式激振器单点平动激励测量结构(如建筑物、机器和车辆)的机械导纳或其他频率响应函数的方法。

本部分适用于导纳、加速度导纳或位移导纳的测量,既可以是驱动点测量,也可以是传递测量。它还适用于确定这些比值的倒数,如自由有效质量。尽管采用单点激振,但可同时测量的运动响应的测点数目没有限制,例如,模态分析中要求的多点响应测量。

2　规范性引用文件

下列文件中的条款通过GB/T 11349的本部分的引用而成为本部分的条款。凡是注日期的引用文件,其随后所有的修改单(不包括勘误的内容)或修订版均不适用于本部分,然而,鼓励根据本部分达成协议的各方研究是否可使用这些文件的最新版本。凡是不注日期的引用文件,其最新版本适用于本部分。

GB/T 11349.1—2006　振动与冲击　机械导纳的试验确定　第1部分:基本定义与传感器(ISO 7626-1:1986,IDT)

GB/T 14412—2005　机械振动与冲击　加速度计的机械安装(ISO 5348:1998,IDT)

ISO 2041:1990　振动与冲击——词汇

ISO 5344:1980　电动式振动试验设备——设备特性描述方法

3　术语和定义

GB/T 11349.1和ISO 2041确立的以及下列术语和定义适用于GB/T 11349的本部分。但为了方便,GB/T 11349本部分用到的最重要的定义在3.1～3.5中给出。

3.1

频率响应函数　frequency-response function

与频率有关的运动响应相量与激振力相量之比。

注1:频率响应函数是线性动力系统的特性,与激励函数的类型无关。激励可以是时间的简谐、随机或瞬态函数由一种激励得到的试验结果可用来预测系统对其他任何类型的激励的响应。随机和瞬态激励的相量及其等价量在GB/T 11349.1—2006附录B中讨论。

注2:系统的线性是有条件的,实际上只能近似满足,它取决于系统的类型和输入的大小。应当注意避免非线性影响。

注3:运动可用速度、加速度或位移来表示,相应的频率响应函数分别称为导纳、加速度导纳和位移。

注4:本定义摘自GB/T 11349.1。

3.2

导纳　mobility

速度响应相量与激振力相量之比,或速度响应谱与激振力谱之比构成的频率响应函数。

应满足的边界条件是除在驱动点的激振力之外,结构上的任何点没有作用力。

3.3

驱动点导纳，Y_{jj}　driving-point mobility，Y_{jj}

除了表示结构在预计应用中的正常支承之外没有其他任何约束，允许结构上所有其他测点自由响应，这时 j 点速度响应相量与同一点的激振力相量之比构成的频率响应函数。单位为 m/(N·s)。

注 1：术语“点”是指某一个位置及方向，也可使用术语“坐标”，它与“点”的意义相同。

注 2：本定义摘自 ISO 2041。

3.4

传递导纳，Y_{ij}　transfer mobility Y_{ij}

除了表示结构在预计应用中的正常支承之外没有其他约束，允许结构上除 j 点外的所有点自由响应，这时 i 点的速度响应相量与 j 点的激励力相量之比构成的频率响应函数。单位为 m/(N·s)。

注：本定义摘自 ISO 2041。

3.5

关注的频率范围　frequency range of interest

在一组给定的试验中，要得到导纳数据的从最低频率到最高频率的区间。单位为 Hz。

注：本定义摘自 GB/T 11349.1。

4　测量系统的总体结构

应按 GB/T 11349 本部分的要求选择导纳测量系统的各个组成部分，以适合每个具体的应用。

所有这些系统都应包括如图 1 所示的基本部分。在有关的章节中给出对这些部件特性和用法的要求。

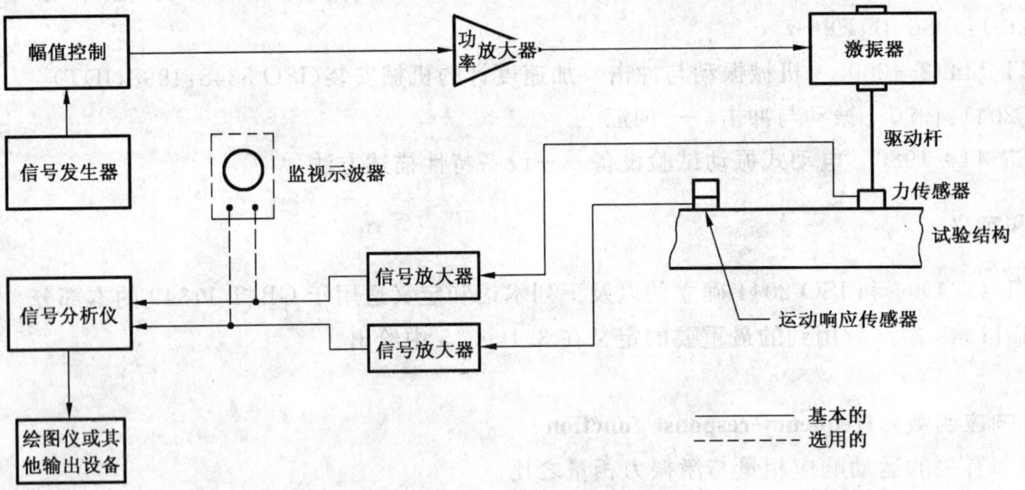

图 1　导纳测量系统框图

5　试验结构的支承

5.1　概述

结构可以在非落地条件下(自由悬挂)或者在落地条件下(用一个或多个支承)进行导纳测量。激振器对结构的约束作用在 6.4 描述。

5.2　落地(支承条件下的)测量

除非特殊说明，试验结构的支承应代表结构在典型应用中的支承状况。试验报告应说明支承条件。

5.3　非落地(自由悬挂条件下的)测量

试验结构应采用柔性悬挂，悬挂系统与试验结构连接处的驱动点导纳矩阵中所有相关元素的值至少应该比相同点处结构导纳矩阵的相应元素的值大 10 倍。试验报告应详细描述使用的悬挂。

在缺乏定量资料的情况下，悬挂的设计很大程度上是一个判断问题，起码被悬挂结构的所有刚体模态的共振频率应小于最低的关注的频率的二分之一。

柔性悬挂通常使用柔性绳以及像泡沫塑料和橡皮一类材料做成的弹性垫。由于某些悬挂系统具有质量而且阻尼很小，必须保证使悬挂系统的共振频率远离试验结构自身的模态频率。测量中任何靠近试验结构的悬挂部件(如挂钩和螺丝扣)的质量也应该小于结构在每个关注的频率的自由有效质量(加速度阻抗)的十分之一。

为了确定对测量产生影响最小的悬挂位置，应进行预备性试验。悬挂点靠近试验结构的节点能将悬挂系统与结构的相互作用减至最小。若实际情况允许，悬挂绳应该垂直于激励的方向，即使这样，悬挂绳的横向弹性振动对试验数据还是有影响的。

注：还应注意悬挂系统引起的结构的附加阻尼。

6 激励

6.1 概述

激励和响应信号经过适当处理，任何激励波形只要其谱能覆盖关注的频率范围都能使用。

早期研究者使用简谐激励信号，在理想条件下，稳态响应也是简谐信号。简谐响应幅值与激励信号幅值之比给出了在那个特定频率的导纳的模，相位差是幅角。

由于简谐信号的幅值是它的傅里叶变换的模，因此这项技术还在应用，并且简谐激励得到的结果与更复杂信号的傅里叶变换得到的结果相同。但是，为了达到稳态响应，需要在每个激励频率上停留足够的时间。如果激励信号和速度响应的傅里叶变换已经确定则不必这样做。这时可应用短时正弦猝发，从响应谱与力谱的比就能得出在一个限定的频率范围内的正确导纳值。

正弦扫描激振时也会出现相同的情况。若应用傅里叶变换，则不受 9.2.3 描述的扫描速率的限制，而且可以用一个快速正弦扫描信号代替慢速正弦扫描信号。

当利用数字傅里叶变换时，更宜采用周期激振信号(如周期快扫或周期随机信号)，其优点是容易防止时域泄漏。

6.2 激励波形

6.2.1 概述

可使用 6.2.2 至 6.2.5 描述的激励波形，但并不局限于这些波形。本标准力求反映已广泛运用的技术，但不包括刚刚出现的或正在研究的测量方法。不同类型波形的优缺点比较在参考文献[1]中讨论。

6.2.2 离散步进正弦激励

在测量中，由一组相继施加的单个离散频率的正弦信号激励。在关注的频率范围内，信号的频率步进式增加，9.2.2 给出了选择频率增量的要求。在每个频率，施加的激励应停留足够长的时间，以便获得在这个特定频率激励下结构固有振动模态的稳态响应，以及对信号进行适当处理。

6.2.3 慢扫描正弦激励

在测量中，激励是一个从关注的频率范围的下限到上限连续扫描的正弦信号。为了获得结构的准稳态响应，扫描频率的速率应足够慢，9.2.3 给出了选择扫描速率的要求。在一个短时间间隔内，激励能量集中在其扫描的频带内。

6.2.4 平稳随机激励

平稳随机激励波形没有显式数学表达式，但具有一定的统计性质。激励信号谱用激励力的谱密度来表示，9.4.3 推荐了把激励集中在关注的频率范围内以形成谱密度的方法。这样，可同时激励起这个频率范围内的所有模态。

6.2.5 其他激励波形

6.2.5.1至6.2.5.4描述的其他类型的波形也能同时激起关注的频率范围内的所有振动模态。这些波形的信号处理和激励控制的方法与平稳随机激励相似。为了正确地测量结构的运动响应，需要进行响应波形的时域同步平均，此时推荐重复使用这些波形。

6.2.5.1 伪随机激励

为了得到期望的谱，在频域内对激励信号进行数字合成。将其进行逆傅里叶变换，产生一个重复的数字信号，再将其变换成模拟电信号，用来驱动激振器。

6.2.5.2 周期正弦快扫激励

周期正弦快扫就是重复的快速正弦扫描信号，其频率在选择的频段内上下扫描。该信号可以数字合成，也可以由一个扫描振荡器产生，并与波形平均的信号处理器同步，以提高信噪比。

6.2.5.3 周期脉冲激励

周期脉冲激励通常是由数字合成的适当形状的脉冲函数周期性的重复得到的。信号处理器应与信号发生器同步。应当选择脉冲函数的形状（如半正弦或衰减的阶梯函数），以满足激励频率的要求。

6.2.5.4 周期随机激励

周期随机激励综合了纯随机和伪随机激励的特点，它既能满足周期信号的条件，又随时间变化。因而，它是以纯随机方式激励结构，这要靠每次平均采用不同的伪随机激励来实现。

6.3 激振器

激振器是通常连接到试验结构上对其输入预定波形的力的设备，包括电动式、液压式和压电式激振器（见ISO 5344）。图2给出了每种类型激振器一般适用的频率范围。

对激振器的基本要求是能提供足够的力和位移，这样才能以适当的信噪比在整个关注的频率范围内进行导纳测量。对指定的结构进行足够宽频的随机激励比正弦激励时需要更大的激振器。如果限定随机噪声的带宽或者使用激励和响应信号波形的时域平均，则可以选用较小的激振器（见6.2.5）。

注：对于背景噪声和电路噪声，可用相干函数衡量激振器的适用性。

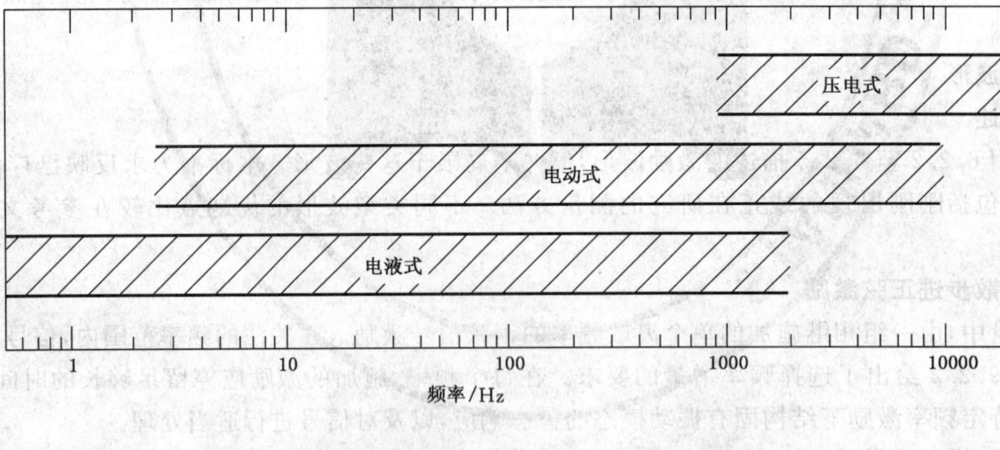

图2 激振器一般适用的频率范围

由于激振器支承或激振器的自身惯性，输入结构的激励力会产生反作用力。图3a)和图3b)说明了这些情况。若需要，应当把一个附加质量连接到激振器上。图3c)表示出一个不正确的方案，它让激振器的反作用力通过支承激振器和结构的共同底座而不是通过力传感器传递到结构上。

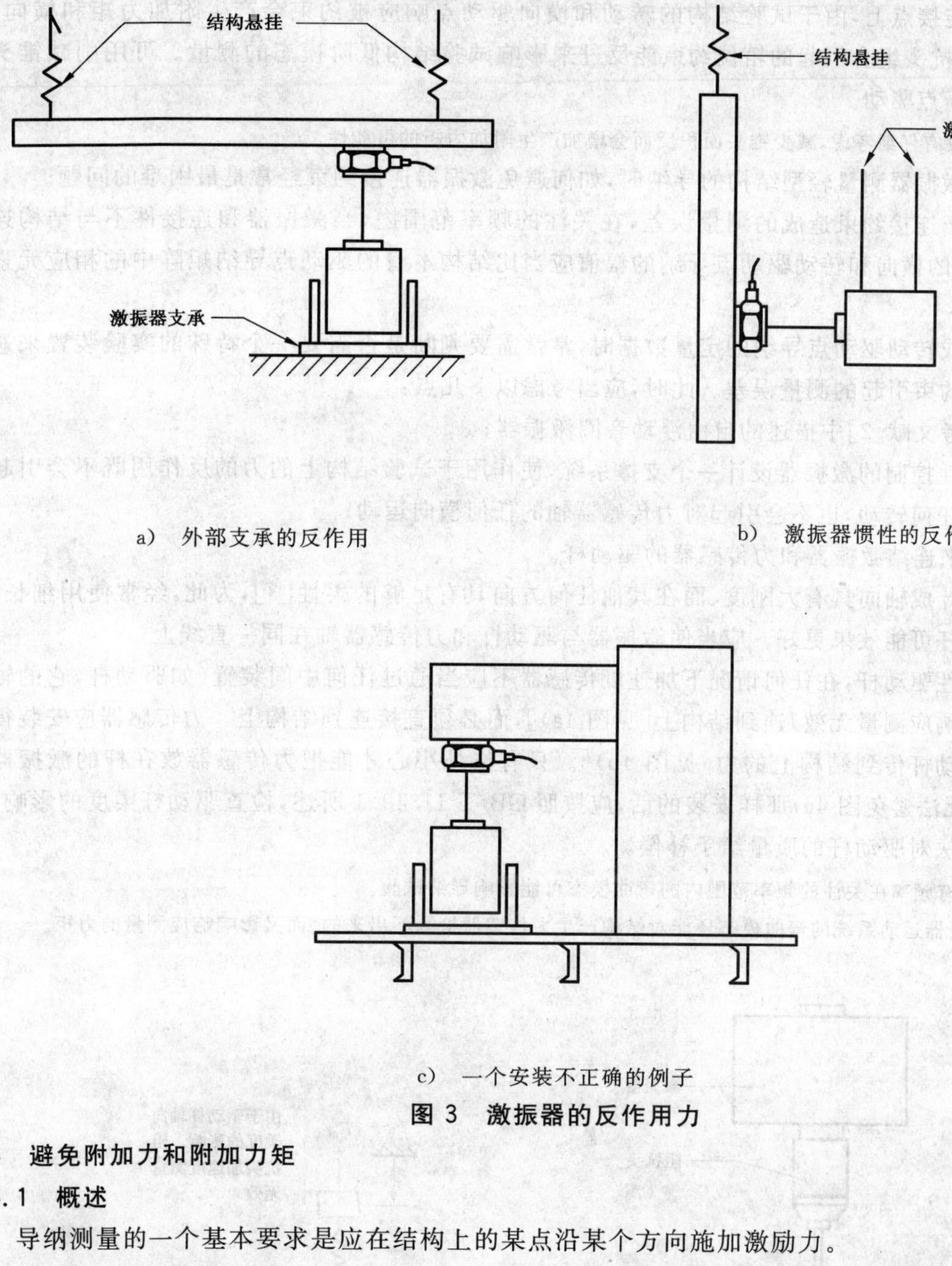

a) 外部支承的反作用　　b) 激振器惯性的反作用

c) 一个安装不正确的例子

图 3 激振器的反作用力

6.4 避免附加力和附加力矩

6.4.1 概述

导纳测量的一个基本要求是应在结构上的某点沿某个方向施加激励力。

任何附加力和附加力矩(不是沿预定方向的预定激励力)将使导纳数据产生误差。驱动点和结构上的所有其他测点应能在无约束的任何方向自由地响应。应当避免结构和传感器之间以及结构和激振器之间的动力相互作用。为了确保避免附加力和附加力矩,应考虑 6.4.2～6.4.4 中的有关因素。

6.4.2 传感器质量负载

在每个传感器连接点上,由于传感器质量的加速度会产生附加惯性力。可选择符合灵敏度要求的质量最小的传感器,将质量负载引起的测量误差减至最小。当测量驱动点导纳时,力传感器负载在一定程度上可以通过电学方法给予补偿(见 7.3)。

6.4.3 传感器转动惯量负载

在每个传感器的连接点上,传感器因角加速度会产生附加惯性力矩(特别是具有大转动惯量的阻抗头)。应选择绕其安装点具有较小惯性矩的传感器,使这些附加力矩减至最小。

6.4.4 激振器的连接约束

在激振器的连接点上,由于试验结构的转动和横向驱动点响应被约束会产生附加力矩和横向力。例如:激振器与阻抗头组合引起的箝位约束能反过来影响试验结构低阶模态的测量。可用削减锥头的面积使之更接近于点驱动。

注:若使用时没有仔细考虑,减少锥头面积反而会增加产生附加力矩的可能性。

当用固定式激振器测量轻型结构的导纳时,如何避免激振器连接约束经常是最困难的问题。

为了避免由于连接约束造成的测量误差,在关注的频率范围内,当激振器和连接件不与结构连接时,激振器连接件的横向和转动驱动点导纳的幅值应当比结构本身的驱动点导纳矩阵中的相应元素的值至少大 10 倍。

当缺少横向或转动驱动点导纳的定量数据时,常常需要判断是否需要一个特殊的实验装置来避免由于显著的连接约束引起的测量误差。此时,应当考虑以下几点:

a) 使用参考文献[2]中描述的自由浮动音圈激振器;

b) 为受惯性控制的激振器设计一个支撑系统,使作用于试验结构上的力的反作用既不会引起激振器的任何转动,也不会引起对力传感器轴的任何横向运动;

c) 安装用来连结激振器和力传感器的驱动杆。

驱动杆应设计成轴向具有大刚度、而在其他任何方向具有足够的柔性[3],为此,经常使用细长杆。采用两端较细的杆可能效果更好。应当使激振器与驱动杆和力传感器轴在同一直线上。

如果使用柔性驱动杆,在任何情况下加速度传感器不应当通过任何中间装置(如驱动杆,它的轴向柔度可能使运动响应测量无效)连到结构上[见图 4a)],而必须直接连到结构上。力传感器应安装得使它总是测量由驱动杆传到结构上的力[见图 4b)]。只有格外小心才能把力传感器放在杆的激振器端[见图 4c)]。如无法避免图 4c)那样安装的话,应按照 GB/T 11349.1 所述,检查驱动杆柔度的影响,并用 7.3 规定的方法对驱动杆的质量给予补偿。

注:驱动杆固有频率在关注的频率范围内的弯曲模态可能影响导纳试验。

此外,激振器运动系统的弯曲模态还能对结构产生力传感器检测不出来的、而又影响响应测量的力矩。

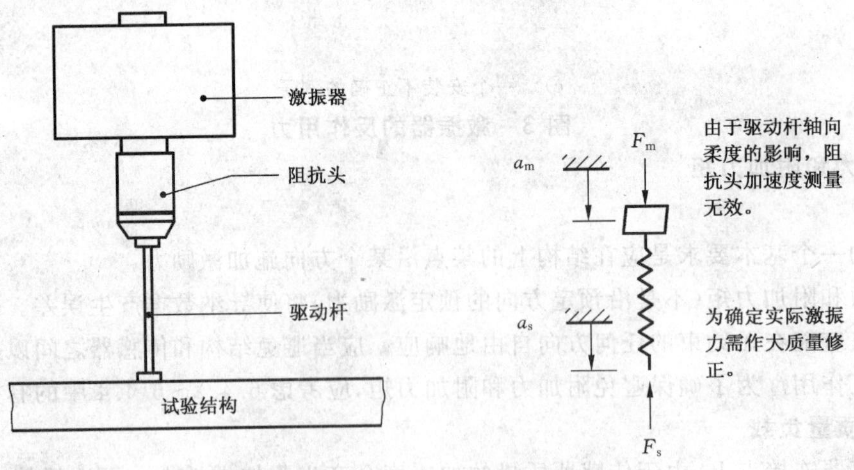

a) 激振器驱动杆的连接——不正确的方法

图 4 激振器驱动杆的连接

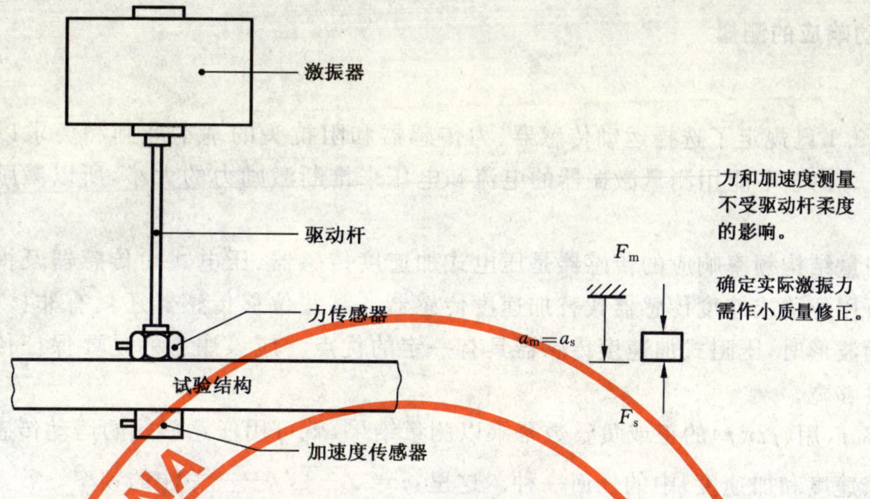

b) 激振器驱动杆的连接——最佳方法

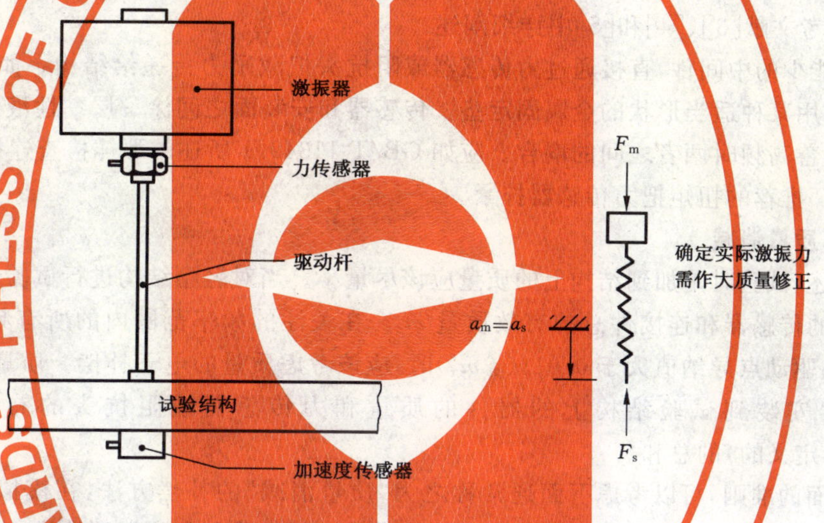

c) 激振器驱动杆的连接——折衷方法 A

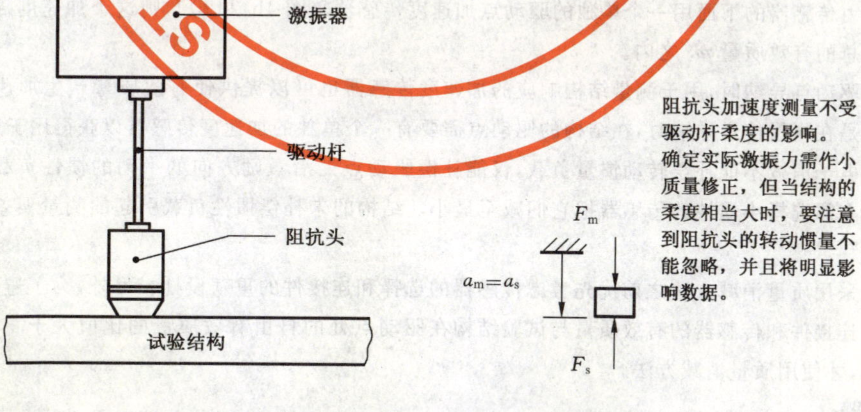

d) 激振器驱动杆的连接——折衷方法 B

图 4(续)

7 激励力与运动响应的测量

7.1 概述

GB/T 11349.1已规定了选择运动传感器、力传感器和阻抗头的基本准则和要求以及确定这些传感器特性的方法。由于不能用测量激振器的电流和电压来推断激励力的大小，所以激励力用适用的传感器来测量。

通常用于测量结构频率响应的传感器是压电式加速度传感器、压电式力传感器及把它们联为一体的阻抗头。也可用位移或速度传感器代替加速度传感器。某些位移传感器还具有非接触测量的优点。当采用脉冲激励波形时，压阻式加速度传感器具有一定的优点。应该注意的是要保证传感器的频率响应和线性范围足够宽。

对每个频率 f，用 $(j2\pi f)$ 的正或负整数幂乘以测量结果，就可用任意形式的运动传感器来确定三种运动形式(位移、速度和加速度)中的任何一种。这里：$j=\sqrt{-1}$，f——关注的频率。

7.2 传感器的连接

通常用螺栓或粘接剂把力传感器和运动传感器安装在结构上。有关传感器安装方法已在GB/T 14412及参考文献[3]、[4]和[5]中详细阐述。

应该用尽可能少的中间件，直接通过力传感器或阻抗头把激励力传递给结构。如果传感器安装点表面不平，可以采用某种适当形状的金属固定垫。传感器和安装面之间涂一层黏性液体(如重油或润滑油)的薄膜可以改善高频时两者之间的耦合。应如GB/T 11349.1所述的那样检查连接件柔度的影响。应按传感器制造厂推荐的扭矩把力传感器拧紧。

7.3 质量负载和质量消减

如6.4.2所述，试验时附加到结构上的质量应该尽量小。当对轻型结构进行试验时，可用电气补偿在结构驱动点处的传感器和连接件总的有效质量 m_t。在关注的频率范围内的所有频率 f(单位：Hz)处，当被试结构的驱动点导纳值大于 $0.01/(f m_t)$ 时，应该考虑质量的电子补偿。质量 m_t(单位：kg)是用来把力传感器安装到试验结构上的器件的质量和力传感器或阻抗头的有效端部质量(如GB/T 11349.1所定义的)的总和。

若不符合上面的准则，可以考虑下面通常称之为"质量消减"的补偿方法：在模拟电路或数字电路中，将得到的激励点的加速度信号乘以补偿的总有效质量。这个乘积是激振器输出力的一部分，它是使附加到结构上的有效质量产生加速度所需要的力。为了获得作用于试验结构的净激励力，应在模拟电路或数字电路中把这个力信号从力传感器信号中减掉。

注1：如果在力传感器的下面用一个单独的驱动点加速度传感器〔(图4b)和c)〕，则这个加速度传感器的质量也应包含在总的有效质量 m_t 之内。

注2：在测量驱动点导纳时，用于测量结构响应的加速度传感器也可以提供使有效质量产生加速度所要求的力信号。但是在测量传递导纳时，在结构的驱动点需要有一个单独的加速度传感器以获得用于质量消减的信号。

注3：质量的电子消减不能补偿转动惯量负载，仅能补偿驱动点处沿激励方向的平动的惯性负载。其他所有的附加力只有靠选择小惯性的传感器把它们减至最小。结构的未补偿惯性负载引起的测量误差包括响应峰值频率的偏移。

注4：应该在采用质量消减方法之前优先考虑传感器的选择和连接件的重新设计。另外，为了避免大的测量误差，只有当连接件和传感器的有效质量与试验结构在驱动点处的自由有效质量的比值大于0.06且小于0.5的情况下，才使用质量消减方法。

7.4 信号适调器

压电式力传感器和运动传感器需要与电荷放大器或高输入阻抗电压放大器连用。

注1：某些压电式传感器配备有内装的电子线路，因而它要求与这个线路相匹配的放大器。

注2：电压放大器的灵敏度受传感器电缆阻抗的影响。电压放大器比电荷放大器的低频响应限制更严格。

7.5 校准

7.5.1 概述

GB/T 11349.1 规定了对传感器进行基本校准和补充校准的要求。它们是确定导纳测量用的压电式传感器适用性的基础。应每年对传感器进行一次基本校准。

在每次的试验开始前，应按照 7.5.2 对整套测量系统进行系统校准。在每一系列试验结束时，也应进行系统校准来检验。如需要，还可以在试验期间进行补充校准。

7.5.2 系统校准

系统校准是通过测量自由悬挂的、已知质量的刚性校准块的导纳或加速度导纳来完成的。测量系统的所有组成部分应当与试验时相同。测定的校准块的频率响应应与已知值吻合，误差在±5%以内。例如：加速度导纳的幅值应等于 $1/m$ 或者导纳的幅值应等于 $1/(2\pi f m)$。这里 m 是校准块的已知质量。系统校准的连接件应与测量时相同，从而就可检测出连接柔度带来的任何误差（见 GB/T 11349.1）。选择校准块的质量，使其导纳在测量的范围内具有代表性。如有必要，为了覆盖所研究的导纳范围，应使用多个合适的校准块进行多次系统校准。

8 传感器信号的处理

8.1 频率响应函数的确定

8.1.1 概述

运动信号和力信号都应当用能滤波的（如有要求，还可进行质量消减）分析仪加以处理，并确定两者之间的幅值之比和相位差，幅值和相位差均是频率的函数。分析仪还应完成将测量的频率响应函数转换成其他形式（例如，将加速度导纳转换成导纳）的数字运算（见 7.1）。8.1.2 和 8.1.3 规定了对 6.2 讨论的各种激励波形的处理要求。

8.1.2 正弦激励

频率响应函数的幅值是两个正弦信号的相量幅值的比，它可以用模拟或数字方法来确定。频率响应函数的相位应由测量这两个信号的相位差来确定。

注：若采用离散步进正弦激励，在每个频率下，把单个响应通道从一个响应传感器切换到下一个响应传感器，则可以得到若干个频率响应函数。若采用慢扫描正弦激励，在一次扫描中，每个响应通道只能测得一个点的频率响应函数。

8.1.3 随机激励

用随机、周期随机、伪随机、周期正弦快扫或脉冲激励产生的传感器信号应通过数字傅里叶变换分析仪处理。如 GB/T 11349.1 中所述，频率响应函数可用运动响应与激励力的互谱密度除以激励力的自谱密度得到。通过对时域加权后的激励和响应信号（见 8.4.3）进行的离散傅里叶变换来计算上述谱。在每个共振频率点，为了取得至少 90% 的置信度，即在每个共振频率计算的谱的驱动点导纳的随机误差小于 5%，应对足够数量的谱进行平均（见附录 A）。在计算相应的传递导纳时至少也应该对相同数目的谱进行平均。

注 1：当测量传递导纳时，不可能达到上述量级的置信度，特别是在传递导纳值很小时测量其响应更是如此。在这种情况下，除了相应驱动点导纳试验所要求的平均谱的数目之外，再增加平均的谱数，作用不大。

注 2：双通道傅里叶分析仪在一次测量中只能得到单个频率响应函数。若想同时测量多个频率响应函数，可采用多通道分析仪。

8.2 滤波

8.2.1 正弦激励

用相应于激励频率的响应和激励信号分量可以计算出频率响应函数。适当的滤波器或同步数字采样可把噪声和谐波分量减至最小，而且不改变激励信号和响应信号间的相位。

注：为此，习惯上采用跟踪滤波器。跟踪滤波器是相位匹配的窄带通模拟设备，它采用外差式处理以自动判断激励

频率。另外,也可采用数字式信号处理装置,使数据采样与激励信号的频率同步进行。

8.2.2 随机激励

采用随机激励时,不可能从激励信号和响应信号中滤出噪声和谐波分量。可用限制频带(细化)技术提高信噪比。应如9.4.3所述,选择适当的滤波器以限定激振频带宽度。当运用数字分析仪时,为了避免由高于最高分析频率范围的信号分量所引起的误差,一定要用衰减率高、相位匹配的抗混滤波器。

8.3 避免饱和

为保证测量的有效性,避免信号放大器饱和,应进行增益设定的系统检查。分析仪的过载指示器只有在分析器饱和发生后才有反应。除非前置放大器装有过载指示器,应当如图1所示,用示波器在分析仪之前的线路中监测信号。

注:当饱和波形显示在示波器上时,用目视可以观察出削波。

8.4 频率分辨率

8.4.1 概述

在关注的频率范围内,分辨率应足够高,以分辨出试验结构的全部特征频率,并适当估计模态阻尼。

8.4.2 正弦激励

对于慢扫描正弦激励和离散步进正弦激励,为获得足够的共振频率分辨率,要求激励频率随时间的变化应足够慢(见9.2)。

8.4.3 随机激励

对于如6.2.4和6.2.5所述的激励波形,在离散频率傅里叶变换分析中要取得合适的频率分辨率,要求有足够小的频率增量。应根据被试结构的模态密度和模态阻尼确定频率增量(谱线间隔,Hz)。进而,用海宁窗或其他适当的时间加权函数对信号在时域加权,可使频率分辨率提高(见参考文献[6])。

注1:对于小阻尼结构,若在整个关注的频率范围内计算出激励和响应的信号的谱(即通过一个"基带"傅里叶分析),则所需要的数据样本的数目(即样本"块尺寸")很大;另外,还可利用限制在某一频带上的傅里叶分析(细化);或者把这两种方法结合起来使用。在任一种情况下,要求的总时间(记录长度)(单位:s)都是所要求的频率增量(分辨率)(单位:Hz)的倒数。

注2:随机激励可看成是脉冲函数的时间序列(杜哈梅方法)。一个数据块样本起点的响应主要是先前激励的结果,这样的响应与激励并不对应(相干)。靠近数据块的尾部仍然有激励,但响应已被截断,截断的影响取决于衰减时间和数据块总的采样时间的比以及在数据块中激励脉冲的位置,这又会导致弱相干。激励和响应数据相干较好的部分可在数据块的中部找到。有时推荐用海宁窗来改善导纳数据的相干,然而,它对随机激励的导纳测量仍是一种折衷办法。

8.4.4 周期激励

周期随机、周期正弦快扫和脉冲激励与8.4.3所遇到的问题不同。因为周期激励产生首尾相连的数据块序列,开始时的瞬态值转移到下一个数据块,并且经过一定时间之后,每个数据块都包括全部的响应数据。从原理上说,不需要取平均。在某些情况下,相干函数可用来估计外部噪声的影响,并指导信号平均次数的选取(见附录A)。

9 激励的控制

9.1 概述

为了获得适当的频率分辨率,需要控制激励时间;为了获得适当的动态范围,通常需要控制激励的幅值。

9.2 正弦激励要求的时间

9.2.1 概述

为了得到所要求的频率分辨率,无论采用扫描或者步进正弦激励,都应该控制激励频率变化率(或步长和速率)。为了精确地确定幅值和相位,并获得用于计算固有频率和结构阻尼的正确信息,在结构的共振(响应峰值)和反共振(响应波谷)区域内要求较高的分辨率。

9.2.2 离散步进正弦激励

当用步进正弦激励时，最接近结构的每个共振频率的激励频率与该阶的共振频率之差作为频率步进增量的一半，这样，确定共振频率的最大误差是频率增量的二分之一。另外，测量的结构峰值响应的幅值很可能比真正的共振峰值小。表1给出了误差的上界。结构响应峰值的测量误差会导致对结构模态阻尼估计过大。

在共振频率±10%的频率范围内，频率增量的选择，应使测得的峰值响应的幅值和模态阻尼比与它们真实值的误差在5%以内。

在附录B中以共振频率和模态阻尼系数的函数给出了符合这个要求的用于确定最大频率增量的公式。附录B还给出了在每个频率处激励的最小时间间隔(持续时间)。对于共振频率或反共振频率±10%范围以外的频率，可以采用更大的频率增量和更短的持续时间。

表1 用离散步进正弦激励测量结构共振时运动响应幅值的最大误差

步进频率增量与结构模态的真实半功率带宽的比	响应峰值测量的最大误差 %	响应峰值测量的最大误差 dB
>1	>29.3	>3.0
1	29.3	3.0
1/2	10.6	1.0
1/3	5.1	0.5
1/4	3.0	0.3
1/5	1.9	0.2
1/6	1.4	0.1
1/7	1.0	0.1
1/8	0.7	0.1

注：上表列出的误差是用参考文献[8]的方程计算出的；但在计算中还包含了一些附加项以改善计算精度。

9.2.3 慢扫描正弦激励

采用慢扫描正弦激励时，频率以时间的线性函数或者以时间的对数函数变化。扫描速率的选择应使在共振频率±10%以内测得的结构运动响应的幅值与真实值的偏差小于5%。

对于线性扫描激励，最大扫描速率$\left(\frac{\mathrm{d}f}{\mathrm{d}t}\right)\max$(单位：Hz/min)应为：

$$\left(\frac{\mathrm{d}f}{\mathrm{d}t}\right)\max \leqslant 54(f_n)^2/Q^2 \qquad\cdots\cdots(1)$$

对于对数扫描激励，最大扫描率$\left(\frac{\mathrm{d}f}{\mathrm{d}t}\right)\max$(单位：oct/min)应为：

$$\left(\frac{\mathrm{d}f}{\mathrm{d}t}\right)\max \leqslant 77.6 f_n/Q^2 \qquad\cdots\cdots(2)$$

上述二式中：

f_n——估计的共振频率；

Q——在该共振频率处，估计的结构模态的动力放大(品质)因数。

注：上述两个关系式引自参考文献[8]，预计可保证得到基本上是稳态的测量。

9.3 随机激励所要求的时间

施加激励和测量运动响应，要有足够长的持续时间，以便对8.1.3中所规定的数目的谱进行平均。

要平均的谱数是测量系统的信噪比的函数。应该用激励力信号和运动响应信号间的相干函数来确定在90%的置信度内，为使随机误差小于5%必须加以平均的最小谱数(见A.1)。

每个谱所需的激励时间(单位：s)应是离散傅里叶变换的频率增量(单位：Hz)的倒数(见8.4.3的注)。

9.4 动态范围

9.4.1 概述

在关注的频率范围内,小阻尼结构的导纳幅值范围可能会大于 10^5:1(100 dB)。每个数据通道除了有个最高工作电压外,还有一个最低电压。若高于最高电压会发生饱和,若低于最低电压则电路噪声和数字系统中与数字化处理有关的噪声与信号相比就变得很显著了。为了测量精确,应该控制激励,使两个通道内的电压都在规定界限以内。9.4.2 和 9.4.3 中给出了当采用不同类型的激励波形进行导纳测量时,为了得到合适的动态范围而进行激励幅值控制的指南。

9.4.2 正弦激励

采用恒幅值激励时,导纳测量可获得的最大动态范围就是测量系统响应信号通道的动态范围(一般大约是 300:1 或 50 dB)。为了扩大范围,在每个共振频率(响应峰值)附近应减少激励幅值,而在每个反共振频率(响应陡降处)附近应增加激励幅值。图 5a)说明了采用恒幅值激励可达到的动态范围的局限性。采用恒幅值激励,由于测量最大运动响应时放大器的饱和,测得的最大运动响应值要小于真实的最大运动响应。同样地,由于电路噪声也限制了结构反共振的真实运动响应的测量。图 5b)描述了通过适当控制激励力幅值能改善可达到的动态范围。

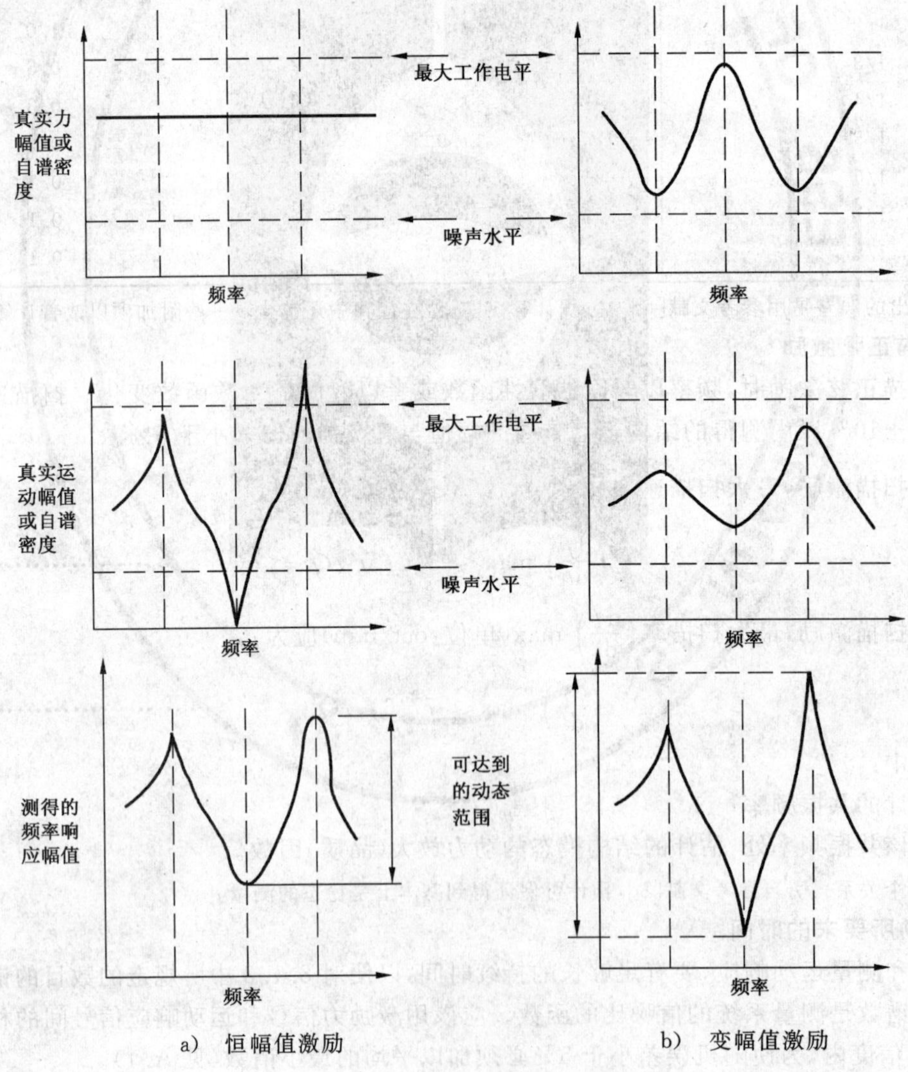

图 5 采用变幅值激励而不用恒幅值激励可增大动态范围的说明

9.4.3 随机激励

当激励力是 6.2.4 或 6.2.5 所述的某一随机波形时，也应当利用在 9.4.2 中所述以及图 5b)说明的激励控制的概念。至少在最大的关注的频率处为消除在其以上的激励和响应信号，应快速截断激励谱。如果用限制带宽分析来提高测量的频率分辨率，那么，应当用带通(或用高通和低通)滤波器把激励限制在为进行高分辨率测量所选定的带宽内(见 8.4.3)。

10 有效数据的检验

当用随机激励测定导纳数据时，可用 A.1 中所述的方法估计为达到指定的置信度而需要平均的最小谱数。A.2 至 A.4 描述了可用于所有类型激励的补充试验。这些补充试验可提供有关试验结果的线性度、互易性和总体有效性的有用信息。

如将数据绘在预先印好的导纳方格纸上(见 GB/T 11349.1)，用绘图器可在方格纸上检验出适当的准线。

11 模态参数识别

许多导纳试验是为了识别试验结构的模态参数。为此目的的导纳数据的分析超出了本标准的范围，附录 C 中讨论了一般原理。

附 录 A
(规范性附录)
测量结果的有效性检验

A.1 相干

采用非正弦激励(见 6.2.4 和 6.2.5)时,总要计算出力信号和响应信号间的相干函数 $\gamma^2(f)$,以发现在计算的频率响应函数中某些潜在的误差。为了得到适用的相干函数估计,至少要对两个集合进行平均。

$\gamma^2(f)$定义为激励力(输入)和结构的运动响应(输出)间的互功率谱幅值的平方除以输入功率谱和输出功率谱的乘积,如下式:

$$\gamma^2(f)=\frac{|G_{XY}(f)|^2}{G_X(f)G_Y(f)} \qquad \text{(A.1)}$$

由定义可知,相干函数的值总是介于 0 和 1 之间(即:$0\leqslant\gamma^2(f)\leqslant1$)。图 A.1 就是一个典型的相干函数曲线。

相干函数值较低说明存在下述问题:

a) 在试验结构的共振和反共振频率处相干函数的凹陷可能是下述某种原因引起的。

   1) 频率分辨率不适当(即分析频带太宽,如在参考文献[9]所讨论的);

   注:不适当的频率分辨率在计算的频响函数中将会引起系统误差。改善频率分辨率的方法可参考 8.4.3。

   2) 在分析仪中使用了不适当的时域加权(见 8.4.3);

   3) 试验结构具有非线性(见 A.2)或信号放大器饱和(见 8.3);

   4) 有多个输入力;

   5) 存在伴随数字化处理的噪声或电路噪声污染,可能是由激振器的不适当的力输入引起的。

b) 共振频率处相干函数的凹陷也可能说明,在此频率下激振器所产生的激励力由于激振器本身固有的局限性而减小了。若力信号降低到噪声水平以下,而频响函数又是根据运动响应和激励力的互谱密度除以激励力的自谱密度计算的,则频响函数计算幅值将会太小(见 8.1.3)。在参考文献[10]中讨论了可能的补救方法。

c) 在某个宽频范围上的低相干说明信噪比低。这常常是由于动态范围不适当。可通过把激励谱适当修形使之有所改善(见 9.4)。若应用 6.2.5 中所述的激励波形,也可通过波形的同步时域平均来提高信噪比(见参考文献[1])。

d) 结构的非线性可能在频率范围内的任一位置导致低相干,这些影响取决于结构非线性的类型。低信噪比会在计算频响函数时产生随机误差。对于给定的信噪比(即对于一给定的相干函数值),频域平均可减小误差。

   要达到 90%的置信度(随机误差小于任意指定值),需要平均的最小谱数(视为测得的相干函数值的函数)可由图 A.2 查出。例如若测得的相干函数值是 0.80,为达到 90%的置信度,而且计算的频响函数幅值的随机误差小于±5%,那么至少必须平均 178 个谱。

注 1:图 A.2 所示的曲线是由参考文献[11]的分析导出的。

注 2:严格地说,相干函数不能根据激励和响应信号的单个样本来计算,因为这总是会得到一个虚假的单位值。

注 3:相干函数高并不总能证明数据的有效性,因为它也可能表明力和响应通道之间的互相串扰。

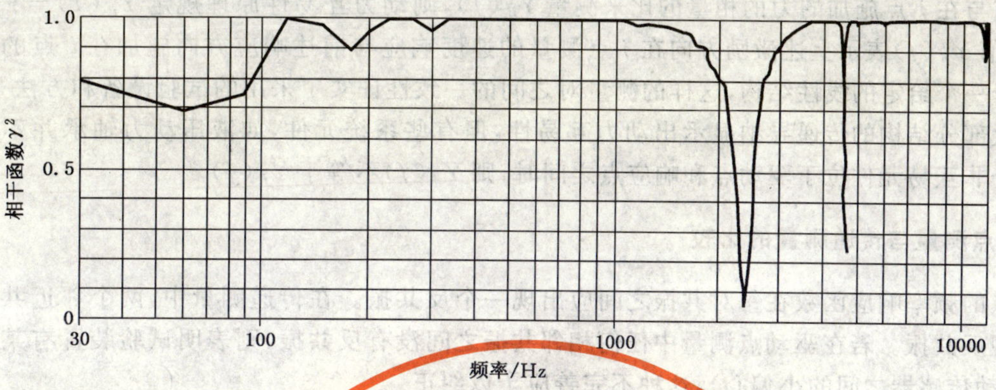

图 A.1 典型的相干函数曲线

图 A.2 为了达到90%的置信度(导纳数据幅值的随机误差不超过规定值,如5%)需要平均的谱测量数

A.2 线性度

A.2.1 概述

螺栓连接、支承间隙以及实际结构的其他情况都可能会引起非线性响应。为了检测非线性影响,在每次试验过程中应完成 A.2.2 所述的检查。

A.2.2 检验方法

首先按照给定的激励幅值与频率的关系,测量频率响应函数。然后,大幅度增加或减小激励的幅值进行重复测量。若两次试验结果一致,则证实了测量仪器的动态范围是适宜的,而且避免了非线性的影响。如果结果不一致,应确定原因并消除之。

A.3 互易性

对于线弹性结构,动力互易性原理要求对应的传递导纳对相等。设在频率 f,通过确定结构在 i 点

的速度响应与在 j 点施加的力的相量的比来测量 $Y_{ij}(f)$，则动力互易性原理规定 $Y_{ij}(f)=Y_{ji}(f)$。这里，新测量值 $Y_{ji}(f)$ 表示上述激励方向在 j 点测量的速度响应与前述响应方向施加在 i 点的力的相量之比。对于一个给定的线性结构，这样的测量对之间的一致性证实了采用的试验设备和方法是适用的。

尽管大部分结构的传递导纳显示出动力互易性，但有些系统元件，如液压动力轴承并不表现为互易。当一个非互易元件位于驱动点和响应点之间时，则 $Y_{ij}(f)$ 不等于 $Y_{ji}(f)$。

A.4 驱动点测量与传递测量的比较

驱动点的频率响应函数在每对共振之间应出现一个反共振。在传递测量中，两个邻近共振之间并不一定出现反共振。若在驱动点测量中任何相邻共振之间没有反共振，则表明试验装置有某种不完善（如力和运动传感器之间的小偏心），这种不完善应予以纠正。

关于驱动点导纳测量有效性的另一个检查是相位角可以落在－90°与＋90°之间。而传递导纳的相位角可以落在四个象限中的任意一个。

附　录　B
（规范性附录）
对激励频率增量与持续时间的要求

B.1　频率增量

为了精确地确定在任一共振频率处试验结构的共振幅值，需要在这个共振频率附近测量足够多个频率的响应。用有限个等间隔的测量频率引起的误差会落在0与表1（见9.2.2）所示数值之间，这取决于共振频率是与其中某一测量频率一致（误差为0），还是落在两个相邻频率的中间（误差最大）。

为了利用表1确定在共振频率 f_n 附近的最大允许频率增量，必须知道真实的半功率带宽 B。半功率带宽（单位：Hz）与结构的共振频率及估计的品质因数 Q 有关，如下式所示：

$$B = \frac{f_n}{Q} \qquad \cdots\cdots\cdots\cdots (B.1)$$

若共振处频率响应函数幅值最大误差为5%，则在结构共振频率±10%以内的最大频率增量 Δf_{max} 应小于 $0.32B$。

注：尽管表1是由离散步进正弦激励导出的，当使用其他激励波形时，该表也给出了在傅里叶变换分析仪中所需要的分辨率。

B.2　激励的持续时间

激励频率每步进一次，结构的运动响应由在稳态响应上迭加瞬态响应组成。瞬态响应幅值 $x(\tau)$ 将按下式衰减：

$$|x(\tau)| = X_i e^{-\pi B\tau} \qquad \cdots\cdots\cdots\cdots (B.2)$$

式中：

X_i——初始幅值；

B——半功率带宽；

τ——幅值衰减的持续时间。

瞬态响应的初始幅值通常可假设为小于稳态幅值 X_s 的10%。

鉴于上述假设，衰减到小于稳态值5%的瞬态幅值所需要的时间 $\tau_{0.05}$ 可用下式估计：

$$e^{-\pi B\tau_{0.05}} = \frac{|x(\tau_{0.05})|}{X_i} = \frac{0.05X_s}{0.1X_s} = 0.5$$

则

$$\tau_{0.05} = \frac{\ln 0.5}{-\pi B} = \frac{0.221}{B}$$

对任何一个离散步进频率，应在施加激励 $\left(\frac{0.221}{B}\right)$ 秒之后测量响应。在每个频率处，施加激励力总的持续时间是 $\tau_{0.05}$ 与仪器测量力和运动响应信号所需时间的总和。

附 录 C
（资料性附录）
模态参数识别

C.1 模态参数识别的要求

为了得到所需的包括峰值幅值在内的频率响应函数，并由频率响应测量提取模态阻尼和固有频率值，则要求在结构每个共振点附近的幅值和相位数据要有适当的动态范围和足够高的分辨率。共振峰处的真实幅值和相位测量误差的影响可利用先进的数据简约方法（如拟合圆法）使之减至最小（见参考文献[12]）。

C.2 确定模态振型的方法

用C.2.1至C.2.3所阐述的方法之一，利用导纳测量或测量设备可以得到模态振型。

C.2.1 激振器的位置不变，测量所有关注的响应点和方向的传递导纳。利用每个共振频率上测得的幅值和相位数据，确定相应的模态振型。

注：鉴于动力互易性原理，若只在某个位置和方向上测量响应，而改变激振器的位置和方向，应得到相同的结果（对动力互易性例外的情况，见A.3）。

C.2.2 首先应由单个导纳测量确定试验结构的共振频率。然后，在每个共振频率依次激励。当以某个共振频率激励结构时，用一个传感器依次测量每个关注的点的运动响应的幅值和相位。

注：本方法有如下缺点：当某个节点碰巧和激振器的位置或运动响应传感器的位置重合时，将会遗漏模态。

C.2.3 C.2.1和C.2.2中所述的方法可改进为：在每个关注的点上各用一个传感器，而共用一台多通道运动响应分析仪或类似的信号处理器。

C.3 获得转动运动响应的方法

参考文献[13]描述了进行导纳试验时，用平动激励和平动响应测量得到转动运动响应的方法。

参 考 文 献

[1] BROWN, D, CARBON, G. and RAMSEY, K, Survey of Excitation Techniques Applicable to the Testing of Automotive Structures(纵览应用于汽车结构试验的激励技术), *Society of Automotive Engineers Paper No.* 770029, 1977.

[2] BOUCHE, R. K. Concepts and Transducers Used in Measuring Dynamic Mass(用于测量动质量的概念与传感器), in *Proceedings of Machinery Vibration Monitoring and Analysis Seminar*, Vibration Institute, Clarendon Hills IL, 1979.

[3] MITCHELL, L. D. and ELLIOTT, K. B. How to Design Stingers for Vibration Testing of Structures(如何设计结构振动试验的支架), *Sound and Vibration*, (18-4) April 1984: pp. 14-18.

[4] BROWNJOHN, J. M. W. STEELE, G. H. CAWLEY, P. and ADAMS, R. D. Errors in Mechanical Impedance Data Obtained with Impedance Heads(用阻抗头获得的机械阻抗数据中的误差), *J. Sound and Vibration*, 73, 1980: pp. 461-468.

[5] REMMERS, G. M. and BELSHEIM, R. O. Effects of Technique on Reliability of Mechanical Impedance Measurements(技术对机械阻抗测量的可靠性的影响), *Shock and Vibration Bulletin*, 34, Part 3, Dec. 1964: pp. 37-58.

[6] EWINS, D. J. Measurement and Application of Mechanical Impedance Data(机械阻抗数据的测量与应用), Parts 1, 2, and 3, *J. Soc. Environ. Eng.* Vol. 14. 3, 15. 1 and 15. 2, Dec. 1975-June 1976.

[7] HARRIS, F. J. On the Use of Windows for Harmonic Analysis with the Discrete Fourier Transform(关于用离散富里叶变换进行谐和分析的窗的使用), *Proc. IEEE*, 66, 1978: pp. 51-83.

[8] BOZICH, D. J. Utilization of a Digital Computer for On-Line Acquisition and Analysis of Acoustic and Vibration Data(利用数字计算机在线搜集和分析声与振动数据), *Shock and Vibration Bulletin*, 35, Part 4, Feb. 1966: pp. 151-180.

[9] WALKER, A. W. The Effect of Bandwidth on the Accuracy of Transfer Function Measurements of Single Degree of Freedom System Response to Random Excitation(带宽对单自由度系统对随机激励响应的传递函数测量精度的影响), *J. Sound and Vibration*, 74, 1981: pp. 251-263.

[10] MITCHELL. L. D. Improved Methods for the Fast Fourier Transform (FFT) Calculation of the Frequency Response Function(频响函数的快速富氏变换计算的改进方法), ASME Transactions, *J. of Mech. Design*, 104, 1982: pp. 277-279.

[11] BENDAT, J. S. and PIERSOL, A. G. *Random Data: Analysis and Measurement Procedures*(随机数据:分析与测量方法), Willey-Interscience, New York, 1971: pp. 199-202.

[12] PETERSON, E. AND KLOSTERMAN, A. Obtaining Good Results from an Experimental Modal Survey(由试验模态测量得到好的结果), *J. Soc. Environ. Eng.* (17-1), Mar. 1978: pp. 3-10.

[13] SATTINGER, S. S. A Method for Experimentally Determining Rotational Mobilities of Structures.(试验确定结构转动导纳的方法) *Shock and Vibration Bulletin*, 50, Part 2, 1980: pp. 17-28.

[14] ISO 5348:1987, 机械振动与冲击——加速度计的机械安装.

ICS 17.160
J 04

中华人民共和国国家标准

GB/T 11349.3—2006/ISO 7626-5:1994
代替 GB/T 11349.3—1992

振动与冲击　机械导纳的试验确定
第3部分:冲击激励法

Vibration and shock—Experimental determination of mechanical mobility—Part 3:Measurement using impact excitation

(ISO 7626-5:1994,Vibration and shock—
Experimental determination of mechanical mobility—
Part 5:Measurements using impact excitation with
an exciter which is not attached to the structure,IDT)

2006-09-08 发布　　2007-02-01 实施

中华人民共和国国家质量监督检验检疫总局
中国国家标准化管理委员会　发布

前　言

《振动与冲击　机械导纳的试验确定》系列标准共由三个部分组成：

——第1部分：基本定义和传感器；

——第2部分：用激振器作单点平动激励测量；

——第3部分(本部分)：冲击激励法。

本部分是关于机械导纳测量的系列标准的第3部分。本部分等同采用ISO 7626-5:1994《振动与冲击　机械导纳的试验确定　第5部分：用不与结构相连的激振器进行冲击激励测量》(英文版)。

为便于使用，本部分对ISO 7626-5:1994的有关部分作了如下编辑性修改：

a)　用“本部分”代替“本国际标准”；

b)　用小数点“.”代替作为小数点的逗号“,”；

c)　删去国际标准的前言；

d)　用采用国际标准的我国标准代替对应的国际标准。

本部分代替GB/T 11349.3—1992。

本部分与GB/T 11349.3—1992的主要变化是：

——增加了第5章，试验中的结构支承状态：悬挂状态和落地状态；

——在第3章中增加频率响应函数、关注的频率范围、频率平均的导纳幅值等3条术语；

——8.6平均技术中的注改变为正文。

本部分的附录A和附录B均是资料性附录。

本部分由中国机械工业联合会提出。

本部分由全国机械振动与冲击标准化技术委员会归口。

本部分起草单位：中国兵器工业第二〇二研究所、郑州机械研究所。

本部分主要起草人：顾国富、韩国明、焦明纲。

本部分所代替标准的历次版本发布情况为：

——GB/T 11349.3—1992。

引　言

结构的动态特性可以由导纳测量得到的频率响应函数来确定，或由与频率响应函数有关的加速度导纳和位移导纳来确定。每个频率响应函数都是结构平动或转动响应对单点激励的力和运动之比，这些比值的大小和相位是频率的函数。加速度导纳、位移导纳与导纳的区别仅在于分别用加速度或位移替代速度表示运动的响应。为简便起见，在 GB/T 11349 各部分仅使用"导纳"这一术语。当然，所有的试验方法和要求均适用于加速度导纳和位移导纳的确定。

导纳测量的典型应用是：

——预示结构对已知或假定输入激励的动态响应；

——确定结构的模态特征(固有频率、振型和阻尼比)；

——预示相连结构的动态相互作用；

——检查结构数学模型的正确性并改善其精度；

——确定单一或复合材料的动力学特性(即复弹性模量)。

对某些应用，可能要求测量沿三个相互垂直轴的力和运动以及绕这三个轴的力矩和转动来完整地描述动力学特性。对每个关注的点这些测量给出一个 6×6 的导纳矩阵。对于结构上的 N 个点，系统有一个 6N×6N 阶的完整导纳矩阵。对大多数实际应用来说，没有必要知道完整的 6N×6N 矩阵，通常只须用单点单方向加激振力，在结构的关键点用测平动响应的办法测量驱动点导纳和传递导纳就已足够了。在另一些应用中，可能关注的仅是旋转导纳。

为了简化，实际遇到的各种导纳测量任务可使用 GB/T 11349 的不同部分，GB/T 11349 将作为 3 个独立的部分颁布。

GB/T 11349.1　基本定义和传感器。这部分内容对大多数导纳测量任务是通用的。

GB/T 11349.2　用激振器作单点平动激励测量。

GB/T 11349.3　(即本部分)冲击激励法。

机械导纳定义为由平动或转动的速度相量与施加的激振力或力矩相量之比构成的频率响应函数，如果响应是用加速度计测量的，还要转换成速度以获得导纳。另外，也可以用被称为加速度导纳的加速度与力之比描述结构的特性。在另一些情况下，还可以用位移导纳，即位移与力之比。

注：历史上，结构的频率响应函数常常表示为上述名称的动力特性之一的倒数，机械导纳的倒数常常称为机械阻抗。然而，应当注意，由于导纳的倒数通常并不表示结构阻抗矩阵的任一元素，不要混淆。导纳试验的数据不能直接用作结构分析阻抗矩阵的任一元素。为了获得数据和模型的兼容性，模型的阻抗矩阵必须转换成导纳矩阵，反之亦然。这一点的详细描述见 GB/T 11349.1 的附录。

关于 GB/T 11349 本部分的介绍

冲击激励已成为测量结构频率响应函数的一个常用方法，这是由于其固有的快速和相对低廉的价格。然而使用冲击方法，导纳测量的精度很大程度上依赖于试验结构的特性和使用的试验技术。对冲击激励而言，在某些情况下，要获得与使用一个连接结构的激振器连续激励所得到的测量精度可能是困难的或者是不可能的，冲击激励方法将带来增加显著测量误差的危险(见参考文献[7])。尽管有这些限制，只要使用得当，冲击试验方法可能仍是一种极其有用的激励技术。

本部分为使用冲击激励的导纳测量提供指导。精确的导纳测量总是要求特别注意仪器的选择以及使用的测量技术；当使用冲击激励时，这些因素特别重要。此外，试验结构的特性，特别是它的非线性程度，将限制其结果的测量精度。4.2 描述了有关冲击激励的一些限制。

由于激振器并不连接到结构上，该方法实际是移动激振器连续地敲击结构上每一个要求的位置，而运动响应传感器保持在结构的某一固定点和固定方向上，测量结构的一系列传递导纳。基于动力学互易原理，在线性情况下，这样测量得到的导纳与使用连到结构上同一固定位置和方向上的激振器，将响应传感器放到结构上某一要求的点所得的导纳应该是相等的。然而在结构的某一特定位置，在所有要求的方向上敲击结构可能是困难的，在此种情况下，更实际的方法是在结构某一固定位置和方向上使用锤击激励，而在结构要求位置上装一个多轴响应的传感器。

注：在一个固定位置使用一个多轴响应传感器并不能提供其他位置多轴响应的信息。例如，假定在模态分析试验中利用一个固定响应传感器进行测量，并且假定冲击仅作用在每一点的一个方向上，那么，只能获得该方向上的模态分量。

振动与冲击 机械导纳的试验确定
第3部分:冲击激励法

1 范围

本部分规定了如何用一个与结构不相连的冲击激振器激励结构来测量其机械导纳和其他频率响应函数的方法。

对于导纳、加速度导纳、位移导纳的测量,无论是驱动点测量还是传递测量,均可使用冲击激励。其他一些激励方法,如阶跃释放和瞬态随机方法,其信号处理要求类似于冲击数据。然而,这些方法由于它们要使用一个连到结构上的激励器,已超出本部分的范围。

涉及的信号分析方法是基于离散傅里叶变换,其应用范围受到实现这些方法的仪器的功能和使用经验的限制,并不排斥使用当前正在开发的其他方法。

冲击激励也广泛用以获得未校准的频响信息。例如,一个获得近似固有频率和振型的快速的冲击试验,对确定为获得精确导纳测量的随机或正弦试验激励是非常有帮助的。然而,这一为获得定性结果的冲击激励不应与用作导纳测量的冲击激励相混淆。

本部分仅限于为获取精确的导纳测量而使用的冲击激励技术。

2 规范性引用文件

下列文件中的条款通过GB/T 11349的本部分的引用而成为本部分的条款。凡是注日期的引用文件,其随后所有的修改单(不包括勘误的内容)或修订版均不适用于本部分,然而,鼓励根据本部分达成协议的各方研究是否可使用这些文件的最新版本。凡是不注日期的引用文件,其最新版本适用于本部分。

GB/T 11349.1—2006 振动与冲击 机械导纳的试验确定 第1部分:基本定义和传感器

GB/T 11349.2—2006 振动与冲击 机械导纳的试验确定 第2部分:用激振器作单点平动激励测量

ISO 2041:1990 振动与冲击 术语

3 术语和定义

下列引自ISO 2041的术语和定义适用于本部分。

3.1

频率响应函数 frequency-response function

与频率相关的运动响应相量与激励力相量之比。

注1:频率响应函数是线性动力学系统的特性,它与激励函数的类型无关,激励力可以是简谐、随机或瞬态的时间函数,以某一类型激振器获得的试验结果也可以用以预示系统对任何其他类型激励的响应。

注2:系统线性是取决于系统的类型以及输入幅值的一种状态,实际上线性只能是近似满足。当应用冲击激励时,必须注意避免非线性影响,当已知一些结构是非线性时(例如:某些铆接结构)应不使用冲击激励进行试验,并且当利用随机激励对这些结构试验时,也必须特别注意。

注3:运动可以用速度、加速度或位移表示,相应的频率响应函数则为导纳、加速度导纳或位移导纳,或分别叫阻抗、有效质量和动刚度。

注4:假定为线性,对瞬态法激励的频率响应函数可以等效地定义为运动响应的傅里叶变换与激励力傅里叶变换的复数比。实践中,使用离散傅里叶变换(DFT)作为连续傅里叶变换的一个近似。这一近似的误差可以减小到其他误差之下。因此,使用DFT不会影响测量的精度。

3.2

关注的频率范围　frequency range of interest

一个从最低频率到最高频率的范围，单位为 Hz。在此范围内导纳数据是以一个给定的试验系列获得的。

3.3

直接(机械)导纳　Yjj:direct(mechanical) mobility;

驱动点(机械)导纳　driving-point(mechanical) mobility Yjj

机械系统简谐运动时同一点的速度和力的复数比。

注1：驱动点导纳是由结构 j 点的速度响应相量与施加在同一点的激励力相量之比构成的，单位为 m/(s·N)。此时结构除了在应用中支承点具有约束外，其他测点无任何约束。

注2：术语"点"指一个位置和一个方向。术语"坐标"的含意与"点"相同。

3.4

频率平均的导纳幅值　frequency-averaged mobility magnitude

在规定频带上平均得到的 i 点速度响应幅值与 i 点激励力幅值之比的均方根值，单位为 m/(s·N)。

3.5

传递(机械的)导纳　transfer(mechanical) mobility

在简谐运动期间，机械系统上某点的速度相对于该系统上另一点作用力的复数比。

注：传递导纳由 i 点的速度响应相量与作用在 j 点的激励力相量之比构成的，单位为 m/(s·N)，此时结构除了应用中正常支承点有约束点外，其他测点没有任何约束。

3.6

能量谱密度　energy spectral density

一个瞬态信号的功率谱密度乘以计算该瞬态信号谱用的记录长度。时间单位为秒。

4　冲击测量的一般特性

4.1　概述

使用冲击激励进行导纳测量所要求的仪器包括：一个带内装力传感器的冲击锤、一个或多个带信号适调仪的运动响应传感器、一个数字式傅里叶分析系统或是有至少两个输入通道的分析仪。仪器系统如图1框图所示。本部分将提供如何选择和使用这些仪器的信息。

由每次冲击得到的力和响应信号经抗混淆滤波之后，利用分析仪的瞬态捕捉方式进行数字采样。每一帧数字记录应表示一单次冲击事件。分析仪计算每一个记录的离散傅里叶变换。在一给定点可以进行多次冲击，以获得多个频率响应函数的频域平均以改善其估值。

4.2　冲击激励的优点及局限性

与使用连接式激振器相比，冲击激励具有以下优点：

a)　测量速度快；

b)　安装方便；

c)　易于更换激振点；

d)　激振时产生的结构附加载荷很小。

另一方面，必须注意冲击激励有以下局限性：

a)　结构非线性限制；

b)　信噪比问题；

c)　频率分辨率限制；

d)　阻尼限制；

e)　对操作者技巧的依赖性。

这些局限性将在下面4.2.1至4.2.5讨论。

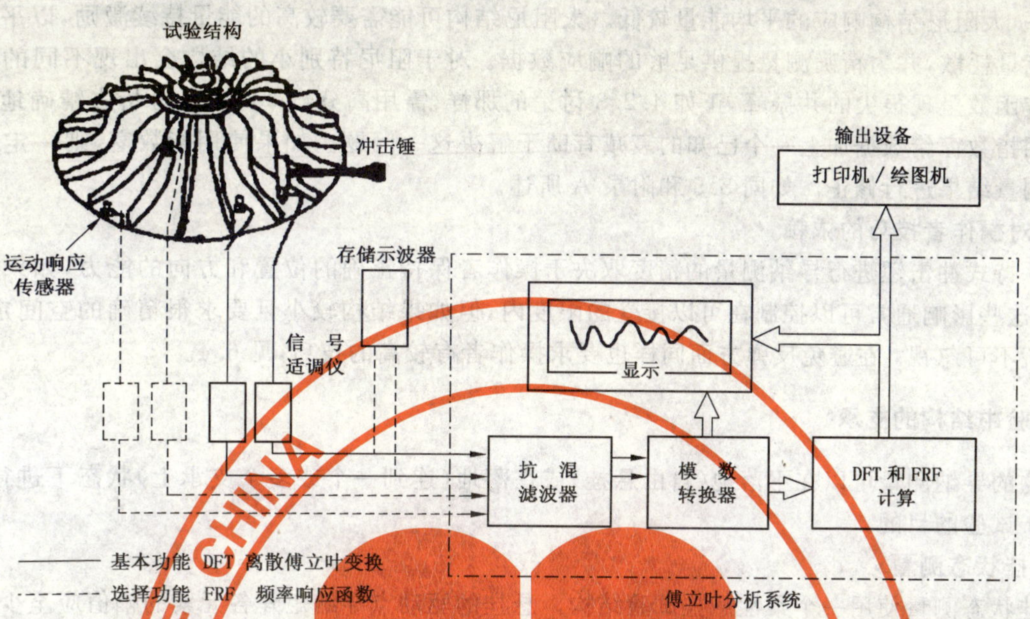

图1 冲击激励仪器系统的典型框图

4.2.1 结构非线性限制

当结构呈现显著非线性时，其导纳测量要求特别注意，在此情况下，最好使用与结构连接的激振器以正弦或随机激励替代冲击激励技术。采用冲击激励时，由于使响应达到一定幅值所需的能量是在一很短的时间内作用到结构上的，与正弦和随机激励相比冲击激励力要大得多，因此其非线性影响也就增加了。

对非线性明显的结构进行导纳测量，保持激励力记录和系统响应记录是很重要的，在这种情况下最好使用正弦激励技术。如果用一个冲击锤来进行冲击激励，每次力的幅值变化可能很大。因此，对非线性系统，测量的重复性较差。

4.2.2 信噪比问题

冲击测量时，由于信号的平均电平比峰值电平低，因此要求测量系统的试验环境噪声低、动态范围大。所以，一般不宜使用模拟磁带记录仪。由于力信号的持续时间较记录时间长度短得多，可能出现显著的噪声问题，仪器电噪声和机械原因诱发的背景噪声的均方值与输入力信号的均方值相比是不可忽略的，用8.5所述的加窗方法可以降低这种噪声。

4.2.3 频率分辨率限制

离散傅里叶变换(包括有限带宽或细化分析)的频率增量(单位Hz)等于记录长度(单位为s)的倒数。由于每帧记录代表一个单次冲击事件，所以记录的长度可以取成结构的脉冲响应衰减到与背景噪声相当水平所需的时间。因此，得到的频率分辨率不仅取决于结构的响应，而且取决于背景噪声的大小。在某些情况下，用冲击激励直接得到GB/T 11349.2—2006规定的频率分辨率可能是不现实的(也是不必要的)。然而，对大多数应用来说，在是否足够细的频率分辨率的一些离散频率点上均可得到精确的导纳值。如果试验结构呈现高的模态密度(即在一个窄频带内有多个共振频率)，对一个精确导纳测量要获得足够的分辨率可能是困难的。在这种情况下最好使用带细化分析的稳态激励方法。

根据冲击激励的固有特性，它的频谱从零到某一个上限频率(见第6章)，由于不能限制激励频带，从而限制了用“细化”分析改进冲击测量频率分辨率的效果，并且进一步提高了对测量系统动态范围的要求。这也增加了在测量系统中由于频带外信号高幅值形成的不能检出的过载(削波)的危险，见6.3和8.4。

4.2.4 阻尼限制

冲击激励对大阻尼结构试验有局限性：这是因为其响应信号的历程很短，要求试验人员必须在频率分辨率和背景噪音电平之间作折衷选择,如4.2.3所讨论的。这种局限性也可以理解为在一定幅值的冲击力下,大阻尼结构响应的平均能量较低。大阻尼结构可能需要较高的能量持续激励,以平衡它较高的内部能量耗散,并为精确测量提供足够的响应数据。对于阻尼特别小的结构会出现不同的问题。其频率响应函数呈现很尖的共振峰,正如4.2.3讨论的那样,需用高分辨率的细化分析去精确地确定共振峰。利用指数窗给数据加上一个已知的衰减有助于解决这一问题。如果使用指数窗,则一定要对最终的导纳测量结果进行修正。如同8.5和附录A所述。

4.2.5 对操作者技巧的依赖

用手持式冲击锤进行导纳测量的精度取决于操作者保持正确的位置和方向的能力,如果仔细地施加冲击,这些影响通常可以控制在可以接受的限度内,但如果结构较小且要求很精确的空间定位,则这些影响就不可忽视。在避免反弹方面同样也要求操作者有较高的技巧,见6.4。

5 在试验中结构的支承

结构的导纳测量可以在不落地(自由悬挂)或在落地(连到一个或多个支承上)状态下进行,具体选择取决于试验的目的。

5.1 悬挂状态测量

悬挂状态测量使用一个柔性悬挂试验结构。悬挂的驱动点导纳矩阵各元素的幅值应至少比结构在相同连接点导纳矩阵相应元素的幅值大10倍。

5.2 落地测量

落地测量使用试验结构的支承。除非另有说明,支承应代表结构实际应用的支承状态。对支承和连接的说明应包含在试验报告中。

6 冲击激励

6.1 冲击锤

典型的冲击锤由一刚性质量块以及紧固在质量块一端的力传感器和紧固在力传感器另一端的锤头组成,如图2所示。锤头的刚度和力锤的质量应按6.3进行选择,以获得要求时间宽度的力脉冲并避免反弹。

小质量的冲击锤常做成手锤形式并附有可更换的锤头和质量块。然而,使用冲击锤获得的精度取决于操作者保持冲击正确位置和方向的技巧。对小试验结构,可能需要一个合适的机械装置保持冲击锤在结构的某一指定位置和方向上激励。对需要较高能量的大试验结构,可以把大质量的锤用缆绳吊起来,靠质量的自由下落或摆动进行冲击激励,也可以用弹簧、电磁吸铁或其他方法将较小的质量块加速到较高的撞击速度。

锤头的表面积应足以承受施加的最大冲击力,而又不使锤头和试验结构产生永久变形。另外,如果冲击位置要精确定位,则锤头的面积要小。冲击锤在冲击瞬间,速度矢量应该与力传感器的灵敏轴在同一条线上,并垂直于试验结构表面,其偏差应小于10度,细长的冲击锤容易保持合适的冲击方位。

6.2 力谱特性

理论上,无限小持续时间的脉冲在所有频率上含有相同的能量。然而,任何实际力脉冲的力谱只有有限的带宽,且与力脉冲的持续时间成反比。这提供了把激励能量集中在关注的最高频率以下的方法,实际上,典型的单个力脉冲频谱一般还有较高频旁瓣紧跟在低频主瓣之后,它们的幅值随频率的增高而迅速减小。图3给出了一个力脉冲和它的能量谱密度,该脉冲的可用频率范围直到大约1 000 Hz,该范围通常取决于试验结构的响应特性。

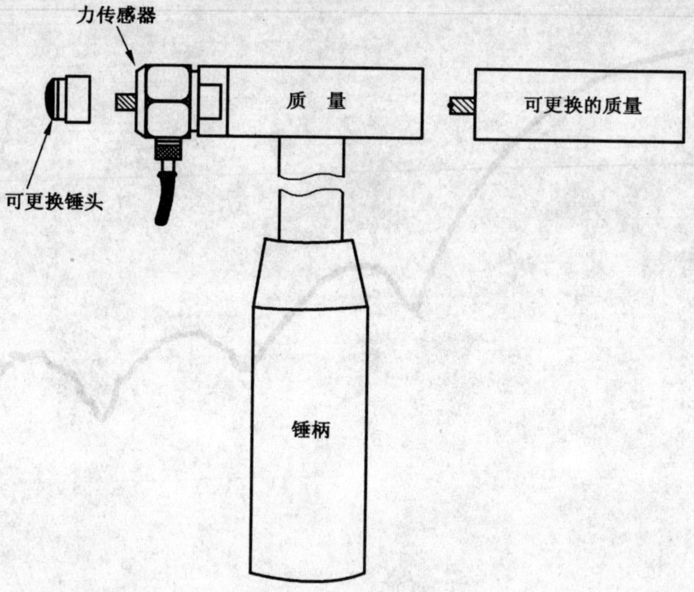

图 2 典型的手持式冲击锤

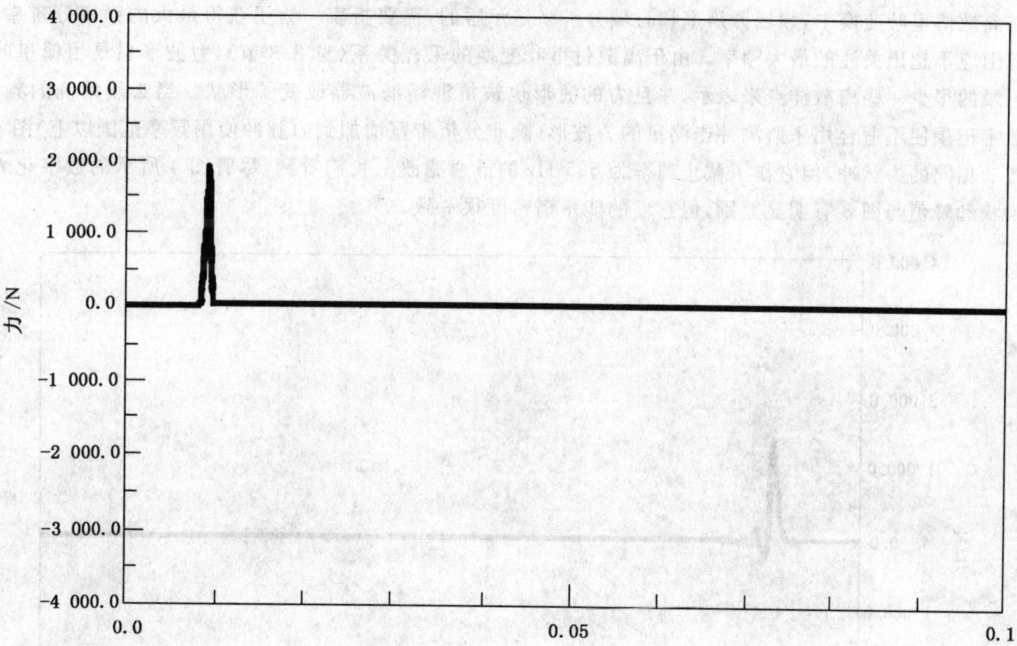

a) 未滤波的冲击力时间历程

图 3 典型的力脉冲和频谱

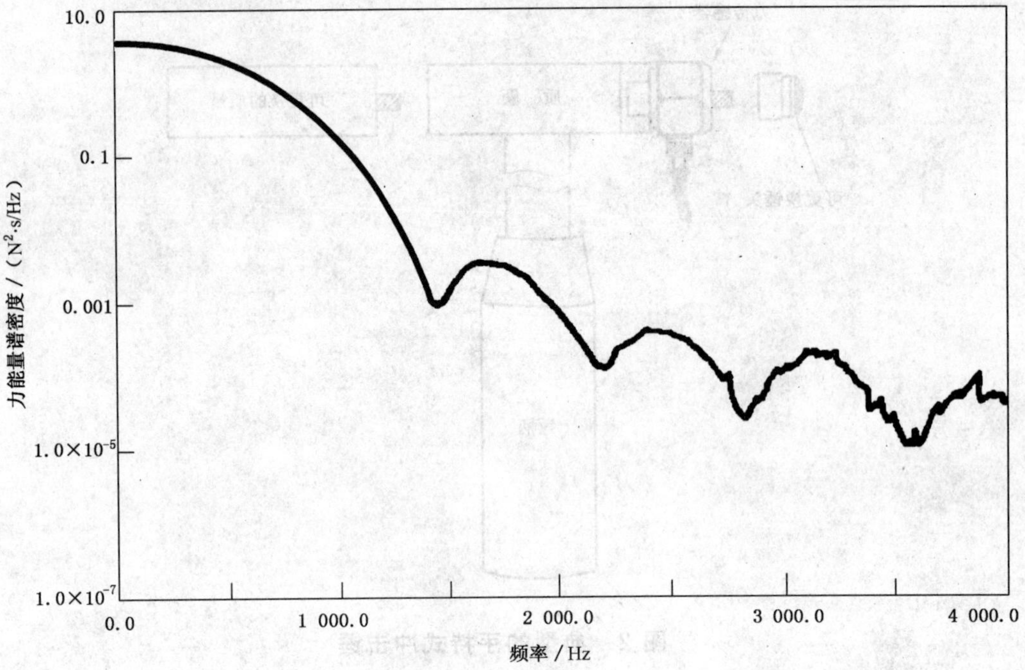

b) 未滤波的冲击力能量谱密度

图 3（续）

注：在离散傅里叶变换中，频域分辨率和时域分辨率是矛盾的，需要折衷。为了获得最大的频率分辨率，分析频率范围应不超出关注的最大频率。由于离散付里叶变换的采样关系（见 8.3 节），力波形只是由傅里叶分析数字记录的很少一些离散样点来表示，并且力的波形也被抗混淆滤波器改变了形状。当必须精确的频域分析时，数字记录便不适合用来监测冲击测量的力波形（除非分析带宽增加到力脉冲使用频率范围以上）图 4 给出了与图 3 相同的力脉冲，但它作了截止频率为 625 Hz 的低通滤波。我们看到，尽管图 4 所示的数字化力滤波器的形状和峰值与图 3 有明显差别，但它们的能量谱密度很一致。

a) 滤波后的冲击力时间历程（截止频率 625 Hz）

图 4　低通滤波对力脉冲及其频谱的影响

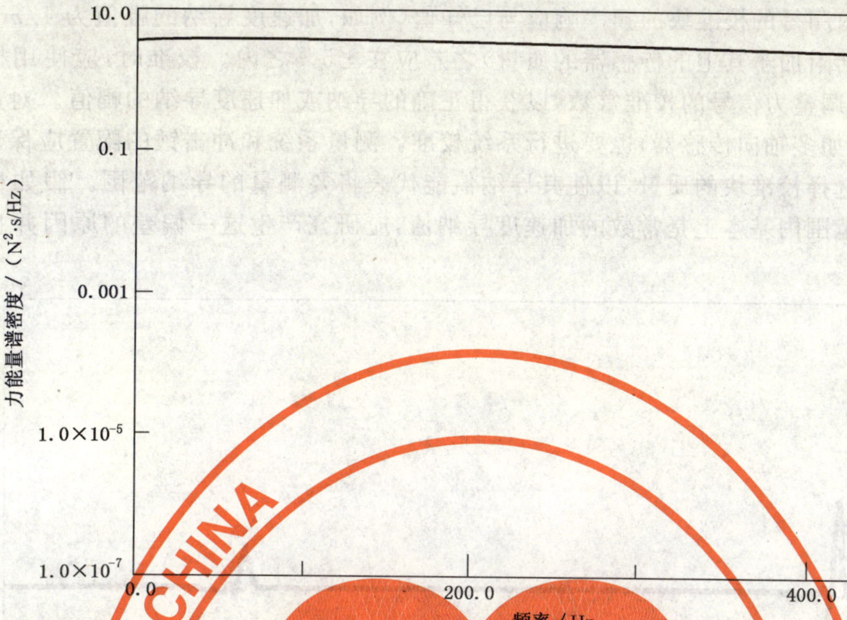

b）滤波后的冲击力能量谱密度(截止频率 625 Hz)

图 4（续）

6.3 激励频率范围的控制

为了优化使用测量系统的动态范围，最好使激励的频率范围接近最大关注的频率范围，激励带宽是由锤头的刚度和冲击锤的质量来控制的。可以用减小锤头刚度或增加冲击锤的质量来减缩冲击锤的频率范围。实际获得的频率范围还与试验结构在冲击点有效刚度和有效质量有关。对刚度低的结构难以用增加锤头刚度的办法来增加频率范围，此时用减小冲击锤质量的方法更加有效。

应该使用与试验中可能要施加的最大激振力相当的力，对力谱和响应谱中高于关注的频率范围的能量进行检查。如果需要，应该对冲击锤的特性进行调整以获得需要的频率范围。

6.4 避免冲击反弹

如果一帧数据记录有两个以上的冲击，脉冲的傅里叶变换就会在某些频率上抵消其频率分量，从而在力谱中产生一些尖的下凹(如图 5 所示)。由于力谱在这些频率点上信噪比低，这些频率点上导纳的测量结果会产生显著的误差。对于结构上很敏感的点，如果用较重的冲击激励，即使非常仔细地施加冲击有时也难免发生反弹。解决办法是减少冲击锤的质量，调节锤头刚度以达到需要的激励频率范围。

假如第二次冲击比初始冲击小得多，则力谱可能会呈现轻微的波动而不是尖的下凹。在力谱中，轻微的下凹通常是允许的。多次撞击是很容易通过检查每个撞击位置力谱而找出来的，也可以监测力的时域波形，使用记忆示波器观看未滤波的力信号，以使第二次冲击不会被第一次冲击的抗混淆滤波器的“振铃”掩盖。

7 传感器系统

7.1 概述

滤波器和信号适调仪组成的传感器系统应根据导纳测量标准 GB/T 11349.1—2006 和 GB/T 11349.2—2006给出的准则选择。对于冲击测量来说，该系统应具有低噪音和大的线性动态范围是特别重要的。

7.2 冲击锤校准

虽然力传感器和试验结构之间的有效质量不影响运动响应信号，但它对冲击锤的力有显著影响。在每组测量开始和结束时应进行以下的系统校准，并且它应是重复的不随冲击锤的质量或锤头而改变。

这一系统校准是通过测量一个自由悬挂的已知质量的刚性校准块的导纳或加速度导纳执行的。在整个关注的频率范围内测得的校准块的频率响应与已知值(例如,加速度导纳的幅值为 $1/m$,这里 m 是校准块的总质量。包括附加于其上的传感器的质量)之差应在±5%之内。校准时,应使用校准值已知的响应传感器,并通过调整力信号的校准常数,以获得正确的导纳或加速度导纳的幅值。对试验中将要使用的其他传感器(例如多轴向传感器)也要进行系统校准。测量系统和冲击锤的配置应保证校准时和导纳测量时相同。应选择校准块的质量,以使其导纳值能代表将要测量的导纳范围。假如校准测量不能找到在关注的频率范围内基本上是常数的加速度导纳值,应研究产生这一偏差的原因并且在试验前解决这一问题。

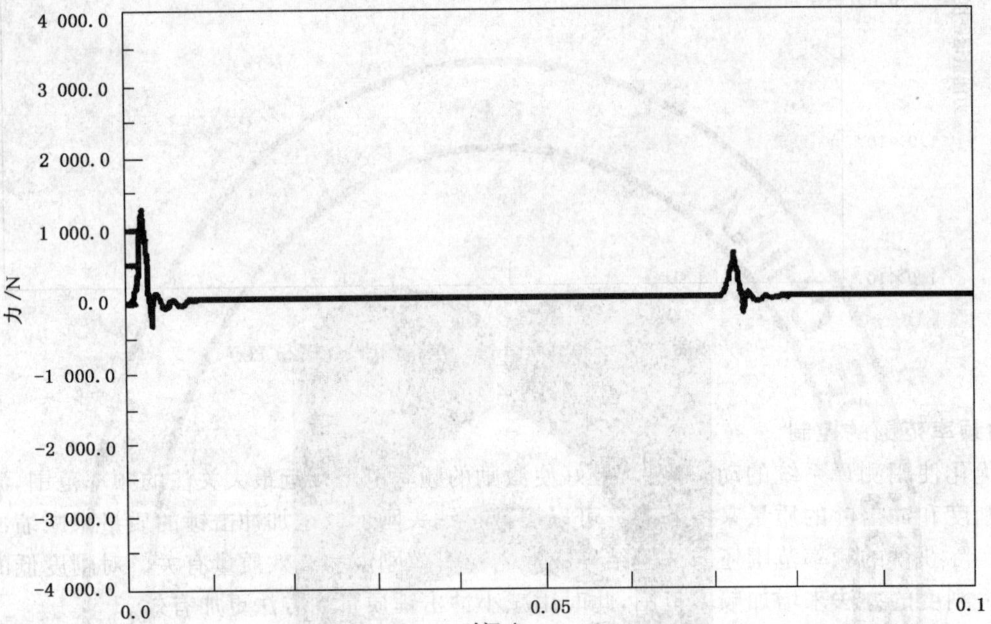

a) 双冲击力时间历程

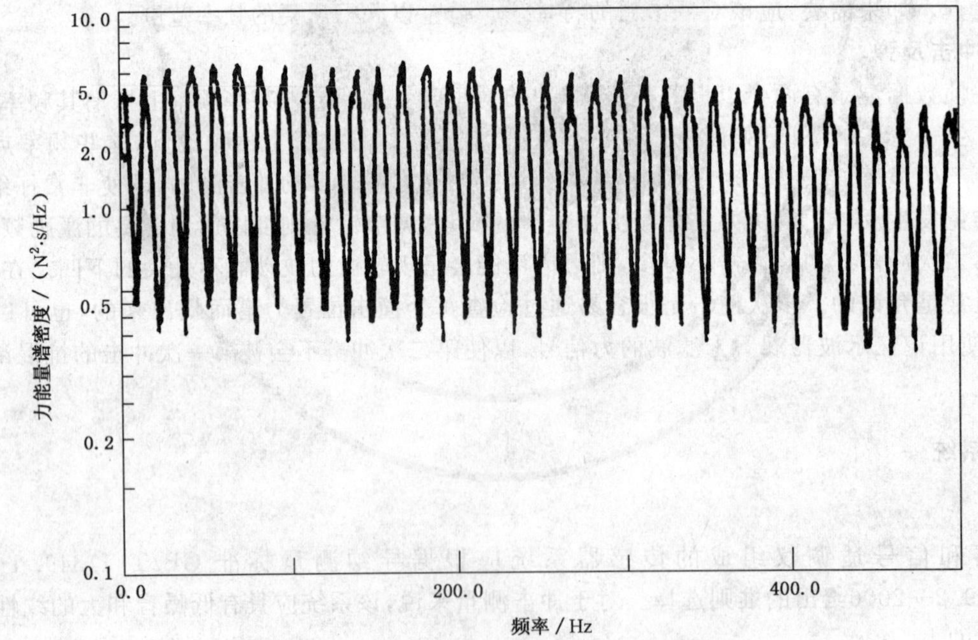

b) 双冲击力能量谱密度

图 5 力记录中两次冲击力对力谱的影响

注:决不能在傅里叶变换之前用“力窗”(见 8.5)清除力记录中的第二次冲击的影响。当用力窗减少力信号中的噪声时,要注意不要掩盖实际发生的多次冲击,否则响应中仍然包含多次冲击的影响,这会导致频率响应函数的错误估计。

8 传感器信号的处理

8.1 滤波

在用傅里叶分析仪对数据采样和数字化以前，必须对传感器信号进行低通滤波，以防止在分析频率范围内混入带外信号而引起混迭。大多数信号分析仪都有内置滤波器，它的截止频率是与分析仪可用的频率范围相匹配的。抗混迭效果可以用一台高质量的信号发生器来检查。检查时，用信号发生器在分析频带以外的若干频率点上给分析仪输入满刻度正弦波，然后检查输出谱在分析频带以内是否有假的频率分量，检查时使用的频率最好大于或等于采样频率与最大分析频率之差。

滤波器的另一个重要特性是在通带内各通道的增益和相位匹配。7.2 给出的系统校准检查包含这些因子以及测量系统的其他方面。滤波器和分析仪各通道的匹配性能可这样来检查，将同一宽带（随机或脉冲）信号输入到所有滤波通道，然后测量每一对通道间的频率响应在整个关注的频率范围内其幅值应该等于 1，误差为±5%，相位应为 0，误差为±5°。

为了充分利用分析仪的动态范围，可以利用高通滤波器对低于关注的频率范围下限的信号分量进行衰减。实际上，滤波器信号中的任何直流分量可以在输入到分析仪之前用“交流耦合”消除，假如使用加窗处理这是特别重要的（见 8.5），如使用高通滤波器，要注意确保它在关注的频率范围内不产生增益或相位误差。

8.2 瞬态捕捉特性

应该用分析仪的瞬态捕捉方式得到每次冲击的数字记录，以使数据的起始点置于数字记录的起点附近。数字记录应该包括少量的预触发数据，以保证不丢失冲击的前沿，见图 6。如果分析仪没有预触发功能，最好对未滤波的力信号使用外触发。

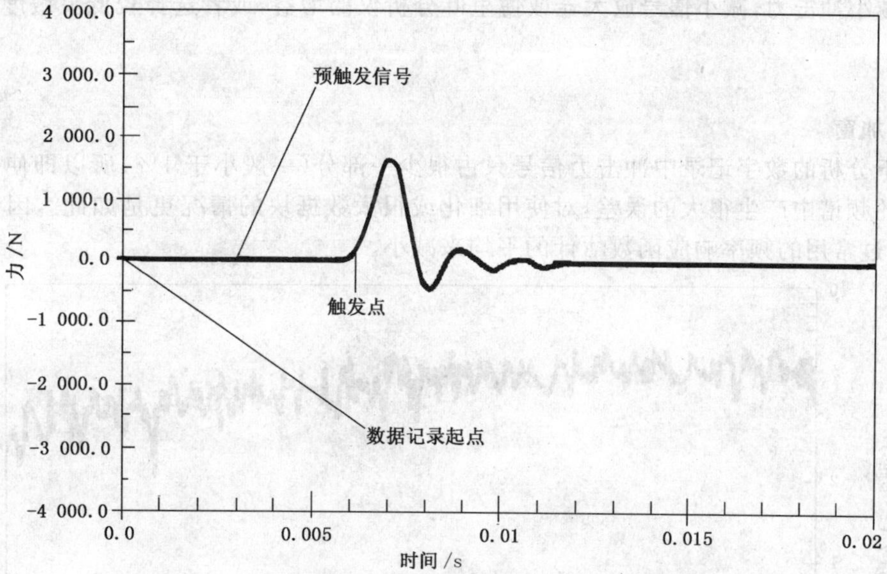

图 6　带有预触发的瞬态捕捉的力时间历程

8.3 采样关系

每个用于傅里叶变换处理的数字记录都是由固定的 N 点组成，这些点是从一个滤波过的模拟波形等间隔离散采样值。由于离散傅里叶变换（DFT）算法的需要，DFT 块的大小 N 通常是 2 的整数次方，典型的块大小是 1024，记录长度 $T=N\Delta t$，Δt 是采样间隔，单位为秒（s），采样频率是 $1/\Delta t$。

记录的 DFT 产生 $(N/2)+1$ 个傅里叶系数。这些系数代表从零频率到采样频率的一半（称为奈奎斯特频率或折叠频率）的频率范围内间隔为 $\Delta f=1/T$(Hz) 的离散点上的频率值。实际上，滤波器的截止频率必须置到“奈奎斯特频率”以下，以防止混迭。这是由于滤波器的滤波特性并非无限陡的。典型的是把采样频率取为滤波器截止频率的 2.56 倍到 4 倍，具体倍数取决于滤波器的截止特性。对块大小为 1024 的情况，DFT 将产生 400 至 256 条有效的频域“谱线”。

当瞬态数据全部包含在数字记录中时，DFT 与所测频率范围上的真实傅里叶变换是一致的。即是说，DFT 的离散谱值是理想的连续谱的采样。对线性结构进行冲击激励时，响应信号是一作指数衰减正弦信号的迭加再加上背景噪声。通常，最好的响应信号是在记录的终端衰减到初始幅值的 1%，这是一个折衷：使用一较长记录使响应信号降到检测的限值，将改善频率分辨率，但将减小测量信噪比；而使用一较短的记录导致响应信号的过度截断，而产生信号处理的"泄漏"误差增大。

因为记录的长度等于块大小和采样间隔的乘积，记录长度似乎可以适当调节这两个因素来控制。然而，采样频率是固定的，由要求的频率范围决定的。并且块大小受所用傅里叶分析仪算法的设计所约束。实际上，如采用这种方法对小阻尼结构可以要求特别大的数据块。以下两种方法更普遍地用以处理这一情况。

a) 在傅里叶处理之前，可用指数窗（见 8.5）给数据加上一个已知的人为衰减；

b) 采用细化处理可增加有效记录长度，而实际上并不增加块的大小。细化可以在一缩减的分析频带内提高频率分辨率。

8.4 避免饱和（削波）

由于冲击激励信号中可能有大量带外能量，所以有造成测量系统饱和的危险。另外，在试验中必须使用最大动态范围，从而使信号的峰值与测量系统不同点上的饱和极限尽可能接近。如 6.2 注所述，测量中数字记录对实际波形提供了不准确的描述，不能用它来检查饱和。避免饱和的最好方法是使用带宽远远超出信号带宽的存储示波器来监视未滤波的信号。如果不能这样做，可以使用傅里叶分析仪，以远远高于数据最高频率分辨率对信号进行采样。应该在导纳测量前在每个位置上执行检查，检查时使用的冲击力应尽量接近测量中使用的最大值。

饱和问题并不总是以波形削顶的形式出现。还应注意制造商提供的线性工作的最大电压的规定。可以通过适当减小冲击力，减小信号放大器或傅里叶分析仪的增益，或者选择较低灵敏度的传感器来消除饱和。

8.5 加窗技术

8.5.1 力信号加窗

由于在用于分析的数字记录中冲击力信号只占很少一部分（一般小于 1%）所以即使是很小的噪声电平也可在力的频谱中产生很大的误差，对使用细化或很大数据块的情况更是如此。因为噪声在力自谱中，它不能通过常用的频率响应函数估计的平均来减小。

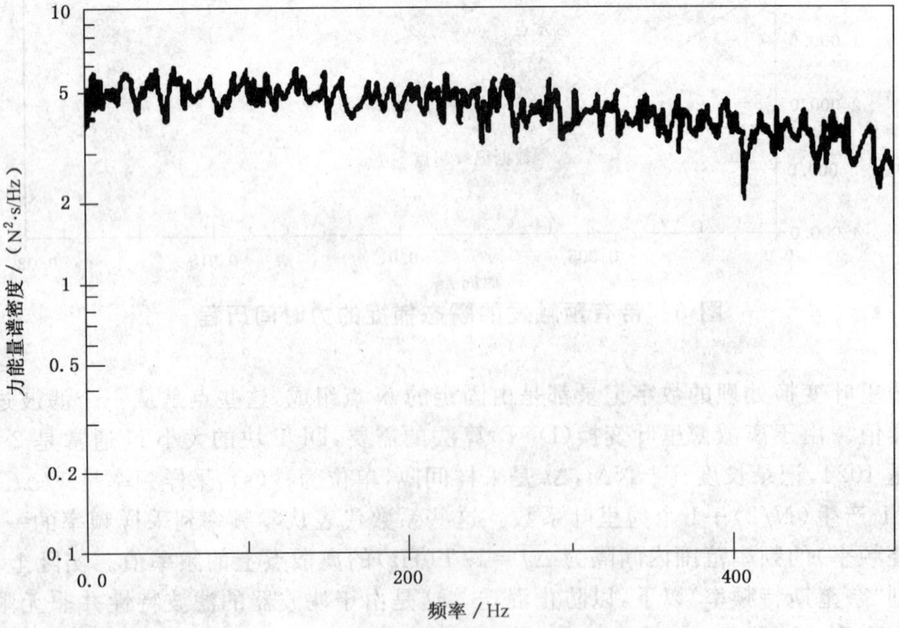

a) 没有使用力窗的能量谱密度

图 7 力窗的效果

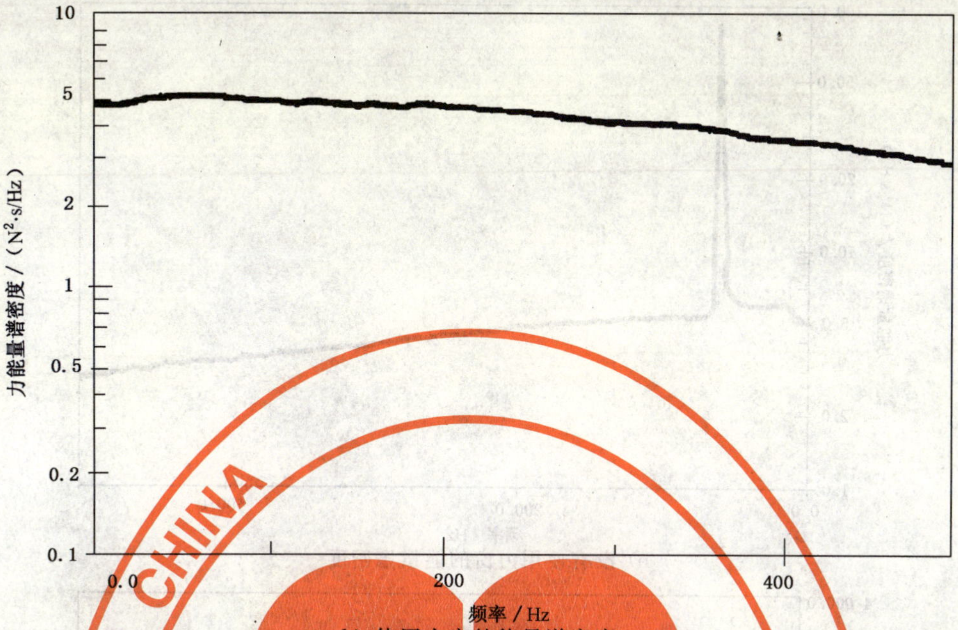

b）使用力窗的能量谱密度

图7（续）

在傅里叶处理之前，将力信号记录乘以“力窗”可以大大减小随机噪声。力窗在记录中的力信号(包括滤波器的响应)部分增益为1。在力信号以外的部分为0。只要力信号数据没有减少，而且背景噪声是宽带的，这样做不会产生畸变。图7比较了一个典型的力脉冲加窗处理前后的能量谱密度。

注：如果力记录中有较大的周期噪声或直流偏置，使用力窗可以减小它们在谱中的幅值。

然而在进行FFT时，由于连续噪声信号的截断而引起的泄漏将会使噪声谱遍及一个相当宽的频率范围。因此，在不关注的一些离散频率点上(象0 Hz或电源频率)产生的噪声在加窗处理后会污染相当一部分关注的频率范围。虽然使用一个在1和0之间平滑过滤的力窗可以将泄漏限制在一个比较窄的频带内。如参考文献[4]所述。但最好的方法还是在加力窗之前从数据中消除所有的周期和直流噪声分量。图8表示了在60 Hz频率上有很大噪声的力信号加矩形力窗后的效果。

注：本提示也适用于8.5.2节所述的响应信号加窗。

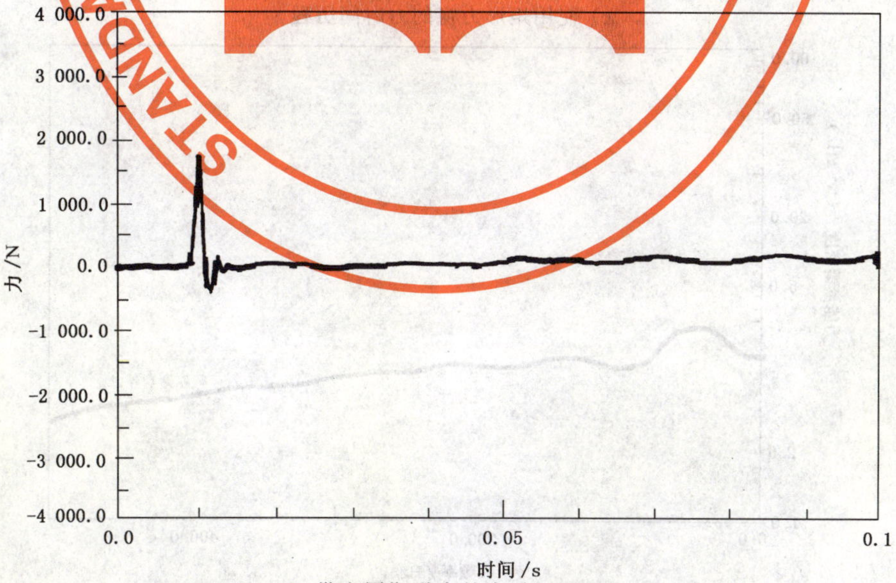

a）带有周期噪声的力时间历程

图8　力窗引起的泄漏误差

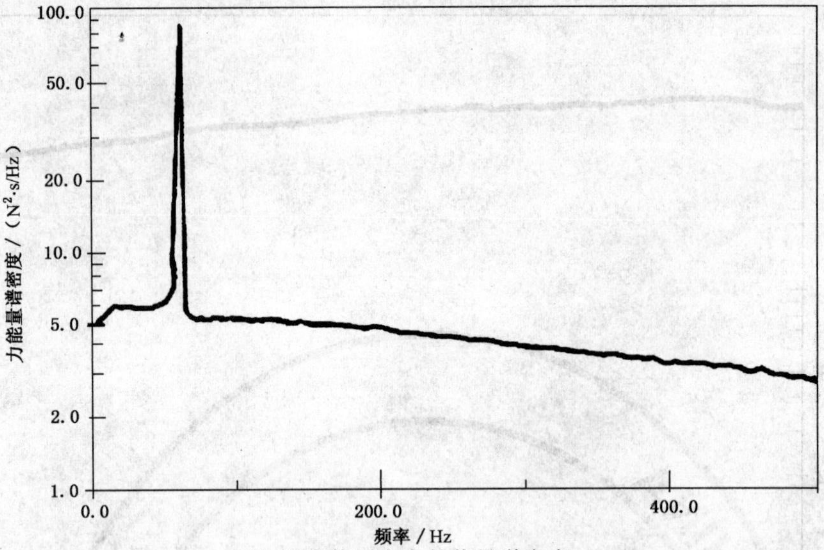

b) 没有使用力窗的能量谱密度

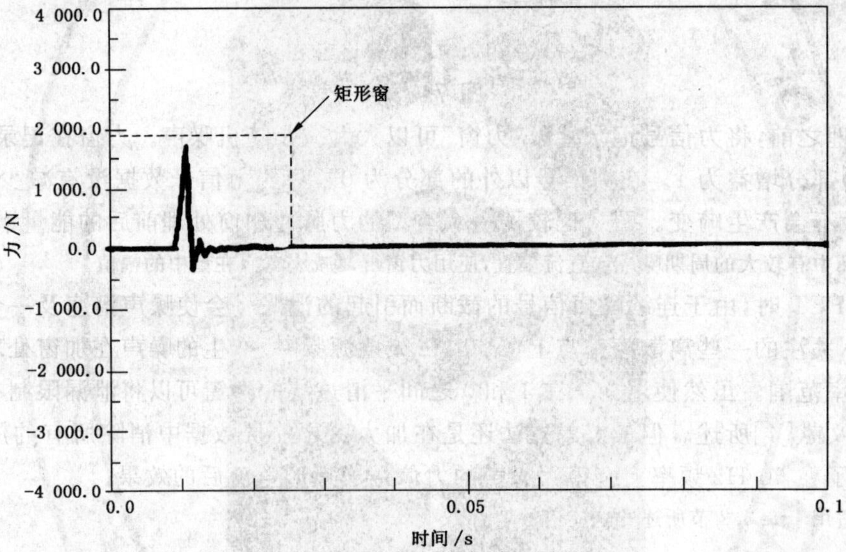

c) 使用矩形力窗的力时间历程

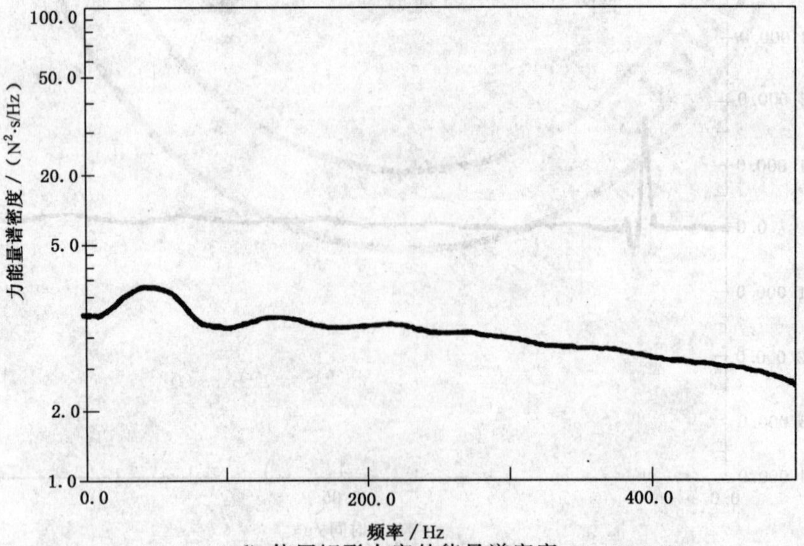

d) 使用矩形力窗的能量谱密度

图 8（续）

8.5.2 响应信号的加窗

如 8.3 所述，为了防止截断误差，响应信号在数字记录的末端应衰减到其初始值 1%左右。一种方便的检查方法是检验峰值响应信号在记录的中点处是不是最大响应的 10%。对小阻尼结构，它是不可能的(或不要求的)。这是由于它需要傅里叶分析仪有很大的数据块或一个很窄的细化带宽。假如这样细的分辨率不是应用所要求的，那么较好的方法是在傅里叶处理之前给响应时域数据加指数窗。

指数窗的初始值是 1，然后按指数衰减，在时间记录末端衰减到某一最终值。图 9 所示为一小阻尼的响应记录和相应的频率响应估计。图 10 所示为与图 9 相同的数据使用了衰减到初值的 5%的指数窗后的结果。图 9 上的频率响应展现出 DFT“泄漏”误差的特征：显著的相位失真和一定的噪声幅值。而且未加窗的频率响应函数会低估每一共振峰的模，低估的量是不可预计的。它取决于在时域记录中被截断的特定振动模态在总响应中所占的比例。

图 10 表明了失真有明显减小，虽然所有的共振峰值也都有减小，但这些幅值可以按附录 A 给出的方法予以修正。这一修正取决于存在于加窗数据中每一振动模态的视在阻尼。然后再扣除由于指数窗所加的已知阻尼。作为一个通用的规则，响应信号在数字记录内应自然衰减到初值的 25%或更少。否则，幅值修正会对阻尼估计中的任何误差非常敏感。即使时间记录长到足以能够基本上捕捉到所有的响应数据，利用指数窗也可以改善测量的信噪比，这是由于它增加了响应信号中高幅值部分的权。

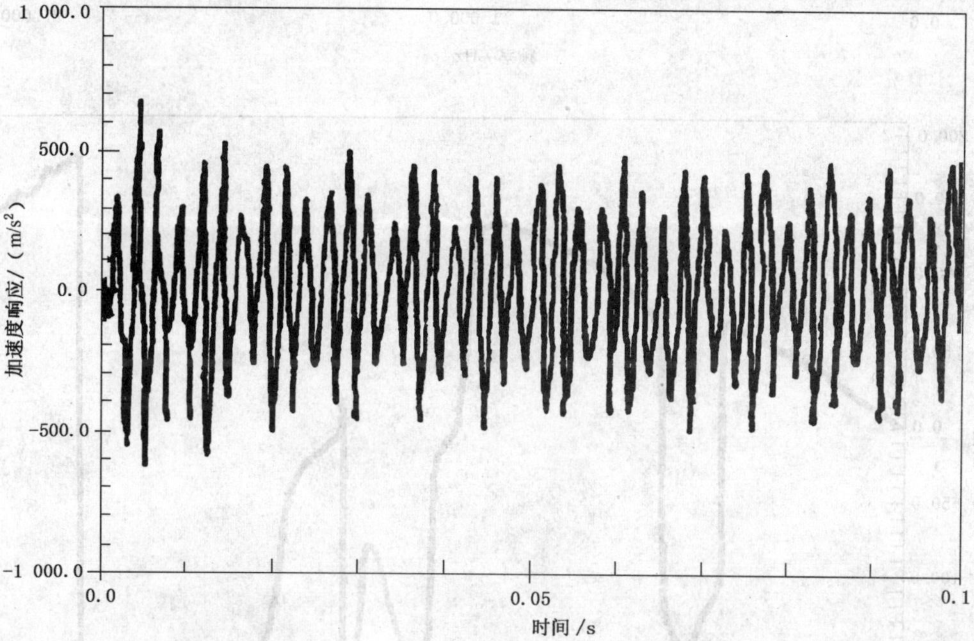

a) 加速度响应

图 9 未加窗的响应信号和频率响应函数

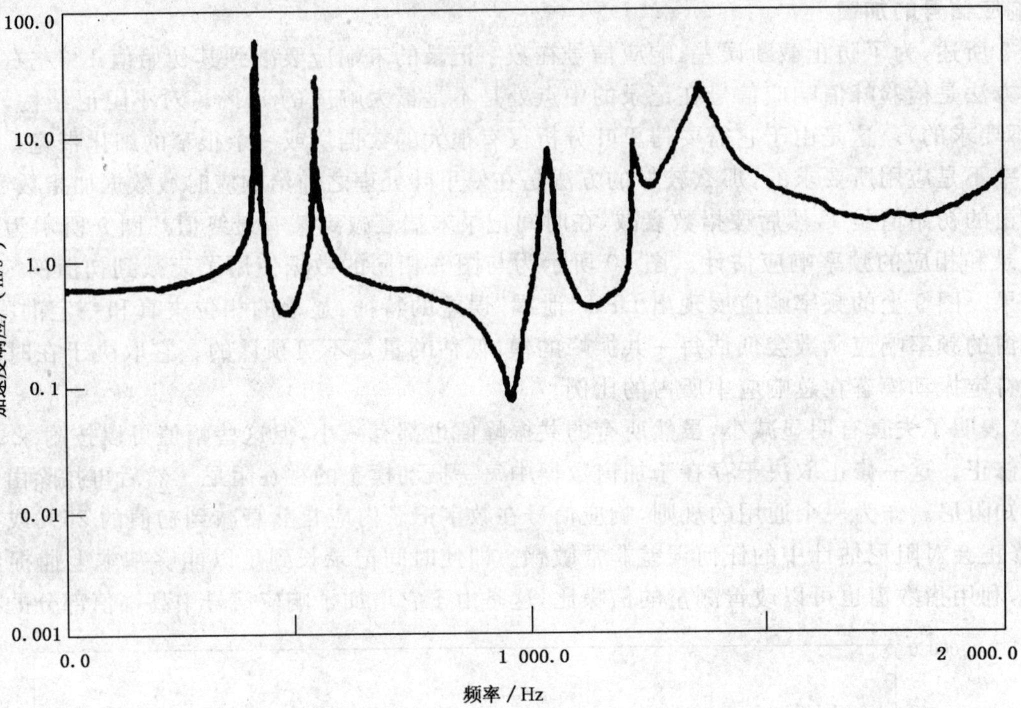

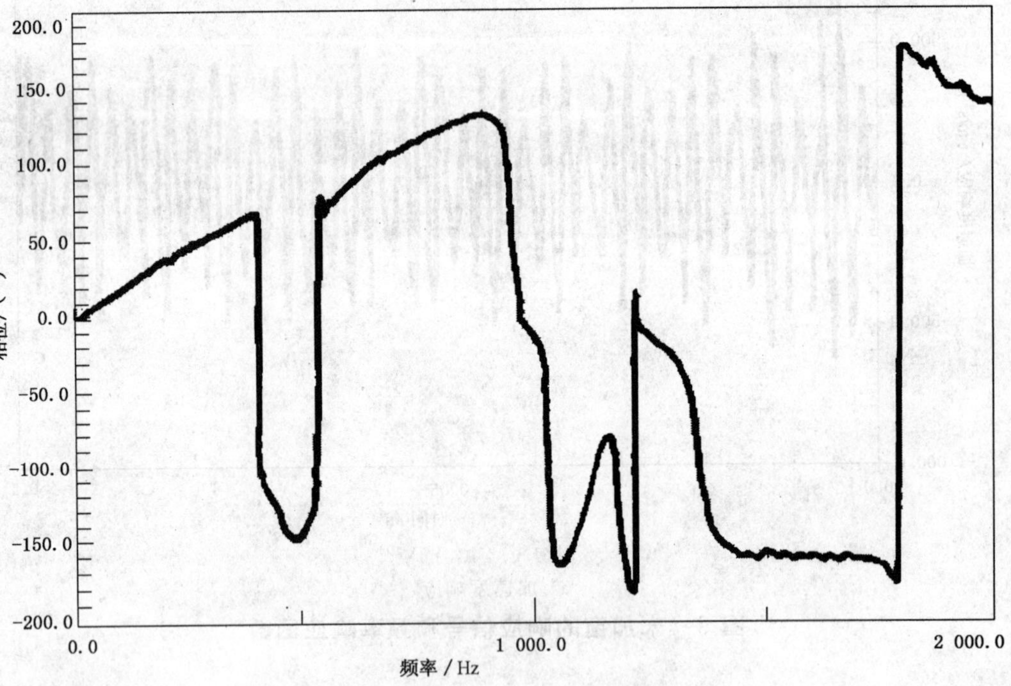

b)没有使用指数窗的加速度导纳(a/F 幅值与相位)

图 9(续)

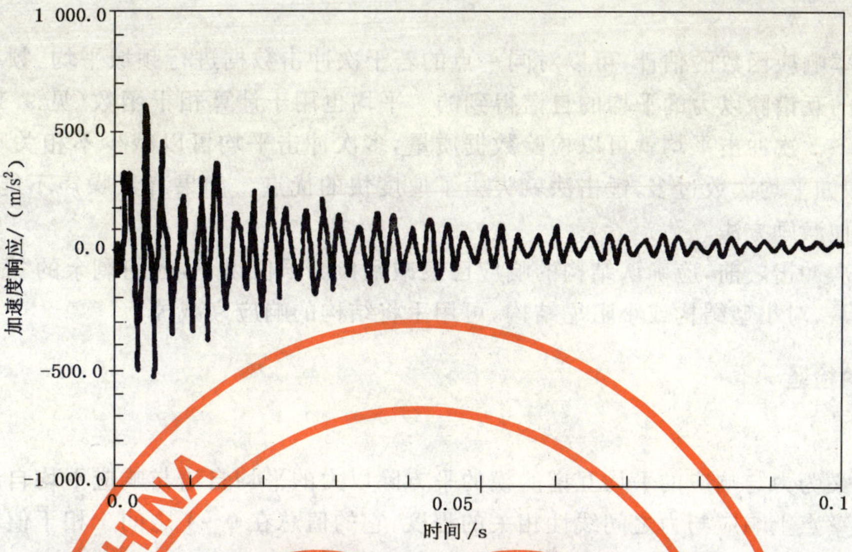

a）加指数窗的加速度响应

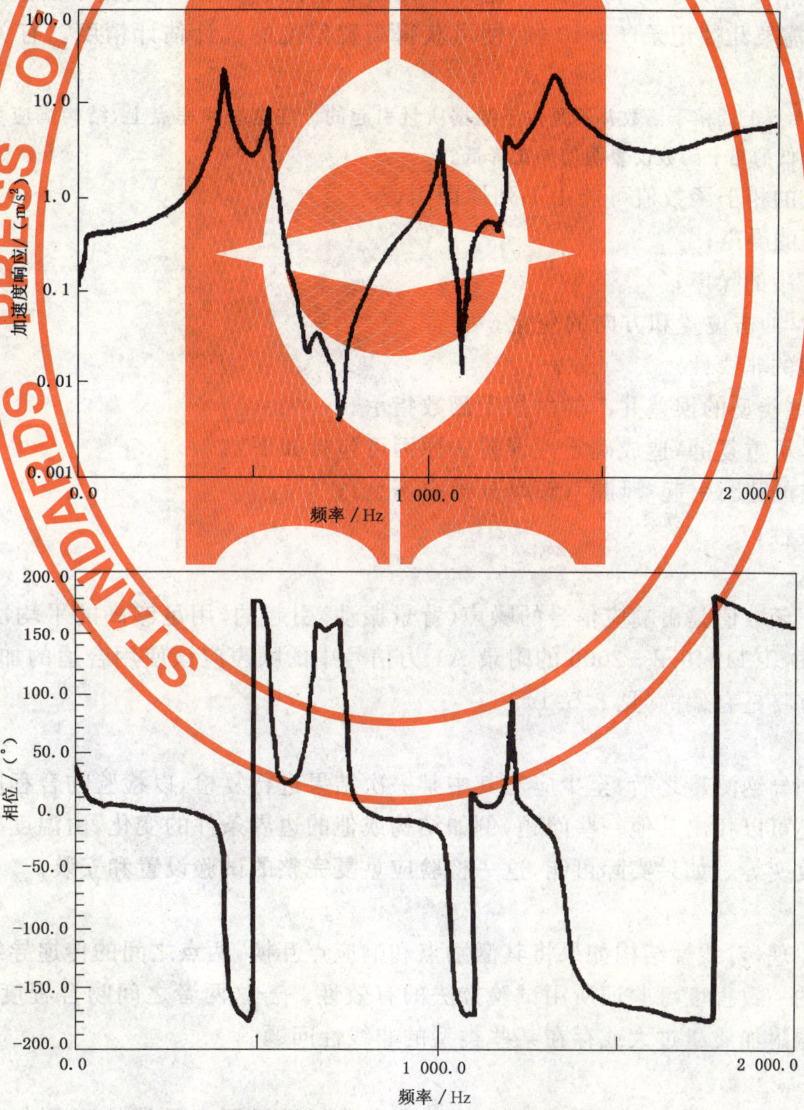

b）加指数窗的加速度导纳（a/F 幅值与相位）

图 10　加指数窗后的响应信号和频率响应函数

8.6 平均技术

为了改善频率响应函数的估计,可以对同一点的若干次冲击数据进行频域平均,频率响应函数是由响应与力的平均的互谱除以力的平均的自谱得到的。平均也用于计算相干函数(见9.1)。在低噪声环境中,通常进行3～5次冲击平均就可以检验数据质量,多次冲击平均可以减少不相关噪声对响应信号的影响。然而,假如平均次数过多,锤击法就失去了速度快的优点。如果背景噪声不能通过平均减少,就应考虑使用其他激励方法。

每当进行下次冲击之前,应确认结构的响应已衰减到检测限值以下,任何剩余的"振铃"将影响到其后响应信号的测量,对小型结构或小阻尼结构,可用手将结构的响应衰减掉。

9 测量有效性的检验

9.1 相干函数

相干函数定义为力与响应的平均互谱的模的平方除以力的平均自谱与响应平均自谱的乘积。相干函数表示每一频率点上响应与力之间线性相关的程度,它的值总在0～1之间。相干值小于1是可能不良数据质量的一个指示。

相干估计值的精度取决于两个因素,一是谱平均的数据记录帧数,二是相干函数的真值。如果真值高(大于0.9)则只需要几帧记录(5～10帧)便可获得高置信度的统计估计精度。有关估计误差的公式在参考文献[6]给出。

注:在反共振频率点上低相干函数并不是由于数据质量引起的。在这些频率点上,结构响应可能与仪器的噪声电平接近,此时低的相干函数仅表明信噪比降低。

冲击测量中低的相干函数值可能由下列原因引起:

a) 力信号中的噪声;

b) 响应信号中的噪声;

c) 在平均时,冲击位置和方向的变化;

d) 某些典型的非线性。

特别提示:某些类型的误差并不能由相干函数指示。

假如冲击力是可重复的,造成确定性误差的原因可包括如下:

a) 由于响应的截断引起"泄漏"(频率分辨率不足);

b) 结构非线性;

c) 信号削波。

如果低的相干函数值是由响应信号的噪声(背景振动)引起的,用足够高的平均次数仍能实现精确的无偏测量(见GB/T 11349.2—2006的附录A)力信号中的噪声应该使用合适的加窗技术予以消除。否则频率响应计算将是有偏的(见8.5.1)。

9.2 重复性检查

在完成一系列导纳测量之后,至少应对其中某一次结果进行复检,以检验吻合程度是否在允许的限度内。这一检验还可以找出其他一些问题,例如结构或他的边界条件的变化,由温度变化引起的变化或测量系统校准的改变等。如果实际可能,这一检验应重复完整的试验设置和安装。

9.3 互易性检查

根据互易性原理,对线性结构如果将其激励点和响应点互换,两点之间的传递导纳应保持不变。这样成对测量结果的一致程度可验证所用试验方法的有效性。若这两者之间吻合程度不好,则表示可能是由于响应传感器附加质量过大或存在某些类型的非线性问题。

9.4 线性检查

许多类型的结构非线性可以用不同大小的激励力重复进行同一导纳的测量来检测。如果实际可能,力的幅值变化至少10倍,如果前后导纳测量结果相差较大,则应进行分析研究。

9.5 与使用连接式激振器的测量结果比较

在一些情况下，可能希望与使用连接式激振器连续激励测量的同一导纳进行比较。这一比较需要相当多附加设备和准备时间，所以一般不进行，除非对冲击激励是否适用于所试验的结构有怀疑才进行这一比较。

附 录 A
（规范性附录）
导纳测量中指数窗影响的修正

如8.5所讨论的，在使用冲击激励的频响测量中加指数窗对减小泄漏误差以及噪声的影响经常是很有用的。然而，这种加窗对导纳测量幅值有很大影响。如果测量数据能用一个线性模型精确地拟合，并在关注的频率范围内能精确地确定每一阶模态的视在阻尼，这些影响便可按以下方法精确地进行修正。在某种意义上，这取决于阻尼估值方法的技术超出了导纳测量范围，并进入到模态分析领域。纵使阻尼估值技术的讨论已超出了本部分的范围，但现在已广泛地通过各种曲线拟合方法获得适当的参数估计。

假定线性系统的响应时间历程为 $x(t)$，输入力为 $f(t)$，其线性脉冲响应为 $h(t)$，其初始条件为0，即结构初始状态是静止的，则 $x(t)$ 可以通过卷积给出。

$$x(t)=\int_0^t h(u)f(t-u)\mathrm{d}u \qquad \cdots\cdots(\text{A.1})$$

两边同乘以 e^{-at} 得到：

$$e^{-at}x(t)=\int_0^t \mathrm{e}^{-au}h(u)\mathrm{e}^{-a(t-u)}f(t-u)\mathrm{d}u \qquad \cdots\cdots(\text{A.2})$$

公式(A.2)表示如果给力和响应的时间历程都乘以指数衰减窗函数，则与这些加窗后的时间历程对应的脉冲响应为实际脉冲响应乘以同一指数衰减函数。线性系统脉冲响应是 $A_r e^{s_r t}$ 的叠加，其中 s_r 是一个复数，其实部和虚部分别为第 r 阶振动模态的衰减率和固有频率，而且 A_r 为一复常数。因此，对力和响应加指数窗的效果就是在脉冲响应函数中用 (s_r-a) 代替 s_r。

如果频率响应函数用了指数窗，并且假定 $\hat{\zeta}_r$ 是测得的第 r 阶模态估计的阻尼因子，那么第 r 阶模态的真实阻尼由下式给出：

$$\zeta_r=\hat{\zeta}_r-a/\omega_r \qquad \cdots\cdots(\text{A.3})$$

式中：

ω_r——阻尼固有频率，单位为弧度每秒(rad/s)。

用修正的阻尼值对关注的频率范围内的所有模态进行综合而得到修正后的导纳值。对小阻尼而且各模态远离的，峰值幅度与阻尼成反比，在此情况下测得的第 r 阶模态的峰值乘以 $\hat{\zeta}_r/\zeta_r$，便可得到真实的峰值。

实际上，指数窗常常只用于响应的时间历程，而不用于力的时间历程。由于冲击力信号持续时间很短，因此，给力加指数窗的结果与给力乘以矩形窗的结果相当接近。如果力峰值出现在非常接近数字记录开始点的位置，则它们之间的差别可以完全忽略。如果7.2所述的系统校准是在使用与导纳测量相同的窗处理和预触发，则这一影响将自动地包含在力的校准中。

参 考 文 献

[1] ISO 5347-1:1993，振动与冲击传感器校准方法　第1部分:激光干涉法一次校准.

[2] ISO 5348:1987，机械振动与冲击　加速度计的机械安装.

[3] IEC 263:1982，绘制频率特性和极坐标图的比例和尺寸.

[4] Brown, D. Carbon,G.. and Ramsey,k.. Survey of Excitation Techniques Applicable To the Testing of Automotive Structures, Societe of Automotive Engineers,Paper No. 7700291977.

[5] Halvorsen, w. and Brown,D. Impulse Techniques for Structural Frequency Response Testing, Sound and Vibration, November 1977.

[6] Bendat ,J. and Piersol ,A. Random Data: Analysis and Measurement Procedures,Wiley- Interscience , New York. ,1971.

[7] Ewins,D. State-of-the-art Assessment of The Mobility Measurement Techniques-Sum-mery of Results, Journal of The Society of Envirnmental Engineers,21(1), March 1981.

[8] Mitchell,L. Improved Method for The Fast Fourier Transform (FFT) Calculation of The Frequency Response Fonction, Journal of Mechanical Design,104,1982, pp. 277-279.

[9] Sisson,Zimmermann,and Martz. Determination of Modal Properties of Automative Bodies and Frames Using Transient Testing Techniques, Society of Automative Engi-neers , Paper NO. 730502, 1973.

[10] BrownD. AlleMangR. ,Zimmarmann,R. ,and Mergeay,M. Parameter Estimation Techni-ques for Modal Analysis, Society of Automative Engineers, Paper NO. 790221 1979.

[11] Patergon,E. ana Klorterman,A. Obtaining Good Results from an Experimental Modal Survey , Society of Automative Engineers Conference, November 1977.

[12] TaBor,R,Brown,o. Vold,H and Rocklim,G. Exponenntial Window for Burst Random Excitation, Proceedings of The Third Intermatinal Modal Analysis Conference, January 1985.

[13] Sohaney,R. and Nieters,J. Proper Use of Weighting Founction for Impact Testing, Proceedings of The Third Intermatinal Modal Analysis Conference, January 1985.

[14] Ewins,D. Modal Testing:Theory and Practice, Wiley ,1984.

ICS 71.100.41
G 71

中华人民共和国国家标准

GB/T 11405—2006
代替 GB/T 11405—1989

工业邻苯二甲酸二丁酯

Dibutylphthalate for industrial use

2006-08-24 发布 2007-03-01 实施

中华人民共和国国家质量监督检验检疫总局
中国国家标准化管理委员会 发布

前 言

本标准是对 GB/T 11405—1989《工业邻苯二甲酸二丁酯》的修订。

本标准与 GB/T 11405—1989 的主要技术差异为：

——去掉了“热处理后色度”、“加热减量”两项技术指标。

——增加了“水分”技术指标。

——“酯含量”改为“纯度”。

——“酸度”改为“酸值”。

本标准由中国石油和化学工业协会提出。

本标准由全国橡胶与橡胶制品标准化技术委员会化学助剂分技术委员会归口。

本标准负责起草单位：河南庆安化工高科技股份有限公司。

本标准参加起草单位：山东宏信化工股份有限公司。

本标准主要起草人：司俊杰、刘冰、程顺国、姚宁、张祖礼。

本标准于 1989 年首次发布。

工业邻苯二甲酸二丁酯

1 范围

本标准规定了工业邻苯二甲酸二丁酯(简称 DBP)的要求、试验方法、检验规则、标志、包装、运输和贮存。

本标准适用于以邻苯二甲酸酐与正丁醇经酯化法制得的 DBP。

分子式:$C_{16}H_{22}O_4$

结构式:

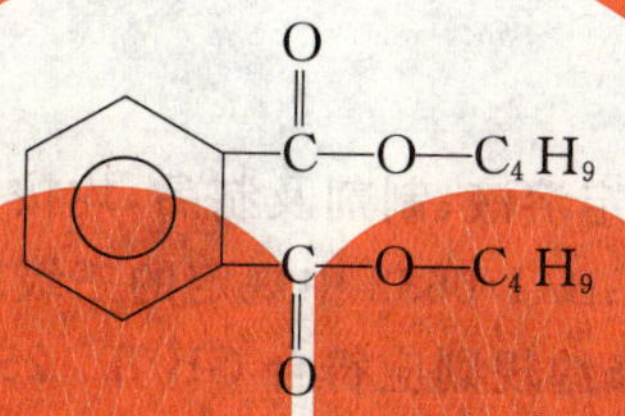

相对分子质量:278.34(按 2001 年国际相对原子质量)

2 规范性引用文件

下列文件中的条款通过本标准的引用而成为本标准的条款。凡是注日期的引用文件,其随后所有的修改单(不包括勘误的内容)或修订版均不适用于本标准,然而,鼓励根据本标准达成协议的各方研究是否可使用这些文件的最新版本。凡是不注日期的引用文件,其最新版本适用于本标准。

GB/T 601　化学试剂　标准滴定溶液的制备

GB/T 603　化学试剂　试验方法中所用制剂及制品的制备(GB/T 603—2002,ISO 6353-1:1982,NEQ)

GB/T 1250　极限数值的表示方法和判定方法

GB/T 1664　增塑剂外观色度的测定

GB/T 1668　增塑剂酸值及酸度的测定

GB/T 1671　增塑剂闪点的测定　克利夫兰德开口杯法

GB/T 4472—1984　化工产品密度、相对密度测定通则

GB/T 6678　化工产品采样总则

GB/T 6680　液体化工产品采样通则

GB/T 6682　分析实验室用水规格和试验方法(GB/T 6682—1992,eqv ISO 3696:1987)

GB/T 11133　液体石油产品水含量测定法(卡尔·费休法)

3 要求

工业邻苯二甲酸二丁酯应符合表 1 所示的技术要求。

表 1 工业邻苯二甲酸二丁酯的技术要求

项目		指标		
		优等品	一等品	合格品
外观		透明、无可见杂质的油状液体		
色度(Pt-Co)号	≤	20	25	60
纯度/%	≥	99.5	99.0	98.0
密度(20℃)/(g/cm³)		1.044～1.048		
酸值(以 KOH 计)/(mg/g)	≤	0.07	0.12	0.20
闪点/℃	≥	160		
水分/%	≤	0.10	0.15	0.20

4 试验方法

除非另有说明,分析中所用标准滴定溶液、制剂及制品,均按 GB/T 601、GB/T 603 规定制备,分析中仅使用确认为分析纯的试剂和符合 GB/T 6682 中规定的三级水。

本标准中试验数据的表示方法和修约规则应符合 GB/T 1250 中修约值比较法的有关规定。

4.1 外观的测定

在自然光下目测。

4.2 色度的测定

按 GB/T 1664 规定进行测定。

4.3 纯度的测定

4.3.1 原理

取适量样品注入气相色谱仪,由载气带入色谱柱进行分离,流出物以氢焰离子化检测器检测,检测结果由积分仪或色谱工作站处理。

4.3.2 材料

4.3.2.1 氮气:纯度不小于 99.99%;

4.3.2.2 氢气:纯度不小于 99.99%;

4.3.2.3 压缩空气:经净化处理。

4.3.3 仪器和设备

4.3.3.1 气相色谱仪:氢火焰离子化检测器;

4.3.3.2 色谱柱

a) 石英毛细管柱:SE-30,0.53 mm×15 m×1.0 μm;

b) 石英毛细管柱老化:将毛细管柱装在色谱仪柱箱中,检查密闭性后,自柱温 100℃开始通氮气分段老化,升温到 240℃时,老化 7 h 以上,直至基线稳定。

4.3.3.3 进样器:10 μL 微量注射器;

4.3.3.4 积分仪或色谱工作站。

4.3.4 操作步骤

4.3.4.1 按下列条件调整仪器,允许根据不同仪器作适当变动,应得到合适的分离度。

a) 柱温:采用程序升温,初温 135℃,持续时间 2 min,然后以 10℃/min 的速度升至 220℃,持续 10 min;

b) 汽化室温度:260℃;

c) 检测室温度:260℃;

d) 氮气流速：30 mL/min；

e) 氢气流速：30 mL/min；

f) 空气流速：300 mL/min。

4.3.4.2 试验：按上述规定调整仪器，待基线稳定后，用微量注射器进样 0.2 μL，同时启动积分仪或色谱工作站，由仪器自动给出各组分面积百分比。如果仪器的线性范围能够满足归一化法定量分析的要求，且样品纯度约在 98%以上，则可以直接测定邻苯二甲酸二丁酯的纯度。否则不能测定其绝对纯度。

4.3.4.3 色谱图及相对保留时间

色谱图见图 1。

相对保留时间见表 2。

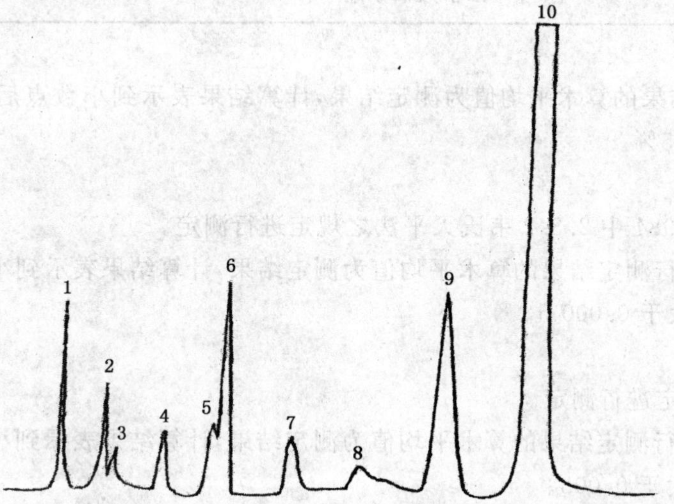

1——正丁醇；
2——正丁醚；
3——未知峰；
4——未知峰；
5——未知峰；
6——苯甲酸丁酯；
7——马来酸二丁酯；
8——未知峰；
9——邻苯二甲酸二异丁酯；
10——邻苯二甲酸二丁酯。

图 1 工业邻苯二甲酸二丁酯色谱图

表 2 各组分在色谱柱(SE-30)上的相对保留时间

峰序	组分	相对保留时间/min
1	正丁醇	0.390
2	正丁醚	0.715
3	未知峰	0.802
4	未知峰	1.041
5	未知峰	1.230

表 2（续）

峰序	组分	相对保留时间/min
6	苯甲酸丁酯	1.827
7	马来酸二丁酯	2.306
8	未知峰	2.943
9	邻苯二甲酸二异丁酯	3.657
10	邻苯二甲酸二丁酯	4.398

4.3.5 允许差

取两次平行测定结果的算术平均值为测定结果，计算结果表示到小数点后两位。两次平行测定结果之差值不得大于0.15%。

4.4 密度的测定

按 GB/T 4472—1984 中 2.3.2 韦氏天平法之规定进行测定。

允许差：取两次平行测定结果的算术平均值为测定结果，计算结果表示到小数点后四位。两次平行测定结果之差值不得大于 0.000 5。

4.5 酸值的测定

按 GB/T 1668 规定进行测定。

允许差：取两次平行测定结果的算术平均值为测定结果，计算结果表示到小数点后三位。两次平行测定结果之差值不得大于 0.003。

4.6 闪点的测定

按 GB/T 1671 规定进行测定。

允许差：取两次平行测定结果的算术平均值为测定结果，计算结果表示到整数。两次平行测定结果之差值不得大于 3℃。

4.7 水分的测定

按 GB/T 11133 规定进行测定。

允许差：取两次平行测定结果的算术平均值为测定结果，计算结果表示到小数点后三位。两次平行测定结果之差值不得大于 0.003%。

5 检验规则

5.1 组批规则

本产品以一个储罐产品或每次包装的均匀产品为一批。

5.2 采样

按 GB/T 6678 中要求确定采样单元数，按 GB/T 6680 规定采样。采样量不少于 1 000 mL，分装于两个清洁干燥的磨口瓶中，贴上标签并注明产品名称、采样日期、批号、采样人，一瓶样品用于检验，另一瓶样品保留三个月，以备复查。

5.3 检验分类

表 1 中规定的全部项目为出厂检验项目。

5.4 生产厂检验

本产品应由生产厂的质量检验部门按本标准检验合格后方可出厂，并应附有一定格式的质量证明书，其内容包括：产品名称、标准号、等级、生产厂名称、注册商标、批号、检验员代号。

5.5 复验

出厂检验结果中如有一项指标不符合本标准要求时，应从同批产品中重新自两倍量的包装件中采样进行复验，复验结果中即使只有一项指标不符合本标准要求，也判该批产品为不合格产品。

6 标志、包装、运输及贮存

6.1 标志

每个包装容器上应有清晰牢固的标志，内容包括：生产厂名称、地址、产品名称、标准号、等级、净含量、生产日期、批号。

6.2 包装

本产品应装入牢固、干燥、清洁、内无机械杂质的 200 L 容量的镀锌铁桶或钢桶中。桶盖的螺丝口应用清洁聚乙烯或无色橡胶圈进行密封，以防止漏损。产品散装容器也必须满足上述要求。

6.3 运输

本产品运输过程中应防止猛烈撞击。

6.4 贮存

本产品应存放在通风、干燥的仓库或货棚中。在符合本标准规定的运输、贮存条件下，自生产之日起贮存期为 6 个月。本产品超过贮存期后，按本标准规定检验合格后仍可使用。

ICS 35.080
L 77

中华人民共和国国家标准

GB/T 11457—2006
代替 GB/T 11457—1995

信息技术 软件工程术语

Information technology — Software engineering terminology

2006-03-14 发布

2006-07-01 实施

中华人民共和国国家质量监督检验检疫总局
中国国家标准化管理委员会 发布

前　言

本标准代替 GB/T 11457—1995《软件工程术语》。

本标准与 GB/T 11457—1995 相比，主要变化如下：

a) 吸收了 IEEE Std 610.12.1990《软件工程术语学的 IEEE 标准　术语》中的全部术语。

b) 原国标中与上述文本中相重叠的术语，参照上述文本中的定义，进行修改与整理。

c) 吸收了 GB/T 5271.20—1994《信息技术　词汇　20 部分　系统开发》中的术语及其定义。

d) 吸收了 GB/T 8566—2001《信息技术　软件生存周期过程》中的术语及其定义。

e) 吸收了 GB/T 18905.1—2002《软件工程　产品评价　第 1 部分：概述》中的术语及其定义。

f) 吸收了 ISO/IEC 15504-9：1998《信息技术　软件过程评估　第 9 部分：词汇》中的术语及其定义。

g) 吸收了统一建模语言（UML-Unified Modeling Language）和元对象设施（MOF-Meta Object Facility）中的术语。

本标准结构如下：

a) 词条按英文对应词字母顺序排列。

b) 如果一个术语有一个以上的定义，则分别加以说明。定义中的()用于注解或补充说明；[]中的词是可有和可省略的。

c) 凡必要的地方用例子来说明定义。

d) 为了说明本标准中一个术语与另一些术语的关系，使用了下述词语：

——见：指具有相同含义的或本质上相同意义的术语；

——相对：指具有相反含义的或意义上不同的术语；

——同义词：指同义的术语；

——参见：……：指让读者参见推荐使用的或与之关系密切的术语。

本标准由中华人民共和国信息产业部提出。

本标准由信息产业部电子工业标准化研究所归口。

本标准起草单位：中软网络技术股份有限公司、信息产业部电子工业标准化研究所。

本标准主要起草人：周明德、冯惠、王有志、黄万镒。

本标准所代替标准的历次版本发布情况为：

GB/T 11457—1989；GB/T 11457—1995。

信息技术　软件工程术语

1　范围

本标准定义软件工程领域中通用的术语，适用于软件开发、使用维护、科研、教学和出版等方面。

2　术语定义及缩略语

2.1

第一代语言　1GL

1GL 是 first generation language 的缩略语。见：机器语言 machine language(2.890)。

2.2

第二代语言　2GL

2GL 是 second generation language 的缩略语。见：汇编语言 assembly language(2.86)。

2.3

第三代语言　3GL

3GL 是 third generation language 的缩略语。见：高级语言 high order language(2.702)。

2.4

第四代语言　4GL

4GL 是 fourth generation language 的缩略语。见：2.654。

2.5

第五代语言　5GL

5GL 是 fifth generation language 的缩略语。见：2.623。

2.6

异常终止　abend

反常终止

abnormal end 的缩略语过程在完成前终止。参见：夭折 abort(2.8)和异常 exception(2.575)。

2.7

异常终止　abnormal end

反常终止

过程在完成前终止。参见：夭折 abort(2.8)和异常 exception(2.575)。

2.8

夭折　abort

异常中止

在一过程完成之前被迫终止。参见：异常终止 abend(2.6)和异常 exception(2.575)。

2.9

绝对地址　absolute address

一种地址，它永久地赋予某一设备或存储单元，用以标识该设备或单元而不需要转换或计算。

参见：绝对汇编程序 absolute assembler(2.10)、绝对代码 absolute code(2.11)、绝对指令 absolute instruction(2.12)和绝对装入程序 absolute loader(2.13)。

相对：相对地址 relative address(2.1331)、可重定位地址 relocatable address(2.1342)和符号地址 symbolic address(2.1636)。

2.10

绝对汇编程序　absolute assembler

产生绝对代码的汇编程序。

相对：重定位汇编程序 relocating assembler(2.1346)。

2.11

绝对代码　absolute code

一种代码,其中,所有的地址都是绝对地址。

相对：重定位代码 relocating code(2.1343)。

2.12

绝对指令　absolute instruction

一种计算机指令,其中,所有地址都是绝对地址。

参见：直接指令 direct instruction(2.483)、有效指令 effective instruction(2.532)、立即指令 immediate instruction(2.722)和间接指令 indirect instruction(2.745)。

2.13

绝对装入程序　absolute loader

一种装入程序,它将绝对机器代码读至主存储器,它从由汇编程序或编译程序赋予的初始地址开始。在执行中,代码中无地址调整。

相对：重定位装入程序 relocating loader(2.1347)。

2.14

绝对机器代码　absolute machine code

每当使用时,必须将其装入固定存储单元,且不能再定位的机器语言代码。

相对：可重定位机器代码 relocatable machine code(2.1344)。

2.15

抽象数据类型　abstract data type

只对数据的特性和在其上的操作作出规定而不管数据如何表示以及操作如何实现的一种数据类型。

2.16

抽象机　abstract machine

a) 过程或机器的一种表示；

b) 像一台机器那样处理输入的一种模块。

2.17

抽象　abstraction

a) 对某一问题的概括,它抽取与某一特定目标相关的本质内容而忽略其非本质内容；

b) 形成上述概括的过程。

参见：数据抽象 data abstraction(2.388)。

2.18

验收准则　acceptance criteria;acceptance criterion

系统或部件必须满足的准则,其目的是使用户、客户或其他授权实体能够予以接受。

参见:需求 requirement(2.1361)和测试准则 test criteria(2.1699)。

2.19

验收测试　acceptance testing

a) 确定一系统是否符合其验收准则,使客户能确定是否接收此系统的正式测试；

参见：合格性测试 qualification testing(2.1291)、系统测试 system testing(2.1669)。

b） 使用户、客户或其他授权实体确定是否接受系统或部件的正式测试。

参见：运行测试 operational testing(2.1065)和合格性测试 qualification testing(2.1291)。

相对：开发测试 development testing(2.468)。

2.20

可达性　accessibility

组成软件的各部分便于选择使用或维护的程度。

2.21

访问控制机制　access-control mechanism

存取控制机制

为使某一计算机系统或其某一部分允许被获准者和防止未获准者接触、访问而设计的硬件或软件的特性、操作过程或管理过程。

2.22

准确[度]　accuracy

a） 无误差的一种品质；

b） 正确性或无误差的一种定性评估，该评估越高，对应的误差越小或正确性越高；

c） 对误差大小的一种度量，最好将其表示成相对误差的函数，此度量越高，对应的误差越小；

d） 对误差程度的一种定量测量。

相对：精度 precision(2.1160)。

2.23

需方　acquirer

从供方获得或得到一个系统、产品或服务的一个机构。

注：需方可以是买主、客户、拥有者、用户或采购人等。

2.24

获取　acquisition

得到一个系统、一个产品或一项服务的过程。

2.25

动作　action

对某一可执行语句，形成对计算步骤一种抽象的规格说明。典型的动作引起系统状态的某种变更，并通过向对象发送消息或者个性链接或属性予以实施。

2.26

措施项　action item

a） 已安排给个人或小组处理的工作清单中的一个单元；

b） 一项已被接受的措施建议。

2.27

措施建议　action proposal

更改过程或过程有关项的文档化建议，它将预防未来再出现已被缺陷预防活动标识出的缺陷。

参见：软件过程改进建议 software process improvement proposal(2.1517)。

2.28

动作序列　action sequence

决定动作的序列的一种表示式。

2.29

动作状态　action state

表示执行某一原子动作(有代表性的是启用某一操作)的一种状态。

2.30

激活　activation

执行某一动作。

2.31

主动类　active class

一种其实例是主动对象的类。

参见：主动对象 active object(2.33)。

2.32

活动文件　active file

尚未超过终止时间的文件。

2.33

主动对象　active object

一种拥有某一线程并能初启控制活动的对象。主动类的一个实例。

参见：主动类 active class(2.31)和线程 thread(2.1732)。

2.34

活动冗余　active redundancy

在容错系统中，为防止故障或允许从故障中恢复，所使用的同时操作的冗余部件的技术。

相对：备用冗余 standby redundancy(2.1565)。

2.35

活动　activity

a) 一个过程的组成元素；

注：对基线的变更要经有关机构的正式批准。

b) 为实现某个目的而采取的任一步骤或执行的任一职能，既可是脑力的，也可是体力的。活动包括经理和技术人员为完成项目和组织的任务而做的全部工作。

2.36

活动图　activity graph

用于对涉及一个或多个类目的进程建模的状态机的一种特例。

相对：状态图 state diagram(2.1570)。

2.37

施动者[类]　actor[class]

各用况的使用者在与某些用况交互时所扮演角色的一种紧凑集合。一个施动者对每一用况都有一个与之通信的角色。

2.38

实际指令　actual instruction

见：有效指令 effective instruction(2.532)。

2.39

实参　actual parameter

在调用子程序时，用来指定数据或要传输给该子程序的程序元素的数值或表达式。

见：自变量 argument(2.74)。

相对：形参 formal parameter(2.645)。

2.40

适应性　adaptability

使不同的系统约束条件和用户需求得到满足的容易程度。

见：灵活性 flexibility(2.634)。

2.41

适应数据 adaptation data

一种数据，它用于适应给定安装站点的或在它的操作环境中有给定条件的程序。

2.42

适应参数 adaptation parameter

给定一特定值的变量，其目的是以适应安装站点或在它的操作环境中给定条件的程序。例如变量 Installation_Site_Latitude。

2.43

适应性维护 adaptive maintenance

为使软件产品在变更了的环境下仍能使用而进行的维护。

相对：纠正性维护 corrective maintenance(2.354)和完善性维护 perfective maintenance(2.1130)。

2.44

地址 address

a) 标识一寄存器、设备、存储器特定部分或其他一些数据来源或目的地的一个数、字符或一组字符；

b) 用来指定一设备或一个数据项；

c) 由标识的数、字符或一组字符引用一设备或存储单元。

参见：绝对地址 absolute address(2.9)、有效地址 effective address(2.531)、隐含地址 implied address(2.731)、间接地址 indirect address(2.744)、相对地址 relative address(2.1331)、可重定位地址 relocatable address(2.1342)、符号地址 symbolic address(2.1636)和虚拟地址 virtual address (2.1836)。

2.45

地址字段 address field

计算机指令的任一字段，此字段包含地址、导出地址必需的信息或操作数值。

相对：操作字段 operation field(2.1060)。

2.46

地址格式 address format

a) 在计算机指令中地址字段数和排列；

参见：n 地址指令 n-address instruction(2.1002)和 n+1 地址指令 n-plus-one address instruction (2.1008)。

b) 在地址中元素数和排列，例如需要标识具体通道、磁盘扇区和在磁盘存储中的记录的元素。

2.47

地址修改 address modification

在地址上执行的任何算术的、逻辑的或句法的操作。

参见：有效地址 effective address(2.531)、索引地址 indexed address(2.740)、相对地址 relative address(2.1331)和可重定位地址 relocatable address(2.1342)。

2.48

地址部分 address part

见：地址字段 address field(2.45)。

2.49

地址空间 address space

a) 计算机程序能访问的地址范围；

注：在某些系统中，这可能是与其他程序分开的程序能访问的物理地址集和引用可由其他程序访问的存储单元的虚拟地址集。

b) 中央处理单元能寻址的存储单元数。

2.50

寻址异常 addressing exception

当程序计算地址时，超出了可用的地址边界所发生的异常。

参见：数据异常 data exception(2.395)、操作异常 operation exception(2.1059)、溢出异常 overflow exception(2.1082)、保护异常 protection exception(2.1274)和下溢异常 underflow exception(2.1786)。

2.51

传入的 afferent

在软件系统中，从子模块至超级模块的数据或控制流。

相对：传出的 efferent(2.534)。

2.52

聚集[类]型 aggregate [class]

在聚集(整体)与某一构件部分之间，规定整体与一部分之间联系的关联的一种特别形式。

参见：组合 composite(2.265)。

2.53

代数语言 algebraic language

一种编程语言，它允许语句的结构重新装配代数表达式，例如 Y = X + 5。例如 FORTRAN。

参见：算法语言 algorithmic language(2.56)、表处理语言 list processing language(2.860)和逻辑编程语言 logic programming language(2.873)。

2.54

算法 algorithm

a) 用有限步数求解某问题的一套明确定义的规则的集合：例如，求 sin(x)到给定精度的一系列算术运算的顺序的完整规格说明；

b) 为执行特定任务的任何运算序列。

2.55

算法分析 algorithm analysis

对一算法的检查，其目的在于确定与其预期用途有关的正确性，确定其运行特性，或为了更充分地理解某一算法以便对其进行修改、简化或改进。

2.56

算法语言 algorithmic language

为处理算法而设计的编程语言、例如，ALGOL。

参见：代数语言 algebraic language(2.53)、表处理语言 list processing language(2.860)和逻辑编程语言 logic programming language(2.873)。

2.57

分配的基线 allocated baseline

在配置管理中，初始批准的规格说明，它支配作为较高级配置项的一部分的配置项的开发。

参见：分配的配置标识 allocated configuration identification(2.58)。

相对：开发配置 developmental configuration(2.470)、功能基线 functional baseline(2.659)和产品基线 product baseline(2.1213)。

2.58

分配的配置标识　allocated configuration identification

在配置管理中，当前批准的规格说明，它支配作为较高级配置项的一部分的配置项的开发。每一种规格说明定义从较高级配置项分配的功能特征，建立测试要求，以证明分配的功能特征的成功，描绘与其他相关的配置项必需的接口需求并建立设计限制(若有)。

参见：分配的基线 allocated baseline(2.57)。

相对：功能配置标识 functional configuration identification(2.663)和产品配置标识 product configuration identification(2.1215)。

2.59

别名　alias

a) 某一项目的另一个名字；

b) 一个替换标号。例如，可以使用一个标号和一个或多个别名来指示计算机程序中同一元素或点。

2.60

分配　allocation

a) 在系统或程序的部件间分发需求、资源或其他实体的过程；

b) 上述 a)中分发的结果。

2.61

分析　analysis

在软件开发过程中，其首要目的是对问题领域构建成某一模型的阶段。分析侧重于做些什么，设计则侧重于如何去做。

相对：设计 design(2.439)。

2.62

分析阶段　analysis phase

参见：需求阶段 requirements phase(2.1365)。

2.63

分析模型　analytical model

用一组可解方程来表示一个过程或现象。

相对：仿真 simulation(2.1453)。

2.64

反常　anomaly

从文档或软件操作观察到偏离以前验证过的软件产品或引用的文档的任何事件。

2.65

先期缓冲　anticipatory buffering

一种缓冲技术，在预期到数据需要时，数据存储在缓冲器中。

参见：动态缓冲 dynamic buffering(2.517)和简单缓冲 simple buffering(2.1451)。

2.66

先期调页　anticipatory paging

一种存储分配技术，在预料到需要那些页时，页从辅助存储器传送至主存储器。

相对：按需调页 demand paging(2.431)。

2.67

应用领域　application domain

一组已界定的相关系统(即处理一个特定类型问题的各系统)。在一个应用领域内，开发和维护工作一般需要专门的技能和(或)资源。例如工资和人事系统、指挥和控制系统、编译程序及其专家系统。

2.68

应用[程序]生成器　application generator

一种代码生成器,它在具体的应用领域为解决一个或多个问题,产生代码。例如,工资生成器。

2.69

面向应用的语言　application-oriented language

a)　一种计算机语言,具有用于某种单一应用领域的手段或记号。例如,计算机辅助指令和硬件设计语言;

b)　一种面向问题的语言,其语句包含或汇集了用户职业的术语。

参见:写作语言 authoring language(2.106)、规格说明语言 specification language(2.1550)和查询语言 query language(2.1303)。

2.70

应用问题　application problem

一种由最终用户提出,并要求通过信息处理来解决的问题。

2.71

应用软件　application software

设计用于实现用户的特定需要而非计算机本身问题的软件。例如,导航(浏览)、工资、过程控制软件。

相对:支持软件 support software(2.1632)和系统软件 system software(2.1667)。

2.72

体系结构设计　architectural design

a)　定义硬件和软件部件和它们的接口集合以建立计算机系统开发的框架的过程;

参见:功能设计 functional design(2.665)。

b)　体系结构设计过程的结果。

2.73

体系结构　architecture

系统或部件的组织结构。

参见:部件 component(2.261)、模块 module(2.977)、子程序 subprogram(2.1618)、例程 routine(2.1402)、程序体系结构 program architecture(2.1226)和系统体系结构 system architecture(2.1647)。

2.74

自变量　argument

变元

a)　一独立的变量、例如,在等式 $E = mc^2$ 中的变量 m;

b)　独立变量的一特定值。例如,值 $m = 24\text{kg}$;

c)　用于软件模块调用中的一个常数、变量或表达式以规定传送至此模块的数据或程序元素。

相对:形参 formal parameter(2.645)。

2.75

数组　array

由单个名和一个或多个索引标识的数据项所组成的 n 维有序集,该集中的每个元素可以分别寻址。例如,矩阵、表或向量。

2.76

制品　artifact

由某一种软件开发过程所使用的或产生的一种信息的物理件。制品的实例有模型、源文件、文字和二进制可执行文件。制品可构成可部署构件的实现。

相对：构件 component(2.261)。

2.77

人工智能　artificial intelligence

a)　计算机科学的一个分支，专门研制执行通常与人的智能有关联的功能(例如，推理、学习和自改进)的数据处理系统；

b)　某一设备执行通常与人的智能有关联的功能(例如，推理、学习和自改进)的能力。

2.78

人工语言　artificial language

参见：形式语言 formal language(2.644)。

2.79

汇编　assemble

把用汇编语言表示的程序翻译成等效的机器语言程序，有时还要连接子程序。实现汇编的常用方法是用机器语言操作码代替汇编语言操作码，并用绝对地址、中间地址、浮动地址或虚拟地址来代替符号地址。

相对：编译 compile(2.252)、反汇编 disassemble(2.487)和解释 interpret(2.808)。

2.80

汇编并运行　assemble - and - go

一种操作技术，它在计算机程序的汇编、连接、装入和运行之间没有停顿。

2.81

汇编的起点　assembled origin

由汇编程序、编译程序或连接编辑器赋予计算机程序的初始存储单元的地址。

参见：偏移量 offset(2.1043)和启动地址 starting address(2.1567)。

相对：装入的起点 loaded origin(2.867)。

2.82

汇编程序　assembler

用于把用汇编语言表示的程序转换为等效的用机器语言表示的程序的计算机程序。

参见：绝对汇编程序 absolute assembler(2.10)、交叉汇编程序 cross-assembler(2.373)和重定位汇编程序 relocating assembler(2.1346)。

相对：编译程序 compiler(2.254)和解释程序 interpreter(2.809)。

2.83

汇编程序代码　assembler code

见：汇编代码 assembly code(2.85)。

2.84

汇编程序语言　assembler language

见：汇编语言 assembly language(2.86)。

2.85

汇编代码　assembly code

用汇编程序能识别和处理的形式表示的计算机指令和数据定义(assembler code)。

相对：编译程序代码 compiler code(2.255)、解释代码 interpretive code(2.810)和机器代码 machine code(2.887)。

2.86

汇编语言　assembly language

a) 一种编程语言,它非常接近给定计算机的指令集,允许用符号命名操作和地址且通常是程序指令与计算机指令一一对应,且能提供使用宏指令的便利;

b) 一种特定机器语言,其指令通常和计算机指令一一对应。

相对:第五代语言 fifthgeneration language(2.623)、第四代语言 fourth generation language(2.654)、高级语言 high order language(2.702)和机器语言 machine language(2.890)。

2.87

断言　assertion

一种逻辑表达式,它规定必须存在的一种程序状态,或规定在程序执行过程中某一特定点上程序变量必须满足的条件集合。类型包括输入断言、循环断言、输出断言。

参见:不变式 invariant(2.818)和正确性证明 proof of correctness(2.1270)。

2.88

评估的能力　assessed capability

按相关文件的规定,所完成的一次或多次最近的、相关的过程评估的输出。

2.89

评估约束　assessment constraints

评估小组选择的自由度方面的限制,它与评估执行和评估输出的使用相关。

2.90

评估指标　assessment indicator

实践或工作产品的客观属性或特性,它用以支持鉴定某已实施过程的性能或能力。

2.91

评估输入　assessment input

为能启动过程评估所需的信息汇集。

2.92

评估工具　assessment instrument

在评估中所用的一个或一组工具,它用以帮助评估师评价过程性能或能力、处理评估数据和记录评估结果。

2.93

评估输出　assessment output

评估所产生的所有实质性的结果(见:评估记录 assessment record(2.96))。

2.94

评估参与者　assessment participant

在评估范围内具有职责的个人。

注:包括但并不仅限于如发起人、评估师、组织单位成员等。

2.95

评估目的　assessment purpose

用作评估输入的一部分并定义执行评估理由的一种陈述。

2.96

评估记录　assessment record

对那些与评估有关的信息进行的有序的、文件化的汇集,它有助于理解和验证评估所产生的过程轮廓。

2.97

评估范围　assessment scope

对评估界限的规定，作为评估输入的一部分，包括被评估组织对该次评估的限制、应包含的过程及运行过程的环境(见：过程环境 process context(2.1194))。

2.98

评估发起者　assessment sponsor

被评估组织内部或外部的、要求进行评估并对执行评估提供资金或其他资源的个人。

2.99

赋值语句　assignment statement

一种计算机程序语句，它用于表达一系列操作，或用于把操作数赋给指定变量、或符号、或变量和符号两者。例如，Y ＝ X ＋ 5。

参见：清除 clear(2.213)、初始化 initialize(2.756)和复位 reset(2.1372)。

相对：控制语句 control statement(2.343)和声明 declaration(2.416)。

2.100

关联　association

规定其实例间连接的多个类目之间的语义联系。

2.101

关联类　association class

一种兼有关联与类双重性质的模型元素。可以将关联类视为具有类性质的关联，或视为具有关联性质的类。

2.102

关联端　association end

对某一关联，将其连接到类目上的那个端点。

2.103

原子类型　atomic type

一种数据类型，它的每一个成员由单个不可分解的数据项构成。

相对：复合类型 composite type(2.268)。

2.104

属性　attribute

一个项的特征。例如，项的颜色、尺寸、类型。

参见：质量属性 quality attribute(2.1295)。

2.105

审核　audit

审计

a) 为评估工作产品或工作产品集是否符合软件需求、规格说明、基线、标准、过程、指令、代码以及合同和特殊要求而进行的一种独立的检查；

参见：功能配置审核 functional configuration audit(2.662)、物理配置审核 physical configuration audit(2.1139)和代码审核 code audit(2.219)。

b) 通过调查研究确定已制定的过程、指令、规格说明、代码和标准或其他的合同及特殊要求是否恰当和被遵守，以及其实现是否有效而进行的活动。

2.106

写作语言　authoring language

用于开发计算机辅助指令的课件的高级编程语言。

参见：写作系统 authoring system(2.107)。

2.107

写作系统 authoring system

与写作语言形成一体化的编程系统。

2.108

自动设计工具 automated design tool

帮助进行软件设计的综合、分析、模拟或文档编制的软件工具。自动设计工具的例子如：仿真器、分析工具、设计表示处理器和文件生成器。

2.109

自动测试用例生成器 automated test case generator

参见：自动测试生成器 automated test generator(2.111)。

2.110

自动测试数据生成器 automated test data generator

参见：自动测试生成器条 automated test generator(2.111)。

2.111

自动测试生成器 automated test generator

一种软件工具，它以计算机程序和准则作为输入，产生满足这些准则要求的测试输入数据，有时还确定预期的结果。

2.112

自动验证系统 automated verification system

a) 一种软件工具，它以计算机程序及其规格说明的表示作为输入〈可能借助人的帮助〉，产生该程序的正确与否的证明；

参见：自动验证工具 automated verification tools(2.113)。

b) 验证过程的自动部分或全部的任何软件工具。

2.113

自动验证工具 automated verification tools

a) 用于评估软件开发过程中的产品的一类软件工具。这些工具有助于验证正确性、完全性、一致性、可跟踪性、可测试性，以及检查是否遵守了标准。软件验证工具包括设计分析器、自动验证系统；

b) 静态分析器、动态分析器和标准实施器。

2.114

辅助类 auxiliary class

以实现二级逻辑式或控制流为典型方式，来支持另一更靠中央或更基础的类的一种衍型类。辅助类与焦点类一起使用具有代表性，且在设计期间，对规定各构件的二级业务逻辑或控制流特别有用。

参见：焦点类 focus class(2.639)。

2.115

可用性 availability

a) 软件(系统或部件)在投入使用时可操作和可访问的程度或能实现其指定的系统功能的概率；

参见：容错 error tolerance(2.570)、故障容忍 fault tolerance(2.617)和健壮性 robustness(2.1397)。

b) 系统正常工作时间和总的运行时间之比；

c) 在运行时，某一配置项实现指定功能的能力。

2.116

可用性模型　availability model

用于预测、估计、判定可用性的模型。

2.117

比对测试　back-to-back testing

程序的两个或多个变体用同样的输入执行，比较输出，在发生差别情况下分析错误。

参见：变异测试 mutation testing(2.1001)。

2.118

后台　background

在作业调度中，一种计算环境，低优先级的或不要求用户交互的进程在此环境中执行。

参见：后台处理 background processing(2.119)。

相对：前台 foreground(2.641)。

2.119

后台处理　background processing

当高优先级的进程不用计算机资源时，低优先级进程的执行或不要求用户交互的进程的执行。

相对：前台处理 foreground processing(2.642)。

2.120

备份　backup

后备

a) 在故障或外部引起的灾害事件中可用于替换或帮助恢复原始的项的系统、部件、文件、过程或人；

b) 像在上述 a)中为建立或指定系统、部件、文件、过程或人；

c) 发生系统失效或灾害时，为恢复数据文件或软件、重新起动处理、使用备份计算机设备而做的准备。

2.121

后备程序员　backup programmer

主程序员组的助理人员、响应包括分派由组正在开发的软件的有效部分，帮助主程序员评审其他组成员的工作，当需要时代替主程序员且对正在开发的软件有全局技术了解。

参见：主程序员 chief programmer(2.205)。

2.122

后向执行　backward execution

见：可逆的执行 reversible execution(2.1391)。

2.123

后向恢复　backward recovery

反向恢复

a) 文件再建至一给定的状态。这是由恢复自那个状态以来文件的所有变更来实现的；

b) 一种类型的恢复，在此情况下，系统、程序、数据库或其他系统资源恢复到能执行所要求的功能的以前的状态。

相对：前向恢复 forward recovery(2.650)。

2.124

基地址　base address

作为一个基准点的地址，它用于与一个相对地址相加，以确定要访问的存储单元的地址。

参见：索引地址 indexed address(2.740)、相对地址 relative address(2.1331)和自相关地址

self-relative address(2.1429)。

2.125

基线　baseline

a)　业已经过正式审核与同意，可用作下一步开发的基础，并且只有通过正式的修改管理过程方能加以修改的规格说明或产品；

b)　在配置项目生存周期的某一特定时间内，正式指定或固定下来的配置标识文件和一组这样的文件。基线加上根据这些基线批准同意的改动构成了当前配置标识；

参见：分配的基线 allocated baseline(2.57)、开发配置 developmental configuration(2.470)、功能基线 functional baseline(2.659)和产品基线 product baseline(2.1213)。

c)　任何协议或在一给定时间赋予或固定的结果，如要变更，要求证明和批准。

对于配置管理，有以下三种基线：

功能基线——最初通过的功能配置；

分配基线——最初通过的分配的配置；

产品基线——最初通过的或有条件地通过的产品配置。

2.126

基线配置管理　baseline configuration management

正式评审和同意并作为其后开发工作依据的基线的建立。一些软件工作产品，如软件设计和代码，在预定点上具有建立的基线，并且对其实施严格的更改控制过程。

参见：基线管理 base management(2.127)。

2.127

基线管理　baseline management

在配置管理中，技术的和管理的应用指导指定的文档和他们的变更，这些文档是在配置项的生存期期间的某一特定时间正式标识和建立基线的。

2.128

批处理的　batch

用于说明一种系统或一种操作方式，在其中，输入被集合起来并一次一起处理，而不是每个输入在到达时就处理。且一个作业，一旦启动，一直到完成没有附加的输入或用户交互。

相对：会话的 conversational(2.348)、交互的 interactive(2.792)、联机的 on-line(2.1045)和实时的 real time(2.1313)。

2.129

浴盆曲线　bathtub curve

在系统或部件中失效数作为时间函数的图形。由图形的通常形状得名：失效的减量周期(早期失效周期)，跟着是相对稳定周期(定失效率周期)跟着是失效增量周期(磨损失效周期)。

2.130

开始-结束块　begin-end block

由 begin 和 end 分隔符括起来的设计或程序语句序列。其特征是具有单一的入口和单一的出口。

2.131

行为　behavior

对某一操作或事件的可观察效果(包括该操作或事件的结果)。

2.132

行为特征　behavioral feature

模型元素的一种动态特征，例如一个操作或方法。

2.133

行为模型方面　behavioral model aspect

着重系统中各实例的行为(包括方法、协作和状态)一种模型面貌。

2.134

基准　benchmark

a)　针对能做的测量或比较的一种标准；

b)　能用于比较系统、部件或上述 a)中的标准的过程、问题或测试；

c)　一种恢复文件。

2.135

投标方　bidder

已提交建议,并作为签订一个或多个产品设计、开发和(或)制造合同候选者的个人、合伙组织、公司或协会。

2.136

总揽测试　big-bang testing

一类集成测试,它把软件元素、硬件元素或两者组合在一起,作为整个系统进行测试而不是分阶段测试。

2.137

二元关联　binary association

两个类的之间的一种关联。N 元关联的一个特例。

2.138

二进制数字[位]　binary digit[bit]

a)　能用 0 或 1 表示的信息单元；

b)　能保持 a 中信息单元的计算机存储的元素；

c)　用于表示二进制数字系统,0 或 1 两个数字之一的数字。

参见：字节 byte(2.170)和字 word(2.1850)。

2.139

[捆]绑　bind

把一个值赋给标识符。例如,赋值给一参数或在计算机程序中,赋绝对地址给符号地址。

参见：动态绑定 dynamic binding(2.515)和静态绑定 static binding(2.1579)。

2.140

绑定　binding

把一个值或指定的对象〈referent〉赋给某一标识符。例如,把一个值赋给一个参数或把绝对地址、虚拟地址或设备标识符分配给计算机程序中的符号地址或标号。

参见:动态绑定 dynamic binding(2.515)和静态绑定 static binding(2.1579)。

2.141

黑盒　black box

a)　一个系统或部件,它的输入、输出和通用功能是已知的,但它的内容或实现是未知的或无关的；

相对：白盒 glass box(2.677)。

b)　属于一种方法,它把系统或部件按 a)那样对待。

参见：封装 (2.542encapsulation)。

2.142

黑盒测试　black-box testing

见：功能测试 functional testing(2.669)a)。

2.143

块（名） block

阻塞（动）

a) 由某些技术或逻辑原因形成的被当作一个实体看待的一串记录、一串字或一字符串；

b) 作为一个单元对待的一组连]续的存储单元、计算机程序语句、记录、字、字符或位；

参见：块结构语言 block-structured language(2.146)和定界符 delimiter(2.429)。

c) 被当作一个单元而加以传送的一组二进制位数或 N 进制位数。通常对这组二进制位数或 N 进制位数采用某种编码步骤以达到出错控制的目的；

d) 作为一个单元来处理的事物，如字、字符或数字的集合；

e) 参见：程序块 program block(2.1227)；

f) 系统中的某些操作因某种原因，暂时不能继续执行。

2.144

块分配 block allocation

见：调页 paging(2.1101)。

2.145

框图 block diagram

表示某一系统、计算机或设备的图(见图 1)，图中主要部分由加有适当注释的几何图形来表示，用以说明这些主要部分的基本功能及其功能关系。

参见：盒图 box diagram(2.156)、泡图 bubble chart(2.161)、图 graph(2.684)、输入处理输出图 input-process output chart(2.763)和结构图 structure chart(2.1605)。

对照：流程图 flowchart(2.637)。

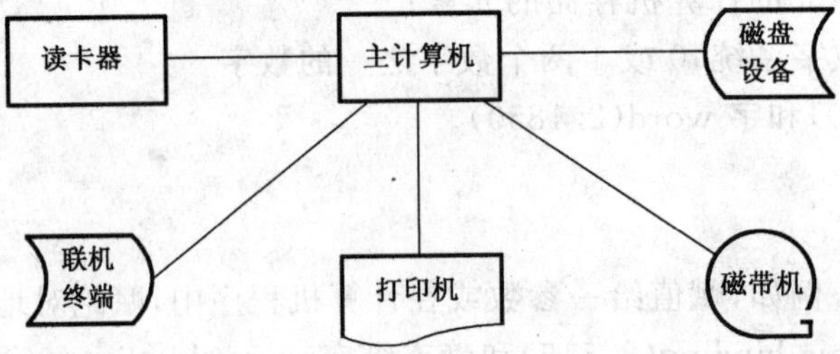

图 1 框图

2.146

块结构语言 block-structured language

一种设计或程序设计语言，在这种语言中，定义语句序列、调用块，它们通常是由 begin 和 end 界限符界定。在一块中定义的变量和标号，在此块外是不识别的。例子包括 Ada、ALGOL、PL/1。

参见：结构化编程语言 structured programming language(2.1610)和程序块 program block (2.1227)。

2.147

分块因子 blocking factor

块中的记录、字、字符或位的个数。

2.148

布尔量 Boolean

一种枚举类型，其值只有“真”或“假”两种。

2.149

布尔表达式　Boolean expression

一种求出布尔值的表达式。

2.150

引导　boot

通过清除存储器和重新加载操作系统来初始化计算机系统。从 bootstrap 导出。

2.151

引导程序　bootstrap

a) 常驻或很容易装入计算机的一种短的计算机程序，它的执行能把另一个较大的程序，如操作系统或其装入程序引入内存；

b) 一组指令，它能使其他的指令被装入直到计算机程序全部都装入内存中为止；

c) 借助自身的动作而使其达到所希望的状态的一种技术或设备。例如，一段机器子程序，其前几条指令足以使其余部分指令从输入设备输入到计算机中；

d) 用于建立计算机程序另一版本的部分计算机程序；

e) 使用一引导程序；

f) 能起 a)中规定的作用的程序。

2.152

引导[程序]装入程序　bootstrap loader

使用预置计算机操作以装入引导程序(bootstrap)的一种短的计算机程序。

2.153

自底向上　bottom-up

用于说明一种方法，这种方法从层次结构的最低层软件组成部分开始，逐级向上直至最高层组成成分为止，例如，自底向上设计、自底向上程序设计、自底向上测试等。

参见：关键部分优先 critical piece first(2.368)。

相对：自顶向下 top-down(2.1746)。

2.154

自底向上设计　bottom-up design

从最基本的或原始的部分着手，逐级进入到较高层部分的系统设计方法。

相对：自顶向下设计 top-down design(2.1747)。

2.155

边界值　boundary value

相应于为系统或部件规定的最小或最大的输入、内部、输出的数据值。

2.156

盒图　box diagram

一种控制流程图(见图 2)，它由矩形构成，又可分解以表示顺序步，if-then-else 条件，重复和 case 条件。

参见：框图 block diagram(2.145)、泡图 bubble chart(2.161)、流程图 flowchart(2.637)、图 graph(2.684)、输入-处理-输出图 input-process-output(2.763)和结构图 structure chart(2.1605)。

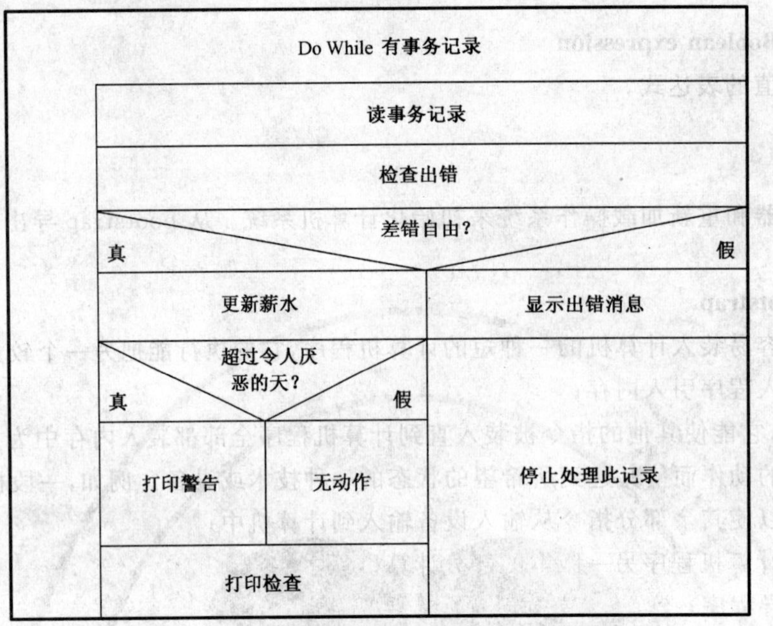

图 2　盒图(box diagram)

2.157

分支　branch

a)　一种计算机程序结构，在此结构中，可选择两个或多个程序语句的可替换的集之一执行。

参见：分情况 case(2.186)、跳转 jump(2.830)、"转至 go to(2.683)"语句和"若-则-否则"语句 if-then-else(2.718)；

b)　计算机程序中选择两个或多个程序语句的可替换的集之一的执行点。同义词：分支点 branchpoint (2.159)；

c)　在 a)中程序语句的任一可替换集；

d)　执行在 a)中的选择。

2.158

分支测试　branch testing

一种测试，设计用于执行计算机程序中每一个判定点的每个出口。

相对：路径测试 path testing(2.1122)和语句测试 statement testing(2.1575)。

2.159

分支点　branchpoint

见：分支 branch(2.157)b)。

2.160

断点　breakpoint

计算机程序中能暂停执行，允许人工或自动监控程序性能或结果的点。类型包括代码断点(code breakpoint)、数据断点(data breakpoint)、动态断点(dynamic breakpoint)、跋断点(epilog breakpoint)、可编程断点(programmable breakpoint)、序断点(prolog breakpoint)和静态断点(static breakpoint)。

注：当程序中的一点和在此点引起执行暂停的事件都设置时，认为设置了一断点，当程序执行暂停时，认为断点启动。

2.161

泡图　bubble chart

一种数据流程、数据结构或其他图(见图 3)，其中，实体用圆圈(circle)表示，关系用圆圈间的连接表示。

参见：框图 block diagram(2.145)、盒图 box diagram(2.156)、流程图 flowchart(2.637)、图 graph(2.684)、输入-处理-输出图 input-process-output chart(2.763)和结构图 structure chart(2.1605)。

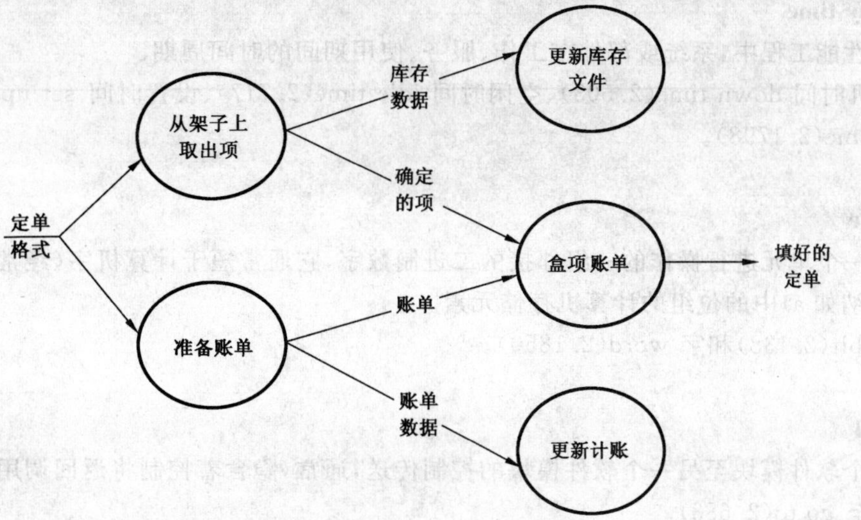

图 3 泡图

2.162

缓冲器 buffer

缓冲区

a) 用于临时存储数据的设备或存储区域以补偿数据流的速率、事件发生的时间或能由设备或进程处理的数据总数(包括在传送或使用中的数据)的差别；

b) 实现 a)中目标的例程；

c) 分配、调度或使用像在 a)中的设备或存储区域。

参见：先行缓冲 anticipatory buffering(2.65)、动态缓冲 dynamic buffering(2.517)和简单缓冲 simple buffering(2.1451)。

2.163

隐错 bug

见：出错 error(2.561)和故障 fault(2.609)。

2.164

隐错播种 bug seeding

参见：差错播种 error seeding(2.569)和故障播种 fault seeding(2.615)。

2.165

构建版 build

软件产品(系统或部件)的一个工作版本，其中包含最终产品将提供的能力的一个规定的子集。

2.166

构建版块 building block

较高一级程序或模块使用的一个单元或模块。

2.167

老化周期 burn-in period

见：早期失效周期 early-failure period(2.526)。

2.168

忙 busy

用于说明系统或部件在操作、在服务和在使用。

参见：关机 down(2.502)、空闲 idle(2.716)和开机 up(2.1797)。

2.169

忙时 busy time

在计算机性能工程中，系统或部件在工作、服务、使用期间的时间周期。

参见：关机时间 down time(2.503)、空闲时间 idle time(2.717)、设置时间 set-up time(2.1444)和开机时间 up time(2.1798)。

2.170

字节 byte

a) 作为一个单元进行操作的一组邻接的二进制数字，它通常短于计算机字(经常暗指一八位组)；

b) 能容纳如 a)中的位组的计算机存储元素。

参见：位 bit(2.138)和字 word(2.1850)。

2.171

调用 call

a) 从一个软件模块至另一个软件模块的控制传送，通常，隐含着控制将返回调用的模块。

相对：转至 go to(2.683)。

b) 一条计算机指令，它从一软件模块把控制传送至另一软件模块，如 a)中那样，且经常规定传送或返回的参数。

c) 像在 a)中那样，从一个软件模块把控制传送至另一个软件模块，并且，常常传送参数至其他模块。

参见：按名调用 call by name(2.17)、引址调用 call by reference(1.175)、按值调用 call by value(2.176)和调用顺序 calling sequence(2.181)。

2.172

按址调用 call by address

见：引址调用 call by reference(2.175)。

2.173

按单元调用 call by location

见：引址调用 call by reference(2.175)。

2.174

按名调用 call by name

传送参数的一种方法，在此方法中，调用模块向被调用模块提供表示要传送的参数的符号表达式，服务例程计算此表达式并向被调用的模块提供结果值。

注：因为每次表达式计算的是被调用模块中所用的形式参数，参数的值在被调用模块执行期间是可以变更的。

相对：引址调用 call by reference(2.175)和按值调用 call by value(2.176)。

2.175

引址调用 call by reference

传送参数的一种方法，在此方法中，调用模块向被调用模块提供要传送的参数的地址。

注：在这种方法中，被调用模块有能力变更由调用模块存储的参数的值。

相对：按名调用 call by name(2.174)和按值调用 call by value(2.176)。

2.176

按值调用 call by value

传送参数的一种方法，在此方法中，调用模块向被调用模块提供要传送的参数的实际值。

注：在此方法中，被调用模块不能变更由调用模块存储的参数的值。

相对：按名调用 call by name(2.174)和引址调用 call by reference(2.175)。

2.177

调用图　call graph

标识在系统或计算机程序中的模块并表示它们的调用关系的图(见图4)。

注：结果不需要与在结构图中表示的相同。

参见：控制流图 control flow diagram(2.339)、数据流图 data flow diagram(2.397)、数据结构图 data structure diagram(2.406)和状态图 state diagram(2.1570)。

相对：结构图 structure chart(2.1605)。

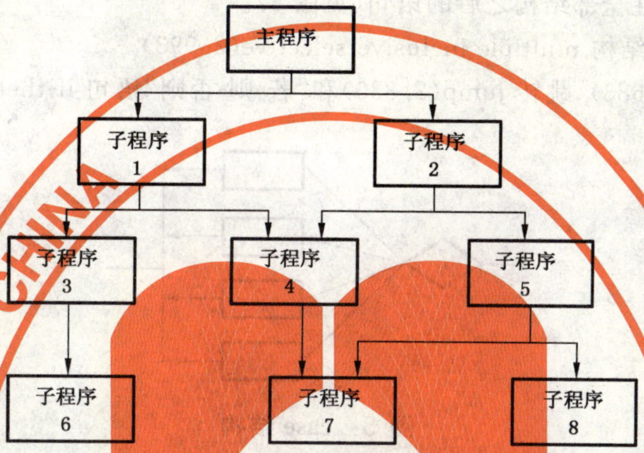

图4　调用图

2.178

调用表　call list

在调用软件模块中所用的自变量的有序列表。

2.179

调用踪迹　call trace

见：子例程踪迹 subroutine trace(2.1620)。

2.180

调用树　call tree

见：调用图 call graph(2.177)。

2.181

调用顺序　calling sequence

计算机指令的顺序，并且可能包括执行对另一模块调用必需的数据。

2.182

能力维　capability dimension

一组过程属性，它包括过程参考模型的能力方面和过程能力。

注：将属性条理化成能力等级，包括一个有序的过程能力度量。

2.183

能力成熟度模型　capability maturity model;CMM

对软件组织在其不断改进的过程中，定义、实施、测量、控制和改进其软件过程所历经的进化阶段的描述。该模型便于软件组织确定其当前软件过程的能力和标识对改进软件质量和过程最关键的问题，从而指导软件组织选择过程改进策略。

2.184

势　cardinality

集合中元素的个数。

相对：多重性势域 multiplicity(2.995)。

2.185

计算机辅助软件工程 CASE

Computer-Aided Software Engineering 的缩略语。

2.186

[分]情况语句 case

单一入口、单一出口，其间有多路分支，对控制表达式的每个值，规定要执行的处理。并在所有情况下，返回控制至立即跟随在全部结构之后的语句(见图 5)。

参见：多路包含选择结构 multiple inclusive selective(2.993)。

相对：转至 go to(2.683)、跳转 jump(2.830)和"若-则-否则"语句 if-then-else(2.718)。

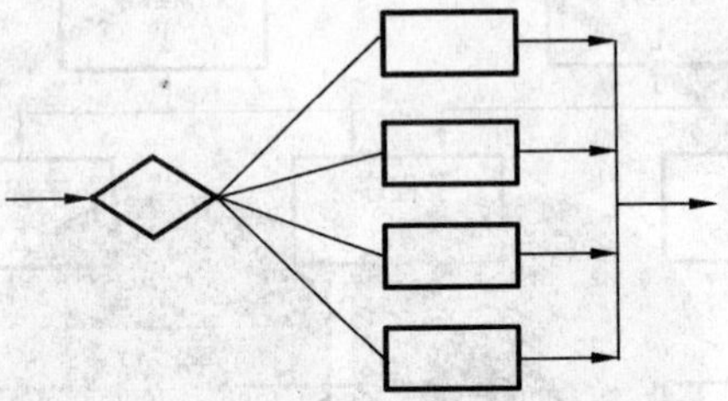

图 5 case 结构

2.187

灾难性失效 catastrophic failure

关键软件的失效。

2.188

原因分析 causal analysis

为确定缺陷的根源所作的缺陷分析。

2.189

原因分析会议 causal analysis meeting

在完成特定任务后，为分析任务完成期间所暴露的缺陷而举行的会议。

2.190

配置控制委员会 CCB

变更控制委员会

CCB 是 Configuration Control Board 的缩略语或 Change Control Board 的缩略语。

2.191

关键设计评审 CDR

Critical Design Review 的缩略语。

2.192

认证 certification

a) 一个系统、部件或计算机程序符合其规定的需求，对操作使用是可接受的一种书面保证。例如，一计算机系统是安全的允许在定义的环境中操作的书面的认可；

b) 为使系统获准投入运行性使用，对系统遵循规定的需求是可接受的所做的正式演示；

c) 验证系统或部件遵循规定的需求，且其操作使用是可接受的过程。

2.193

链表 chained list

一种表，在这种表中各个项目可以是分散的，但每项都含有指出下一项位置的指针或标识符。

2.194

变更控制　change control

提议作一项变更并对其进行估计、同意或拒绝、调度和跟踪的过程。

见：配置控制 configuration control(2.307)。

2.195

变更控制委员会　change control board

见：配置控制委员会 configuration control board(2.308)。

2.196

变更转储　change dump

其内容自规定时间或事件以来已经变更的那些存储单元有选择性转储。

参见：动态转储 dynamic dump(2.519)、内存转储 memory dump(2.928)、事后转储 postmortem dump(2.1153)、有选择转储 selective dump(2.1425)、快照转储 snapshot dump(2.1466)和静态转储 static dump(2.1582)。

2.197

过渡系统　change-over system

一种临时的信息处理系统，它用于为由某一运转系统到其后继系统的转换提供便利。

2.198

通道容量　channel capacity

在给定的通道上单位时间能传送信息的最大数量、通常用每秒多少位或波特率来测量。

参见：内存容量 memory capacity(2.926)和存储容量 storage capacity(2.1593)。

2.199

箱图　chapin chart

见：盒图 box diagram(2.156)。

2.200

字符　character

用于表示信息的字母、数字或其他符号。

2.201

字符类型　character type

一种数据类型，它的成员能承担规定字符的值并能由字符操作符操作，例如，连接(concatenation)。

相对：枚举型 enumeration type(2.558)、整型 integer type(2.784)、逻辑型 logical type(2.878)和实型 real type(2.1314)。

2.202

特性　characteristic

见：数据特性 data characteristic(2.392)和软件特性 software characteristic(2.1475)。

2.203

检查　checkout

检出

在操作的或支持的环境中的测试举动，以保证软件产品在安装后按要求执行。

2.204

检查点　checkpoint

计算机程序中的一个点，在此点，检验或记录程序的状态(state)、状况(status)或结果。

2.205

主程序员 chief programmer

主程序员组的领导者、一高级程序员,它的职责包括产生赋予组的软件的关键部分,协调组的活动,评审其他组成员的的工作且对正在开发的软件有全面的技术了解。

参见:后备程序员 backup programmer(2.121)和主程序员组 chief programmer team(2.206)。

2.206

主程序员组 chief programmer team

一软件开发组,它由一主程序员、一后备程序员、一秘书/图书管理员和附加的程序员,若需要,还有专家组成,它使用设计的规程以增强组通信并优化每个成员的技巧。

参见:后备程序员 backup programmer(2.121)、主程序员 chief programmer(2.205)和无我程序设计 egoless programming(2.536)。

2.207

子 child

在某一泛化联系中,对另一元素,即父的泛化。

参见:子类 subclass(2.1613)和子类型 (2.1623subtype)。

相对:父 parent(2.1107)。

2.208

配置项 CI

configuration item 的缩略语。

2.209

类[别] class

对共享相同属性、操作方法、联系和语义的各对象的集合的一种描述。类可使用一组接口来规定为其环境提供操作的汇集。

参见:接口 interface(2.796)。

2.210

类目 classifier

描述结构和行为特征的一种机制。类目是类、接口数据类型和构件等建模元素的总称。

2.211

分类 classification

将对象指派给某一目的机制。

参见:动态分类 dynamic classification(2.518)、多重分类 multiple classification(2.991)和静态分类 static classification(2.1581)。

2.212

类图 class diagram

一种图,它显示了由一组声明性(静态)模型元素(如类、类型等)以及它们的内容和彼此之间的关系所形成的集合。

2.213

清除 clear

将一变量、寄存器或其他存储单元设置为零、空白或其他空(null)值。

参见:初始化 initialize(2.756)和复位 reset(2.1372)。

2.214

客户 client

向另一方请求服务的一方。

相对：供方 supplier(2.1629)。

2.215

闭循环　closed loop

一种没有出口的循环，它的执行只能由循环所在的计算机程序或过程的外部的介入中断。

相对："直至"语句 UNTIL(2.1795)、"当"语句 WHILE(2.1847)。

2.216

闭式子例程　closed subroutine

存储在给定单元而不是在每次调用时拷贝至计算机程序中的子例程。

相对：开式子例程 open subroutine(2.1052)。

2.217

配置管理　CM

configuration management 的缩略语。

2.218

[代]码　code

编码(动)

a）在软件工程中，用编程语言或由汇编程序、编译程序或其他转换程序的正式输出表示的计算机指令和数据定义；

参见：源代码 source code(2.1541)、目标代码 object code(2.1031)、机器代码 machine code (2.887)和微代码 microcode(2.945)。

b）用编程语言表示计算机程序；

c）赋予具体含义的字符或位模式。例如，状态码。

2.219

代码审核　code audit

由某人、某小组、或借助某种工具对源代码进行的独立的审查，其目的是验证其是否符合软件设计文件和程序设计标准。还可能对正确性和有效性进行估计。

参见：审核 audit(2.105)、静态分析 static analysis(2.1577)、审查 inspection(2.764)和走查 walk-through(2.1843)。

2.220

代码断点　code breakpoint

给定的计算机指令执行时启动的断点。

参见：动态断点 dynamic breakpoint(2.516)、跋断点 epilog breakpoint(2.559)、可编程断点 programmable breakpoint(2.1249)、序断点 prolog breakpoint(2.1268)和静态断点 static breakpoint (2.1580)。

相对：数据断点 data breakpoint(2.391)。

2.221

代码生成[器]程序　code generator

a）一个例程，常常属于编译程序的一部分，它把计算机程序从某种中间级表示(通常为语法分析程序的输出)变换成较为低级的表示，如程序执行的机器代码；

b）一种软件工具，它接受计算机程序的需求或设计作为输入并产生实现需求或设计的源代码。

参见：应用程序生成(器)程序 application generator(2.68)。

2.222

代码审查　code inspection

参见：审查 inspection(2.764)。

2.223

职业道德条文标准　code of ethics standard

一种标准，它描述处理在职业中或职业间能接受的行为标准的一组道德原则的特征。

2.224

代码评审　code review

把软件代码呈现给项目人员、管理人员、用户、客户或其他感兴趣的人员用于评论或批准的会议。

相对：设计评审 design review(2.452)、形式合格评审 formal qualification review(2.646)、需求评审 requirements review(2.1366)和测试就绪评审 test readiness review(2.1717)。

2.225

代码踪迹　code trace

见：执行踪迹 execution trace(2.582)。

2.226

代码走查　code walk-through

参见：走查 walk-through(2.1843)。

2.227

编码　coding

a)　在软件工程中，用编程语言表示计算机程序的过程。

b)　逻辑和数据从设计规格说明(设计描述)转换为编程语言。

参见：软件开发过程 software development process(2.1491)。

2.228

内聚度　cohesion

内聚性

单个程序模块所执行的诸任务在功能上的互相关联的程度。其种类包括一致的(coincidental)、通信的(communicational)、功能的(functional)、逻辑的(logical)、过程的(procedural)、顺序的(sequential)和暂时的(temporal)。

相对：耦合度 coupling(2.358)。

2.229

一致内聚度　coincidental cohesion

内聚度的一种类型，在其中，由软件模块执行的任务与其他的无关。

相对：通信内聚度 communicational cohesion(2.246)、功能内聚度 functional cohesion(2.661)、逻辑内聚度 logical cohesion(2.874)、过程内聚度 procedural cohesion(2.1179)和顺序内聚度 sequential cohesion(2.1439)。

2.230

协作　collaboration

对某一操作或类目(例如一个用况)，如何通过以特定方式扮演特定角色的一组类目与关联来实施的规格说明。协作定义了一个交互。

参见：交互 interaction(2.790)。

2.231

协作图　collaboration diagram

一种图，它表示围绕某一模型的结构用类目与关联或者实例与链接所组织的交互。与时序图不同的是，协作图展现各实例间的联系。时序图与协作图所表达的信息相似，但展现的方式不同。

参见：时序图 sequence diagram(2.1437)。

2.232

命令　command

能输入至计算机系统以启动一动作或影响计算机程序的执行的一个表达式。例如,命令"log on"启动一计算机会话。

2.233

命令驱动的　command-driven

用于说明一系统或操作方式,在其中,用户通过命令指挥系统。

相对:选单驱动的 menu-driven(2.931)。

2.234

命令语言　command language

一组过程性的操作符及与之有关的语法(一种语言),用来表示计算机系统的命令(指明交给操作系统执行的功能)。

参见:命令驱动 command-driven(2.233)。

2.235

注释　comment

a)　嵌入至计算机程序、命令语言、作业控制语句或数据之间的说明信息,其目的在给读者提供澄清性材料,并不影响机器的解释工作;

b)　加到或散置在源语言语句当中的描述、附注或解释,在目标语言中这些是无效的。

2.236

承诺　commitment

一个可视的、并希望各方遵守的协议。

2.237

公共　common

见:公共存储 common storage(2.245)。

2.238

公共区域　common area

见:公共存储 common storage(2.245)。

2.239

公共块　common block

见:公共存储 common storage(2.245)。

2.240

(缺陷的)共同原因　common cause (of a defect)

过程或系统固有的缺陷的原因。它影响过程的每个输出和工作在此过程中的每个人。

参见:特殊原因 special case (of a defect)(2.1545)。

2.241

公共耦合　common coupling

见:公共环境耦合 common-environment coupling(2.243)。

2.242

公共数据　common data

见:全局数据 global data(2.680)。

2.243

公共环境耦合　common-environment coupling

耦合度的一种类型,在其中,两个软件模块访问公共数据区域。

相对：内容耦合 content couping(2.327)、控制耦合 control coupling(2.336)、数据耦合 data couping(2.393)、混合耦合 hybrid coupling(2.714)和相依耦合 pathological coupling(2.1123)。

2.244

共同特征　common features

能力成熟度模型关键过程域的细分的类别。共同特征是指示一个关键过程域的实施和制度化是否是有效、可重复和持久的属性。能力成熟度模型的共同特征如下：

a) 执行承诺:组织为保证过程得以建立和持续下去而必须采取的行动。执行承诺一般涉及组织方针的制定和高层管理者的支持；

b) 执行能力:为了切实有效地实施软件过程,项目组或组织必须具备的先决条件。执行能力一般涉及资源、组织结构和培训；

c) 执行活动:对为实施关键过程域所必需的角色和规程的描述。执行活动一般涉及制定计划和规程,进行工作,跟踪它并在必要时采取纠正措施；

d) 测量分析:对过程进行测量和对测量结果进行分析所作的必要描述。测量和分析一般包括可能采取的旨在确定执行活动的状态和有效性的测量例子；

e) 验证实施:确保活动按照已建立的过程进行的措施。验证一般包括管理者和软件质量保证组所做的评审和审核。

2.245

公共存储　common storage

能由软件系统中两个或更多个模块访问的主存储器的一部分。

参见：全局数据 global data(2.680)。

2.246

通信内聚度　communicational cohesion

内聚度的一种类型,在其中,由软件模块执行的任务使用相同的输入数据或产生相同的输出数据。

相对：一致内聚度 coincidental cohesion(2.229)、功能内聚度 functional cohesion(2.661)、逻辑内聚度 logical cohesion(2.874)、过程内聚度 procedural cohesion(2.1179)和顺序内聚度 sequential cohesion(2.1439)。

2.247

紧缩　compaction

在微程序编程中,转换一微程序为功能等效但比原始的更快或更短的微程序的过程。

参见：局部紧缩 local compaction(2.869)和全局紧缩 global compaction(2.679)。

2.248

比较器　comparator

用来比较两个计算机程序、文件或数据集合的一种软件工具,目的是找出其共同点或不同的地方。比较的典型对象是源代码、目标代码、数据库文件的相似版本或测试结果。

2.249

兼容性　compatibility

a) 两个或两个以上系统或部件,当共享相同的硬件或软件环境执行它们所要求的功能可得到同样结果的能力；

b) 两个或两个以上系统或部件交换信息的能力。

参见：互操作性 interoperability(2.807)。

2.250

兼容的评估模型　compatible assessment model

用于执行评估的可操作的模型,其满足已定义的、与参考模型一致的要求(模型的目的、范围、要素和标志、对参考模型的映射及结果解释)。

2.251

称职的评估师　competent assessor

某个具有执行过程评估的技能、能力资格和经验的个人。

2.252

编译　compile

将高级语言程序变换成与之等价的浮动的或绝对的机器代码。

相对：汇编 assemble(2.79)、反编译 decompile(2.418)和解释 interpret(2.808)。

2.253

编译并执行　compile-and-go

一种操作技术，用此技术在计算机程序的编译、连接、装入和执行之间没有停顿。

2.254

编译程序　compiler

用于进行编译的一种计算机程序。

参见：交叉编译程序 cross-compiler(2.373)、增量编译程序 incremental compiler(2.737)和根编译程序 root compiler(2.1401)。

相对：汇编程序 assembler(2.82)和解释程序 interpreter(2.809)。

2.255

编译程序代码　compiler code

用编译程序能识别和处理的形式表示的计算机指令和数据定义。

相对：汇编代码 assembly code(2.85)、解释代码 interpretive code(2.810)和机器代码 machine code(2.887)。

2.256

编译程序的编译程序　compiler compiler

见：编译程序生成器 compiler generator(2.257)。

2.257

编译程序生成器　compiler generator

用来构造编译程序的一部分或全部的翻译程序或解释程序。

2.258

编译时间　compile time

在某一软件模块的编译期间所出现的某一事物。

参见：建模时间 modeling time(2.970)和运行时间 running time(2.1408)。

2.259

完代码　completion code

用批程序与作业流处理器通信的代码，以影响在输入流中后续步的执行。

2.260

复杂性　complexity

系统或部件设计或实现难于理解和验证的程度，由下述因素确定，如：接口的数量和错综程度，条件转移的数量和错综程度，嵌套的深度，数据结构的类型，以及其他一些系统特性。

相对：简单性 simplicity(2.1452)。

2.261

部件　component

构件

a)　构成系统的部分(系统或程序的基本部分)。部件可以是硬件或软件且可以进一步划分为其他部件；

注：术语“模块(module)”、“部件(component)”和“单元(unit)”常常可以互换使用或在不同的方法中，定义作为另一个的子元素，取决于上下文。这些术语的关系尚未标准化。

b) 成熟的、可重用的部件。

2.262

构件图 component diagram

一种图示各构件之间的组织与依赖关系的图。

2.263

构件标准 component standard

描述数据或程序的构件特征的标准。

2.264

部件测试 component testing

对独立的硬件或软件部件或有关部件组的测试。

参见：集成测试 integration testing(2.788)、接口测试 interface testing(2.800)、系统测试 system testing(2.1669)和单元测试 unit testing(2.1792)。

2.265

组合[类] composite [class]

通过一个组合关系与一个或多个类相关联的类。

参见：组合 composition(2.269)。

2.266

组合聚合 composite aggregation

见：组合 composite(2.265)。

2.267

组合状态 composite state

一种由并发(正交)子状态或顺序(互斥)子状态所组成的状态。

参见：子状态 substate(2.1620)。

2.268

复合类型 composite type

组合类型

一种数据类型，它的每个成员由多个数据项构成。例如，一种称为 PAIRS 的数据类型，它的成员是有序的对。

相对：原子类型 atomic type(2.103)。

2.269

组合 composition

聚合的一种形式，它要求做为实例在一个时刻最多包含在一个组合之中，而且该组合对象负责其组成部分的创建与撤消。组合可以递归。

2.270

计算机 computer

a) 能执行大量计算，包括许多算术运算和逻辑运算，而在运行期间无需操作员干预的一种功能装置；

b) 由一台或多台相联的处理机和外围设备组成的一种可编程序的功能装置，这种装置由内部存储的程序控制，可执行大量的计算(许多算术运算和逻辑运算)而无需人的干预。

2.271

计算机辅助软件工程　computer-aided software engineering

在软件工程中起辅助作用的计算机的使用。可以包括软件工具的应用程序到软件设计、需求踪迹、代码生成、测试、文档生成和其他软件工程活动。

2.272

计算机数据　computer data

计算机设备和计算机设备之间或计算机设备内部通信用的数据。这种数据可以是外部的(计算机可读形式),也可以是驻留在计算机设备内的,可以是模拟信号,也可以是数字信号。

2.273

计算机语言　computer language

设计用于允许人与计算机通信的语言。

参见：设计语言 design language(2.447)、查询语言 query language(2.1303)和编程语言 programming language(2.1252)。

2.274

计算机网络　computer network

由两个或两个以上按一定的协议互连的计算机所组成的复合体。

2.275

计算机性能评价　computer performance evaluation

一种功能训练,它测量计算机系统的性能和研究改进性能的方法。

参见：系统特征(轮廓) system profile(2.1661)、吞吐量 throughput(2.1735)、利用率 utilization(2.1817)和工作量模型 workload model(2.1857)。

2.276

计算机程序　computer program

计算机指令和数据定义的组合,它允许计算机硬件执行计算或控制功能。

参见：软件 software(2.1469)。

2.277

计算机程序摘要　computer program abstract

对计算机程序的简短叙述,它为用户提供足够的信息,使他们能据此确定该计算机程序是否适合其需要及所拥有的资源。

2.278

计算机程序注解　computer program annotation

参见：注释 comment(2.235)。

2.279

计算机程序认证　computer program certification

参见：认证 certification(2.192)。

2.280

计算机程序部件　computer program component

见：计算机软件部件 computer software component(2.289)。

2.281

计算机程序配置标识　computer program configuration identification

参见:配置标识 configuration identification(2.309)。

2.282

计算机程序配置项　computer program configuration item

见：计算机软件配置项 computer software configuration item(2.290)。

2.283

计算机程序开发计划　computer program development plan

参见：软件开发计划 software development plan(2.1490)。

2.284

计算机程序确认　computer program validation

参见：确认 validation(2.1819)。

2.285

计算机程序验证　computer program verification

参见：验证 verification(2.1826)。

2.286

计算机资源分配　computer resource allocation

计算机资源赋予当前和等待的作业、例如，主内存、输入/输出设备和辅助存储器赋予在计算机系统中并发执行的作业。

参见：动态资源分配 dynamic resource allocation(2.522)和存储分配 storage allocation(2.1591)。

2.287

计算机资源　computer resource

为一给定的目的可用的计算机装备、程序、文档、服务、设施、供给和个人。

参见：计算机资源分配 computer resource allocation(2.286)。

2.288

计算机安全　computer security

保护数据和资源防止偶然的或恶意的动作的破坏，这些动作可以是丢失、或非授权的修改、破坏、访问、泄露或采集。

2.289

计算机软件部件　computer software component

计算机软件配置项的功能的或逻辑的显著的部分，典型地是两个或多个软件单元的集合。

2.290

计算机软件配置项　computer software configuration item

为配置管理设计的软件的集合，它在配置管理过程中，作为单个实体对待。

参见：配置项 configuration item(2.311)。

相对：硬件配置项 hardware configuration item(2.691)。

2.291

计算机系统　computer system

由一台或多台计算机和相关软件组成的一种功能装置(系统)。

2.292

计算机字　computer word

见：字 word(2.1850)。

2.293

计算中心　computer center

设计为各种用户通过计算机和硬件操作以及通过其雇员的服务以提供计算机服务的设施。

2.294

概念阶段　concept phase

a)　软件开发生存期中的时段，在此时段中，描述用户需求并通过文档(例如，说明需求、预先的计划报告、项目启动备忘录、可行性研究、系统定义以及相关于项目的文档、管理、过程和策略)进行评价。

b)　软件开发项目的初始阶段，在此时段中，通过文档(例如，说明需求、先进的计划报告、项目启动备忘录、可行性研究、系统定义以及关于项目的文档、管理、过程和策略)对用户需求进行描述和评价。

2.295

概念系统设计　conceptual system design

涉及规定系统组织的逻辑方面、过程和全系统的信息流程的一种系统设计活动。

2.296

具体类　concrete class

能够直接用来创建实例的类。

2.297

并发性　concurrency

在同一时间间隔内多个活动的出现。并发能通过多个线程的交错或同时执行来获得。

参见：线程 thread(2.1732)。

2.298

并发的　concurrent

用于说明两个或多个活动在同一时间间隔内发生，指交错的活动或或同时执行的活动。

相对：同时的 simultaneous(2.1455)。

2.299

并发进程　concurrent processes

可以同时地在多处理机上执行或异步地在单处理机上执行的若干进程。各并发进程可以相互作用，一个进程在接受另一进程的信息之前或一外部事件出现之前可以把执行挂起。

相对：顺序进程 sequential processes(2.1441)。

2.300

并发子状态　concurrent substate

一种能与包含在同一组合状态中的另一子状态同时保有的子状态。

参见：组合状态 composite state(2.267)。

相对：互斥子状态 disjoint substate(2.496)。

2.301

条件码　condition code

见：状态码 status code(2.1585)。

2.302

条件分支　conditional branch

见：条件跳转 conditional jump(2.304)。

2.303

条件控制结构　conditional control structure

一种程序设计控制结构，它允许程序中使用根据指定条件的满足情况而加以选择的控制流。例如，按情况、若……则……否则……。

2.304

条件跳转 conditional jump

只有当规定条件满足时,才发生的转移。

相对:无条件跳转 unconditional jump(2.1785)。

2.305

配置 configuration

a) 计算机系统、部件或网络按照其功能部件的特点、数量、主要特性和交互连接而定义的安排。具体地讲,配置一词可以指硬件配置或软件配置;

b) 在配置管理中,在技术文档中制定的并在产品中体现的硬件、软件的功能和(或)物理特性。参见:配置项 configuration item(2.311),形式、适宜和功能 form,fit and function(2.643)和版本 version(2.1829)。

2.306

配置审核 configuration audit

对所要求的全部配置项均已产生出来,当前的配置与规定的需求相符所作的证明。技术文件说明书完全而准确地描述了各个配置项目,并且曾经提出的所有变更请求均已得到解决的过程。

见:功能配置审核 functional configuration audit(2.662)和物理配置审核 physical configuration audit(2.1139)。

2.307

配置控制 configuration control

配置管理的元素,它由评价、协调、批准或不批准和在配置项的配置标识正式建立以后,配置项变更的实现组成。

参见:配置控制委员会 configuration control board(2.308)、偏离 deviation(2.473)、工程变更 engineering change(2.546)、接口控制 interface control(2.796)、版本通知 notice of revision(2.1028)、规格说明变更通知 specification change notice(2.1549)和放弃 waiver(2.1842)。

相对:配置标识 configuration identification(2.309)和配置状态报告 configuration status accounting(2.315)。

2.308

配置控制委员会 configuration control board

对提出的配置项的变更负责进行评价、批准或不批准,并保证批准的变更的实现的权力机构(一组人)。

参见:配置控制 configuration control(2.307)。

2.309

配置标识 configuration identification

a) 配置管理的元素,它由为系统选择配置项并在技术文档中记录它们的功能和物理特征组成;

相对:配置控制 configuration control(2.307)和配置状态报告 configuration status accounting(2.315)。

b) 对于配置项当前批准的技术文档如在规格说明、描述、相关清单和引用的文档中阐明的那样。参见:分配的配置标识 allocated configuration identification(2.58)、功能的配置标识 functional configuration identification(2.663)、产品配置标识 product configuration identification(2.1215)和基线 baseline(2.125)。

2.310

配置索引 configuration index

在配置管理中所用的文档,它提供做成产品的配置项的报告。

参见：配置项开发记录 configuration item development record(2.312)和配置状态报告 configuration status accounting(2.315)。

2.311

配置项 configuration item

为配置管理设计的硬件、软件或两者的集合，它在配置管理过程中作为一单个实体来对待。

参见：硬件配置项 hardware configuration item(2.691)、计算机软件配置项 computer software configuration item(2.290)、配置标识 configuration identification(2.309)和关键项 critical item(2.366)。

2.312

配置项开发记录 configuration item development record

在配置管理中使用的描述配置项基于配置审核和设计评审的结果的开发状态的文档。

参见：配置索引 configuration index(2.310)和配置状态报告 configuration status accounting(2.315)。

2.313

配置管理 configuration management

应用技术的和管理的指导和监控方法以标识和说明配置项的功能和物理特征，控制这些特征的变更，记录和报告变更处理和实现状态并验证与规定的需求的遵循性。

参见：基线 baseline(2.125)、配置标识 configuration identification(2.309)、配置控制 configuration control(2.307)、配置状态报告 configuration status accounting(2.315)和配置审核 configuration audit(2.306)。

2.314

配置管理库系统 configuration management library system

存取软件基线库内容的工具和规程。

2.315

配置状态记录 configuration status accounting

一种配置管理的元素，它由记录和报告为有效地管理某一配置所需的信息组成。此信息包括列出经批准的配置标识表、建议变更的配置状态和经批准变更的实现状态。

参见：配置索引 configuration index(2.310)和配置项开发记录 configuration item development record(2.312)。

相对：配置控制 configuration control(2.307)和配置标识 configuration identification(2.309)。

2.316

配置单元 configuration unit

可放入配置管理库系统和从库中检索的一个配置项或部件的最低层次的实体。

2.317

禁闭 confinement

a) 在被核准访问期间，防止对数据做未经核准的变更、使用、破坏和抛弃的措施。

参见：完整性 integrity(2.789)；

b) 对程序和进程施加的限制，其目的是使它们不能访问或影响未经核准的数据、程序或进程。

2.318

连接 connection

a) 程序的某一部分对程序另一部分的标识符(即，在另外地方发现的标识)的引用。

参见：接口 interface(2.795)；

b) 为了传递信息而在功能部件之间建立的关系。

2.319

接续的　consecutive

关于两个顺序的事件或项的发生，而没有任何其他事件或项的插入、即，一个立即跟在另一个之后。

2.320

一致性　consistency

在文档或系统或部件的各部分之间，一致、标准化、无矛盾的程度。

参见：可踪迹性 traceability(2.1752)。

2.321

常量　constant

值不能变更的数量或数据项。例如数据项 FIVE，具有不变值 5。

参见：数字形式常数 figurative constant(2.624)和文字的 literal(2.862)。

相对：变量 variable(2.1822)。

2.322

定失效率周期　constant-failure period

在系统或部件生存期中的时间周期，在此周期中，硬件失效几乎按一致的比例发生。

参见：浴盆曲线 bathtub curve(2.129)。

相对：早期失效周期 early-failure period(2.526)和磨损失效周期 wearout-failure period(2.1845)。

2.323

约束　constraint

一种语义条件或限制。在 UML 中，某些约束是预定义的，另一些则是用户定义的。约束是 UML 中三种可扩展性机制之一。

参见：加标值 tagged value(2.1672)和衍型 stereotype(2.1588)。

2.324

构造的能力　constructed capability

由组织单位的元素或不同组织的元素所构成的能力，为满足某些特殊要求的目的而组合。

2.325

容器　container

a) 一种类型包含其他实例而存在，并提供访问或迭代其内容的操作的实例(例如：数组、列表和集合)；

b) 一种为包容其他构件而存在的构件。

2.326

包容层次　containment hierarchy

由模型元素与其间存在的包容联系所组成的一种命名空间层次。包容层次形成一个图。

2.327

内容耦合　content coupling

耦合的一种类型，其中，一个软件模块的部分或全部内容包括在另一模块的内容中。

相对：公共环境耦合 common environment coupling(2.243)、控制耦合 control coupling(2.336)、数据耦合 data coupling(2.393)、混合耦合 hybrid coupling(2.714)和相依耦合 pathological coupling(2.1123)。

2.328

上下文　context

语境

a) 进程在走走停停的运行过程中需要保存(在进程退出运行时)和恢复(在进程进入运行时)的进

程环境；

b） 用于特定目的(例如:规定某一操作)的有关建模元素的集合的一种视图。

2.329

邻接分配 contiguous allocation

一种存储分配技术，存储的程序或数据分配给一等于或大于其尺寸的存储块，所以，逻辑上邻接的程序或数据被赋予物理邻接的存储单元。

相对：调页 paging(2.1101)。

2.330

偶然性因素 contingency factor

对规模、成本或进度计划的一种调整(增加)，以便考虑由于不完全的规格说明以及在应用领域上缺乏估计经验等而可能对这些参数估计过低。

2.331

不断迭代 continuous iteration

没有出口的循环。

2.332

合同 contract

通过法律约束当事双方的一个协议，或是在一个机构内部为了提供服务的一个内部协议，该协议提供的服务适用于一个系统或系统一部分的供应、开发、生产、操作或维护。

2.333

合同条款和条件 contract terms and conditions

合同规定的法律、财务和管理方面的内容。

2.334

合同要求的审核 contractually required audit

合同要求的审核，它一般由需方或由独立的机构主持进行。此过程对产品或服务提供一个独立的评价，以决定产品或服务是否符合它们的需求。

2.335

控制断点 control breakpoint

见：代码断点 code breakpoint(2.220)。

2.336

控制耦合 control coupling

软件模块为了显式目的至另一个模块的通信信息，影响另一个模块的执行的一种耦合类型。

相对：公共环境耦合 common environment coupling(2.243)、内容耦合 content coupling(2.327)、数据耦合 data coupling(2.393)、混合耦合 hybrid coupling(2.714)和相依耦合 pathological coupling(2.1123)。

2.337

控制数据 control data

选择一程序中的操作方式或子方式，给顺序流指向，或者直接影响软件操作的数据。例如，循环控制变量(loop control variable)。

2.338

控制流 control flow

在计算机程序执行期间操作执行的顺序。

相对：数据流 data flow(2.396)。

2.339

控制流图　control flow diagram

描述在系统或程序执行期间，可能执行的所有可能的顺序集的图。

类型包括：盒图 box diagram(2.156)、流程图 flowchart(2.637)、输入-处理-输出图 input-process-output(2.763)和状态图 state diagram(2.1570)。

参见：调用图 call graph(2.177)和结构图 structure chart(2.1605)。

相对：数据流图 data flow diagram(2.397)。

2.340

控制流踪迹　control flow trace

见：执行踪迹 execution trace(2.582)。

2.341

控制语言　control language

见：作业控制语言 job control language(2.826)。

2.342

控制程序　control program

见：监督程序 supervisory program(2.1628 条)。

2.343

控制语句　control statement

可在可替换程序语句集之间选择，或影响操作执行顺序的程序语句。例如，if-then-else、case 语句。

相对：赋值语句 assignment statement(2.99)、声明语句 declaration statament(2.416)。

2.344

控制存储器　control store

在微程序计算机中，微程序驻留的计算机存储器。

参见：微字 microword(2.953)和超微存储 nanostore(2.1011)。

2.345

控制结构　control structure

通过计算机程序决定控制流的构造。

参见：条件控制结构 conditional control structure(2.303)。

2.346

控制变量　control variable

见：循环控制变量 loop control variable(2.883)。

2.347

约定　conventions

一种要求，它用于规定遵守纪律的统一的方法，以在软件产品中提供一致性。即，为了安排数据的统一的模式或格式。

参见：实践 practices(2.1156)和标准 standards(2.1562)。

2.348

会话式[的]　conversational

用于说明操作的一种交互系统或方式，其中，用户与系统之间的交互，类似于人机对话。

参见：交互的 interactive(2.792)、联机的 on-line(2.1045)和实时的 real time(2.1313)。

相对：批命令 batch(2.128)。

2.349

会话式编译程序 conversational compiler

见：增量编译程序 incremental compiler(2.737)。

2.350

转换 conversion

对现有软件进行修改，使之在不同环境工作时能具有等同的功能，例如，把一个程序从 FORTRAN 变换成 Ada。把在一台计算机上运行的程序变换成能在另一台计算机上运行的程序。

2.351

拷贝(动)(名) copy

复制(动)

副本(名)

a) 从源读数据，源数据保持不变，以与源可以不同的物理格式，写相同的数据至别处。例如，从磁盘复制数据至磁带上；

相对：移动 move(2.983)。

b) 如 a)中的复制过程的结果。例如，数据文件的副本。

2.352

核心转储 core dump

见：内存转储 memory dump(2.928)。

2.353

协同例程 coroutines

在上次操作暂停点开始执行的例程且不要求返回控制至调用它的程序或子程序。

相对：子例程 subroutine(2.1619)。

2.354

纠正性维护 corrective maintenance

为改正硬件或软件的故障而进行的维护。

参见：软件维护 software maintenance(2.1507)。

相对：适应性维护 adaptive maintenance(2.43)和完善性维护 perfective maintenance(2.1130)。

2.355

正确性 correctness

a) 系统或部件在它的规格说明、设计和实现中无故障的程度；

b) 软件、文档或其他项满足规定的需求的程度；

c) 软件、文档或其他项满足用户需要和期望的程度(不管是否规定)。

2.356

正确性证明 correctness proof

见：正确性的证明 proof of correctness(2.1270)。

2.357

计数器 counter

用于记录在计算机程序执行期间，给定的事件发生数的变量。例如，记录循环执行的时间数的变量。

2.358

耦合 coupling

在软件模块之间相互依赖的方式和程度。类型包括公共环境耦合(common environment coupling)、内容耦合(content coupling)、控制耦合(control coupling)、数据耦合(data coupling)、混合耦合

(hybrid coupling)和相依耦合(pathological coupling)。

相对：内聚度 cohesion(2.228)。

2.359

课件　courseware

一种计算机软件，它用于课程教学或自学。是计算机辅助教学软件的一个组成部分。

2.360

计算机程序部件　CPC

computer program component 的缩略语。

见：计算机软件部件 computer software component(2.289)。

2.361

计算机程序配置项　CPCI

computer program configuration item 的缩略语。

见：计算机软件配置项 computer software configuration item(2.290)。

2.362

崩溃　crash

计算机系统或部件的突然的和完全地失效。

2.363

关键的　critical

临界的

系指：

a) 由于设计不当，一个系统或一个软件的某些环节或部分在运行时超出了临界范围，或存在着潜在的、未检测出的错误，会导致死机、人员伤害、任务失效、数据丢失、财经上的损失或灾难性的设备损坏等严重后果。或指：

b) 要使用的软件开发技术的成熟程度和有关的风险。

2.364

关键计算机资源　critical computer resource；CCR

由于对计算机资源的潜在需求有可能超出可用量而可能成为项目风险源的计算资源参数。例如，目标计算机的内存容量和宿主计算机的磁盘空间。

2.365

关键设计评审　critical design review

a) 一种评审，它指导验证一个或多个配置项的详细设计满足规定需求、在配置项和设备、设施、软件或个人的其他项之间建立兼容性、对于每一个配置项评定风险区域、(若有可能)评定可生产性分析的结果、评审初始硬件产品规格说明、评价初始测试计划和评价初始操作和支持文档是否足够；

参见：概要设计评审 preliminary design review(2.1164)和系统设计评审 system design review(2.1650)。

b) 任何硬件或软件部件像 a)中那样的评审。

2.366

关键项　critical item

在配置管理中，一个配置项，它因为特殊的工程或逻辑的考虑，要求批准的规格说明，以在部件级建立技术的或库存的控制。

2.367

关键路径　critical path

为使整个项目按进度进行，必须按计划完成的项目的一系列相互依赖的任务。

2.368

关键部分优先　critical piece first

软件开发的一种途径。它首先把注意力集中在软件系统中最关键部分的实现。关键部分可以根据所提供的服务、风险程度、困难程度或其他一些准则来确定。

参见：自底向上 bottom-up(2.153)和自顶向下 top-down(2.1746)。

2.369

临界区　critical region

见：临界段 critical section(2.370)。

2.370

临界段　critical section

关键段

将要被执行的一段代码。其执行与另一关键段的代码的执行是互斥的。如果一些代码段竞相使用一计算机资源和数据项时，就要求这些段互斥地执行。

2.371

关键软件　critical software

它的失效会在安全性上有重大的冲击或可能在财政上或社会上引起重大的损失的软件。

2.372

关键性　criticality

需求、模块、错误、故障、失效或其他项对系统的开发和操作冲击的程度。

2.373

交叉汇编程序　cross-assembler

在一台计算机上为另一台不同的计算机产生目标代码的汇编程序。

2.374

交叉编译程序　cross-compiler

在一台计算机上为另一台不同计算机产生汇编代码或目标代码的编译程序。

2.375

交叉引用生成器　cross-reference generator

一种软件工具，它接受计算机程序的源代码作为输入，并输出标识每个程序的变量、标记和其他标识符并指示程序中哪个语句定义、设置或使用它们的清单。

2.376

交叉引用清单　cross-reference list

标识计算机程序中的每一个变量、标记和其他标识符并指示程序中的哪个语句定义、设置或使用它们的清单。

2.377

交叉引用器　cross-referencer

见：交叉引用生成器 cross-reference generator(2.375)。

2.378

计算机软件部件　CSC

computer software component 的缩略语。

2.379

计算机软件配置项　CSCI

computer software configuration item 的缩略语。

2.380

插进指令　cue

见：调用 call(2.171)。

2.381

课程标准　curriculum standard

描述由教育机构提供的知识体的研究课程的特征的标准。

2.382

顾客　customer

供方提供的产品的接收者。

注 1：在合同上，顾客称为采购方。

注 2：顾客也可能是诸如最终顾客、用户、受益者或采购者。

注 3：顾客可以是来自于组织的内部或外部。

2.383

切换　cutover

在给定的瞬间，某一系统到其后继系统的功能转移。

2.384

周期　cycle

a)　一种时间阶段，期间完成一组事件；

参见：软件开发周期 software development cycle(2.1483)和软件生存期 software life cycle (2.1506)。

b)　以相同的顺序有规律地重复的一组操作，在每次重复时可能有些变化。例如，一计算机读周期。

参见：传递 pass(2.1115)。

2.385

周期窃取　cycle stealing

中央处理单元暂停一个或多个周期，允许发生其他操作，例如，从主存储器传送数据以响应从输入输出控制器来的输出请求的过程。

2.386

循环搜索　cyclic search

一种存储分配技术，在其中，每次搜索适当的存储块从上一次最后分配的块之后开始。

2.387

数据　data

a)　事实、概念或指令以适合于由人或自动装置进行通信、解释或处理的方式的表示；

参见：数据类型 data type(2.408)、计算机数据 computer data(2.272)、控制数据 control data (2.337)、出错数据 error data(2.564)、可靠性评价 reliability evaluation(2.1337)和软件经验数据 software experience data(2.1500)。

b)　有时用作文档 documentation(2.496)的同义词。

2.388

数据抽象　data abstraction

a)　由定义数据类型和它们的功能特征忽视它们的详细表示以抽取数据的基本特征的过程；

参见：封装 encapsulation(2.542)和信息隐藏 information hiding(2.751)。

b) 在a)中过程的结果。

2.389

数据分析 data analysis

对实际的或计划好的系统中的数据及其流程的一种系统性调研。

2.390

数据库 database

数据基

a) 一数据集，或一数据集的部分或全体，它至少包括足够为一给定目的或给定数据处理系统使用的一个文件；

b) 对一系统来说是基本的数据集合。

2.391

数据断点 data breakpoint

当访问规定的数据项时启动的断点。

参见：动态断点 dynamic breakpoint(2.516)、跋断点 epilog breakpoint(2.559)、可编程的断点 programmable breakpoint(2.1249)、序断点 prolog breakpoint(2.1268)和静态断点 static breakpoint (2.1580)。

相对：代码断点 code breakpoint(2.220)。

2.392

数据特性 data characteristic

固有的、可能非本质的特色、品质和数据的属性(例如，到达的速度、格式、值范围或字段值之间的关系)。

2.393

数据耦合 data coupling

一个软件模块的输出作为另一个模块的输入的一种耦合类型。

相对：公共环境耦合 common environment coupling (2.243)、内容耦合 content coupling(2.327)、控制耦合 control coupling(2.336)、混合耦合 hybrid coupling(2.714)和相依耦合 pathological coupling (2.1123)。

2.394

数据字典 data dictionary

a) 软件系统中使用的所有数据项的名字及与这些数据项有关的特性(例如，数据项长度、表示等)的集合；

b) 分层数据流程图中涉及的数据流、数据元素、文件、数据基和进程之定义的集合。

2.395

数据异常 data exception

当程序企图不正确地使用或访问数据时发生的异常。

参见：地址异常 address exception(2.50)、操作异常 operation exception(2.1059)、溢出异常 overflow exception(2.1082)、保护异常 protection exception(2.1274)和下溢异常 underflow exception (2.1786)。

2.396

数据流 data flow

在计算机程序执行期间，执行数据传送、使用和转换的顺序。

相对：控制流 control flow(2.338)。

2.397

数据流图　DFD

DFD是data flow diagram的缩写。

2.398

数据流图　data flow graph

见：数据流图 data flow diagram(2.399)。

2.399

数据流图　data flow diagram

描述数据源、数据接收端、数据存储和在数据上(如节点上)执行的处理以及数据的逻辑流(如节点之间的连接)的一种图(见图6)。

相对：流程图 flow diagram(2.635)和数据结构图 data structure diagram(2.406)。

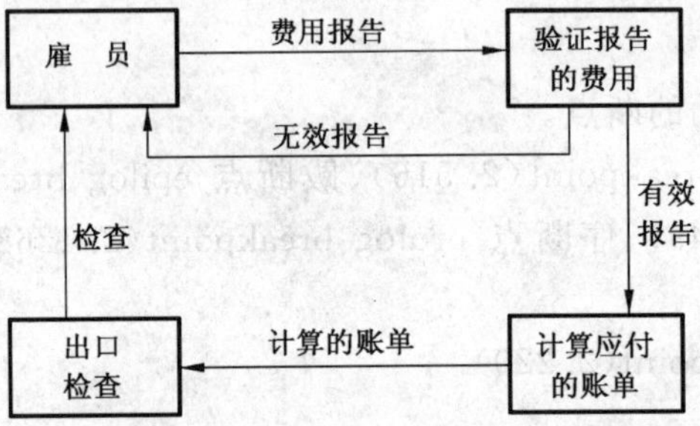

图6　数据流图

2.400

数据流程图　data flowchart;data flow chart

见：数据流图 data flow diagram(2.399)。

2.401

数据输入表　data input sheet

用工作表形式描述的系统或部件要求的和任选的输入数据的用户文档。

2.402

数据库存　data inventory

某一在信息处理系统中的全部数据及其特性(包括相互依赖关系)。

2.403

数据敏感故障　data-sensitive fault

引起在响应某些具体的数据模式时失效的故障。

相对：程序敏感故障 program-sensitive fault(2.1242)。

2.404

数据结构　data structure

在设计以支持特定的数据操作函数的数据元素间的物理的或逻辑的关系。

2.405

以数据结构为中心的设计　data structure-centered design

一种软件设计技术，在此技术中，系统的结构是从系统必须处理的数据集的结构的分析中导出的。

参见：输入-处理-输出 input-process-output(2.762)、模块分解 modular decomposition(2.973)、面向对象设计 object-oriented design(2.1037)、快速原型 rapid prototyping(2.1307)、逐步细化 stepwise refinement(2.1587)、结构冲突 structure clash(2.1606)、结构设计 structured design(2.1607)、事务分析 transaction analysis(2.1760)和转换分析 transform analysis(2.1764)。

2.406

数据结构图　data structure diagram

描述一组数据元素、它们的属性和它们之间逻辑关系的图(见图7)。

参见:实体联系图 entity-relationship diagram(2.552)。

相对:数据流图 data flow diagram(2.397)。

雇员记录									
雇员号(4I)	雇员名			雇员地址				部门号(3I)	雇员工资(4I)
	首名(10c)	中名(1c)	姓(18c)	街(20c)	城市(20c)	国家(2c)	邮编(6I)		

I=整数　c=字符

图7　数据结构图

2.407

数据踪迹　data trace

见:变量踪迹 variable trace(2.1823)。

2.408

数据类型　data type

一类数据,它的特色取决于该类的成员和可对它们施行的操作,例如,字符型、枚举型、整型、实型、逻辑型。

参见:强类型 strong typing(2.1601)。

2.409

数据　datum

data 的单数形式。

2.410

死锁　deadlock

由于两个或多个设备或进程,每一个等待赋给另一个的资源引起计算机处理停顿的情况。

参见:锁定 lockout(2.872)。

2.411

反汇编程序　deassembler

见:反汇编程序 disassembler(2.488)。

2.412

解块　deblock

分解块的部分。

相对:块 block(2.143)。

2.413

调试　debugging

排错

检测、定位和改正计算机程序中的故障。技术包括使用断点(breakpoint)、桌面检查(desk checking)、转储(dump)、审查(inspection)、逆向执行(reversible execution)、单步操作(single-step operation)和追踪(trace)。

2.414

调试模型　debugging model

参见：出错模型 error model(2.565)。

2.415

判定表　decision table

a) 在叙述一问题中要考虑的所有可能发生的情况及对每一组可能发生的情况将要采取的行动的一张表；

b) 对一组情况及其相应动作以矩阵形式或列表形式所做的表示。

2.416

声明　declaration

一种程序语句，它虽不执行但影响汇编程序或编译程序对程序中其他语句的解释。例如，标识一名字，规定此名字代表什么并可能赋它初始值的语句。

参见：伪指令 pseudo instruction(2.1280)。

相对：赋值语句 assignment statement(2.99)和控制语句 control statement(2.343)。

2.417

声明语言　declarative language

一非过程语言，它允许声明一组事实并表达使用这些事实的疑问或问题。

参见：交互的语言 interactive language(2.793)和基于规则的语言 rule-based language(2.1403)。

2.418

反编译　decompile

将已经编译的计算机程序从它的机器代码版本转换至重新装配但可能不同于原始的高级语言程序。

相对：编译 compile(2.252)。

2.419

反编译程序　decompiler

反编译计算机程序的软件工具。

2.420

解耦　decoupling

使软件模块相互更加独立的过程，它用以减少变更的冲突和在独立模块中的错误。

参见：耦合 coupling(358)。

2.421

缺陷　defect

见：故障 fault(2.609)。

2.422

缺陷密度　defect density

产品中标识出的缺陷数目除以产品成分的规模(用该产品的标准度量术语表示)。

2.423

缺陷预防　defect prevention

与标识缺陷或潜在缺陷并预防将它们引入产品有关的活动。

2.424

缺陷根源　defect root cause

致使缺陷得以引入的根本原因(例如缺乏有效的过程)。

2.425

定义的过程 defined process

为达到某个特定目的,对一组活动的可操作性定义。

注:已定义的过程可以由一套标准、规程、培训、工具和方法体现其特性。

2.426

定义性模型 defining model

某一存储库基于其中的模型。任何数目的存储库都能有同一定义性模型。

2.427

定义阶段 definition phase

参见:需求阶段 requirement phase(2.1365)。

2.428

委派 delegation

为响应消息,某一对象向另一对象发布消息的能力。委派能用作对继承的一个替代。

相对:继承 inheritance(2.752)。

2.429

定界符 delimiter

用于指示相关位组、字符、字或语句的开始或结束的一个字符或一组字符。

2.430

交付 delivery

a) 软件研制周期中的一个阶段,在此阶段将产品提交给它的客户或计划中的用户供其使用;

b) 软件研制周期中的一个阶段,在此阶段产品由其预定的用户接受。

2.431

按需调页 demand paging

一种存储分配技术,在此技术中,页只有当需要时,才从辅助存储器传送至主存储器。

相对:先期调页 anticipatory paging(2.66)。

2.432

简并 demodularization

在软件设计中,组合相关的软件模块的过程,通常为了优化系统性能。

参见:向下压缩 downward compression(2.505)、侧向压缩 lateral compression(2.841)和向上压缩 upward compression(2.1800)。

2.433

演示 demonstration

一种动态分析技术,它依靠在执行期间对系统或部件的行为的观察,不需要执行后分析,以检测错误、对开发标准的违反和其他问题。

参见:测试 testing(2.1726)。

2.434

依赖[关系] dependency

两个建模元素之间的一种关系,对其中一个建模元素(独立元素)的更改,将影响另一建模元素(依赖元素)。

2.435

部署图 deployment diagram

一种图,用于显示运行的处理结点以及居于其上的构件、进程和对象的配置的图。构件表示代码单元在运行时的体现。

参见：构件图 component diagram(2.262)。

2.436

导出元素 derived element

一种能从另一元素算出的如下模型元素：为明晰起见加以展现，或为设计目的予以纳入，即便它并未添加语义信息。

2.437

导出类型 derived type

一种数据类型，它的成员和操作来自其他数据类型，按照某种特定的规则得到的。

参见：子类型 subtype(2.1623)。

2.438

描述标准 description standard

描述产品的特征或提供以帮助了解、测试、安装、操作或维护产品的过程的标准。

2.439

设计 design

a) 为使一软件系统满足规定的需求而定义系统或部件的体系结构、部件、接口和其他特征的过程。

b) 设计过程的结果。

2.440

设计分析 design analysis

a) 对一设计进行估计以确定其相对于预定需求的正确性、符合设计标准的程度、系统效率和是否符合其他一些准则；

b) 对其他替代性设计途径的估计。

2.441

设计分析器 design analyzer

一种自动设计工具。它接收有关程序的设计方面的信息，并产生以下方面的输出，如模块层次图、控制和数据结构的图形表示，以及被访问的数据块的一览表。

2.442

设计描述 design description

一种文档，它描述系统或部件的设计，典型内容包括系统或部件体系结构、控制逻辑、数据结构、输入输出格式、接口描述和算法。

参见：产品规格说明 product specification(2.1219)。

相对：需求规格说明 requirement specification(2.1367)。

2.443

设计文档 design document

见：设计描述 design decription(2.442)。

2.444

设计元素 design element

设计中的基本部件或构件块。

2.445

设计实体 design entity

设计的元素（部件），它从结构上和功能上与其他元素相区别并分别命名和引用。

2.446

设计审查　design inspection

见：审查 inspection(2.764)。

2.447

设计语言　design language

一种具有专门构造，有时还可验证的规格说明语言。用以开发、分析和说明硬件或软件设计。类型包括硬件设计语言、程序设计语言。

参见：需求规格说明语言 requirement specification language(2.1368)。

2.448

设计级别　design level

软件项的设计分解(例如，系统、子系统、程序或模块)。

2.449

设计方法学　design methodology

进行设计的系统途径。由专门选择的工具、技术、准则的有序应用所构成。

2.450

设计阶段　design phase

软件生存周期中的一段时间。在这段时间内，进行体系结构、软件组成部分、接口和数据的设计，为设计编制文件，并对其进行验证，以满足预定需求。

参见：详细设计 detailed design(2.462)和概要设计 preliminary design(2.1163)。

2.451

设计需求　design requirement

规定或强制系统或系统部件的设计的需求。

相对：功能需求 functional requirement(2.667)、实现需求 implementation requirement(2.730)、接口需求 interface requirement(2.798)、性能需求 performance requirement(2.1133)和物理需求 physical requirement(2.1140)。

2.452

设计评审　design review

a) 把系统、硬件或软件设计提交给项目人员、管理者、用户、客户或有关人士供其评审或批准的过程或会议；类型包括关键设计评审(critical design review)、概要设计评审(preliminary design review)和系统设计评审(system design review)。

相对：代码评审 code review(2.224)、形式合格评审 formal qualification review(2.646)、需求评审 requirement review(2.1366)和测试就绪评审 test readinees review(2.1717)。

b) 对现有的或提出的设计所做的正式评估和审查，其目的是找出可能会影响产品，过程或服务工作的适用性和环境方面的设计缺陷并采取补救措施，以及(或者)找出在性能、安全性和经济方面的可能的改进。

2.453

设计规格说明　design specification

见：设计描述 design description(2.442)。(一种描述设计要求的正式文档，按照这种文档对系统或系统组成部分〈如，软件配置项〉进行设计。典型内容包括系统或系统组成部分算法、控制逻辑、数据结构设定与使用(set-use)信息、输入输出格式和接口描述。)

2.454

设计标准　design standard

一种标准，它描述设计或数据或程序部件的设计描述的特性。

2.455

设计单元　design unit

设计元素的逻辑相关的集合。在 Ada PDL 中，设计单元由 Ada 编译单元表示。

2.456

设计视图　design view

特别适合于软件项目活动需要的设计实体属性信息的子集。

2.457

设计验证　design verification

见：验证 verification(2.1826)。

2.458

设计走查　design walk-through

见：走查 walk-through(2.1843)。

2.459

桌面检查　desk checking

一种静态分析技术，在此技术中，可视地检查代码清单、测试结果或其他文档，通常，这样的核对由产生它们的人员进行，以标识错误、对标准的违反或其他问题。

参见：审查 inspection(2.764)和走查 walk-through(2.1843)。

2.460

目的地址　destination address

数据被传送至的设备或存储单元的地址。

相对：源地址 source address(2.1540)。

2.461

破坏性读　destructive read

一种读操作，它变更被访问的单元中的数据。

相对：非破坏性读 nondestructive read(2.1024)。

2.462

详细设计　detailed design

a）推敲并扩充初步设计，以获得关于处理逻辑、数据结构和数据定义的更加详尽的描述，直到设计完善到足以能实现的地步；

参见：软件开发过程 software development process(2.1491)。

b）详细设计过程的结果。

2.463

开发方　developer

在软件生存周期中执行开发活动(包括需求分析、设计直至验收)的一个机构。

2.464

开发周期　development cycle

见：软件开发周期 software development cycle(2.1483)。

2.465

开发生存周期　development life cycle

见：软件开发周期 software development cycle(2.1483)。

2.466

开发方法学　development methodology

编制软件的系统方法。它确定开发的各个阶段，规定每一阶段的活动、产品、验证步骤和完成准则。

2.467

开发规格说明　development specification

见：需求规格说明 requirement specification(2.1367)。

2.468

开发测试　development testing

在系统或部件的开发期间的正式的或非正式的测试活动，通常由开发者在开发环境中进行。

参见：合格性测试 qualification testing(2.1297)。

相对：验收测试 acceptance testing(2.19)和运行测试 operational testing(2.1065)。

2.469

开发基线　developmental baseline

见：开发配置 developmental configuration(2.470)。

2.470

开发配置　developmental configuration

在配置管理中，软件和相关的技术文档，此文档定义在开发期间计算机软件配置项的展开的配置。

注：开发配置是在开发者的控制之下，因此，不能称为基线。

相对：分配基线 allocated baseline(2.57)、功能基线 functional baseline(2.659)和产品基线 product baseline(2.1213)。

2.471

开发配置管理　developmental configuration management

为指定和控制软件和相关的技术文档，来定义开发期间处在不断进化中的软件工作产品的配置，而运用技术手段和行政的管理手段。开发配置管理处在开发者的直接控制之下。置于开发配置管理之下的配置项不是基线，虽然在开发过程的某些点上，它们可能被基线化并置于基线配置管理之下。

2.472

开发过程　development process

在软件开发期间，为给定目的(例如构造模型或实现模型)而进行的一组部分有序的步骤。

2.473

偏离　deviation

a)　从规定需求的脱离；

b)　所写的授权，在项的制造之前，允许规定的单元数或规定的周期时间偏离具体的性能或设计要求。

注：与工程变更不同，偏离并不要求定义影响项的文档的修订。

参见：配置控制 configuration control(2.307)。

相对：工程变更 engineering change(2.546)和放弃 waiver(2.1842)。

2.474

设备　device

器件

设计用于服务或执行功能的一种机制或装置的一部分。

2.475

诊断的　diagnostic

用于说明故障或失效的检测和隔离。例如，诊断消息、诊断手册。

2.476

诊断手册　diagnostic manual

一种文档，它表示对于系统或部件执行诊断过程必需的信息，标识故障和对故障的补救措施。典型地，描述的是系统或部件的诊断特性和支持的可用的诊断工具。

参见：安装手册 installation manual(2.766)、操作员手册 operator manual(2.1068)、程序员手册 programmer manual(2.1250)、支持手册 support manual(2.1631)和用户手册 user manual(2.1813)。

2.477

对角微指令　diagonal microinstruction

一种微指令，能规定为执行机器语言指令所需的有限数量的同时操作。

注：对角微指令在尺寸和功能上都处在水平微指令和垂直微指令之间。“斜的”的含义仅涉及到一种折衷，而不是涉及微指令的任何物理特征。

相对：横向微指令 horizontal microinstruction(2.708)和纵向微指令 vertical microinstruction(2.1832)。

2.478

差异转储　differential dump

见：变更转储 change dump(2.196)。

2.479

图　diagram

对模型元素的汇集，在大多数情况下绘制成以弧(联系)与顶点(其他模型元素)相连的图解的一种图形表示。UML 支持的图有：类图(class diagram)、对象图(object diagram)、用况图(use case diagram)、时序图(sequence diagram)、协作图(collaboration diagram)、状态图(statechart diagram)、活动图(activity graph)、构件图(component diagram)和部署图(deployment diagram)。

2.480

有向图　digraph

见：有向图 directed graph(2.485)。

2.481

直接地址　direct address

标识一操作数的存储单元的地址。

参见：直接指令 direct instruction(2.483)。

相对：立即数据 (2.721 条 immediate data)、间接地址 indirect address(2.744)和 n 级地址 n-level address(2.1007)。

2.482

直接插入子例程　direct insert subroutine

见：开式子例程 open subroutine(2.1052)。

2.483

直接指令　direct instruction

包含操作数直接地址的计算机指令。

参见：绝对指令 absolute instruction(2.12)和有效指令 effective instruction(2.532)。

相对：立即指令 immediate instruction(2.722)和间接指令 indirect instruction(2.745)。

2.484

直接测度　direct measure

不依赖于任何其他属性度量的一种对属性的度量。

2.485

有向图　directed graph

一种图，其中方向隐含在节点间的连接中(见图 8)。

相对：无向图 undirected graph(2.1787)。

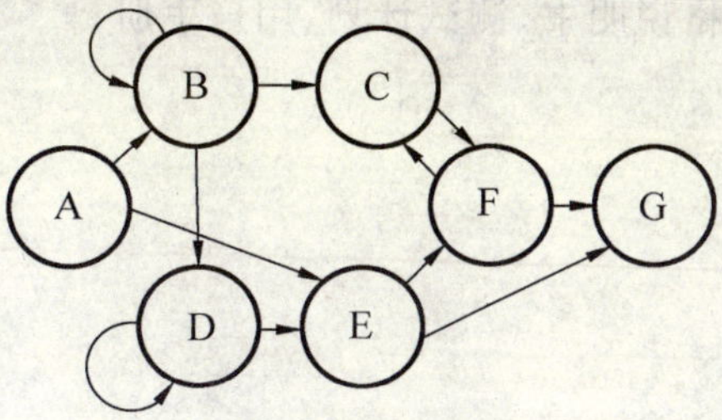

图 8　有向图

2.486

目录　directory

数据项和关于这些数据项的信息构成的清单。

2.487

反汇编　disassemble

将已汇编的计算机程序的机器语言版本转换为类同于但可能并不等同于原始的汇编语言程序。

相对：汇编 assemble(2.79)。

2.488

反汇编程序　disassembler

对计算机程序进行反汇编的软件工具。

2.489

离散型　discrete type

一种数据类型，它的成员能假定是任何不同值的集合。离散型可以是枚举型或整数型。

2.490

互斥子状态　disjoint substate

一种不能与包含在同一组合状态中的另一子状态同时保有的子状态。

相对：并发子状态 concurrent substate(2.300)。

2.491

分发单元　distribution unit

一种作为一组分配到某一过程或处理器的对象或构件的集合。分发单元能用运行时间的组合或聚集加以表示。

2.492

多样冗余　diverse redundancy

见：多样性 diversity(2.493)。

2.493

多样性　diversity

在容错系统中，同样的功能可以用不同的方法实现。例如，用不同的处理器、存储媒体、编程语言、算法或开发组。

参见：软件多样性 software diversity(2.1492)。

2.494

空操作　do-nothing operation

见：空操作 no-operation(2.1019)。

2.495

文档　document

文件

a)　一种数据媒体和其上所记录的数据。它具有永久性并可以由人或机器阅读。在软件工程中的例子，包括：项目计划、规格说明书、测试计划、用户手册；

b) 编制文件；

c) 在计算机程序中增加注释。

2.496

文档汇集 documentation

文档编制

文档管理

文档

a) 关于一给定主题的文件集合；

参见用户文档 user documentation(2.1809)、软件文档 software documentation(2.1493)和系统文档 system documentation(2.1653)。

b) 文档管理可能包括下述活动：对文档的标识、获取、处理、存储和发放；

c) 产生或修订一个文档的过程；

d) 为了对活动、需求、过程或结果进行描述、定义、规定、报告或认证的任何书面或图示的信息。

2.497

文档级 documentation level

见：文档等级 level of documentation(2.846)。

2.498

文档树 documentation tree

一种图形，它规定给定系统的全部文档并表示它们之间的相互关系(见图 9)。

参见：规格说明书树 spicification tree(2.1551)。

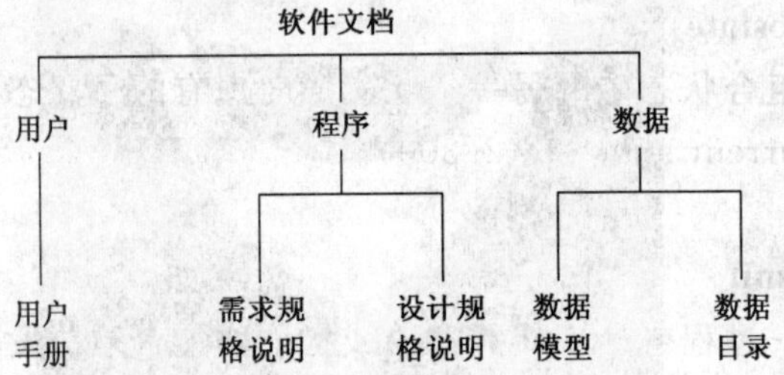

图 9 文档树

2.499

文档化的规程 documented procedure

对完成给定任务将要采取措施步骤的书面描述。这种描述是以文档形式存在的。

参见：规程 procedure(2.1181)。

2.500

领域 domain

由为业内人士所理解的一套概念和术语所表征的一种知识或活动范围。

2.501

双操作数指令 double-operand instruction

见：二地址指令 two-address instruction(2.1777)。

2.502

停机 down

用于说明不操作或已经退出服务的系统或部件所处的状态。

参见：忙 busy(2.168)、崩溃 crash(2.362)和空闲 idle(2.716)。

相对：开机 up(2.1797)。

2.503

停机时间 down time

系统或部件不操作或退出服务的时间周期。

参见：忙时 busy time(2.169)、闲时 idle time(2.717)、平均修复时间 mean time to repair(2.921)和设置时间 set-up time(2.1444)。

相对：开机时间 up time(2.1798)。

2.504

向下兼容 downward compatible

关于硬件或软件与它自己的以前版本兼容。例如，程序处理由它自己的以前的版本创建的文件。

相对：向上兼容 upward compatible(2.1799)。

2.505

向下压缩 downward compression

在软件设计中，去模块化的一种方式，在此方式中，上级模块复制至子模块体中。

相对：侧向压缩 lateral compression(2.841)和向上压缩 upward compression(2.1800)。

2.506

驱动程序 driver

a） 一软件模块，它引用而且或许控制和监控一个或多个软件模块的执行；

参见：测试驱动程序 test driver(2.1705)。

b） 一种计算机程序，它控制外部设备，有时，重新格式化与设备之间传送的数据。

2.507

[程序]对编 dual coding

一种开发技术。由不同的程序员或不同的程序设计小组，根据同一份规格说明书开发出功能上完全相同的程序的两个版本。所获得的源代码可以采用同一种语言，也可以采用不同的语言。双份编码的目的在于提供错误检测，提高可靠性，提供附加的文件说明，或使系统的程序设计错误或编译程序错误影响最终结果的概率降低。

参见：软件多样性 software diversity(2.1492)。

2.508

虚参数 dummy parameter

见：形参 formal parameter(2.645)。

2.509

转储 dump

a） 计算机程序的执行状态的某些方面的显示，通常是内部的存储器或寄存器的内容；类型包括：变更转储(change dump)、动态转储(dynamic dump)、内存转储(memory dump)、事后转储(postmortem dump)、选择性转储(selective dump)、快照转储(snapshot dump)和静态转储(static dump)。

b） 文件或设备的内容的显示；(为了某一专门目的，如允许存储器另作它用，或作为预防故障和错误的措施、或为了进行与排除错误有关的工作，将一存储器〈通常是内部存储器〉的全部或部分内容写到外部媒体上)。

c） 复制内部存储器的内容至外部媒体。

d） 产生如在 a)、b)、c)中的显示或副本。

2.510

双元选择构造 dyadic selective construct

if-then-else 构造，在其中，对分支的两个出口都规定处理。

相对：一元选择构造 monadic selective construct(2.980)。

2.511

动态的　dynamic

用于说明在计算机程序执行期间发生的事件或过程，例如，动态分析(dynamic analysis)和动态绑定(dynamic binding)。

相对：静态的 static(2.1576)。

2.512

动态分配　dynamic allocation

把可编址的存储器和其他资源分配给正在执行的程序。

见：动态资源分配 dynamic resource allocation(2.522)。

2.513

动态分析　dynamic analysis

在执行期间，基于它的行为评价系统或部件的过程。

参见：演示 demonstration(2.433)和测试 testing(2.1726)。

相对：静态分析 static analysis(2.1577)。

2.514

动态分析器　dynamic analyzer

借助对程序执行情况的监控，帮助对计算机程序进行估计的软件工具。例如探测工具、软件监控器和跟踪器。

相对：静态分析器 static analyzer(2.1578)。

2.515

动态绑定　dynamic binding

在计算机程序执行期间进行的绑定。

相对：静态绑定 static binding(2.1579)。

2.516

动态断点　dynamic breakpoint

预定义的启动事件是程序的运动时特征的断点，例如，任何20条源语句的执行。

参见：代码断点 code breakpoint(2.220)、数据断点 data breakpoint(2.391)、跋断点 epilog breakpoint(2.559)、可编程的断点 programmable breakpoint(2.1249)和序断点 prolog breakpoint(2.1268)。

相对：静态断点 static breakpoint(2.1580)。

2.517

动态缓冲　dynamic buffering

已分配给计算机程序的缓冲器，在程序执行期间，基于当前的需要而变更的缓冲技术。

相对：简单缓冲 simple buffering(2.1451)。

2.518

动态分类　dynamic classification

其中的某一对象可更改其类的泛化的一种语义类。

相对：静态分类 static classification(2.1581)。

2.519

动态转储　dynamic dump

在计算机程序执行期间发生的转储。

参见：变更转储 change dump(2.196)、内存转储 memory dump(2.928)、事后转储 postmortem dump(2.1153)、选择性转储 selective dump(2.1425)和快照转储 snapshot dump(2.1466)。

相对：静态转储 static dump(2.1582)。

2.520

动态差错　dynamic error

随输入的时间而变化的差错。

相对：静态差错 static error(2.1583)。

2.521

动态重定位　dynamic relocation

计算机程序在它执行期间的重定位。

2.522

动态资源分配　dynamic resource allocation

赋给程序的资源在程序执行期间，基于当前的需要变更的计算机资源分配技术。

2.523

动态重构　dynamic restructuring

在程序执行期间，重构数据库、数据结构、计算机程序或系统部件集的过程。

2.524

动态存储分配　dynamic storage allocation

赋给计算机程序的存储器在程序执行期间，基于程序和其他执行的程序的当前需要变更的存储分配技术。

2.525

实体联系图　E-R diagram

entity-relationship diagram 的缩略语。

2.526

早期失效周期　early-failure period

系统或部件生存期中的时间周期，在此周期中，硬件失效按递减的比率发生，如问题的检测和修复。

参见：浴盆曲线 bathtub curve(2.129)。

相对：定失效率周期 constant-failure period(2.322)和磨损失效周期 wearout-failure period (2.1845)。

2.527

回送　echo

a) 返回一发送的信号至它的源，它常常具有延迟，指示这是反射的而不是原始的；

b) 如在 a)中的返回的信号。

2.528

工程变更建议　ECP

engineering change proposal 的缩略语。

2.529

编辑　edit

修改计算机代码、数据或文档的形式或格式。例如，插入、重安排或删除字符。

2.530

编辑程序　editor

a) 见：文本编辑程序 text editor(2.1728)；

b) 见：连接编辑程序 linkage editor(2.854)。

2.531

有效地址　effective address

从规定的地址上执行任何所要求的变址、间接寻址或其他修改而得到的地址。注：若规定的地址不要求修改，这也是有效地址。

参见：生成的地址 generated address(2.675)、间接地址 indirect address(2.744)和相对地址 relative address(2.1331)。

2.532

有效指令　effective instruction

在规定的计算机指令中，在地址上执行任何的变址、间接寻址或其他修改得出的计算机指令。

注：若规定的指令不要求修改，这也是有效指令。

参见：绝对指令 absolute instruction(2.12)、直接指令 direct instruction(2.483)、立即指令 immediate instruction(2.722)和间接指令 indirect instruction(2.745)。

2.533

有效过程　effective process

实践过的、已文档化的、强制的、经培训的、已测量的和可改进的过程。

参见：妥善定义的过程 well-defined process(2.1846)。

2.534

传出的　efferent

在软件系统中，从高级模块至子模块的数据或控制流。

相对：传入的 afferent(2.51)。

2.535

效率　efficiency

系统或部件以最小的计算资源消耗实现其预定功能的程度。

参见：执行效率 execution efficiency(2.578)和存储效率 storage efficiency(2.1594)。

2.536

无我程序设计　egoless programming

在对程序开发采用小组负责制而不是独立的对程序开发负责的概念的基础上进行软件开发的一种方式。其目的是防止个别的程序员与其产生的输出的关系过于密切，以免使客观的评价受到损害。

2.537

元素　element

某一模型的一种原子成分。

2.538

嵌入式计算机系统　embedded computer system

大的计算机系统的一部分并能执行大的系统的某些需求的计算机系统。例如，用于航天器或快速传输线系统中的计算机系统。

2.539

嵌入式软件　embedded software

a) 大的系统的一部分并能执行其某些需求的软件。例如，用于航天器或快速传输线系统中的软件。

b) 嵌入式计算机系统所用的软件。

2.540

模拟　emulation

a) 一个模型，它接受给定的系统相同的输入并产生相同的输出；

参见：仿真 simulation(2.1453)。(用一个计算机系统，主要是通过硬件，模仿另一个计算机系统的全部或部分功能，使进行模仿的系统接受的数据、执行的程序和实现的结果均与被模仿的系统所接受的数据，执行的程序和实现的结果相同。)

b) 像在 a)中的开发过程或使用模型。

2.541

模拟器 emulator

一种设备、计算机程序或系统，它接受给定系统同样的输入并产生同样的输出。

参见：仿真器 simulator(2.1454)。

2.542

封装 encapsulation

将系统功能、一组数据和在这些数据上的操作隔离在一个模块中，并为该模块提供精确的规格说明的软件开发技术。

参见：数据抽象 data abstraction(2.388)和信息隐蔽 information hiding(2.751)。

2.543

最终用户 end user

系统部署在其运行环境下，使用系统以实现其预定用途的个人或组。

2.544

最终用户代表 end user representatives

挑选出的、代表最终用户的个人或组。

2.545

工程 engineering

系统的、训练有素的、可计量的、处理的应用，以构造机器、产品、系统或过程。

2.546

工程变更 engineering change

在配置管理中，配置项或其他指定的项在正式建立它的配置标识后在配置中变更。

参见：配置控制 configuration control(2.307)和工程变更建议 engineering change proposal (2.547)。

相对：偏离 deviation(2.473)和放弃 waiver(2.1842)。

2.547

工程变更建议 engineering change proposal

在配置管理中，工程变更的建议并用文档描述变更建议。

参见：配置控制 configuration control(2.307)。

2.548

工程组 engineering group

由从事工程学科的人员(包括负责人、管理人员和技术人员)组成的集合。工程学科的例子有系统工程、硬件工程、系统测试、软件工程、软件配置管理和软件质量保证。

2.549

增强的能力 enhanced capability

可由一个可信赖的过程改进方案证明的，比当前评估的能力更强的能力。

2.550

实体 entity

在计算机程序设计中，程序中能命名或指定的项。例如，数据项、程序语句或子程序。

2.551

实体属性　entity attribute

一种命名的特征或设计实体的特性。它提供关于实体行为的语句。

2.552

实体联系图　entity-relationship (E-R)diagram

规定实际的实体集和它们之间的逻辑联系的图。

参见：数据结构图 data structure diagram(2.406)。

2.553

实体联系图　entity-relationship (E-R)map

见：实体联系图 entity-relationship (E-R) diagram(2.552)。

2.554

入口　entrance

见：入口[点] entry point(2.557)。

2.555

入口　entry

见：入口[点] entry point(2.557)。

2.556

进入动作　entry action

进入状态机的某一状态(而不管达到该状态采取何种转移)所执行的一种动作。

2.557

入口[点]　entry point

软件模块的一个点,在此点模块能开始执行。

参见：重入点 reentry point(2.1326)。

相对：出口 exit(2.586)。

2.558

枚举型　enumeration type

一种离散的数据类型,它的成员的值能由程序员显式定义。例如,一种称为颜色(COLORS)的数据类型,具有可能的值:红(RED)、蓝(BLUE)和黄(YELLOW)。

相对：字符型 character type(2.201)、整型 integer type(2.784)、逻辑型 logical type(2.878)和实型 real type(2.1314)。

2.559

跋断点　epilog breakpoint

直至从给定的程序或例程退出时才启动的断点。

参见：代码断点 code breakpoint(2.220)、数据断点 data breakpoint(2.391)、动态断点 dynamic breakpoint(2.516)、可编程断点 programmable breakpoint(2.1249)和静态断点 static breakpoint(2.1580)。

与2.1268条序断点(prolog breakpoint)相对。

2.560

等效故障　equivalent faults

导致相同失效方式的两个或多个故障。

2.561

出错　error

误差

差错

a)　计算的、观察的或测量的值或条件与实际的、规定的或理论上正确的值或条件的差别。例如,在计算的结果和正确的结果之间差 30m；

b） 不正确的步骤、过程或数据定义。例如，在计算机程序中的不正确的指定；

c） 不正确的结果。例如，当正确的结果是 10，而计算的结果是 12；

d） 产生不正确结果的人为动作。例如，在编程或操作的一部分上的不正确动作。

注：当上述所有四种定义是公共使用时，一种区分赋给定义 a)为字差错(error)，定义 b)为字过错(fault)，定义 c)为字失效(failure)和定义 d)为字错误(mistake)。

参见：动态差错 dynamic error(2.520)、致命差错 fatal error(2.608)、内在差错 indigenous error(2.742)、语义差错 semantic error(2.1430)、静态差错 static error(2.1583)、句法差错 syntactic error(2.1641)和瞬时差错 transient error(2.1767)。

2.562

出错分析　error analysis

a） 对观察到的软件故障进行调查的过程，调查的目的是跟踪那个故障以找出故障源；

b） 对观察到的软件故障进行调查以找出以下一些信息，例如故障原因。该故障是在开发过程中哪一个阶段发生的，预防或较早地探测出软件故障的方法；

c） 调查软件错误、失效和故障以确定定量速率和趋势的过程。

2.563

出错类别　error category

错误、故障或失效可能归并到其中的一组类别之一，当错误、故障或失效发生或发现后，可根据其原因、危急程度、效果、故障所属的生存周期阶段或其他特性而确定其类别。

2.564

出错数据　error data

出错数据通常(但不是精确地)用于：描述软件的问题、故障、失效及其变更，它们的特性，以及遇到或改正这些问题的条件。

2.565

出错模型　error model

在软件评价中，用于估计或预报系统余下故障数、需要的测试时间和类似特性的模型。

参见：出错预测 error prediction(2.566)。

2.566

出错预测　error prediction

关于系统或部件中预计的故障数或性质所作的定量陈述。

参见：出错模型 error model(2.565)和差错播种 error seeding(2.569)。

2.567

出错预测模型　error prediction model

见：出错模型 error model(2.565)。

2.568

出错恢复　error recovery

参见：失效恢复 failure recovery(2.607)。

2.569

差错播种　error seeding

故意地把已知故障加至已经有故障的计算机程序中，为了监控检测和删除的速度并估计程序中余下的故障数的过程。

参见：内在错误 indigenous error(2.742)。

2.570

容错 error tolerance

尽管存在着错误的输入，系统或部件仍能正常操作的能力。

参见：故障容忍 fault tolerance(2.616)和健壮性 robustness(2.1397)。

2.571

评价 evaluation

决定某产品、项目、活动或服务是否符合它的规定的准则的过程。

2.572

评价模块 evaluation module

针对特定软件质量特性或子特性的评价技术包。

注：该评价技术包概括了评价方法和技术、要评价的输入、要测量和收集的数据，以及支持规程和工具。

2.573

事件 event

对在时空上占有某一位置的重要现象的规格说明。在状态图语境中，事件是能触发某一转移的一种现象。

2.574

事件驱动的评审或活动 event-driven review/activity

根据项目中某事件的发生而进行的评审或活动。

2.575

异常 exception

引起正常程序执行挂起的事件。类型包括：寻址异常(addressing exception)、数据异常(data exception)、操作异常(operation exception)、溢出异常(overflow exception)、保护异常(protection exception)和下溢异常(underflow exception)。

2.576

执行 execute

实施指令、过程或计算机程序。

2.577

执行 execution

由计算机运行计算机程序中一条或多条指令的过程。

2.578

执行效率 execution efficiency

系统或部件用最小的时间耗费执行它的指定的功能的程度。

参见：执行时间 execution time(2.580)、存储效率 storage efficiency(2.1594)。

2.579

执行监控程序 execution monitor

见：监控程序 monitor(2.981)。

2.580

执行时间 execution time

执行一个计算机程序所用的消逝时间或中央处理器所用时间。

注：处理器时间通常小于消逝时间，因为处理器可能空闲(例如，等待所需要的资源)或在程序执行期间由别的任务使用。

参见：开销时间 overhead time(2.1084)。

2.581

执行时间理论　execution time theory

采用累计执行时间作为估计软件可靠性基础的一种理论。

2.582

执行踪迹　execution trace

在计算机程序执行期间执行的指令序列的记录。常取当程序执行时遇到的代码标记的清单的形式。

参见：回顾的踪迹 retrospective trace(2.1383)、子例程踪迹 subroutine trace(2.1620)、符号踪迹 symbolic trace(2.1639)和变量踪迹 variable trace(2.1823)。

2.583

执行程序　executive

见：监督程序 supervisory program(2.1628)。

2.584

执行程序　executive program

见：监督程序 supervisory program(2.1628)。

2.585

执行状态　executive state

见：监督状态 supervisory state(2.1627)。

2.586

出口　exit

软件模块中，模块的执行能终止的点。

参见：返回 return(2.1384)。

相对：入口点 entry point(2.557)。

2.587

退出动作　exit action

退出状态机的某一状态(而不管退出该状态采取何种转移)所执行的一种动作。

2.588

出口例程　exit routine

当规定的事件(例如错误)发生时接收控制的例程。

2.589

可扩充性　expandability

见：可扩展性 extendability(2.594)。

2.590

显式地址　explicit address

见：绝对地址 absolute address(2.9)。

2.591

引出　export

在包的语境中，使某一元素在其环绕的命名空间之外可见。

参见：可见性 visibility(2.1841)。

相对：引入 import(2.733)。

2.592

表达式　expression

一种对某一特别类型求值的串。例如，表达式"7＋5＊3"求"数"类型的值。

2.593

扩展　extend

用况之间的一种关系，它表明为扩展用况所定义行为如何增广(依扩展中规定的条件而定)为基用况所定义的行为。该行为在由基用况中的扩展点所定义的部位被插入。基用况不依赖于扩展用况行为的完成。

2.594

可扩展性　extendability

系统或部件能修订以增加它的存储或功能的能力的情况。

参见：灵活性 flexibility(2.634)和可维护性 maintainability(2.903)。

2.595

可扩展性　extensibility

见：可扩展性 extendability(2.594)。

2.596

外部测度　external measure

通过对系统行为的测量得出的对产品的一种间接测量，其中产品是系统的一部分。

注 1：系统包括任何相关的硬件、软件(定制的软件或现货软件)和用户。

注 2：在测试中发现的失效数量是对程序中的故障数量的外部度量，因为失效的数量是在计算机系统运行程序的过程中计算的。

注 3：外部测度可以用来评价更接近于最终设计目标的质量属性。

2.597

外部质量　external quality

产品在特定条件下使用时，满足显式或隐式要求的程度。

2.598

因素分解　factoring

a)　分解一个系统为层次模块的过程。

参见：模块分解 modular decomposition(2.973)。

b)　从一模块中移动一函数并把它放入自己的模块的过程。

2.599

失效保险　fail safe

系统或部件在失效的事件中，自动把自己放入一种安全的操作方式。例如，当正常的操作失败时，交通灯在所有方向都转换为闪光的红灯。

参见：故障安全 fault secure(2.614)和故障容忍 fault tolerance(2.616)。

相对：故障弱化 fail soft(2.600)。

2.600

故障弱化　fail soft

在一定的失效事件中，系统或部件继续提供部分操作能力的情况。例如，若黄灯失效，交通灯继续在红灯和绿灯之间交替。

参见：故障安全 fault secure(2.614)和故障容忍 fault tolerance(2.616)。

相对：失效保险 fail safe(2.599)。

2.601

失效 failure

系统或部件不能按规定的性能要求执行它所要求的功能。注:故障容忍在人们的动作(弄错-mistake)、它的显示(硬件或软件故障)、故障的结果(失效)和不正确(差错-error)结果的总数之间进行区分。

参见:崩溃 crash(2.362)、异常 exception(2.575)、失效方式 failure mode(2.604)、失效率 failure rate(2.605)、硬失效 hard failure(2.689)、初期失效 incipient failure(2.735)、随机失效 random failure(2.1306)和软失效 soft failure(2.1468)。

2.602

失效类别 failure category

见:出错类别 error category(2.563)。

2.603

失效数据 failure data

见:出错数据 error data(2.564)。

2.604

失效方式 failure mode

失效的物理的或功能的一种表示。例如,系统的失效方式可以由慢操作、不正确的输出或执行的完全终止作为特征。

2.605

失效率 failure rate

失效数与给定测量单位的比率。例如,每单位时间的失效次数、若干次事务处理中的失效次数,若干次计算机运行中的失效次数。

2.606

失效比 failure ratio

见:失效率 failure rate(2.605)。

2.607

失效恢复 failure recovery

系统失效后又回到可靠的运行状态。

2.608

致命差错 fatal error

导致系统或部件完全丧失功能的差错。

2.609

故障 fault

缺陷

a) 硬件设备或部件中的缺陷。例如,短路或断线。

b) 在计算机程序中不正确的步骤、过程或数据定义。注:此定义最初由容错系统使用。在通常用法中,术语"差错(error)"和"隐错(bug)"表示同样含义。

参见:数据敏感故障 data - sensitive fault(2.403)、程序敏感故障 program-sensitive fault(2.1242)、等效故障 equivalent fault(2.560)、故障屏蔽 fault masking(2.613)和间歇故障 intermittent fault(2.803)。

2.610

故障类别 fault category

见:出错类别 error category(2.563)。

2.611

故障字典　fault dictionary

系统或部件中的故障清单和已经指定进行检测的测试清单。

2.612

故障插入　fault insertion

见：故障播种 fault seeding(2.615)。

2.613

故障屏蔽　fault masking

一种故障防止检测另一种故障的条件。

2.614

故障安全　fault secure

用于说明系统或部件，在其中失效不会从预描述的故障集中产生。

参见：故障容忍 fault tolerance(2.616)、失效保险 fail safe(2.599)和故障弱化 fail soft(2.600)。

2.615

故障播种　fault seeding

为了估计程序中的固有故障数，有意地在计算机程序已有的故障上添加已知数目的故障的过程。

2.616

故障容忍　fault tolerance

a) 尽管存在硬件或软件故障，系统或部件仍可继续正常运行的内在能力；

参见：容错 error tolerance(2.570)、失效保险 fail safe(2.599)、故障弱化 fail soft(2.600)、故障安全 fault secure(2.614)和健壮性 robustness(2.1397)。

b) 在正常操作被损害之前，系统或部件能经得起的故障数；

c) 关于错误、故障和失效以及在故障存在的情况下允许系统继续正常操作的方法的研究。

参见：恢复 recovery(2.1319)、冗余 redundancy(2.1323)和重启动 restart(2.1379)。

2.617

故障容忍　fault tolerant

系统或部件，尽管存在故障仍能继续正常操作。

2.618

功能配置审核　FCA

FCA 是 functional configuration audit 的缩略语。

2.619

可行性　feasibility

对于系统或部件的需求、设计或计划在存在的约束下仍能实现的程度。

2.620

可行性研究　feasibility study

辨别和分析某一问题及其可能解决方法，以确定其生命力、成本和效益的一种研究。

2.621

特征　feature

封装在某一类目(例如接口、类或数据类型)之内的一种性质，如操作或属性。

2.622

读取　fetch

从存储器中定位和装入计算机指令或数据。

参见：移动 move(2.983)和存储 store(2.1595)。

2.623

第五代语言　fifth generation language

一种计算机语言，它合并基于知识的系统、专家系统、推论引擎和自然语言处理的概念。

相对：汇编语言 assembly language(2.86)、第四代语言 fourth generation language(2.654)、高级语言 high order language(2.702)和机器语言 machine language(2.890)。

2.624

文字式常数　figurative constant

为了在编程语言中保留的特殊的常数的数据名。例如，数据名 THREE，可以为表示值 3 保留。

参见：字面值 literal(2.862)。

2.625

文件　file

文卷

作为一个单位来看待的一组相关的记录。例如，在采购控制中，文件可由一组发货单记录组成。

参见：逻辑文件 logical file(2.875)。

2.626

终[结]状态　final state

一种表明环绕的组合状态或整个状态已经完成的特种状态。

2.627

发现　findings

对在调查范围内标识出最重要的事情、问题或时机而进行的评估、评价、审核或评审的结论。

2.628

有限状态机　finite state machine

由有限个状态及这些状态之间转换(可能伴随有动作)构成的计算模型。

2.629

激发　fire

执行某一状态转移。

参见：转移 transition(2.1769)。

2.630

固件　firmware

硬件设备和驻留在此设备上的作为只读软件的计算机指令和数据的组合。

2.631

第一代语言　first generation language

见：机器语言 machine language(2.890)。

2.632

一线软件经理　first-line software manager

对由软件工程师和其他有关人员组成的单位(例如一个部门或项目组)的人员配备和活动负有直接管理责任(包括提供技术指导及人事和工资管理等职能)的负责人。

2.633

标志　flag

设置为预描述的状态的变量，它常常基于处理的结果或规定的条件的发生置为“真(true)”或“假(false)”。

参见：指示器 indicator(2.741)和信号量 semaphore(2.1433)。

2.634

灵活性　flexibility

系统或部件能轻而易举地加以修改以便能在不是设计规定的应用程序或环境中使用的特性。

参见：可扩展性 extendability(2.594)和可维护性 maintainability(2.903)。

2.635

流图　flow diagram

见：流程图 flowchart(2.637)。

2.636

控制流　flow of control

执行某一算法时所完成的操作序列。

见：控制流 control flow(2.338)。

2.637

流程图　flowchart

控制流程图，在其中，适当注释的几何图用于表示操作、数据或设备，箭头用于指示从一个到另一个的顺序流(见图 10)。

参见：框图 block diagram(2.145)、盒图 box diagram(2.156)、泡图 bubble chart(2.161)、图 graph(2.684)、输入处理输出图 input-process-output chart(2.763)和结构图 structure chart(2.1605)。

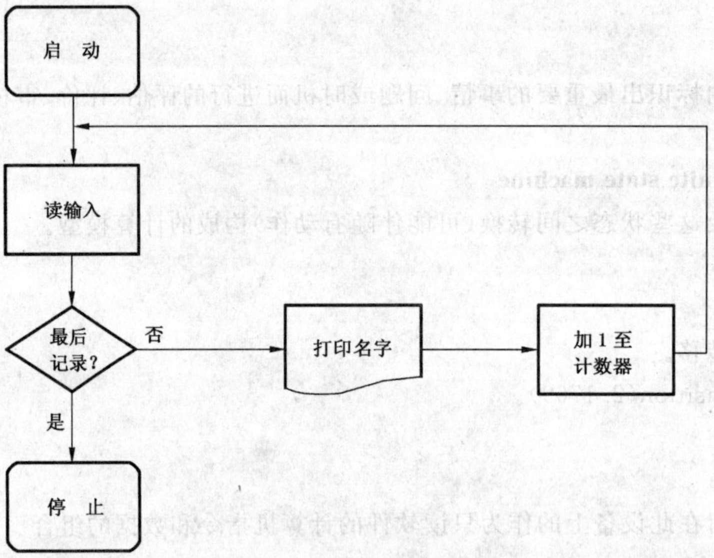

图 10　流程图

2.638

流程图生成程序　flowcharter

一种软件工具，它接受程序的设计或代码表示作为输入并产生程序的流程图作为输出。

2.639

焦点类　focus class

对进行支持的一个或多个辅助类定义核心逻辑或控制流的一种衍型类。在典型情况下，焦点类与一个或多个辅助类一起使用，在设计阶段，对规定构件的核心业务逻辑或控制流特别有用。

参见：辅助类 auxiliary class(2.114)。

2.640

控制聚焦　focus of control

在时序图中，展现如下时间段的一种符号：在这一时间段，某一对象正直接地或通过下级过程完成一个动作。

2.641

前台　foreground

在作业调度中的一种计算环境，它使高优先级的进程或要求用户交互的进程在此环境中执行。

参见：前台处理 foreground processing(2.642)。

相对：后台 background(2.118)。

2.642

前台处理　foreground processing

当较低优先级进程等待计算机资源的可用或要求用户交互的进程执行时，高优先级进程的执行。

相对：后台处理 background processing(2.119)。

2.643

形式、适宜和功能　form，fit and function

在配置管理中，包含作为实体的项的物理的和功能的特性，但并不包含构成此项的各元素的任何特性的配置。

参见：配置标识 conguration identification(2.309)。

2.644

形式语言　formal language

一种语言，它的规则在使用之前显式规定。例子包括编程语言和数学语言。

相对：自然语言 natural language(2.1013)。

2.645

形参　formal parameter

软件模块中使用的变量。用来表示调用模块传送至模块的数据或程序元素。

相对：实参 actual parameter(2.39)和自变量 argument(2.74)。

2.646

正式合格评审　formal qualification review

一种测试、审查或分析过程，在此过程中，构成系统的一组配置项被验证是否满足特定的合同的性能要求。

相对：代码评审 code review(2.224)、设计评审 design review(2.452)、需求评审 requirement review(2.1366)和测试就绪评审 test readiness review(2.1717)。

2.647

正式评审　formal review

向最终用户、顾客或其他有兴趣的各方介绍产品，以供其评论和审定的正式会议。正式评审也可以评审项目的管理活动和技术活动以及项目的进展情况。

2.648

形式规格说明　formal specification

正式规格说明

a)　根据已建立的标准书写并获准的规格说明。

b)　用形式语言写的规格说明，常用在正确性证明中。

2.649

正式测试　formal testing

按照已经由客户、用户或指定的管理级评审和批准的测试计划和过程进行测试活动并报告结果。

相对：非正式测试 informal testing(2.749)。

2.650

前向恢复 forward recovery

正向恢复

a) 由用以文件的按时间顺序的变更记录的数据，更新较早的版本以重构文件至给定的状态。

b) 一种恢复类型，在此种类型中，系统、程序、数据库或其他系统资源被恢复为新的、不是以前所有的、能执行所要求的功能的状态。

相对：后向恢复 backward recovery(2.123)。

2.651

喷泉模型 fountain model

一种软件开发模型，该模型体现了软件创建所固有的迭代和无“间隙”的特征。它主要用于描述面向对象开发过程。

2.652

四地址指令 four-address instruction

包含四个地址字段的计算机指令。例如，一条指令，加 A、B、C 单元的内容，并把结果放至单元 D。

相对：一地址指令 one-address instruction(2.1047)、二地址指令 two-address instruction(2.1777)、三地址指令 three-address instruction(2.1733)和零地址指令 zero-address instruction(2.1859)。

2.653

四加一地址指令 four-plus-one address instruction

包含五个地址字段的指令，其中，第五个包含下一条要执行的指令的地址。例如，一条指令加 A、B、C 单元的内容，把结果放至 D 单元，然后执行在 E 单元中的指令。

相对：一加一地址指令 one-plus-one address instruction(2.1050)、二加一地址指令 two-plus-one address instruction(2.1780)和三加一地址指令 three-plus-one address instruction(2.1734)。

2.654

第四代语言 fourth generationlanguage

设计用于改进高级(第三代)语言达到的生产率并常常使计算机的功能能用于非程序员的计算机语言。特性典型地包括一集成的数据库管理系统、查询语言、报告生成器和屏幕定义设施。附加的特性可能包括图形生成器、决策支持功能、财政模块、表格能力和静态分析功能。

相对：机器语言 machine language(2.890)、汇编语言 assembly language(2.86)、高级语言 high order language(2.702)和第五代语言 fifth generation language(2.623)。

2.655

正式合格评审 FQR

formal qualification review 的缩略语。

2.656

框架 framework

包含为系统的全部或部分规定某一可重用体系结构的各模型元素的一种衍型包。在典型情况下，框架包括类、模式或模板。当框架对某一应用领域专化时，往往称之为应用框架。

2.657

功能 function

函数

职能

a) 系统或部件的定义的目标或特征动作。例如，一系统有库存控制作为它的主要功能。

参见：功能需求 functional requirement(2.667)、功能规格说明 functional specification(2.668)和

功能测试 functional testing(2.669)。

b) 执行特定动作的软件模块,由出现在表达式中的名字引用,可以接收输入值并返回一单值。

参见:子例程 subroutine(2.1619)。

c) 为实现预定的目的或目标,专门安排的或适宜于个人或工具所充当的角色来完成的一组相关动作。

2.658

功能字段 function field

见:操作字段 operation field(2.1060)。

2.659

功能基线 functional baseline

在配置管理中,一配置项的初始批准的技术文档。

相对:分配的基线 allocated baseline(2.57)、开发配置 developmental configuration(2.470)和产品基线 product baseline(2.1213)。

2.660

功能分析 functional analysis

对实在的或计划好的系统的功能所进行的一种系统性调研。

2.661

功能内聚度 functional cohesion

一类内聚度,其中,由软件模块执行的所有任务都有助于单个功能的性能。

相对:一致的内聚度 coincidental cohesion(2.229)、通信内聚度 communicational cohesion(2.246)、逻辑内聚度 logical cohesion(2.874)、过程内聚度 procedural cohesion(2.1179)和顺序内聚度 sequential cohesion(2.1439)。

2.662

功能配置审核 functional configuration audit

一种审核,它指导验证:配置项的开发已经满意完成、配置项已经达到在功能的或分配的配置标识中规定的性能和功能特征并且它的操作的和支持的文档已满意地完成。

参见:配置管理 configuration management(2.313)和物理配置审核 physical configuration audit(2.1139)。

2.663

功能配置标识 functional configuration identification

在配置管理中,配置项的当前批准的技术文档。它描述所有必须的功能特征,显示达到规定的功能特征所要求的测试,与相关的配置项需要的接口特征,配置项的关键功能特征和它的低级关键配置项(若有)和设计约束。

参见:功能基线 functional baseline(2.659)。

相对:分配的配置标识 allocated configuration identification(2.58)和产品配置标识 product configuration identification(2.1215)。

2.664

功能分解 functional decomposition

设计系统的一种方法,它把系统分成若干部分,使其直接与系统功能和子功能对应。

参见:层次分解 hierarchical decomposition(2.696)和逐步细化 stepwise refinement(2.1587)。

2.665

功能设计 functional design

定义数据处理系统各部件的功能及相互之间接口的过程。

参见：体系结构设计 architectural design(2.72)和概要设计 preliminary design(2.1163)。

2.666

函数语言 functional language

用于表示程序为一系列函数和函数调用的编程语言，例子包括 LISP。

2.667

功能需求 functional requirement

规定系统或系统部件必须能够执行的功能的需求。

相对：设计需求 design requirement(2.451)、实现需求 implementation requirement(2.730)、接口需求 interface requirement(2.798)、性能需求 performance requirement(2.1133)和物理需求 physical requirement(2.1140)。

2.668

功能规格说明 functional specification

规定系统或部件必须执行的功能的文档。常常是需求规格说明(requirement specification)的一部分。

2.669

功能测试 functional testing

a) 忽略系统或部件的内部机制只集中于响应所选择的输入和执行条件产生的输出的一种测试。

相对：结构测试 structural testing(2.1604)。

b) 有助于评价系统或部件与规定的功能需求遵循性的测试。

参见：性能测试 performance testing(2.1135)。

2.670

功能单元 functional unit

能实现某一特定目标的硬件、软件或两者兼而有之的实体。

2.671

无用单元收集 garbage collection

在计算机资源管理中与内存紧缩 memory compaction(2.927)同义。

2.672

通用性 generality

系统或部件执行功能的范围的宽广的程度。

参见：可重用性 reusability(2.1387)。

2.673

可泛化元素 generalizable element

一种可参与泛化关系的模型元素。

参见：泛化 generalization(2.674)。

2.674

泛化 generalization

较一般元素与较特殊元素之间的一种分类学关系。较特殊元素与较一般元素完全一致，并包含添加信息。较特殊元素的实例可用于允许较一般元素使用的场合。

参见：继承 inheritance(2.752)。

2.675

生成的地址 generated address

在计算机程序执行期间已经计算的地址。

参见：绝对地址 absolute address(2.9)、有效地址 effective address(2.531)、相对地址 relative address(2.1331)和间接地址 indirect address(2.744)。

2.676

通用程序单元　generic program unit

以通用方式定义的软件模块,它要求用规定的数据或指令或这两者进行替换,以便在计算机程序中使用。

参见:例示 instantiation(2.768)。

2.677

白盒　glass box

a)　一个系统或部件,它的实现内容是已知的。

相对:黑盒 black box(2.141)。

b)　关于把系统或部件按 a)中那样对待的方法。

2.678

白盒测试　glass-box testing

见:结构测试 structural testing(2.1604)。

2.679

全局紧缩　global compaction

在微程序设计中的一种压缩,其中的微操作可能移出它们发生的单入口、单出口的顺序块的边界。

相对:局部紧缩 local compaction(2.869)。

2.680

全局数据　global data

可以由两个或多个非嵌套的计算机程序模块不是显式地作为参数在模块之间传送而能访问的数据。

相对:局部数据 local data(2.870)。

2.681

全局变量　global variable

可以由两个或多个非嵌套的计算机程序模块不是显式地作为参数在模块之间传送而能访问的数据。

相对:局部变量 local variable(2.871)。

2.682

目标　goals

对关键过程域中关键实践的一种概括,可用于确定组织或项目是否已经有效地实施该关键过程域。目标表示每个关键过程域的范围、边界和意图。

2.683

"转至"语句　go to

一种引起转移的计算机程序语句。

参见:分支 branch(2.157)。

相对:调用 call(2.171)、(分)情况语句 case(2.186)和"若-则-否则"语句 if-then-else(2.718)。

2.684

图　graph

a)　一种图形,它在与一个或多个其他变量的比较中,表示一个变量的变化。例如,浴盆曲线(见图 11)。

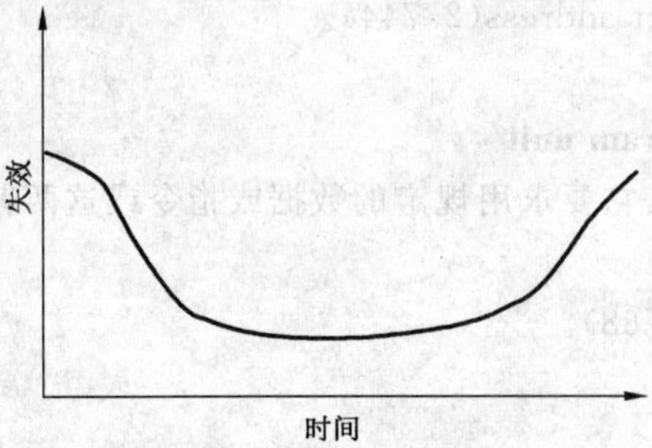

图 11　图(graph)a)

b)　由一组有限的节点和称为边缘(edges)或弧形(arcs)的节点间连接的图形或其他表示(见图 12)。

参见：框图 block diagram(2.145)、盒图 box diagram(2.156)、泡图 bubble chart(2.161)、定向图 directed graph(2.485)、输入处理输出图 input-process-output chart(2.763)和结构图 structure chart (2.1605)。

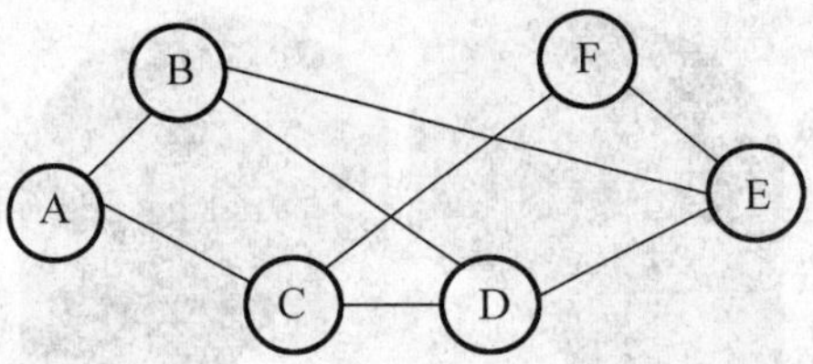

图 12　图(graph)b)

2.685

Grosch 定律　Grosch's law

H. R. J. Grosch 的公式表述:计算机的能力与计算机的成本的平方成正比。

参见：计算机性能评价 computer performance evaluation(2.275)。

2.686

组　groups

负责一组任务或活动的部门、经理和个人的集合。组的规模不等,可以是一个指派的兼职人员,可以是由不同部门指派的若干兼职人员,也可以是若干个专职人员。

2.687

守卫条件　guard condition

为使一个相关的转移能够激发而必须得到满足的一种条件。

2.688

暂停　halt

a)　多数作停止 stop(2.1590)的同义词。

b)　少数情况下也作暂停 pause(2.1125)的同义词。

2.689

硬失效　hard failure

导致系统完全关闭的失效。

相对：软失效 soft failure(2.1468)。

2.690

硬件　hardware

用于处理、存储或传送计算机程序或数据的物理设备。

相对：软件 software(2.1469)。

2.691

硬件配置项 hardware configuration item

为配置管理指定的且在配置管理过程中作为单个实体对待的硬件的集合。

参见：配置项 configuration item(2.311)。

相对：计算机软件配置项 computer software configuration item(2.290)。

2.692

硬件设计语言 hardware design language

一种具有特殊的结构和有时有验证协议的语言，它用于开发、分析和说明硬件设计。

参见：程序设计语言 program design language(2.1231)。

2.693

硬件监控器 hardware monitor

a) 测量或记录计算机系统的规定的事件或特征的设备、例如，记录各种电子事件的发生数或测量这些事件之间的时间的设备。

b) 记录或分析在计算机程序执行期间的硬件事件的软件工具。

参见：监控器 monitor(2.981)和软件监控器 software monitor(2.1509)。

2.694

硬件设计语言 HDL

harfware design language 的缩略语。

见：设计语言 design language(2.447)。

2.695

标题 header

报头

前导文件

头文件

a) 放在计算机程序或例程开始处的注释块。

b) 放在文件或消息开始处的标识或控制信息。

相对：尾部 trailer(2.1755)。

2.696

层次[结构]分解 hierarchical decomposition

设计系统(模块分解)的一种方法。这种方法通过一系列自顶向下逐步求精的办法把系统分成部件的层次结构。

参见：功能分解 functional decomposition(2.664)和逐步细化 stepwise refinement(2.1587)。

2.697

层次的输入-处理-输出 hierarchical input-process-output；HIPO

见：输入-处理-输出 input-process-output(2.762)。

2.698

层次建模 hierarchical modeling

用于评价计算机性能的技术，在此技术中，计算机系统用它的子系统的层次结构表示，子系统被分析以确定它们的性能，且其结果用于评价整个系统的性能。

2.699

层次[结构] hierarchy

一种结构，其中，部件排列为它们的下属构成的级、每个部件有零个、一个或多个下属，直至无部件有多于一个的下属部件。

参见：层次结构分解 hierarchical decomposition(2.696)和层次模型 hierarchical modeling (2.698)。

2.700

层次[结构]图 hierarchy chart

见：结构图 structure chart(2.1605)。

2.701

高级语言 high level language

见：高级语言 high order language(2.702)。

2.702

高级语言 high order language

一种程序设计语言，它对程序在其上运行的计算机的知识要求较少、能转换成若干不同的机器语言、允许符号命名操作和地址、提供设计以易于数据结构和程序逻辑表示的特性、并通常对每个程序语言转换为若干机器指定。例子包括：Ada、COBOL、FORTRAN、ALGOL、PASCAL。

相对：汇编语言 assembly language(2.86)、第五代语言 fifth generation language(2.623)、第四代语言 forth generation language(2.654)和机器语言 machine language(2.890)。

2.703

较高级语言 higher order language

见：高级语言 high order language(2.702)。

2.704

高级语言 HLL

high level language 的缩略语。

见：高级语言 high order language(2.702)。

2.705

人机接口 HMI

人机界面

human-machine interface 的缩略语。

见：用户接口 user interface(2.1812)。

2.706

高级语言 HOL

high order language 的缩略语。

2.707

同构冗余 homogeneous redundancy

在容错系统中，同一函数用相同的方法的实现，例如，用两个相同的处理器。

相对：多样性 diversity(2.493)。

2.708

横向微指令 horizontal microinstruction

规定实现给定的某一机器语言指令所需的一组同时操作的一种微指令。注：横向微指令相对是较长的，常常是64位或更多，所以称为是“横向”，因为规定的同时操作组是写在一行中，而不是在页中顺序往下列。

相对：对角微指令 diagonal microinstruction(2.477)和纵向微指令 vertical microinstruction (2.1832)。

2.709

宿主计算机　host computer

用于开发软件的计算机。

参见：目标计算机 target computer(2.1675)。

2.710

[宿]主机　host machine

a）程序或文件所装入的计算机。

b）用以开发供另一台计算机用的软件的计算机。

相对：目标机 target machine(2.1677)a)。

c）用以模仿另一台计算机的计算机。

相对：目标机 target machine(2.1677)b)。

d）在计算机网络中，为该网络的用户提供处理能力的计算机。

2.711

内务操作　housekeeping operation

一种计算机操作，它建立或重新建立一组初始条件以实现计算机程序的执行。例如，初始化存储区域、清除标志、回绕磁带、打开和关闭文件。

2.712

人机界面　human-machine interface

见：用户界面 user interface(2.1812)。

2.713

硬件配置项　HWCI

hardware configuration item 的缩略语。

2.714

混合耦合　hybrid coupling

一类耦合，在其中，数据项值的范围的不同子集，假定能用于不同的软件模块中不同的和不相关的目的。

相对：公共环境耦合 common-environment coupling(2.243)、内容耦合 content couping(2.327)、控制耦合 control coupling(2.336)、数据耦合 data couping(2.393)和相依耦合 pathological coupling (2.1123)。

2.715

标识符　identifier

计算机程序中对象的名字、地址和标号。

2.716

空闲的　idle

用于说明在操作的和在服务中但未在用的系统或部件。

参见：忙 busy(2.168)、关机 down(2.502)和开机 up(2.1797)。

2.717

空闲时间　idle time

系统或部件在操作和服务中但未在用的时间间隔。

参见：忙时间 busy time(2.169)、关机时间 down time(2.503)、设置时间 set-up time(2.1449)和开机时间 up time(2.1798)。

2.718

“若-则-否则”语句　if-then-else

一种单入口单出口，定义了条件的两路分支。若规定的条件满足则要执行的处理；若不满足，如何处理是任选的；在两种情况下都返回控制至立即跟随整个结构的语句(见图 13)。

参见：二元选择构造 dyadic selective construct(2.510)和一元选择构造 monadic selective construct(2.980)。

相对：(分)情况语句 case(2.186)、跳移 jump(2.830)和“转至”语句 go to(2.683)。

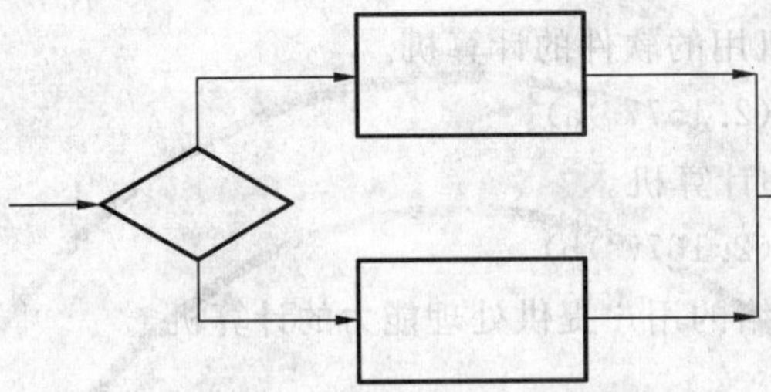

图 13　if-then-else 构造

2.719

立即地址　immediate address

见：立即数据 immediate data(2.721)。

2.720

立即控制　immediate control

一种微程序设计技术，其中，微指令中一个字段的含义，取决于微指令中另一字段的值。

参见：2.1779 条 二级编码(two-level encoding)。

相对：残留控制 residual control(2.1374)。

2.721

立即数据　immediate data

包含在计算机指令地址字段中的数据。

参见：立即指令 immediate instruction(2.722)。

相对：直接地址 direct address(2.481)、间接地址 indirect address(2.744)和 n 级地址 n-level address(2.1007)。

2.722

立即指令　immediate instruction

地址字段包含操作数的值而不是它的地址的计算机指令。

参见：绝对指令 absolute instruction(2.12)、有效指令 effective instruction(2.532)和立即数据 immediate data(2.721)。

相对：直接指令 direct instruction(2.483)和间接指令 indirect instruction(2.745)。

2.723

强制性构造　imperative construct

一种不包含分支或迭代的单步或多步序列。

2.724

强制性语句　imperative statement

见：指令 instruction(2.770)。

2.725

不完全排错　imperfect debugging

在可靠性模拟中，纠正或清除已经发现故障的意图并非总是成功的一种假定。

2.726

实现 implementation

a) 把设计转换为硬件部件、软件部件或两者的过程。

参见：编码 coding(2.227)。

b) a)中过程的结果。

2.727

实现类 implementation class

一种如下衍型类：为其中实例可不具有多个类的某一程序设计语言（如C++，Smalltalk，Java）中的某一类规定实现。当实现类提供的具有如同为该类型的运算所规定的同一行为的某一类型来定义的全部操作时，即称该实现类实施了此类型。

参见：类型 type(2.1781)。

2.728

实现继承 implementation inheritance

对较一般元素的实现的继承。

相对：接口继承 interface inheritance(2.797)。

2.729

实现阶段 implementation phase

软件生存周期中的一段时间，在此期间根据设计文件制造软件产品并排除其中的隐错。

参见：安装检验阶段 installation and check-out phase(2.765)和测试阶段 test phase(2.1713)。

2.730

实现需求 implementation requirement

规定或强制系统或系统部件的编码或结果的要求。

相对：设计要求 design requirement(2.451)、功能需求 functional requirement(2.667)、接口要求 interface requirement(2.798)、性能需求 performance requirement(2.1133)和物理需求 physical requirement(2.1140)。

2.731

隐含寻址 implied addressing

一种寻址方法，在其中，计算机指令的操作字段，隐含着操作数的地址。例如，若计算机只有一个累加器，涉及累加器的指令不需要描述它的地址信息。类型包括向前一个寻址(one-ahead addressing)、重复寻址(repetitive addressing)。

2.732

隐含的要求 implied needs

当实体用在特定条件下时，尚未说明但又是实际需要的要求。

注：隐含的要求是未形成文档的真实要求。

2.733

引入 import

它表明在包的语境中，一个指定的包（包括递归地嵌入其内的包）可以引用另外一些包中的类的一种依赖。

相对：引出 export(2.591)。

2.734

待查事件 incident

见：软件测试待查事件 software test incident(2.1536)。

2.735

初期的失效　incipient failure

一种即将发生的失效。

2.736

包括　include

在基用况到包含用况的一种如下关系，它表明基用况的行为如何纳入包含用况的行为。行为被包含在基用况中所定义的部位。基用况依赖于包含用况行为的完成，但不依赖于其结构（即属性或操作）。

参见：扩展 extend(2.593)。

2.737

增量编译程序　incremental compiler

一种编译程序，它在源语句输入或扫描时，尽可能多地完成每个源语句的转换。典型地用于联机计算机程序的开发和检验。

2.738

增量开发　incremental development

一种软件开发技术，在这种技术中，需求定义、设计、实现和测试的发生是以一种重叠的、反复的方式（不是顺序的）进行，导致整个软件产品的递增的完成。

参见：以数据结构为中心的设计 data structure-centered design(2.405)、输入-处理-输出 input-process-output(2.762)、模块分解 modular decomposition(2.973)、面向对象的设计 object-oriented design(2.1037)、快速原型 rapid prototyping(2.1307)、螺旋模型 spiral model(2.1553)、逐步细化 stepwise refinement(2.1587)、结构设计 structured design(2.1607)、事务分析 transaction analysis(2.1760)和转换分析 transform analysis(2.1764)。

相对：瀑布模型 water-fall model(2.1844)。

2.739

独立验证和确认　independent verification and validation

验证和确认过程由在技术上、管理上、财务上独立于开发组织的组织执行。

2.740

索引地址　indexed address

一个地址，它必须加至一个变址寄存器的内容以得到要访问的存储单元的地址。

参见：偏移量 offset(2.1043)、相对地址 relative address(2.1331)和自相关地址 self-relative address(2.1429)。

2.741

指示器　indicator

指示符

一个设备或变量，它能加以设置，以描述基于处理的结果或规定的条件的发生的状态。例如，标志 flag(2.633 条)或信号量 semaphore(2.1433)。

2.742

内在差错　indigenous error

计算机程序中存在的一种差错，它不是作为差错播种过程的一部分而插入的。

2.743

内在故障　indigenous fault

计算机程序中存在的一种故障。这种故障不是作为故障播种过程的一部分而插入的。

2.744

间接地址 indirect address

标识另一个地址的存储单元的地址。指定的存储单元可以包含所希望的操作数或另一个间接地址的地址、地址链最后引导至操作数。

参见：间接指令 indirect instruction(2.744)和 n－级地址 n-level address(2.1007)。

相对：直接地址 direct address(2.481)和立即数据 immediate data(2.721)。

2.745

间接指令 indirect instruction

包含操作数的间接地址的计算机指令。

参见：绝对指令 absolute instruction(2.12)和有效指令 effective instruction(2.532)。

相对：直接指令 direct instruction(2.483)和立即指令 immediate instruction(2.722)。

2.746

间接测度 indirect measure

从一个或一个以上的其他属性的测量得出的一种对属性的测量。

注：对计算机系统属性(例如对用户输入的响应时间)的外部测量就是对软件属性的一种间接测量，因这种测量要受计算环境的属性和软件属性的影响。

2.747

归纳断言法 inductive assertion method

一种正确性证明技术，在采用时要写出描述程序输入、输出和中间条件的断言，开发当输入断言满足时，使输出断言得到满足的一组定理，并且用归纳法证明这些定理。

2.748

早期死亡率 infant mortality

在系统或部件的早期失效周期期间发生的失效。

2.749

非正式测试 informal testing

按照尚未由客户、用户或指定的管理级评审和批准的测试计划和过程进行的测试行为。

相对：正式测试 formal testing(2.649)。

2.750

信息分析 information analysis

对实在的或计划好的系统中的信息及其流程所进行的一种系统调研。

2.751

信息隐蔽 information hiding

一种软件开发技术，其中，每一模块的接口尽可能少泄漏模块的内部工作并防止其他模块使用不在模块的接口规格说明中的关于模块的信息。

参见：封装 encapsulation(2.542)。

2.752

继承 inheritance

一种机制，通过它特殊的元素能够合并较一般的元素的结构和行为。

参见：泛化 generalization(2.674)。

2.753

继承的差错 inherited error

在顺序过程中，从上一步带来的一种差错。

2.754

初始程序装入　initial program load

见：引导程序 bootstrap(2.151)。

2.755

初始程序装入程序　initial program loader

一个引导装入程序，它用于装入操作系统中为装入操作系统的其余部分必需的部分。

2.756

初始化　initialize

给变量、寄存器、或其他存储单元设置一起始值。

参见：清除 clear(2.213)和复位 reset(2.1372)。

2.757

初[始]状态　initial state

表明向组合状态的系统设定状态作单次转移的源状态的一种特种状态。

2.758

内联码　inline code

一种计算机指令序列，它与逻辑地领先和跟随它的指令是物理邻接的。

2.759

输入　input

a)　从外部源接收的数据。

b)　从外部源接收数据涉及的设备、进程或通道。

c)　从外部源接收数据。

相对：输出 output(2.1080)。

2.760

输入断言　input assertion

一种逻辑表达式，它规定：为了有效，程序的输入必须满足的一个或多个条件。

参见：归纳断言方法 inductive assertion method(2.747)。

相对：循环断言 loop assertion(2.880)和输出断言 output assertion(2.1081)。

2.761

输入-输出耦合　input-output coupling

见：数据耦合 data coupling(2.393)。

2.762

输入-处理-输出　input-process-output

一种软件设计技术，它由标识在每一要执行的处理中包括的步骤并标识每一步的输入和输出组成。

注：称为分层的输入-处理-输出的细化在通用和详细级上标识步骤、输入和输出。

参见：以数据结构为中心的设计 data structure-centered design(2.405)、输入-处理-输出图 input-process-output chart(2.762)、模块分解 modular decomposition(2.973)、面向对象的设计 object-oriented design(2.1037)、快速原型 rapid prototyping(2.1307)、螺旋模型 spiral model(2.1553)、逐步细化 stepwise refinement(2.1587)、结构设计 structured design(2.1607)、事务分析 transaction analysis(2.1760)和转换分析 transform analysis(2.1764)。

2.763

输入-处理-输出图　input-process-output chart

软件系统或模块图，它由在左边列输入的方框、在中间列处理步骤的方框和在右边列输出的方框，并由连接输入至处理步骤及处理步骤至输出的箭头组成(见图 14)。

参见：框图 block diagram(2.145)、盒图 box diagram(2.156)、泡图 bubble chart(2.161)、流程图 flowchart(2.637)、图 graph(2.684)和结构图 structure chart(2.1605)。

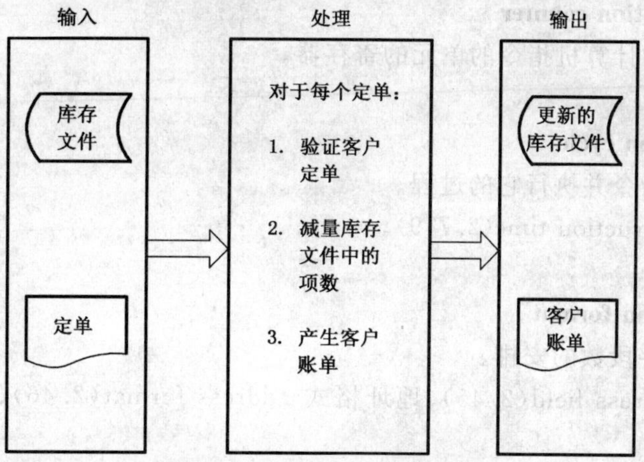

图 14 输入-处理-输出图

2.764

审查 inspection

一种静态分析技术，它依靠对开发产品的可视的检查，以检测错误、对开发标准的违反和其他问题。类型包括：代码审查、设计审查。

2.765

安装检验阶段 installation and check-out phase

软件生存周期中的一段时间，期间软件产品被结合到工作环境中，并在该环境中加以测试，以保证它能按照要求进行工作。

2.766

安装手册 installation manual

提供为安装系统或部件、设置初始参数和为了操作使用准备系统或部件所必需的信息的文档。

参见：诊断手册 diagnostic manual(2.476)、操作员手册 operator manual(2.1068)、程序员手册 programmer manual(2.1250)、支持手册 support manual(2.1631)和用户手册 user manual(2.1813)。

2.767

实例 instance

一个实体，它具有唯一的标识，应用于该实体的一组操作和存储操作效果的状态。

参见：对象 object(2.1030)。

2.768

例示 instantiation

替换特定的数据、指令或两者至通用的程序单元中使它在计算机程序中可用的过程。

2.769

制度化 institutionalization

支持方法、实践和规程的基础设施及组织文化的建立，以使这些方法、实践和规程成为组织经营的方式，即使在最初规定它们的人员离去之后仍然是组织的经营方式。

2.770

指令 instruction

a) 程序设计中的一个语句，即规定要求计算机执行的操作和相关的操作数的值或地址；例如把 A 传送至 B。

参见：指令格式 instruction format(2.773)、指令集 instruction set(2.777)。

b) 接近于程序设计语言中的任一可执行语句。

2.771

指令计数器 instruction counter

指示下一条要执行的计算机指令的单元的寄存器。

2.772

指令周期 instruction cycle

从内存取一计算机指令并执行它的过程。

参见：指令时间 instruction time(2.779)。

2.773

指令格式 instruction format

在计算机指令中对字段数的安排。

参见：地址字段 address field(2.45)、地址格式 address format(2.46)、操作字段 operation field (2.1060)。

2.774

指令长[度] instruction length

存储一条计算机指令所需的字、字节或位的个数。

参见：指令格式 instruction format(2.773)。

2.775

指令修改符 instruction modifier

用于替换计算机指令的字或字的一部分。

2.776

指令系统 instruction repertoire

见：指令集 instruction set(2.777)。

2.777

指令集 instruction set

指令系统

由给定的计算机能识别的或由给定的编程语言提供的指令的完全集。

2.778

指令集体系结构 instruction set architecture

用指令集表征的抽象机。

2.779

指令时间 instruction time

计算机从内存取一条指令并予执行的时间。

参见：指令周期 instruction cycle(2.772)。

2.780

指令踪迹 instruction trace

参见：踪迹 trace(2.1751)。

2.781

插装 instrument

在软件或系统测试中，将某些器件或指令安装或插入至硬件或软件中，以监控系统或部件的操作。

2.782

插装[工具] instrumentation

安装或插入硬件或软件中以监控系统或部件的操作的设备或指令。

参见：程序探测 program instrumentation(2.1235)。

2.783

插装工具 instrumentation tool

一种软件工具，它在被测程序中的适当位置上产生并插入，起计数器或其他探头作用的语句，以提供有关程序执行情况的统计数字，如程序中的代码被执行到的覆盖程度。

2.784

整型 integer type

一种数据类型，它的成员能假定只是整数值且只能由整数算术操作，例如，加、减和乘进行操作。

相对：字符型 character type(2.201)、枚举型 enumeration type(2.558)、逻辑型 logical type (2.878)和实型 real type(2.1314)。

2.785

集成编程支持环境 integrated programming support environment

见：编程支持环境 programming support environment(2.1253)。

2.786

集成软件管理 integrated software management

基于组织的标准软件过程和相关过程资产，将软件工程和管理活动统一并集成为一个协调定义的软件过程。

2.787

集成 integration

把软件、硬件部件或两者合成为一个完整的系统的过程。

2.788

集成测试 integration testing

把软件部件、硬件部件或两者组合起来进行的测试，并测试以评价它们之间的交互。

参见：部件测试 components testing(2.264)、接口测试 interface testing(2.800)、系统测试 system testing(2.1669)和单元测试 unit testing(2.1792)。

2.789

完整性 integrity

系统或部件防止未授权访问或修改计算机程序或数据的程度。

2.790

交互[作用] interaction

对执行某一特定任务的实例之间如何发送激励的一种规格说明。交互在某一协作的语境中加以定义。

参见：协作 collaboration(2.230)。

2.791

交互图 interaction diagram

一个一般性术语，用于几种强调对象交互的图。包括协作图与时序图。

2.792

交互式 interactive

用于说明每一个用户输入，引起系统响应或动作的系统或操作方式。

相对：会话的 conversational(2.348)、联机的 on-line(2.1045)和实时的 real time(2.1313)。

2.793

交互语言 interactive language

一种非过程的语言，其中的程序作为在用户与计算机系统交互对话的结果而建立。系统提供问题、格式等等,以帮助用户表达得到的结果。

参见:声明语言 declarative language(2.417)和基于规则的语言 rule-based language(2.1403)。

2.794

交互系统 interactive system

指这样一个系统。在这种系统中,每一个用户的输入均能得到该系统的响应。

2.795

界面 interface

接口

a) 一个共享的边界。信息跨越边界传送。

b) 连接两个或多个其他部件,为了相互间传送信息的硬件或软件部件。

c) 连接两个或多个部件,为了在相互间传送信息。

d) 作为如 b)中连接的或被连接的部件。

2.796

接口控制 interface control

a) 在配置管理中,(1)标识由一个或多个组织提供的两个或多个配置项的接口的所有功能的和物理的特征和(2)保证对这些特征的建议的变更在实现前评价和批准的过程。

b) 在配置管理中,管理的和技术的过程和文档需要在由不同的开发者提供的配置项之间或配置项之内标识功能的和物理的特征并解决关于规定的接口的问题。

参见:配置控制 configuration control(2.307)。

2.797

接口继承 interface inheritance

对较为一般的元素的接口的继承,不包括对实现的继承。

相对:实现继承 implemantation inheritance(2.728)。

2.798

接口需求 interface requirement

规定系统或系统部件必须与之交互的外部项或提出由这样的交互引起的在格式、时间关系或其他因素方面提出的限制的需求。

相对:设计需求 (2.451 条 design requirement)、功能需求 functional requirement(2.667)、实现需求 implementation requirement(2.730)、性能需求 performance requirement(2.1133)和物理需求 physical requirement(2.1140)。

2.799

接口规格说明 interface specification

规定已存在的或计划的系统或部件的接口需求的规格说明。

2.800

接口测试 interface testing

引导以评价系统或部件能否相互正确地传送数据与控制信息的测试。

参见:部件测试 component testing(2.264)、集成测试 integration testing(2.788)、系统测试 system testing(2.1669)和单元测试 unit testing(2.1792)。

2.801

交错 interleave

用一个或多个其他序列的元素替换一个序列的元素,以使每个序列保持它的标识,例如,变更两个不同任务的执行步骤以达到两个任务的并发操作。

2.802

软件中间产品　intermediate software product

软件开发过程中，用作软件开发过程另一阶段的输入的产品。

注：在某些情况下，中间产品也可以是最终产品。

2.803

间歇故障　intermittent fault

在部件中临时的或未预料到的故障。

参见：随机失效 random failure(2.1306)、瞬时错误 transient error(2.1767)。

2.804

内部测度　internal measure

对产品本身的一种直接的或间接的度量。

注：代码行数、复杂度度量、在走查和 Fog 索引中发现的故障数都是对产品本身进行的内部度量。

2.805

内部质量　internal quality

产品属性的总和，它决定了产品在特定条件下使用时，满足明确和隐含要求的能力。

注 1：基本上与 GB/T 6583—1994 中"质量"的含义相同。

注 2：术语"属性"与术语"特性"的含义相同，而术语"特性"在 GB/T 16260 中有更具体的含义。

2.806

内部转移　internal transition

表明不更改某一对象的状态而对事件作用响应的一种转移。

2.807

互操作能力　interoperability

互操作性

a)　两个或多个系统或部件交换信息并相互使用已交换的信息的能力。

相对：兼容性 compatibility(2.249)。

b)　两个或两个以上系统可互相操作的能力。

2.808

解释　interpret

逐条翻译并立即执行计算机程序的每一源语言语句。

相对：汇编 assemble(2.79)和编译 compile(2.252)。

2.809

解释程序　interpreter

解释器

翻译和执行每一条语句或在翻译和执行下一条语句前构造计算机程序的计算机程序。

相对：汇编程序 assembler(2.82)和编译程序 compiler(2.254)。

2.810

解释代码　interpretive code

按可由解释程序识别并处理的形式表达的计算机指令和数据定义。

相对：汇编代码 assembly code(2.85)、编译代码 compiler code(2.255)和机器代码 machine code (2.887)。

2.811

中断　interrupt

a)　进程暂停以处理进程以外的事件。

参见：中断潜伏期 interrupt latency(2.812)、中断屏蔽 interrupt mask(2.813)、中断优先级 interrupt priority(2.814)、中断服务例程 interrupt service routine(2.816)和优先级中断 priority interrupt (2.1172)。

b) 引起进程暂停。

c) 十分接近于中断请求。

2.812

中断潜伏期 interrupt latency

在计算机系统接受到中断请求至请求的处理之间的延迟。

参见：中断优先级 interrupt priority(2.814)。

2.813

中断屏蔽 interrupt mask

一种屏蔽，它用于由保持或抑制代表中断请求的位以启用或禁止中断。

2.814

中断优先级 interrupt priority

赋予给定的中断请求的重要性，它确定请求是否引起当前进程的暂停且若有若干个未处理的中断请求，应先处理哪一个。

2.815

中断请求 interrupt request

使当前执行的进程暂停以允许另一个进程执行的信号或其他输入请求。

2.816

中断服务例程 interrupt service routine

保存关键寄存器的内容、执行由中断请求要求的处理、恢复寄存器的内容和重启动被中断的处理以响应中断请求的例程。

2.817

中断 interruption

见：中断 interrupt(2.811)。

2.818

不变式 invariant

计算机程序的特定段或在一规定点始终为真(true)的断言。

2.819

输入-处理-输出图 IPO chart

IPO chart 是 input-process-output chart 的缩略语。

2.820

集成编程支持环境 IPSE

integrated programming support environment 的缩略语。

2.821

迭代 iteration

a) 重复执行步骤的序列的过程。

参见：循环 loop(2.879)和递归 recursion(2.1320)。

b) 在 a)中的步骤序列的单个执行。

2.822

迭代构造 iterative construct

见：循环 loop(2.879)。

2.823

独立验证和确认　IV&V

independent verification and validation 的缩略语。

2.824

作业控制语言　JCL

JCL 是 job control language 的缩略语。

2.825

作业　job

由计算机实现的用户定义的工作单元。例如，计算机程序的编译、装入和执行。

参见：作业控制语言 job control language(2.826)、作业步 job step(2.828)和作业流 job stream (2.829)。

2.826

作业控制语言　job control language

用于标识作业的序列、描述它们对操作系统的要求并控制它们执行的语言。

2.827

作业功能　job function

一组工程的进程，为了工作组织、赋值或评价目的作为一个单元标识。例如，设计、测试和配置管理。

2.828

作业步　job step

由作业控制语句显式标识的作业的用户定义部分。一个作业由一个或多个作业步组成。

2.829

作业流　job stream

程序或作业设置序列，它使计算机能逐个自动处理而不需操作员的介入。

2.830

跳转　jump

a)　从隐含的或声明的正在执行的计算机程序语句顺序离开。

b)　引起像 a)那样离开的程序语句。

参见：分支 branch(2.157)和"转至"语句 go to(2.683)。

相对：(分)情况语句 case(2.186)和"若-则-否则"语句 if-then-else(2.718)。

c)　a)中描述的离开。

参见：条件跳转 conditional jump(2.304)和无条件跳转 unconditional jump(2.1785)。

2.831

内核　kernel

a)　所有时候都保持在主内存中的操作系统部分。

b)　浓缩系统的基本功能的软件模块。

参见：安全内核 security kernel(2.1421)。

2.832

关键字　key

数据集合中的一个或多个字符，它含有有关该集合的信息，包括其标识。

2.833

关键实践　key practices

对关键过程域的有效实施和制度化贡献最大的基础设施和活动。

2.834

关键过程域　key process area;KPA

一组相关的活动,当这些活动共同完成时,对建立过程能力至关重要的一组目标就能实现。

2.835

千次运算每秒　KOPS

每秒千次运算,KOPS 即 kilo-operations per second 的缩略语。计算机处理速度的一种度量。

参见:百万次浮点运算每秒 MFLOPS(2.943)和百万指令每秒 MIPS(2.958)。

2.836

标号　label

a)　赋予计算机程序语句的名字或标识符,它允许其他语句引用此语句。

b)　在数据集内或附加至数据集的一个或多个字符,它标识或描述此数据。

2.837

语言　language

a)　由用传统的符号、声音、手势或标记及允许的表达的构造规则的通信概念的一种分类手段。

b)　具有语法和句法,由一组表达式、约定和用于传输信息的相关规则构成的通信手段。

参见:计算机语言 computer language(2.273)。

2.838

语言处理程序　language processor

a)　一种计算机程序,它执行的功能,诸如处理指定程序设计语言所需的翻译、解释功能和其他任务。例如 FORTRAN 处理程序、COBOL 处理程序。

b)　一种软件工具,它完成这样一些功能,诸如处理指定的语言(如需求规格说明语言、设计语言或程序设计语言)所需的翻译、解释或其他任务。

2.839

语言标准　language standard

一种描述语言特征的标准,此语言用于描述需求规格说明、设计或测试数据。

2.840

潜伏期　latency

在指令控制单元发出调用数据的瞬间与数据启动传送的瞬间之间的时间间隔。

2.841

侧向压缩　lateral compression

在软件设计中,一种去模块化形式,它把两个或多个顺序执行的模块组合为单个模块。

相对:向下压缩 downward compression(2.505)和向上压缩 upward compression(2.1800)。

2.842

层　layer

在同一抽象级对类目或包进行的组织。层表示对体系结构的横向片,分区则表示纵向片。

2.843

前导判定　leading decision

在循环体之前执行的循环控制。

参见:"当"语句 WHILE(2.1847)。

相对:尾随判定 trailing decision(2.1756)。

2.844

计算机软件的法律保护　legal protection of computer software

以法律手段对计算机软件的知识产权提供保护和支持计算机软件的安全运行而提供的法律保护。

2.845

等级　level

层

a）　一个项在某一层次排列中下属的级数。

b）　层次结构中的级。若一项目没有从属项则属最低级，若没有比它高的项则为最高级。

2.846

文档等级　level of documentation

指明文档的范围、内容、格式以及质量。文档等级可根据项目成本、预期用途、作用范围及其他因素进行选择。

2.847

库管理员　librarian

参见：软件库管理员 software librarian(2.1504)。

2.848

库　library

参见：软件库 software library(2.1505)和系统库 system library(2.1657)。

2.849

许可证发放标准　licensing standard

描述由官员或合法的授权机构对个人或组织授权允许做或拥有某特定的事情的授权特征的标准。

2.850

生存周期　life cycle

见：软件生存周期 software life cycle(2.1506)和系统生存周期 system life cycle(2.1658)。

2.851

生存周期模型　life-cycle model

一个框架，它含有从需求定义到使用终止，跨越整个生存期的系统开发、操作和维护中所需实施的过程、活动和任务。

2.852

连接　link

链接

a）　从两个或多个独立翻译的目标模块或装入模块，它由解决它们之间的交叉引用建立一装入模块。

参见：连接编辑程序 linkage editor(2.854)。

b）　计算机程序的一部分，它通常是单指令或地址，在程序的分别的模块之间传送控制和参数。同义词：连接 linkage(2.853)。

c）　提供如在 b)中的连接。

2.853

连接　linkage

见：连接 link(2.852)。

2.854

连接编辑程序　linkage editor

一个计算机程序，它从两个或多个独立翻译的目标模块或装入模块由解决它们之间的交叉引用而建立单个装入模块。也可能作为装入程序的一部分，需要把一些元素重新定位。

参见：连接装入程序 linking loader(2.857)。

2.855

连接表 linked list

见：链接表 chained list(2.193)。

2.856

连接程序 linker

见：连接编辑程序 linkage editor(2.854)。

2.857

连接装入程序 linking loader

一计算机程序，它读入一个或多个目标模块至主内存中准备执行，由解决分别的模块之间的交叉引用，建立一单个装入模块。并在有些情况下，调整地址以反映已经装入的代码的存储单元。

参见：绝对装入程序 absolute loader(2.13)、重定位装入程序 relocating loader(2.1347)和连接编辑程序 linkage editor(2.854)。

2.858

[列]表 list

清单

a) 每个有相同数据定义的数据项集合。

b) 为打印或显示一组数据项。

2.859

列表处理 list processing

一种用表的形式来处理数据的方法。通常使用链接表，这样就能变更项的逻辑顺序而无需变更它们的物理位置。

2.860

表处理语言 list processing language

一种编程语言，其目的是促进以表的形式表示的数据的处理。例子是 LISP 和 IPL。

参见：代数语言 algebraic language(2.53)、算法语言 algorithmic language(2.56)和逻辑编程语言 logic programming language(2.873)。

2.861

列表 listing

数据项、程序语句或其他信息的有序的显示或打印输出。

2.862

字面值 literal

在源程序中，一项值的显式表示，例如，在指令：if x=0 then print "FAIL"中的字 FAIL。

参见：立即数据 immediate data(2.721)和数字形式常数 figurative constant(2.624)。

2.863

装入 load

a) 读机器代码至主内存准备执行，在有些情况下，执行地址调整和模块连接。

参见：装入程序 loader(2.868)。

b) 复制计算机指令或数据从外部存储器至内部存储器，或从内部存储器至寄存器。

参见：读取指令 fetch(2.622)和移动 move(2.983)。

相对：存储 store(2.1595)。

2.864

装入并执行 load-and-go

一种操作技术，它在计算机程序的装入和执行阶段之间没有停顿。

2.865

装入映像表　load map

计算机生成的表，它标识驻留在内存中的计算机程序或驻留在内存中的数据的全部或指定部分的位置或大小。

2.866

装入模块　load module

适合于装入到主存中去等待执行的计算机程序或子程序。它通常是连接编辑程序的输出。

参见：目标模块 object module(2.1036)。

2.867

装入的起点　loaded origin

计算机程序在程序装入至主内存时的初始的存储单元的地址。

参见：偏移量 offset(2.1043)和起始地址 starting address(2.1576)。

相对：汇编的起点 assembled origin(2.81)。

2.868

装入程序　loader

a) 一种计算机程序。它把机器代码读入到主存中准备执行，在某些情况下，调整地址和连接模块。类型包括：绝对装入程序(absolute loader)、连接装入程序(linking loader)和重定位装入程序(relocating loader)。

参见：引导程序 bootstrap(2.151)和连接编辑程序 linkage editor(2.854)。

b) 读程序或数据至主内存中的任何程序。

2.869

局部紧缩　local compaction

在微程序编程语言中，微操作未超出它们发生的单入口、单出口顺序块的边界之外的压缩。

相对：全局紧缩 global compaction(2.679)。

2.870

局部数据　local data

只能由计算机程序中的一个模块或一组嵌套的模块访问的数据。

相对：全局数据 global data(2.680)。

2.871

局部变量　local variable

只能由计算机程序中的一个模块或一组嵌套的模块访问的变量。

相对：全局变量 global variable(2.681)。

2.872

锁定　lockout

一种计算机资源分配技术，其中，对共享的资源(特别是数据)加以保护，一次只允许一个设备或进程访问。

参见：死锁 deadlock(2.4105)和信号量 semaphore(2.1433)。

2.873

逻辑编程语言　logic programming language

用于根据控制结构和受限的断言运算表达程序的编程语言。例如，PROLOG。

参见：代数语言 algebraic language(2.53)、算法语言 algorithmic language(2.56)和表处理语言 list processing language(2.860)。

2.874

逻辑内聚度　logical cohesion

一类内聚度，表现为软件模块能处理逻辑上类似的功能。例如处理不同类型的输入数据。

相对：一致内聚度 coincidentional cohesion(2.229)、通信内聚度 communicational cohesion (2.246)、功能内聚度 functional cohesion(2.661)、过程内聚度 procedural cohesion(2.1179)和顺序内聚度 sequential cohesion(2.1439)。

2.875

逻辑文件　logical file

与物理环境无关的文件。同一逻辑文件的各部分可以放在不同的物理文件中、几个逻辑文件或几个逻辑文件的各部分可以放在一个物理文件中。

2.876

逻辑记录　logical record

与物理环境无关的记录。同一逻辑记录的各部分可以放在不同的物理记录中，几个逻辑记录或几个逻辑记录的各部分可以放在一个物理记录中。

2.877

逻辑踪迹　logical trace

只记录分支或转移指令的执行踪迹。

参见：执行踪迹 execution trace(2.582)、回顾踪迹 retrospective trace(2.1383)、子例程踪迹 subroutine trace(2.1620)、符号踪迹 symbolic trace(2.1639)和变量踪迹 variable trace(2.1823)。

2.878

逻辑型　logical type

一种数据类型，它的成员只能假定有逻辑值(通常为 TRUE 和 FAUSE)且只能由逻辑运算符，例如，AND、OR 和 NOT 对其进行运算。

相对：字符型 character type(2.201)、枚举型 enumeration type(2.558)、整型 integer type(2.784)和实型 real type(2.1314)。

2.879

循环　loop

a)　一计算机程序语句序列，它重复地执行直至满足给定的条件或当一给定的条件为真。

参见：循环体 loop body(2.881)、循环控制 loop control(2.882)、"直至"语句 UNTIL(2.1795)和"当"语句 WHILE(2.1847)。

b)　像在 a)中那样执行一计算机程序语句序列。

2.880

循环断言　loop assertion

一种逻辑表达式，它规定每次一具体的点在程序循环中执行时必须满足的一个或多个条件。

参见：归根断言方法 inductive assertion method(2.747)。

相对：输入断言 input assertion(2.760)和输出断言 output assertion(2.1081)。

2.881

循环体　loop body

循环的一部分，它实现循环的主要目的。

相对：循环控制 loop control(2.882)。

2.882

循环控制　loop control

决定是否退出循环的循环部分。

参见：先导判定 leading decision(2.843)和尾随判定 trailing decision(2.1756)。

相对：循环体 loop body(2.881)。

2.883

循环控制变量 loop control variable

用于决定是否从循环退出的程序变量。

2.884

回送测试 loopback testing

测试的信号或数据从测试设备输入至系统或部件，且结果返回至测试设备为了测量和比较的测试。

2.885

低级语言 low level language

见：汇编语言 assembly language(2.86)。

2.886

机器地址 machine address

见：绝对地址 absolute address(2.9)。

2.887

机器代码 machine code

以计算机处理单元能识别的形式表示的计算机指令和数据定义。

相对：汇编代码 assembly code(2.85)、编译代码 compiler code(2.255)和解释代码 interpretive code(2.810)。

2.888

依赖于机器的 machine dependent

用于说明软件取决于具体类型计算机独特的特性，因而只能在此类型计算机上执行。

相对：独立于机器的 machine independent(2.889)。

2.889

独立于机器的 machine independent

用于说明不依赖于具体类型计算机独特的特性，因而能在多于一种类型计算机上执行的软件。

参见：可移植性 portability(2.1149)。

相对：依赖于机器的 machine dependent(2.888)。

2.890

机器语言 machine language

能由计算机的处理单元识别的语言。这样的语言通常由 0 和 1 的模式组成，没有操作的符号名或地址。

相对：汇编语言 assembly language(2.86)、第五代语言 fifth generation language(2.623)、第四代语言 forth generation language(2.654)、高级语言 high order language(2.702)和符号语言 symbolic language(2.1638)。

2.891

面向机器的语言 machine-oriented language

见：机器语言 machine language(2.890)。

2.892

机器可读的 machine readable

以能自动输入至计算机的格式表示的数据。例如，在软盘上编码的数据。

2.893

宏 macro

在软件工程中，一个预先定义好的计算机指令序列。它在汇编或编译期间把该指令序列插入到程序中每一处出现相应宏指令的地方。

参见：宏指令 macroinstruction(2.899)、宏生成器 macrogenerator(2.898)和开式子例程 open subroutine(1052)。

2.894

宏定义 macro definition

见：宏 macro(2.893)。

2.895

宏生成程序 macro generating program

见：宏生成器 macrogenerator(2.898)。

2.896

宏库 macro library

可由宏生成器使用的宏的集合。

参见：系统库 system library(2.1657)。

2.897

宏汇编程序 macroassembler

包括或执行宏生成器功能的汇编程序。

2.898

宏生成器 macrogenerator

一个例程，常常是汇编程序或编译程序的一部分，在源程序中，它用宏指令表示的预定义指令序列，替换每条宏指令。

2.899

宏指令 macroinstruction

源语言中的一条指令，它将用同一源语言书写的预先定义的指令序列在汇编或编译期间代替。宏指令也可以为将要代替它的指令中的参数指定其值。

参见：宏 macro(2.893)和宏生成器 macrogenerator(2.898)。

2.900

宏处理程序 macroprocessor

在某些汇编程序和编辑程序中的例程或例程集，它用以支持宏的定义和使用。

2.901

宏编程 macroprogramming

编写用宏和宏指令构成的计算机程序。

2.902

主程序 main program

由计算机的操作系统调用的软件部件，它通常调用其他软件部件。

参见：例程 routine(2.1402)和子程序 subprogram(2.1618)。

2.903

可维护性 maintainability

a) 软件系统或部件能修改以排除故障、改进性能或其他属性或适应变更了的环境的容易程度。

参见：可扩展性 extendability(2.594)和灵活性 flexibility(2.634)。

b) 硬件系统或部件能从执行它所要求的功能的状态得到或重新存放回去的容易程度。

2.904

维护方　maintainer

执行维护活动的一个机构。

2.905

维护　maintenance

a）在交付以后，修改软件系统或部件以排除故障、改进性能或其他属性或适应变更了的环境的过程。

参见：适应性维护 adaptive maintenance(2.43)、纠正性维护 corrective maintenance(2.354)和完善性维护 perfective maintenance(2.1130)。

b）得到硬件系统或部件或重存至能执行所要求的功能的状态的过程。

参见：预防性维护 preventive maintenance(2.1168)。

2.906

维护手册　maintenance manual

见：支持手册 support manual(2.1631)。

2.907

维护阶段　maintenance phase

见：运行和维护阶段 operation and maintenance phase(2.1057)。

2.908

维护计划　maintenance plan

维护软件产品所使用的说明管理方法和技术途径的文档。典型的维护计划内容包括：工具、资源、设施及日程。

2.909

人机界面　man-machine interface

人机接口

见：用户界面 user interface(2.1812)。

2.910

受到管理和控制　managed and controlled

标识和定义软件工作产品的过程，这些软件工作产品不是基线的一部分，因此不一定要置于配置管理之下，但为使项目有纪律地开展又必须受控。"受到管理和控制"是指在给定时间(过去或现在)使用的工作产品的版本均是可查知(即，版本控制)，而且以受控的方式进行更改(即，更改控制)。

2.911

经理　manager

一种角色，对在其职责范围内执行任务或活动的人员提供技术上和行政上的管理和控制。经理的传统职能包括对职责范围内的工作进行策划、提供资源、进行组织，并进行指导和控制。

2.912

制造　manufacture

在软件工程中，复制软件至磁盘、芯片或其他设备以发布至客户或用户的过程。

2.913

制造阶段　manufactureing phase

软件生存期的一个时间阶段，期间复制适应操作环境的规定集的软件的基本版本并发布至客户。

2.914

映像程序　map program

一种软件工具，多半是编译程序或汇编程序的组成部分，它生成装入映像。

2.915

屏蔽 mask

用来与一未知的数据项逻辑地组合的位或字符的模式以得到或抑制数据项的某些部分。例如，位串"00000011"当与一八位数据项逻辑与时，得到数据项的最低两位而在所有其他位的位置为0的结果。

参见：中断屏蔽 interrupt mask(2.813)。

2.916

主库 master library

包括软件和文档从它的工作副本复制的主副本的软件库，为了发布和使用。

相对：产品库 product library(2.1217)、软件开发库 software development library(2.1487)、软件储存库 software repository(2.1529)和系统库 system library(2.1657)。

2.917

主状态 master state

见：监督状态 supervisor state(2.1627)。

2.918

成熟度等级 maturity level

在朝着实现成熟软件过程的目标前进过程中，组织的不断进化但又相对稳定的软件过程的一种妥善定义的状态。能力成熟度模型中的五个成熟度等级是：

a) 初始级：软件过程处于无序甚至混乱的状态。几乎没有什么经过定义的过程，成功完全依赖于有经验的软件经理及高水平的软件队伍。
b) 可重复级：已建立基本的项目管理过程，对成本、进度和功能特性进行跟踪。已建立必要的过程纪律，使类似项目能重复以前的成功。
c) 已定义级：软件过程在管理活动和工程活动两方面均已文档化、标准化，并集成为组织的标准软件过程。每个项目均采用组织的标准软件过程的经剪裁并得到批准的子集。
d) 定量管理级：已采集关于软件产品和过程质量的详细测量数据。无论软件过程还是产品均得到定量的了解和控制。
e) 优化级：利用过程实施中的定量反馈信息和新思想、新技术的先导性试验中的定量反馈信息，使组织能持续进行过程改进。

2.919

成熟度提问单 maturity questionnaire

一组关于软件过程的提问，抽样检查能力成熟度模型的每个关键过程域中关键实践的实施情况。它是评价组织的软件过程能力或项目的软件过程性能的一种手段。

2.920

平均失效时间间隔 mean time between failures

在系统或部件中，在连续的失效之间预料的或观察到的时间。

参见：开机时间 up time(1798)。

2.921

平均修复时间 mean time to repair

修复系统或部件使它恢复正常工作所要求的预料的或观察到的时间。

参见：关闭时间 down time(2.503)。

2.922

测量(动) measure(verb)

执行一次测量(活动)。

2.923

测度(名)　measure

通过执行一次测量赋予实体属性的数或类别。

2.924

测量　measurement

使用一种度量，把标度值(可以是数或类别)赋予实体的某个属性。

注：使用类别时，测量可以是定性的。如软件产品的一些重要属性，例如源程序语言(ADA,C,COBOL 等)就是定性的类别。

2.925

测量标准　measurement standard

描述评价过程或产品的特征的标准。

2.926

内存容量　memory capacity

在给定的计算机内存中能保持的项的最大数，它通常用字或字节测量。

参见：通道容量 channel capacity(2.198)和存储容量 storage capacity(2.1593)。

2.927

内存紧缩　memory compaction

a)　一种存储分配技术，其中，所分配的存储区域的内容，全移至存储空间的开始而余下的存储块组合为一个大块。

b)　所有未分配的存储器的连续的块组合成单个块的存储分配技术。

2.928

内存转储　memory dump

计算机的内部存储器的部分或全部的内容的显示，通常以二进制、八进制或十六进制形式。

参见：变更转储 change dump(2.196)、动态转储 dynamic dump(2.519)、事后转储 postmortem dump(2.1153)、有选择性转储 selective dump(2.1425)、快照转储 snapshot dump(2.1466)和静态转储 static dump(2.1582)。

2.929

内存映像　memory map

显示程序和数据存放在计算机的内存的何处的图。

2.930

选单旁路　menu bypass

在选单驱动(menu-driven)系统中，允许高级用户以命令驱动方式执行各种功能而不从选单中选择选项的特征。

2.931

选单驱动的　menu-driven

用于说明系统或操作模式是用户通过选单指挥系统的。

参见：选单旁路 menu bypass(2.930)。

相对：命令驱动的 command-driven(2.233)。

2.932

消息　message

用于输送信息的字符的一种有序序列。(以其活动会随之发现，而对信息从一个实例到另一个实例的传送的一种规格说明。消息可规定信号的激活起或对操作的调用。)

2.933

元编译程序 metacompiler

见：编译程序的生成程序 compiler generator(2.257)。

2.934

元语言 metalanguage

用于规定语言的某些方面或所有方面的语言。例如，Backus-Naur 形式。

参见：分层的语言 stratufied language(2.1598)和非分层的语言 unstratified language(2.1794)。

2.935

元类 metaclass

一种其实例为类的类。其典型用途是构造元模型。

2.936

元元模型 meta-metamodel

一种用于定义元模型的模型。元元模型与元模型之间的关系，类同于元模型与模型之间的关系。

2.937

元模型 metamodel

一种定义的模型，它用于表达某一模型的语言。

2.938

元对象 metaobject

一个一般性术语，做为一种元建模语言中所有元实体(例如元类型、元类、元属性和元关联)的总称。

2.939

方法 method

对某一操作的实现。方法规定了与某一操作关联的算法或过程。

2.940

方法标准 method standard

描述用在产品工程中或执行服务的顺序进程或过程的特征的标准。

2.941

方法论 methodology

规定产品开发的集成综合工程途径的方法、规程和标准的集合。

2.942

计量 metric

度量[体制]

a) 系统、部件或进程占有给定的属性的程度的数量的测量。

参见：质量度量 quality metric(2.1300)。

b) 定义的测量方法和测量标度。

注1：度量[体制]可以是内部的或外部的，可以是直接的或间接的。

注2：度量[体制]包括把定性数据进行分类的方法。

2.943

百万次浮点运算每秒 MFLOPS

millions of floating point operations per second 的缩略语。计算机处理速度的一种测量。

参见：百万指令每秒 MIPS(2.958)。

2.944

微体系结构 microarchitecture

微字定义、数据流、定时限制和优先限制，所有这些确定了给定的微程序计算机的特色。

2.945

微码 microcode

微指令、组成部分、全部或一组微程序的集合。

2.946

微码汇编程序 microcode assembler

把微程序从符号形式翻译为二进制形式的计算机程序。

2.947

微指令 microinstruction

规定执行一机器语言指令需要的一个或多个基本操作的微程序中的指令。类型包括：对角微指令(diagonal microinstruction)、横向微指令(horizontal microinstruction)、纵向微指令(vertical microinstruction)。

参见：微码 microcode(2.945)、微操作 microoperation(2.948)和微程序 microprogram(2.949)。

2.948

微操作 microoperation

在微程序编程中，执行一机器语言指令所需要的基本操作之一。

参见：微指令 microinstruction(2.947)。

2.949

微程序 microprogram

规定执行一机器语言指令所需要的基本操作，称为微指令的指令序列。通常它被保存在专用存储器中，并且是由计算机指令寄存器中的计算机指令来启动其执行，微程序常常用于代替硬接线逻辑。

参见：固件 firmware(2.630)。

2.950

可编微程序的计算机 microprogrammable computer

微程序能由用户创建或替换的微程序计算机。

2.951

微程序的计算机 microprogrammed computer

机器语言指令由微程序而不是由硬件连线逻辑实现的计算机。

注：微程序计算机，可以是也可以不是微型计算机，它们的概念不相关，尽管术语是类似的。

参见：微体系结构 microarchitecture(2.944)和可编微程序的计算机 microprogrammable computer(2.950)。

2.952

微程序设计 microprogramming

设计和实现计算机的控制逻辑的过程，它是通过标识为实现每条机器语言指令所需的基本操作并把这些操作表示为在称为控制存储的特殊存储器中的指令序列来实现的。这种方法是实现每条机器语言指令的所需的硬件连线控制信号的一种替换方法。技术包括：位操作、压缩、剩余控制、单级编码和两级编码。

参见：微码 microcode(2.945)、微指令 microinstruction(2.947)和微程序 microprogram(2.949)。

2.953

微字 microword

在微程序计算机的控制存储中一可寻址的元素。

2.954

中间件 middleware

一种类型的软件模块，它处在系统软件和应用软件之间，依赖系统软件的支持，又为应用软件提供支持，以方便应用软件的开发。

2.955

迁移　migration

软件或数据从一个场所(目录或存储单元)至另一场所的传送。

2.956

里程碑　milestone

项目有关人员或管理人员负责的在预定时间将发生的事件，它用来标志工作进度。例如，正式的复审、规格说明的颁布、产品的交付。

2.957

最小延迟编程　minimum delay programming

一种编程技术，它选择计算机指令和数据的存储单元，以使访问时间最小。

2.958

百万指令每秒　MIPS

million instruction per second 的缩略语。计算机处理速度的一种测量。

参见：千次运算每秒 (2.835)和百万次浮点运算每秒 MFLOPS(2.943)。

2.959

错误　mistake

产生不正确结果的人为动作。

注：容错系统，在人为动作(mistake)、它的显示(硬件和软件故障)、故障的结果(failure)和结果是不正确的(error)总数之间加以区分。

2.960

混合方式　mixed mode

包含两个或多个不同数据类型的表达式。例如，Y := X+N，其中，Y 和 X 是浮点变量，而 N 是整数变量。

2.961

混合类型　mixed type

见：混合方式 mixed mode(2.960)。

2.962

人机界面　MMI

man-machine interface 的缩略语。

见：用户界面 user interface(2.1812)。

2.963

助忆符[号]　mnemonic symbol

为便于人们记忆而选用的一种符号。例："multiply"的缩略语是"mul"。

2.964

模型　model

现实世界中过程、设备或概念的一种表示。

参见：分析模型 analytical model(2.63)、可用性模型 availability model(2.116)、排错模型 debugging model(2.414)、出错模型 error model(2.565)、可靠性模型 reliability model(2.1339)、仿真 simulation(2.1453)和统计测试模型 statistical test model(2.1584)。

2.965

模型方面　model aspect

一种侧重于元模型特别质量的建模维。例如，结构模型方面侧重于元模型的结构质量。

2.966

模型驱动体系结构　model driven architecture;MDA

它是解决基于不同中间件系统的集成问题。它将不同的系统都结构化成平台独立模型(PIM-platform independent model)和平台特定模型(PSM-platform specific model),并针对不同实现技术与平台制订多个映射规则,然后通过这些映射规则及辅助工具将 PIM 转换成 PSM,再将 PSM 不断求精直至形成最后代码。

2.967

模型详化　model elaboration

从已公布的模型生成某一存储库类型的过程。包括接口和实现按如下方式的生成:使各存储库能基于并符合于已详化的模型而加以实例化和装入。

2.968

模型元素　model element

从被建模的系统抽象出来的元素。

相对:视图元素 view element(2.1834)。

[MOF]在 MOF 规格说明中,将模型元素当作是对象。

2.969

模型库　model library

含有供其他包重用的模型元素的一种衍型包。模型库类似于某些程序设计语言中的类库。

2.970

建模时[的]　modeling-time

用于说明在软件开发过程的建模阶段所出现的某一事物。包括分析阶段与设计阶段。用法注解:在讨论对象系统时,区分建模与运行时间的有关问题,常常是很重要的。

参见:分析阶段 analysis phase(2.62)和设计阶段 design phase (2.450)。

相对:运行时间 run time(2.1407)。

2.971

修改　modification

a)　对软件进行的更改。

b)　更改软件的过程。

2.972

模块的　modular

由分离的各部分构成的。

参见:模块分解 modular decomposition(2.973)和模块化程序设计 modular programming (2.974)。

2.973

模块分解　modular decomposition

把系统分成若干模块(模块编程元素)以便于设计和开发的过程。

参见:内聚度 cohesion(2.228)、耦合 coupling(2.358)、去模块化 demodularization(2.432)、因素分解 factoring(2.598)、功能分解 functional decomposition(2.664)、层次结构分解 hierarchical decomposition(2.696)和封装 packaging(2.1091)。

2.974

模块化程序设计　modular programming

把软件作为模块的集合进行开发的软件开发技术。

参见:以数据结构为中心的设计 data structure-centered design(2.405)、输入-处理-输出 input-processoutput(2.762)、模块分解 modular decomposition(2.973)、面向对象的设计 object-oriented(2.1037)、快速原型 rapid prototyping(2.1307)、逐步细化 stepwise refinement(2.1587)、结构冲突 structure clash(2.1606)、结构设计 structured design(2.1607)、事务分析 transaction analysis(2.1760)和转换分析 transform analysis(2.1764)。

2.975

模块性　modularity

计算机程序由离散部件组成的特性,以便使一个模块的变更对其他模块的影响最小。

参见:内聚度 cohesion(2.228)和耦合 coupling(2.358)。

2.976

模块化　modularization

见:模块分解 modular decomposition(2.973)。

2.977

模块　module

a) 离散的程序单位。且对于编译、与其他单位相结合和装入来说是可标识的。例如,汇编程序、编译程序、连接编辑程序或执行的例行程序的输入或输出。

b) 程序中一个能逻辑地分开的部分。

注:术语"模块(module)"、"部件(component)"和"单位(unit)"常常是可互换的或以不同方法定义为另一个的子元素,取决于上下文。这些术语之间的关系尚未标准化。

2.978

模块强度　module strength

见:内聚度 cohesion(2.228)。

2.979

模块测试　module testing

见:部件测试 component testing(2.264)。

2.980

一元选择构造　monadic selective construct

一种 if-then-else 结构,在此种结构中,处理只由分支的一个输出规定,另一个输出导致跳过此处理。

相对:二元选择构造 dyadic selective construct(2.510)。

2.981

监控程序　monitor

监控器

一软件工具或硬件设备,它与系统或部件并发工作,监督、记录、分析或验证系统或部件的操作。

参见:硬件监控器 hardware monitor(2.692)、软件监控程序 software monitor(2.1509)。

2.982

监控　monitoring

由需方或第三方对供方活动状况及其成果的检查。

2.983

移动　move

a) 从源读数据,变更源单元的内容并可以与源不同的物理格式写同一数据至别处。例如,从一个文件传送数据至另一个文件。

相对:复制 copy(2.351)。

b) 有时,作为复制 copy(2.351)的同义词。

参见：读取 fetch(2.622)、装入 load(2.863)和存储 store(2.1595)。

2.984

平均失效时间间隔　MTBF

mean time between failures 的缩略语。

2.985

平均修复时间　MTTR

mean time to repair 的缩略语。

2.986

多地址指令　multiaddress instruction

包含多于一个地址字段的指令。

相对：单地址指令 one-address instruction(2.1047)。

2.987

多级地址　multilevel address

见：间接地址 indirect address(2.744)。

2.988

多级安全　multilevel security

一种操作方式，当至少有某些用户对系统中包括的全部数据既不清楚也不需要知道时，它允许处于各种安全级上的数据并行地在计算机系统中存储和处理。

2.989

多级存储　multilevel storage

见：虚拟存储 virtual storage(2.1840)。

2.990

多地址指令　multiple-address instruction

见：多地址指令 multiaddress instruction(2.986)。

2.991

多重分类　multiple classification

其中对象直接属于的类目可多于一个的泛化的一种语义变化。

参见：静态分类 static classification(2.1581)和动态分类 dynamic classification(2.518)。

2.992

多排它选择构造　multiple exclusive selective construct

见：[分]情况语句 case(2.186)。

2.993

多包含选择构造　multiple inclusive selective construct

case 结构的一种特殊情况，在此情况下，控制表达式的两个或多个值导致相同的处理。例如，值 1 和 2 引起一分支，3 和 4 引起另一分支，等等。

2.994

多[重]继承　multiple inheritance

泛化的语意变种，其中类型可具有多于一个超类型。

相对：单一继承 single inheritance(2.1458)。

2.995

多重性势域　multiplicity

对某一集合可取的势的范围的一种规格说明。多重性可对关联内的角色、组合中的各部分、重复次数或其他目的来给出规格说明。在本质上，多重性是非负整数的一个(可能无限)子集。

相对：势 cardinality(2.184)。

2.996

多重处理 multiprocessing

一种操作模式，在其中，两个或多个进程由分别的处理单元并行地执行。它们访问共同的主存储器(通常)。

参见：多任务 multitasking(2.998)和分时 time sharing(2.1629)。

相对：多道程序设计 multiprogramming(2.997)。

2.997

多道程序设计 multiprogramming

一种操作方式，它可以使单处理机交替地执行两个或多个计算机程序。

参见：多任务 multitasking(2.998)和分时 time sharing(2.1740)。

相对：多重处理 multiprocessing(2.954)。

2.998

多任务 multitasking

一种操作方式。其中，两个或多个任务以交替方式执行。

参见：多重处理 multiprocessing(2.996)、多道程序设计 multiprogramming(2.997)和分时 time sharing(2.1740)。

2.999

多值的 multi-valued

带有经定义的多重性的一种模型元素，其多重性类型即上层属性设置为大于1的数。在任何时刻，术语多值都与属性、参数等所取的值的数目无关。

相对：单值 single value(2.1463)。

2.1000

变异 mutation

见：程序变异 program mutation(2.1239)。

2.1001

变异测试 mutation testing

一种测试技术，其中的两个或多个程序变异用相同的测试用例执行，以评价测试用例检测变异中的差别的能力。

2.1002

N 地址指令 n-address instruction

由 n 个地址字段组成的指令，其中，n 可以是任一非负整数。

参见：一地址指令 one-address instruction(2.1047)、二地址指令 two-address instruction(2.1777)等等。

相对：N 加 1 地址指令 n-plus-one address instruction(2.1008)。

2.1003

N-进制的 N - ary

N 元的

a） 由 n 个不同可能的值或状态的挑选、选取或条件所表征。

b） 具有基数 n 的固定基数数制系统。

2.1004

N 元关联 n-ary association

三个或更多类之间的一种关联。此关联中的任何实例都是取自有关各类的一个 n 元组值。

相对：二元关联 binary association(2.137)。

2.1005

名[称] name

一种用于标识某一模型元素的字符串。

2.1006

命名空间 namespace

模型的一部分，可在其中定义并使用名称。命名空间中的每一名称意义唯一。

参见：名称 name(2.1005)。

2.1007

N 级地址 n-level address

一种间接地址，它规定 n 个存储单元的链的第一个，它的前 n-1 包含链中下一个单元的地址，最后，包含所希望的操作数。例如，两级地址。

相对：直接地址 direct address(2.481)和立即数据 immediate data(2.721)。

2.1008

N 加 1 地址指令 n-plus-one address instruction

包含 n+1 个地址字段的指令，其中最后一个包含下一个要执行的指令的地址。

参见：1 加 1 地址指令 one-plus-one address instruction(2.1050)、2 加 1 地址指令 two-plus-one address instruction(2.1780)等等。

相对：n 地址指令 n-address instruction(2.1002)。

2.1009

超微码 nanocode

超微指令(nanoinstruction)的集合。

2.1010

超微指令 nanoinstruction

在微程序的两级实现中，规定实现微指令所需要的一个或多个基本操作的指令。

2.1011

超微存储 nanostore

在微程序的两级实现中，存储超微指令的二级控制存储器。

2.1012

Nassi-Shneiderman 图 Nassi-Shneiderman chart

见：盒图 box diagram(2.156)。

2.1013

自然语言 natural language

一种语言，其规则根据当前的习惯用法而不是在使用前预它建立。例如英语、汉语、法语以及斯瓦希利语。

相对：形式语言 formal language(2.644)。

2.1014

嵌套 nest

a) 把某一类的一个或多个结构合并到同一类结构中去。例如，把一个循环(被嵌套的循环)嵌套到另一个循环(嵌套的循环)中去、把一个子例程(被嵌套的子例程)嵌套到另一个子例程(嵌套的子例程)中去。

b) 把子例行程序或数据放在处于另一不同层次级别上的另一个子例行程序或数据中，使得该子例行程序可作为递归子例行程序被执行，或该数据能被递归地存取。

2.1015

网[络] network

a) 一组互连或相关的结点。

b) 涉及约束性或面向问题的修饰词、资料、文件以及人力资源的组合,通过设计把这些组合起来以实现某些目标。例如:社会科学网络、科学信息网络。

2.1016

网[络]图 network chart

一种有向图,它在项目控制中用以描述和调度各事件、活动及其联系。

2.1017

网络规划 network planning

使用网络图来规划、调度和控制某一项目的一种技术。

2.1018

空操作 no-op

no-operation 的缩略语。

2.1019

空操作 no-operation

一种计算机操作,它的执行,除了使指令计数器前进至下一条指令外,没有任何其他影响。用于在程序中保留空间,若重复执行,为等待一给定的事件。常常缩略语为 no-op。

2.1020

结点 node

节点

a) 网络或图中任何分支的端点,或属于两个或多个分支的公共结点。

b) 在树形结构中,下属数据项由之发源的一点。

c) 在网络中,一个或多个功能部件在此互连传输线的点。

d) 图中的点、圆或任何其他几何图形,用以表示状态、事件或其他感兴趣项。

参见:图 graph(2.684)b)。

2.1021

命名原则标准 nomenclature standard

描述系统、一组名字、指示或符号的特征的标准。

2.1022

非交付项 non-deliverable item

不需要按合同交付的、但在软件的开发中可能用到的硬件和软件。

2.1023

非技术性要求 non-technical requirements

影响并规定软件项目管理活动的协议、条件和(或)合同条款。

2.1024

非破坏性读 nondestructive read

一种读操作,它不删除在所访问单元中的数据。

相对:破坏性读 destructive read(2.461)。

2.1025

非过程语言 nonprocedural language

一种语言,其中没有说明为完成用户状态,在给定的序列中计算机必须执行的特定指令。

参见:声明语言 declarative language(2.417)和基于规则的语言 rule-based language(2.1403)。

相对:过程语言 procedural language(2.1180)。

2.1026

修订通知　NOR

在配置管理中，notice of revision 的缩略语。

注：为一种逻辑操作。

2.1027

记法标准　notation standard

描述在声明中正式接口的特征的标准。

2.1028

修订通知　notice of revision

在配置管理中用的一种格式，用以对图、表进行修订提出建议，以及在批准后通知用户图或表已经或将相应地修订。

参见：配置控制 configuration control(2.307)、工程变更 engineering change(2.546)和规格说明变更通知 specification change notice(2.1549)。

2.1029

核心　nucleus

见：内核 kernel(2.831)a)。

2.1030

目标　object

对象

a)　关于汇编或编译过程的输出。

参见：目标代码 object code(2.1031)、目标模块 object module(2.1036)和目标程序 object program(2.1039)。

b)　一程序常数或变量。

c)　数据和对该数据进行操作的服务的封装体。

参见：面向对象的设计 object-oriented design(2.1037)。

2.1031

目标代码　object code

由汇编程序或编译程序输出的格式表示的计算机指令和数据定义。目标程序由目标代码构成。

相对：源代码 source code(2.1541)。

2.1032

对象图　object diagram

一种由在某一时刻的各对象及其关系所组成的图。对象图为可视类图或协作图的特例。

参见：类图 class diagram(2.212)和协作图 collaboration diagram(2.231)。

2.1033

对象流状态　object flow state

在某一活动图中的一种状态，它表示一个对象从一个状态中的动作输出到另一状态中的动作输入的传递的状态。

2.1034

目标语言　object language

见：目标语言 target language(2.1676)。

2.1035

对象生存线　object lifeline

在时序图中，一条表示对象经历时期的线。

参见：时序图 seqence diagram(2.1437)。

2.1036

目标模块 object module

是汇编程序或编译程序的输出的计算机程序或子程序。

参见：装入模块 load module(2.866)和目标程序 object program(2.1039)。

2.1037

面向对象的设计 object-oriented design

系统或部件用对象和它们之间连接的术语表示的软件开发技术。

参见：以数据结构为中心的设计 data structure-centered design(2.405)、输入-处理-输出 input-process-output(2.762)、模块分解 modular decomposition(2.973)、快速原型 rapid prototyping(2.1307)、逐步细化 stepwise refinement(2.1587)、结构设计 structured design(2.1607)、事务分析 transaction analysis(2.1760)和转换分析 transform analysis(2.1764)。

2.1038

面向对象的语言 object-oriented language

一种程序设计语言，它允许用户用对象和这些对象之间的消息的术语表示程序。例子包括 Smalltalk 和 LOGO。

2.1039

目标程序 object program

已完成编译或汇编已准备好装入到计算机中的程序。

参见：目标模块 object module(2.1036)。

相对：源程序 source program(2.1544)。

2.1040

客观证据 objective evidence

基于可验证的观测、测量或测试，关于过程元素的存在和实施或者项或服务的特性的定量或定性的事实陈述、记录或信息。

2.1041

职务标准 occupational title standard

描述通常的职业和工作的特征的标准。

2.1042

脱机的 offline

离线的

用于说明未在计算机的中央处理单元直接控制下的设备或进程。

相对：在线的 online(2.1045)b)。

2.1043

偏移量 offset

a) 在装入的初始地址与计算机程序的汇编的初始地址之间的差。与重定位因数 relocation factor(2.1349)同义。

b) 必须加至相对地址以确定要访问的存储单元的地址的数。此数可能是在 a)中定义的差或在程序中定义的另一个数。

参见：基地址 base address(2.124)、索引的(变址的)地址 indexed address(2.740)、相对地址 relative address(2.1331)和自相关地址 self-relative address(2.1429)。

2.1044

现货产品　off-the-shelf product

由供方、需方或第三方提供的、已经开发出来的、可得到、可使用的、现成的或需要加以修改的产品。

2.1045

联机的　online

在线的

a)　关于输入数据直接从初始点进入计算机或输出数据直接发送至所用的点的系统或部件。例如，航线订票系统。

参见：会话的 conversational(2.348)、交互的 interactive(2.792)和实时的 real time(2.1313)。

相对：批处理的 batch(2.128)。

b)　在计算机中央处理单元直接控制下的设备或进程。

相对：离线的 offline(2.1042)。

2.1046

联机编译程序　online compiler

见：增量编译程序 incremental compiler(2.737)。

2.1047

一地址指令　one-address instruction

包含一个地址字段的计算机指令。例如，装入 A 单元内容的指令。

相对：多地址指令 multiaddress instruction(2.986)、二地址指令 two-address instruction(2.1777)、三地址指令 three-address instruction(2.1733)、四地址指令 four-address instruction(2.652)和零地址指令 zero-address instruction(2.1859)。

2.1048

向前一个寻址　one-ahead addressing

一种隐含寻址方法，其中，计算机指令的操作数在上一条执行的指令所用操作数的存储单元的下一个存储单元中。

相对：重复寻址 repetitive addressing(2.1354)。

2.1049

一级地址　one-level address

见：直接地址 direct address(2.481)。

2.1050

一加一地址指令　one-plus-one address instruction

包含两个地址字段的计算机指令，其第二个包含下一条要执行的指令的地址。例如，一条指令加载单元 A 的内容，然后执行在单元 B 的指令。

相对：二加一地址指令 two-plus-one address instruction(2.1780)、三加一地址指令 three-plus-one address instruction(2.1734)和四加一地址指令 four-plus-one address instruction(2.653)。

2.1051

操作码　opcode

见：操作码 operation code(2.1058)。

2.1052

开式子例程　open subroutine

在调用时复制至计算机程序的调用处的子例程。

参见：内联码 inline code(2.758)和宏 macro(2.893)。

相对：闭式子例程 closed subroutine(2.216)。

2.1053

开放系统 open system

一种按标准建立起来的计算机系统。开放系统的主要特征是：

兼容性 compatibility(2.249)；

可移植性 portability(2.1149)；

互操作性 interoperability(2.807)；

可扩缩性 scalability(2.1411)。

开放系统可以使用户摆脱特定厂商的控制，并有利于提高软件厂商的效益。

2.1054

操作数 operand

要在其上执行操作的变量、常数或函数。例如，在表达式 A＝B＋3 中，B 和 3 是操作数。

2.1055

操作系统 operating system

控制各种程序的执行并可提供资源分配、调度、输入输出控制以及数据管理等服务的软件。虽然绝大多数操作系统是软件，部分用固件或硬件实现也是可能的。

2.1056

操作 operation

运行

运算

a) 在计算机算术操作中，由一个操作符在一个或多个操作数上规定的动作。例如，在表达式 A＝B＋3 中，加 B 至 3 以得到 A 的过程。

b) 在程序设计中，定义由计算机系统执行的动作，例如，相加、比较、分支等。注：与算术操作不同，操作可能不包含操作符或操作数，例如暂停(halt)操作。

c) 在目标环境中执行目标函数的计算机系统的运行过程。

d) 在面向对象中，操作是对对象行为的指正。

2.1057

运行和维护阶段 operation and maintenance phase

软件生存周期中的一个阶段，在此阶段软件产品在规定的运行环境中进行使用、监控，以得到满意的性能，必要时要进行修改，以改正问题或对变化了的需求作出响应。

2.1058

操作码 operation code

规定计算机操作的字符或字符组。例如，代码 BNZ 指定“若非零分支”。

2.1059

操作异常 operation exception

当程序遇到无效操作码引起的异常。

参见：寻址异常 addressing exception(2.50)、数据异常 data exception(2.395)、溢出异常 overflow exception(2.1082)、保护异常 protect exception(2.1274)和下溢异常 underflow exception(2.1786)。

2.1060

操作字段 operation field

规定要执行的操作的计算机指令字段。

相对：地址字段 address field(2.45)。

2.1061

操作部分 operation part

见：操作字段 operation field(2.1060)。

2.1062

可运行的 operational

用于说明：

a) 在它的目标系统中准备好使用的系统或部件；

b) 在目标环境中安装的系统或部件；

c) 系统或部件准备使用的环境。

2.1063

运行可靠性 operational reliability

在实际使用环境中，系统或软件子系统的可靠性。运行可靠性可能与规定环境或测试环境中的可靠性有很大的不同。

2.1064

运行软件 operational software

预定在交付给顾客，并部署在预定环境下的系统中使用和运行的软件。

2.1065

运行测试 operational testing

在它的目标环境中，评价系统或部件的测试行为。

参见：验收测试 acceptance testing(2.19)和合格性测试 qualification testing(2.1291)。

相对：开发测试 development testing(2.468)。

2.1066

运算符 operator

操作员

a) 在操作中表示要执行的动作的算术或逻辑符号。例如，在表达式 A=B+3 中，+是一操作符，表示相加。

b) 操作计算机系统的人。

2.1067

操作符字段 operator field

见：操作字段 operation field(2.1060)。

2.1068

操作员手册 operator manual

提供启动和操作系统或部件必需的信息的文档。典型地描述准备、操作、监控和恢复过程。

注：当在操作计算机系统(安装磁带等等)的人与为了一定的目的使用计算机系统的人之间有区分时，操作员手册和用户手册有区别。

参见：诊断手册 diagnostic manual(2.476)、安装手册 installation manual(2.766)、程序员手册 programmer manual(2.1250)、支持手册 support manual(2.1631)和用户手册 user manual(2.1813)。

2.1069

时机研究 opportunity study

一种研究，它考查某一问题，并确定其是否需在考虑中的某一时期来解决。

2.1070

次序抵触(冲突) order clash

在软件设计中，结构冲突的一种类型，在这种相撞中，程序必须处理两种或多种已经以不同次序排序的数据集。

参见：以数据结构为中心的设计 data structure-centered design(2.405)。

2.1071

组织 organization

公司或其他实体中的单位，在这个单位中许多项目作为一个整体加以管理。一个组织内的所有项目有一个共同的顶层经理，并有共同的方针。

2.1072

组织过程 organizational process

为构成自始至终的一个完整过程，由机构指定并以项目为例说明的一套软件工程和管理过程。

2.1073

组织单位 organizational unit

将经受评估的组织部分。

注 1：一个组织单位使用一个或一组且具有协调的环境的过程并在一组协调经营目标内运营。

注 2：组织单位是大型组织的一个典型部分、尽管在一个小的组织中，组织单位可能是指整个组织。

例如：一个组织单位可以是：

—— 一个特定的项目或一组(相关的)项目；

—— 组织内的一个关注某个特定的生存周期阶段(或几个阶段)单位诸如采购、开发、维护或支持；

—— 组织内部负责某个特定产品或产品类的所有方面的某个部分。

2.1074

组织的测量大纲 organization's measurement program

阐述组织的测量需求的一组相关元素，它包括全组织范围的测量的定义、收集和分析组织的测量数据的方法和实践、以及组织的测量目标。

2.1075

组织的软件过程资产 organization's software process assets

由组织维护的，供项目在制定、剪裁、维护和实施其软件过程时使用的一组实体的集合。组织的软件过程资产一般包括：

a) 组织的标准软件过程；

b) 被批准使用的软件生存周期的描述；

c) 剪裁组织的标准软件过程的指南和准则；

d) 组织的软件过程数据库；

e) 软件过程有关文档库；

f) 组织认为在进行过程定义和维护活动方面有用的任何实体。

2.1076

组织的软件过程数据库 organization's software process database

为收集有关软件及其生成的软件过程工作产品的数据(特别是与组织的标准软件过程有关的数据)，并使其可供使用而建立的数据库。该数据库包含(或者引用)实际的测量数据和为理解测量数据及评估其合理性和适用性所需要的相关信息。过程和工作产品的数据的例子包括：软件规模、工作量和成本的估计数据；软件规模、工作量和成本的实际数据；生产率数据；同行评审的覆盖率和效率的数据；以及在软件代码中所发现的缺陷的数目及严重性。

2.1077

组织的标准软件过程 organization's standard software process；OSSP

一组基本过程的操作性的定义，这些基本过程用来指导在组织的所有项目中建立一个共同的软件过程。它描述各个软件项目定义的软件过程预期要包括的基本软件过程元素，以及这些软件过程元素间的关系(例如,排序和接口)。

2.1078

定向培训　orientation

对一个主题的一个概论或引论性培训,以便对负责实施该主题的人员进行一般的管理和交往。

2.1079

起点　origin

赋给计算机程序的在主内存中初始存储单元的地址。

参见:汇编的起点 assembled origin(2.81)和装入的起点 loaded origin(2.867)。

相对:启动地址 starting address(2.1576)。

2.1080

输出　output

a) 传送至外部目标的数据。

b) 在把数据传送至外部目标中包含的设备、进程或通道。

c) 为传送数据至外部目标。

d) 接近输出数据。

相对:输入 input(2.759)。

2.1081

输出断言　output assertion

一个逻辑表达式,它规定为了保证程序正确,程序输出必须满足的一个或多个条件。

参见:归纳断言法 inductive assertion method(2.747)。

相对:输入断言 input assertion(2.760)和循环断言 loop assertion(2.880)。

2.1082

溢出异常　overflow exception

当算术运算的结果超出了指定的存储单元能接受它的大小时发生的异常。

参见:寻址异常 addressing exception(2.50)、数据异常 data exception(2.395)、操作异常 operation exception(2.1059)、保护异常 protection exception(2.1274)和下溢异常 underflow exception(2.1786)。

2.1083

开销操作　overhead operation

见:内务操作 housekeeping operation(2.711)。

2.1084

开销时间　overhead time

计算机系统执行并不直接贡献给任一用户任务的进行的任务所花费的时间的总数。例如,为了编排的目的安排计算机资源所花费的时间。

2.1085

覆盖　overlay

a) 一种存储分配技术,在此技术中,计算机程序段从辅助存储器装入至主内存,当需要时,覆写当前不在使用的其他段。

b) 一个计算机程序段,它在辅助存储器中维护,当需要时装入主内存,覆写当前未在使用的其他段。

c) 用覆写程序的其他段的方式从辅助存储器装入计算机程序段至主内存。

2.1086

覆盖监督程序　overlay supervisor

控制覆盖的次序和位置的例程。

2.1087

重载　overload

赋予一操作符、标识符或文字多于一种含义，取决于在程序执行期间任一给定时间与其相关的数据类型。

2.1088

紧缩　pack

用数据和媒体已知的特征以允许数据恢复的方式把数据用压缩的方法存放在媒体中。

相对：解包 unpack(2.1793)。

2.1089

包　package

由相关的数据类型、数据对象和子程序组成的可分别编译的软件部件。

参见：数据抽象 data abstraction(2.388)、封装 encapsulation(2.542)和信息隐藏 information hiding(2.751)。

2.1090

包图　package diagram

包图由包和包之间的联系构成。包是一种对模型元素进行成组组织的通用机制，它把语义上相近的可能一起变更的模型元素组织在同一个包里，便于理解复杂的系统，控制系统结构各部分间的接缝。包图是维护和控制系统总体结构的重要建模工具。

2.1091

打包　packaging

在软件开发中，把模块赋予段，以便为计算机执行时作为不同的物理单元处理。

2.1092

填充　padding

a) 用具有虚拟的字符、字或记录的数据填写固定长度块的技术。

b) 用于填写固定长度数据块的虚拟字符、字或记录。

2.1093

页[面]　page

a) 固定长度的数据或在存储分配中作为一个单元对待的计算机程序段。

参见：调页 paging(2.1101)。

b) 在虚拟存储器系统中，一固定长度的数据或计算机程序段。此程序有虚拟地址并在主内存和辅助存储器之间作为一个单元传送。

c) 在视频显示终端上，一屏信息。

2.1094

页亏　page breakage

当数据或计算机程序的最后页未填满分配给它的存储器的整块时，主内存未用的部分。

参见：调页 paging(2.1101)。

2.1095

页帧　page frame

主内存的一个块，它具有能保持一页的大小。

参见：调页 paging(2.1101)。

2.1096

页对换　page swapping

在主内存和辅助存储器之间页的交换。

参见：调页 paging(2.1101)。

2.1097

页表　page table

标识在存储器中页的单元并给出这些页充分的属性的表。

参见：调页 paging(2.1101)。

2.1098

页轮流　page turning

见：调页 paging(2.1101)c)。

2.1099

页 0　page zero

在存储器分配的调页方法中，页序列中的第一页。

2.1100

调页程序　pager

启动和控制在主内存和辅助存储器之间页的传送的例程。

参见：调页 paging(2.1101)。

2.1101

分页　paging

调页

a)　一种存储分配技术，其中的程序或数据分为长度固定的称为页的块，主内存也分成同样长度称为页帧的块，页存储在页帧中，不必连续。或按逻辑顺序。

相对：邻接分配 contiguous allocation(2.329)。

b)　一种存储分配技术，在此技术中，程序或数据分为长度固定的称为页的块，主内存也分成同样长度称为页帧的块，当需要时，页在主内存和辅助存储器之间传送。

参见：先行调页 anticipatory paging(2.66)、按需调页 demand paging(2.431)和虚拟存储器 virtual storage(2.1840)。

c)　像在 b)中那样传送页。与页旋转 page turning(2.1098)同义。

参见：页 page(2.1093)、页亏 page breakage(2.1094)、页帧 page frame(2.1095)、页对换 page swapping(2.1096)、页表 page table(2.1097)、页 0 page zero(2.1099)、调页程序 pager(2.1100)和工作集 working set(2.1853)。

2.1102

并行　parallel

a)　用于说明整体的分别部分的同时传送、发生或处理。例如，字符的位对于各个部分用分别的设施同时处理。

相对：串行 serial(2.1442)a)。

b)　见：并发 concurrent(2.298)。

2.1103

并行构造　parallel construct

由两个或多个能同时发生的过程组成的程序构造。

2.1104

并行运行　parallel run

为比较和可信起见，两个信息处理系统以同一应用程序和源数据进行的操作，其中一个系统是给定的，另一个是其预期替换者。

2.1105

参数　parameter

a）一种变量，针对一特定的应用程序可给定一固定值。

参见：适应参数 adaptation parameter(2.42)。

b）用于在软件模块之间传递值的常数、变量或表达式。

参见：自变量 argument(2.74)和形参 formal parameter(2.645)。

2.1106

参数化元素　parameterized element

对带有一个或多个未绑定参数的类的描述符。

2.1107

父　parent

在泛化联系中，对另一元素即子的泛化。

参见：子类 subclass(2.1613)、子类型 subtype(2.1623)。

相对：子 child(2.207)。

2.1108

Pareto 分析　Pareto analysis

采用缺陷原因从最重要到最不重要的排序方法对缺陷进行分析。Pareto 分析的根据是以 19 世纪经济学家 Vilfredo Pareto 命名的原理，即大多数后果是由于相对少的原因引起的，也就是 80%后果是由可能原因中的 20%所造成的。

2.1109

语法分析　parse

由分解语言单元为更多的基本的子单元并建立它们之间的关系以确定语言单元的句法结构。例如，把块分解为语句，把语言分解为表达式，把表达式分解为操作符和操作数。

2.1110

语法分析程序　parser

对计算机程序或其他文本进行语法分析的软件工具，常常作为汇编、编译、解释或分析的第一步。

2.1111

部分正确性　partial correctness

在正确性证明中，指出程序的输出断言是它的输入断言和处理步骤的合乎逻辑的结果。

相对：完全正确性 total correctness(2.1750)。

2.1112

参与　participate

模型元素连接到一个关系或对具体化的关系。例如，类参与关联，施动者参与用况。

2.1113

分区　partition

a）（用于活动图）在活动图中，组织动作职现的部分。

参见：泳道 swimlane(2.1634)。

b）（用于体系结构）一种在同一抽象级或跨分层体系结构的各层的有关类目或包的集合。分区表示跨全系结构的纵断片，层则表示横断片。

相对：层 layer(2.842)。

2.1114

划分　partitioning

分解；由整体到各组成部分的分割。

2.1115

遍 pass

数据集处理过程中的单个周期,通常执行整个过程的一部分。例如,汇编程序通过源程序一遍、排序程序通过数据集一遍。

2.1116

通过/失败准则 pass/fail criteria

用于确定一软件项或一软件特性是否通过测试或失败的决定准则。

参见:测试准则 test criteria(2.1699)。

2.1117

修补 patch

补丁

a) 直接对目标程序所做的修改,而不从源程序重新汇编或编译。

b) 对源程序所做的修改,作为最后固定或事后思考。

c) 对源程序或目标程序的任何修改。

d) 执行如在 a)、b)、c)中的修改。

2.1118

路径 path

a) 在软件工程中,可能在计算机程序的执行中执行的指令序列。

b) 在文件访问中,规定文件的存储单元的目录和子目录名的层次序列。

2.1119

路径分析 path analysis

对程序进行的如下分析:以标识通过该程序的所有可能的路径,检测不完全的路径,或发现不处在任何路径上的程序部分。

2.1120

路径条件 path condition

为了要执行具体的程序路径所必须满足的一组条件。

2.1121

路径表达式 path expression

一个逻辑表达式。它说明为了执行具体的程序路径所必须满足的输入条件。

2.1122

路径测试 path testing

设计以执行通过计算机程序的全部或所选择的路径的测试。

相对:分支测试 branch testing(2.158)和语句测试 statement testing(2.1575)。

2.1123

相依耦合 pathological coupling

一类耦合,在其中,一个软件模块影响或依赖于另一个的内部实现。

相对:公共环境耦合 common-environment coupling(2.243)、内容耦合 content couping(2.327)、控制耦合 control coupling(2.336)、数据耦合 data couping(2.393)和混合耦合 hybrid coupling(2.714)。

2.1124

模式敏感故障 pattern-sensitive fault

见:数据敏感故障 data-sensitive fault(2.403)。

2.1125

暂停　pause

挂起计算机程序的执行。与：暂停 halt(2.688)b)同义。

相对：停止 stop(2.1590)。

2.1126

物理配置审核　PCA

physical configuration audit 的缩略语。

2.1127

程序设计语言　PDL

program design language 的缩略语。

2.1128

概要设计评审　PDR

preliminary design review 的缩略语。

2.1129

同行评审　peer review

由软件工作产品生产者的同行遵循已定义的规程对工作产品进行的评审，以标识工作产品存在的缺陷和需要的改进。

2.1130

完善性维护　perfective maintenance

执行以改善计算机程序的性能、可维护性或其他属性的软件维护。

相对：适应性维护 adaptive maintenance(2.43)和纠正性维护 corrective maintenance(2.354)。

2.1131

性能　performance

系统或部件在给定的约束，例如速度、精度或存储器使用条件下实现指定的功能的程度。

2.1132

性能评价　performance evaluation

为确定运行目标达到了何种有效程度而对系统或系统部件的技术评价。

2.1133

性能需求　performance requirement

在功能需求上加上条件的需求。例如，在规定的速度、精度或存储器使用条件下执行指定函数的需求。

相对：设计需求 design requirement(2.451)、功能需求 functional requirement(2.667)、实现需求 implementation requirement(2.730)、接口需求 interface requirement(2.798)和物理需求 physical requirement(2.1140)。

2.1134

性能规格说明　performance specification

规定系统或部件必须具有的性能特征的文档。这些特征典型地包括：速度、精度和存储器使用。常常是需求规格说明书的一部分。

2.1135

性能测试　performance testing

评价系统或部件与规定的性能需求的依从性的测试行为。

参见：功能测试 functional testing(2.669)。

2.1136

定期评审或活动　periodic review/activity

在规定的固定时间间隔进行的评审或活动。

参见：事件驱动的评审或活动 event-driven review/activity(2.574)。

2.1137

持久对象　persistent object

一种在创建它的进程或线程不复存在时依然存在的对象。

2.1138

Petri 网　Petri net

信息流的一种抽象的、形式的模型，其中指出一系统的静态和动态性质。petri 网通常表示成图。图中有两类用弧彼此相连的结点(称为位置和转移)和指示其动态性能的标记〈称为记号〉。

参见：状态图 state diagram(2.1570)。

2.1139

物理配置审核　physical configuration audit

验证已建立的某个配置项遵循定义它的技术文档的审核行为。

参见：功能配置审核 functional configuration audit(2.662)。

2.1140

物理需求　physical requirement

规定系统或系统部件必须具有的物理特征的一种需求，例如材料、形状、尺寸、重量。

相对：设计需求 design requirement(2.451)、功能需求 functional requirement(2.667)、实现需求 implementation requirement(2.730)、接口需求 interface requirement(2.798)和性能需求 performance requirement(2.1133)。

2.1141

物理系统　physical system

a)　某一模型的材料。

b)　连接起来的各物理单元的一种如下汇集：能包括软件、硬件和人员，组织起来去达到特定目的。物理系统能由一个或多个模型，可能以不同的观点加以描述。

相对：系统 system(2.1645)。

2.1142

试点项目　pilot project

一种项目，它用于在实际的但有限的运行操作下，对信息处理系统的初级版本进行测试，之后，将用于对该系统的最后版本进行测试。

2.1143

管道　pipeline

一种软件或硬件设计技术，其中，一个进程的输出用作第二个的输入，第二个的输出用作第三个的输入等等。

2.1144

计划标准　plan standard

描述在规定的资源内实现定义的目标或工作的方案的特征的标准。

2.1145

重演　playback

见：可逆执行 reversible execution(2.1391)。

2.1146

指针　pointer

规定另一数据项位置的一种数据项,例如一数据项,它规定下一个要处理的记录的地址。

2.1147

方针　policy

一种指导原则,一般由高层管理者制定,并由组织或项目用来影响和确定决策。

2.1148

端口到端口时间　port-to-port time

在激活至输入接口的应用程序和输出接口出现响应之间消逝的时间。

参见:响应时间 response time(2.1377)、思考时间 think time(2.1729)和往返时间 turnaround time(2.1775)。

2.1149

可移植性　portability

系统或部件能从一种硬件或软件环境转换至另外一种环境的特性。

参见:机器独立 machine independent(2.889)。

2.1150

后[置]条件　postcondition

一种在某一操作完成之时必须为真的约束。

2.1151

后测试的迭代　post-tested iteration

见:"直至"语句 UNTIL(2.1795)。

2.1152

后同步码断点　postamble breakpoint

见:跋断点 epilog breakpoint(2.559)。

2.1153

事后转储　postmortem dump

在计算机程序异常终止后产生的转储。

参见:变更转储 change dump(2.196)、动态转输 dynamic dump(2.519)、内存转储 memory dump (2.928)、选择的转储 selective dump(2.1425)、快照转储 snapshot dump(2.1466)、静态的转储 static dump(2.1582)。

2.1154

后处理器　postprocessor

在主要过程完成以后执行某些最后的处理步骤的计算机程序。例如,为了输出,重新格式数据的例程。

相对:预处理器 preprocessor(2.1165)。

2.1155

开发后评审　post-development review

在系统运转使用已经达到稳定状态之后,对该系统效果的一种评论。

2.1156

实践　practices

惯例

用于描述对于软件开发过程的约束的统一的方法的需求。

参见:约定 conventions(2.347)和标准 standards(2.1562)。

2.1157

编译指示 pragma

见：伪指令 pseudo instruction(2.1280)。

2.1158

预测试迭代 pre-tested iteration

见："当"语句 WHILE(2.1847)。

2.1159

前同步码断点 preamble breakpoint

见：序断点 prolog breakpoint(2.1268)。

2.1160

精度 precision

对于说明的量的精确或差异的程度。例如，2 位十进制数字对 5 位十进制数字。

相对：准确 accuracy(2.22)。

2.1161

预编译程序 precompiler

一种计算机程序，它对源代码(其中有一部分可能是编译程序无法接受的)进行预处理，以产生与之等效但可为编译程序接受的代码。例如，把结构化 FORTRAN 转换为 GB 3507 FORTRAN 的预处理程序。

参见：预处理器 preprocessor(2.1165)。

2.1162

前[置]条件 precondition

一种当某一操作被启用时必须为真的约束。

2.1163

概要设计 preliminary design

a) 对于系统或部件分析各种设计方案和定义软件体系结构、部件、接口和提出时间和规模方面的估计的过程。

参见：详细设计 detailed design(2.462)、功能设计 function design(2.665)。

b) a)中过程的结果。

2.1164

概要设计评审 preliminary design review

a) 一种评审行为，它评价进展、技术合理和对于一个或多个配置项所选择的设计方法的风险解决方案、确定每一个设计与配置项的需求的兼容性、评价与选择的制造方法和过程相关的技术风险的定义和评定的程度、建立配置项之间和配置项与设备、设施、软件和人的其他项之间的物理的和功能的接口的存在和兼容性，若可能，评价主要的操作和支持文档。

参见：关键设计评审 critical design review(2.365)和系统设计评审 system design review(2.1650)。

b) 任何的硬件或软件部件如 a)中的评审。

2.1165

预处理程序 preprocessor

预处理器

在主要过程之前，执行某些处理步骤的计算机程序或例程。例如，预编译程序或为了处理重新格式代码和数据的例程。

相对：后处理器 postprocessor(2.1154)。

2.1166

预存储　prestore

在程序或例程进入之前，存储计算机程序或例程要求的数据。

2.1167

模样打印　prettyprinting

使用缩排、空行和其他可视的线索以显示程序的逻辑结构。

2.1168

预防性维护　preventive maintenance

在问题发生之前，为防止问题发生所进行的维护。

2.1169

主承制方　prime contractor

管理一个或多个产品的设计、开发和(或)制造的子合同的个人、合伙组织、公司或协会。

2.1170

原语类型　primitive type

见：原子类型 atomic type(2.103)。

2.1171

优先权　priority

优先级

赋予项的重要性的等级。

2.1172

优先级中断　priority interrupt

允许比当前正在执行的进程有更高优先级的进程执行的一种中断。

2.1173

私有类型　private type

一种数据类型，它的结构和可能的值被定义但不透露给类型的用户。

参见：信息隐藏 information hiding(2.751)。

2.1174

特权指令　privileged instruction

只有管理程序能执行的计算机指令。

2.1175

特权状态　privileged state

见：监督状态 supervisor state(2.1627)。

2.1176

问题描述　problem description

对问题的一种陈述，它可包括用于对其求解的数据、方法、步骤和算法的描述。

2.1177

面向问题的语言　problem-oriented language

设计为了解决给定类问题的编程语言。例子是表处理语言(list processing language)、信息检索语言(information retrieval language)和仿真语言(simulation language)。

2.1178

问题状态　problem state

在计算机系统的操作中，非管理程序能执行的状态。

相对：监督状态 supervisor state(2.1627)。

2.1179

过程内聚度　procedural cohesion

一类内聚度，其中，由软件模块执行的任务完全有助于给定的程序过程，例如一个重复或决定过程。

相对：一致内聚度 coincidental cohesion(2.229)、通信内聚度 communicational cohesion(2.246)、功能内聚度 functional cohesion(2.661)、逻辑内聚度 logical cohesion(2.874)和顺序内聚度 sequential cohesion(2.1439)。

2.1180

过程语言　procedural language

用户说明计算机必须以给定的顺序执行的特定的指令集的编程语言。所有广泛使用的编程语言都是这种类型的语言。

参见：代数语言 algebraic language(2.53)、算法语言 algorithmic language(2.56)、表处理语言 list processing language(2.860)和逻辑编程语言 logic programming language(2.873)。

相对：非过程语言 nonprocedural language(2.1025)。

2.1181

过程　procedure

规程

a)　计算机程序的一个部分，它被命名并实现一个特定的动作。

b)　为执行给定的任务而采取的动作的经过。

c)　如像 b)中采取动作的经过所写的描述。例如，说明的测试过程。

2.1182

面向过程的语言　procedure-oriented language

见：过程语言 procedural language(2.1180)。

2.1183

过程　process

进程

处理(动)

a)　为给定目的所执行的步骤序列，例如，软件开发过程。

b)　由操作系统调度程序管理的一可执行单元。

参见：任务 task(2.1679)和作业 job(2.825)。

c)　对数据进行操作。

2.1184

过程评估　process assessment

对组织的软件过程对照与参考模型相一致的模型的原则性的评价。

2.1185

过程属性　process attribute

适用于任何过程的可测量的过程能力特性。

2.1186

过程属性评级　process attribute rating

对于被评估过程的过程属性达到已定义能力级别的判断。

2.1187

过程能力　process capability

某过程达到所要求目标的能力。

2.1188

过程能力基线　process capability baseline

对典型环境下遵循一个特定过程通常所能达到的预期结果范围的一种文档化的特征描述。一般在组织层上建立过程能力基线。

2.1189

过程能力确定　process capability determination

在一个组织内部，对选定的软件过程对照某个目标能力所进行系统性的评估和分析，其目的是识别出所使用过程的强项、弱项及相关风险以满足某个特定要求。

2.1190

过程能力确定发起方　process capability determination sponsor

发起过程能力确定的组织，组织的某个部分或人。

2.1191

过程能力等级　process capability level

表示所执行的过程能力增强六点有序(过程能力)度量的某个点、每个等级均建立在其下级的基础之上。

2.1192

过程能力评级　process capability rating

一种对某个已评估过程的过程属性评定所达到的过程能力等级的表示。

2.1193

过程范畴　process category

涉及活动的方面的一组过程。

注：过程范畴涉及活动的5种一般方面：顾客－供方、工程、支持、管理和组织。

2.1194

过程环境　process context

对过程属性评定的判定、理解和可比性有影响的，并在评估输入中文档化了的一组因素。

2.1195

过程描述　process description

过程主要成分的操作性定义。即以全面的、精确的、可验证的方式规定过程的要求、设计、行为或其他特征的文档。它也可能包括用以确定这些条款是否已得到满足的规程。在任务层、项目层或组织层上均可能有过程描述。

2.1196

过程开发　process development

定义和描述过程的行动。它可包括策划、构造、设计、实施和确认。

2.1197

过程维　process dimension

过程的集合，它包括过程参考模型的功能方面和过程能力。

注：将过程划分为相关活动的类别。

2.1198

过程改进　process improvement

改进组织过程采取的行动，使过程满足组织经营的需要和更有效地实现组织的经营目标。

2.1199

过程改进行动　process improvement action

某项计划的和执行的行动以改进所有或部分软件过程。

注：(一项)过程改进行动能有助于实现一个以上的过程目标。

2.1200

过程改进纲要　process improvement programme

与特定改进目标实现相关的所有战略、方针、目标、职责和活动。

注：一项过程改进计划可以横跨一个以上的过程改进的完整的周期。

2.1201

过程改进项目　process improvement project

任何为实现某个特定改进所形成的过程改进计划的子集合。

2.1202

过程管理　process management

为开发一产品或执行服务要执行的工作的方向、控制和协调。例子是质量保证。

2.1203

过程测量　process measurement

为测量过程及其生成的产品而采用的一组定义、方法和活动，其目的是为了描述和了解该过程。

2.1204

过程结果　process outcome

过程成功地实施的可观测的结果。

注：主要过程结果列表形成了参考模型中每个过程的部分描述。

2.1205

过程性能　process performance

执行某个过程实现其目标的程度。

2.1206

过程性能基线　process performance baseline

对执行一个过程所达到实际结果的一种文档化的特征描述。它用作将实际过程性能与期望的过程能力进行比较的基准。一般在项目层上建立过程性能基线，尽管最初的过程性能基线通常由组织的过程能力基线导出。

参见：过程能力基线 process capability baseline(2.1188)。

2.1207

过程轮廓　process profile

某个已评估过程的过程属性鉴定的集合。

2.1208

过程目的　process purpose

执行过程的高层次的可测量目标和有效地实施过程的可能结果。

2.1209

过程标准　process standard

处理在制造或完成产品中所用的动作或操作系列的标准。

2.1210

过程剪裁　process tailoring

通过对过程的过程元素的细节或其他不完备的规范进行提炼、调整和(或)补充的方法来生成过程描述的一种活动。在过程剪裁期间通常说明项目的特定业务需要。

2.1211

产品　product

要交付给用户的一套完整的计算机程序、过程以及有关的文档和数据。

2.1212

产品分析 product analysis

用手工或自动的方法计算产品以确定产品是否有一定的特征的过程。

2.1213

产品基线 product baseline

在配置管理中，在它的生存周期的生产、操作、维护和后勤支持期间，定义一配置项的初始的经批准的技术文档（对于软件，包括源代码清单）。

2.1214

产品认证 product certification

见：认证 certification(2.192)。

2.1215

产品配置标识 product configuration identification

在它的生存周期的生产、操作、维护和后勤支持期间，定义一配置项的当前批准的或有条件批准的技术文档。它描述配置项的所有必需的物理的或形式的，适合的以及功能特征，所选择的功能特征为产品验收测试指定。

参见：产品基线 product baseline(2.1213)。

相对：分配的配置标识 allocated configuration identification(2.58)和功能配置标识 functional configuration identification(2.663)。

2.1216

产品工程 product engineering

定义、设计和构造或装配一产品的技术过程。

2.1217

产品库 product library

一种软件库，其中含有已被批准供当前运行使用的软件。

2.1218

产品管理 product management

在产品的开发周期期间，定义、协调和控制产品的特征。例子是配置管理(configuration management)。

2.1219

产品规格说明 product specification

a) 规定系统或部件必须实现的产品的设计文档。注：对于软件，此文档描述软件构造时的版本。

参见：设计描述 design description(2.442)。

b) 描述为潜在的客户和用户考虑的计划的或已存在的产品特征的文档。

2.1220

产品标准 product standard

一种标准，它处理在标记或完成产品中所用的动作或操作序列。

2.1221

产品支持 product support

提供信息、帮助和培训，以安装并使软件在其目标环境中可操作并向用户发布改进的功能。

2.1222

产品库 production library

一软件库，包装为当前操作的用户使用的已批准的软件。

相对：主库 master library(2.916)、软件开发库 software development library(2.1487)、软件储藏

库 software repository(2.1529)和系统库 system library(2.1657)。

2.1223

专业标准　professional standard

标识专业为学科并与其他专业区分的标准。

2.1224

外廓　profile

剖面

a) 一种如下的衍型的包:包含有为特定领域或目的已采用扩展机制加以客户化的模型元素,例如衍型、加标定义和约束。外廓还可规定所依赖的模型库和所扩展的元模型子集。

b) 沿时间轴,计划或预测结果与实际结果的一种比较。一般用图表示。

2.1225

程序　program

编程(动)

a) 参见:计算机程序 computer program(2.276)。

b) 写计算机程序。

2.1226

程序体系结构　program architecture

计算机程序部件之间的结构和关系。程序体系结构也可以包括它和程序运行环境之间的程序界面。

2.1227

程序块　program block

在面向问题的语言中,计算机程序的子部分,它用于把语句分组、划分例行程序、规定存储分配、确定标号的可使用性,或者为其他一些目的而将计算机程序的分段。

2.1228

程序正确性　program correctness

参见:正确性 correctness(2.355)。

2.1229

程序计数器　program counter

见:指令计数器 instruction counter(2.771)。

2.1230

程序定义语言　program definition language

见:程序设计语言 program design language(2.1231)。

2.1231

程序设计语言　program design language

具有特殊结构的规格说明语言,它有时带有验证协议,用于开发、分析和说明程序设计。

参见:设计语言 design language(2.447)、硬件设计语言 hardware design language(2.692)和伪代码 pseudo code(2.1279)。

2.1232

程序扩展　program extension

对现存软件进行增强以扩大程序能力的范围。

2.1233

程序流程图　program flowchart

见:流程图 flowchart(2.637)。

2.1234

程序指令　program instruction

在源程序中的计算机指令。注:程序指令与从汇编、编译或其他解释过程产生的计算机指令是有区别的。

2.1235

程序插装　program instrumentation

a) 插入到计算机程序中的探头。如指令或断言,以利于执行监控、正确性证明、资源监控或其他活动。

b) 准备探头并把它插入到计算机程序中去的过程。

2.1236

程序库　program library

计算机程序的有组织的集合。

参见:软件库 software library(2.1505)和系统库 system library(2.1657)。

2.1237

程序列表　program listing

计算机程序的的源代码,有时是目标代码的打印输出或其他人们可读的显示。

2.1238

程序维护手册　program maintenance manual

提供维护某一程序所必需的信息的一种文件。

2.1239

程序变异　program mutation

a) 从目标版本有目的地变更的计算机程序,它用以估计程序测试用例检测变更的能力。

参见:变异测试 mutation testing(2.1001)。

b) 如 a)中那样创建变更的程序的过程。

2.1240

程序网络图　program network chart

显示两个或多个计算机程序之间关系的图。

2.1241

程序保护　program protection

为预防对计算机程序的任何非授权存取或修改而施行的内部或外部控制。

2.1242

程序敏感故障　program-sensitive fault

当执行的程序步的某些具体序列失败引起的故障。

相对:数据敏感故障 data-sensitive fault(2.403)。

2.1243

程序规格说明　program specification

a) 计算机程序的任何规格说明。

参见:设计规格说明 design specification(2.453)、功能规格说明 functional specification(2.668)、性能需求 performance requirement(2.1134)和需求规格说明 requirement specification(2.1367)。

b) 与设计规格说明 design specification(2.453)同义。

2.1244

程序状态字　program status word

a) 包含规定计算机程序当前状态的信息的计算机字。此信息可能包含出错指示、下一条要执行的指令的地址、当前允许的中断等等。

b） 包含如 a)中这样的程序状态字的特殊目的的寄存器。

2.1245

程序结构图 program structure diagram

见：结构图 structure chart(2.1605)。

2.1246

程序支持库 program support library

见：软件开发库 software development library(2.1487)。

2.1247

程序综合 program synthesis

把程序规格说明变换为实现那个规格说明的程序的软件工具的使用。

2.1248

程序确认 program validation

计算机程序确认 computer program validation

参见：确认 validation(2.1819)。

2.1249

可编程的断点 programmable breakpoint

一种断点，当它启动时，自动引用以前规定的调试过程。

参见：代码断点 code breakpoint(2.220)、数据断点 data breakpoint(2.915)、动态断点 dynamic breakpoint(2.516)、跋断点 epilog breakpoint(2.559)、序断点 prolog breakpoint(2.1268)和静态断点 static breakpoint(2.1580)。

2.1250

程序员手册 programmer manual

提供为开发或修改给定的计算机系统的软件所必需的信息的文档。典型地描述的是计算机系统的设备配置、操作特征、编程特性、输入/输出特性和编译或汇编特性。

参见：诊断手册 diagnostic manual(2.476)、安装手册 installation manual(2.766)、操作员手册 operator manual(2.1068)、支持手册 support manual(2.1631)和用户手册 user manual(2.1813)。

2.1251

编程 programming

程序设计

a） 程序的编写工作。

b） 用源程序语言或某种代码为程序编码之前的一部分工作作设计。

2.1252

编程语言，程序设计语言 programming language

用于表达计算机程序的语言。

参见：汇编语言 assembly language(2.86)、高级语言 high order language(2.702)和机器语言 machine language(2.890)。

相对：查询语言 query language(2.1303)和规格说明语言 specification language(2.1550)。

2.1253

编程支持环境 programming support environment

通过单一命令语言提供在整个软件生存周期中的程序支持能力的软件工具的集成的集合。此环境典型地包括为规定、设计、编辑、编译、装入、测试、配置管理和项目管理中所用的工具。有时称集成编程支持环境(integrated programming support environment)。

参见：脚手架 scaffolding(2.1409)。

2.1254

编程系统 programming system

编程语言和为了在给定的计算机系统中使用这些语言所必需的支持软件(编辑程序、编译程序、连接程序等)的集合。

2.1255

项目 project

需要协同工作的一组任务，其目的在于开发和(或)维护一个具体的产品。产品可以包括硬件、软件或其他成分。一般项目有自己的经费、成本核算和交付进度。

2.1256

项目控制 project control

按项目计划对项目的进展、指导、质量和资源利用进行监控的各有关活动。

2.1257

项目定义的软件过程 project's defined software process；PDSP

项目所采用的软件过程的操作性定义。项目定义的软件过程是一个妥善定义的软件过程，它用软件标准、规程、工具和方法来描述，并且通过剪裁组织的标准软件过程以适合项目的具体特征。

参见：组织的标准软件过程 organization's standard software process(2.1077)。

2.1258

项目文件 project file

中心储藏处的与项目相关的资料。内容典型地包括：备忘录、计划、技术报告和相关项。

2.1259

项目库 project library

见：软件开发库 software development library(2.1487)。

2.1260

项目管理 project management

与项目规划和项目控制有关的各种活动。

2.1261

项目经理 project manager

对整个项目的业务工作负全面责任的一种角色；或对建立软件系统或硬件/软件系统的项目进行指导、控制、管理和调整的人员。项目经理是对顾客最终负责的人员。

2.1262

项目簿 project notebook

见：项目文件 project file(2.1258)。

2.1263

项目计划 project plan

描述项目所采取的技术和管理方法的文档。此计划典型地描述要做的工作、所需要的资源、使用的方法、采用的过程、要满足的进度表和项目组织方法。例如，软件开发计划。

2.1264

项目进度[表] project schedule

见：项目计划 project plan(2.1263)。

2.1265

项目软件经理 project software manager

对项目中的全部软件活动负有全面责任的一种角色。项目软件经理控制项目的全部软件资源，项目经理按照软件承诺与之打交道。

2.1266

项目规格说明 project specification

某一项目的目标、要求、范围以及与其他项目的关系的一种规格说明。

2.1267

投影 projection

从集合到其子集的一种映射。

2.1268

序断点 prolog breakpoint

直至进入程序或例程启动的断点。

参见：代码断点 code breakpoint(2.220)、数据断点 data breakpoint(2.391)、动态断点 dynamic breakpoint(2.516)、可编程断点 programmble breakpoint(2.1249)、静态断点 static breakpoint (2.1580)。

2.1269

提示 prompt

a) 由计算机系统显示的，请求从系统的用户输入的符号或消息。

b) 显示如 a)中的符号或消息。

2.1270

正确性的证明 proof of correctness

a) 用于数学上证明计算机程序满足它规定的需求的正式的技术。

参见：断言 assertion(2.87)、正式规格说明 formal specification(2.648)、归纳断言方法 inductive assertion method(2.747)、部分正确性 partial correctness(2.1111)和完全正确性 total correctness (2.1750)。

b) 应用在 a)中的技术导致的证明。

2.1271

性质 property

表征元素某一特性的一种命名值。性质有语义作用。某些性质在 UML 预定义，另一些可由用户定义。

参见：加标值 tagged value(2.1673)。

2.1272

建议能力 proposed capability

由组织提出的，为满足特定要求而使用的过程能力。

注：对于核心过程能力确定而言，建议能力是指组织当前已评估的能力，而对于扩展的过程能力确定而言，建议能力是增强的能力或构造的能力之一。

2.1273

保护 protection

限制对计算机系统进行全部或部分存取或使用的一种安排。

2.1274

保护异常 protection exception

当程序企图写至存储器中受保护的区域时引起的异常。

参见：寻址异常 addressing exception(2.50)、数据异常 data exception(2.395)、操作异常 operation exception(2.1059)、溢出异常 overflow exception(2.1082)和下溢异常 underflow exception(2.1786)。

2.1275

协议 protocol

支配系统内进程、设备和其他部件交互的一组约定。

2.1276

原型 prototype

系统的最初的类型、形式或例子，它用作为系统的以后阶段或最后的完整的版本的模型。

2.1277

原型法 prototyping

一种硬件和软件开发技术，其中，硬件或软件的部分或整体的最初版本被开发，允许用户反馈、确定可行性、研究定时或开发过程支持的其他问题。

参见：快速原型法 rapid prototyping(2.1307)。

2.1278

见习评估师 provisional assessor

具有技能和能力的，在合格的评估师指导和监控下执行评估的个人。

2.1279

伪码 pseudo code；pseudocode

用于表达计算机程序设计的编程语言结构和自然语言的组合。例如：

IF the data arrives faster than expected(若数据到达比预料的快，)

THEN reject every third input(则在每当两个输入后拒绝第三个输入。)

ELSE process all data received)(否则，处理接收到的所有数据。)

ENDIF

2.1280

伪指令 pseudo instruction

为汇编程序或编译程序提供信息或方向而不转换为目标语言指令的源语言指令。例如，规定所希望的源代码列表格式的指令。

2.1281

伪操作 pseudo operation

见：伪指令 pseudo instruction(2.1280)。

2.1282

伪操作 pseudo-op

见：伪指令 pseudo instruction(2.1280)。

2.1283

伪状态 pseudo-state

在状态机中，一种虽有状态形式却无状态行为的顶点。伪状态包括初始顶点和历史顶点。

2.1284

程序状态字 PSW

program status word 的缩略语。

2.1285

已公布模型 published model

一种已予"冻结"，且对存储库实例化与支持地其他模型定义成为可用的模型。"已冻结"模型的模型元素不能变更。

2.1286

下推式存储器　pushdown storage

按后进先出〈LIFO〉的方法处理数据的存储器。在这种方法中下一个要取的项是仍在存储器中的最后存入的那个项。

参见：栈 stack(2.1560)。

2.1287

质量保证　QA

quality assurance 的缩略语。

2.1288

质量控制　QC

quality control 的缩略语。

2.1289

鉴定　qualification

一个正式的过程，通过这个过程确定系统或部件是否符合它的规格说明，是否可在目标环境中适合于操作使用。

2.1290

鉴定需求　qualification requirement

准则或一组条件，当一个产品符合这些准则或条件时，就确定它符合规格说明并可以在其目标环境中使用。

2.1291

合格性测试　qualification testing

确定系统或部件是否适合于操作使用的测试行为。

参见：验收测试 acceptance testing(2.19)、开发测试 development testing(2.468)和运行测试 operational testing(2.1065)。

2.1292

限定符　qualifier

一种关联属性或属性元组，其值将跨某一关联与一个对象有关的对象集加以划分。

2.1293

质量　quality

a)　系统、部件或过程满足规定的需求的程度。

b)　系统、部件或过程满足客户或用户需要或期望的程度。

2.1294

质量保证　quality assurance

a)　为使某项目或产品遵循已建立的技术需求提供足够的置信度，而必须采取的有计划的和有系统的全部动作的模式。

b)　设计以估算产品开发或制造过程的一组活动。

相对：质量控制 quality control(2.1296)。

2.1295

质量属性　quality attribute

影响一个项的质量的特性或特征。

注：在质量属性的层次中，高级属性可能称为质量因素，低级属性，称为质量属性。

2.1296

质量控制　quality control

注：直至此时，在软件工程中，此术语无标准化的含义。候选的定义是：

a)　设计以估算产品开发或制造过程的一组活动。

b)　相对：质量保证 quality assurance(2.1294)b)。

c)　验证自己的工作或协作者工作的过程。

d)　与质量保证 quality assurance(2.1294)同义。

2.1297

质量评价　quality evaluation

对实体能满足特定需求的程度的系统检测。

注：当按照合同为某个特定用户开发产品时，其需求是正式规定的；当产品是为非特定用户开发时，如消费软件，其需求由开发组织来规定；当用户为比较和选择的目的评价产品时，需求可以是更一般的。

2.1298

品质因数　quality factor

质量因数

见：质量属性 quality attribute(2.1295)。

注：在质量属性的层次中，高级属性可能称为质量因数，低级属性，称为质量属性。

2.1299

使用质量　quality in use

特定用户使用产品满足其要求的程度，以达到在特定应用环境中的有效性、生产率、安全性和满意度等特定目标。

注：这种使用质量的定义类似于 ISO 9241-11 中可用性的定义。

2.1300

质量度量　quality metric

a)　一种项具有给定的质量属性的程度的定量度量。

b)　一种函数，它的输入是软件数据，输出是能解释该软件具有给定的质量属性的程度的单一个数值。

2.1301

质量模型　quality model

一组特性及特性之间的关系，它提供规定质量需求和评价质量的基础。

2.1302

定量控制　quantitative control

适于分析软件过程、标识软件过程性能变化的特殊原因和使软件过程性能处于妥善定义的范围内的任何一种定量技术或基于统计的技术。

2.1303

查询语言　query language

用于访问存储在数据库中的信息的语言。

相对：编程语言 programming language(2.1252)和规格说明语言 specification language(2.1550)。

2.1304

队列　queue

一种把项附加至它的最后位置而从它的第一个位置检索的队列。

2.1305

静寂 quiescing

由拒绝工作的新请求使设备或系统暂停的过程。

2.1306

随机失效 random failure

一种失效,它的发生是随意性的,在统计情况下是不可预测的。

参见:间歇故障 intermittent fault(2.803)和瞬时错误 transient error(2.1767)。

2.1307

快速原型法 rapid prototyping

一类原型法,其重点是放在过程早期就开发出原型,使反馈和分析提前以支持开发过程。

参见:以数据结构为中心的设计 data structure-centered design(2.405)、增量开发 incremental development(2.738)、输入-处理-输出 input-process-output(2.762)、模块分解 modular decomposition (2.973)、面向对象的设计 object-oriented design(2.1037)、螺旋模型 spiral model(2.1553)、逐步细化 stepwise refinement(2.1587)、结构设计 structured design(2.1607)、事务分析 transaction analysis (2.1760)和转换分析 transform analysis(2.1764)。

相对:瀑布模型 waterfall model(2.1844)。

2.1308

评级 rating

把测量值映射到相应的评定等级的活动,用于确定与软件某一质量特性相关的等级。

2.1309

评定等级 rating level

在有序标尺上的某个刻度,用于分类某一测量的标度。

注1:评定等级能使软件按照明确或隐含的要求进行分类(评定)。

注2:相应的评定等级与质量的不同角度有关,如"用户"、"管理者"或"开发者"的角度。

2.1310

读 read

从存储设备或数据媒体访问数据。

参见:破坏性读 destructive read(2.461)和非破坏性读 nondestructive read(2.1024)。

相对:写 write(2.1858)。

2.1311

实地址 real address

虚拟存储系统的主存储器部分中的存储单元的地址。

相对:虚拟地址 virtual address(2.1836)。

2.1312

实存储器 real storage

虚拟存储系统的主存储器部分。

相对:虚拟存储器 virtual storage(2.1836)。

2.1313

实时的 real time

用于说明在外部过程发生的实际时间期间执行计算操作的系统或方式,目的是计算结果能以及时的方式用于控制、监控或响应外部过程。

参见:会话的 conversational(2.348)、交互的 interactive(2.792)、中断 interrupt(2.811)和联机的 on-line(2.1045)。

相对：批处理的 batch(2.128)。

2.1314

实型 real type

一种数据类型，它的成员能假定值为实数且能由实数算术运算，例如，加、减、乘、除和开方进行运算。

相对：字符型 character type(2.201)、枚举型 enumeration type(2.558)、整型 integer type(2.784)和逻辑型 logical type(2.878)。

2.1315

接收 receive

对于由发送方实例传递来的激励的处理。

参见：发送方 sender(2.1435)和接收方 receiver(2.1316)。

2.1316

接收方 receiver

处理由发送方对象传递来的激励的对象。

参见：发送方 sender(2.1435)。

2.1317

接受 reception

由类目准备对信号的接收做出反应的一处声明。

2.1318

记录 record

作为一个单元来处理的有关数据项的集合。例如，在采购控制中，每个发票的数据能构成一记录。

参见:逻辑记录 logical record(2.876)。

2.1319

恢复 recovery

系统、程序、数据库或其他系统资源恢复至一种能执行所要求的功能的状况。

参见：后向恢复 backward recovery(2.123)、检查点 checkpoint(2.204)和前向恢复 forward recovery(2.650)。

2.1320

递归 recursion

a) 软件模块调用它自己的过程。

参见：同时递归 simultaneous recursion(2.1456)。

b) 以它自己的方式定义或生成一进程或数据结构的过程。

2.1321

递归的 recursive

a) 关于调用它自己的软件模块。

b) 关于以自己的方式定义或生成的进程或数据结构。

2.1322

递归例程 recursive routine

一种例程。它可以作为自己的子例程来使用，它直接调用它自己或被它所调用的另一子例程所调用。使用递归例程通常要求在某处(例如下推表中)保持其尚未完成的状态的记录。

2.1323

冗余 redundancy

在容错系统中，系统中存在辅助的部件执行像其他元素同样的功能以防止失败或从失败恢复。

参见：活动冗余 active redundancy(2.34)、多样性 diversity(2.493)、同构冗余 homogeneous redundancy(2.707)和备用冗余 standby redundancy(2.1565)。

2.1324

可重入的　reenterable

见：重入的 reentrant(2.1325)。

2.1325

重入的　reentrant

软件模块当作为另一个进程的一部分执行时仍可作为进程的一部分进入，仍可得到所希望的结果。

2.1326

重入点　reentry point

在软件模块中，模块跟随调用其他模块可重入的地方。

2.1327

基准　reference

a)　对模型元素的一种指称。

b)　在类目之中，便于对其他类目导航的一种命名位槽。与指针 pointer(2.1146)同义。

2.1328

精化　refinement

细分

表示对在某种程序中已作出详细规定的某一事物作更完备规格说明的一种联系。例如，设计类是对分析类的精化。

2.1329

回归测试　regression testing

系统或部件选择的重新测试，用以验证修改未引起不希望的有害效果，或证明修改后的系统或系统部件仍满足规定的需求。

2.1330

联系　relationship

关系

对模型元素之间的一种语义连接。联系的例子有关联和泛化。

2.1331

相对地址　relative address

一个地址，它必须由加一偏移量调整以确定要访问的存储单元的地址。

参见：基地址 base address(2.124)、索引地址 indexed address(2.740)和自相关地址 self-relative address(2.1429)。

相对：绝对地址 absolute address(2.9)。

2.1332

相对装入程序　relative loader

见：重定位装入程序 relocating loader(2.1347)。

2.1333

发布　release

一项配置管理行为，它说明某配置项的一个特定版本已准备好用于特定的目的(例如发布测试产品)。

2.1334

可靠性　reliability

在规定时间间隔内和规定条件下，系统或部件执行所要求功能的能力。

参见：可用性 availability(2.115)和平均失效时间间隔 MTBF(2.984)。

2.1335

可靠性评估　reliability assessment

确定现有系统或系统部件可靠性所达到的水平的过程。

2.1336

可靠性数据　reliability data

在软件生存周期中在选择的点上评价软件可靠性所需要的信息。例如可靠性模型中使用的错误数据和时间数据，程序属性(如复杂性)，程序设计特性(如使用的开发技术及程序员的经验)。

2.1337

可靠性评价　reliability evaluation

见：可靠性评估 reliability assessment(2.1335)。

2.1338

可靠性增长　reliability growth

从纠正软件故障而得到的软件可靠性的改进。

2.1339

可靠性模型　reliability model

预测、估计或评估可靠性所使用的模型。

参见：可靠性评估 reliability assessment(2.1335)。

2.1340

可靠性值　reliability numeric

在规定时间间隔内和规定条件下，一配置项将实现所要求功能的概率。

2.1341

可重定位的　relocatable

能装入主内存任何部分的代码。起始地址由装入程序确定，然后，调整代码中的地址，以反映代码已经装入的存储单元。

参见：重定位装入程序 relocating loader(2.1347)。

2.1342

重定位地址　relocating address

当计算机程序包含被装入至内存的地址时，由装入程序调整的地址。

相对：绝对地址 absolute address(2.9)。

2.1343

重定位[代]码　relocating code

代码包含由装入程序调整以反映代码装入的存储单元的地址。

相对：绝对代码 absolute code(2.11)。

2.1344

可重定位机器[代]码　relocatable machine code

要求在计算机执行之前把相对地址翻译为绝对地址的机器语言代码。

相对：绝对机器代码 absolute machine code(2.14)。

2.1345

重定位　relocate

从主内存的一部分移动机器代码至另一部分，并调整地址使代码在它的新的单元能执行。

2.1346

重定位汇编程序　relocating assembler

产生可重定位代码的汇编程序。

相对：绝对汇编程序 absolute assembler(2.10)。

2.1347

重定位装入程序　relocating loader

将可重定位代码装入主内存并调整代码中的地址以反映代码已经装入的存储单元。

相对：绝对装入程序 absolute loader(2.13)。

2.1348

重定位字典　relocation dictionary

目标模块或装入模块的一部分，它标识当重定位发生时必须调整的地址。

2.1349

重定位因素　relocation factor

见：偏移量 offset(2.1043)a)。

2.1350

远程批[处理]入口　remote batch entry

见：远程作业入口 remote job entry(2.1351)。

2.1351

远程作业入口　remote job entry

作业通过远程输入设备提交，此输入设备通过数据链接连接至计算机。

2.1352

会合　rendezvous

在两个平行任务之间，当一个任务已调用另一任务的入口，并且后一任务也正在为前者执行一相应的接受语句时所出现的相互作用。

2.1353

可重复性　repeatability

见：测试可重复性 test repeatability(2.1717)。

2.1354

重复性寻址　repetitive addressing

隐含寻址的一种方法，在此方法中，从计算机指令的操作字段可得到上一条执行的指令的操作数的地址。

相对：向前一个寻址 one-ahead addressing(2.1048)。

2.1355

重演　replay

见：逆向执行 reversible exeception(2.1390)。

2.1356

报告标准　report standard

描述工程和管理活动结果的特征的标准。

2.1357

储藏库　repository

一种存储对象模型、接口和实现的设施。

2.1358

表示标准　representation standard

描述工程和管理产品外观特征的标准。

2.1359

招标　request for proposal

需方使用的一份文件，它用来向潜在的投标人表示它要获得某特定系统、产品或服务的意图。

2.1360

要求的培训　required training

履行某个特定角色所要求的、由组织指定的培训。

2.1361

需求　requirement

要求

a）用户为解决某一问题或达到某个目标所需要的条件或能力。

b）系统或系统部件必须满足或处理的条件或能力以满足合同、标准、规格说明或其他正式的强制性文件的要求。

c）如在 a)、b)中的条件或能力的说明的表示。

参见：设计需求 design requirement(2.451)、功能需求 functional requirement(2.667)、实现需求 implementation requirement(2.730)、接口需求 interface requirement(2.798)、性能需求 performance requirement(2.1133)和物理需求 physical requirement(2.1140)。

2.1362

需求标准　requirement standard

描述需求规格说明的特征的标准。

2.1363

需求分析　requirements analysis

a）研究用户需要以得到系统、硬件或软件需求的定义的过程。

b）研究和重新定义系统、硬件或软件需求的过程。

2.1364

需求审查　requirements inspection

见：审查 inspection(2.764)。

2.1365

需求阶段　requirements phase

软件生存周期中的一个阶段，在此期间对软件产品的需求（如功能和性能方面的能力）进行定义并编制出相应的文档。

2.1366

需求评审　requirement review

把系统、硬件项或软件项的需求提交给项目个人、管理者、用户、客户或其他感兴趣的部门以便进行评论或审批的过程或会议。类型包括系统需求评审、软件需求评审。

相对：代码评审 code review(2.224)、设计评审 design review(2.452)、形式合格评审 formal qualification review(2.646)和测试准备好评审 test readiness review(2.1717)。

2.1367

需求规格说明 requirements specification

规定系统或部件的需求的文档。典型地包括功能需求、性能需求、接口需求、设计需求和开发标准。

参见：功能规格说明 functional specification(2.668)和性能规格说明 performance specification (2.1135)。

相对：设计描述 design description(2.424)。

2.1368

需求规格说明语言 requirements specification language

具有特殊构造和验证协议的规格说明语言，它用于开发、分析和编制硬件或软件需求文件。

参见：设计语言 design language(2.447)。

2.1369

需求验证 requirements verification

见：验证 verification(2.1826)。

2.1370

营救点 rescue

见：重启动点 restart point(2.1380)。

2.1371

保留字 reserved word

编程语言中的字，它的含义由语言的规则在一定的或全部上下文中固定，不能由程序员用作他用。例子包括：IF 、THEN、WHILE 等等。

2.1372

复位 reset

把变量、寄存器或其他存储单元设置回预先描述的状态。

参见：清除 clear(2.213)、初始化 initialize(2.756)。

2.1373

常驻控制程序 resident control program

见：核心 kernel(2.831)a)。

2.1374

残留控制 residual control

一种微程序技术，在此技术中，微指令字段中的含义取决于在辅助寄存器中的值。

参见：两级编码 two-level encoding(2.1779)。

2.1375

资源分配 resource allocation

见：计算机资源分配 computer resource allocation(2.286)。

2.1376

资源管理 resource management

用于开发产品或执行服务的工具的标识、估计、分配和监控。例子是估计。

2.1377

响应时间 response time

在至交互的计算机系统的调查或命令的结束与系统的响应的开始之间消逝的时间。

参见：端口到端口的时间 port-to-port time(2.1148)、思考时间 think time(2.1729)和往返时间 turnaround time(2.1775)。

2.1378

职责 responsibility

对某一类目的一种契约或责任。

2.1379

重启动 restart

在失效后,使用在校核点的状态和结果记录,使计算机程序恢复执行。

2.1380

重启动点 restart point

计算机程序中,在失效后执行能重启动的点。

2.1381

退役 retirement

a) 系统或部件从它的操作环境永久删除。

b) 删除可操作的系统或部件的支持。

参见:软件生存周期 software life cycle(2.1506)、系统生存周期 system life cycle(2.1658)。

2.1382

退役阶段 retirement phase

软件生存周期中的一个阶段。在此阶段内,对软件产品的支持被终止。

2.1383

回顾踪迹 retrospective trace

在计算机程序执行期间,从历史的数据记录产生的踪迹。注:这与普通的踪迹不同,这是在程序执行期间累积地产生的。

参见:执行踪迹 execution trace(2.582)、子例程踪迹 subroutine trace(2.1620)、符号踪迹 symbolic trace(2.1639)和变量踪迹 variable trace(2.1823)。

2.1384

返回 return

a) 从软件模块到调用它的软件模块的控制传送。

参见:返回码 return code(2.1385)。

b) 赋一值至调用模块可访问的参数。例如,赋值 25 至由调用模块使用的参数 AGE。

参见:返回值 return value(2.1386)。

c) 执行在 a)中传送的计算机指令或进程。

2.1385

返回码 return code

用于影响在从被调用模块返回后调用模块执行的码。

2.1386

返回值 return value

由被调用模块赋值给参数,由调用模块访问。

2.1387

可重用性,可复用性 reusability

软件模块或其他工作产品能由多于一个计算机程序或软件系统使用的程度。

参见:通用性 generality(2.672)。

2.1388

可重用的 reusable

可复用的

软件模块或其他工作产品能由多于一个计算机程序或软件系统使用。

2.1389

重用　reuse

复用

对某一已有制品的使用。

2.1390

逆向执行　reverse execution

见：可逆的执行 reversible execution(2.1391)。

2.1391

可逆执行　reversible execution

一种调试技术，在此种技术中，记录程序执行的历史，于是可在用户控制下向前或向后重演。

2.1392

评审　review

把工作产品或一组工作产品提交给项目个人、管理者、用户、客户或其他感兴趣的部门为了评论或批准的过程或会议。类型包括代码评审(code review)、设计评审(design review)、形式合格评审(formal qualification review)、需求评审(requirement review)和测试就绪评审(test readiness review)。

2.1393

风险　risk

遭受损失的可能性。

2.1394

风险管理　risk management;RM

一种问题分析的手段，它采用风险概率分析，对某情况的风险进行权衡研究，以便更精确地了解所涉及的风险。风险管理包括风险的识别、分析、优先级排序和控制。

2.1395

风险管理计划　risk management plan

描述一个项目将要执行风险管理活动的计划的集合。

2.1396

远程作业入口　RJE

remote job entry 的缩略语。

2.1397

健壮性　robustness

稳健性

在存在无效输入或急迫的环境条件下，系统或部件其功能正确的程度。

参见：容错 error tolerance(2.570)和故障容忍 fault tolerance(2.616)。

2.1398

角色　role

参与特别语境的某一实体的命名的特定行为。角色可以是静态的(如关联端)或动态的(如协作角色)。

2.1399

转入　roll in

从辅助存储器传送数据或计算机程序至主内存。

参见：对换 swap(2.1633)。

相对：转出 roll out(2.1400)。

2.1400

转出　roll out

从主内存传送数据或计算机程序至辅助存储器，目的是释放主内存为别的使用。

参见：对换 swap(2.1633)。

相对：转入 roll in(2.1399)。

2.1401

根编译程序　root compiler

一种编译程序，其输出是与机器无关的中间表示。当它与依赖于机器的代码生成程序组合时，就构成了完整的编译程序。

2.1402

例程　routine

由其他程序或子程序调用的子程序。

注：术语“例程(routine)”、“子程序(subprogram)”和“子例程(subroutine)”在不同的编程语言中，其定义和使用是不同的，前述的定义是本标准建议的。

参见：协同例程 coroutine(2.353)和子例程 subroutine(2.1619)。

2.1403

基于规则的语言　rule-based language

一种非过程语言，它允许用户说明一组规则并表达使用这些规则的疑问和问题。

参见：声明语言 declarative language(2.417)。

2.1404

运行　run

a)　在软件工程中，单个，通常是连续的计算机程序的执行。

参见：运行时 run time(2.1407)。

b)　执行计算机程序。

2.1405

运行态　run mode

运行方式

当计算机正自动地执行着存储在存储单元中的指令，从而被认为是正在履行其功能时的那种状态。

2.1406

运行流　run stream

见：作业流 job stream(2.829)。

2.1407

运行时间　run time

a)　计算机程序开始执行的瞬间。

b)　计算机程序执行的时间间隔。

见：执行时间 execution time(2.580)。

2.1408

运行的时间　running time

见：执行时间 execution time(2.580)。

2.1409

脚手架　scaffolding

构成只支持软件开发和测试的计算机程序和数据文件，但不打算包括在最后产品中。例如，虚拟的例程或文件、测试用例生成器、软件监控器、桩程序(stubs)。

参见：编程支持环境 programming support environment(2.1253)。

2.1410

标度 scale

具有特性定义的一组值。

注：标度类型的例子有：与一组类别对应的标称标度、与一组有序刻度对应的序数标度，与一组等距的有序刻度对应的间隔标度，以及既有等距刻度，也具有绝对零度的比例标度。使用标称标度或序数标度的度量(体制)产生定性的数据，而使用间隔标度和比例标度的度量(体制)产生定量的数据。

2.1411

可扩缩性 scaliability

是指软件系统可以在不同规模、不同档次的硬件平台上运行的能力。

2.1412

场景 scenario

描绘行为的动作的一种特定序列。场景可用于描绘用况实例的交互或执行。

参见：交互 interaction(2.790)。

2.1413

调度程序 scheduler

一种计算机程序，它通常作为操作系统的一部分，用以调度、启动和终止作业。

2.1414

概包 schema

在 MOF 语境中，一种与作为模型元素的容器类同的包。概包对应于 MOF 包。

相对：元模型 metamodel(2.937)和包 package(2.1089)。

2.1415

规格说明变更通知 SCN

specification change notice 的缩略语。

2.1416

软件设计描述 SDD

软件设计文档

software design decription 或 software design document 的缩略语。

2.1417

软件开发计划 SDP

software development plan 的缩略语。

2.1418

系统设计评审 SDR

system design review 的缩略语。

2.1419

第二代语言 second generation language

见：汇编语言 assembly language(2.86)。

2.1420

安全[性] security

保密[性]

对计算机硬件、软件进行的保护，以防止其受到意外的或蓄意的存取、使用、修改、毁坏或泄密。安全性也涉及对人体、数据、通信以及计算机安装的物理保护。

2.1421

安全内核 security kernel

与安全性有关的关键性语句的一个小的、自含的集合,作为操作系统的特权部分、为了使用一程序或访问某数据,必须满足核心所规定的全部准则。

2.1422

播种 seeding

见:故障播种 fault seeding(2.615)。

2.1423

程序段 segment

存储段

分段

a) 子系统或子系统之一,它们构成整个系统。例如,财务系统中的帐目可付段。

b) 在存储分配中,计算机程序的一自包含部分,它能执行而不需把整个程序放在主内存中。

参见:页 page(2.1093)。

c) 作为一个单元存储或传送的数据的集合。

d) 在路径分析中,在两个连续的分支点之间的计算机程序序列。

e) 把系统、计算机程序或数据文件分为如 a)、b)或 c)这样的段。

2.1424

选择性择一构造 selective choice construct

见:分支 branch(2.157)。

2.1425

选择性转储 selective dump

只指定存储单元区域的转储。

参见:变更转储 change dump(2.196)、动态转储 dynamic dump(2.519)、内存转储 memory dump(2.928)、事后转储 postmortem dump(2.1153)、快照转储 snapshot dump(2.1425)和静态转储 static dump(2.1582)。

2.1426

选择性踪迹 selective trace

一种变量,它只引用可选的变量。

参见:执行踪迹 execution trace(2.582)、回顾踪迹 retrospective trace(2.1383)、子例程踪迹 subroutine trace(2.1620)和符号踪迹 symbolic trace(2.1639)。

2.1427

自描述性 self-descriptiveness

系统或部件包含足够的信息以解释它的目标和特性的程度。

参见:可维护性 maintainability(2.903)、可测试性 testability(2.1726)和可使用性 usability(2.1801)。

2.1428

自含[带]文档的 self-documented

关于源代码,它包含解释它的目标、操作和其他有用信息以了解和维护此代码的注释。

2.1429

自相对地址 self-relative address

一种地址,它必须加至指令的地址以得到要访问的存储单元的地址。

参见:基地址 base address(2.124)、索引地址 index address(2.740)、偏移量 offset(2.1043)和相

对地址 relative address(2.1331)。

2.1430

语义错误 semantic error

由在给定的语言中,符号或符号组与它们的含义的关系的不了解导致的错误。

相对:句法错误 syntactic error(2.1641)。

2.1431

语义 semantics

在给定的语言中,符号或符号组与它们的含义之间的关系。

相对:句法 syntax(2.1642)。

2.1432

语义变化点 semantic variation point

在元模型中,语义发生变化的点。此种点为解释元模型的语义有意提供一定程度的自由。

2.1433

信号量 semaphore

用于同步并发进程的一种共享变量,它通过指示某动作是否已完成或某事件是否已发生来同步。

2.1434

发送 send

对于由发送方实例到接收方实例的激励的传递。

参见:发送方 sender(2.1435)和接收方 receiner(2.1316)。

2.1435

发送方 sender

将激励传递到接收方对象的对象。

相对:接收方 receiver(2.1316)。

2.1436

高层经理 senior manager

在组织足够高的层次上的一种管理角色,他主要关注组织长期的生命力,而不是短期的项目和合同的事务和压力问题。一般而言,工程的高层经理要负责多个项目。

2.1437

顺序图 sequence diagram

一种表示对象之间按时间顺序排列的交互的图。特别是,此种图展现了参与交互的对象和所交换消息的顺序。与协作图不同的是,时序图虽包括时间顺序,但不包括对象关系。时序图能以一般的形式(描述所有可能的场景),或以实例形式(描述一个实际场景)存在。时序图与协作图所表达的信息类似,但展现的方式不同。

参见:协作图 collaboration diagram(2.231)。

2.1438

顺序的 sequential

两个或多个动作或事件以以下方式发生:一个必须在下一个开始之前完成。

参见:接续的 consecutive(2.319)。

2.1439

顺序内聚度 sequential cohesion

一类内聚度,在其中,一由软件模块执行的任务的输出作为由此模块执行的另一任务的输入。

相对:一致内聚度 coincidental cohesion(2.229)、功能内聚度 functional cohesion(2.661)、逻辑内聚度 logical cohesion(2.874)和过程内聚度 procedural cohesion(2.1179)。

2.1440

顺序构造　sequential construct

见：串行构造 serial construct(2.1443)。

2.1441

顺序进程　sequential processes

以这样一种方式执行的进程:在下一个动作开始之前本动作必须结束。

相对：并发进程 concurrent process(2.299)。

2.1442

串行的　serial

整体的分别的部分,例如字符的位用同一设施顺序地传送、发生或处理。

见：顺序的 sequential(2.1438)。

相对：并行 parallel(2.1102)a)。

2.1443

串行构造　serial construct

由顺序步不包括决断或循环组成的程序结构。

2.1444

设置时间　set-up time

系统或部件正准备某种特定的操作的时间周期。

参见：忙时间 busy time(2.169)、停机时间 down time(2.503)、空闲时间 idle time(2.717)和开机时间 up time(2.1798)。

2.1445

服务　service

与软件有关的活动、工作或义务的实施,例如软件的开发、维护和操作。

2.1446

严重性　severity

见：关键程度 criticality(2.372)。

2.1447

核心外层程序　shell

核心外壳程序

在用户与计算机系统或程序之间提供接口的计算机程序或例程。

2.1448

副作用　side effect

进行的处理、活动,或得到的结果,它们与程序、子程序、或操作的主要功能相比是处于第二位的。

2.1449

信号　signal

对在实例之间所递异步激励的规格说明。信号可有参数。

2.1450

特征标记　signature

某一行为特征的名称和参数。特征标记可包括一个可选的返回参数。

2.1451

简单缓冲　simple buffering

在程序执行期间,把缓冲器分配给计算机程序的缓冲技术。

相对：动态缓冲 dynamic buffering(2.517)。

2.1452

简单性　simplicity

系统或部件的设计和实现的简单和易于了解的程度。

相对：复杂性 complexity(2.260)。

2.1453

仿真　simulation

a)　一个模型，当提供一组控制输入时，它的行为或操作像一给定的系统。

参见：模拟 emulation(2.540)。

b)　开发或用如 a)中模型的过程。

2.1454

仿真器　simulator

一个设备、计算机程序或系统，当提供一组控制输入时，其行为或操作像一给定的系统。

参见：模拟器 emulator(2.541)。

2.1455

同时的　simultaneous

两个或多个事件在同一瞬间发生。

相对：并发 concurrent(2.298)。

2.1456

同时递归　simultaneous recursion

两个软件模块相互调用的情况。

2.1457

单地址指令　single-address instruction

见：一地址指令 one-address inctruction(2.1047)。

2.1458

单一继承　single inheritance

其中每一类型都只可有一个超类型的泛化的一种语义变化。

相对：多重继承 multiple inheritance(2.994)。

2.1459

单级编码　single-level encoding

一种微程序技术，其中，不同的微操作在微指令的相同字段编码为不同值。

相对：两级编码 two-level encoding(2.1779)。

2.1460

单操作数指令　single-operand instruction

见：一地址指令 one-address instruction(2.1047)。

2.1461

单步执行　single-step execution

见：单步操作 single-step operation(2.1462)。

2.1462

单步操作　single-step operation

一种调试技术，在其中，单计算机指令或指令的一部分执行以响应外部信号。

2.1463

单值的　single-valued

当其多重性类型即上层属性设置为 1 时，修饰带有所定义多重性的一种模型元素。在任何时刻，术语单值都与属性、参数等所取的值的数目无关，原因是单值属性（例如，带有下界为零的多重性）可以没有值。

相对：多值的 multi-valued(2.999)。

2.1464

规模估计　sizing

对软件系统或部件所要求的源程序的行数或计算机存储的总量的估计过程。

2.1465

从状态　slave state

见：问题状态 problem state(2.1178)。

2.1466

快照转储　snapshot dump

一个或多个规定的存储区域的内容的动态转储。

参见：变更转储 change dump(2.196)、动态转储 dynamic dump(2.519)、内存转储 memory dump(2.928)、事后转储 postmortem dump(2.1153)、有选择性转储 selective dump(2.1425)和静态转储 static dump(2.1582)。

2.1467

软差错　soft error

见：瞬时差错 transient error(2.1767)。

2.1468

软失效　soft failure

允许具有部分操作能力的系统继续操作的失效。

相对：硬失效 hard failure(2.689)。

2.1469

软件　software

与计算机系统的操作有关的计算机程序、规程和可能相关的文档。

参见：应用软件 application software(2.71)、支持软件 support software(2.1632)和系统软件 system software(2.1667)。

相对：硬件 hardware(2.690)。

2.1470

软件体系结构　software architecture

它是对系统整体结构设计的刻画，包括全局组织与控制结构，构件间通信、同步和数据访问的协议，设计元素间的功能分配、物理分布、设计元素集成、伸缩性和性能、设计选择等。

2.1471

软件基线审核　software baseline audit

为验证基线是否与描述基线的文档相符，对软件基线库的结构、内容和设施进行的一种检查。

2.1472

软件基线库　software baseline library

存储配置项及其有关记录的仓库的内容。

2.1473

软件构造版　software build

软件系统或成分的一个可运行的版本，它包含最终的软件系统或成分将要提供的能力的一个规定子集。

2.1474

软件能力评价 software capability evaluation

为识别承制方是否有资格从事某项软件工作或监控现有软件工作所采用的软件过程的状态，由经过培训的专业人员组成的团队对软件能力所作的鉴定。

2.1475

软件特性 software characteristic

软件固有的可能是偶然的品质、质量或特性(例如功能、性能、属性、设计限制、状态数、行数或分支数)。

2.1476

软部件 software component

软件配置项中的一个明确的部分。

注：一个软部件含有软件的多个单元、也可以含有多个较低级的软部件。

2.1477

软件配置 software configuration

软件产品在不同时期的组合。该组合随着开发工作的进展而不断变化。

2.1478

软件配置控制委员会 software configuration control board

负责评价和批准(或不批准)对配置项提出的更改，并负责保证那些已批准的更改能得到实施的一种组。

2.1479

软件配置管理 software configuration management

见：配置管理 configuration management(2.313)。

2.1480

软件配置管理项 software configuration management item

置于软件配置管理之下的软件配置项的各种有关项目。包括各类管理文档、评审记录和文档、软件文档、源码及其可执行码、运行所需的系统软件和支持软件以及各种有关数据等。

2.1481

软件数据库 software database

存放运行软件系统内部公共数据的数据定义及其当前值的文件。

2.1482

软件设计描述 software design description

a) 为促进分析、计划、实现和做决定建立的软件表示。软件设计描述用作一通信的软件设计信息的媒体并可能作为系统的蓝图或模型。

b) 为促进分析、计划、实现和做决定建立的软件表示。软件系统的蓝图或模型。SDD用作为通信的软件设计信息的原始媒体。

2.1483

软件开发周期 software development cycle

从决定开发一个软件产品开始到产品交付结束的时间周期。这个周期典型地包括需求阶段、设计阶段、实现阶段、测试阶段，有时还包括安装和验收阶段。

相对：软件生存周期 software life cycle(2.1506)。

注：a) 上列的阶段可以覆盖或重复执行，取决于所用的软件开发方法。

b) 此术语有时用于含义为更长的时间周期，或者当软件不再由开发者增强而结束的时间周期或即整个软件生存周期(software life cycle)。

2.1484

软件开发环境 software development environment

支持软件产品开发的软件系统，简称 SDE。它由软件工具和环境集成机制构成，前者用以支持软件开发的相关过程、活动和任务，后者为工具集成和软件的开发、维护及管理提供统一的支持。

2.1485

软件开发文件 software development file;SDF

关于给定的软件单元或相关的单元集的开发的材料的集合。典型内容包括需求、设计、技术报告、代码清单、测试计划、测试结果、问题报告、进度和单元的注释。

2.1486

软件开发文件夹 software development folder

见：软件开发文件 software development file(2.1485)。

2.1487

软件开发库 software development library

存放与软件开发工作有关的计算机可读信息和人们可读信息的软件库。

相对：主库 master library(2.916)、产品库 production library(2.1217)、软件储藏库 software repository(2.1529)和系统库 system library(2.1657)。

2.1488

软件开发方法 software development method

软件开发过程所遵循的方法和步骤。它是规则、方法和工具的集成，既支持开发，也支持以后的演化过程。

2.1489

软件开发簿 software development notebook

有关给定软件模块情况材料的集合，其内容通常包括与给定软件模块有关的需求、设计、技术报告、代码列表清单、测试计划、测试结果、问题报告、进度、注释等等。

参见：项目簿 project notebook(2.1262)。

2.1490

软件开发计划 software development plan

为开发某一软件产品而做的项目计划。

2.1491

软件开发过程 software development process

把用户要求转化为软件产品的过程，此过程包括：把用户要求转换为软件需求，把软件需求转化为设计，用代码来实现设计，对代码进行测试，有时包括安装和验收。注：这些活动可以覆盖或重复执行。

参见：增量开发 incremental development(2.738)、快速原型 rapid prototyping(2.1307)、螺旋模型 spiral model(2.1553)和瀑布模型 waterfall model(2.1844)。

2.1492

软件多样性 software diversity

一种软件开发技术，其中，两个或多个功能相同的部分由不同的程序员或程序员组用同一个规格说明进行开发，目的是提供出错检测，增加可靠性、附加的文档或减少影响结果的编程或编译错误的概率。

参见：多样性 diversity(2.493)。

2.1493

软件文档 software documentation

以人们可读的形式出现的技术数据和信息。包括计算机列表和打印输出，它们描述或规定软件设计或细节，说明软件具备的能力，或为使用软件以便从软件系统得到所期望的结果而提供的操作指令。

参见：文档 documentation(2.496)、系统文档 system documentation(2.1653)和用户文档 user documentation(2.1809)。

2.1494

软件工程　software engineering

应用计算机科学理论和技术以及工程管理原则和方法，按预算和进度，实现满足用户要求的软件产品的定义、开发、发布和维护的工程或进行研究的学科。

2.1495

软件工程经济学　software engineering economics

从经济学的观点来研究、分析如何有效地开发、发布软件产品和支持用户使用这一产品的学科。

2.1496

软件工程环境　software engineering environment

用于执行软件工程的硬件、软件和固件。典型的元素包括：计算机装备、编译程序、汇编程序、操作系统、调试程序、模拟器、仿真器、测试工具、文档工具和数据库管理系统。

2.1497

软件工程组　software engineering group；SEG

负责项目的软件开发和维护活动(即需求分析、设计、编码和测试)的人员(包括经理和技术人员)的集合。软件工程组不包括执行软件有关工作的组，例如软件质量保证组，软件配置管理组和软件工程过程组。

2.1498

软件工程过程组　software engineering process group；SEPG

负责组织所用软件过程的定义、维护和改进工作的专家组。在关键实践中，这个组一般称作"负责组织的软件过程活动的组"。

2.1499

软件工程人员　software engineering staff

执行项目的软件开发和维护活动的技术人员(例如：分析员、程序员和工程师)，包括软件任务组长，但不包括经理。

2.1500

软件经验数据　software experience data

与软件的开发或使用有关的数据。这在开发软件模型、可靠性预测，或软件的其他定量描述中可能是有用的。

2.1501

软件特征　software feature

a)　区分软件项的特征(例如，性能、可移植性或功能)。

b)　由需求文档规定或隐含的软件特征(例如，功能、性能、属性或设计约束)。

2.1502

软件集成　software integration

将选定的软件成分集成在一起，旨在提供最终软件系统具备的一组能力或者规定的一组子能力的过程。

2.1503

软件项　software item

源代码、目标代码、作业控制代码、控制数据或这些项的集合。

2.1504

软件库管理员　software librarian

负责建立、管理和维护软件库的人员。

2.1505

软件库　software library

软件和有关的文档说明的一个受控制的集合。目的是有助于软件开发、使用或维护。类型包括主库、产品库、软件开发库、程序库、软件储藏仓和系统库。

参见：程序库 program library(2.1236)。

2.1506

软件生存周期　software life cycle

当软件产品从构思开始至软件不再可用结束的时间周期。软件生存周期典型地包括：需求阶段、设计阶段、实现阶段、测试阶段、安装和验收阶段、操作和维护阶段有时还包括退役阶段(见图 15)。

注：这些阶段可以覆盖或重复执行。

相对：软件开发周期 software development cycle(2.1483)。

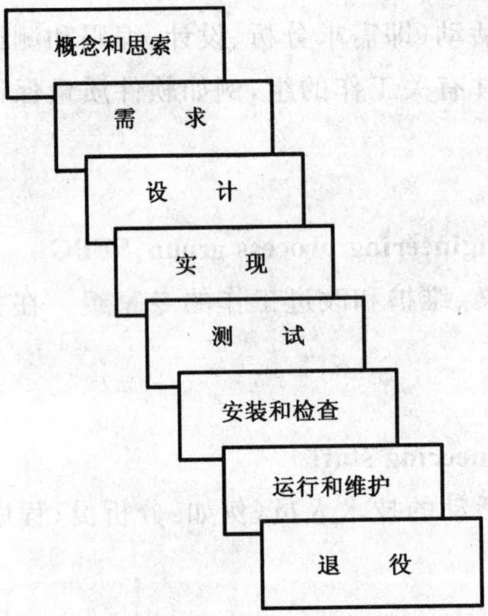

图 15　软件生存周期示例

2.1507

软件维护　software maintenance

见：维护 maintenance(2.905)。

2.1508

软件经理　software manager

在项目或组织层上对软件开发和(或)维护负直接责任的经理。

2.1509

软件监控程序　software monitor

和另一程序并行执行的软件工具，并对那个程序的执行情况提供详细的信息。

参见：硬件监控程序 hardware monitor(2.693)和监控程序 monitor(2.981)。

2.1510

软件包　software package

一种完备并配有文档，供给有类同应用或功能要求的若干用户的程序集。

2.1511

软件计划　software plans

描述软件开发和(或)软件维护活动将如何进行的各类正式计划或非正式计划。例如软件开发计划、软件质量保证计划、软件配置管理计划、软件测试计划、风险管理计划和过程改进计划。

2.1512

软件过程　software process

由组织或项目使用的,用以计划、管理、执行、监控、控制和改进其软件相关活动的过程或过程的集合。

2.1513

软件过程评估　software process assessment

为了确定组织当前软件过程的状态、组织面临的急需处理的软件过程的有关问题,并获得组织对软件过程改进的支持,由一个经过培训的软件专业人员组成的团队对软件过程所作的评价。

2.1514

软件过程描述　software process description

在项目定义的软件过程或组织的标准软件过程中被标识的主要软件过程成分的操作性定义。它通过文档以一种完备的、精确的、可验证的方式记载软件过程的需求、设计、行为或其他特征。

参见:过程描述 process description(2.1195)。

2.1515

软件过程元素　software process element

描述软件过程的构成元素。每个过程元素包括一组妥善定义的、界定的、密切相关的任务(例如软件估计元素、软件设计元素、编码元素和同行评审元素)。过程元素的描述可以是待填入的模板、待完成的片段、待精炼的抽象概念,或者待修改的或已使用而无需修改的完整描述。

2.1516

软件过程改进计划　software process improvement plan

从软件过程评估建议中导出的一种计划,它标识为改进软件过程而将采取的具体措施,并且概述实施这些措施的计划。

2.1517

软件过程改进建议　software process improvement proposal

一个文档化的、对过程或过程有关项所作的、将提高软件过程能力和性能的更改建议。

参见:措施建议 action proposal(2.27)。

2.1518

软件过程成熟度　software process maturity

一个具体过程被明确定义、管理、测量、控制以及有效的程度。成熟度隐含了能力上的增长潜力,并揭示组织的软件过程的丰富性和在全组织的所有项目中采用这些过程的一致性。

2.1519

软件过程有关文档　software process-related documents

预期未来项目在剪裁组织的标准软件过程时可能使用的实例文档或文档片段。实例文档可能包括诸如项目定义的软件过程、标准、规程、软件开发计划、测量计划和过程培训材料等。

2.1520

软件产品　software product

a)　指定交付给用户的计算机程序、规程和可能相关的文档和数据的完整集。

b)　a)中的任一单独的项。

2.1521

软件项目　software project

一项需要协同工作的任务，它关注系统中软件成分的分析、说明、设计、开发、测试和(或)维护等工作及其相关文档。一个软件项目可以是建造硬件/软件系统的项目的一部分。

2.1522

软件质量　software quality

a) 软件产品中能满足给定需要的性质和特性的总体。例如，符合规格说明。

b) 软件具有所期望的各种属性的组合程度。

c) 顾客和用户觉得软件满足其综合期望的程度。

d) 确定软件在使用中将满足顾客预期要求的程度。

2.1523

软件质量保证　software quality assurance

见：质量保证 quality assurance(2.1294)。

2.1524

软件质量目标　software quality goal

为软件工作产品确定的定量的质量目标。

2.1525

软件质量管理　software quality management

确定软件产品的质量目标，制定实现这些目标的计划，以及为了满足顾客和最终用户的需要和希望而监控和调整软件计划、软件工作产品、活动与质量目标的过程。

2.1526

软件质量度量　software quality metric

见：质量度量 quality metric(2.1300)。

2.1527

软件有关组　software-related group

从事支持(但不直接负责)软件开发和(或)维护工作的软件工程人员(包括经理和技术人员)的集合。例如软件质量保证组和软件配置管理组。

2.1528

软件可靠性　software reliability

a) 在规定条件下，在规定的时间内软件不引起系统失效的概率。该概率是系统输入和系统使用的函数，也是软件中存在的缺陷的函数。系统输入将确定是否会遇到已存在的缺陷(如果有缺陷存在的话)。

b) 在规定的时间周期内所述条件下程序执行所要求的功能的能力。

2.1529

软件储藏库　software repository

为软件和相关的文档提供永久性的档案的软件库。

相对：主库 master library(2.916)、产品库 product library(2.1217)、软件开发库 software development library(2.1487)和系统库 system library(2.1657)。

2.1530

软件需求　software requirement

为解决用户的问题或实现用户的目标，用户所需的软件必须满足的能力和条件。

2.1531

软件需求评审　software requirement review

a)　一种对一个或多个软件配置项规定的需求的评审，它评价对系统需求的响应和解释以确定它们能否形成进一步的配置项的初步设计的满意的基础。

参见：系统需求评审 system requirement review(2.1665)。

b)　任一软部件如 a)中的评审。

2.1532

软件需求规格说明　software requirement specification

软件和它的外部接口的基本需求(功能、性能、设计约束和属性)的文档。

2.1533

软件服务　software service

实施与软件产品有关的活动、工作或义务，比如软件开发、维护和运作。

2.1534

软件潜行分析　software sneak analysis

适用于软件的一种技术，它用以识别潜伏的(潜行的)逻辑控制路径或条件。这些路径或条件会禁止所期望进行的操作或引起不希望有的操作出现。

2.1535

软件规格说明评审　software specification review

见：软件需求评审 software requirement review(2.1531)。

2.1536

软件测试待查事件　software test incident

在软件测试执行期间发生的要求调查的任一事件。

2.1537

软件工具　software tool

一种计算机程序，用来帮助开发、测试、分析或维护一计算机程序或它的文件。例如，比较器、交叉引用生成器、反编译程序、驱动程序、编辑程序、流程图器、监控程序、测试用例生成器、定时分析器。

2.1538

软件单元　software unit

一段可分开编译的代码。

2.1539

软件工作产品　software work product

作为定义、维护或实施软件过程的一部分而生成的任何制品，包括过程说明、计划、规程、计算机程序和相关的文档等，无论是否打算将它们交付给顾客或者最终用户。

参见：软件产品 software product(2.1520)。

2.1540

源地址　source address

要传送的数据所在的设备或存储单元的地址。

相对：目标地址 destination address(2.460)。

2.1541

源[代]码　source code

以适合于作为汇编程序、编译程序或其他转换程序输入的形式表示的计算机指令和数据定义。

注：源程序由源代码构成。

相对：目标代码 object code(2.1031)。

2.1542

源[代]码生成器 source code generator

见：代码生成器 code generator(2.221)b)。

2.1543

源语言 source language

输入至机器辅助转换过程的语言。例如，用于写计算机程序的语言。

相对：目标语言 target language(2.1676)。

2.1544

源程序 source program

必须被编译、汇编或其他转换的计算机程序以被计算机执行。

相对：目标程序 target program(2.1678)。

2.1545

缺陷的特殊原因 special cause of a defect

在某种瞬态情况下所特有的而不是过程所固有的缺陷原因。特殊原因造成过程性能随机变化。

参见：共同原因 common case(of a defect)(2.240)。

2.1546

特定地址 specific address

见：绝对地址 absolute address(2.9)。

2.1547

特定码 specific code

见：绝对码 absolute code(2.11)。

2.1548

规格说明 specification

规约

a) 以一种完全的、精确的、可验证的方法规定系统或部件的需求、设计、行为或其他特性的文件。并经常指明一过程，以确定给定的这些规定是否满足。

参见：正式的规格说明 formal specification(2.648)、产品规格说明 product specification(2.1219)和需求规格说明 requirement specification(2.1367)。

b) 规范的明确的约定。

2.1549

规格说明变更通知 specification change notice

在配置管理中所用的文档，它用以对规格说明的变更提出建议并加以传送和记录。

参见：配置控制 configuration control(2.307)、工程变更 engineering change(2.546)和修订通知 notice of revision(2.1028)。

2.1550

规格说明语言 specification language

一种语言，它通常是机器可处理的自然语言和形式语言的组合。用来表示系统或部件的需求、设计、行为或其他特征。例如，设计语言或需求规格说明语言。

相对：编程语言 programming language(2.1252)和查询语言 query language(2.1303)。

2.1551

规格说明树 specification tree

描写给定的系统的所有规格说明并表示它们相互之间关系的图。

参见：文档树 documentation tree(2.498)。

2.1552

规格说明验证　specification verification

见：验证 verification(2.1826)。

2.1553

螺旋模型　spiral model

一种软件开发过程模型，在此种模型中，构成的活动，典型的为需求分析、初步和详细设计、编码、集成和测试是重复地执行的，直至软件完成。

参见：增量开发 incremental development(2.738)和快速原型 rapid prototyping(2.1307)。

相对：瀑布模型 waterfall model(2.1844)。

2.1554

假脱机　spool

读输入数据或写输出数据至辅助存储器或主内存，以备以后处理或输出，其目的是允许输入输出设备与作业执行并发操作。这是从缩略语词 SPOOL(Simultaneous Peripheral Output On Line—外设联机同时输出)导出的。

2.1555

假脱机程序　spooler

启动和控制假脱机的程序。

2.1556

软件需求评审　SRR

softwars requirement review 或 system requirement review 的缩略语。

2.1557

软件需求规格说明　SRS

software requirement specification 的缩略语。

2.1558

软件规格说明评审　SSR

software specification review 的缩略语。

见：软件需求评审 Software Requirement Review(2.1531)。

2.1559

稳定性　stability

a)　在有干扰或破坏事件影响下仍能保持不变的能力。

b)　在干扰或破坏性事件之后返回到原始状态的能力。

2.1560

栈　stack

按后进先出方法进行存取的一个列表。

相对：队列 queue(2.1304)。

2.1561

独立的　stand-alone

单立的

用于说明无需连接至其他部件就能执行它的功能的硬件或软件，例如单机字处理系统。

2.1562

标准　standard

对于软件开发使用的和强制规定的统一的方法的强制要求，即在事实标准中的强制的约定和实践。

参见：实践 practices(2.1156)。

2.1563

标准过程 standard process

在组织中用于指导一般过程建立的基本过程的可操作性定义。

注：一个标准过程描述可以应用于任何已定义的过程的功能过程元素，并描述这些过程元素之间的关系（如排序、接口等）（见已定义的过程）。

2.1564

标准实施器 standards enforcer

一种软件工具，它确定指定的开发标准是否得到遵循。标准可以包括模块大小、模块结构、注释的约定、某些语句形式的使用以及文件编制约定。

2.1565

备用冗余 standby redundancy

在容错系统中，在主要元素发生失效以前，一直不用的冗余元素的使用。

相对：活动冗余 active redundancy(2.34)。

2.1566

备用时间 standby time

见：空闲时间 idle time(2.717)。

2.1567

启动地址 starting address

在主内存中，计算机程序的第一条指令的地址。

注：此地址可以是也可以不是程序的起点(origin)，取决于是否有数据领先于第一条指令。

参见：汇编的起点 assembled origin(2.81)和装入的起点 loaded origin(2.867)。

相对：起点 origin(2.1079)。

2.1568

状态 state

a) 在系统、部件或模拟中已经存在的条件或方式。例如，航行器导航程序的预飞状态或给定的通道的输入状态。
b) 在给定的瞬间由定义系统、部件或模拟的特征的变量假定的值。

2.1569

状态数据 state data

定义测试单元的内部状态和用以建立状态或与已存在状态相对的数据。

2.1570

状态图 state diagram

描写系统或部件能假定的状态并表示从一种状态变更为另一个状态的事件或情况的图。

2.1571

状态机 state machine

规定如下状态的序列的一种行为：某一对象或交互在其生存线内，为对各事件作出响应所经历的(状态)以及该对象的响应和动作。

2.1572

状态转移图 state transition diagram

见：状态图 state diagram(2.1570)。

2.1573

语句 statement

在编程语言中，定义数据、规定程序动作或指挥汇编程序或编译程序的有意义的表达式。

参见：赋值语句 assignment statement(2.99)、控制语句 control statement(2.343)和声明 declaration(2.411)。

2.1574

工作说明书 statement of work

需方使用的一种文件，它用来叙述和规定按合同必须执行的任务。

2.1575

语句测试 statement testing

用以对执行计算机程序的每个语句的测试。

2.1576

静态的 static

无计算机程序执行发生的事件或过程。例如，静态分析、静态绑定。

相对：动态的 dynamic(2.511)。

2.1577

静态分析 static analysis

基于它的格式、结构、内容或文档评价系统或部件的过程。

参见：审查 inspection(2.764)和走查 walk-through(2.1843)。

相对：动态分析 dynamic analysis(2.513)。

2.1578

静态分析器 static analyzer

一种软件工具，它有助于分析计算机程序而无需执行该程序，例如语法检验程序、编译程序、交叉引用表生成程序、标准实施器以及流程图。

相对：动态分析程序 dynamic analyzer(2.514)。

2.1579

静态绑定 static binding

在程序执行之前实现的，执行期间不加变更的绑定。

相对：动态绑定 dynamic binding(2.515)。

2.1580

静态断点 static breakpoint

能在编译时设置的断点，例如进入给定的例程。

参见：代码断点 code breakpoint(2.220)、数据断点 data breakpoint(2.391)、跋断点 epilog breakpoint(2.559)、可编程的断点 programmable breakpoint(2.1249)和序断点 prolog breakpoint(2.1268)。

相对：动态断点 dynamic breakpoint(2.516)。

2.1581

静态分类 static classification

其中的对象不可变更类目的泛化的一种语义变化。

相对：动态分类 dynamic classification(2.518)。

2.1582

静态转储 static dump

在计算机程序执行前或执行后产生的转储。

参见：变更转储 change dump(2.196)、内存转储 memory dump(2.928)、事后转储 postmortem dump(2.1153)、有选择性转储 selective dump(2.1425)和快照转储 snapshot dump(2.1466)。

相对：动态转储 dynamic dump(2.4951)。

2.1583

静态差错　static error

独立于输入随时间变化的错误。

相对：动态差错 dynamic error(2.520)。

2.1584

统计测试模型　statistical test model

一种模型，它把程序故障与输入数据集〈或多个数据集〉联系起来。模型也给出了这些故障将引起程序失效的概率。

2.1585

状态码　status code

用于指示计算机程序操作结果的码。例如，指示进位、溢出或奇偶错误的码。

2.1586

步进操作　step-by-step operation

见：单步操作 single-step operation(2.1461)。

2.1587

逐步细化　stepwise refinement

一种软件开发技术，首先，广泛地定义数据和处理步骤，然后逐步具体化。

参见：以数据结构为中心的设计 data structure-centered design(2.405)、输入-处理-输出 input-process-output(2.762)、模块分解 modular decomposition(2.973)、面向对象的设计 object-oriented (2.1037)、快速原型 rapid prototyping(2.1307)、结构设计 structured design(2.1607)、事务分析 transaction analysis(2.1760)和转换分析 transform analysis(2.1764)。

2.1588

衍型　stereotype

一种扩展元模型语义的建模元素的新类型。衍型必须基于元模型中现有的某些类型或类。衍型可扩展业已存在的类型和类的语义，但不可扩展其结构。某些衍型在 UML 中是预定义的，另一些可由用户定义。衍型是 UML 中三种可扩展性机制之一。

参见：约束 constraint(2.323)和加标值 tagged value(2.1673)。

2.1589

激励　stimulus

信息从一个实例到另一实例的传递，例如激起一个信号或启用一个操作。接收信号通常认为是一个事件。

参见：消息 massage(2.932)。

2.1590

停止　stop

终止计算机程序的执行。与暂停 halt(2.688)a)同义。

相对：暂停 pause(2.1125)。

2.1591

存储分配　storage allocation

计算机资源分配的元素，由赋存储区域给规定的作业并执行相关的过程构成，例如，在主内存和辅助存储器之间传送数据以支持所做的赋值。

参见：缓冲器 buffer(2.162)、邻接分配 contiguous allocation(2.329)、循环搜索 cyclic search (2.386)、内存紧缩 memory compaction(2.927)、覆盖 overlay(2.1085)、调页 paging(2.1101)和虚拟存储器 virtual storage(2.1840)。

2.1592

存储断点 storage breakpoint

见：数据断点 data breakpoint(2.391)。

2.1593

存储容量 storage capacity

在给定的存储设备中能保持的项的最大数。通常，它用字(word)或字节(byte)来测量。

参见：通道容量 channel capacity(2.198)和内存容量 memory capacity(2.926)。

2.1594

存储效率 storage efficiency

系统或部件执行指定的功能而具有可用的存储器的最小耗费的程度。

参见：执行效率 execution efficiency(2.578)。

2.1595

存储 store

a) 在存储设备中存放数据或保持数据。

b) 复制计算机指令或数据，从寄存器至内存或从内存至外部存储器。

参见：读取 fetch(2.622)和移动 move(2.983)。

相对：装入 load(2.863)b)。

2.1596

直线代码 straight-line code

没有循环的计算机指令序列。

2.1597

直线编码 straight-line coding

一种编程技术，在此种技术中，由显式说明和填满在每一次循环执行时所引用的全部指令来避免循环。

参见：展开 unwind(2.1796)。

2.1598

分层语言 stratified language

不能用作自身的元语言的语言。例子包括，FORTRAN、COBOL。

相对：非分层语言 unstratified language(2.1794)。

2.1599

强度测试 stress testing

评价系统或部件在它规定的需求的限定或超出时情况的测试。

2.1600

串 string

实体(如字符或物理元素)的线性序列。

2.1601

强类型法 strong typing

一种程序设计语言特性，它要求对每个数据对象的数据类型都作出说明，并排除操作符施用于不适当的数据对象上的情况。因此，防止了不相容类型的数据对象的相互作用。

2.1602

结构性特征 structural feature

某一模型元素的一种静态特征，例如一个属性。

2.1603

结构性模型方面　structural model aspect

侧重于系统中各对象的结构的一种模型方面，它包括对象的类型、类、联系、属性和操作。

2.1604

结构测试　structural testing

侧重于系统或部件内部机制的测试。类型包括分支测试、路径测试、语句测试。

相对：功能测试 function testing(2.669)(a)。

2.1605

结构图　structure chart

一种图，它标识在系统或计算机程序中的模块、活动或其他实体并显示如何把较大的或更通用的实体分解为较小的、更特定的实体(见图 16)。

注：结果不必与在调用图中所示的相同。

相对：调用图 call graph(2.177)。

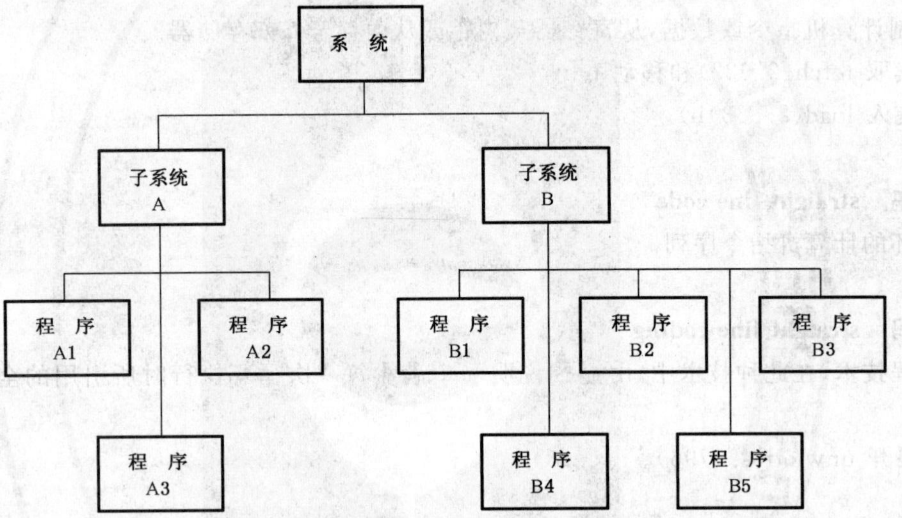

图 16　结构图

2.1606

结构相搅　structure clash

在软件设计中，一个模型必须处理两个或多个具有不兼容数据结构的数据集的情况。

参见：以数据结构为中心的设计 data structure - centered design(2.405)、次序抵触 order clash (2.1070)。

2.1607

结构化设计　structured design

a)　软件设计的任何遵守纪律的方法，它遵守基于例如模块化、自顶向下设计和数据、系统结构和处理步骤的逐步细化等原理的规定的规则。

参见：以数据结构为中心的设计 data structure - centered design(2.405)、输入-处理-输出 input-processoutput(2.762)、模块分解 modular decomposition(2.973)、面向对象的设计 object-oriented (2.1037)、快速原型 rapid prototyping(2.1307)、逐步细化 stepwise refinement(2.1587)、事务分析 transaction analysis(2.1760)和转换分析 transform analysis(2.1764)。

b)　应用在 a)中的方法的结果。

2.1608

结构化程序　structured program

由一组基本的控制结构构造而成的程序。每一个控制结构有一个入口点和一个出口点。控制结构组典型地包括：由两条或多条指令组成的序列、两个或多个指令或指令序列的条件选择、一个指令或指令序列的重复执行。

参见：结构化设计 structured design(2.1607)。

2.1609

结构化程序设计　structured programming

包括结构化设计和结构化程序开发中的结果的任何软件开发技术。

2.1610

结构化程序设计语言　structured programming language

一种程序设计语言，它提供了结构化程序的结构、命名、单入口－单出口序列、分支和循环并有利于结构化程序的开发工作。

参见：块结构语言 block-structured language(2.146)。

2.1611

桩[模块]　stub

a)　一种软件模块的框架或特殊目的的实现，它用于开发或测试调用它或依赖于它的模块。

b)　用来代替软件模块体的计算机程序语句，该模块是在别处定义或将在别处定义。

2.1612

子活动状态　subactivity state

在活动图中，一种表示执行具有持续期的非原子步骤的序列的状态。

2.1613

子类　subclass

在泛化关系中，对另一类即超类的特化。

参见：泛化 generalization(2.674)。

相对：超类 superclass(2.1624)。

2.1614

子合同经理　subcontract manager

在主承制方的组织中直接负责控制和管理一个或多个子合同的经理。

2.1615

分包方　subcontractor

依据合同向合同当事人的一方提供系统、产品或服务的一个机构。

2.1616

子机[器]状态　submachine state

如下状态机中的一种状态：等效于某一组合状态，但其内容由另一状态机来描述。

2.1617

子包　subpackage

一种包含在另一包中的包。

2.1618

子程序　subprogram

一单独的、兼容的、可执行的计算机程序的部件。

注：术语"例程(routine)"、"子程序(subprogram)"和"子例程(subroutine)"在不同编程语言中的定义是不同的，上述的定义已建议作为标准。

参见：协同例程 coroutine(2.353)、主程序 main program(2.902)、例程 routine(2.1402)和子例程 subroutine(2.1619)。

2.1619

子例程　subroutine

返回控制至调用它的程序或子程序的例程。

注：术语“例程(routine)”、“子程序(subprogram)”和“子例程(subroutine)”在不同编程语言中的定义是不同的，上述的定义已建议作为标准。

参见：关式子例程 closed subroutine(2.216)和开式子例程 open routine(2.1052)。

相对：协同例程 coroutine(2.353)。

2.1620

子例程踪迹　subroutine trace

在计算机程序执行期间执行的全部的或所选择的子例程或函数调用的记录，它可任选地包括传送至或从每个子例程或函数返回的参数值。

参见：执行踪迹 execution trace(2.582)、回顾踪迹 retrospective trace(2.1383)、符号踪迹 symbolic trace(2.1639)和变量踪迹 variable trace(2.1823)。

2.1621

子状态　substate

作为某一组合状态一部分的状态。

参见：并发子状态 concurrent substate(2.300)和互斥子状态 disjoint sunstate(2.490)。

2.1622

子系统　subsystem

在较大的系统中的二级或下级系统。

2.1623

子类型　subtype

数据类型的子集，它由限制数据类型的可能值的集得到。

注：适用于子类型的操作与那些数据的原始的类型的操作相同。

参见：导出类型 derived type(2.437)。

2.1624

超类　superclass

在泛化关系中，对另一类即子类的泛化。

参见：泛化 generalization(2.674)。

相对：子类 subclass(2.1613)。

2.1625

超类型　supertype

在泛化关系中，对另一类型即子类型的泛化。

参见：泛化 generalization(2.674)。

相对：子类型 subtype(2.1623)。

2.1626

监督程序　supervisor

见：监督程序 supervisory program(2.1628)。

2.1627

监督状态　supervisor state

在计算机系统的操作中，管理程序执行的状态。此状态，通常比应用程序的执行状态有更高的优先权。

相对：问题状态 problem state(2.1178)。

2.1628

监督程序 supervisory program

一种计算机程序，它通常是操作系统的一部分，控制其他计算机程序的执行并且调节数据处理系统中的工作流程。

参见：监督状态 supervisor state(2.1627)。

2.1629

供方 supplier

按照所签的合同向需方提供系统、产品或服务的一个机构(是合同当事人、生产者、卖方、批发商的同义词)。

注：需方可以指定它的机构中的某一部门做为供方。

2.1630

支持 support

操作系统或部件实现它的原始要求和任何后续对这些要求的修改所需的活动集。例如，软件和硬件维护、用户培训。

参见：软件生存周期 software life cycle(2.1506)和系统生存周期 system life cycle(2.1658)。

2.1631

支持手册 support manual

提供操作系统和它的部件在整个生存周期内服务和维护所需信息的文档。典型地描述它的构成系统或部件的硬件和软件以及对它服务、修理或重编程。

参见：诊断手册 diagnostic manual(2.476)、安装手册 installation manual(2.766)、操作员手册 operator manual(2.1068)、程序员手册 programmer manual(2.1250)和用户手册 user manual(2.1813)。

2.1632

支持软件 support software

辅助其他软件开发或维护的软件。例如，编译程序、装入程序和其他实用程序。

参见：系统软件 system software(2.1667)。

相对：应用软件 application software(2.71)。

2.1633

对换 swap

a) 两个存储区域的内容的交换，它通常是主存储区域与辅助存储区域交换。

参见：转入 roll in(2.1399)和转出 roll out(2.1400)。

b) 执行如 a)中的交换。

2.1634

泳道 swimlane

在活动图上，一种用于组织动作职责的分割。在典型情形下，泳道对应于业务模型中的组织单元。

参见：分区 partition(2.1113)。

2.1635

符号表 symbol table

表示程序符号与它们相应的地址、值和其他属性的表。

2.1636

符号地址 symbolic address

用名或标记表示的地址，对其访问时必须转换为设备或存储单元的绝对地址。

相对：绝对地址 absolute address(2.9)。

2.1637

符号执行 symbolic execution

一种软件分析技术，其中，程序的执行是使用符号，例如变量名，而不是输入数据的真实值来模拟，而程序输出则表示成包含这些符号的逻辑或数学表达式。

2.1638

符号语言 symbolic language

一种编码语言，它用对人方便的符号而不是用机器语言表示操作和地址。例子是汇编语言、高级语言。

相对：机器语言 machine language(2.890)。

2.1639

符号踪迹 symbolic trace

当计算机程序用符号而不是用输入数据的实际值运行时遇到的源语句或分支出口的记录。

参见：执行踪迹 execution trace(2.582)、回顾踪迹 retrospective trace(2.1383)、子例程踪迹 subroutine trace(2.1620)和变量踪迹 variable trace(2.1823)。

2.1640

同步状态 synch state

在状态机中，用于对其中的并发区域同步化的一种顶点。

2.1641

句法差错 syntactic error

为语言定义的结构的或文法规则的违反。例如，在 FORTRAN 中用语句 B+C=A，而不是正确的 A=B+C。

相对：语义差错 semantic error(2.1430)。

2.1642

句法 syntax

在语言中，定义符号如何组合以形成字、词组、表达式和其他允许的结构的、文法的规则。

相对：语义 semantics(2.1431)。

2.1643

句法差错 syntax error

见：句法差错 syntactic error(2.1641)。

2.1644

综合地址 synthetic address

见：生成的地址 generated address(2.675)。

2.1645

系统 system

a) 人、机器和方法的集合，用来实现一组规定的功能。

b) 一个完整的整体，它由种类不同的、相互作用的、专门的结构和子功能部件所组成。

c) 由某些相互作用或相互依赖关系联合起来的小组或子系统。它可执行多种职能，但是作为一个单位而发挥其作用。

2.1646

系统分析 systems analysis

对实在的或计划好和系统所进行的一种系统性调研，其目的是确定该系统的信息要求和过程，它们之间的相互关系，以及与其他系统的关系。

2.1647

系统体系结构　system architecture

系统各部件之间的结构和关系。系统体系结构也可以包括系统和它的运行环境之间的界面。

2.1648

系统描述　system description

由系统设计形成的文档，它定义对系统的组织、实质特性以及硬件和软件要求。

2.1649

系统设计　system design

a)　为系统定义硬件和软件结构、部件、模块、接口及数据，以满足规定的系统需求的过程。

b)　系统设计过程的结果。

2.1650

系统设计评审　system design review

一种评审行为，它评价系统需求已经分配给配置项、产生分配的系统工程过程、下一阶段要做的计划、制造考虑和产品工程计划等的方式。

参见：关键设计评审 criitical design review(2.365)和概要设计评审 preliminary design review(2.1164)。

2.1651

系统开发　system development

一种过程，它通常包括需求分析、系统设计、实现、文件编制和质量保证。

2.1652

系统开发周期　system development cycle

从决定开发系统开始至系统交付给用户结束的时间周期。

注：此术语有时用于意味着更长的时间周期，或者至系统不再增强结束或整个系统生存周期。

参见：软件开发周期 software development cycle(2.1483)。

相对：系统生存周期 system life cycle(2.1658)。

2.1653

系统文档　system documentation

表达系统的需求、设计思想、设计细节、能力、限制，以及其他特性的文档。

2.1654

系统工程组　system engineering group

负责以下工作的人员的集合(包括经理和技术人员)：规定系统需求；将系统需求分配给硬件、软件和其他成分；规定硬件、软件和其他成分间的接口；以及为保证与相应规范的符合性而监控这些成分的设计和开发。

2.1655

系统流程图　system flowchart

见：流程图 flowchart(2.637)。

2.1656

系统集成　system integration

由系统部件到整个系统的逐级装配。

2.1657

系统库　system library

包含系统常驻软件的软件库。可供访问和使用，或通过引用而合并到其他程序中去。例如宏库。

相对：主库 master library(2.916)、产品库 production library(2.1217)、软件开发库 software development library(2.1487)和软件储藏库 software repository(2.1529)。

2.1658

系统生存周期　system life cycle

从系统构思开始至系统不再可用结束的时间周期。

参见：系统开发周期 system development cycle(2.1652)和软件生存周期 software life cycle (2.1506)。

2.1659

系统维护　system maintenance

对某一系统的修改，其目的是排除故障、提高性能，或者使之适应于变化了的环境或变化了的要求。

2.1660

系统模型　system model

在计算机性能评价中，系统描述在系统中的工作负载与性能测量之间关系的表示。

参见：工作负载模型 workload model(2.1857)。

2.1661

系统特征文件　system profile

系统轮廓

在计算机性能评价中所用的一组测量，它描述计算机系统中每个主要资源忙的时间部分被资源可用时间除。

2.1662

系统可靠性　system reliability

包括全部硬件和软件子系统在内的某个系统，在规定的环境及时间里正确执行所要求的任务或使命的概率。

参见：运行可靠性 operational reliability(2.1063)和软件可靠性 software reliability(2.1528)。

2.1663

系统需求　system requirement

为了满足用户解决问题需要的条件或能力，系统或系统成分必须满足或具有的条件或能力。

2.1664

分配给软件的系统需求　system requirements allocated to software

拟由系统的软件成分实现的系统需求的子集。分配需求是软件开发计划的主要输入。软件需求分析将精心加工和细化分配需求，并产生文档化的软件需求。简称分配需求。

2.1665

系统需求评审　system requirement review

一种评审行为，它评价为系统定义的需求是否完整和适当、评价产生这些需求的系统工程过程、评定系统工程试作的结果和评价系统工程计划。

参见：软件需求评审 software requirement review(2.1531)。

2.1666

系统资源图　system resource chart

见：框图 block diagram(2.145)。

2.1667

系统软件　system software

设计以帮助计算机系统和相关的程序操作和维护的软件。例如，操作系统、编译程序、实用程序。

参见：支持软件 support software(2.1632)。

相对：应用软件 application software(2.71)。

2.1668

系统支持　system support

为使用和改进已实现的系统所必需的服务和物资的后续提供。

2.1669

系统测试　system testing

在完整的、集成的系统上的测试行为，它用以评价系统与规定的需求的遵从性。

参见：部件测试 component testing(2.264)、集成测试 integration testing(2.788)、接口测试 interface testing(2.800)和单元测试 unit testing(2.1792)。

2.1670

系统确认　system validation

见：确认 validation(2.1819)。

2.1671

系统验证　system verification

见：验证 verification(2.1826)。

2.1672

表[格]　table

a) 数据的一个阵列，其中每一项均可借助于一个或多个变元显式地予以标识。

b) 数据的一个集合，其中每一项可由标号、位置，或按某些其他方法唯一地标识。

2.1673

加标值　tagged value

对某一性质的显式定义的"名称-值"对。加标值中的名称称为标志。某些标志在UML中是预定义的、另一些可由用户定义。加标值是UML中三种可扩展性机制之一。

参见：约束 constrsint(2.323)和衍型 stereotype(2.1588)。

2.1674

目标能力　target capability

由过程能力确定发起人鉴定的过程能力，它代表对成功地实施特定要求的一种可接受的过程风险。

2.1675

目标计算机　target computer

拟运行交付软件的计算机。

参见：宿主计算机 host computer(2.709)。

2.1676

目标语言　target language

一种语言，它表示从机器辅助转换过程的输出。例如，由汇编程序或编译程序输出的语言。

相对：源语言 source language(2.1543)。

2.1677

目标机　target machine

a) 打算在其上运行程序的计算机。

相对：宿主机 host machine(2.710)a)。

b) 正由另一台计算机仿真的计算机。

相对：宿主机 host machine(2.710)b)。

2.1678

目标程序　target program

见：目标程序 object program(2.1039)。

2.1679

任务　task

a)　由操作系统的管理程序作为基本工作单元对待的指令序列。

b)　在软件设计中，能与其他软部件并行操作的软部件。

2.1680

任务启动会议　task kick-off meeting

在项目任务开始时举行的会议，目的使有关人员为有效地执行任务的各项活动做好准备。

2.1681

任务组长　task leader

从事某一特定任务的技术团队的领导人，他对任务负技术责任，并对任务的工作人员进行技术指导。

2.1682

分类学　taxonomy

分割知识体并定义其片断之间关系的方案，它用于分类和了解知识体。

2.1683

团队　team

一组人，这些人通常来自各个不同的但相关的组，受指派去执行组织或项目的一个妥善定义的职能。团队成员可以是兼职的，而且可有其他主要职责。

2.1684

技术管理　technical management

为计划、组织和控制工程功能，技术的和管理的资源的应用。

2.1685

技术需求　technical requirements

描述软件必须做些什么及其运行约束条件的需求，例如功能、性能、接口和质量需求。

2.1686

技术标准　technical standard

一种标准，它描述在创建产品或执行服务中应用积累的技术的或管理技巧和方法的特征的标准。

2.1687

工艺规程　techniques

技术的和管理的规程，它帮助软件开发过程的评价和改进。

2.1688

模板　template

见：参数化元素 parameterized element(2.1106)。

2.1689

暂时内聚度　temporal cohesion

一类内聚度，其中，由软件模块执行的任务是在所有程序执行的具体阶段都要求的。例如，一包含所有程序的初始化任务的模块。

相对：一致内聚度 coincidental cohesion(2.229)、通信内聚度 communication cohesion(2.246)、功能内聚度 functional cohesion(2.661)、逻辑内聚度 logical cohesion(2.874)、过程内聚度 procedural cohesion(2.1179)和顺序内聚度 sequential cohesion(2.1439)。

2.1690

终止构造　termination construct

一种程序结构，它导致暂停(halt)或退出(exit)。

2.1691

终止证明　termination proof

正确性证明中的一项内容,它证明在全部规定的输入条件下,程序将终止。

2.1692

测试　test

a)　一种活动,在此活动中,系统或部件在一定的条件下执行,观察或记录其结果,对系统或部件的某些方面进行评价。

b)　实施如在a)中的活动。

c)　一个或多个测试用例集。

d)　一个或多个测试规程集。

e)　一个或多个测试用例和规程集。

2.1693

测试性　testability

a)　系统或成分便于建立测试准则并进行测试以确定是否满足测试准则的程度。

b)　使用允许建立测试准则并进行测试以确定是否满足测试准则方面的措辞来描述需求的程度。

2.1694

测试台　test bed

a)　测试环境,其中包括测试系统或部件所必需的硬件、探测工具、模拟程序、软件工具以及其他支持软件。

b)　在测试系统或系统的部件时所必需的全部测试用例的汇集。

2.1695

测试用例　test case

a)　为具体的目标(例如,为练习具体的程序路径或验证对特定需求的遵循性)而开发的一组测试输入、执行条件和预料的结果。

b)　对于测试项,规定输入、预料的结果和一组执行条件的文档。

参见:测试用例生成器 test case generator(2.1696)和测试用例规格说明 test case specification(2.1697)。

2.1696

测试用例生成器　test case generator

一种软件工具,它接受输入源代码、测试准则、规格说明或数据结构定义,用这些输入以产生测试输入数据,有时,还确定预料的结果。

2.1697

测试用例规格说明　test case specification

对于要测试的项,规定测试输入、执行条件和预料的结果的文档。

参见:测试待查事件报告 test incident report(2.1708)、测试项传输报告 test item transmittal report(2.1710)、测试日志 test log(2.1711)、测试计划 test plan(2.1714)、测试规程 test procedure(2.1715)和测试报告 test report(2.1719)。

2.1698

测试覆盖　test coverage

测试范围

给定的测试或测试集,对于给定的系统和部件实现所有规定的需求的程度。

2.1699

测试准则　test criteria

系统或部件为通过给定的测试必须满足的准则。

参见：验收准则 acceptance criteria(2.18)和通过/失败准则 pass-fail criteria(2.1116)。

2.1700

测试数据　test data

用来测试系统或系统部件的数据。

参见：测试用例 test case(2.1695)。

2.1701

测试数据生成器　test data generator

见：测试用例生成器 test case generator(2.1696)。

参见：自动测试生成器 automated test generator(2.111)。

2.1702

测试描述　test description

见：测试用例规格说明 test case specification(2.1697)。

2.1703

测试设计　test design

一种文档，它规定对软件特性或软件特性与标识相关测试的组合的详细测试方法。

2.1704

测试文档集　test documentation

描述系统或部件的测试计划或测试结果的文档。类型包括：测量用例规格说明、测试事件报告、测试日志、测试计划、测试规程和测试报告。

2.1705

测试驱动程序　test driver

一种软件模块，它用于引用测试下的模块并常常提供测试输入、控制和监控执行并报告测试结果。

2.1706

测试生成器　test generator

见：测试用例生成器 test case generator(2.1696)。

2.1707

测试装具　test harness

见：测试驱动程序 test driver(2.1705)。

2.1708

测试待查事件报告　test incident report

描述在测试期间发生要求进一步调查的事件的文档。

参见：测试用例规格说明 test case specification(2.1696)、测试项传输报告 test item transmittal report(2.1710)、测试日志 test log(2.1711)、测试计划 test plan(2.1714)、测试规程 test procedure (2.1715)和测试报告 test report(2.1719)。

2.1709

测试项　test item

是测试目标的软件项。

2.1710

测试项传输报告　test item transmittal report

标识为测试传送的一个或多个项的文档。它包括当前状态和位置信息。

参见：测试用例规格说明 test case specification(2.1696)、测试待查事件报告 test incident report (2.1708)、测试日志 test log(2.1711)、测试计划 test plan(2.1714)、测试规程 test procedure(2.1715)和测试报告 test report(2.1719)。

2.1711

测试日志　test log

按年月日对全部测试活动有关细节所做的记录。

参见：测试用例规格说明 test case specification(2.1696)、测试待查事件报告 test incident report (2.1708)、测试项传输报告 test item transmittal report(2.1710)、测试计划 test plan(2.1714)、测试规程 test procedure(2.1715)和测试报告 test report(2.1719)。

2.1712

测试目标　test objective

在规定的条件下要度量的软件特性的标识集，它由把实际行为与在软件文档中描述的所要求的行为进行比较来度量。

2.1713

测试阶段　test phase

软件生存周期中的一段时间，在此期间对软件产品的部件进行评价且进行集成。并评价软件产品以确定需求是否已得到满足。

2.1714

测试计划　test plan

a)　描述要进行的测试活动的范围、方法、资源和进度的文档。它标识测试项、要测试的特性、测试任务、谁做每一个任务和任务意外事故的风险计划。

b)　描述为测试系统或部件必须遵循的技术和管理方法的文档。典型包括：标识要测试的项、要执行的任务、响应、进度和测试活动要求的资源。

参见：测试用例规格说明 test case specification(2.1696)、测试待查事件报告 test incident report (2.1708)、测试项传输报告 test item transmittal report(2.1710)、测试日志 test log(2.1711)、测试规程 test procedure(2.1715)和测试报告 test report(2.1719)。

2.1715

测试规程　test procedure

a)　对于给定的测试用例的设置、执行和评价测试结果的详细指令。

b)　包含如 a)中一组相关指令的文档。

c)　规定执行测试的动作序列的文档。

参见：测试用例规格说明 test case specification(2.1696)、测试待查事件报告 test incident report (2.1708)、测试项传输报告 test item transmittal report(2.1710)、测试日志 test log(2.1711)、测试计划 test plan(2.1714)和测试报告 test report(2.1719)。

2.1716

测试规程规格说明　test procedure specification

见：测试规程 test procedure(2.1715)。

2.1717

测试就绪评审　test readiness review

a)　对于一个或多个配置项评价初始测试结果的评审行为，以验证对于每个配置项的测试规程是完整的、遵循测试计划和描述且满足测试需求、并验证项目准备好进行配置项的正式测试。

b)　对于任何硬件或软部件像在 a)中那样评审。

相对：代码评审 code review(2.224)、形式合格评审 formal qualification review(2.646)、设计评审

design review(2.452)和需求评审 requirement review(2.1366)。

2.1718

测试可重复性 test repeatability

测试的一种属性。指明每次进行的测试时,产生相同的结果。

2.1719

测试报告 test report

描述对系统或部件进行测试产生的行为及结果的文件。

参见:测试用例规格说明 test case specification(2.1696)、测试待查事件报告 test incident report(2.1708)、测试项传输报告 test item transmittal report(2.1710)、测试日志 test log(2.1711)、测试计划 test plan(2.1714)和测试规程 test procedure(2.1715)。

2.1720

测试脚本 test script

见:测试规程 test prpcedure(2.1715)。

2.1721

测试集体系结构 test set architecture

在直接反应测试目标的层次分解的测试用例集之间的嵌套关系。

2.1722

测试规格说明 test specification

见:测试用例规格说明 test case specification(2.1697)。

2.1723

测试总结报告 test summary report

总结测试活动和结果的文件。它也包含相应测试项的评价。

参见:测试用例规格说明 test case specification(2.1696)、测试待查事件报告 test incident report(2.1708)、测试项传输报告 test item transmittal report(2.1710)、测试日志 test log(2.1711)、测试计划 test plan(2.1714)、测试规程 test procedure(2.1715)和测试报告 test report(2.1719)。

2.1724

测试单元 test unit

一个或多个计算机程序模块与相关的控制数据(例如,表)、用法规程和操作规程一起的集合,这些集合满足下列条件:a)所有模块来自单个计算机程序、b)在集中至少有一个新的或更改的模块未完成单元测试、c)模块与它相关的数据和规程是测试过程的唯一目标。

2.1725

测试有效性 test-validity

完成测试规定目标的程度。

2.1726

可测试性 testability

a) 系统或部件帮助测试准则和测试性能建立的程度,以确定那些准则是否已满足。

b) 需求以允许测试准则和测试性能建立说明的程度,它用以确定那些准则是否已满足。

2.1727

测试 testing

a) 在规定的条件下操作系统或部件、观察或记录结果并对系统或部件的某些方面作评价的过程。

b) 分析软件项以检测在存在的和要求的条件之间的区别(即,隐错)以评价软件项的特征。

参见:验收测试 acceptance testing(2.19)、基准测试 benchmark(2.134)、检查 checkout(2.203)、部件测试 component testing(2.264)、开发测试 development testing(2.468)、动态分析 dynamic analysis(2.513)、正式测试 formal testing(2.649)、功能测试 functional testing(2.669)、非正式测试 informal testing(2.749)、集成测试 integration testing(2.788)、接口测试 interface testing(2.800)、回送测试 loopback testing(2.884)、变异测试 mutation testing(2.1001)、运行测试 operational testing(2.1065)、性能测试 performance testing(2.1135)、合格性测试 qualification testing(2.1291)、回归测试 regression testing(2.1329)、强度测试 stress testing(2.1599)、结构测试 structural testing(2.1604)、系统测试 system testing(2.1669 条)和单元测试 unit testing(2.1792)。

2.1728

文本编辑程序 text editor

一种计算机程序,它通常作为字处理系统的一部分,允许用户输入、替换和浏览文本。

2.1729

思考时间 think time

由交互系统产生的提示符或消息的结束至用户响应开始之间消逝的时间。

参见:端口至端口时间 port-to-port time(2.1148)、响应时间 response time(2.1377)和往返时间 turnaround time(2.1775)。

2.1730

第三代语言 third generation language

见:高级语言 high order language(2.702)。

2.1731

系统颠簸 thrashing

计算机系统正耗费大部分或全部资源用于开销操纵(例如数据在主和辅助存储器之间对换而不是做计算)的一种状态。

2.1732

[控制的]线程 thread [of control]

贯穿某一程序、动态模型或其他控制流中表示的一种单一执行路径。也是作为轻量级进程实现的主动对象的一种衍型。

参见:进程 process(2.1183)。

2.1733

三地址指令 three-address instruction

包含三地址字段的计算机指令。例如,一指令加单元 A 和 B 的内容并放结果至单元 C 中。

相对:一地址指令 one-address instruction(2.1047)、两地址指令 two-address instruction(2.1777)、四地址指令 four-address instruction(2.652)和零地址指令 zero-address instruction(2.1859)。

2.1734

三加一地址指令 three-plus-one address instruction

包含四个地址字段的计算机指令,其第四个地址字段包含下一条要执行的指令的地址。例如,一条指令加单元 A 和 B 的内容,把结果放至单元 C,然后执行在单元 D 中的指令。

相对:一加一地址指令 one-plus-one address instruction(2.1050)、二加一地址指令 two-plus-one address instruction(2.1780)和四加一地址指令 four-plus-one address instruction(2.653)。

2.1735

吞吐量 throughput

对计算机系统或部件在给定的时间周期内规定执行的工作总量的度量。例如,每天的作业数。

参见:往返时间 turnaround time(2.1775)和工作负载模型 workload model(2.1857)。

2.1736

排列图　tier chart

见：调用图 call graph(2.177)。

2.1737

用时事件　time event

一种指称自进入当前状态起所经历时间的事件。

参见：事件 event(2.573)。

2.1738

时间表达式　time expression

一种决定时间的绝对值或相对值的表达式。

2.1739

超时　time out

a) 当达到预先确定的消逝的时间总数而未发生预料的事件时产生的条件。例如，若在规定的时间周期内未接收到用户的输入，引起联机进程终止的条件。

b) a)中条件的实现。

2.1740

分时　time sharing

一种操作方式，它用程序的交叉执行，允许两个或多个用户在同一计算机系统上并发执行计算机程序。

注：分时可以用时间片、基于优先权的中断或其他调度方法实现。

2.1741

时间分片　time slicing

一种操作方式，其中的两个或多个进程，每一个都赋予一小的、在同一处理器上固定的连续处理时间，而处理器以轮转方式执行，每一个执行为它分配的时间，直至全部完成。

2.1742

计时　timing

估计或测量软件系统或部件要求的总执行时间的过程。

相对：规模估计 sizing(2.1464)。

2.1743

计时分析程序　timing analyzer

一种软件工具，它用于估计或度量计算机程序的执行时间或部分计算机程序的执行时间。这可通过求每条路径中指令的执行时间之和得到，或由在程序中的规定点处插入探头并度量探头之间的执行时间而得到。

2.1744

容错　(error)tolerance

系统在各种异常条件下提供继续操作的能力。

2.1745

工具　tool

a) 见：软件工具 software tool(2.1537)。

b) 用于分析软件或其性能的执行时间的软件。

2.1746

自顶向下的　top-down

用于说明从层次的最高级部件处开始，逐步推进到较低级的活动。例如，自顶向下设计、自顶向下程序设计和自顶向下测试。

参见：关键部分优先 critical piece first(2.368)。

相对：自底向上 bottom-up(2.153)。

2.1747

自顶向下设计　top-down design

由整体到局部逐级细化的设计过程，即先标出系统的主要部件，并把它们分解为较低级成分，然后重复进行直到不能(或不必)再分解为止。

相对：自底向上设计 bottom-up design(2.154)。

2.1748

自顶向下测试　top-down testing

通过对较低级部件进行模拟的办法来从顶到底逐步地检查按层次方式所构造的程序的过程。

2.1749

顶级　top level

指称包容层次结构中最顶的包的一种包的衍型。顶级衍型在命名空间向外"看"时，定义查阅名称的外层界限。例如：顶级子系统表示子系统包容层次结构的顶部。

2.1750

完全正确性　total correctness

在正确性证明中，指出程序的输出断言是它的输入断言和处理步骤的合乎逻辑的结果，并且在全部规定的输入条件下程序能终止。

相对：部分正确性 partial correctness(2.1111)。

2.1751

追踪(动)　trace

踪迹

a)　计算机程序执行的记录，它显示执行的指令的顺序、变量的名和值或两者。类型包括执行踪迹、回顾的踪迹、子例程踪迹、符号踪迹、变量踪迹。

b)　如像 a)产生的记录。

c)　建立在两个或多个开发过程的产品之间的关系。例如，建立在给定的需求和实现此需求的设计元素之间的关系。

2.1752

可追踪性　traceability

a)　在两个或多个开发过程的产品，特别是相互之间有前任与后任或主、次关系的产品之间，能建立关系的程度。例如，给定的软件部件的需求和设计之间匹配的程度。

参见：一致性 consistency(2.320)。

b)　在软件开发产品中每个元素为建立它存在的理由的程度。例如，在泡图中每个元素引用满足需求的程度。

2.1753

可追踪性矩阵　traceability matrix

记录两个或多个开发过程的产品之间的关系的矩阵。例如，记录给定的软部件的需求和设计之间的关系的矩阵。

2.1754

追踪程序　tracer

用于追踪的软件工具。

2.1755

尾部　trailer

放在文件或消息的结尾的标识或控制信息。

相对：头部 header(2.695)b)。

2.1756

尾随判定　trailing decision

在循环体之后执行的循环控制。

参见："直至"语句 UNTIL(2.1795)。

相对：先导判定 leading decision(2.808)。

2.1757

培训组　training group

负责为组织协调和安排培训活动的人员的集合(包括经理和职员)。这个组准备和讲授大多数的培训课程，并协调其他培训工具的使用。

2.1758

培训大纲　training program

重点阐述组织的培训需求的一组相关元素。它包括组织的培训计划、培训教材、培训的开发、培训的执行、培训设施、培训的评价以及培训记录的维护。

2.1759

事务　transaction

在软件工程中，一数据元素、控制元素、信号、事件、或状态的变更，它引起、触发或启动一动作或动作序列。

2.1760

事务分析　transaction analysis

一种软件开发技术，在这种技术中，系统的结构来自系统要求处理的事务的分析。

参见：以数据结构为中心的设计 data structure-centered design(2.405)、输入-处理-输出 input-process-output(2.762)、模块分解 modular decomposition(2.973)、面向对象的设计 object-oriented(2.1037)、快速原型 rapid prototyping(2.1307)、逐步细化 stepwise refinement(2.1587)、结构设计 structured design(2.1607)和转换分析 transform analysis(2.1764)。

2.1761

以事务为中心设计　transaction-centered design

见：事务分析 transaction analysis(2.1760)。

2.1762

事务矩阵　transaction matrix

标识对数据库访问的可能的要求和每次要求在数据库中相关的信息类别或元素的矩阵。

2.1763

传送　transfer

转移

a)　从一个地方送数据而在另外地方接收它。

b)　由一个进程放弃控制而假定由另一个恢复控制，或者期待返回(见 call)或不期待返回(见 jump)。

2.1764

转换分析　transform analysis

一种软件开发技术，在此技术中，系统的结构来自对通过系统的数据流和在数据上必须执行的转换的分析。

参见：以数据结构为中心的设计 data structure-centered design(2.405)、输入-处理-输出 input-process-output(2.762)、模块分解 modular decomposition(2.973)、面向对象的设计 object-oriented(2.1037)、快速原型 rapid prototyping(2.1307)、逐步细化 stepwise refinement(2.1587)、结构设计 structured design(2.1607)和转换分析 transform analysis(2.1764)。

参见：以数据结构为中心的设计 data structure-centered design(2.405)、输入-处理-输出 input-process-output(2.762)、模块分解 modular decomposition(2.973)、面向对象的设计 object-oriented(2.1037)、快速原型 rapid prototyping(2.1307)、逐步细化 stepwise refinement(2.1587)和结构设计 structured design(2.1607)。

2.1765

以转换为中心的设计　transform-centered design

见：转换分析 transform analysis(2.1764)。

2.1766

转换分析　transformation analysis

见：转换分析 transform analysis(2.1764)。

2.1767

瞬态差错　transient error

发生一次或在不可预测的间隔发生的错误。

参见：间歇故障 intermittent fault(2.803)和随机失效 random failure(2.1306)。

2.1768

瞬时对象　transient object

一种仅在创建它的进程或线程的执行期间存在的对象。

2.1769

转移　transition

两个状态之间的一种关系，它指明当规定的事件出现，且规定的条件得到满足时，一个处于第一个状态的对象将执行某些特定动作并进入第二状态。在这样的状态变更中，称此转移受到激发。

2.1770

翻译程序　translator

转换程序

一种计算机程序，它把一种语言表达的语句序列变换为另一种语言表达的等价的语句序列。

参见：汇编程序 assembler(2.84)和编译程序 compiler(2.254)。

2.1771

可运输性　transportability

见：可移植性 portability(2.1149)。

2.1772

陷入　trap

a)　条件转移至异常或中断处理例程，常常由硬件激活，带有转移发生记录的位置。

b)　执行在 a)中的操作。

2.1773

树　tree

由通过分支互相连接的结点组成的抽象的层次结构，其中：

a)　每个分支把一个结点连接到一个直属的下级结点；

b)　有唯一称为根的一个结点，它不附属于任何其他结点；

c) 根之外的每个结点只直接从属于另一个结点。

2.1774

测试就绪评审　TRR

test readiness review 的缩略语。

2.1775

往返时间　turnaround time

在作业的提交至批处理系统和完全的输出返回之间消逝的时间。

参见：端口至端口时间 port-to-port time(2.1148)、响应时间 response time(2.1377)和思考时间 think time(2.1729)。

2.1776

交钥匙的　turnkey

用于说明硬件或软件以完整的、可操作的状态交付。

2.1777

二地址指令　two-address instruction

包含两个地址字段的计算机指令。例如，加 A 单元的内容至 B 单元内容上。

相对：一地址指令 one-address instruction(2.1047)、三地址指令 three-address instruction (2.1733)、四地址指令 four-address instruction(2.652)和零地址指令 zero-address instruction (2.1859)。

2.1778

两级地址　two-level address

一种间接地址，它规定包含所希望的操作数的地址的存储单元。

参见：n 级地址 n-level address(2.1007)。

2.1779

两级编码　two-level encoding

一种微程序技术，在此种技术中，不同的微操作同时编码在微指令的同一字段中，且一个执行依赖于在微指令内部或外部的另一字段的值。

参见：残留控制 residual control(2.1374)。

相对：单级编码 single-level encoding(2.1459)。

2.1780

二加一地址指令　two-plus-one address instruction

包含三个地址字段，第三个包含下一条要执行的指令的地址的计算机指令。例如，把 A 单元的内容加至 B 单元的内容上，然后执行在 C 单元的指令。

相对：一加一地址指令 one-plus-one address instruction(2.1050)、三加一地址指令 three-plus-one address instruction(2.1734)和四加一地址指令 four-plus-one address instruction(2.653)。

2.1781

类型　type

见：数据类型 data type(2.408)。

2.1782

类型表达式　type expression

一种求出对一个或多个类型的引用的表达式。

2.1783

单元开发文件夹　UDF

unit development folder 的缩略语。

2.1784

无条件分支　unconditional branch

见：无条件跳转 unconditional jump(2.1785)。

2.1785

无条件跳转　unconditional jump

不管执行的条件而发生的转移。

相对：conditional jump 条件跳转（2.304）。

2.1786

下溢异常　underflow exception

当算术操作的结果太小，无法用指定接收它的存储单元表示时发生的异常。

参见：寻址异常 addressing exception(2.50)、数据异常 data exception(2.395)、操作异常 operation exception(2.1059)、溢出异常 overflow exception(2.1082)和保护异常 peotection exception(2.1274)。

2.1787

无向图　undirected graph

在节点的相互连接中无隐含方向的图。

相对：定向图 directed graph(2.485)。

2.1788

未解释的　uninterpreted

用于说明对于其实现未由 UML 规定的某一或某些类型的一种占位符。每一未解释值都有一个对应的串表示。

2.1789

单元　unit

a）在计算机软部件设计中规定的一独立的可测试的元素。

b）计算机程序的逻辑独立的部分。

c）不可分为其他部件的软部件。

d）见：测试单元 test unit(2.1724)。

注：术语"模块(module)"、"部件(component)"和"单元(unit)"常常可以交互使用或在不同的情况下相互可以定义为子元素，取决于上下文。这些术语的关系尚未标准化。

2.1790

单元开发文件夹　unit development folder

见：软件开发文件 software development file(2.1485)。

2.1791

单元需求文档集　unit requirements documentation

对于测试单元，设置功能、接口、性能和设计约束的文档。

2.1792

单元测试　unit testing

独立的硬件或软件单元或相关单元组的测试。

参见：部件测试 component testing(2.264)、集成测试 integration testing(2.788)、接口测试 interface testing(2.800)和系统测试 system testing(2.1669)。

2.1793

解除紧缩　unpack

从紧缩的数据，恢复一个或多个数据项的原始形式。

相对：紧缩 pack(2.1088)。

2.1794

非分层语言　unstratified language

能用作其他元语言的语言。例如,英语、德语。

相对：分层语言 stratified language(2.1598)。

2.1795

"直至"语句　UNTIL

单入口、单出口循环,在此循环中,控制在循环体后执行(见图17)。

参见：尾随判定 trailing decision(2.1756)。

相对：闭合循环 closed loop(2.215)和"当"语句 WHILE(2.1847)。

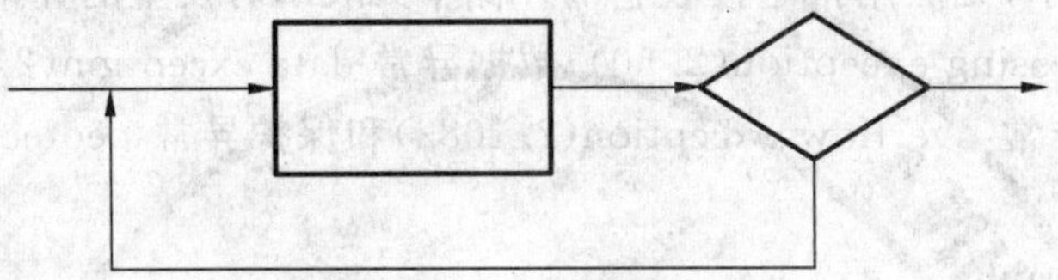

图17　UNTIL 结构

2.1796

展开　unwind

在程序设计中,显式地且充分地说明在循环的多次执行中引用的所有指令。

参见：直线编码 straightline coding(2.1596)。

2.1797

开机的　up

用于说明可操作的正在服务中的系统或部件,这样的系统是忙的或空闲的。

参见：忙 busy(2.168)和空闲的 idle(2.716)。

相对：关机的 down(2.502)。

2.1798

开机时间　up time

系统或部件是可操作的和正在服务中的时间周期。即,忙时间和空闲时间之和。

参见：忙时间 busy time(2.169)、空闲时间 idle time(2.717)、平均失效时间间隔 mean time between failures(2.920)和设置时间 set-up time(2.1444)。

相对：关机时间 down time(2.503)。

2.1799

向上兼容的　upward compatible

关于与后一个或它自己的更复杂的版本兼容的硬件或软件。例如,能处理由它自己的后续版本创建的文件的程序。

相对：向下兼容的 downward compatible(2.504)。

2.1800

向上压缩　upward compression

在软件设计中,去模块化的一种方式,在此方式中,下级模块复制至上级模块的体中。

相对：侧向压缩 lateral compression(2.841)和向下压缩 downward compression(2.505)。

2.1801

可使用性　usability

方便用户学习操作,为系统或部件准备输入和解释系统或部件的输出。

2.1802

可使用性测试　usability test

适用性测试　fitness-for-use test

为确定已实现的系统是否达到用户确定的功能目标所作的一种测试。

2.1803

用法　usage

一种依赖关系，其中一个元素（客户）要求另一元素（供方）在场，以使其正确行使职能或实现。

2.1804

用况[类]　use case[class]

对一系列动作（包括变体）的规格说明，系统（或其他实体）能够执行它或者与原先的施动者进行交互。

参见：用况实例 use case instance(2.1806)。

2.1805

用况图　use case diagram

一种显示系统中的各施动者与用况之间的关系的图。

2.1806

用况实例　use case instance

用况中规定的动作序列的执行。用况的一个实例。

参见：用况类 use case class(2.1804)。

2.1807

用况模型　use case model

一种借助用况来描述系统的功能要求的模型。

2.1808

用户　user

使用可操作的系统完成一项特定的功能的个人或机构。（可以是买主或需方的同义词。）

2.1809

用户文档集　user documentation

一套文档，它为使用系统或部件以期获得所希望结果的最终用户提供系统指令方面的信息。例如，用户手册。

参见：数据输入表 data input sheet(2.401)和用户手册 user manual(2.1813)。

2.1810

用户友好　user friendly

关于以方便用户使用作为设计的主要目标的计算机系统、设备、程序或文档。

2.1811

用户指南　user guide

见：用户手册 user manual(2.1813)。

2.1812

用户界面　user interface

用户接口

允许信息在个人用户与计算机系统的硬件或软件部件间传送的接口。

2.1813

用户手册　user manual

描述使用系统或部件以得到希望的结果所必需的信息的文档。典型地描述的是系统或部件的功能、限定、选项、允许的输入、预料的输出、可能的错误消息和特定的指令。

注：当在操作计算机系统(安装磁带等)的人和为一定的目的使用系统的人之间有区分时，用户手册和操作员手册有区分。

参见：数据输入表 data input sheet(2.401)、诊断手册 diagnostic manual(2.476)、安装手册 installation manual(2.766)、操作员手册 operator manual(2.1068)、程序员手册 programming manual(2.1250)和支持手册 support manual(2.1631)。

2.1814

用户状态 user state

见：问题状态 problem state(2.1178)。

2.1815

公用程序 utility

实用程序

一种软件工具，其设计的目的是用于频繁使用的支持功能。例如，复制磁带的程序。

2.1816

公用软件 utility software

实用软件

计算机程序或例行程序，其设计目的是为其他应用软件、操作系统或系统用户提供他们所要求的某些通用支持功能。

2.1817

利用率 utilization

在计算机性能评价中，表示系统或部件忙的时间总数被可用的时间总数除的比率。

参见：忙时间 busy time(2.169)、空闲时间 idle time(2.717)和开机时间 up time(2.1798)。

2.1818

验证和确认 V&V

verification and validation 的缩略语。

2.1819

确认 validation

在开发过程期间或结束时对系统或部件进行评价，通过检查和提供客观证据，以确定它是否满足特定预期用途的需求的过程。

相对：验证 verification(2.1826)。

注1：在设计和开发中，确认关系到检查产品是否符合用户要求的过程。

注2：确认一般是在规定的操作条件下对最终产品进行的。在早期阶段，这样做是必要的。

注3："确认过的"一词用来表示相应的状况。

注4：如果有几种不同的预期用途，可进行多种确认。

注5：特定预期用途的需求通常是指需求规格说明或合同中规定的需求。

2.1820

值 value

某一类型域中的一种元素。

2.1821

值踪迹 value trace

见：变量踪迹 variable trace(2.1823)。

2.1822

变量 variable

值能变更的数量或数据项。例如，变量 当前时间(current-time)。

参见：全局变量 global variable(2.681)和局部变量 local variable(2.871)。

相对：常量 constant(2.321)。

2.1823

变量踪迹 variable trace

数据流踪迹 data-flow trace

在计算机程序执行期间访问的或变更的变量的名和值的记录。

参见：执行踪迹 execution trace(2.582)、回顾踪迹 retrospective trace(2.1383)、子例程踪迹 subroutine trace(2.1620)和符号踪迹 symbolic trace(2.1639)。

2.1824

变体 variant

在容错系统中，从软件的多样性的应用程序导出的版本。

2.1825

版本描述文件 VDD

Version Description Document 的缩略语。

2.1826

验证 verification

a) 评价系统或部件，以确定软件开发周期中的一个给定阶段的产品是否满足在阶段的开始确立的需求的过程。

相对：确认 validation(2.1819)。

b) 程序正确性的形式证明。见：正确性的证明 proof of correctness(2.1270)。

注 1：在设计和开发中，验证是指对某项指定活动的结果进行检查的过程，以确定该活动是否符合明确的需求。

注 2："验证过的"一词用来表示相应的状况。

2.1827

验证和确认 verification and validation

确定系统或部件的需求是否完成和正确，每一开发阶段的产品是否实现在上一阶段规定的需求或条件，以及最后的系统或部件是否依从规定的需求的过程。

参见：独立的验证和确认 independent verification and validation(2.739)。

2.1828

验证系统 verification system

见：自动验证系统 automated verification system(2.112)。

2.1829

版本 version

a) 与计算机软件配置项的完全编纂或重编纂相关的计算机软件配置项的初始发行或再发行。

b) 作为与对以前的发行发出变更页导致的修订不同的文件的初始发行或完全再发行。

参见：配置控制 configuration control(2.307)和版本描述文件 version description document (2.1830)。

2.1830

版本描述文件 version description document

伴随并标识系统或部件的给定的版本的文件。典型的内容包括系统或部件的详细目录、在此版本中变更的标识和版本描述的安装和操作信息。

2.1831

顶点 vertex

在状态机中，某一转移的一种源或目标。顶点可是一个状态或伪状态。

参见：状态 state(2.1568)和伪状态 pseudo state(2.1283)。

2.1832

纵向微指令　vertical microinstruction

规定实现机器语言指令所需的操作序列之一的微指令。

注：纵向的微指令相对是较短的，12 至 24 位，所以称为"垂直的"，因为实现单个机器语言指令所要求的这样的指令序列，正常地是在页上垂直地列出的。

相对：对角微指令 diagonal microinstruction(2.477)、横向微指令 horizontal microinstruction(2.708)。

2.1833

视图　view

某一些模型的一种如下投影：从一定的透视或有利位置观看，且略去与此透视无关的实体。

2.1834

视图元素　view element

对模型元素的某一汇集的一种文本的与图形的投影。

2.1835

视图投影　view projection

模型元素在视图元素上的一种投影。视图投影为视图元素提供位置和式样。

2.1836

虚拟地址　virtual address

在虚拟存储系统中，赋给一辅助存储单元的地址，它允许此存储单元像主存储器部分那样进行访问。

相对：实地址 real address(2.1311)。

2.1837

虚拟机　virtual machine

对计算机及其有关设备进行功能模拟的设备。

2.1838

虚拟存储器　virtual memory

见：虚拟存储器 virtual storage(2.1840)。

2.1839

虚拟空间　virtual space

a) 计算机制图中的坐标空间，此空间中的每一单元由用户定义的坐标系表示。

b) 用户程序运行的一个逻辑地址空间。

2.1840

虚拟存储器　virtual storage

一种存储分配技术，其中的辅助存储器像主存储器那样能寻址。部分用户程序和数据放在辅助存储器中，操作系统在需要时自动把它们对换进入主存储器或对换出去。

参见：虚拟地址 virtual address(2.1836)和调页 paging(2.1101)b)。

相对：实存储器 real storage(2.1312)。

2.1841

可见性　visibility

一种枚举，其值(公用的，受保护的或私用的)指称该值引用的模型元素，在环绕的命名空间之外如何可以看到。

2.1842

放弃书　waiver

一个所写的授权以接受一配置项或其他指定的项，这些项在生产期间或交付审查后发现偏离规定的需求，但认为仍是可用的或经某种批准的方法重加工后可用。

参见：配置控制 configuration control(2.307)。

相对：偏离 deviation(2.473)和工程变更 engineering change(2.546)。

2.1843

走查　walk-through

一种静态分析技术或评审过程，在此过程中，设计者或程序员引导开发组的成员通读已书写的设计或编码，其地成员负责提出问题并对有关技术、风格、可能的错误、是否违背开发标准等方面进行评论。

2.1844

瀑布模型　waterfall model

一种软件开发过程的模型，其组成活动典型地按概念阶段、需求阶段、设计阶段、实现阶段、测试阶段和安装及验收阶段这样的顺序执行：可能有重叠但只有小的或没有重复。

相对：增量开发 incremental development(2.738)、快速原型 rapid prototyping(2.1307)和螺旋模型 spiral model(2.1553)。

2.1845

磨损失效周期　wearout-failure period

系统或部件生存周期中的周期，在此期间由于恶化，硬件的失效以递增的速度发生。

参见：浴盆曲线 bathtub curve(2.129)。

相对：定失效率周期 constant-failure period(2.322)和早期失效周期 early-failure period(2.526)。

2.1846

妥善定义的过程　well-defined process

包含就绪准则、输入、进行工作的标准和规程、验证机制(例如同行评审)、输出和完成准则的过程。

参见：有效过程 effctive process(2.533)。

2.1847

"当"语句　WHILE

一种单入口、单出口的循环控制语句，其中循环控制在循环体之前执行(见图 18)。

参见：先导判定 leading desision(2.843)。

相对：闭循环 closed loop(2.215)和"直至"语句 UNTIL(2.795)。

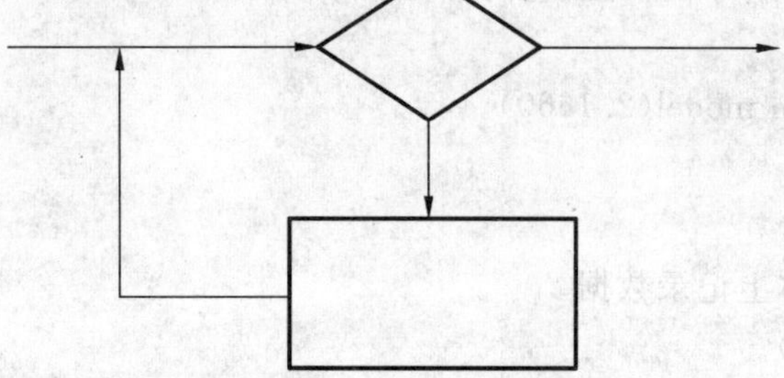

图 18　WHILE 结构

2.1848

白盒　white box

见：白盒 glass box(2.677)。

2.1849

白盒测试　white-box testing

见：结构测试 structural testing(2.1604)。

2.1850

字 word

a) 在给定计算机中,作为一个单元存储、寻址、发送和操作的位或字符的序列。

b) 一计算机存储器的元素,它能容纳如 a 中的位或字符序列。

c) 在某些语言中具有意义作为一实体考虑的位或字符序列。例如,在计算机语言中的保留字。

参见:二进制数字(位) binary digit(bit)(2.138)、字节 byte(2.170)。

2.1851

工作产品 work product

与执行过程相关的人工制品。

注:工作产品可以是由过程所使用的,产生的或更改的。

2.1852

工作区 working area

见:工作空间 working space(2.1854)。

2.1853

工作集 working set

在存储分配的调页方法中,在程序执行的任何点最适合驻留在主内存中的一组页。

2.1854

工作空间 working space

赋给计算机程序为数据暂时存储的主内存部分。

2.1855

工作存储器 working storage

见:工作空间 working space(2.1854)。

2.1856

[工作]负载 workload

典型地在给定的计算机系统上运行的任务的混合。主要特征包括输入输出需求、计算的总数和种类和要求的计算机资源。

参见:工作负载模型 workload model(2.1857)。

2.1857

[工作]负载模型 workload model

一种用在计算机性能评价中的模型,它为计算机系统中预期的或实际的工作负载规定资源利用和性能测量。

参见:系统模型 system model(2.1660)。

2.1858

写 write

在存储设备或数据媒体上记录数据。

相对:读 read(2.1310)。

2.1859

零地址指令 zero-address instruction

未包含地址字段的计算机指令。

相对:一地址指定 one-address instruction(2.1047)、二地址指令 two-address instruction(2.1777)和三地址指令 three-address instruction(2.1733)。

中 文 索 引

C

D

E

F

G

H

J

K

L

R

S

T

W

X

Z

英 文 索 引

A

B

C

D

G

H

I

J

K

M

P

Q

S

T

V

W

Z